Johannes Büttner und Wilhelm Lewicki [Herausgeber]
Stoffwechsel im tierischen Organismus:
Historische Studien zu Liebigs „Thier-Chemie" (1842).

Herstellung: Books on Demand GmbH

ISBN 3-935060-07-6

Edition Lewicki – Büttner

Band 1

Stoffwechsel im tierischen Organismus: Historische Studien zu Liebigs „Thier-Chemie" (1842)

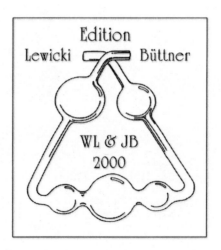

Stoffwechsel im tierischen Organismus:
Historische Studien zu Liebigs „Thier-Chemie" (1842)

Mit Originalarbeiten von Justus von Liebig und Friedrich Wöhler

Herausgeben von

Johannes Büttner und Wilhelm Lewicki

Mit Beiträgen von:
G. Beer, J. Büttner, J. S. Fruton, F. L. Holmes, O. Krätz, W. Lewicki,
N. Mani, H.-W. Schütt, O. P. Walz

Die Übersetzung des Beitrages von F. L. Holmes besorgten
Dr. W. Caesar und Georg E. Siebeneicher

HisChymia Buchverlag, Seesen
2001

Portrait von Friedrich Wöhler
Stich von [Conrad] Cook nach einer Zeichnung von Allemand [Conrad l'Allemand],
wahrscheinlich aus dem Jahr 1841.
Druck von William Mackenzie, Glasgow, Edinburgh and London, New York

Die Herausgeber widmen dieses Buch
aus Anlaß der 200. Wiederkehr seines Geburtstages am 31. Juli 2000

Friedrich Wöhler

der in eigenen Untersuchungen und in gemeinsamen Arbeiten mit seinem lebenslangen Freund Justus Liebig wesentlich dazu beigetragen hat, daß Chemie am Kreuzungspunkt mit der Physiologie erfolgreich wurde

Vorderseite der Medaille des Liebig-Wöhler-Freundschaftspreises. Die Medaille wurde von Willi-Peter Brunner aus Bad Lahnstein 1994 geschnitten.
Tombak vergoldet, Durchmesser 6 cm

Stoffwechsel im tierischen Organismus:
Historische Studien zu Liebigs „Thier-Chemie" (1842)

Mit Originalarbeiten von Justus von Liebig und Friedrich Wöhler,
herausgegeben von Johannes Büttner und Wilhelm Lewicki
Edition Lewicki-Büttner, Band 1

Copyright by Edition Lewicki-Büttner, auch das der Übersetzung und der
Nutzung ganz und teilweise im Internet
Herstellung: Libri Books on Demand

2001, HisChymia Buchverlag, Seesen

ISBN 3-935060-07-6

Inhalt

Wilhelm Lewicki
Vorwort IX

Johannes Büttner
Einige Bemerkungen zur Thematik und der Auswahl der Beiträge
In diesem Buch XIII

Danksagungen XVI

Frederic L. Holmes
Einführung in Liebigs „ThierChemie" 1

Johannes Büttner
Von der *oeconomia animalis* zu Liebigs Stoffwechselbegriff 61

Hans-Werner Schütt
Die Synthese des Harnstoffs und der Vitalismus 95

Nikolaus Mani
Die wissenschaftliche Ernährungslehre im 19. Jahrhundert 109

Othmar P. Walz
Justus von Liebig und Wilhelm Henneberg,
Beginn einer neuen Epoche in der Tierernährungsphysiologie 157

Johannes Büttner

Wechselbeziehungen zwischen Chemie und Medizin: Die Bedeutung
des Liebig-Schülers Johann Joseph von Scherer (1814–1869) 177
   Anhang A: Zeugnis Liebigs für Scherer 193
   Anhang B: Reisebericht Scherers 195
   Anhang C: Verzeichnis der Veröffentlichungen Scherers 201
   Anhang D: Schüler Scherers 209

Johannes Büttner
Friedrich Wöhlers experimentelle Arbeiten über den Stoffwechsel 219

Johannes Büttner
Einführung zur Arbeit von Friedrich Wöhler und Justus Liebig
„Untersuchungen über die Natur der Harnsäure" 235

Friedrich Wöhler und Justus Liebig
Untersuchungen über die Natur der Harnsäure 247

Johannes Büttner
Vorbemerkung zum Abdruck von Liebigs Arbeit „Das Verhältniß der
Physiologie und Pathologie zu Chemie und Physik, und die Methode
der Forschung in diesen Wissenschaften" 307

J. von Liebig
Das Verhältnis der Physiologie und Pathologie zur Chemie und Physik,
und die Methode der Forschung in diesen Wissenschaften 313

Otto Krätz
Innere Ansicht des analytischen Laboratoriums zu Gießen:
Die dargestellten Personen 367

Joseph S. Fruton
The Liebig Research Group and selected other Liebig Pupils 373

Günther Beer
Dissertationen unter Friedrich Wöhler an der Universität Göttingen 399

Kurzbiographien der Autoren 413

Personenregister 419
Sachregister 427

Vorwort

„Die Chemie – ein leidenschaftliches Genießen"

So schildert Justus von Liebig sein Verhältnis zu seinem Beruf als Chemiker. Wir könnten heute zu unserer Tätigkeit ähnlich sagen „Die Geschichte der Chemie – ein leidenschaftliches Genießen".

Als ersten Beitrag im Rahmen einer neuen *Edition Lewicki – Büttner* stellen die Herausgeber dem Leser ein Buch vor, das vielleicht von der Fachwelt, gewiß vom interessierten Laien, als hilfreich für das Verständnis der Geschichte des Stoffwechsels angesehen werden könnte.

Die Beschäftigung mit Liebigs „Thier-Chemie" und die Tatsache einer fehlenden deutschen Übersetzung der „Einführung" von Frederic Holmes zum Reprint der amerikanischen Ausgabe von Liebigs „Animal Chemistry" haben die Herausgeber zu diesem Werk veranlaßt.

Am Anfang von Liebigs Weg zur „Thier-Chemie" standen gemeinsame Arbeiten von Friedrich Wöhler und Justus von Liebig. Es lag nahe, diese gemeinsamen Untersuchungen und auch eigene Arbeiten Wöhlers zum Stoffwechsel in den Blickpunkt zu rücken und in diesen Band mit aufzunehmen. Im Jahr des 200. Geburtstages von Friedrich Wöhler am 31. Juli 2000 möchten die Herausgeber dieses Buch dem großen Göttinger Chemiker widmen und hiermit dem interessierten Leser übergeben.

Durch den Nachdruck der Originalbeiträge von Friedrich Wöhler und Justus von Liebig in dem vorliegenden Werk, der „Untersuchungen über die Natur der Harnsäure" und von Liebigs Arbeit „Das Verhältnis der Physiologie und Pathologie zur Chemie und Physik, und die Methode der Forschung in diesen Wissenschaften", wird an wesentliche Original-Forschungsbeiträge erinnert.

Die Herausgeber danken Professor William Brock (Universität Leicester), dem bekannten Liebig-Forscher, für die Durchsicht des Rohentwurfs unseres Buches. Er hat uns in der Ansicht bestärkt, daß die Kombination der in dem Buch vereinigten Arbeiten alle Aspekte der Stoffwechsellehre zur Zeit Liebigs und Wöhlers umfassend darstellt. Den Autoren sei hiermit für ihre Bereitschaft, ihre Beiträge für dieses Buch zur Verfügung zu stellen, noch einmal ausdrücklich gedankt.

Im Rahmen unserer neuen *Edition* sollen weitere Werke als Ergänzung zum Schrifttum der Geschichte der Chemie, der Pharmazie, der Agrikultur und der Technologie folgen und zwar zu den Themenbereichen, bei denen nach unserer Meinung noch ein Nachholbedarf vorliegt und bestehende akademische Institutionen, Verlage und historische Gesellschaften diesen Bedarf noch nicht erkennen oder erkannt haben. Wichtig ist uns dabei, daß unsere Publikationen allgemein verständlich sind, jedoch dem hohen wissenschaftlichen Anspruch der Fachwelt genügen und gleichzeitig den interessierten Laien ansprechen. So soll eine Brücke zur Welt der Geschichte der Naturwissenschaften geschlagen werden, die mithilft, die Gegenwart besser zu beurteilen und die Zukunft besser einschätzen zu können.

Die neue Buchedition fügt sich in meine Aktivitäten ein, die Geschichte der Chemie, der Pharmazie, der Agrikultur und der Technologie zu fördern. Als Liebig-Nachfahre in der 6. Generation ist die Pflege des Andenkens an Justus von Liebig und sein Werk, aber auch an andere große Chemiker, wie Friedrich Wöhler, eine lebenslange Verpflichtung.

Meine *Historische Präsenz-Bibliothek der Chemie, der Pharmazie, der Landwirtschaft, der Technologie und des Handels* in Ludwigshafen am Rhein ist ein Modellversuch, die Bibliothekslandschaft der Geschichte der Naturwissenschaften durch Privatinitiative zu ergänzen und steht allen Interessenten zur Nutzung kostenlos zur Verfügung. Ein wesentlicher Teil dieser Bibliothek ist die Dr. Emil Heuser Liebigiana, die in der Zwischenzeit auf 8.400 Liebig-bezogene Titel, Briefe, Bilder, Videos etc. angewachsen ist. Die Bibliothek soll auch in Zukunft wachsen und eine Anlaufstelle für die Institute, Wissenschaftler, Unternehmen und andere Gesellschaften sein, die sich von ihrer wissenschaftlich historischen Literatur aus Platzmangel trennen wollen. Hinzu kommt unser Bücherbestellservice, in dem im Buchhandel meist nicht mehr verfügbare einschlägige Fach-Publikationen zur Geschichte der Naturwissenschaften und andere Themen aufgrund eine stets aktualisierten Bücherliste angeboten werden (nähere Angaben siehe im Anhang).

Der *Internationale Freundes-, Förderer- und Arbeitskreis zur Geschichte der Chemie, der Pharmazie, der Agrikultur, der Technologie und des Handels,* der zur Zeit 130 Mitglieder aus 12 Ländern hat, dient dem Publikations- und Informationsaustausch, der Herstellung von Reprint-Editionen sowie der Organisation von Symposien und Wanderausstellungen.

Die *Liebig-Wanderausstellung* „Alles ist Chemie" und die französische Wanderausstellung „Antoine Laurent Lavoisier - Il y a 200 ans" sind in in Deutschland, Europa und in Zukunft auch in den USA, Südamerika und Japan auf Reisen, um an einen Teil unserer Wissenschaftsgeschichte zu erinnern und die schon im 19. Jahrhundert starke Vernetzung von Lehre, Forschung und Anwendung, vor allem in den chemischen Wissenschaften, wieder in das Gedächtnis zu rufen. Zum 200. Geburtstag von Justus von Liebig wird eine umfangreiche Liebig-Retrospektive im Deutschen Museum in München und voraussichtlich auch in der Universitätsstadt Gießen, der Wirkungsstätte Liebigs von 1824 bis 1852, vorbereitet.

Durch die 1994 von mir gegründete *Stiftung des Liebig-Wöhler-Freundschaftspreises*, der durch die Göttinger Chemische Gesellschaft Museum der Chemie (Herbert W. Roesky) betreut wird, soll der fruchtbaren wissenschaftlichen Verbindungen zwischen den beiden großen Chemikern des 19. Jahrhunderts auch in Zukunft durch Förderung von chemiehistorischen Arbeiten gedacht werden.

Durch die geschilderten Aktivitäten soll auch an das hohe Ansehen und die große Bedeutung des Chemikers, des Chemie-Professors und -Forschers sowie des Chemielehrers in früherer Zeit erinnert werden. Als Liebig-Nachfahre in der 6. Generation ist mir die Pflege des Andenkens an Justus von Liebig und sein Werk, aber auch an andere große Chemiker, wie Friedrich Wöhler, eine lebenslange Verpflichtung.

Liebigs Name wurde vor allem bekannt durch die Einführung des Experimentalunterrichts an deutschen Universitäten (also die Verbesserung der Didaktik der chemischen Wissenschaften), durch die Modernisierung und Rationalisierung der chemischen Analytik (durch Verbesserung der organischen Elementaranalyse) und durch den noch 1840/42 wissenschaftlich gewagten Schritt der Anwendung der Chemie zur Erklärung der Physiologie und Erforschung der Lebensvorgänge in der Pflanze, im Tier und im Menschen. Aber es war auch Liebigs Muttersprache, in der er seine chemische Mission erfolgreich über die Welt verbreitete und die Welt mit seinen Büchern veränderte. Seine Bücher wurden zu Bestsellern. Die „Chemischen Briefe" trugen bestimmend zur Popularisierung und Globalisierung der damals nur wenigen bekannten Wissenschaft Chemie bei.

In diesem Zusammenhang erinnern wir an Jacob und Wilhelm Grimms Urteil zu Liebigs Wissenschaftssprache: „...die chemie kauderwelscht in latein und deutsch, aber in LIEBIGS Munde wird sie sprachgewaltig". Herbert Heckmann, der ehemalige Präsident der Deutschen Akademie für Sprache und Dichtung in Liebigs Geburtsstadt Darmstadt, findet als wesentliches Element der Liebigschen Sprache, daß der große Chemiker in Wort und Schrift seinen Zuhörer bzw. Leser zum Komplizen, d.h. hier zum Insider seiner Wissenschaft macht und ihn nicht ausgrenzt aus der Welt der chemischen Wissenschaften.[1] Aufschlußreich ist auch der Titel der neuen angelsächsischen Liebig-Biographie von William Brock: „Justus Liebig – The Chemical Gatekeeper".[2]

Nicht nur Lehre, Forschung und Publizistik Liebigs und seiner Zeitgenossen in der Chemie haben die Welt verändert. Verbesserte chemische Anwendungstechnologien und deren neue Chemieprodukte, z.B. die ganze Palette der Teerfarben, haben zu Wohlstand, Beschäftigung und Verbesserung des Lebensstandards der sich damals entwickelnden Industriegesellschaft beigetragen.

Liebigs ganzheitliche Betrachtungsweise der Chemie, die wir mit unserem Ausstellungsmotto der Wanderausstellung „Alles ist Chemie" aufgegriffen haben, sein disziplinübergreifendes und ganzheitliches Denken, Handeln, und Forschen ist auch für uns heutige wichtig. Es kann als Orientierung dienen für weitere interdisziplinäre Vernetzung der Chemie mit anderen Wissenschaften und Technologien.

Daß wir aus der Liebig-Lektüre auch viel Weisheit, Berufs- und Lebenshilfe, vor allem für die mit der Landwirtschaft befassten Menschen, erlangen und auch Hinweise auf die letzten Dinge bekommen, sei durch folgendes Liebig-Zitat belegt: „Meine Bekanntschaft mit der Natur und ihren Gesetzen hat mir die Überzeugung eingeflößt, daß man sich über den Tod und seine Zukunft keine Sorgen machen solle, alles ist so unendlich weise geordnet, daß die Angst, was

---

[1] Siehe den 4. Berichtsband der Justus Liebig-Gesellschaft „Symposium: Das publizistische Wirken Justus von Liebigs", Gießen 1998.

[2] William H. Brock: Justus von Liebig : The Chemical Gatekeeper. Cambridge: Cambridge University Press, 1997. Inzwischen in deutscher Übersetzung von Siebeneicher/Caesar erschienen: W. H. Brock: Justus von Liebig : Eine Biographie des großen Naturwissenschaftlers und Europäers. Braunschweig und Wiesbaden: Vieweg, 1999.

nach dem Tode aus uns wird, in der Seele eines Naturforschers nicht Platz greifen kann. Für alles ist gesorgt, und was mit uns wird, ist sicher das Beste".

Die Kenntnis der Chemiegeschichte ist für unser heutiges berufliches und privates Selbstverständnis ähnlich wichtig wie die tägliche und selbstverständliche Präsenz der Geschichte der bildenden Künste, der Architektur, der Musik, der Literatur und des Theaters. Viele Schichten unserer Bevölkerung sollten über die Entstehungsgeschichte der Chemie und die der chemischen Industrie besser Bescheid wissen, damit auch dadurch die entstandenen Berührungsängste auf diesem Felde abgebaut werden können. Diesem Ziel gilt vor allem unsere Privatinitiative und unser Bemühen.

Die Geschichte der Chemie sollte daher zum Grundwissen des Chemikers und anderer verwandter Naturwissenschaften gehören und integrierender Bestandteil zur Ausbildung der Chemiker und Chemotechniker werden. Die Freude und das Interesse an der Geschichte der Naturwissenschaften, hier der Chemie, gilt es, durch Museen und Ausstellungen, Vorträge und Publikationen zu fördern, um auch daraus Problemlösungen für die Gegenwart und Zukunft zu finden. Wir können sogar in der alten chemischen Literatur des 19. Jahrhunderts, wenn auch nur in Nebensätzen und angedacht, Hinweise auf neue Produkte und deren Anwendungen in einer ökologisch orientierten Gesellschaft am Anfang des 21. Jahrhunderts finden.

Ein Beispiel: Liebig regte vor 150 Jahren bereits in seinen Chemischen Briefen und seiner Agriculturchemie an, die Nebenprodukte aus der Melassebrennerei, nämlich die Schlempen, oder, wie sie heute heißen, die Vinassen auf die Zuckerrübenfelder zurück zu geben wegen ihres hohen Gehaltes an Mineralsalzen besonders an Kalisulfat. Meine Firmengruppe in Ludwigshafen und Haarlem (B.V. Prohama und E.V.A. GmbH) hat zusammen mit einem Unternehmen zur Herstellung von organischen Haus- und Garten-Düngern aus dieser Vinasse einen organischen Blumendünger „aus nachwachsenden Rohstoffen" entwickelt, den Sie in jedem Supermarkt und Blumengeschäft kaufen können.

Die Beschäftigung mit der Geschichte der Naturwissenschaften ist ein wichtiger Bestandteil zu einer nachhaltigen Entwicklung unserer geistigen, gewerblichen und beruflichen Informationsgesellschaft und sollte einen wesentlich größeren Raum in der Ausbildung, in den Medien und in unserem täglichen Berufs- und Privat-Leben spielen.

Vielleicht tragen unser Buch und zukünftige Aktivitäten unserer Edition dazu bei, das verstärkte Interesse in weiten Kreisen unserer Gesellschaft an der Geschichte der verschiedenen naturwissenschaftlichen Disziplinen zu erweitern und zu vertiefen. Somit können wir Chemie und Chemiegeschichte auch in unsere Zeit als ein leidenschaftliches Genießen empfinden und empfehlen.

Ludwigshafen am Rhein im November 2000

Wilhelm Lewicki

Einige Bemerkungen zur Thematik und zur Auswahl der Beiträge in diesem Buch

Von Johannes Büttner

Liebigs Buch „Die organische Chemie in ihrer Anwendung auf Physiologie und Pathologie", das 1842 erschien, hat wie kaum ein anderes wissenschaftliches Buch dieser Zeit begeisterte Zustimmung und schroffe Ablehnung gefunden. Liebig schreibt in seinem Vorwort, er habe „den Zweck gehabt, die Kreuzungspunkte der Physiologie und Chemie" hervorzuheben. Sein Ziel war, ein umfassendes Bild der chemischen Vorgänge im tierischen Organismus, eine chemisch orientierte Physiologie zu entwerfen. Für die Untersuchung organischer Stoffe stand ihm die Methode der Elementaranalyse zur Verfügung, die er zur Reife entwickelt hatte. Neu war der Weg, einen organischen Stoff durch eine Vielzahl von chemischen Reaktionen zu charakterisieren und Reaktionsgleichungen aufzustellen. Justus Liebig und sein Freund Friedrich Wöhler hatten dieses Prinzip einige Jahre zuvor in ihrer gemeinsamen Arbeit „Über die Natur der Harnsäure" mit großem Erfolg benutzt. In seiner „Thier-Chemie" (wie das Buch von den Zeitgenossen genannt wurde) wendete Liebig es dann auf die Vorgänge im lebenden Organismus an.

Liebigs Buch hatte, ähnlich wie sein zwei Jahre zuvor veröffentlichtes Werk „Die organische Chemie in ihrer Anwendung auf Physiologie und Agricultur", eine weitreichende Wirkung, auch wenn viele von Liebigs Thesen in den folgenden Jahrzehnten modifiziert oder korrigiert werden mußten. Wichtig war die Botschaft, welche die „Thier-Chemie" vermittelte. Liebig zeigte, daß man chemische Methoden auch zur Untersuchung der Vorgänge in lebenden Organismen erfolgreich anwenden kann.

Es waren besonders Physiologen und Mediziner, die sich eingehend mit Liebigs Buch beschäftigten und zu experimentellen Forschungen im Laboratorium angeregt wurden. Chemische Forschung im Laboratorium wurde für den wissenschaftlich arbeitenden Mediziner interessant und aussichtsreich. An den Universitäten wurden Professuren für das neue Arbeitsgebiet eingerichtet. Im Mittelpunkt der neuen Forschungsrichtung stand der „Stoffwechsel", d.h. die chemischen Vorgänge und Umsetzungen im lebenden tierischen Organismus. Der Begriff „Stoffwechsel" ist zwar nicht von Liebig geprägt worden, doch wurde er durch die „Thier-Chemie" in Physiologie und Medizin geläufig.

Große praktische Bedeutung erlangten sehr bald die auf die tierische und menschliche Ernährung bezogenen Thesen Liebigs. Sie bildeten einen wichtigen Ausgangspunkt für die wissenschaftliche Ernährungslehre, die sich in der zweiten Hälfte des 19. Jahrhunderts entwickelte und rasch Eingang in die praktische Medizin fand.

Das Ziel der Herausgeber war, in dem vorliegenden Band einige historisch bedeutsame Originalpublikationen sowie verschiedene wissenschaftshistorische Arbeiten zusammenzustellen, welche sich mit Liebigs Buch, seiner Entstehung, seinem Inhalt und seinen Wirkungen beschäftigen. Die „Thier-Chemie" selbst ist heute durch eine neuere Reprint-Ausgabe leichtzugänglich.[3] Für ein tiefergehendes Verständnis des Textes ist für den heutigen Leser jedoch eine kommentierende Einführung notwendig. Die ausführliche Einleitung, die der amerikanische Wissenschaftshistoriker Frederic L. Holmes anläßlich einer seit langem vergriffenen Reprintausgabe der englischen Übersetzung der „Thier-Chemie" 1964 verfaßt hat, erschien hierfür besonders geeignet. Sie gilt auch heute noch als die maßgebende Arbeit über Liebigs „Thier-Chemie". Im vorliegenden Band wird sie erstmals in deutscher Übersetzung gedruckt, wobei die deutschen Originalzitate anstelle der englischen Übersetzungen eingearbeitet wurden.

Die gemeinsame Arbeit von Wöhler und Liebig „Über die Natur der Harnsäure" aus dem Jahre 1838 hat eine wichtige Rolle auf dem Wege zu einer Chemie der physiologischen Vorgänge gespielt. Die umfangreiche Arbeit, die auch chemiegeschichtlich von großer Bedeutung ist, wird in unserem Band vollständig abgedruckt. Da für den heutigen Leser der Zugang zu einer chemischen Arbeit aus der Zeit des Entstehens der Organischen Chemie nicht ganz einfach ist, wird der Abdruck eingeleitet mit einer kleinen Einführung. In dieser wird die Vorgeschichte und der Gang der Arbeit erläutert und die damalige Schreibweise chemischer Formeln erklärt. Auch wird ein kurzer Ausblick auf nachfolgende Arbeiten bis zu Emil Fischers Beweis der Konstitutionsformel der Harnsäure gegeben.

Bei den Vorbereitungen zu diesem Buch wurde deutlich, daß über die Entstehung des Begriffes „Stoffwechsel" bisher wenig Literatur existiert. In einer noch unveröffentlichten Studie wurde deshalb die Geschichte dieses Begriffs von der Antike bis zur Zeit Liebigs dargestellt.

Es ist wenig bekannt, daß sich Friedrich Wöhler lange vor Liebig mit Stoffwechselfragen beschäftigt hat. Als Medizinstudent in Heidelberg hat er bei Friedrich Tiedemann und Leopold Gmelin 1824 eine Arbeit über „Versuche über den Übergang von Materien in den Harn" veröffentlicht, die für die chemische Betrachtung von Stoffwechselvorgängen große Bedeutung hatte. Wegen der engen Zusammenarbeit von Wöhler und Liebig gerade auch in der Zeit der Entstehung der „Thier-Chemie" erschien es wünschenswert, Wöhlers Arbeiten auf dem Gebiet der Physiologischen Chemie in einer eigenen, bisher unveröffentlichten Arbeit genauer zu betrachten. Ein anderer Aspekt ist die Harnstoffsynthese Wöhlers im Jahre 1828, die in der Diskussion um den Vitalismus bis in das 20. Jahrhundert eine große Rolle spielte. Zu dieser Frage drucken wir einen Vortrag des Berliner Wissenschaftshistorikers Hans-Werner Schütt ab, in dem die geistesgeschichtlichen Zusammenhänge dargestellt werden.

Drei weitere Beiträge in unserem Buch beschäftigen sich mit Entwicklungen, zu denen Liebigs „Thier-Chemie" wichtige Anstöße gegeben hat. In einer großen Übersichtsarbeit stellt der ehemalige Bonner Medizinhistoriker Nikolaus Mani die Geschichte der Ernährungslehre im 19. Jahrhundert dar. Die Entwicklung der Tierernährungslehre im Anschluß an Liebigs „Thier-Chemie" wird von Othmar P. Walz am Beispiel des Liebigschülers Wilhelm Henneberg dargestellt. Ein dritter Beitrag berichtet über den Einfluß von Liebigs Gedanken auf die Klinische

---

[3] Justus Liebig: Die organische Chemie in ihrer Anwendung auf Physiologie und Pathologie. Reprint der 1. Auflage Braunschweig 1842 (F. Vieweg u. Sohn). Pinneberg : Buchedition Agrimedia Hils, 1992.

Medizin und die Entstehung eines eigenen Universitätsfachs „Klinische Chemie" am Beispiel des Liebig-Schülers Johann Joseph Scherer in Würzburg.

Den Abschluß unseres Buches bildet ein Abdruck eines wenig bekannten Textes, in welchem Liebig seine Gedanken zur „wissenschaftlichen Methode" in den Naturwissenschaften wie in der Physiologie darstellt. Nach der Veröffentlichung der „Thier-Chemie" wurden rasch neue Untersuchungen publiziert, die Liebig in einer neuen Auflage seines Buches verwerten wollte. Auch sah er sich gezwungen, sich mit den zahlreichen kritischen Äußerungen zu seinen Thesen auseinanderzusetzen. Die Arbeiten an der 3. Auflage der „Thier-Chemie" (eine 2. Auflage wurde 1843 unverändert gedruckt) gestalteten sich zunehmend schwieriger. In dieser Zeit hat Liebig seine Gedanken über die „richtige" Methode in der Chemie und der Physiologie niedergeschrieben. Dieser Text wurde vorab publiziert in Cottas „Vierteljahrs Schrift" und fand dann Aufnahme im 1. Teil der 3. Auflage seines Buches, das damit abbricht. Liebigs Text ist niemals als Reprint erschienen und deshalb nicht überall zugänglich.

Im Anhang bringen wir aus der Feder des Münchener Chemiehistorikers Otto Krätz eine kleine Beschreibung des berühmten Bildes des Analytischen Laboratoriums in Gießen, in welchem viele der wichtigen Analysen zur „Thier-Chemie" ausgeführt wurden. Auf diesem Bild, das 1841 entstanden ist, sind unter anderen Scherer, Will, Varrentrapp, Strecker und Keller abgebildet, über die auch an anderer Stelle unseres Buches berichtet wird.

Im Anhang findet der Leser auch einen Abdruck der wohl vollständigsten Liste der Liebig-Schüler, die von dem amerikanischen Biochemiker und Biochemiehistoriker Joseph S. Fruton zusammengestellt wurde. Eine Zusammenstellung der wichtigsten Wöhlerschüler hat Günther Beer auf der Basis der Chemiedissertationen unter Wöhler an der Göttinger Universität zur Verfügung gestellt.

Zur besseren Benutzbarkeit sind dem Buch ausführliche Personen- und Sach-Register beigegeben.

Danksagungen

Die Herausgeber danken den Autoren Frederic L. Holmes, Otto Krätz, Nikolaus Mani, Hans-Werner Schütt, und Othmar P. Walz für die Genehmigung zum Abdruck ihrer Arbeiten. Für die Möglichkeit, die Listen der Liebig- und Wöhlerschüler zu übernehmen, sind wir Joseph S. Fruton und Günther Beer sehr dankbar. Die Verlage haben unserer Bitte um Abdruckgenehmigung bereitwillig entsprochen. Die sorgfältige Übersetzung des Beitrages von F. L. Holmes verdanken wir Dr. Wolfgang Caesar und Georg E. Siebeneicher.

J. Büttner dankt der Historischen Kommission der Julius-Maximilians-Universität Würzburg für die Genehmigung zum Abdruck des Zeugnisses von Justus Liebig für Johann Joseph Scherer sowie des Reiseberichtes von Scherer. Das Archiv der Universität Würzburg hat freundlicherweise die Personalakten von Scherer, Bamberger und Strecker zur Verfügung gestellt. Das Portrait Scherers stammt aus dem Bildarchiv der Österreichischen Nationalbibliothek in Wien. Herr Prof. Dr. Dr. Gundolf Keil hat dem Autor bei den Recherchen in Würzburg mit Rat und Tat zur Seite gestanden. Herr Dr. Koesling vom Deutschen Technikmuseum in Berlin hat Hinweise auf den Berliner Mechaniker Oertling gegeben.

Herr Dr. Beer vom Göttinger Museum der Chemie hat mit wertvollen Hinweisen und eigenen Recherchen Fragen zu Wöhler und der Göttinger Chemie klären können. Er hat auch das Wöhlerportrait, das wir als Frontispiz verwenden aus dem Bestand der Museums der Chemie zur Verfügung gestellt.

Herrn PD Dr. Judel, Liebig-Museum Giessen, danken wir für Hinweise zu Liebig und seinen Schülern.

Herr PD Dr. Belzner, Göttingen, hat freundlicherweise das Formelschema in der Einleitung zu Wöhler und Liebigs Arbeit über die Harnsäure erstellt.

Den Mitarbeiterinnen und Mitarbeitern der Bibliothek der Medizinischen Hochschule Hannover dankt J. Büttner für kompetente und vielfache Hilfe bei der Beschaffung der in diesem Buch verwendeten und zitierten Literatur.

Frau Prof. Dr. Dr. Christa Habrich, München/Ingolstadt, und Frau Prof. Dr. Brigitte Lohff, Hannover, sei für Durchsicht des Manuskriptes herzlich gedankt.

Einführung in Liebigs „Thier-Chemie"[*)]

Von Frederic L. Holmes

Das Jahrzehnt von 1840 bis 1850 war außerordentlich bedeutungsvoll für die Entwicklung der modernen Physiologie. In jenem Zeitabschnitt begannen Carl Ludwig, Emil du Bois-Reymond, Ernst Brücke und Hermann Helmholtz ein allgemein bekanntes Gelöbnis einzulösen, nämlich die Wissenschaft der Physiologie als Anwendung physikalischer und chemischer Gesetze auf biologische Phänomene zu begründen. Claude Bernard begann mit seiner glänzenden Folge von Entdeckungen, die zeigten, wie fruchtbar Methoden der Physik und Chemie sich mit ausgefeilten Techniken der Vivisektion verbinden lassen. Sie und die wachsende Zahl ihrer Kollegen spürten, daß sie an einer revolutionären Entwicklung teilhatten, die ihr Arbeitsgebiet schnell in eine eigenständige Experimentalwissenschaft umwandelte. Der wahrscheinlich stärkste einzelne Impuls für den künftigen Gang physiologischen Denkens und Forschens ging jedoch von dem 1842 veröffentlichten Buch eines Mannes aus, der niemals einen Versuch mit lebenden Tieren durchgeführt hatte.[1] Justus Liebigs „Thier-Chemie" zog unmittelbar eine breite Aufmerksamkeit auf sich, von den Biologen bis hin zur allgemeinen Öffentlichkeit. Sie offenbarte eine Denkweise und eine Anleitung zum Experimentieren, die über ein Jahrhundert lang fruchtbar bleiben sollten.

Wenige Werke vergleichbarer wissenschaftlicher Bedeutung haben für so viele offensichtliche Widersprüche gesorgt wie dieses bemerkenswerte Buch: Mit Recht ist einerseits darüber geurteilt worden, daß es die Grundlagen für das Gesamtgebiet des tierischen Stoffwechsels gelegt habe; andererseits konnte aber ein führender Physiologe bei Liebigs Tod behaupten, die meisten Ernährungstheorien dieses Buches seien nicht bestätigt worden.[2] Einerseits erschien Liebigs chemische Erklärung physiologischer Prozesse damals so neuartig, daß er und seine Anhänger befürchteten, die auf herkömmliche Weise ausgebildeten Physiologen seien nicht imstande sie zu verstehen;[3] andererseits bauten aber seine wichtigsten Gedanken auf Gedanken auf, die Lavoisier schon ein halbes Jahrhundert zuvor formuliert hatte. Obwohl Liebig mit diesem Buch angeblich eine neue, exakte Forschungsmethode als Grundlage für seine Theorien einführte,[4] berief er sich auf unüberprüfte, vernünftig erscheinende „Beweise", um seine spekulativen Überlegungen zu belegen. Dieses Buch verwendete erstmals Gleichungen, um chemische Reaktionen, die sich in lebenden Organismen vollziehen, zu veranschaulichen, eine Darstellungsart, die heute allgemein üblich ist; und doch sind die in dem Buch enthaltenen

---

[*)] Deutsche Übersetzung der „Introduction" zu Liebigs „Thier-Chemie", welche in dem Facsimile-Reprint der 1. amerikanischen Ausgabe erschienen ist. Siehe: Justus von Liebig: Animal Chemistry, or Organic Chemistry in its Application to Physiology and Pathology. Edited by William Gregory and John W Webster. New York and London: Johnson Reprint Corporation, 1964, S. VII – CXVI. Deutsche Übersetzung von Wolfgang Caesar und Georg E. Siebeneicher.

Gleichungen ein paar Jahre nach ihrer Veröffentlichung wieder aus der Literatur verschwunden. Die erste Auflage der „Thier-Chemie" wurde begeistert aufgenommen und in mehrere Sprachen übersetzt, doch Liebig gab seinen Versuch auf, eine neue, erweiterte Auflage abzuschliessen, er veröffentlichte nur ein Fragment. Als Liebigs Gedanken erschienen, erkannte der damals führende Physiologe an, daß sie tiefe, neue Einblicke in die inneren Prozesse des gesamten tierischen Haushaltes gewähren; ein ebenso bedeutender Chemiker klagte jedoch, daß Liebig die Physiologie nur mit falschen Hypothesen belaste, die er als Tatsachen ausgab.

Derartig unterschiedliche Meinungen über Liebigs Buch ergaben sich zum Teil aus dem schnellen Wandel physiologischen Denkens zu jener Zeit, als Liebig es publizierte. Seine Erklärungen widersprachen den überlieferten, vorwiegend auf der Anatomie begründeten und oftmals mit Spekulationen der Naturphilosophie vermischten Ansichten entschieden. Seine Methode erwuchs zwar aus einer Art biologischen Denkens, das auf der organischen Chemie beruhte, die sich ihrerseits innerhalb von fünfzig Jahren entwickelt hatte; aber er stellte die Anwendung der organischen Chemie erstmals so umfassend dar, daß sie die Autorität der etablierten physiologischen und medizinischen Theorien bedrohte. Folglich mußte Liebig Auseinandersetzungen und leidenschaftliche Erwiderungen heraufbeschwören. Schon ein paar Jahre später wurden seine Gedanken nach den neuen Maßstäben empirischer Forschung bewertet, die seine „Thier-Chemie" mit gefördert hatte; gemessen an diesen Maßstäben schien das Buch jedoch zu viel von den älteren spekulativen Denkweisen zu enthalten. Aber diese allgemeinen Faktoren können die vielfältige Rolle dieses Buches nicht vollständig erklären. Die Bewertung seines Inhaltes und seine Aufnahme hing untrennbar mit Liebigs Persönlichkeit, seiner Art sich auszudrücken, seinen vorherigen Interessen und seinem wissenschaftlichen und persönlichen Ansehen zusammen. Die damaligen Reaktionen waren auch stark gefärbt von der Persönlichkeit und der beruflichen Stellung derjenigen, die die Auswirkungen von Liebigs Buch zu spüren bekamen, sowie von ihrer Beziehung zu Liebig.

Vorläufer auf dem Gebiet der Tierchemie

Liebig unterschätzte selten die Wichtigkeit und Originalität seiner eigenen Beiträge. In diesem Sinne unterstellte er im Vorwort seiner „Thier-Chemie", daß vor ihm noch niemand die Ergebnisse chemischer Forschung mit Erfolg dazu genutzt habe, physiologische Fragen zu klären. Tatsächlich hatten aber verschiedene Wissenschaftler hart und mit interessanten Ergebnissen daran gearbeitet, die Fundamente zu legen, auf denen Liebig dann aufbaute.[5] Gegen Ende des 18. Jahrhunderts hatten Antoine Laurent Lavoisier und Pierre-Simon Laplace eine große Anregung gegeben, indem sie zeigten, daß Atmung eine langsame Verbrennung ist, und indem sie behaupteten, daß dieser chemische Prozeß die Quelle der ganzen oder zumindest des größeren Teiles der tierischen Wärme ist. Die Versuche, mit denen sie ihre Theorien stützten, bildeten auch den Ausgangspunkt für einen Großteil der Arbeit ihrer Nachfolger, dies insbesondere deshalb, weil sie noch viele Fragen offengelassen hatten, deren Lösung eine erhebliche Anzahl an experimentellen Arbeiten bis weit in das 19. Jahrhundert hinein erforderte. Zahlreiche Wissenschaftler hatten sich bemüht, sowohl die Messung des Gasaustausches bei der Atmung der Tiere als auch die Messung ihrer Wärmeerzeugung zu verbessern. Einerseits versuchten sie genauer zu bestimmen, ob die Verbrennungswärme der bei der

Atmung verbrannten Elemente der tatsächlich von den Tieren abgegebenen Körperwärme entspricht oder nicht; andererseits schlugen sie sich mit den Fragen herum, ob die Menge der ausgeatmeten Kohlensäure gleich der Menge des verbrauchten Sauerstoffs ist bzw. ob sie größer oder kleiner ist; ob Stickstoff eingeatmet oder ausgeatmet wird – oder keines von beidem; und ob die Verbrennung in den Lungen stattfindet oder im gesamten Körper. Keine dieser Fragen war gänzlich geklärt, als Liebig sein Buch schrieb, aber durch ihre zahlreichen Untersuchungen hatten Wissenschaftler viel über die Verfahren gelernt, um die Atemgase sowohl im Blut als auch in der Luft, die in die Lunge strömt und sie wieder verläßt, zu messen.[6]

Lavoisier hatte auch ein zweites, ebenso wichtiges Forschungsgebiet begründet: die Elementaranalyse organischer Stoffe. Er verbrannte Substanzen in Sauerstoff und maß dann die Kohlensäure und die anderen sauerstoffhaltigen Gase, die sich daraus gebildet hatten. 1784 fand er dabei heraus, daß diese Gase alle aus Kohlenstoff, Wasserstoff und Sauerstoff bestanden, daß sie diese Elemente jedoch in jeweils unterschiedlichen Anteilen enthielten. Claude-Louis Berthollet zeigte ungefähr zur gleichen Zeit, daß tierische Materie darüber hinaus immer auch Stickstoff enthält. Lavoisiers Methoden waren nicht geeignet, die jeweiligen Anteile der Elemente mengenmäßig zu bestimmen; doch im frühen 19. Jahrhundert verbesserten Joseph-Louis Gay-Lussac, Jöns Jacob Berzelius, Liebig und andere die Apparaturen und die Verfahren – bis 1832 die Bestimmung der prozentualen Zusammensetzung organischer Stoffe und die Berechnung von Formeln auf empirischer Grundlage Routine geworden war. Diese neue Kenntnis der Zusammensetzung organischer Stoffe legte von Anfang an die einfache und einleuchtende Vorstellung nahe, daß ihre Umsetzung auf der Hinzufügung, Entfernung oder teilweise veränderten Zusammensetzung ihrer elementaren Bestandteile beruht, um neue Verbindungen hervorzubringen, die die Elemente in anderen Mengenanteilen enthalten. Chemiker und Biologen – darunter auch Lavoisier, Antoine Fourcroy, Berthollet und Jean-Noel Hallé – sahen, daß die chemischen Prozesse in lebenden Organismen durch ähnliche Umsetzungen vonstatten gehen müssen. Später begründeten William Prout, Leopold Gmelin, Jean Baptiste Boussingault und andere ihre physiologischen Theorien oder Forschungen auf diesem Prinzip. Ihre entsprechenden Studien standen mit denen über die Atmung in Beziehung, weil sich herausgestellt hatte, daß die Elemente in der Atemluft dieselben sind wie die Elemente in den Bestandteilen von Geweben und Körpersäften. Es schien klar, daß die Austauschvorgänge bei der Atmung mit den chemischen Reaktionen der Ernährung und anderer innerer Vorgänge in Zusammenhang stehen. Vor Liebig waren Erklärungen dieses Zusammenhangs jedoch weder umfassend noch von größerem Einfluß.[7]

Die Arbeiten zur Elementaranalyse und über die Atmung inspirierten die für die chemische Erklärung biologischer Phänomene grundlegenden Denkweisen; aber sie konnten nur vage Spekulationen über die inneren Prozesse und keine umfassendere Kenntnis von den vielen Verbindungen geben, die tatsächlich in den Geweben und Säften des Tierkörpers enthalten sind. Ein größerer Fortschritt auf diesem Gebiet hatte ebenfalls im späten 18. Jahrhundert eingesetzt, als die Chemiker anfingen, planmäßig Lösungsmittel wie Wasser, Alkohol und Ether für die Extraktion von Bestandteilen aus Flüssigkeiten und Feststoffen zu verwenden, und dabei lernten, sie nach ihren physikalischen und chemischen Eigenschaften zu bestimmen und voneinander zu unterscheiden. Carl Wilhelm Scheeles Isolierung verschiedener organischer

Säuren zwischen 1770 und 1785 zeigte die entsprechenden Möglichkeiten solcher Methoden, die Fourcroy gegen Ende des Jahrhunderts ausgiebig weiterentwickelte. Nach 1800 erforschte Berzelius gründlich die chemischen Bestandteile von Urin, Blut und anderen Körpersäften; er wurde dadurch die führende Autorität auf dem Gebiet der Tierchemie in den Jahren, bevor Liebig über dieses Gebiet schrieb. Die bedeutendste Einzeluntersuchung jedoch war Michel-Eugène Chevreuls (1786–1889) meisterhafte Aufklärung der Zusammensetzung der Fette (1815 bis 1825). Er zeigte, daß diese komplexen und augenscheinlich sehr variablen Substanzen aus bestimmten chemisch definierten Bestandteilen zusammengesetzt sind, nämlich aus Fettsäuren und Glycerin; damit setzte er Maßstäbe für die Identifizierung und Reinigung organischer Stoffe, die als Vorbild für alle späteren Analysen dienten.[8]

Liebig behauptete, frühere chemische Analysen der Bestandteile von Körpersäften und Geweben seien für die Physiologie von geringem Wert, weil sie ohne klare Fragestellungen durchgeführt worden seien.[9] Mit dieser Ansicht wurde er den Bemühungen seiner Vorgänger kaum gerecht. Viel angesammelte Erfahrung war notwendig gewesen, um die Tatsache zu erkennen, daß gewisse Klassen organischer Verbindungen – nämlich Kohlenhydrate, Fette und stickstoffhaltige oder eiweißartige Stoffe – generell im Körper und in der Nahrung von Tieren vorkommen, so daß sie besonders wichtige Rollen im Körperhaushalt spielen müssen. François Magendie wandte solche Kenntnisse fruchtbar auf physiologische Fragen an, als er 1816 eine Reihe von Ernährungsversuchen begann, die zeigten, daß eine Ernährung ohne stickstoffhaltige Substanzen Tiere nicht am Leben erhalten kann. Seinem Beispiel folgend, fanden andere heraus, daß keine Stoffklasse für sich allein für die Ernährung ausreichend ist.[10]

Ungefähr zur gleichen Zeit begann William Prout die Umsetzungen, denen diese Stoffklassen im Tierkörper unterliegen, direkt zu erforschen, indem er die Verbindungen zu bestimmen versuchte, die den Verdauungstrakt passieren.[11] Zwischen 1820 und 1825 vereinigte Friedrich Tiedemann seine Fähigkeiten als Anatom und Physiologe mit den chemischen Kenntnissen von Leopold Gmelin zu einer sehr gründlichen Untersuchung der chemischen Umsetzungen, die verschiedene Nährstoffklassen durchmachen, wenn sie in den Magen und Verdauungskanal eintreten und schließlich die Lymphgänge passieren, die in die Blutbahn führen.[12] Ihre Abhandlung blieb eine maßgebliche Informationsquelle und gab Anregungen für weitere Studien im nächsten Drittel des Jahrhunderts. Obwohl Liebig diese beiden persönlich kannte und Tiedemann sehr bewunderte,[13] wurde seine „Thier-Chemie" von ihrem Werk kaum beeinflußt. Ihre Vorgehensweise war für seinen impulsiven Geist offenbar zu mühselig und zu langwierig, denn was er suchte, war ein umfassendes Bild vom Wesen und Sinn der Ernährungsvorgänge; dagegen war er an den empirisch gewonnenen Daten einzelner Umsetzungsprozesse weniger interessiert.

Von der organischen Chemie zur Tierchemie

Als Liebig Anfang 1840 über physiologische Chemie nachzudenken und zu schreiben begann, unterbrach er abrupt seine Laufbahn in der reinen organischen Chemie,[14] doch konnte er mit einem gewissen Recht sagen, dies sei das Ziel aller seiner Arbeiten auf dem Gebiet der organischen Analyse gewesen.[15] Als begabter junger Mann war er 1821 nach Paris gereist, um bei dem französischen Chemiker Joseph Gay-Lussac zu studieren; dort erlernte er die Elementaranalyse organischer Verbindungen nach den ziemlich genauen, aber anstrengenden und umständlichen Methoden von Gay-Lussac und Berzelius. Dabei erkannte er, daß der weitere Fortschritt der organischen Chemie davon abhing, die Methoden so einfach und verläßlich zu machen, daß alle Chemiker imstande wären, jede organische Verbindung, mit der sie zu tun haben, schnell zu analysieren. Nach seiner Rückkehr errichtete Liebig in der kleinen hessischen Universitätsstadt Gießen 1824 das erste ausdrücklich zur Ausbildung neuer Chemiker bestimmte Laboratorium. Fast zehn Jahre lang war er damit beschäftigt, Verfahren und Apparaturen zu entwickeln, die schwierige Operationen überflüssig machten und Quellen für Irrtümer ausschlossen. Als er mit seiner Methode zufrieden war, begann er mit seinen Studenten alle organischen Verbindungen zu analysieren, deren sie habhaft werden konnten.[16] Ihre Bemühungen zielten unmittelbar auf eine genauere Kenntnis und Erklärung der Zusammensetzung und der Reaktionen organischer Verbindungen. Aber schon in diesen Jahren sah Liebig voraus, daß seine Arbeiten für die Physiologie wichtig werden könnten: Nur die quantitative Analyse – so stellte er 1834 fest – könne zum Verständnis der geheimnisvollen chemischen Umsetzungen innerhalb lebender Organismen führen, weil nur sie allein die Gesetze aufdecken kann, denen die chemischen Umsetzungen und Zersetzungen unterliegen. Chemiker könnten diese Gesetze entdecken, indem sie die Zusammensetzung jeder einzelnen der bei den Reaktionen von tierischen und pflanzlichen Stoffen beteiligten Verbindungen bestimmen; auf diese Weise könnten sie zeigen, wie jedes einzelne Atom der an einer Reaktion beteiligten Verbindungen für die neuen Produkte verwendet wird.[17]

Solche Ziele dürften 1837 Liebigs Entscheidung beeinflußt haben, gemeinsam mit Wöhler die Zusammensetzung, die Reaktionen und die Abbauprodukte der Harnsäure zu erforschen. In ihrer gemeinsamen Abhandlung gaben sie als ersten Grund für die Erforschung dieser Verbindung an, daß dieselbe als Ausscheidungsprodukt physiologisch von großer Bedeutung sei und mit Krankheiten in Zusammenhang stehe. Sie glaubten, die Erforschung ihrer chemischen Reaktionen sei die wesentliche Voraussetzung, um zu verstehen, welche Rolle sie im Organismus spielt.[18] Liebig dürfte ermutigt worden sein, sich nach dieser Arbeit weiterhin mit physiologischen Fragen zu befassen, als Berzelius ihm im August 1838 begeistert schrieb, mit dieser Abhandlung beginne die Lösung des Rätsels der Chemie lebender Körper.[19] Obwohl sich die ganze Abhandlung nur mit der Chemie der Harnsäure befaßte, spielten ihre Ergebnisse eine bedeutende Rolle in Liebigs späteren Theorien zur tierischen Physiologie.[20]

Liebig und andere Chemiker waren etwa zur selben Zeit stark beeindruckt von den beachtlichen Ergebnissen der Elementaranalyse der eiweißartigen Stoffe Casein, Albumin und Fibrin, die der geschickte niederländische Chemiker Gerrit Jan Mulder 1837 und 1838 veröffentlichte. Im Gegensatz zu früheren Analytikern hatte Mulder festgestellt, daß jeder dieser lebenswichtigen Bestandteile tierischer Körpersäfte die Elemente Kohlenstoff, Wasserstoff, Sauerstoff und Stickstoff in gleichen Anteilen enthält, während er sich nur im Gehalt sehr kleiner Mengen von Schwefel und Phosphor unterscheidet. Er glaubte bewiesen zu haben, daß alle diese Substanzen auf dieselbe Ausgangssubstanz – er nannte sie Protein – zurückgeführt werden können, indem bloß der an das gemeinsame Radikal gebundene Phosphor oder Schwefel entfernt wird.

Nachdem er auch ein pflanzliches Albumin mit gleicher prozentualer Zusammensetzung gefunden hatte, kam Mulder zu dem verführerisch einfachen Schluß, daß tierisches Protein in Pflanzen synthetisiert werde und nach dem Verzehr durch ein Tier nur geringfügig verändert werden müsse, um in Bestandteile von Gewebe und Blut umgewandelt zu werden. Mulders Ergebnisse und Ansichten weckten ein plötzliches neues Interesse, die organische Chemie auf die Tierphysiologie anzuwenden, denn sie zeigten, wie die Kenntnis der Zusammensetzung organischer Stoffe Ernährungstheorien ändern kann.[21] Liebig selbst hatte sich offensichtlich ebenfalls davon anregen lassen, denn in den folgenden Jahren vergab er an seine Studenten nicht nur Arbeiten, die Mulders Proteinforschungen ergänzten, sondern er beauftragte sie auch mit der Erforschung der anderen Hauptnährstoffe, der Fette und der Zucker.[22]

Liebig sah eine enge Beziehung zwischen seinen früheren organischen Analysen und den physiologischen Fragen, denen er sich nun zuwandte; dies geht deutlich aus seiner Feststellung aus dem Jahr 1841 hervor: „Die organische Chemie hat zum Gegenstand die Erforschung der chemischen Bedingungen, die notwendig sind für das Leben und die perfekte Entwicklung von Tieren und Pflanzen und allgemein die Erforschung all jener Prozesse organischer Natur, welche durch die Wirkung chemischer Gesetze bedingt sind."[23] Liebigs Ansicht drückte den traditionellen Charakter der organischen Chemie aus, die, wie er feststellte, in der chemischen Geschichte der Verbindungen besteht, welche tierischen oder pflanzlichen Ursprungs sind. Denn er schrieb sein Buch kurz bevor das Interesse an der Synthese neuer Verbindungen diesen Bund zwischen Biologie und Chemie lockerte und die organische Chemie definiert wurde als Chemie der Kohlenstoffverbindungen, ganz gleich, ob diese in einem Zusammenhang mit Organismen stehen oder nicht. Obgleich die alte organische Chemie bald als neues Fach, nämlich als physiologische Chemie, wieder auftauchte, beklagte Liebig 25 Jahre später, daß die Vorliebe der Chemiker für Synthesen sie davon abgelenkt habe, das Studium der organischen Chemie, wie er sie 1840 definiert hatte, weiterzuverfolgen.[24]

Obgleich obige Überlegungen zeigen, daß Liebigs Wandlung logisch und vorbedacht war, führte sie dennoch zu einem tiefgreifenden und plötzlichen Wechsel in seinen Gedankengängen und Aktivitäten. Es spricht einiges dafür, daß das Abrupte seines Wechsels auf ebenso zufälligen persönlichen Faktoren wie auf seiner intellektuellen Entwicklung beruhte. Zwischen 1837 und 1840 war er häufig in Streitigkeiten verwickelt, die sich aus der von Jean-Baptiste Dumas vertretenen Theorie der Substitutionen in organischen Verbindungen ergaben. Dumas' Theorie war unvereinbar mit den früheren, von Berzelius stammenden Vorstellungen der chemischen Bindung, und der alternde Pionier konnte sie nicht akzeptieren, insbesondere weil er argwöhnisch den Motiven des erfolgreichen Pariser Chemikers mißtraute. Liebig unterstützte zunächst Berzelius, wurde aber 1837 vorübergehend für Dumas' Ansichten gewonnen und traf eine Vereinbarung mit seinem früheren Rivalen, um mit ihm für den Fortschritt der organischen Chemie zusammenzuarbeiten. Diese „Allianz" zwischen Liebig und Dumas und andere Meinungsverschiedenheiten zwischen Liebig und Berzelius über die Interpretation der Zusammensetzung organischer Verbindungen kühlten die bis dahin innige, von gegenseitiger Bewunderung geprägte Beziehung der beiden letztgenannten ab. Kurz darauf scheiterte allerdings auch die Verständigung zwischen Liebig und Dumas, die wieder ihre frühere argwöhnische Haltung gegen einander einnahmen. Um 1840 war Liebig der Kontroverse über die „Substitutionstheorie" überdrüssig. Er spürte, daß die Kenntnis der Zusammensetzung organischer Verbindungen nicht ausreiche, um solche Streitfragen zu lösen, und glaubte, daß Dumas seine Theorie vor allem dazu benutze, sich selbst darzustellen. Hinzu kam folgendes: Da Liebig Berzelius' Theorien der chemischen Zusammensetzung als überholt ansah, war auch seine geschätzte Freundschaft mit dem berühmten schwedischen Wissenschaftler bedroht, insbesondere weil Liebig kaum zwischen intellektuellen Meinungsverschiedenheiten und persönlichen Angriffen unterscheiden konnte. Einige Male schrieb er an Wöhler und Berzelius, daß er der Theorie der organischen Chemie überdrüssig sei und sich mit großer Befriedigung den physiologischen Anwendungen der Chemie zuwende.[25] Wahrscheinlich war Liebigs Hinwendung zur Physiologie zum Teil auch ein Versuch, den teils persönlichen, teils wissenschaftlichen Konflikten, bei denen er keine Lösung sah, zu entkommen. Unglücklicherweise vertiefte dieser Wechsel die persönlichen Schwierigkeiten nur noch mehr und verwickelte ihn in wissenschaftliche Auseinandersetzungen, die bitterer waren als jene, denen er entkommen war.

Die Gelegenheit, die Liebig nutzte, um seine Auffassungen über physiologische Chemie zu formulieren, ergab sich 1838 aus einer Anfrage der British Association for the Advancement of Science, einen Bericht über den Stand der organischen Chemie auszuarbeiten. Er gab seine Antwort in zwei Teilen und bearbeitete zuerst die Chemie der Pflanzen und ihre Ansprüche an den Boden. Seine Ausarbeitungen erschienen im Herbst 1840 in seinem Buch „Die organische Chemie in ihrer Anwendung auf Agricultur und Physiologie" („Agriculturchemie"). Es erregte sowohl große Begeisterung als auch bittere Kritik; aber schließlich führte es zu einer Revolution in der landwirtschaftlichen Praxis, verbunden mit der Gründung zahlreicher landwirtschaftlicher Versuchsstationen.[26] Obwohl sich Liebig vor allem mit den Pflanzen und ihrem Anbau befaßte, teilte er hier auch einige allgemeine Vorstellungen über die Beziehung der Chemie zur Physiologie mit, die er später auf die Tierchemie anwandte. Er äußerte sich – sogar noch schärfer als später in seinem Buch „Thier-Chemie" – über die Vernachlässigung der Chemie durch die Physiologen und entwickelte Vorstellungen über die Verwandtschaft von Lebenskraft und chemischen Kräften, die einen Vorgeschmack von den Ausführungen in dem späteren Buch geben.[27] Der wichtigste allgemeine Gedanke war seine Äußerung, daß eine Beziehung besteht zwischen der prozentualen Zusammensetzung verschiedener Verbindungen, die in Pflanzen gebildet werden können, und dem Verhältnis von Kohlensäure und Sauerstoff, die von den Pflanzen aufgenommen bzw. abgegeben werden. Diese Mengen berechnete er, indem er annahm, daß Wasser und Kohlendioxid letztlich die Grundstoffe bei der Synthese sind und daß dabei so viel Sauerstoff übrigbleibt, wie sich aus der Formel der jeweils gebildeten Verbindung ergibt. Bei der Bildung von Stärke beispielsweise:

„36 Aeq[uivalente] Kohlensäure u[nd] 30 Aeq. Wasserstoff aus 30 Aeq. Wasser
= Stärke, mit Ausscheidung von 72 Aeq. Sauerstoff."
Oder wenn es das organische Produkt Terpentin ist:
„30 Aeq. Kohlensäure u. 24 Aeq. Wasserstoff aus 24 Aeq. Wasser
= Terpentinöl, mit Ausscheidung v. 84 Aeq. Sauerstoff."[28]

Diese Methode spezifizierte und klärte die Beziehung zwischen dem Gasaustausch bei der Atmung und der organischen Zusammensetzung von Lebewesen, von der man früher nur allgemeine Vorstellungen gehabt hatte. Sie blieb noch grundlegend für die Betrachtung dieser Beziehungen in Pflanzen und Tieren, nachdem Liebigs mehr ins Detail gehenden Spekulationen über solche Prozesse schon längst überholt waren.

Die „Agriculturchemie" enthielt auch zahlreiche kurze Hinweise auf die Ernährungsprozesse der Tiere. Sie sind besonders aufschlußreich, weil sie zeigen, daß Liebig im Herbst 1840, als er über Pflanzen schrieb, die Theorien über die Tierchemie, die er weniger als zwei Jahre später so überzeugend darlegte, in den Einzelheiten noch nicht formuliert hatte. Er meinte beispielsweise: „Durch die Nieren werden die in Folge von Metamorphosen entstandenen stickstoffhaltigen, durch die Leber die an Kohlenstoff reichen und durch die Lunge alle wasserstoff- und sauerstoffreichen Excremente aus dem Körper entfernt."[29] Dies war eine sehr vereinfachte Wiedergabe einer anfangs des 19. Jahrhunderts weitverbreiteten Auffassung;[30] sie widerspricht auch der Theorie, zu der er erst Anfang 1841 gelangte, daß die Sekrete der Leber grossenteils rückresorbiert werden und in den Blutstrom gelangen.[31] Andere Stellen zeigen, daß er 1840 – im Einklang mit dem zeitgenössischen Denken[32] – glaubte, die Assimilation der Nahrung in Blut und Gewebe erfordere die chemischen Umsetzungen der Nahrungsstoffe in neue Verbindungen, die sich in ihrer elementaren Zusammensetzung unterscheiden.[33] Er war also noch nicht zu der Auffassung gelangt, daß die zur Bildung tierischen Gewebes bestimmten Nährstoffe schon beim Verzehr die dafür erforderliche elementare Zusammensetzung aufweisen.[34] Andererseits sind die Keime bestimmter, später ausgearbeiteter Gedanken in einigen Behauptungen augenscheinlich, wie z. B. derjenigen, daß Fett in Tieren sowohl durch steigende Futteraufnahme als auch durch verminderte Atmung und Oxidation angereichert werden kann.[35]

Wenn er auch noch keine genaue Vorstellung von den in Tieren ablaufenden Prozessen hatte, so hatte sich Liebig doch mindestens schon sechs Monate lang intensiv mit der Notwendigkeit befaßt, die Chemie auf Physiologie und Medizin anzuwenden. Im Mai 1840 kritisierte er öffentlich das Desinteresse und die Unkenntnis der Chemie bei vielen Ärzten und Physiologen und gab der vorherrschenden Naturphilosophie an den Universitäten die Schuld daran, daß man den Nutzen dieser Wissenschaft ignorant in Frage stellte. Hervorragende Gelehrte wie Müller, Theodor Schwann, Gabriel Gustav Valentin und Rudolph Wagner spürten damals schon die Dürftigkeit ihrer nur auf der Anatomie beruhenden Erklärungen. Liebig forderte tiefergehende, chemische Erklärungen und machte sich selbst auf die Suche. Die wenigen Personen, die die Chemie schon auf die Physiologie angewandt hatten, wie Friedrich Tiedemann, Müller und Johann Lukas Schönlein, erschienen ihm als die Morgenröte eines neuen Zeitalters; aber seine Verheißung konnte niemals in Erfüllung gehen, bevor nicht überall Laboratorien vorhanden waren, um Physiologen und Ärzte in Chemie zu unterrichten. Fürs erste plädierte Liebig dafür, daß die Physiologen sich mit offenen Fragen über chemische Vorgänge in Organismen an die Chemiker wenden sollten; mit folgendem Satz sprach er sie direkt an:

„Ohne selbst Physiolog zu sein, blieb denn dem Chemiker etwas anderes übrig, als ins Blaue hinein Versuche zu machen? Wie konnte der Chemiker wissen, was Euch fehlte, was Ihr von ihm bedurftet, womit er Euch nützlich sein konnte, um Euch in der

Beantwortung physiologischer Fragen zu helfen? Es ist Eure und nicht die Aufgabe des Chemikers und Physikers, Licht über die organischen, über die Lebensprocesse zu verbreiten; Ihr müßt Euch mit den Wegen und Hülfsmitteln beider, mit der Sprache der Erscheinungen vertraut machen, erst dann seid Ihr im Stande, einen Schritt weiter zu gehen."[36]

Aber Liebig konnte nicht so lange warten, bis die Physiologen zu ihm kamen. Bald forschte er selbst ins Blaue hinein und dachte nicht mehr an seine Warnung, nur Physiologen könnten wissen, welche Fragen zu stellen seien.

Sobald er seine „Agriculturchemie" vollendet hatte, begann Liebig das Studium der Tierchemie so intensiv, daß er innerhalb weniger Monate neuartige, weitreichende Gedanken äußern konnte, die vielen seiner eigenen früheren Annahmen widersprachen[37] und allen inneren Prozessen des tierischen Haushaltes einen neuen Sinn gaben. Im November 1840 war er damit beschäftigt, den Gesamtbetrag des in der Nahrung und in den Exkrementen von 855 Soldaten einer hessischen Heereskompanie enthaltenen Kohlenstoffs zu messen. In dieser Untersuchung, die er offensichtlich nach dem Beispiel einer von Boussingault einige Jahre zuvor an Tieren durchgeführten Untersuchung anstellte, errechnete Liebig aus der durchschnittlich pro Kopf und Tag aufgenommenen Kohlenstoffmenge und der in den Exkrementen ausgeschiedenen Kohlenstoffmenge den Betrag, der täglich durch die Respiration verbrannt wird.[38] Diese einzige physiologische Untersuchung, die Liebig an Lebewesen durchgeführt hat, war nicht besonders genau oder aufschlußreich im Vergleich zu jenen seiner Vorgänger. Dennoch muß sie ihm geholfen haben, seine Gedanken zu klären, denn Ende des Jahres konnte er in seinen Vorlesungen sieben Vorschläge zur Tierphysiologie unterbreiten, darunter die folgenden:

„Die stickstoffhaltigen Nahrungsmittel aus dem Pflanzenreiche sind identisch in ihrer Zusammensetzung mit den Bestandtheilen des Blutes."

„Zucker, Amylon, Gummi sind keine Nahrungsmittel, sie dienen der Bildung des Fettes und zur Respiration."[39]

Liebig war inzwischen auch zu dem ziemlich originellen Schluß gekommen, daß die von der Leber sezernierte Galle wieder in das Blut rückresorbiert wird, um Kohlenstoffverbindungen für die Respiration zu liefern. Zur gleichen Zeit war er mit Studien über das Blut beschäftigt. Sichtlich überrascht und erfreut entdeckte er, daß er je ein Äquivalent der charakteristischen Urinbestandteile Harnstoff und Harnsäure, sowie ein Äquivalent der – seiner Meinung nach primären – Gallensubstanz Choleinsäure addieren mußte, um die Formel von Albumin und Fibrin, den hauptsächlichen organischen Bestandteilen des Blutes, zu erhalten. Er spürte, daß diese und ähnliche Berechnungen kein Zufall sein konnten, und glaubte daher, einen neuen Weg gefunden zu haben, um Erkenntnisse über die in Tieren ablaufenden physiologischen Reaktionen zu gewinnen.[40] Diese Methode wertete er in Teil 2 seiner „Thier-Chemie" weidlich aus.[41]

Da Liebig befürchtete, seine Theorien könnten auf Widerspruch stoßen, weil sie, wie er glaubte, den meisten biologischen Gedanken seiner Zeit unmittelbar entgegengesetzt waren, sandte er Zusammenfassungen seiner Ansichten an die bedeutendsten Physiologen, die er kannte: Johannes Müller, Rudolph Wagner und Friedrich Tiedemann.[42] Wagner war so beeindruckt, daß er Liebig einlud, einen Artikel für das neue „Handwörterbuch der Physiologie" zu schreiben,[43] und Müller spürte, die Gedanken seien von so grundlegender Bedeutung, daß er die Veröffentlichung der 4. Auflage seines maßgeblichen „Handbuch der Physiologie des Menschen" verschob, bis eine umfassendere Darlegung dieser Gedanken erschienen sei.[44] Liebig war immer noch unschlüssig, ob er seine Ansichten veröffentlichen sollte, und suchte im März 1841 den Rat seines engen Freundes Friedrich Wöhler. Wöhler fand die Gedanken geistreich, verführerisch und fast überzeugend; aber mit wohlbegründeter Vorsicht war er wegen ihrer spekulativen Natur besorgt. Dem kühneren Liebig genügte die Tatsache, daß Wöhler nichts offenbar Falsches an seinen Gedanken fand, als Ermutigung, um weiter vorwärts zu drängen.[45]

Um sein – offensichtlich von Mulders These abgeleitetes – Prinzip, daß die stickstoffhaltigen Substanzen der Pflanzen und der Tiere identisch sind, zu begründen, begann Liebig, Blut, Muskelfasern und Albumin zu analysieren, und kam zu Ergebnissen, die sich nicht sehr von Mulders Analysen unterschieden.[46] Im Juni, als er stickstoffhaltige Pflanzenstoffe untersuchte, erhielt er Ergebnisse, die es zu rechtfertigen schienen, die Analogie noch weiter zu führen; er war überzeugt, pflanzliche Substanzen isoliert zu haben, die in Zusammensetzung und Eigenschaften jeweils mit den tierischen Substanzen Albumin, Fibrin und Casein übereinstimmten. Während Mulder vorgeschlagen hatte, ein einziges Radikal, das „Protein", sei der Grundstoff, aus dem alle pflanzlichen und tierischen Stoffe durch leichte Abwandlungen gebildet werden, postulierte Liebig für jeden der drei wichtigsten stickstoffhaltigen Bestandteile der Tiere jeweils eine identische pflanzliche Substanz.[47]

Im August diskutierte Liebig in seinem Aufsatz „Ueber die stickstoffhaltigen Nahrungsmittel des Pflanzenreichs", seiner ersten Veröffentlichung über Tierchemie, diese Analogien in der Zusammensetzung. Aus der Tatsache, daß stickstoffhaltige Substanzen ohne Änderung ihrer Zusammensetzung zu tierischem Gewebe assimiliert werden, leitete er einen Beweis für seine Annahme ab, daß die stickstofffreien Nährstoffe, wie Zucker und Fett, keine Rolle bei der Bildung der „Gebilde", der organisierten Struktur von Tieren, spielen können; denn wenn die stickstoffhaltigen Verbindungen die Hauptelemente schon in den genau richtigen Proportionen enthalten, können diese Elemente nicht noch aus irgendeiner anderen Quelle in die Verbindungen eingefügt werden, es sei denn, daß dieselben Elemente gleichzeitig an anderer Stelle entfernt würden, was aber unwahrscheinlich klingt.[48]

Kurz nachdem Liebigs Aufsatz erschienen war, veröffentlichten Dumas und Boussingault eine kurze Abhandlung, angeblich eine Vorlesung, die Dumas am 20. August gehalten hatte, die jedoch die gemeinsamen Gedanken der beiden Autoren enthielt. Diese Gedanken waren in einigen Aspekten denen bemerkenswert ähnlich, die Liebig in seiner „Agriculturchemie" veröffentlicht hatte; dazu zählte auch die Klassifikation der pflanzlichen Nährstoffe in Fibrin, Albumin und Casein, die Liebig gerade erst aufgestellt hatte. Ihre Ansichten über Tierernährung stimmten in ihren Grundzügen mit denen, die Liebig entwickelte, überein.[49] Dieser Wettbewerb hat Liebig wahrscheinlich angespornt, im Winter 1841/42 derartig konzentriert an seiner „Thier-Chemie" zu arbeiten, daß er kaum Zeit fand, sich mit anderen Fragen zu befassen.[50] Im Dezember veröffentlichte er in seinen „Annalen" unter dem Titel „Der Lebensprocess im Thiere und die Atmosphäre" Teile des ersten Teils seines späteren Buches; in einer Fußnote behauptete er, er sei gezwungen gewesen, seine Gedanken jetzt schon zu publizieren, anstatt bis zur Vollendung seines Werkes zu warten, um auf diese Weise ein mögliches Plagiat jener Autoren zu verhindern, die schon seine landwirtschaftlichen Gedanken als die ihren ausgegeben hatten. Er deutete an, seine Vorlesungen über die Tierchemie seien überall so bekannt, daß diese Gedanken ebenfalls gestohlen werden könnten.[51]

Um sich angesichts dieser nur leicht verschleierten Anschuldigung zu verteidigen, veröffentlichte Dumas unverzüglich in den „Annales de chimie" eine Replik, in der er zu beweisen versuchte, daß die meisten von ihm vorgebrachten Gedanken entweder allgemein bekannt gewesen oder von ihm selbst schon gelehrt worden seien, bevor Liebig sie öffentlich gelehrt habe.[52] Liebig widersprach und klagte Dumas offen des Plagiats an. Er behauptete, Dumas habe Liebigs Gedanken wahrscheinlich durch einen Studenten erhalten, der seine Vorlesungen über Tierchemie in Gießen gehört habe und im März 1841 nach Paris zurückgekehrt sei. Liebig fegte Dumas' Prioritätsansprüche mit der Entgegnung hinweg, vor Beginn seiner eigenen Forschungen habe es keine Anhaltspunkte gegeben, um z. B. eine Theorie über die Identität pflanzlicher und tierischer Substanzen zu stützen. Liebig beschuldigte Dumas, die von ihm für Fibrin und Albumin aufgestellten Formeln gestohlen zu haben.[53]

Keiner der Streitenden konnte seine Ansprüche überzeugend belegen. Dumas und Boussingault veröffentlichten ihre Gedanken zweifellos deshalb gemeinsam, weil sie an einem Arbeitsgebiet teilhaben wollten, das Liebigs „Agriculturchemie" so populär gemacht hatte. Sicherlich war es schlechter Stil, daß sie jegliche Anerkennung von Liebigs Bemühungen unterließen. Doch waren so viele ihrer Gedanken entweder unterschiedlich oder beruhten zumindest auf unterschiedlichen Argumenten, daß sie nicht einfach alles von Liebig abgeschrieben haben konnten; mit einem gewissen Recht konnten sie daher behaupten, auch sie seien gezwungen gewesen, schnell und ohne Zitate zu veröffentlichen, um ihre Prioritätsrechte zu sichern.[54] Davon abgesehen hatte Boussingault mehr für die experimentellen Grundlagen der Spekulationen, denen sich die französischen und deutschen Rivalen hingaben, geleistet als Liebig. Liebig züchtigte Dumas und Boussingault in doppelter Weise dafür, daß sie die Arbeit anderer ignorierten: Seine „Agriculturchemie" und seine „Thier-Chemie" erweckten beide den irreführenden Eindruck, er sei der erste gewesen, der Dinge anregte, die tatsächlich eine Fortführung der Gedanken und Arbeiten anderer darstellten. Liebig konnte wahrscheinlich mit Recht sagen, daß Dumas' und Boussingaults Gedanken über die pflanzlichen stickstoffhaltigen Nährstoffe auf seinen Forschungen beruhten;[55] seine Empörung wäre aber eher angebracht gewesen, wenn er selbst anerkannt hätte, in welchem Maße seine eigenen Forschungen und Schlußfolgerungen auf jenen von Mulder beruhten. Der Streit muß als Fortsetzung des Ringens um die Vorherrschaft in der organischen Chemie gesehen werden, das schon im Jahrzehnt davor viele Auseinandersetzungen zwischen deutschen und französischen Chemikern verursacht hatte. Mehr oder weniger spekulative oder aber längst bekannte Gedanken als „Eigentumsrechte"[56] anzusehen, war eine Schwäche beider Parteien. Berzelius war der Meinung, dieser „Wettstreit, als erster auf dem Marktplatz zu sein", verstärke nur die Gefahr, daß die physiologische Chemie am Schreibtisch erschaffen werde.[57]

Liebig entwickelte seine Tierchemie somit unter Umständen, die schwerlich den ruhigen, objektiven, sorgfältigen Methoden entsprachen, die oft als charakteristisch für die wissenschaftliche Forschung angesehen werden. Er stürzte sich in seine Studien mit wenig Vorkenntnissen über die Prozesse in lebenden Tieren und beförderte seine Gedanken schließlich eiligst zum Druck, um einem anderen organischen Chemiker zuvorzukommen, der auf demselben Wege war. Dieser Hintergrund wird im Buch selbst deutlich. Trotz des eindrucksvollen Umfanges analytischer Daten, die er im Anhang zusammenstellte, verließ sich Liebig, um einige seiner Argumente zu stützen, auf Verallgemeinerungen, für die er keine soliden Beweise nannte. Besonders wenig belegt waren seine Vergleiche der Ernährungsgewohnheiten von Völkern in warmen und kalten Klimaten und des Verhaltens fleisch- und pflanzenfressender Tiere.[58] Das Buch enthält innere Widersprüche, die Liebig offenbar nicht bemerkte. Er meinte beispielsweise, daß die chemische Kraft die letzte Ursache aller in Tieren vorkommender Phänomene sei; an späterer Stelle jedoch behauptete er, daß die Lebenskraft diese Rolle spiele.[59] Obgleich er warnte, die im Buch geäußerten Ansichten seien provisorisch,[60] stellte er sie so vertrauenswürdig und absolut dar, als ob sie bewiesene Tatsachen seien. Berzelius führte aus, bei der Beschreibung des Kreislaufsystems seien Liebig einige schwere Fehler unterlaufen.[61] Des weiteren zeigte Liebig seine begrenzten physiologischen Kenntnisse, als er feststellte, mit jedem Atemzug werde ein gleich großes Volumen Luft in die Lungen eingeatmet, so daß der Sauerstoffverbrauch der Zahl der Atemzüge proportional sein müsse.[62] Ferner berücksichtigen seine Ausführungen über die Respiration zahlreiche früheren empirischen Untersuchungen dieses Prozesses nur sehr unzulänglich. Prout beispielsweise hatte die Auswirkungen verschiedener Bedingungen auf die Produktion von Kohlendioxid erforscht und dabei herausgefunden, daß die Produktion mit sinkendem Luftdruck steigt.[63] Liebig erwähnte dieses Ergebnis nicht, bot aber auch keine eigenen Gegenargumente, um seine Theorie zu stützen, daß die Respirationsrate dem Luftdruck proportional sei.[64]

Selbst als er von Ergebnissen Kenntnis nahm, die seinen Ansichten widersprachen, behandelte Liebig sie so, als ob er die auf ernsthaften Versuchen beruhenden Widersprüche mit seinem allmächtigen Spott abtun könne. Ein Beispiel sind die wichtigen Versuche von César Despretz, die augenscheinlich gezeigt hatten, daß Tiere mehr Körperwärme erzeugen, als aufgrund der Atmung erwartet werden kann; Liebig entkräftete sie mit der Erklärung, die Tiere müßten durch eine innere Abkühlung mehr Wärme an die Umgebung abgegeben haben.[65] Er ignorierte völlig Despretz' Feststellung, er habe Vorsorge getroffen, um solche Verluste zu vermeiden[66] (Pierre-Louis Dulong berichtete über ähnliche Versuche, die Liebig nicht einmal erwähnte: Er stellte ausdrücklich fest, daß die innere Temperatur der Tiere sich nicht änderte).[67] Als Beweis, daß die Körpertemperatur gefallen sei, zitierte Liebig andere Versuche, denen zufolge die Körpertemperatur von Tieren abnimmt, wenn sie in einer unnatürlichen Stellung festgebunden sind.[68] Dabei hatte Despretz – zum Unglück für Liebigs Argumentation – festgestellt, daß er seine Tiere in einem großen Raum aufgestellt hatte, um sie nicht einzuengen.[69] In diesen wie in zahlreichen anderen Fällen verteidigte Liebig seine Position mit der Überzeugungskraft und Parteilichkeit eines fähigen Politikers; er wog das Beweismaterial für oder gegen seine eigenen Schlußfolgerungen nicht objektiv ab. Ein solches Verhalten kann nicht einem frühen Zustand der Wissenschaft zugeschrieben werden, als strenge Maßstäbe der Nachprüfung noch nicht anerkannt waren. Obwohl die Maßstäbe noch nicht so streng waren wie einige Jahrzehnte später, vermittelt ein Vergleich, wie Liebig Ernährung und Respiration behandelte, mit der sorgfältigen Art, wie Johannes Müller zeitgenössische Aussagen über ähnliche Fragen bewertete,[70] den Eindruck, daß Liebig die Maßstäbe in der biologischen Forschung untergrub und nicht – wie er beanspruchte – neue, exakte Methoden einführte. Dennoch brachten seine Gedanken am Ende gerade das zustande, was er vorausgesagt hatte.

Trotz der vielen Schwächen von Liebigs Abhandlung bleibt die Tatsache, daß er gewisse Grundprinzipien der Natur und die Bedeutung chemischer Prozesse, denen biologische Phänomene unterliegen, deutlicher erkannt hatte als irgend jemand vor ihm. Wahrscheinlich befähigte ihn seine Unerfahrenheit auf dem Gebiet der Physiologie in Verbindung mit seinem übersteigerten Vertrauen in seine eigenen Ansichten, sich auf solche Prinzipien zu konzentrieren, ohne sich von den verwirrenden experimentellen Problemen und Ergebnissen abschrecken zu lassen, die einen erfahrenen Biologen wie Müller zögern ließen, Verallgemeinerungen wie z. B. die chemische Theorie der Respiration zu akzeptieren. Gleichzeitig ging Liebig solche Probleme mit einer Kenntnis der chemischen Zusammensetzung und Reaktionen physiologisch wichtiger Substanzen an, die bei keinem der eher orthodoxen Physiologen seiner Zeit ihresgleichen hatte.

Grundsätzliche Beiträge der „Thier-Chemie"

In seiner „Thier-Chemie" unterschied Liebig zwei Typen von Anschauungen über die Physiologie, die die künftige Entwicklung der Wissenschaft entscheidend beeinflussen würden. Was die Natur der chemischen und physikalischen Prozesse angeht, denen physiologische Funktionen unterliegen, stellte er erstens gewisse allgemeine Grundregeln fest, die immer zutreffen, ganz gleich welche besonderen Reaktionen im Organismus vorgehen. Zweitens entwarf er ein umfassendes, wenn auch weitgehend spekulatives Bild von den besonderen Umsetzungsprozessen, die seiner Ansicht nach in Tieren ablaufen. Die ersteren haben als Grundlage der Physiologie und Biochemie Bestand gehabt; das letztere überdauerte in der von ihm gegebenen Form nicht, war aber dennoch geschichtlich mehr oder weniger bedeutsam, denn sie gab eine unmittelbaren Anstoß zur Entwicklung der experimentellen Bioenergetik. Diese Schule blühte auf, indem sie sowohl Liebigs irrtümliche Theorien widerlegte als auch seine richtigen Annahmen bestätigte. Selbst nach den Rückschlägen, die sein Schema erlitt, überlebte vieles in abgewandelter, weniger grundsätzlicher und nicht so absoluter Form.

Von den allgemeinen Grundregeln hinterließ wahrscheinlich diese den überragendsten Einfluß: seine Überzeugung, daß die tierische Wärme ausschließlich durch die Oxidation des in der Nahrung enthaltenen Kohlenstoffs und Wasserstoffs zu Kohlendioxid und Wasser erzeugt wird. Daß Liebigs Eintreten für diesen Gedanken so bedeutsam gewesen sein soll, erscheint auf den ersten Blick aus mindestens drei Gründen unwahrscheinlich: Erstens hatte Lavoisier fast denselben Gedanken mehr als fünfzig Jahre früher geäußert, zweitens hatten Dumas und Boussingault dieselbe Überzeugung ebenso entschieden in ihrer Abhandlung vom vorherigen Jahr, 1841, ausgedrückt, und drittens schienen die besten Versuchsergebnisse, die verfügbar waren, als Liebig seine Behauptung aufstellte, mit derselben unvereinbar zu sein. Aber diese

Ungereimtheiten lassen sich mit einem Blick auf die Geschichte dieses Gedankens von Lavoisier bis Liebig beseitigen.

Im Jahr 1777 schloß Lavoisier, daß die Atmung chemisch mit der Verbrennung von Kohlenstoff vergleichbar sei, weil beide Prozesse Sauerstoff in Kohlendioxid umsetzen und dabei Wärme abgeben.[71] Zusammen mit Laplace versuchte er dann zu bestimmen, ob die durch Verbrennung erzeugte Wärme bei gleicher Kohlendioxidmenge der von Tieren abgegebenen Wärme entspricht. 1780 maßen sie die von einem Meerschweinchen abgegebene Wärme, indem sie das Tier in ein sogenanntes Eiskalorimeter setzten und hinterher wogen, wieviel Eis das Tier zum Schmelzen gebracht hatte. Innerhalb von zehn Stunden maßen sie 13 Unzen geschmolzenes Eis. Da sie annahmen, daß zwei Tiere fast gleicher Größe die gleiche Respirationsrate aufweisen, maßen sie die von einem zweiten, unter einer Glasglocke sitzenden Meerschweinchen produzierte Kohlendioxidmenge und berechneten daraus die Kohlendioxidmenge, die das erste Tier während der zehn Stunden erzeugt hatte. Aus der – ebenfalls in dem Eiskalorimeter gemessenen – Verbrennungswärme von Kohlenstoff schätzten sie, daß sie bei der Produktion einer Kohlendioxidmenge, wie sie das Meerschweinchen ausgeatmet hatte, 10 ½ Unzen Eis zum Schmelzen bringt. Die berechneten und gemessenen Ergebnisse lagen so nahe beieinander, wie nach Meinung von Lavoisier und Laplace erwartet werden konnte angesichts der zahlreichen experimentellen Ungewißheiten.[72] Da es aber keine Übereinstimmung gab, schlossen sie vorsichtig: „Die Wärme, die bei der Umwandlung von reiner Luft [Sauerstoff] zu fixer Luft [Kohlendioxid] durch die Atmung freigesetzt wird, ist die Hauptursache für den Erhalt tierischer Wärme; soweit andere Ursachen dabei ebenfalls eine Rolle spielen sollten, wären sie doch unbedeutend."[73] Im Jahr 1785 jedoch fand Lavoisier, daß bei der Atmung mehr Sauerstoff verbraucht wird, als der Menge des abgegebenen Kohlendioxids entspricht. Er folgerte daraus, daß die früher beobachteten Überschüsse an tierischer Wärme nicht auf einem Versuchsfehler beruhten, sondern vermutlich dadurch auftraten, daß der überzählige Sauerstoff mit Wasserstoff zu Wasser reagierte.[74]

Im frühen 19. Jahrhundert versuchten einige Forscher die experimentelle Basis von Lavoisiers Theorie zu stärken; aber ihre Ergebnisse schienen sie eher zu schwächen. Zwar fanden z. B. William Allen und William Hasledine Pepys bei sorgfältigen Messungen des Gasaustausches bei der Atmung, daß es keinen überzähligen Sauerstoff zur Bildung von Wasser gab; aber die meisten anderen Forscher fanden, daß etwas mehr Sauerstoff verbraucht wurde, als jeweils im nachgewiesenen Kohlendioxid vorhanden war.[75] Die chemische Theorie der Körperwärme erlitt 1810 einen größeren Rückschlag, als Benjamin Brodie herausfand, daß ein enthauptetes Tier schnell abkühlt, selbst wenn seine Atmung künstlich aufrechterhalten wird. Brodie schloß daraus vorsichtig, daß das Nervensystem bei der Wärmebildung von wesentlicher Bedeutung ist; andere waren kühner und erklärten, daß „Nerventätigkeit" eine Hauptquelle tierischer Körperwärme sei.[76] Die Kontroverse im Anschluß an diese und andere Experimente, die unterschiedlich ausgingen,[77] veranlaßten die Französische Akademie der Wissenschaften, einen Preis für die Lösung der Frage auszusetzen. Pierre-Louis Dulong und César Despretz unternahmen unabhängig voneinander die experimentell schwierige Aufgabe, gleichzeitig den Gasaustausch bei der Atmung eines Tieres und seine Wärmeerzeugung zu messen; der von beiden Forschern angestellte Vergleich konnte daher nicht – wie es bei Lavoisiers Versuch möglich gewesen wäre – durch eine aus irgendeinem Grunde erfolgte Änderung der Respirationsrate in Frage gestellt werden. Beide Forscher setzten das Tier in eine von Wasser umgebene Kammer. Sie leiteten Luft aus einem Gasbehälter durch die ansonsten versiegelte Kammer, so daß sie die von dem Tier verbrauchten und erzeugten Gasmengen messen konnten. Beide fanden heraus: Die Wärme, die sie aufgrund der erzeugten Kohlendioxidmenge und der Verbrennungswärme des Kohlenstoffs vorausberechnet hatten, betrug nur fünf bis sieben Zehntel jener Wärme, die das Wasser ihren Messungen zufolge aufgenommen hatte. Unter der Annahme, daß der überzählige Sauerstoff Wasserstoff verbrannt und dadurch Wärme erzeugt hatte, kamen sie trotzdem nur auf acht bis neun Zehntel der gemessenen Wärme.[78] Aus ihren fast identischen Ergebnissen zogen Dulong und Despretz ziemlich unterschiedliche Schlüsse.

Despretz stellt fest:
> „Daß Atmung die Hauptursache der Entstehung der tierischen Wärme ist; daß Assimilation, die Bewegung des Blutes, die Reibung seiner verschiedener Teile können nur den kleinen übrigen Anteil erzeugen können."[79]

Dulong jedoch kam zu dem Ergebnis:
> „... man kann als Grundsatz feststellen, daß ..... die Fixierung des während der Atmung aufgenommenen Sauerstoffs nicht ausreicht, die Wärmeverluste zu ersetzen, denen Tiere unter normalen Bedingungen unterliegen und daß folglich in ihnen eine andere Wärmequelle vorhanden sein muß. Worin besteht nun diese andere Wärmequelle? Vielleicht werden wir das nie mit Gewißheit erfahren."[80]

Die einzigen unmittelbaren Versuche zur Verbrennungstheorie der tierischen Körperwärme, die verfügbar waren, als Liebig seine „Thier-Chemie" schrieb, ließen diese Theorie somit noch zweifelhafter erscheinen als nach Lavoisiers Arbeit; denn die Überwindung von experimentellen Fehlerquellen hatte die Diskrepanz zwischen errechneten und gemessenen Werten nicht beseitigt. Man konnte entweder die Differenz herunterspielen und durch zweitrangige Faktoren „wegerklären", wie Despretz es tat. Oder man konnte mit Dulong sagen, daß sich die Theorie als falsch erwiesen habe. Johannes Müller prüfte diese und konkurrierende Theorien sehr sorgfältig. Er nahm nur als bewiesen an, daß etwa die Hälfte der tierischen Wärme aus der Bildung von Kohlensäure stammt, und neigte zur Theorie der Nerventätigkeit, um die Herkunft der restlichen Wärme zu erklären. Er führte an, es gebe keinen Beweis für die Bildung von Wasser durch Oxidation; dies sei nur eine kühne Hypothese, die Lavoisier und Laplace aufgestellt hätten, um ihre Verbrennungstheorie der Atmung zu stützen. Er sagte voraus, die Hypothese könne auf lange Zeit nur von Chemikern, nicht aber von Physiologen akzeptiert werden.[81]

Während die Physiologen noch zweifelten, griff einer der einflußreichsten Chemiker das Thema mit soviel Vertrauen in die Verbrennungstheorie auf, um zu versichern: „Die Wechselwirkung der Bestandtheile der Speisen und des durch die Blutcirculation im Körper verbreiteten Sauerstoffs ist *die Quelle der tierischen Wärme*."[82]

Liebigs Überzeugung beruhte nicht auf der Kenntnis der tatsächlichen Prozesse der Wärmeerzeugung, denn seine Erklärung von Despretz' Ergebnissen war – wie oben dargelegt – völlig verfehlt. Er selbst konnte keine besseren Ergebnisse vorweisen. Aus seinen Messungen des von großherzoglich-hessischen Soldaten, die in Gießen kaserniert waren, verzehrten Kohlenstoffs entwickelte er eine eindrucksvolle Kalkulation:

> „Nach den Versuchen von Despretz entwickelt 1 Loth Kohlenstoff bei seiner Verbrennung so viel Wärme, daß damit 105 Loth Wasser von 0° auf 75° erwärmt werden können, im Ganzen also 105mal 75° = 7875° Wärme. Die 27,8 Loth Kohlenstoff, welche sich in dem Körper eines Soldaten in Kohlensäure verwandeln, entwickeln mithin 27,8mal 7875° Wärme = 218825° Wärme. Mit dieser Wärmemenge kann man 1 Loth Wasser auf diese Temperatur erheben oder 68 4/10 Pfd. Wasser zum Sieden oder 185 Pfd. auf 37° erhitzen, oder 12 Pfd. Wasser bei 37° in Dampf verwandeln."[83]

Liebig bewies aber nicht, daß diese Wärmemenge mit dem tatsächlichen Wärmeverlust übereinstimmt. Die chemische Theorie der tierischen Wärme vertrug sich als einzige ganz allgemein mit seinem Verständnis von chemischen Reaktionen, mit seinem intuitiven Gefühl für das noch nicht formulierte Prinzip von der Erhaltung der Energie und mit seiner Annahme, daß Prozesse innerhalb lebender Organismen denselben Gesetzen folgen wie Prozesse außerhalb derselben.[84]

Lavoisier betrachtete die Atmung als einfache, direkte Verbrennung von Kohlenstoff und Wasserstoff aus dem Blut, ähnlich wie das Öl in einer Lampe brennt.[85] Ob der Prozeß in den Lungen abläuft, wie Lavoisier behauptete, oder aber im ganzen Kreislaufsystem, er schien den meisten Personen jedenfalls auf das Blut begrenzt zu sein und daher nichts mit anderen Reaktionen zu tun zu haben, die in den Geweben ablaufen mußten.[86] Daher schien Despretz' Vorschlag vernünftig, daß die Reaktionen bei der Assimilation eine gesonderte Wärmequelle darstellen könnten. Liebig jedoch sah, daß die mit der Atmung verbundenen Oxidationen Nettoreaktionen waren, die das Endergebnis sämtlicher Umsetzungen darstellen, denen die Nahrung von ihrem Eintritt in den Körper bis zur Ausscheidung unterliegt. 1840, kurz bevor Liebig die „Thier-Chemie" schrieb, hatte G. H. Hess empirisch nachgewiesen, daß die Wärme, die bei zwei Reaktionen abgegeben wird, gleich groß ist, wenn Anfangs- und Endzustand der an den Reaktionen beteiligten Stoffe jeweils dieselben sind, ganz gleich, welche Schritte dazwischen liegen, weil das Endergebnis die Summe der bei den einzelnen Zwischenreaktionen abgegebenen oder aufgenommenen Wärmemenge ist.[87] Ob Liebig diese spezielle Information auswertete oder ob er nur aufgrund seiner allgemeinen Erfahrung zu einem ähnlichen Schluß kam, jedenfalls begriff er, daß gemäß diesem Prinzip irgendwelche chemischen Reaktionen im Körper nicht als unabhängige Wärmequellen angesehen werden können, weil sie ja in der summarischen Reaktion schon inbegriffen sind.[88] Zu diesem Schluß konnte Liebig leichter kommen als seine Vorgänger, weil die Versuche von Gustav Magnus über die im Blut enthaltenen Gase kurz zuvor der Theorie zur Vorherrschaft verholfen hatten, daß sich die Respiration in allen Bereichen des Körpers abspielt.[89] Nur ein kleiner Schritt war dann noch erforderlich, um sich die Oxidation des Kohlenstoffs und Wasserstoffs in den Nahrungsbestandteilen als einen Prozeß vorzustellen, der alle chemischen Reaktionen des Körpers umfaßt.

Thomas Kuhn hat Liebig zu den Wissenschaftlern jener Zeit gezählt, die spürten, obgleich sie es nicht beweisen konnten, daß es eine unvergängliche, später „Energie" genannte „Kraft" gibt, die durch viele physikalische Prozesse ständig umgewandelt wird.[90] Aufgrund eines solchen Verständnisses, weniger aufgrund empirisch gewonnener biologischer Daten, hat Liebig solche angeblichen Wärmequellen wie Nerventätigkeit und die von Despretz erwähnte Reibung im Kreislaufsystem bewertet. Er sah, daß alle diese Aktivitäten letztlich auf der chemischen „Kraft" beruhten.[91] Sein starrer Standpunkt, daß die einzige Kraftquelle der Tiere die aus ihrer Nahrung erhaltene chemische Kraft ist, war Liebigs bedeutendster Beitrag zum künftigen Gebiet biologischer Energetik; denn er gab den Physiologen die Hoffnung, sie könnten die gesamte Energie, die ein Tier zur Wärmeerzeugung oder Arbeitsleistung benötigt, durch sorgfältige qualitative und quantitative Bestimmung der Verbindungen, die es zu sich nimmt, berechnen. Daß diese Auffassung nicht für jedermann selbstverständlich war, selbst nach Annahme des Prinzips der Erhaltung der Energie, ergibt sich klar aus den Schriften von William Carpenter. In mancher Hinsicht gingen Carpenters Einsichten über jene von Liebig hinaus, denn er meinte in einem 1865 veröffentlichten Aufsatz, die chemische Energie einiger Nährstoffe werde verbraucht, um komplexe Verbindungen mit hoher potentieller Energie zu synthetisieren, aus denen das Tier besteht. Aber Carpenter glaubte, daß Tiere Wärme von außerhalb ebenso wie chemische Energie direkt nutzen, um solche Synthesen zu vollführen oder um Arbeit zu leisten.[92]

Dumas meinte in seiner Vorlesung vom August 1841: „Es ist für mich nur eine Frage der Demonstration, daß die gesamte Wärme, die ein Tier erzeugt, aus der Atmung entsteht, und daß die Wärmemenge durch die verbrauchten Mengen an Kohlenstoff und Wasserstoff genau meßbar ist."[93] Er bestätigte somit Lavoisiers chemische Theorie der Wärme ebenso, wie Liebig dies ein paar Monate vor seinem Rivalen getan hatte, und er benutzte sogar – wie Liebig etwas später – dasselbe vernünftig klingende, aber unbegründete Argument, daß die überschüssige Wärme in Dulongs und Despretz' Versuchen aus der Abkühlung der Tiere stamme.[94] Möglicherweise hat einer der beiden Rivalen den Gedanken aus den Vorlesungen des anderen zufällig erfahren, wie Liebig dies behauptet hat; beweisen läßt sich dies aber nicht, und es ist ebenso gut möglich, daß jeder dieselben Schlußfolgerungen aufgrund eigenen Nachdenkens zog. Beide Autoren halfen das Konzept zu verbreiten, wobei Dumas' Ansichten besonders in Frankreich einflußreich waren.[95] Wenn Liebig die ergiebigere Gedankenrichtung vertrat, dann vielleicht deshalb, weil sein Konzept geistreiche Spekulationen über die inneren Stoffumsetzungen des Tieres zuließ und weil er eine Vorahnung vom Erhalt der Energie hatte; wahrscheinlich aber verdankte er seinen Erfolg ebenso sehr der Tatsache, daß es in Deutschland mehr Physiologen gab, die bereit waren, solchen Ansichten zu folgen.

Nach Meinung von Liebigs gründlichstem zeitgenössischem Kritiker, Otto Kohlrausch, bestand der Hauptwert seiner „Thier-Chemie" darin, daß sie folgenden Sachverhalt deutlicher als je zuvor herausstellte: Die inneren Stoffumsetzungen des Tieres, sein Stoffaustausch durch die Atmung, seine Nahrungsaufnahme und seine Wärmeerzeugung und Arbeitsleistung sind augenscheinlich so sehr voneinander abhängig, daß sie in festen Proportionen zueinander steigen oder fallen. Diese Grundauffassung, die sich in einem Großteil der „Thier-Chemie" findet, war – wie Kohlrausch hoffte – der Ausgangspunkt für viele physiologische Versuche der folgenden Jahrzehnte.[96] In diesem Falle aber war – wie im Fall der tierischen Wärme – Liebigs Auffasung nur die Anwendung seiner höher entwickelten Kenntnis organischer Verbindungen und Reakionen auf einen Gedanken, den schon Lavoisier klar ausgedrückt hatte: In seiner Abhandlung über die Atmung von 1789 hatte Lavoisier festgestellt, daß die Verdauung in einem proportionalen Verhältnis zur Atmung stehen müsse, damit die Zusammensetzung des Blutes konstant bleibt, dessen Kohlenstoff und Wasserstoff laufend verbraucht werden. Er sah auch, daß beide Prozesse ansteigen müssen, um in kälterer Umgebung mehr Wärme zu erzeugen oder um eine größere Muskelarbeit zu leisten. Die letztgenannte Theorie belegte er durch eine Reihe von Versuchen mit seinem Assistenten Armand Seguin.[97]

Trotz der grundsätzlichen Ähnlichkeit von Lavoisiers und Liebigs Ansichten über die gegenseitige Abhängigkeit von Atmung, Nahrungsaufnahme, Körperwärme und Arbeitsleistung erschien Liebigs Beschreibung dieser Beziehungen den Zeitgenossen als eine wesentliche Neuerung. Diese Wirkung erklärt sich nicht nur dadurch, daß er diese Prozesse erstmals so darstellte,[98] als ob in ihnen alle chemischen Umsetzungen im Körper inbegriffen sind, sondern auch durch seine Genialität, den Grundsatz der quantitativen Proportionalität auf so ein hochspekulatives Gebiet wie das der normalen und anormalen physiologischen Bedingungen anzuwenden; damit zeigte er, daß dieser Grundsatz fast überall der Wahrheitsfindung dienen kann. Liebig betonte auch die allgemeine Bedeutung solcher Verhältnisse, denn er erkannte sie als besonderen Fall der Proportionalitäten zwischen verschiedenen „Kräften", die an allen Naturphänomenen beteiligt sind. Die Vorstellung, daß im Tier der Abbau einer bestimmten Menge von Gewebesubstanz eine bestimmte Menge Sauerstoff erfordert und eine proportionale Muskelarbeit erzeugt, verglich er mit einer Voltaischen Säule, in der die Reaktionen zwischen bestimmten Mengen Zink und Kupfer eine proportionale Menge mechanischer, elektrischer oder magnetischer „Kraft" erzeugt.[99] Als ein paar Jahre später die Erhaltung der Energie noch zwingender bewiesen wurde, wurden Liebigs Ansichten in leicht abgewandelter Form auf biologische Erscheinungen angewandt. Liebigs Beschreibung der wechselseitigen Beziehung von Prozessen hörte sich auch deshalb überzeugender an, weil sich in den Jahren seit Lavoisier dessen Prinzip von der Erhaltung der Materie bei chemischen Reaktionen und die Wiedergabe von Reaktionen durch Gleichungen als fruchtbar erwiesen hatten. Liebig konnte die Mengen des aufgenommenen Sauerstoffs und des gebildeten Kohlendioxids zur verzehrten Nahrung in Beziehung setzen, indem er mit Hilfe der Elementaranalyse die Anteile von Kohlenstoff, Wasserstoff und Sauerstoff in den Nahrungsbestandteilen feststellte. Er umschrieb dieses Prinzip in der „Thier-Chemie" in Worten und wandte es häufig an,[100] während er es in der 3. Auflage genauer und deutlicher formulierte.[101] Obwohl Liebigs Vorstellung von der wechselseitigen Abhängigkeit der Prozesse also nicht wesentlich tiefgründiger und klarer war als diejenige Lavoisiers, war es ihm durch den Fortschritt im Denken und Forschen und durch die Kühnheit seiner Spekulationen möglich, mit seinen Ausführungen über die Tierphysiologie Eindruck zu machen. Daß Liebig mehr bewirkte als seinerzeit Lavoisier, ist aber zumindest ebenso sehr der Tatsache zuzuschreiben, daß Mitte des 19. Jahrhunderts die experimentelle Physiologie weit genug entwickelt war, um seine Ideen in einer Weise zu überprüfen und nutzbar zu machen, wie es zu Lavoisiers Zeit noch nicht möglich gewesen wäre.

Im zweiten Teil der „Thier-Chemie" („Die Metamorphosen der Gebilde"), in dem Liebig die wechselseitige Abhängigkeit physiologischer Prozesse am ausführlichsten behandelte, wich er von der im ersten Teil behaupteten Ansicht ab, daß die chemische Kraft die Quelle von Körperwärme und Arbeitsleistung sei. Statt dessen bezeichnete er die Lebenskraft als letzte Ursache aller organischen Phänomene. Seine Inkonsequenz erscheint verständlich angesichts der damaligen Vorstellungen von Lebenskräften und der Tatsache, daß die Begriffe „Kraft" und „Energie" noch nicht klar definiert waren. Aber auch in späteren Jahren glaubte er weiterhin an eine Art Lebenskraft; nicht an jene Lebenskraft im Sinne einiger Biologen des frühen 19. Jahrhunderts, die den Wert der experimentellen Biologie leugnete, sondern an eine Lebenskraft, deren Gesetze erforscht werden können.[102] Nach Meinung seines engen Freundes und Mitarbeiters Theodor Bischoff war Liebig gezwungen, am Gedanken einer Lebenskraft festzuhalten, weil seine Auffassung, daß die Muskelarbeit durch die Oxidation von Gewebesubstanzen hervorgebracht wird, andernfalls eine allzu einfache, mechanistische Konzeption eines chemischen Systems gewesen wäre. Ohne eine Lebenskraft, die in gewissem Sinne fähig ist, die chemischen Umsetzungen des Körpers zu beherrschen, hätte er sich kaum vorstellen können, warum das Ausmaß körperlicher Bewegungen mehr vom persönlichen Willen als von der Menge des eingeatmeten Sauerstoffs bestimmt wird.[103]

Liebig hörte nicht auf, Beziehungen zwischen physikalischen und chemischen Prinzipien und physiologischen Prozessen herzustellen und damit die Grundlage aller späterer Arbeiten über Stoffwechselvorgänge zu legen. Er glaubte, er könne von diesen Prinzipien und von seiner Kenntnis der Zusammensetzung organischer Verbindungen die in Tieren ablaufenden Reaktionen ableiten. Obgleich er anerkannte, daß die Schlußfolgerungen, zu denen der Chemiker auf diese Weise kommt, nur durch physiologische Versuche bewiesen oder widerlegt werden können,[104] brachte er seine Spekulationen mit einer solchen Überzeugung zu Papier, als ob er nicht daran zweifelte, daß sie bestätigt werden.

Die primären organischen Nährstoffe sind – nach Liebig – Stärke oder Zuckerarten, Fette und Albumin, Fibrin oder verwandte „Proteine".[105] Gallerte ist ein sekundärer Nährstoff, der zwar Bindegewebe bilden, aber nicht in Muskelfaser oder Blut umgewandelt werden kann.[106] Das in der Nahrung enthaltene Albumin und Fibrin gehen während des Verdauungsprozesses in Lösung und gelangen so in das Blut; anschließend bilden sie durch eine schlichte Verfestigung die Muskelfaser, dies alles ohne oder mit nur geringen Änderungen in ihrer chemischen Zusammensetzung.[107] Jegliche Muskelarbeit geht mit einem Abbau einer entsprechenden Menge Muskelsubstanz einher. Bei diesem Vorgang teilen sich die Proteine in zwei Teile, von denen der eine überwiegend Stickstoff, der andere überwiegend Kohlenstoff enthält. Die Abbauprodukte werden von den Muskeln in den Kreislauf geführt, wo beide Teile nach und nach oxidiert werden und Wärme erzeugen. Die Oxidation des stickstoffhaltigen Anteils ergibt – nach einigen Zwischenschritten – Harnstoff, der von den Nieren ausgeschieden wird. Die kohlenstoffhaltigen Anteile werden teilweise zu Kohlendioxid oxidiert und durch die Lungen ausgeatmet. Was nicht unmittelbar genutzt wird, um die Körperwärme zu erhalten, wird in die Leber befördert und mit der Galle als Choleinsäure (die nach Liebig eine reine Verbindung oder ein Gemisch sein könnte) sezerniert. Die Galle wird dann aus dem Darm wieder resorbiert und im Blut schließlich vollständig oxidiert.[108]

Zuckerarten und Fette bilden keine plastischen Bestandteile der Gewebe, sondern werden direkt im Blut verbrannt, wenn das Muskelgewebe nicht schnell genug abgebaut wird, um genug oxidierbare Stoffe zur Aufrechterhaltung der Körperwärme zu liefern.[109] Wenn zu wenig Sauerstoff aufgenommen wird, um die verzehrten Zucker- und Fettmengen zu oxidieren,[110] wird das Fett gespeichert – Zucker kann unter Abgabe von Sauerstoff in Fett umgewandelt werden. Liebig versuchte mit Gleichungen zu zeigen, wie diese Reaktion chemisch ablaufen könnte und wie die Muskelfaser zu Urin- und Gallenbestandteilen abgebaut werden könnte.[111] Abgesehen von einigen unbekannten Schritten des Oxidationsprozesses und abgesehen davon, daß die Bildung einiger höherer Verbindungen wie Nervengewebe und Membranen unbekannt waren,[112] beanspruchte Liebig, ein vollständiges System der Reaktionen der organischen Bestandteile des Tieres vorzustellen – vom Zeitpunkt, wenn sie als Nahrung in den Körper eintreten, bis sie ihn als Kohlensäure, Harnstoff und Wasser wieder verlassen. Ferner wurde jedem Abschnitt der Reaktionen eine Funktion bei der Erzeugung von Bewegung oder Wärme beigemessen. Es verwundert nicht, daß viele Zeitgenossen spürten, Liebig sei tiefer zur Bedeutung biologischer Prozesse vorgedrungen als irgend jemand vor ihm. Über die chemischen Abläufe in Tieren war lange Zeit spekuliert worden, aber niemals zuvor hatte jemand versucht, eine so umfassende Theorie aufzustellen, die die Gründe für den endlosen Kreislauf des Austausches von Stoffen zwischen dem Organismus und seiner Umwelt so klar darstellt.

Lange bevor Liebig seine Theorien veröffentlichte, hatten einige Biologen versucht, die Ernährung als eine Abfolge chemischer Umsetzungen zu verstehen; solche Spekulationen waren aber dadurch begrenzt, daß man nur wenig über die einzelnen Verbindungen in den flüssigen und festen Körperbestandteilen sowie über die elementare Zusammensetzung dieser Verbindungen wußte. 1792 hatten sowohl Fourcroy als auch Hallé vorgeschlagen, daß die Assimilation in einem allmählichen Anstieg des Stickstoff-Anteils in den Nährstoffverbindungen besteht, während diese das Verdauungs- und Kreislaufsystem durchlaufen, bis sie dieselbe Zusammensetzung wie das tierische Gewebe erlangt haben. Die Änderung der elementaren Zusammensetzung sollte teilweise daraus resultieren, daß Kohlenstoff sich mit Sauerstoff zu Kohlensäure verbindet. Ihre Theorie der „Animalisation" enthielt somit den neuen Gedanken, daß die Eigenschaften organischer Verbindungen von ihrer elementaren Zusammensetzung abhängen, und sie versuchte eine Beziehung zwischen der Atmung (als Austausch des Organismus mit der Außenwelt) und den inneren Prozessen der Verdauung und Ernährung herzustellen. Diese Ansichten erregten im frühen 19. Jahrhundert beträchtliches Aufsehen, verschwanden aber schließlich wieder, weil sie nicht durch Experimente abgesichert wurden.[113]

Vor Liebigs „Thier-Chemie" hatte wahrscheinlich William Prout im letzten Abschnitt seiner Abhandlung „Chemistry, Meteorology, and the Function of Digestion" (1834) am systematischsten versucht, die tierische Ernährung als chemische Reaktionen zu interpretieren. Prout umriß die Veränderungen, denen Nährstoffe vom Zeitpunkt der Nahrungsaufnahme bis zu ihrer Wandlung in Blut- und Gewebebestandteile unterliegen. Seine anfangs detaillierten Ausführungen wurden aber schnell vage, als er von den gut erforschten Prozessen der Verdauung und Resorption zu den rätselhaften inneren Phänomenen der Ernährung kam. Bei der Verdauung, so glaubte er, werden sowohl stickstoffhaltige als auch stickstofffreie Nährstoffe schrittweise in „schwächere", weniger beständige und leichter lösliche Varianten desselben Haupttypus umgewandelt, und zwar geschehe dies durch das Hinzufügen von Wasserstoff und Sauerstoff zu ihren Molekülen. Die Nahrung wird somit – egal, woraus sie besteht – in einen gleichförmigen Speisebrei verwandelt. Bei ihrer Resorption und Umwandlung in Blut werden diese Verbindungen wieder in „stärkere" Varianten umgewandelt, die charakteristisch für diesen „Lebenssaft" sind; dies geschieht durch Abspaltung von Wasser, das dann, wie Prout vermutete, durch die Lunge ausgeatmet wird und somit eines der damals allgemein angenommenen Respirationsprodukte darstellt. Die Kohlensäure im Atem stammt nach diesem Schema aus dem Kohlenstoff, der bei der Umsetzung von Albumin in Gallerte anfällt, denn man hatte festgestellt, daß Gallerte etwa 4% weniger Kohlenstoff enthält als Albumin.[114] Da Prout die damaligen Zweifel an der chemischen Theorie der Wärme teilte, stellte er die Aufgabe der Respiration nicht in den Vordergrund seiner Abhandlung. Folglich legte er zwar dar, wie einige an der Bildung von tierischem Gewebe beteiligte chemische Reaktionen ablaufen könnten, aber im Gegensatz zu Liebig zeigte er nicht, wie diese Metamorphosen etwas mit der Erzeugung von Wärme und Arbeit zu tun haben könnten. Ferner fehlte in Prouts Abhandlung die quantitative Beziehung zwischen den inneren Umsetzungen und dem Nettoaustausch mit der Außenwelt, die Liebig so brillant darstellte. Zum Beispiel meinte Prout, die Gallerte des Bindegewebes werde in Albumin zurückverwandelt, wenn sie wieder in den Blutkreislauf gelangt. Er erkannte offensichtlich nicht, daß diese Reaktion – wenn das Tier sein Gewicht nicht veränderte – dieselbe Kohlendioxidmenge verbrauchen würde, die in der vorherigen Reaktion freigesetzt wurde, so daß nichts zum Ausatmen übrigbleiben würde.[115]

Prouts Werk zeigt, daß Liebigs Anwendung der Chemie zur Erklärung physiologischer Prozesse nicht so ohne Vorläufer war, wie er in Anspruch nahm;[116] es zeigt aber ebenso, daß diese Vorläufer weit hinter der eindrucksvollen Zusammenschau, die Liebig gelang, zurückblieben. Obwohl Prout Anfang des 19. Jahrhunderts einer der angesehensten Forscher auf dem Gebiet der Tierchemie war, wurden seine Ansichten über die inneren Umsetzungen der Nährstoffe nicht allgemein akzeptiert. Müllers „Handbuch" erörterte sie nicht einmal. Obwohl Müller die zahlreichen zeitgenössischen Analysen der chemischen Zusammensetzung von Geweben und Körperflüssigkeiten, ebenso gründlich behandelte wie die Forschungen über die Verbindungen, die in den einzelnen Stadien der Verdauung und Resorption auftreten, hatte er keinen Überblick über die Bedeutung der chemischen Reaktionen, die dem fortgesetzten Austausch von Stoffen in den Geweben zugrunde liegen.[117]

Während Prouts Spekulationen über die Ernährungsvorgänge verhältnismäßig wenig Einfluß hatten, setzte sich seine Klassifikation der Nährstoffe durch. Von seiner Beobachtung, daß Milch - die einzige von der Natur speziell zum Zweck der Ernährung hergestellte Substanz - immer Zucker (Kohlenhydrat), Fett und Eiweiß (Protein) enthält; daß diese drei Substanzklassen in den Geweben und Flüssigkeiten des Organismus häufig vorkommen; daß es in jeder Klasse eine große Anzahl von Verbindungen gibt, die sich physikalisch unterscheiden, aber fast dieselbe elementare Zusammensetzung haben; und von der Kenntnis, daß eine Diät mindestens Bestandteile aus zwei dieser Klassen enthalten muß, um das Leben aufrechtzuerhalten, schloß Prout, daß diese drei Typen von Verbindungen für die Tierernährung grundlegend und unabdingbar sind und daß sie die Hauptbestandteile des Tierkörpers selbst darstellen.[118] Prouts

Klassifikation wurde ausführlich in einflußreichen Lehrbüchern jener Zeit referiert, beispielsweise in den Büchern von Müller und Marchand.[119] Während Liebig in seiner „Thier-Chemie" keine Quelle für seine Einteilung der Nährstoffe angab, zeigt seine frühere „Agriculturchemie", daß er sie von Prout übernommen haben muß. Dort faßt er Prouts Ansichten über die Bestandteile und die Bedeutung der Milch zusammen: „Wir finden in der Milch einen an Stickstoff reichen Körper, den Käse, eine Substanz, welche reich an Wasserstoff ist, die Butter, einen dritten, welcher eine große Menge Sauerstoff und Wasserstoff in dem Verhältniß wie im Wasser enthält, den Milchzucker; in der Butter befindet sich eine der aromatischen Substanzen, die Buttersäure; sie enthält in Auflösung milchsaures Natron, phosphorsauren Kalk und Kochsalz." Dann fügte er hinzu: „Mit der Kenntniß der Zusammensetzung der Milch kennen wir die Bedingungen des Assimilationsprocesses aller Thiere."[120]

Liebig verdankte Prout die Klassifikation der Nährstoffe, er gab ihr jedoch eine Bedeutung, die Prout nicht vorausgesehen hatte. Prout hatte wenig über die Funktionen der einzelnen Typen von Verbindungen gesagt, teils weil er glaubte, Verbindungen einer Nährstoffklasse könnten im lebenden Organismus in jene einer anderen Nährstoffklasse umgewandelt werden;[121] teils weil er nicht so klar wie Liebig erkannte, daß eine enge Beziehung zwischen chemischer Zusammensetzung und physiologischen Eigenschaften bestehen muß. Liebig andererseits wies jedem Typ eine eigene ausschließliche Rolle zu – und zwar ausschließlicher, als die spätere Erfahrung bestätigen konnte. Er meinte nicht nur, daß allein die Proteine die Bauelemente des tierischen Gewebes sind, sondern behauptete auch, daß der Abbau dieser Verbindungen die einzige Quelle der Muskelarbeit sei. Die Grundlage von Liebigs Ansicht ist ziemlich dunkel. Zwei seiner späteren Kritiker, Fick und Wislicenus, schrieben sie der allgemeinen Auffassung zu, daß Organe sich durch ihre Funktion selbst verbrauchen.[122] Ihre Vermutung wird durch die Tatsache gestützt, daß Müller und andere glaubten, jegliche vitale Aktivität der Organe erzeuge einen Stoffabbau in den Organen selbst, und zwar proportional zur Intensität und Dauer. Müller spezifizierte die Verbindungen oder ihre Umsetzungen nicht, außer daß die letzteren Oxidationen sein könnten.[123] Liebig gab dieser Auffassung vielleicht nur eine ausgesprochen chemische Interpretation: Wenn Proteine die einzigen „organisierten" Verbindungen sind, dann muß es ihre Substanz sein, die bei der Tätigkeit von Muskelgewebe verbraucht wird.[124]

Liebig ging noch von einer weiteren Annahme aus, die grundlegend für sein ganzes Schema des Stoffwechsels war: Harnstoff und verwandte, im Urin ausgeschiedene Produkte entstehen ausschließlich dadurch, daß die Proteine der Gewebe bei der Erzeugung von Mukelkraft abgebaut werden. Genau wie in anderen Fällen gab er sich kühnen Spekulationen hin, wo Physiologen mangels experimenteller Nachweise zögerten. Harnstoff galt als das „Vehikel", um überschüssigen Stickstoff aus dem Blut abzuführen, seitdem man zu Anfang des Jahrhunderts entdeckt hatte, daß er einen außergewöhnlich hohen Prozentsatz dieses Elementes enthält.[125] Bei einem klassischen Experiment haben Jean-Louis Prévost und Dumas 1821 die Nieren eines Tieres entfernt und festgestellt, daß Harnstoff daraufhin im Blut nachweisbar wurde; so bewiesen sie, daß die Nieren Harnstoff nicht erzeugen, sondern aus dem Blut abführen. Damit hatten sie zwar bestätigt, daß die Aufgabe des Harnstoffs darin besteht, Stickstoff abzuführen, aber es blieb völlig unbekannt, wo er seinen Ursprung hat.[126] Müller hatte 1838 betont, wie wichtig und schwierig es sei zu bestimmen, ob Harnstoff nur durch den Stoffwechsel der Gewebe oder auch unmittelbar aus stickstoffhaltiger Nahrung gebildet wird.[127]

Für Liebig war die Antwort einfach: „Es wäre aller Vernunft entgegen, wenn man annehmen wollte, die Stillung des Hungers, das Bedürfniß nach Speise habe keinen andern Zweck, als die Erzeugung von Harnstoff, Harnsäure, Kohlensäure und den andern Excrementen".[128] Die gesamte Nahrung muß zuerst zu organisierten Bestandteilen des Tieres werden und zu den Metamorphosen beitragen, die Bewegung und Wärme erzeugen. Ferner können Proteine nicht im Blut oxidiert werden, denn sonst fände sich Albumin nicht unverändert im ganzen Kreislauf.[129] Nachdem Liebig diesen Schluß gezogen hatte, konnte er – falls er Recht hatte – den Prozeß des Stoffwechsels der Gewebe ganz unmittelbar studieren, denn: „Die Quantität der in einer gegebenen Zeit umgesetzten Gebilde ist meßbar durch den Stickstoffgehalt des Harns."[130] Das heißt, aus dem Gewicht des im Urin gefundenen Stickstoffs und dem Prozentsatz an Stickstoff in den Proteinen kann man berechnen, wieviel Gewebesubstanz während des Zeitraumes, in dem der Urin gesammelt wurde, abgebaut wurde. Liebig stellte als sicher fest, daß jegliche körperliche Tätigkeit die im Urin ausgeschiedene Stickstoffmenge steigert.[131] Die „Thier-Chemie" stellte insofern nicht nur eine faszinierende Spekulation über die Natur und Bedeutung innerer physiologischer Phänomene dar. Sie war außerdem ein Programm, diese Funktionen quantitativ und unter verschiedenen Bedingungen der Ernährung und Aktivität zu erforschen.

Wie Liebigs „Thier-Chemie" aufgenommen wurde

Derjenige, dessen Beifall zu seinem abenteuerlichen Ausflug in die physiologische Chemie Liebig sich am meisten gewünscht hatte, war Jacob Berzelius. Liebig betrachtete Berzelius als die einzige wirkliche Autorität auf dem Gebiet der physiologischen Chemie und als einen der wenigen Männer, die ihre wahre Meinung sagten, wenn auch andere Stellungnahmen für sie persönlich vorteilhafter erscheinen mochten. In den Jahren 1840 und 1841 schrieb er Berzelius häufig über sein neues Interessengebiet und welche Fortschritte er darin machte. Berzelius war über Liebigs „Agriculturchemie" jedoch nicht erfreut; er schrieb ihm, so geistreich seine Theorien auch seien, sie beruhten auf unsicherem Grund, der nicht von Dauer sein könne. Nach dieser Kritik, die Liebig als unverdient hart ansah, war er sehr besorgt, ob Berzelius ein wohlwollendes Urteil über seine „Thier-Chemie" sprechen würde. Berzelius zeigte in einem Brief vom Juni 1841 sein großes Interesse an Liebigs bevorstehenden Ergebnissen, zumal die Tierchemie in seinen frühen Jahren eines seiner liebsten Forschungsgebiete gewesen war. Liebig bat Berzelius um das Einverständnis, ihm das Buch widmen zu dürfen, mit einem langen, ziemlich schmeichelnden Widmungstext. Er war zweifellos im ernsten Glauben, er täte dies aufgrund seiner tiefen Bewunderung für Berzelius und um ihn zu einem Zeitpunkt zu unterstützen, als andere ihn angriffen. Unvermeidlich aber hätte die Widmung die Wirkung gehabt, Berzelius' Ansehen auf dem Gebiet der Tierchemie mit seinem eigenen Abenteuer zu verknüpfen. Berzelius nahm zwar die Widmung gern an, lehnte aber den lobrednerischen Widmungstext mit der Entschuldigung ab, andere könnten darin eine Absicht erblicken, jegliche Kritik von seiner Seite zu unterbinden.[132]

Berzelius' Urteile waren nicht nur aus persönlichen Gründen wichtig. Mehr als zwei Jahrzehnte lang hatte er die wichtigsten Veröffentlichungen auf dem Gebiet der Chemie alljährlich zusammengefaßt und mit seinen Anmerkungen einen starken Einfluß ausgeübt. Seine Autorität war zwar nicht mehr so groß wie früher, aber seine Ansichten wurden noch so ernst genommen, daß Liebig Wert auf gute Rezensionen von ihm legte.[133] Liebig wußte schon aus ihrem gemeinsamen Briefwechsel, daß Berzelius mit einigen seiner Gedanken über die Chemie der Tiere, die er vor seinem Buch veröffentlicht hatte, nicht übereinstimmte;[134] auf die vernichtende Kritik im „Jahresbericht für 1843" war er aber offensichtlich nicht vorbereitet:

„Für die Thierchemie kommt jetzt die Zeit heran, [...] wo Chemiker, ohne das Bedürfniss von tiefen, speciellen und Einzelheiten umfassenden Kenntnissen in den anatomischen Theilen der Physiologie zu ahnen, uns in raschen Zügen die chemischen Phänomene bezeichnen werden, welche in den lebenden Processen vorgehen. Diese leichte Art von physiologischer Chemie wird am Schreibtisch geschaffen und ist um so gefährlicher, mit um so mehr Geist sie ausgeführt wird, weil die grosse Menge der Leser nicht im Stande sein wird, das was richtig sein kann, von dem nur Möglichen oder Wahrscheinlichen zu unterscheiden, und die dadurch irre geführt werden wird, dass sie Wahrscheinlichkeiten für Wirklichkeiten halten, die, wenn sie einmal das Bürgerrecht in der physiologischen Chemie erreicht haben, sicher grosse Anstrengungen erfordern, um ausgerottet zu werden."[135]

Berzelius wollte es vermeiden, einzelne Personen anzugreifen, und nannte die „Chemiker" daher nicht namentlich; niemand zweifelte jedoch, daß er Liebig und Dumas meinte.[136] Im Jahr darauf besprach er Liebigs „Thier-Chemie" ausführlich. Er beklagte, daß Liebig seine ganze Überzeugungskraft benutzt hatte, Hypothesen als Tatsachen erscheinen zu lassen. Er erklärte, insbesondere die chemische Theorie der Körperwärme sei bei weitem nicht ausreichend begründet, als daß Liebig sie mit Recht als Axiom verwenden könne. Die Gleichungen im zweiten Teil seiner „Thier-Chemie" seien offensichtlich voreilig, da die zugrunde liegenden Daten nicht genau genug seien, um zu solchen Rechnungen zu dienen.[137] Er war vor allem verstimmt, daß Liebig bei seinen Gleichungen auch eine Formel für die Gallensubstanz „Choleinsäure" aufstellte, bei der es sich nach Berzelius' kurz zuvor durchgeführter Analyse um ein Gemisch aus Abbauprodukten handelte.[138]

Als Liebig durch Wöhler von der drohenden Veröffentlichung von Berzelius' Kritik hörte, war er schon so sehr in stürmische Streitgespräche verwickelt und dadurch so reizbar, daß er sogar glaubte, sein treuer Freund Wöhler habe ihn wegen eines geringfügigen Vorfalles aufgegeben. Wöhler selbst hatte ihn vergeblich ermahnt, sich nicht durch fruchtlose wissenschaftliche Streitereien zu verausgaben. Besorgt bemerkte Wöhler im April 1842: „Er hat sich jetzt mit aller Welt herumzubeißen, von allen Seiten wird er angegriffen, wie ganz natürlich vorauszusehen war."[139] Unter solchen Umständen überrascht es kaum, daß Liebig Berzelius' Haltung als Zeichen persönlicher Feindschaft ansah, und er war überzeugt, sein alter Feind Eilhard Mitscherlich, der Berzelius kurz zuvor in Stockholm besucht hatte, habe Berzelius bei dieser Gelegenheit gegen ihn umgestimmt. Der arme Wöhler tat alles nur Mögliche, um der unvermeidlichen Entfremdung seiner beiden besten Freunde zuvorzukommen. Er milderte Berzelius' Sprache beim Übersetzen des „Jahresberichts" ins Deutsche soweit irgend möglich, und er flehte Liebig an, Berzelius nicht so zu behandeln wie frühere Feinde, darunter Mitscherlich. Nachdem er Berzelius vergeblich geschrieben hatte, seine Haltung zu ändern, meinte Liebig, er könne es nun nicht länger ertragen, aus Achtung vor dem Älteren zu schweigen und zu leiden.[140] In seinen „Annalen" vom Mai 1844 beschuldigte er Berzelius, er weigere sich anzuerkennen, daß die Tierchemie Fortschritte gemacht habe und aus dem Stadium hinausgetreten sei, in dem Berzelius sie dreißig Jahre zuvor zurückgelassen hatte. In leidenschaftlichem Ton erklärte Liebig, er und seine fähigen Studenten hätten achtzehn Jahre lang unermüdlich gearbeitet, um analytische Grundlagen für die Tierchemie zusammenzutragen, aber wenn er nun die Resultate summiere und daraus ein Fazit ziehe, „so kommt jetzt ein Mann, mein Freund, die höchste Autorität in der Wissenschaft, und wagt es, den geistigen Ausdruck aller dieser Arbeiten zu einem Spiele der Phantasie zu stempeln". Als Vergeltung beklagte er, daß sämtliche von Berzelius durchgeführten Untersuchungen von Körperflüssigkeiten und -geweben für Physiologen nicht nützlich gewesen seien.[141] Berzelius erwiderte, es sei sicherlich ein Mißgeschick, wenn seine Arbeit so unnütz gewesen sei, wie Liebig sie dargestellt hat; eine solche Gegenkritik könne aber keineswegs dazu beitragen, seine an der „Thier-Chemie"geäußerten Zweifel zu beantworten.[142] 1845 versuchten Freunde mit Mühe eine Versöhnung der beiden Männer herbeizuführen, als Berzelius eine Reise durch Deutschland machte. Liebig und Berzelius schienen einem persönlichen Treffen nicht abgeneigt; da aber keiner von beiden mehr als die Hälfte des Weges zu gehen bereit war, ging die Gelegenheit für immer vorüber.[143]

Berzelius' Kritik an Liebigs Methode der physiologischen Chemie war zweifellos vollkommen aufrichtig. Der ehrenhafte alte Chemiker glaubte, er müsse über wissenschaftliche Fragen so urteilen, als ob er weder Freunde noch Feinde habe. Er war überrascht und bekümmert, daß Wöhler meinte, er sei mit Liebig zu hart umgegangen, denn er selbst meinte, seinen Standpunkt so mild wie möglich geäußert zu haben.[144] Überdies waren die meisten seiner Einwendungen gerechtfertigt, wie Liebig ein paar Jahre später allmählich erkannte, wenn nicht sogar anerkannte. Obwohl Berzelius so gut wie jeder andere auch wußte, daß Liebig nicht zwischen einer abweichenden Meinung und einem unfreundlichen Akt unterscheiden konnte,[145] gab er sich dennoch keine Mühe, den Zusammenstoß, zu dem seine Kritik führen mußte, zu vermeiden, indem er sein Wohlwollen gegenüber Liebigs Zielen ausdrückte oder diejenigen Aspekte von Liebigs Gedanken lobte, denen er hätte zustimmen können. Er schien in der Tat blind zu sein für die Bedeutung von Liebigs Hypothesen.

Berzelius verfolgte mit seiner rückhaltlosen Kritik zweifellos auch das Ziel, „Liebig die Augen zu öffnen" für die Gefahren eines Weges, den er für nutzlos hielt und von dem er glaubte, er würde Liebig nur in die Demütigung führen.[146] Es ist aber auch wahrscheinlich, daß Berzelius sich bewußt oder unbewußt über Liebigs Ehrgeiz ärgerte, das Feld der Tierchemie neu zu bestellen, auf dem er soviel Pionierarbeit geleistet hatte; dies um so mehr, als Liebig die Ergebnisse jener früheren Anstrengungen taktlos verschwieg.[147] Berzelius war damals über sechzig Jahre alt und litt unter Gebrechen, die es ihm immer schwieriger machten, seine Laborarbeit fortzusetzen.[148] Schon die Auseinandersetzungen über die organische Zusammensetzung hatten Liebig, Dumas und andere dazu veranlaßt, Berzelius' Ansichten als überholt anzusehen.[149] Liebigs „Thier-Chemie" muß er daher als weiteren schweren Schlag für seinen

Einfluß empfunden haben; denn Liebigs Sprung von Elementaranalysen zu physiologischen Prozessen schien die von ihm begründeten mühevolleren und weniger imponierenden, aber seiner Meinung nach zuverlässigeren Methoden der Tierchemie überflüssig zu machen. Berzelius und Liebig waren in dieser Situation ausgesprochen empfindlich, denn Liebig war der aussichtsreichste Kandidat, um die Nachfolge von Berzelius als Schiedsrichter auf dem Gebiet der organischen Chemie anzutreten. Für die Haltung der beiden ist es enthüllend, wie sie einander in freundlicheren Tagen gesehen hatten: Berzelius hatte ihre Beziehung „brüderlich" genannt, während Liebig sich selbst als Berzelius' „Adoptivsohn" und Berzelius als seinen „väterlichen Freund" bezeichnet hatte. Liebig war jedoch ungeduldig, seine Erbschaft anzutreten. In einem Brief vom 29. April 1839 an Wöhler bemerkte er: „Es ist betrübend zu sehen, wie ein belebendes Feuer nach und nach erlischt. Warum zieht er [Berzelius] sich nicht zurück und überläßt die Arena denen, die noch etwas zu gewinnen haben?"[150] Mit der sorgfältig ausgearbeiteten Widmung, die er für sein Buch vorgesehen hatte, schien Liebig gehofft zu haben, Berzelius' Segen zu erhalten, auf dem Gebiet der Tierchemie dort fortzufahren, wo Berzelius aufgehört hatte. Berzelius Weigerung, ihm die Fackel zu übergeben, schmerzte ihn daher heftiger als die Kritik von irgend jemandem sonst, und er antwortete mit entsprechender Bitterkeit.[151] In seinen letzten Jahren wurde auch Berzelius verbittert. Hatte er sich noch 1842 mitfühlend Sorgen gemacht, daß Liebigs anmaßende, ungestüme Art nervöse Erschöpfung durch Überarbeitung anzeige, so hatte er bis 1846 eine so feindliche Haltung gegenüber Liebig eingenommen, daß er es als seine Pflicht ansah, die eigenmächtige Art zu entlarven, in der Liebig versuchte, die Entwicklung der Chemie zu bestimmen.[152]

Bei diesem entmutigenden Zusammenstoß der beiden bedeutendsten Chemiker ihrer Zeit mischten sich persönliche Emotionen mit Meinungsverschiedenheiten in wissenschaftlichen Fragen auf ungewöhnlich intensive Weise; aber solche Nebengeräusche fehlen wahrscheinlich nur selten bei den Auseinandersetzungen, die den wissenschaftlichen Fortschritt begleiten. Wenige andere reagierten so schroff wie Berzelius auf Liebigs „Thier-Chemie"; doch die allgemeine Aufnahme seiner Gedanken hing von den Erwartungen, den vorherrschenden Interessen, der Begeisterung und den persönlichen Sympathien der Betroffenen ebenso ab wie von ihrer objektiven Einschätzung, daß die Tatsachen für oder gegen seine Schlußfolgerungen sprachen. Viele begrüßten sie eifrig und unkritisch. Darunter waren einige, die Liebigs Feststellungen wahrscheinlich nur aufgrund seines großen Ansehens für wahr hielten. Lyon Playfair, einer von Liebigs früheren Studenten, trug im Juni 1842 eine Zusammenfassung der „Thier-Chemie" der „British Association" vor und bemerkte: „Every sentence contains some new views, if possible more interesting and more important than those preceding."[153] Selbst die Gleichungen, so versicherte er seiner Zuhörerschaft, seien die Ergebnisse nüchterner Berechnung und nicht nur glänzenden Vorstellungsvermögens. Ein weiterer früherer Student, Henry Bence Jones, benutzte Liebigs Ernährungstheorie, um bei verschiedenen Krankheiten, die seiner Meinung nach auf ungenügender Oxidation der Nährstoffe beruhten, die Therapie zu erklären oder neue Therapievorschläge zu unterbreiten. Bence Jones hatte kaum Zweifel an den Ansichten seines Lehrers, von denen er ausging: „I have assumed that the theories of Professor Liebig were probably true, because most of them seemed to me founded on facts which are well known, and to possess the evidence of simplicity in a high degree."[154]

Liebigs enger Freund, der gewandte Pharmazeut und Chemiker Friedrich Mohr, wurde ein eifriger Anhänger seiner Physiologie. Sobald Liebigs Theorien in den „Annalen" zu erscheinen begannen, fing Mohr auch schon an, sie bei seinen Vorlesungen im Medizinalkollegium vorzutragen; er betrachtete sie als Beginn eines neuen Zeitalters der rationalen Medizin. Durch Anwendung von Liebigs Theorie der Rückresorption der Galle glaubte er, das Leben von zwei Mitgliedern seiner Familie gerettet zu haben. Ihren ernsten ausgezehrten Zustand und den damit verbundenen Durchfall schrieb er dem Versagen der normalen Rückresorption der Galle zu, so daß ihre Verbindungen der Atmung nicht zur Verfügung standen und durch einen verstärkten Abbau von Muskelsubstanz ersetzt werden mußten. Er war von seinem von dieser Hypothese abgeleiteten Behandlungserfolg begeistert und schrieb an Liebig: „Alles, alles paßt, Ihre Theorie wird nie umgestoßen werden, sie ist wahr."[155]

Weniger von Liebig beeindruckte Männer fanden seine Gedanken immerhin so überzeugend, daß ihr kritisches Urteil getrübt wurde. Dies galt insbesondere für die Gleichungen, die die komplexen inneren Prozesse des Körpers mit verführerischer Einfachheit und Genauigkeit auszudrücken schienen. Der fähige Physiologe Gustav Valentin gehörte zu ihnen und verbreitete in seinem Lehrbuch der Physiologie ähnliche Gleichungen.[156] Liebigs Fähigkeit, seine Gedanken überzeugend und lebhaft auszudrücken, trugen ebenso zu dem weitreichenden, begeisterten Echo bei, das seine Ansichten hervorriefen. Einen weiteren einleuchtenden Grund für die Aufnahme der „Thier-Chemie" sah man damals darin, daß viele Leute – vielleicht halb unbewußt – schon spürten, daß die vorherrschenden physiologischen Vorstellungen den Fortschritt mehr behinderten als förderten; eifrig unterstützten sie deshalb Gedankengänge, die ihnen vielversprechend erschienen.[157]

Wer an den älteren Ansichten festhielt, sah Liebigs Gedanken natürlich als weniger wertvoll an. Carl Heinrich Schultz beispielsweise meinte, Liebig spreche den chemischen Reaktionen einfach eine zu wichtige Rolle bei physiologischen Vorgängen zu. Er erkannte zwar an, daß chemische Prozesse die vitalen Phänomene begleiten, doch bestehe das Leben nicht aus ihnen. Liebigs Gleichungen könnten keine physiologischen Fragen lösen, weil vitale Eigenschaften nicht in der elementaren Zusammensetzung der Gewebebestandteile begründet sind, sondern in den morphologischen Formen der elementaren Kügelchen, Fasern und Röhren. Da Schultz Liebigs gesamtem Konzept skeptisch gegenüberstand, fand er es leicht, auf Mängel in Liebigs physiologischen Kenntnissen hinzuweisen.[158]

Wichtiger für das Schicksal der „Thier-Chemie" waren am Ende weder die Schmeichler noch die Skeptiker, sondern jene, die zwar nicht alles für bare Münze nahmen, was Liebig sagte, aber auch nicht zuließen, daß seine Fehler und unbewiesenen Annahmen die Bedeutung der Fragen, die er aufgeworfen hatte, minderten. Johannes Müller hielt die vierte Auflage seines „Handbuch der Physiologie" zurück, bis er jene Abschnitte aus Liebigs Werk aufnehmen konnte, die im Frühjahr 1842 als Aufsätze erschienen; und er bemerkte dazu, Liebig habe tiefe, neue Einsichten in die Beziehung zwischen Atmung und Ernährung geliefert. Müller fügte tatsächlich einen neuen Abschnitt über diese Beziehung an, die er in der Auflage davor nicht eigens behandelt hatte. In seiner Darstellung betonte er Liebigs Anschauung über die proportionalen Beziehungen zwischen Nahrung, Körperwärme und Bewegung und dem durch die Atmung verbrauchten Kohlenstoff. Müller wiederholte einerseits einige von Liebigs selbstverständlich erscheinenden „Beweisen", andererseits fügte er weitere unterstützende Daten aus früheren Versuchen über die Atmung hinzu, die Liebig nicht ausgewertet hatte. Mit Liebigs Anschauung stimmte beispielsweise Prouts Entdeckung überein, daß mäßige Bewegung die Abgabe von Kohlendioxid steigert; ebenso der Bericht von Allen und Pepys, daß die Atmung zunimmt, wenn ein Tier reinen Sauerstoff atmet.[159] Müller gliederte ferner Liebigs Gedanken über die jeweilige Rolle stickstoffhaltiger und stickstofffreier Nährstoffe in seine Erörterung der Ernährung ein. Aber er übernahm Liebigs Ansichten nicht so vollständig, als daß er abweichende Gedanken ausgeschlossen hätte; beispielsweise die Möglichkeit, daß eher Zucker als Fett unmittelbar in Milchsäure umgewandelt wird und daß Fibrin im Blut oxidiert werden könnte.[160]

Müller begriff jedoch, daß Liebigs Werk einen derartig grundlegenden Wandel einleitete, daß es nicht einfach in die ältere Physiologie eingefügt werden konnte, die Müller begründet hatte. Die auf der vergleichenden Anatomie beruhende Physiologie würde einer auf Chemie und Physik beruhenden Physiologie weichen. Einen solchen drastischen Schritt wollte er selbst aber nicht tun; er zog sich plötzlich aus der physiologischen Forschung zurück, weigerte sich, weitere Auflagen seines Handbuches zu veröffentlichen und widmete sich während der letzten 18 Jahre seines Lebens ausschließlich anatomischen Studien.[161]

Einer der Studenten, die Müller bei der Beschäftigung mit einer auf Anatomie begründeten Physiologie gefolgt waren, teilte seine Erkenntnis, daß die von Liebig vertretene Richtung für die Physiologie von größter Bedeutung war: Theodor Bischoff glaubte, der Hauptwert der neuen Gedanken bestehe darin, daß sie Anregungen zu einer neuen Art von Forschung geben würden. In einer Besprechung der „Thier-Chemie" für Müllers „Archiv für Anatomie, Physiologie und wissenschaftliche Medicin" äußerte Bischoff seine Ansicht, „dass er in Liebigs geistreichen Schlüssen aus älteren und neueren von ihm gelieferten Thatsachen vielfach hohe Wahrscheinlichkeit, aber noch nicht diejenigen Beweise erblickt, welche der Geist heutiger Naturforschung verlangt. Ich möchte kaum zweifeln, dass sich dieselben baldigst bestätigend und berichtigend finden werden. Für den wesentlichen Sinn der auszusprechenden Ansichten aber halte ich es für gleichgültig, dass sich vielleicht Manches findet, was von dem Anatomen und Physiologen berichtigt werden muss".[162] Im Unterschied zu Müller zog sich Bischoff nicht zurück, sondern unterstützte seine Voraussagen, indem er einer der Pioniere wurde, die Liebigs Gedanken dem physiologischen Experiment unterzogen.

Auch Otto Kohlrausch sah die große Bedeutung von Liebigs Buch. 1844 schrieb er: „Jeder Denkende wird mit Leichtigkeit nach den [von Liebig] gegebenen Grundsätzen neue exacte Fragen ersinnen und durch ihre Prüfung zur Prüfung der Fundamentalsätze beitragen können; jeder wird vorhandene, dunkle Fragen nach dem Liebigschen Muster vorläufig wenigstens in bestimmte umwandeln und dadurch die Beantwortung erleichtern können."[163] Aber die unkritische Aufnahme von Liebigs Gedanken mißfiel Kohlrausch. Wenn sie ihr Versprechen halten sollten, müßten sie zunächst gründlich überprüft werden, um die fruchtbaren Gedanken von den unannehmbaren oder unwahrscheinlichen zu trennen. Dies tat er auf über hundert Seiten. Als erstes zeigte er, wie unbefriedigend Liebigs Auslegungen der Versuche über die tierische

Wärme seien. Es wäre zwar sehr hilfreich, wenn Liebig hinsichtlich der chemischen Ursache der tierischen Wärme recht hätte; der gegenwärtige Stand der Versuchsergebnisse würde seinen Standpunkt aber einfach nicht stützen. In ähnlicher Weise gebe es auch keine ausreichende Kenntnis über den Fluß der Galle, um belegen zu können, ob sie vom Körper rückresorbiert wird oder nicht. Um zu zeigen, daß Liebigs System des Metabolismus nicht das einzig mögliche sei, entwarf Kohlrausch ein anderes System, bei dem der in den Abbauprodukten enthaltene Kohlenstoff und Stickstoff in der Leber neu zusammengesetzt werden, um andere Proteine zu bilden. Er bemerkte, auch er hätte zur Beschreibung dieser Reaktionen ein paar Gleichungen aufstellen können, die zu dem erwünschten Ergebnis geführt hätten; doch diese würden ebenso wenig überzeugen wie die, die Liebigs Anhänger jetzt im Übermaß anwandten. Er entlarvte ihre Hohlheit, indem er zeigte, daß man mit ihnen die Bildung irgendwelcher anderer Stoffe „beweisen" könne, soweit sie die Elemente Kohlenstoff, Wasserstoff, Sauerstoff und Stickstoff enthalten. Er könne nicht glauben, daß die Ernährungsprozesse von Fleisch- und Pflanzenfressern derartig verschieden seien, daß die einen die Galle aus den Umsetzungsprodukten ihrer Gewebe bilden, die anderen aber aus der Nahrung.[164] Schließlich könne er nicht glauben, daß die Nahrungsaufnahme so eng mit der Respirationsrate verbunden sei, wie Liebig meinte; denn die Menschen variieren ihre Mahlzeiten im allgemeinen aufgrund ihres Willens, und der Körper sei fähig sich entsprechend anzupassen. Trotz aller dieser Meinungsverschiedenheiten glaubte Kohlrausch weiterhin, Liebig habe ein großes Verdienst, indem er die Beziehungen und die gegenseitige proportionale Abhängigkeit der grundlegenden physiologischen Prozesse aufgezeigt habe.[165] Liebig seinerseits erkannte nicht die Wichtigkeit der Kritik, denn er veröffentlichte nur eine kleine Passage aus Kohlrauschs Abhandlung, die – aus dem Zusammenhang gerissen – Kohlrausch blind für den Wert der physiologischen Chemie erscheinen ließ.[166] Änderungen, die Liebig in der dritten Auflage der „Thier-Chemie" vorgenommen hat, zeigen aber, daß er sich der Beweiskraft einiger von Kohlrauschs Entgegnungen nicht entziehen konnte.[167] Die Abhandlung wurde außerdem auch anderen Physiologen sehr wohl bekannt.[168] Sie hatte zweifellos einen wohltuenden Einfluß, denn sie muß andere ermutigt haben, sich weniger von Liebigs Fähigkeit, zweifelhafte Gedanken überzeugend darzustellen, beeindrucken zu lassen; andererseits unterstrich sie gleichzeitig die Wichtigkeit von Liebigs Gedanken.

Tierchemie und die Erhaltung der Energie

Unter den Einflüssen, die Liebigs Werk ausübte, war zweifellos einer der entscheidendsten die Anregung, die es einem jungen, gerade am Beginn seiner Karriere stehenden Physiologen vermittelte: Hermann Helmholtz. 1845 erklärte Helmholtz:
> „Eine der höchsten, das Wesen der Lebenskraft selbst unmittelbar betreffenden Fragen der Physiologie, nämlich die, ob das Leben der organischen Körper die Wirkung sei einer eigenen, sich stets aus sich selbst erzeugenden, zweckmässig wirkenden Kraft, oder das Resultat der auch in der leblosen Natur tätigen Kräfte, nur

eigentümlich modificirt durch die Art ihres Zusammenwirkens, hat in neuerer Zeit, besonders klar in Liebig's Versuch, die physiologischen Thatsachen aus den bekannten chemischen und physikalischen Gesetzen herzuleiten, eine viel concretere Form angenommen, nämlich die, ob die mechanische Kraft und die in den Organismen erzeugte Wärme aus dem Stoffwechsel vollständig herzuleiten seien, oder nicht."[169]

Wenn Liebig recht habe, so folgerte Helmholtz, müßten die Zusammenziehungen eines Muskels eine feststellbare Veränderung in seiner Zusammensetzung bewirken. Mit elektrischen Stromstößen reizte er einen von zwei gleichartigen Froschmuskeln bis zur Erschöpfung, während der andere ruhte. Dann extrahierte er die löslichen Stoffe der Muskeln und zeigte, daß während der Kontraktionen die alkohollöslichen Anteile anstiegen, während die wasserlöslichen abnahmen. Obwohl er die Stoffe nicht bestimmen konnte, glaubte er bewiesen zu haben, daß sich während der Muskeltätigkeit chemische Umsetzungen der Muskelbestandteile vollziehen.[170] Für eine lange Zeit wurde sein Versuch als bester unmittelbarer Beweis für solche Umsetzungen angeführt.[171] Helmholtz' Forschung trug in bewundernswerter Weise dazu bei, den Zweck zu erfüllen, zu dem Liebig meinte, sein Buch geschrieben zu haben: klar formulierte Fragen zu stellen, die aussagekräftige Versuche am „Kreuzungspunkt der Physiologie und Chemie" anregen würden.[172]

Inzwischen glaubte Liebig, ein narrensicheres Argument entdeckt zu haben, um das Problem von Dulongs und Despretz' Versuchen zu überwinden. Dulongs Berechnungen der in Tieren durch Oxidation erzeugten Wärme beruhten auf Lavoisiers Angaben für die Verbrennung von Kohlenstoff und Wasserstoff; Despretz dagegen hatte seine eigenen Werte benutzt. In einem 1845 veröffentlichten Aufsatz zeigte Liebig, daß neuere Versuche für Wasserstoff höhere Werte ergaben, als die beiden benutzt hatten. Er behauptete, unmittelbare Messungen der Verbrennungswärme von Kohlenstoff seien wegen technischer Schwierigkeiten unglaubwürdig. Er rechnete daher mit den Werten der Verbrennungswärme von „ölbildendem Gas" [Ethylen], Alkohol und Ether, abzüglich eines Betrages, den er in jeder Verbindung für den Wasserstoff annahm. Mit diesen neuen Daten rechnete er die Ergebnisse von Dulong und Despretz nach und erhielt Abweichungen zwischen berechneter Verbrennungswärme und gemessener Wärme von 0,83 bis 1,04. Er triumphierte und schloß, daß die Verbrennung von Kohlenstoff und Wasserstoff genau der von Tieren erzeugten Wärme entsprach.[173]

Liebigs Aussage erschien nun viel sicherer begründet als in der „Thier-Chemie". Zumindest zeigte er hier – im Gegensatz zu seinen früheren Ausführungen –, daß er Dulongs und Despretz' Texte sorgfältig gelesen hatte. Was er tatsächlich bewies, war jedoch nur eines: Er war der chemischen Theorie der Wärme so sicher, daß er jedes störende Zeugnis soweit wie irgend möglich zu entkräften versuchte. Er ließ in seiner Abhandlung nur folgende Schlüsse zu, wenn die berechnete Wärme zu gering war: Entweder müsse man annehmen, daß die Verbrennung von Nährstoffen im Tier mehr Wärme ergibt als die Verbrennung von Kohlenstoff und Sauerstoff außerhalb von Tieren; oder es müsse ein Irrtum bei den verwendeten Werten der Verbrennungswärme vorliegen.[174] Jedoch ergaben selbst seine neuen Werte nur einen durchschnittlichen Quotienten von errechneter zu beobachteter Wärme von etwa 0,95; angesichts der engen Übereinstimmung der Ergebnisse von Dulong und Despretz konnte dieses

Ergebnis kaum als deckungsgleich bezeichnet werden. Ferner ließen die Annahmen, auf deren Grundlage er seine Daten erhalten hatte, manche Fragen offen.[175] Liebig äußerte sich privat über jene, die seinen bisherigen Erklärungen widersprochen hatten, sie seien „Logiker ohne Logik".[176] Indem er eine völlig andere Grundlage für seine Haltung suchte, gab er gleichwohl stillschweigend die Stichhaltigkeit der gegen ihn gerichteten Argumente zu. Doch wenn Liebig die Maßstäbe der Objektivität etwas strapazieren mußte, um die Versuchsergebnisse an seine Überzeugung anzupassen, mag dies nur beweisen, daß das Gefühl eines Wissenschaftlers für die „Richtigkeit" von Dingen manchmal zuverlässiger sein kann als sture Tatsachen.

Helmholtz war Liebigs Retter. Sein Interesse an der Frage der tierischen Wärme war offensichtlich durch Liebigs Aufsatz weiter angeregt worden, und so beschrieb er die Lage ausführlich in zwei Abhandlungen über dieses Thema. Helmholtz zeigte, daß weder Liebigs frühe noch seine neuerlichen Argumente geeignet waren, Dulongs und Despretz' Ergebnisse an die chemische Theorie der Wärme anzupassen. Die wirkliche Schwierigkeit bestand vielmehr darin, daß alle annahmen, die Verbrennungswärme von Nahrungsstoffen sei genau gleich der Verbrennungswärme des in ihnen enthaltenen Kohlenstoffs und Wasserstoffs. Unglücklicherweise waren keine Brennwerte der Hauptnährstoffe verfügbar. Doch aus ein paar Messungen ähnlicher Verbindungen schloß Helmholtz, daß die Annahme nicht stimmte; die Wärmemenge kann beträchtlich größer oder kleiner sein als durch dieses Verfahren vorausgesagt. Folglich bildeten Dulongs und Despretz' Ergebnisse kein Hindernis für die chemische Theorie der Wärme.[177]

Helmholtz bewies die Theorie ebenso wenig wie Liebig; er widerlegte nur die Gegenzeugnisse erfolgreicher. Wie Liebig war Helmholtz überzeugt, daß die „latente Wärme" der Nahrungsstoffe die einzige Quelle für Wärme und Bewegung der Tiere sei; denn er sah keinen Anhaltspunkt für irgendeine andere physikalische Ursache, und er glaubte nicht an eine besondere Lebenskraft.[178] In seinem zweiten Artikel stellte er fest, daß die Frage der tierischen Wärme vom Grundsatz der Gleichwertigkeit der Energie abhing; dieser aber war unglücklicherweise noch nicht angemessen formuliert oder bewiesen. Durch die von Liebig aufgestellten Thesen erkannte Helmholtz die Notwendigkeit gründlicher Studien, die 1847 zu seiner berühmten Abhandlung „Ueber die Erhaltung der Kraft" führten.[179]

Liebig ermunterte somit Helmholtz zu seiner Arbeit über einen Grundsatz, der von hervorragender Bedeutung für alle Naturwissenschaften ist; dieser Grundsatz schärfte andererseits Liebigs Auffassungen und machte sie überzeugender, denn die Produktion von tierischer Wärme erschien nun als Sonderfall eines allgemeinen Naturgesetzes. Helmholtz selbst stellte diese Auslegung am Ende seiner Abhandlung klar und einfach dar:

> Tiere „nehmen die complicirten oxydablen Verbindungen, welche von den Pflanzen erzeugt werden, und Sauerstoff in sich auf, geben dieselben meist verbrannt als Kohlensäure und Wasser, theils auf einfachere Verbindungen reducirt wieder von sich, verbrauchen also eine gewisse Quantität chemischer Spannkräfte, und erzeugen dafür Wärme und mechanische Kräfte. Da die letzteren eine verhältnismässig geringe Arbeitsgrösse darstellen gegen die Quantität der Wärme, so reducirt sich die Frage nach der Erhaltung der Kraft ungefähr auf die, ob die Verbrennung und Umsetzung der zur

Nahrung dienenden Stoffe eine gleiche Wärmequantität erzeuge, als die Thiere abgeben. Diese Frage kann nach den Versuchen von Dulong und Despretz wenigstens annähernd bejaht werden."[180]

Dulongs und Despretz' Ergebnisse hatten sich nicht geändert; doch nachdem sich Helmholtz von der Gültigkeit des Grundsatzes des Erhalts der Energie überzeugt hatte, änderte er seine Meinung ein klein wenig: Während er vorher geglaubt hatte, daß Dulongs und Despretz' Forschungen die chemische Theorie der Wärme nicht widerlegt haben, glaubte er nun, daß sie die Theorie sogar bestätigen. Auf ähnlich Weise nahmen die Physiologen im Jahrzehnt darauf den Erhalt der Energie als unumstößliche Wahrheit an und bezweifelten nicht länger, daß die Verbrennung von Nährstoffen die Quelle für Wärme und Arbeitsleistung im Tier ist, obwohl dies durch Versuche nicht besser abgesichert war als zuvor.[181] Mit dieser Akzeptanz erschienen Liebigs Gedanken über die Umsetzung der Stoffe bedeutsamer zu sein als je, denn anscheinend beschrieben und wiesen sie die Wege, um die Prozesse der Energieumwandlungen im Tier weiter zu erforschen.[182]

Fortschritte und Rückschläge

Doch in denselben Jahren, in denen die Grundgedanken, auf denen Liebigs „Thier-Chemie" beruhte, entscheidende Unterstützung erhielten, traf seine Beschreibung der Stoffumsetzungen auf wachsende Schwierigkeiten. 1846 unternahm Liebig einen Versuch, eine neue, erweiterte Ausgabe des Buches zu schreiben. Er behauptete, die Ergebnisse der letzten vier Jahre hätten den von ihm eingeschlagenen „Weg, um zu Aufschlüssen über die organisch-chemischen Processe des Thierorganismus zu gelangen," bestätigt, und seine Ansichten hätten „einen bestimmteren und der Wahrheit näher stehenden Ausdruck erhalten";[183] aber die wenigen bedeutsamen Fortschritte, die die neue Auflage enthielt, waren von der entschiedenen Verteidigung angegriffener Positionen und sogar von größeren Rückzügen begleitet.

Liebig hatte niemals offen zugegeben, daß er irgendwelche Einwände gegen seine „Thier-Chemie" als beachtenswert ansah. In dem gleichen Aufsatz, in dem er Berzelius angriff, weil dieser seine Methode in Frage stellte, kennzeichnete er alle sonstigen Gegenmeinungen als Äußerungen von Physiologen, die die Methoden exakter wissenschaftlicher Forschung nicht verstünden; von Personen, die den der Sache eigenen Problemen weitere in ihrer Einbildungskraft erträumte Schwierigkeiten hinzufügen; und von Personen, die von der irrationalen Furcht besessen seien, daß die Chemiker in ihr Arbeitsgebiet einbrechen. Was die Pathologen angeht, erklärte er verächtlich, sie seien kaum kompetent, über chemische und physiologische Fragen zu urteilen. Indem er solche allgemeinen Verurteilungen aussprach, ohne bestimmte Autoren und Sachverhalte zu nennen, versuchte Liebig offensichtlich, seine überzogene Kritik, mit der er seine Schriften ausschmückte, und die ernsthafteren Einwände von anderen Chemikern und Biologen auf eine Stufe zu stellen.[184] Nur ein Hitzkopf, der wissenschaftliche Auseinandersetzungen wie politische Kämpfe betrachtete, konnte hoffen, seine Ideen auf solche Weise durchzusetzen.

Nichtsdestoweniger erkannte Liebig in seiner neuen Auflage verblümt an, daß die von Kohlrausch und anderen vorgebrachten Fragen nicht rechthaberisch übergangen werden können. Stillschweigend ließ er einige Argumente fallen, die sich als angreifbar herausgestellt hatten, und betonte statt dessen andere, um dieselben Schlüsse zu verteidigen. Kohlrausch beispielsweise hatte angeführt, über die Menge der sezernierten Galle sei zu wenig bekannt, um daraus zu schließen, daß sie rückresorbiert wird oder nicht. Liebig grenzte daher jene Abschnitte seiner Argumentation aus, die auf der Sekretion von bestimmten Mengen beruhten, und ersetzte sie durch die unmittelbare Tatsache, daß lösliche Salze wie Soda vom Darm resorbiert werden.[185] Auf Argumente, daß Nährstoffe im Körper nicht oxidiert werden könnten, weil sie außerhalb des Körpers nur unter viel höheren Temperaturen oxidiert werden, antwortete er, indem er die Reaktionen im Organismus mit einigen anderen Oxidationen verglich, die unter normalen Temperaturen nur in Gegenwart bestimmter Katalysatoren oder Fermente ablaufen.[186] Bei der Frage nach der Ursache der tierischen Wärme jedoch zeigte er weniger Zutrauen als zuvor. Den alten Versuchen von Brodie,[187] die Berzelius noch als Hindernis für die chemische Theorie ansah, gab er eine einleuchtende Erklärung,[188] aber er ließ die gesamte Diskussion über Dulongs und Despretz' Ergebnisse weg – ein stillschweigendes Eingeständnis, daß er das Problem nicht beantworten konnte.[189]

Liebigs wichtigster Fortschritt war die weitere Entwicklung seiner allgemeinen Auffassung, daß die Mengen der ein- und ausgeatmeten Gase in einer Beziehung stehen zu den proportionalen Anteilen der Elemente in der Nahrung.[190] In der dritten Auflage der „Thier-Chemie" beschrieb er quantitativ die Beziehung zwischen dem Quotient von eingeatmetem Sauerstoff zu ausgeatmetem Kohlendioxid einerseits und der elementaren Zusammensetzung der wichtigsten Nährstoffe andererseits. Während in der ersten Auflage seine Aufmerksamkeit auf die Verbrennung von Kohlenstoff als Maß der Respiration gerichtet war, legte er in der gesamten dritten Auflage mehr Wert auf die Oxidation von Wasserstoff.[191] Entsprechend waren seine Erörterungen der altbekannten Beziehung zwischen der Abgabe von Wasserdampf und dem Verschwinden von einem Teil des eingeatmeten Sauerstoffs. Liebig ging jedoch weiter als andere, indem er auf die in diesem Prozeß enthaltenen Möglichkeiten hinwies, die Rolle der hauptsächlichen Nährstoffklassen zu erforschen. Erstens stellte er hier zum erstenmal fest: Da das Verhältnis der Atemgase mit der Nahrung wechselt, kann das Messen von Sauerstoff oder Kohlendioxid kein absoluter Maßstab für die Respiration sein.[192] Zweitens berechnete er nach dem früher für Pflanzen angewandten Verfahren aus den Formeln für Zucker, Fett, Albumin und anderen Verbindungen die bei der Verbrennung dieser Stoffe jeweils verbrauchten Sauerstoffmengen und erzeugten Kohlendioxidmengen und schlug vor: „Die quantitative Bestimmung der Raumabnahme der Luft, in welcher ein fleisch- oder pflanzenfressendes Thier athmet, dürfte zu einer genaueren Beurtheilung des Respirationsprocesses führen, als wir bis jetzt besitzen; es ist wahrscheinlich, daß sich dadurch festsetzen läßt, in welchem Verhältnisse die stickstofffreien und die Blutbestandtheile in einer gegebenen Zeit an diesem Vorgang Antheil nehmen."[193] Liebig sagte nicht, wie diese Berechnung auszuführen sei; aber seine Anregung – zusammen mit seinem Einfall, die Oxidation stickstoffhaltiger Verbindungen am Stickstoffgehalt des Harns zu messen[194] – befähigte seine Nachfolger, eine erfolgreiche Versuchsmethode zu entwickeln, die grundlegend für das Studium von Stoffwechselvorgängen wurde.[195] Bezeichnenderweise war Liebigs neue Ansicht unabhängig von seinen Vorstellungen über die Natur der damit verbundenen Ernährungsprozesse, so daß sie als Forschungsmethode die letztendliche Zurückweisung seiner detaillierten Stoffwechseltheorie überlebte.

Der wichtigste Wandel in seinen eigenen Anschauungen über Ernährungsprozesse war, daß er die grundsätzliche Unterscheidung zwischen Fleisch- und Pflanzenfressern, der Kohlrausch widersprochen hatte, wegließ. Während er früher festgestellt hatte, daß Fleischfresser nur von stickstoffhaltigen Substanzen leben, erkannte er nun die offensichtliche Tatsache an, daß ihr Fleisch immer Fette enthält. Diese werden in derselben Weise genutzt, um Wärme zu erzeugen, wie die Stärke in der Nahrung von Pflanzenfressern.[196] Außerdem nahm Liebig in der dritten Auflage zahlreiche kleine Verbesserungen vor. Er schwächte zu kühne Behauptungen ab, berichtigte Fehler, die offensichtlich auf seinen mangelnden physiologischen und anatomischen Kenntnissen beruhten, und zog einige neuere und auch ältere Versuche, die er bis dahin nicht erwähnt hatte, in Betracht.[197]

Die neue Auflage enthüllte jedoch einen größeren Rückschlag, was Liebigs Schlußfolgerungen über die inneren Prozesse der Ernährung betrifft. Die Gleichungen im zweiten Teil („Die Metamorphosen der Gebilde"), die soviel Aufsehen erregt hatten, fehlten. An ihrer Stelle stand nun – ohne Beziehung zum bisherigen Thema – eine Methode für physiologische Forschungen und eine Warnung: Es sei ein nutzloses Zahlenspiel, Gleichungen über physiologische Prozesse zu schreiben, ohne zuvor zu beweisen, daß die fraglichen Prozesse überhaupt stattfinden. Solche irreführenden Praktiken schrieb er „einigen neueren Physiologen" zu; aber mit der ihm eigenen Fähigkeit, sich lautlos von unhaltbaren Positionen zu distanzieren, erwähnte er mit keinem Wort, daß die erste Ausgabe der „Thier-Chemie" das Vorbild gewesen war, dem andere folgten.[198]

Obwohl die Gleichungen von manchen begeistert aufgenommen worden waren, hatten sie auch eine derart vernichtende Kritik auf sich gezogen, daß Liebig erkannt haben muß, daß er sich mit ihnen lächerlich macht. Dennoch ahmten Physiologen und Ärzte sie häufig nach, was der bedeutende physiologische Chemiker Carl G. Lehmann 1850 folgendermaßen kritisierte: „Darum sind auch in der Physiologie, hauptsächlich aber in der Pathologie an die Stelle der frühern naturphilosophischen Phantasien eine Menge chemischer Fictionen getreten, durch welche die Medicin in ein neues Labyrinth haltloser Theorien gestürzt worden ist."[199] Trotz solcher Übertreibungen waren die Gleichungen wahrscheinlich eine nützliche Anregung für das sehr schnell zunehmende Interesse an der physiologischen Chemie, das sich zur gleichen Zeit vollzog, als diese Formeln populär waren.[200] Indem sie den Standpunkt, daß physiologische Prozesse aus chemischen Reaktionen bestehen, auf die Spitze trieben, trugen sie dazu bei, daß Physiologen lernten, in solchen Begriffen zu denken.[201] Diese Denkweise blieb noch lange vorherrschend, nachdem die spekulativen Gleichungen verschwunden waren.

Nur Teil 1 der dritten Auflage der „Thier-Chemie" erschien 1846. Liebig kündigte im Vorwort an: „Die zweite Hälfte dieses Buches, welches den eigentlich chemischen Theil enthält, ist gänzlich umgearbeitet worden, und es sind einige noch nicht vollendete Untersuchungen über die Blutbestandtheile des Thierkörpers, welche die Ausgabe derselben um einige Wochen verzögern."[202] Die Versuche ergaben jedoch so komplexe Ergebnisse, daß sie ihn immer weiter von seinem Ziel wegführten. Aus den Wochen wurden Jahre, und obwohl Liebig sich eingehend mit wertvollen Forschungen über die Chemie physiologisch wichtiger Verbindungen befaßte, stellte er seine erweiterte „Thier-Chemie" niemals fertig.

Die dritte Auflage gibt kaum einen Hinweis auf die Tatsache, daß genau zu der Zeit, als das Buch im Druck war, eine Krise die Grundlagen der Ernährungstheorien, auf denen es beruhte, erschütterte. Mulders Proteintheorie, die neun Jahre zuvor die Welle des Interesses an der Tierchemie ausgelöst hatte, erschien als immer unwahrscheinlicher. Liebig und seine Studenten waren nicht in der Lage, das hypothetische Protein-Radikal frei von Schwefel und Phosphor darzustellen, selbst nachdem sie Mulders eigene Verfahren wiederholt hatten. In drei kurzen Aufsätzen über mutmaßliche Oxid-Derivate von Mulders Protein äußerte Liebig 1846 Zweifel am Bestehen sowohl des Proteins als auch der Derivate. Obwohl er sich nach seinen Maßstäben mild ausdrückte, machte er mehrere seiner üblichen verletzenden Bemerkungen. Was beispielsweise die beiden Derivate betrifft, die Mulder beschrieben hatte, so sagte er: „Protid und Erythroprotid – mit welchem Namen Hr. Mulder zwei schmierige syrupartige Körper bezeichnet, die er bei der Einwirkung des Kalis auf Eiweiß erhielt – habe ich bei der Behandlung des Käsestoffs mit Alkali nicht wahrgenommen, glaube auch nicht, daß sie jemals wieder von im selbst oder von irgend einem anderen Chemiker von derselben Zusammensetzung, die er davon angiebt, erhalten werden, indem beide nichts anderes als Gemenge von Zwischenproducten sind, die nach der Temperatur, der Dauer der Einwirkung des Alkalis, der Concentration desselben wechseln müssen".[203]

Angesichts der Bedrohung des ganzen Systems der Proteinanalyse, mit welcher er so eng verbunden war, verlor Mulder jegliche Fassung und schrieb Liebig einen Brief, in dem er ihn aufforderte, seine Feststellungen innerhalb von 14 Tagen zu widerrufen; dann einen zweiten Brief, in dem er ihn unter anderem beschuldigte, „Männer der Wissenschaft zu ermorden, immer unter dem unsittlichen Vorwand die Wahrheit zu fördern." Als dann Mulder eine lange Abhandlung veröffentlichte, in der er ihn weiterhin züchtigte, druckte Liebig die Briefe ab, zusammen mit früheren Briefen von Mulder, die zeigten, daß er Liebig einst dafür gedankt hatte, daß dieser seine Karriere gefördert hatte.[204] Inzwischen veröffentlichte einer von Liebigs Studenten, Laskowski, im Juni 1846 eine lange Studie über Mulders Analysen und Theorien, die die Proteintheorie höflich, aber vollständig verwarf.[205]

Wenn Liebig persönlich angegriffen wurde, war damit zu rechnen, daß er mitleidlos antwortete. Gegen Ende 1847 veröffentlichte er einen Aufsatz, der genau zu tun versuchte, was Mulder ihm schon früher vorgeworfen hatte: jegliches Vertrauen in Mulders Fähigkeit und Methoden zu zerstören. Liebig gab Mulder die volle Verantwortung für die seiner Meinung nach falsche Richtung, die das Studium der Tierchemie seit zehn Jahren genommen hatte. Schlußfolgerungen allein aus den Formeln von Elementaranalysen könnten niemals zur Kenntnis der Zusammensetzung von eiweißartigen oder irgendwelchen anderen organischen Verbindungen führen - dies zeigte Liebig anhand von Beispielen aus Mulders Werk. Weiterhin meinte er, Mulders Theorie, daß die eiweißhaltigen Verbindungen tierischen und pflanzlichen Ursprungs in ihrer Zusammensetzung identisch sind, habe die Chemiker dazu verleitet, alle die älteren Analysen, die dem widersprechen, zu ignorieren; und dies habe zu dem falschen Glauben geführt, die Ernährung könne nur erklärt werden, wenn man annehme, die Nährstoffe würden ohne chemische Veränderungen assimiliert. Neue Analysen aber hätten das früher unterdrückte Ergebnis bestätigt, daß Fibrin mehr Stickstoff enthält als Albumin. Es gebe keinen Grund zu vermuten, erklärte Liebig, daß die Elemente, die die hauptsächlichen Verbindungen des Blutes oder der Gewebe bilden, alle aus derselben Nährstoffverbindung stammen müßten; sie könnten ebenso gut aus mehreren verschiedenen Verbindungen stammen.[206]

Der Zorn, den Mulders Drohungen bei Liebig ausgelöst haben müssen, macht die Härte seiner Bemerkungen verständlich, mit denen er aber seinen Anspruch zunichte machte, Verleumdungen geduldig zu ertragen.[207] Sein Zorn kann nicht die Art und Weise entschuldigen, wie er ausschließlich Mulder mit den Methoden und Gedanken identifizierte, die er einst selbst vertreten hatte und von denen er sich nun offenbar distanzieren wollte. Wenn Mulder Chemiker und Biologen zehn Jahre lang irregeleitet hatte, dann war niemand mehr davon betroffen als Liebig selbst; außerdem hat niemand sonst Mulders Werk so gründlich ausgewertet. 1841 hatte Liebig die Chemiker ermahnt, dem Beispiel Mulders zu folgen, „der durch seine mannigfaltigen und gewissenhaften Untersuchungen in dem Gebiete der Thier- und Planzenchemie eine Welt von neuen Entdeckungen eröffnet hat." Sie sind „das Merkwürdigste, das Interessanteste und Nützlichste in den chemischen Forschungen."[208] 1847 bezeichnete er Mulder als inkompetent, weil er nicht einsehe, daß seine einst gepriesenen Verfahren nicht mehr angemessen sind. Liebig schrieb aber nicht – und hatte es vielleicht gar nicht bemerkt –, daß er die Grundlage seiner eigenen Theorie über die Rolle der stickstoffhaltigen und stickstofffreien Nährstoffe zerstörte, indem er Mulder zurückwies. Den Ausschluß stickstofffreier Verbindungen von der Bildung der organisierten tierischen Substanzen hatte er gerechtfertigt, indem er sich auf die Identität eiweißartiger Substanzen in Pflanze und Tier berief.[209] Wenn sich diese Substanzen in ihrer Zusammensetzung unterschieden, mußte das ganze, auf der vorgenannten Annahme beruhende System zusammenbrechen.

Liebig selbst muß 1847 von den Aussichten, seine Gedanken über die tierischen Ernährungsprozesse weiter voranzubringen, entmutigt worden sein. In scharfem Gegensatz zu seiner Meinung in der dritten Auflage der „Thier-Chemie", daß Fortschritte gemacht würden, stellt sein Aufsatz von 1847 fest, es sei erstaunlich, wie wenige fest begründete Tatsachen es auf dem Gebiet der Tierchemie gebe, aus denen man verläßliche Schlüsse ziehen könne. Er gab zu, daß die vielen Zwischenstufen vom Eintritt der Nährstoffverbindungen in das Tier bis zu ihren Endprodukten wie Harnstoff oder Harnsäure völlig unbekannt seien – ein paar Verbindungen der Galle ausgenommen.[210] Am 30. November 1848 schrieb er Wöhler: „Es ist wirklich auffallend, wie wenig man eigentlich die Thiersubstanzen kennt."[211] Liebig und seine Studenten arbeiteten emsig daran, mehr darüber herauszufinden.[212] Sie wandten sich von den Elementaranalysen ab und untersuchten die Abbauprodukte des Albumins und andere durch Oxidation hervorgebrachte Substanzen. Da Liebig glaubte, daß die Reaktionen innerhalb der Tiere hauptsächlich schrittweise Oxidationen sind, hoffte er die einzelnen Schritte aufklären zu können, indem er sie künstlich nachahmte. Seine Forschungen ebneten den Weg zu einem besseren Verständnis der Eiweißchemie[213] und der Ernährungsprozesse, aber sie erlaubten keine kurzfristigen Schlußfolgerungen hinsichtlich der geheimnisvollen inneren physiologischen Vorgänge. Liebig schob die Vollendung seiner „Thier-Chemie" immer weiter hinaus.[214]

und er dürfte es kaum noch verstanden haben, mit welchem Elan er einst versucht hatte, in weniger als zwei Jahren „die Physiologie zu erobern".

Rückschauend erscheint es so, daß sich bis 1848 herausgestellt hatte, wie schwach die empirische Grundlage von Liebigs Vorstellungen über innere Stoffumwandlungen war, so daß diese Vorstellungen eigentlich zusammen mit den Gleichungen, die sie so spannend gemacht hatten, hätten verschwinden müssen. Doch seine Ideen traten damals gerade in die Phase ihres größten Einflusses ein. Nichts kann eindrucksvoller belegen, daß Wissenschaftler den Wert von Ideen manchmal weniger danach beurteilen, in welchem Maße sie bestätigt worden sind, als danach, ob sie vielversprechend genug waren, um als Richtschnur für weitere Forschungen zu dienen.

Liebigs Nachfolger

Max Pettenkofer bemerkte in seiner Laudatio auf Liebig, was die Physiologie angehe, so sei Liebig mit den Diplomaten einer Nation zu vergleichen: Sie könnten einen Krieg beginnen, ihn aber nicht führen.[215] Das Schicksal seiner Gedanken in der „Thier-Chemie" hing nicht davon ab, was er selbst mit ihnen weiterhin tun konnte, sondern davon, ob die Physiologen sie bei Versuchen mit lebenden Tieren anwenden würden. Daß einige Physiologen diese Herausforderung annahmen, lag zum Teil am intellektuellen Reiz seiner Theorien, die die bislang nur isoliert betrachteten Prozesse zu einem sinnvollen Ganzen zusammenzufassen schienen.[216] Es lag auch an der engen Verbindung zwischen seinen Theorien und den fruchtbaren Verfahren, die er zu ihrer weiteren Erforschung vorschlug. Die bedeutendsten darunter waren: seine Berechnungen über die Beziehungen zwischen den Mengen der Atemgase und der elementaren Zusammensetzung von Nahrungsmitteln; seine Anregung, solche Berechnungen könnten angestellt werden, um die relativen Umsetzungsraten verschiedener Substanzen zu bestimmen; und schließlich seine Annahme, man könne den Metabolismus der Gewebe über den Stickstoffgehalt des Urins messen. Außerdem gaben seine Theorien den Verfahren neue Bedeutung, die Boussingault ausgearbeitet hatte, um die Gesamtaufnahme und -abgabe der einzelnen Elemente in organischen Verbindungen zu messen.

Für Liebigs Nachfolger war das Reizvollste an diesen Verfahren die Hoffnung, den Stoffwechsel über den Stickstoffgehalt des Urins zu messen, denn dies versprach einen unmittelbaren Einblick in die Vorgänge, die Liebig als die grundlegenden Lebensprozesse der Gewebe ansah. 1848 versuchte Friedrich Theodor Frerichs die Basalrate des Stoffwechsels in den Geweben zu bestimmen, die notwendig ist, um die normalen Funktionen von Tieren zu unterhalten, indem er die Harnstoffausscheidung fastender Tiere maß. Als er feststellte, daß diese nur ein kleiner Bruchteil des stickstoffhaltigen Futters der Tiere war, schloß er – im Gegensatz zu Liebig – daraus, daß der über die Basalrate hinausgehende Überschuß an stickstoffhaltigem Futter unmittelbar im Blut oxidiert wird, genauso wie dies bei stickstofffreien Stoffen geschieht. Während der beiden folgenden Jahrzehnte konkurrierte Frerichs' Ansicht mit Liebigs Überzeugung, daß alle stickstoffhaltigen Nährstoffe zu organisiertem Gewebe werden müßten, bevor sie abgebaut werden.[217] Unter Frerichs' Anhängern waren Friedrich Bidder und Carl Schmidt, die 1852 stark beachtete Messungen des Gesamtaustausches zwischen Tieren und ihrer Umgebung durchführten, indem sie alle Wege, Verbindungen und Elemente erfaßten. Sie bezeichneten die unmittelbare Oxidation stickstoffhaltiger Substanzen im Blut als „Luxusconsumtion".[218] Trotz dieser Unterschiede waren Frerichs, Bidder und Schmidt noch Liebigs Grundgedanken über physiologische Phänomene verpflichtet, und viele ihrer Forschungen betrafen Fragen, die seine Theorien aufgeworfen hatten.[219]

Wenn auch alle Physiologen der Zeit mehr oder weniger von Liebigs Gedanken beeinflußt waren, so wurde doch einer ein treuer Anhänger und Verteidiger seiner ganzen Lehre vom Stoffwechsel: Gleich bei Erscheinen der „Thier-Chemie" hatte Theodor Bischoff gespürt, daß sie wie kein anderes Werk die Bedeutung von Ernährungsprozessen erhellt. Er glaubte, er könne Liebig mit den erforderlichen physiologischen und anatomischen Kenntnissen zur Seite stehen, um die Forschungen durchzuführen, die Liebig vorgeschlagen hatte; Bischoff kam deshalb bald darauf nach Gießen, wo die beiden fast ein Jahrzehnt lang fruchtbar zusammenarbeiteten.[220] Unter dem Eindruck von Frerichs' Werk erkannte Bischoff insbesondere die Notwendigkeit, die Auswirkungen unterschiedlicher Fütterung auf den Stoffwechsel tierischer Gewebe gründlicher zu erforschen. Zunächst jedoch brauchte er mehrere Jahre, um die damit verbundenen beträchtlichen technischen Probleme zu überwinden. Liebig selbst leistete 1851 einen entscheidenden Beitrag zu seinem eigenen Anliegen, indem er eine einfache, verläßliche Methode zur Bestimmung der Harnstoffmenge im Urin durch Titration mit Quecksilbernitrat entwickelte. Bischoff wandte dieses Verfahren an, um herauszufinden, wie die Harnstoffausscheidung eines Hundes durch Variationen der Futtermenge und der Anteile von Eiweiß und Fett in seiner Nahrung beeinflußt wird. Er führte eine große Zahl von Versuchen durch, einerseits, um die Verfahren zur Kontrolle von Futteraufnahme und Ausscheidungen zu verbessern, andererseits, um die vielen möglichen Bedingungen zu untersuchen.[221]

Indem sie solche Daten sammelten, begründeten Bischoff und seine Nachfolger ein wichtiges Gebiet für Stoffwechselstudien, das von den einzelnen Theorien, die Anlaß zu den Forschungen gaben, unabhängig war.[222] Für Bischoff selbst jedoch bestand der Zweck der Versuche darin, Liebigs Ansicht über Ernährungsfragen zu belegen und zu verdeutlichen.[223] Bischoff nahm übereinstimmend mit Liebig an, die Menge des ausgeschiedenen Stickstoffs sei ein Maß einer einzelnen, immer gleich ablaufenden Kette von Reaktionen, die sich innerhalb der Zellen des Muskelgewebes abspielen, ein Prozeß dessen Ausmaß direkt proportional dem der geleisteten Muskelarbeit sei. Das Konzept der „Luxusconsumtion" störte ihn sehr, denn wenn der Harnstickstoff teils aus dem Stoffwechsel in den Geweben und teils aus direkter Oxidation im Blut stammte, dann würde nicht nur Liebigs Theorie der Stickstoffumwandlungen einen Todesstoß bekommen, sondern es würde auch jegliche Hoffnung zerstört, über die Messung des Harnstickstoffs weiteren Einblick in den Prozeß des Muskelstoffwechsels zu bekommen.[224]

Bischoff glaubte 1853, er könne die Unglaubwürdigkeit der Ansicht von Frerichs, Bidder und Schmidt belegen; nicht nur aus verschiedenen logischen Gründen, sondern auch aufgrund eigener Forschungen, die gezeigt hatten: Wenn die Proteinmenge der Diät stufenweise erhöht wird, dann erscheinen die zusätzlichen Stickstoffmengen nicht vollständig im Urin; ein Anteil des Zuwachses wird als höheres Körpergewicht zurückgehalten.[225] Doch während er noch diese Bedrohung abwendete, erlebte Bischoff einen entmutigenden Rückschlag: Indem er Liebigs

Methode anwandte, berechnete er aus der elementaren Zusammensetzung von Harnstoff die Menge des durch diese Verbindung ausgeschiedenen Stickstoffs. Anschließend berechnete er aus dem in Fleisch enthaltenen Prozentsatz an Stickstoff die Menge des in der Nahrung enthaltenen Stickstoffs. Wenn das Tier an Gewicht weder zu- noch abnimmt, sollte seiner Meinung nach diese Stickstoffaufnahme der im Harnstoff festgestellten Stickstoffmenge entsprechen. Unglücklicherweise fand er, daß bei vielen seiner Versuche mehr als ein Drittel des Stickstoffs der Nahrung nicht nachweisbar war; dieses Ergebnis zwang ihn zuzugeben, es könnte weitere unbekannte Wege geben, auf denen Stickstoff ausgeschieden wird. Falls dies der Fall wäre, so spürte er, dann wäre Liebigs Ansatz insgesamt unnütz, selbst wenn seine Haupttheorie über den Stoffwechsel der Muskeln richtig sein sollte, denn es gäbe anscheinend keine Möglichkeit ihn zu messen.[226]

Bischoffs Aussicht, Liebigs Verfahren mit Erfolg anzuwenden, verdunkelte sich in den Folgejahren weiterhin, denn andere Forscher fanden ebenfalls, daß sie nicht den gesamten in der Nahrung enthaltenen Stickstoff nachweisen konnten. Doch 1857 führte ein junger Assistent, Carl Voit, zusammen mit Bischoff eine Reihe von Versuchen durch, bei denen der Stickstoffgehalt des Harnstoffs und der Nahrung einander die Waage hielten. Dieses Resultat – zusammen mit späteren Ergebnissen, bei denen sie im Harnstoff mehr Stickstoff als in der Nahrung feststellten, selbst wenn das Tier nicht an Gewicht verlor – zwang die beiden allmählich zu erkennen, daß ihre Annahme, ohne Änderung des Körpergewichts gebe es auch keine Änderung in der chemischen Zusammensetzung eines Tieres, falsch war. Aus Bischoffs älteren Versuchen mit einem abgemagerten Hund folgerten sie nun, einige der stickstoffhaltigen Bestandteile der Nahrung seien assimiliert worden, während der Verlust von Wasser den Zuwachs an Körpersubstanz kompensiert und damit verhindert habe, daß er als Gewichtszunahme sichtbar wurde.[227]

Mit dem wiederhergestellten Vertrauen an ihren Glauben, daß die Harnstoffproduktion einen Maßstab für den Stoffwechsel des Muskels darstellt, erweiterten Bischoff und Voit ihre bisherige Arbeit erheblich, wobei Voit alle Experimente durchführte. Er maß die Harnstoffabgabe von fastenden Hunden; von Hunden, die genau überwachte, schrittweise steigende Mengen einer rein stickstoffhaltigen Diät erhielten; von Tieren, die eine Mischkost aus Eiweiß und Fett erhielten, bei der ein Anteil jeweils gleich blieb, während der andere variiert wurde; schließlich von Tieren, die Kohlenhydrate anstelle von Fett erhielten. Mit komplizierten Berechnungen aufgrund der elementaren Zusammensetzung des Harnstoffs und der stickstoffhaltigen und stickstofffreien Anteile des Futters sowie aufgrund der Gewichte des Futters, der Ausscheidungen und der Tiere selbst konnten sie nicht nur abschätzen, welche Proteinmengen assimiliert und zersetzt worden waren, sondern auch wieviel die Gewichtszunahme von Wasser und Fett während jedes einzelnen Versuchs betrug. Ihre Ergebnisse veröffentlichten sie 1860 in einem Buch mit dem Titel „Die Gesetze der Ernährung des Fleischfressers, aufgrund neuer Forschungen".[228]

Bischoffs und Voits Abhandlung war der Höhepunkt der Bemühungen, auf den Spekulationen von Liebigs „Thier-Chemie" eine experimentelle Ernährungswissenschaft zu errichten. Sie sahen es als unbestreitbare Tatsache an, daß die einzige Quelle der Muskelarbeit der Abbau stickstoffhaltiger Gewebesubstanz ist. Sie interpretierten ihre Resultate als endgültige Bestätigung von Liebigs Ansicht, daß alle stickstoffhaltigen Nährstoffe zunächst die organischen Bestandteile des Blutes und dann die Substanz der Gewebe bilden, bevor sie zersetzt werden, um Muskelarbeit zu leisten und Abbauprodukte zu liefern, deren weitere Oxidation Harnstoff und Wärme erzeugt.[229] Um mit Liebigs Grundvorstellung die heikle Tatsache in Einklang zu bringen, daß eine Steigerung des Stickstoffgehalts der Nahrung die Produktion von Harnstoff vergrößert, selbst wenn das Tier keine größere Muskelarbeit leistet, die den erhöhten Gewebeabbau erklären würde, nahmen sie an, daß das Volumen des Blutplasmas ansteigt und daher mehr innere Muskelarbeit erforderlich sei, um den Blutkreislauf aufrecht zu erhalten.[230]

Bischoff und Voit erklärten alle ihre Ergebnisse mittels einer Theorie, daß der Abbau stickstoffhaltigen Gewebes von einer Art komplexen Massenwirkung gesteuert werde. Er sei jeweils proportional der Gewebemasse, der verfügbaren Sauerstoffmenge und der Menge an Nährstoffen, die in die Gewebe oder das Blutplasma gelangen. Sie fanden heraus, daß die Zugabe von Fett oder Kohlenhydraten zur Kost die zur Aufrechterhaltung des Körpergewichts notwendige Menge stickstoffhaltiger Nährstoffe herabsetzte, aber sie konnten den Stoffwechsel stickstoffhaltiger Substanzen nicht unter ein bestimmtes Maß herabdrücken, ganz gleich wieviel Fett oder Kohlenhydrate sie der Nahrung zusetzten. Übereinstimmend mit Liebigs Theorien deuteten sie dieses Resultat so, daß Fette oder Kohlenhydrate stickstoffhaltige Substanzen beim Stoffwechsel der Gewebe nicht ersetzen können, aber daß diese stickstofffreien Substanzen im Wettstreit um den im Blut verfügbaren Sauerstoff den Anteil herabsetzen, mit dem die Gewebesubstanzen durch ihre Oxidation zur Wärmeerzeugung beitragen.[231]

Eine kurze Zusammenfassung kann nicht angemessen darstellen, wie brillant Bischoff und Voit ihre immense Datensammlung in ein ausgefeiltes System einfügten, das auf Liebigs Gedanken beruhte. Sie glaubten, seine Theorien auf ein sicheres Fundament gestellt zu haben, indem sie diese als unvermeidliche Schlußfolgerungen aus physiologischen Experimenten darstellten.[232] Dabei waren ihre Erläuterungen, nicht weniger als Liebigs ursprüngliche Hypothesen, nur aus Beobachtungen über den Austausch zwischen Tieren und ihrer Umwelt abgeleitet. Bei ihrem Bestreben, ihre Resultate in einen gegebenen Rahmen einzupassen, fragten sie nicht danach, ob dies der einzig passende Rahmen sei. Diese Art von Physiologie verglich Claude Bernard höhnisch mit dem Versuch herauszufinden, was sich in einem Haus abspielt, indem man beobachtet, was durch die Tür hineingeht und durch den Schornstein herauskommt.[233] Carl Ludwig warnte, die Physiologen könnten die Nährstoffe noch nicht bis in das Innere der Tiere verfolgen, um zu beobachten, wo und wie sie assimiliert, abgebaut und ausgeschieden werden. Folglich wüßten sie nichts über diese inneren Prozesse; nur durch den Vergleich der Aufnahme und Abgabe von Stoffen könnten sie aber niemals eine Theorie über die physiologische Rolle der stickstoffhaltigen und stickstofffreien Verbindungen aufstellen.[234]

Krise und Zurückweisung

Selbst Bischoff und Voit konnten schließlich die Ergebnisse der von ihnen fortgeführten empirischen Messungen nicht mehr an Liebigs willkürlichen Entwurf des Stoffwechsels anpassen.

Als ihr Buch erschien, führte Voit gerade eine weitere Reihe von Versuchen durch, deren Resultat die Überzeugungen, die sie gerade kundgetan hatten, peinlich in Frage stellte. Liebig hatte behauptet, daß der Harnstickstoff ansteigt, wenn ein Tier Muskelarbeit leistet,[235] und die wenigen damals verfügbaren Untersuchungen schienen ihn zu unterstützen. Um diese Annahme – die Grundlage von Liebigs gesamtem Konzept – zu prüfen, verglich Voit seine üblichen Messungen, die er an einem ruhenden Hund gewonnen hatte, mit den entsprechenden Messungen von einem Hund, der zeitweise in einem Tretrad lief. Zu seinem Erstaunen fand er keine signifikante Steigerung der Harnstoffproduktion entsprechend dem stark gestiegenen Aufwand an Muskelarbeit. Anstatt Liebigs Konzept angesichts dieses Widerspruchs zu verlassen, konstruierte Voit eine sorgfältig durchdachte Hypothese, um sie zu retten. In Ruhezeiten, meinte er, erzeugt der Abbau von Gewebesubstanzen Energie, die in potentielle Energie des Muskels umgebildet wird; sie zeige sich als Unterschied der elektrischen Spannung längs der Oberfläche eines Muskels, den Emil du Bois-Reymond entdeckt hatte. Wenn sich der Muskel zusammenzieht, liefert dieses Reservoir an potentieller Energie die mechanische Energie. Folglich könne der Abbau von Gewebesubstanz in einem gleichbleibenden Ausmaß vonstatten gehen, selbst wenn die Nutzung der resultierenden Energie schwankt.[236]

Voit war noch auf Liebigs Physiologie festgelegt, von der er mit Recht glaubte, sie sei die Grundlage der meisten Stoffwechselstudien der letzten zehn Jahre gewesen [237]; doch um 1860 waren ernsthafte Schwächen dieses Entwurfes deutlich geworden, unabhängig von diesem überraschenden Widerspruch im Experiment. Wachsende Erfahrungen bei der Anwendung des Lehrsatzes von der Erhaltung der Energie auf chemische Reaktionen ließen es unwahrscheinlich erscheinen, daß im Tier eine Reaktionsfolge ausschließlich mechanische Energie, eine andere Reaktionsabfolge aber ausschließlich Wärme erzeugen sollte. Bei sonstigen bekannten Prozessen, die mechanische Energie erzeugen, wurde ein Teil davon immer in Wärme umgewandelt. Wie Fick und Wislicenus kurz darauf darlegten, entsprach Liebigs Theorie einer Situation, bei der man neben eine Dampfmaschine, die bereits eine große Wärmemenge liefert, noch einen Ofen stellt.[238] Darüber hinaus hatten schon einige der vor 1860 durchgeführten Fütterungsversuche nahegelegt, daß die Rate des Proteinabbaus mehr von der Nahrung als von der Muskelarbeit abhängt und daß die Respirationsrate sich viel deutlicher an die gesteigerte Aktivität anpaßt als die Harnstoffproduktion. Nichtsdestoweniger war die Autorität von Liebigs Konzept des Stoffwechsels so stark, daß die meisten Autoren und Lehrer weiterhin mit nur geringen Zweifeln daran festhielten.[239]

Als erster brach Moritz Traube entschieden mit Liebigs Ansichten. Traube glaubte, die Vorstellung der Erzeugung von Muskelenergie ausschließlich durch stickstoffhaltige Verbindungen sei mit vielen Beobachtungen über tierische Funktionen nur schwer vereinbar. Besonders bezeichnend war seiner Meinung nach die Tatsache, daß die großen Arbeitstiere immer Pflanzenfresser sind und verhältnismäßig kleine Anteile an Proteinen verzehren. Er rechnete aus, daß ein schwer arbeitendes Pferd in acht Stunden fast ein Drittel seiner Gesamtenergie für mechanische Arbeit verausgabt, eine Menge, die kaum allein aus den Proteinen seines Futters stammen kann. Weiterhin hätten Versuche gezeigt, daß die Atmung eines Tieres weit stärker ansteigt, wenn es seine Muskeln aktiv betätigt, als wenn es seine Wärmeabgabe steigert, um die sie umgebende Kälte auszugleichen. Bei Kaltblütern kann die Wärmeerzeugung kein Hauptfaktor sein, dennoch steigt die Atmung auch dieser Tiere stark an, wenn sie aktiv sind, und auch sie verzehren große Anteile stickstofffreier Nahrung. Aus allen diesen und ähnlichen Gründen glaubte Traube, die Oxidation stickstofffreier Verbindungen müsse eine große Rolle bei der Erzeugung mechanischer Energie spielen. Voits neuere Ergebnisse deutete er als augenscheinliche Bestätigung dieser Ansicht. Voit selbst, so meinte Traube, opfere die fundamentalsten Tatsachen der Physiologie und der Physik, um seine Ergebnisse mit Liebigs Hypothesen in Einklang zu bringen.[240]

Traubes Schlußfolgerung wurde bald durch einen schlagenden, von Fick und Wislicenus durchgeführten Versuch in den Schatten gestellt. Diese in Zürich ansässigen Forscher bestiegen einen Berggipfel im Berner Oberland, das Faulhorn, vom Brienzersee aus und berechneten die bei dem Aufstieg von ihnen geleistete Arbeit. Das Resultat verglichen sie mit der Energie, die durch den Abbau einer Eiweißmenge, die dem Stickstoffgehalt ihres während des Aufstiegs ausgeschiedenen Urins entsprach, hätte freigesetzt werden können. Ihre Berechnungen enthielten zahlreiche Annahmen und grobe Annäherungen; denn es waren noch keine Zahlen verfügbar, um die Verbrennungswärme von Eiweiß direkt zu messen; auch das Ausmaß der inneren Muskelarbeit [für Atmung und Kreislauf] konnten sie nur schätzen. Sie ließen jedoch kaum einen Zweifel daran, daß die geleistete Arbeit diejenige übertraf, die nur aus Protein hätte gewonnen werden können, und schlossen daraus, daß stickstofffreie Substanzen zur Muskelarbeit beitragen müssen.[241]

Voit nahm zunächst nicht an, daß Fick und Wislicenus den Stickstoff als Quelle der Muskelarbeit widerlegt hätten, denn er glaubte, seine eigene Theorie, daß der Proteinabbau ein Energiereservoir bilde, könne das Ergebnis ihres Versuchs erklären. Die während eines kurzen Zeitraums der Aktivität erbrachte Arbeitsleistung könne aus diesem Reservoir stammen und könne daher nicht aus dem während derselben Zeit erzeugten Harnstoff berechnet werden.[242] Diese Erklärung rettete Liebigs Stoffwechseltheorie vorübergehend, allerdings auf Kosten ihrer einstigen Anziehungskraft für physiologische Untersuchungen, denn es erschien nun nicht mehr möglich, den Prozeß des Gewebestoffwechsels anhand des Harnstickstoffs unmittelbar zu messen – ein Ergebnis, das vor allem Bischoff und Liebig enttäuschte.[243]

Aber auch sonstige Forscher sahen, daß das Experiment von Fick und Wislicenus eine gründlichere Überprüfung von Liebigs Gedanken über den Stoffwechsel erfordere. Der englische Chemiker Edward Frankland beispielsweise glaubte, die Bergbesteigung habe die Theorie, daß Muskelarbeit aus Muskel-Oxidation abgeleitet werden könne, als völlig unhaltbar erwiesen.[244] Frankland betonte jedoch, die Berechnungen von Fick und Wislicenus könnten nicht als entscheidend angesehen werden, solange die tatsächliche Verbrennungswärme des Proteins nicht bekannt sei. Um diese Lücke zu schließen, führte er die ersten ausführlichen Messungen der Wärme durch, die bei der Verbrennung der hauptsächlichen Nährstoffverbindungen entsteht. Seine Resultate machten die Schlüsse von Fick und Wislicenus nur noch treffender, denn sie belegten, daß nur ein kleiner Teil der von ihnen geleisteten Arbeit aus dem Proteinabbau stammen konnte.[245]

Sogar Voit sah es als notwendig an, von Liebigs Auffassung immer mehr abzurücken, während er seine Forschungen über die Austauschvorgänge zwischen Körper und Umwelt fortsetzte. 1868 zeigten seine Messungen, daß Tiere bei sehr proteinreicher Kost viel mehr Stickstoff ausscheiden als Tiere bei sonstiger, vergleichbarer Haltung; dies überzeugte ihn, daß - im Gegensatz zu Liebigs Auffassung - etwas Protein unmittelbar oxidiert werden muß, ohne daß es zunächst zu „körpereigener"Substanz wird.[246] Er stellte auch Liebigs Annahme in Frage, daß das im Futter nicht enthaltene Fett eines Tieres aus den Kohlenhydraten stammen müsse; denn ebensogut könne es vom Protein des Futtters stammen.[247] Zwar übernahm Voit nicht die Schlußfolgerung von Fick und Wislicenus, daß die Oxidation von Fetten und Kohlenhydraten Muskelarbeit erzeugt, aber er kam zu der Überzeugung, die Frage könne nur durch weitere Versuche entschieden werden.[248]

Liebig selbst beteiligte sich nur wenig an den Forschungen, die aus seinen Theorien über den tierischen Stoffwechsel hervorgingen. In seinen späteren Jahren war er vor allem mit der praktischen Anwendung seiner landwirtschaftlichen und ernährungswissenschaftlichen Theorien beschäftigt: Er verteidigte seine Auffassung über Düngemittel, berechnete die Mengenverhältnisse stickstoffhaltiger und stickstofffreier Verbindungen in verschiedenen Nahrungsmitteln und stellte aufgrund seiner Entdeckung der löslichen Bestandteile der Muskelsubstanz einen Fleischextrakt her.[249] Er bezeugte lebhaftes Interesse an den Versuchen zum Stoffwechsel,[250] insbesondere an denen, die in München durchgeführt wurden, wo sich Bischoff, Voit und Pettenkofer allesamt niedergelassen hatten.[251] Aber Wöhler gegenüber bekannte er einmal, die gegenwärtigen, sehr ins einzelne gehenden Forschungen zur Tierchemie würden ihn langweilen, da sie nicht auf irgendwelchen großen Ideen beruhten.[252]

Die Ablehnung seiner Ernährungstheorien, die aufgrund der Versuche von Fick und Wislicenus um sich griff, zwang Liebig 1870, sein zehnjähriges Schweigen zu diesem Thema durch eine sehr ausführliche Abhandlung zu brechen und seinen Kritikern zu antworten.[253] Da er den jüngsten Erkenntnissen von Voit, Fick, Wislicenus und anderen nicht entkommen konnte, gab er zu, daß es ein Fehler gewesen war zu glauben, die Harnstoff-Ausscheidung sei ein Maßstab für die Muskelarbeit und den Gewebestoffwechsel. Er erkannte sogar an, daß bei der Atmung etwas Protein des Blutes unmittelbar oxidiert werden könne. Aber er beharrte auf seinem Standpunkt, daß der Stoffwechsel des Stickstoffs die einzige Quelle der Muskelarbeit sei; er berief sich auf die Tatsache, daß Tiere mit stickstofffreiem Futter nicht überleben können, sowie auf einige Versuche von Lyon Playfair, die zeigten, daß die Arbeitsleistung eines Arbeiters vom Stickstoffgehalt seiner Kost abhängt. Ohne es einzugestehen, folgte Liebig der Theorie von Voit und erklärte das Ergebnis von Fick und Wislicenus mit der Hypothese, daß sich beim Abbau des Gewebeproteins ein Energiereservoir bilde. Dieses Reservoir entspreche der aufgezogenen Feder einer Uhr, die es der Uhr ermöglicht, eine Zeitlang ohne Nachschub an Energie zu gehen. Er entwickelte eine Hypothese, daß die Energie in Form von Kreatin gespeichert werde, das er zuvor in allen Muskelgeweben nachgewiesen hatte. Dieser Einfall erklärte zur rechten Zeit den Wert seines Fleischextraktes, der damals auf den Markt gekommen war. Schließlich beklagte er, daß auf dem Gebiet der Tierphysiologie in letzter Zeit wenig fruchtvolle Arbeit geleistet worden sei; die durchgeführten Forschungen hätten die Kenntnisse auf diesem Gebiet stark verbreitet, aber kaum vertieft. Insbesondere kritisierte er einige von Voits Untersuchungen und unterstellte beispielsweise, alle Arbeiten von Voit über die Bildung von Fett in der Kuhmilch hätten die Erkenntnis um keinen Schritt vorwärts gebracht.[254]

Voit, der seine Methoden und Theorien nicht weniger hitzig vertrat als Liebig die seinen, faßte dessen gesamte Abhandlung als persönliche Beleidigung auf. Liebigs Klagen hinsichtlich fehlender Fortschritte auf dem Gebiet der Physiologie erschienen ihm als Mißachtung der Anstrengungen, die er über viele Jahre dem Gebiet gewidmet hatte. Liebig habe keine Vorstellung, erwiderte Voit in einer massiven Zurückweisung, welche Anstrengungen es gekostet habe, die geistreichen, aber unbewiesenen Spekulationen zu überprüfen, die Liebig 25 Jahre früher veröffentlicht hatte. Als Vergeltung zerstörte Voit Liebigs gesamtes Modell vom Stoffwechsel der Muskelsubstanz. Voit behauptete, von Liebigs drei Grundgedanken – daß alle Proteine organisiertes Gewebe werden müssen, bevor sie zur Erzeugung von Arbeit zersetzt werden; daß Harnstoff ein Maßstab ist, um die Umsetzung und die Arbeit zu bestimmen; und daß die Umsetzung von Stickstoffverbindungen die einzige Quelle der Muskelarbeit ist – seien die ersten beiden widerlegt worden, und für den dritten sei die Wahrscheinlichkeit nicht sehr groß. Voit stimmte dem Konzept einer Energiereserve im Muskel, mit dem Liebig den dritten Grundgedanken verteidigte, zu, aber er war doch ziemlich verärgert, daß Liebig Voits frühere Beiträge zu diesem selben Gedanken nicht erwähnt hatte.[255]

Voit war aufgrund seiner eigenen und sonstiger Versuche der Überzeugung: „Es gibt keinen Stoffwechsel im Sinne Liebig's, d.h. einen Untergang organisirter Theile durch die Arbeit und einen Wiederaufbau derselben getrennt von einem Untergang im Respirationsprozess."[256] Nachdem sie herausgefunden hatten, daß der einfache, gleichartige Prozeß des Stoffwechsels der Muskeln nicht unmittelbar gemessen werden kann, wie Bischoff und Liebig gehofft hatten, mußten die Physiologen nun zugeben, daß es den Stoffwechsel so, wie Liebig ihn geschildert hatte, überhaupt nicht gab.

Liebigs neue Theorie, daß Kreatin eine unmittelbare energiereiche Quelle der Muskelarbeit sei, lehnte Voit als reine Mutmaßung entschieden ab. Er erkannte zwar an, daß Liebigs ebenfalls spekulativen früheren Einfälle der wesentliche Ausgangspunkt für alle Forschungen über Ernährung - einschließlich seiner eigenen, gewesen waren –, aber gerade jene Forschungen, die die „Thier-Chemie" angeregt hatte, machten es nun unmöglich, weiterhin Schlüsse aus den Thesen zu ziehen, die Liebig leider immer noch vertrat. Voit wörtlich über Liebig:
> „Er steht noch auf dem Boden, den er sich vor 25 Jahren geschaffen; von chemischen Erfahrungen aus versucht er Uebertragungen und Schlüsse zu machen auf die Vorgänge im Thierkörper; er hat eine große Wirkung durch seine Ideen hervorgebracht und von seinem Wurfe ging die ganze Bewegung zum Studium der Zersetzungen im Thierkörper aus. Aber er vergass zum Bedauern derer, die seine hohen Verdienste um die Wissenschaft wohl mehr kannten und ehrten, als seine Schmeichler, dass dies alles nur Ideen und Möglichkeiten sind, deren Richtigkeit durch den Versuch am Thier erst geprüft werden musste, und dies ist der Boden, auf den ich mich gestellt habe."[257]

Voits Streit mit Liebig erinnerte auffällig an den früheren zwischen Liebig und Berzelius. In beiden Fällen glaubte der Jüngere, der sich von einem Älteren inspirieren ließ, er fahre dort fort, wo sein Vorgänger aufgehört hatte; er hoffte, der Ältere sei erfreut über seine Beiträge, die ihm selbst als logische Weiterentwicklung der Arbeit des Älteren erschienen, selbst wenn diese dadurch revidiert wurde. Aber in beiden Fällen versuchte der Ältere, dessen ausgezeichnete Karriere sich dem Ende näherte, ein Modell, das er früher mit großem Erfolg entwickelt hatte, aufrecht zu erhalten und schien die von dem Jüngeren vorgenommenen Änderungen übel zu nehmen. Gerade so wie Berzelius' Opposition den jungen Liebig zu einem scharfen Angriff gereizt hatte, so forderte die Kritik des gealterten Liebig einen bitteren Tadel von Voit heraus. Voit war verstimmt und beschuldigte Liebig, er versuche jegliches neue Wissen zu ersticken, das an die Stelle seiner eigenen Beiträge treten könnte. Mit treffender Ironie verwendete er zu diesem Zweck ein langes Zitat aus einer ähnlichen Kritik, die Berzelius 26 Jahre zuvor über Liebig geschrieben hatte.[258] Berzelius hatte damals nicht gesehen, daß die Zeit gekommen war, in der Aussagen über physiologische Prozesse, die von organischen Analysen abgeleitet waren, der biologischen Forschung eine neue Richtung geben konnten; nun erkannte Liebig nicht, daß diese Zeit vorüber war.

Bleibender Einfluß

Als die Physiologen bei Liebigs Theorien Unstimmigkeiten feststellten, war ihre erste Reaktion, andere Hypothesen über innere Umsetzungsprozesse vorzuschlagen. Frerichs beispielsweise glaubte, daß eine bestimmte Menge Protein, die für die Muskeltätigkeit erforderlich sei, den von Liebig beschriebenen Stoffwechselprozeß durchläuft, während das restliche Protein im Blut in derselben Weise wie Zucker oder Fett verbrannt wird.[259] Traube meinte 1861, die stickstoffhaltigen Gewebebestandteile seien Zwischenträger des Sauerstoffs, indem sie ihn vom Blut auf stickstofffreie Substanzen der Gewebe übertragen, deren Oxidation mechanische Energie erzeugt.[260] Fick, Wislicenus und Frankland kamen zu dem Ergebnis, daß Proteine die Bauelemente der Muskeln bilden – wie das Eisen einer Dampfmaschine – und daß nur ihre „Abnutzung" zu ersetzen sei. Die Kohlenhydrate und Fette lieferten den „Brennstoff", dessen Oxidation Wärme und Bewegung erzeugt.[261] Voit unterschied zwischen schnell umgesetztem, „zirkulierendem" Protein und langsamer abgebautem „organischem" Protein.[262] Schrittweise jedoch verstanden die Physiologen immer besser den folgenden Einwand von Claude Bernard: „Wenn wir ein Gleichgewicht zwischen Ernährung und Ausscheidung des Tieres annehmen und versuchen, die dazwischen liegenden Prozesse zu erläutern, dann befinden wir uns auf unbekanntem Gebiet, dessen größerer Teil durch die Vorstellungskraft geschaffen wird, und dies um so leichter, weil sich Bilder oftmals wunderbar dazu eignen, die unterschiedlichsten Hypothesen zu belegen".[263]

Die Hoffnung, die einzelnen Reaktionsschritte genauer nachzuweisen als in Liebigs Entwurf, ging verloren, als man allmählich erkannte, wie unangemessen die einfache Vorstellung war, daß der tierische Stoffwechsel aus Reaktionsketten von Oxidationen bestehe, die von den Nährstoffen schrittweise zu einfacheren, immer stärker oxidierten Verbindungen führen, bis Kohlendioxid, Wasser und Harnstoff entstehen.[264] Bernard widersprach dieser Auffassung, nachdem er entdeckt hatte, daß Tiere Zucker und Glykogen reversibel ineinander umwandeln.[265] Liebig selbst trug dazu bei, mit der extremen Auffassung von Dumas und Boussingault zu brechen, Tiere seien Oxidations-Mechanismen, als er feststellte, daß Zucker im tierischen Körper durch eine reduzierende Reaktion in Fett verwandelt wird.[266] Liebigs spätere Studien über Proteine behielten die einfache Ansicht bei, die meisten tierischen Umsetzungen seien Oxidationen, denn er nahm an, er könne die im Körper entstehenden Abbauprodukte der Proteine feststellen, indem er Proteine außerhalb des Körpers oxidiert. Seine Nachfolger begannen, mehr Gewicht auf die sanfteren hydrolytischen Abbaureaktionen von Proteinen und anderen Nährstoffverbindungen zu legen, und erkannten, daß sich Reaktionen dieses Typs wahrscheinlich auch innerhalb der Tiere vollziehen. Um 1875 hatten Physiologen bereits vermutet, daß die Nährstoffe Stärke, Fett und Protein nicht unmittelbar vom Blut und von den Geweben resorbiert werden. Zunächst werden sie zu kleineren Molekülen hydrolysiert: Stärke zu Zuckern; Fett zu Fettsäuren; Proteine zu eiweißartigen Körpern wie „Peptonen", Leucin und Tyrosin. Diese Bestandteile werden dann wieder zusammengesetzt, jedoch in unbestimmten neuen Kombinationen. Nachdem die Physiologen akzeptiert hatten, daß solche Reaktionen möglich sind, mußten sie zugeben, daß Tiere auch umfangreichere, ihnen völlig unbekannte Umsetzungen ausführen könnten, darunter auch Reduktionen und Synthesen.[267] Wenn dem so war, dann konnte die Kenntnis von Ausgangs- und Endprodukten die Wege des dazwischenliegenden Stoffwechsels nicht entschlüsseln. Man durfte nicht länger davon ausgehen, daß es zur Aufklärung dieser Reaktionen nur erforderlich sei, zwischen den Ausgangssubstanzen und den vollständig oxidierten Produkten Kohlendioxid und Wasser die teilweise oxidierten Zwischenprodukte einfach einzuordnen, und zwar in einer Reihenfolge, die durch die Sauerstoffanteile jeder einzelnen Verbindung bestimmt war. Nachdem die Physiologen Liebigs spezifische Theorien über die inneren Stoffwechselprozesse schon aufgegeben hatten, konnten sie nun auch nicht mehr hoffen, diese Vorgänge durch seine Methoden berechnen zu können.

Obwohl das ursprüngliche Ziel von Liebigs Methoden vereitelt war, war ihr Nutzen noch längst nicht erschöpft. Voit, Pettenkofer, Zuntz und andere blieben nach wie vor daran interessiert, den Umsatz einzelner Nährstoffe unter verschiedenen Bedingungen der Ernährung, Tätigkeit und Gesundheit zu bestimmen. Für diese Studien blieb die Messung des Harnstickstoffs weiterhin die Grundlage. Pettenkofer und Voit entwickelten Verfahren, die Bilanz von Nahrung und Ausscheidung gleichzeitig mit dem Austausch der Atemgase zu bestimmen, so daß sie eine vollständige Gleichung über Herkunft und Verbleib aller vom Organismus umgesetzten Elemente aufstellen konnten. Zu diesem Zweck stützten sie sich auf Liebigs These, daß eine Beziehung zwischen der elementaren Zusammensetzung und dem Sauerstoff-Kohlendioxid-Verhältnis (nach Pflüger „Respirations-Quotient") besteht, um die Anteile an Fetten, Kohlenhydraten und Proteinen, die Tiere oder Menschen verzehren, zu berechnen.[268] Diese Studien hatten mehrere wichtige Ziele, die die ursprünglichen, unerreichbaren Ziele ersetzten. Ein wichtiges Ziel war es, die Mindestmengen jeder Nährstoffklasse zu bestimmen, um ein Tier gesund zu erhalten; ein weiteres Ziel war, herauszufinden, welche Änderungen der Normalmengen mit verschiedenen Krankheiten verbunden sind.[269] Wahrscheinlich das wichtigste Anliegen für den Rest des Jahrhunderts war es jedoch, den Anteil zu bestimmen, den jede Nährstoffklasse zum gesamten Energiehaushalt des Tieres beiträgt; diese Mengen konnten aus dem gemessenen Stoffumsatz jeder Klasse und ihrem Brennwert berechnet werden. Energiefragen beherrschten deshalb in diesem Zeitabschnitt das Studium der Ernährung; die potentielle Energie eines Nährstoffs, die durch seine Oxidation verfügbar war, wurde als Hauptkriterium für seinen Nährwert angesehen.[270] Diese Konzentration auf den gesamten Energiebedarf des Tieres sprach für das große Vertrauen, mit dem man das Gesetz von der Erhaltung der Energie bei Organismen anwandte; als Max Rubner 1893 schließlich bewies, daß die durch Oxidation von Nährstoffen gelieferte chemische Energie gleich der Wärme ist, die ein ruhendes Tier abgibt, mußte er deshalb verteidigen, daß es wichtig sei, etwas zu beweisen, was so selbstverständlich schien, daß es ohne Beweis akzeptiert wurde.[271] Die Vorherrschaft von Forschungen über Nettoreaktionen beim Stoffwechsel war auch ein Eingeständnis, daß die Physiologie jener Zeit noch nicht in der Lage war, sich unmittelbar mit den dazwischenliegenden Prozessen, die innerhalb der Gewebe ablaufen, zu befassen.[272]

Das energetische Modell des Stoffwechsels im späten 19. Jahrhundert unterschied sich derartig von Liebigs Auffassungen von 1842, daß viele Physiologen seine diesbezüglichen Beiträge nicht mehr anerkannten. Sowohl neuere spezielle Theorien als auch der Glaube, wieviel durch Stoffwechseluntersuchungen noch herausgefunden werden könnte, schienen gegen viele seiner Gedanken zu sprechen, und die verbleibenden Elemente seines Denkens wurden als so selbstverständlich angesehen, daß spätere Forscher sich ihres Ursprungs oftmals nicht bewußt waren.[273] Doch die Abstammungslinien von der „Thier-Chemie" zu aktuellen Auffassungen und Verfahren war anderen so klar, daß Michael Foster 1880 sagen konnte: „The physiology of nutrition may be said to have been founded by Liebig, when he proved the formation of fat in the animal body, and published his views on the nature and use of food."[274]

Liebigs kühne Schriften brachten die Gedanken und die Versuche mit sich, die einige seiner Spekulationen korrigierten oder ersetzten, während sie andere sogar bestätigten. Selten hat ein Buch, das mit so wenig Rücksichtnahme auf die wissenschaftlichen Regeln der Objektivität und Sorgfalt geschrieben wurde, so nachweisbar wichtige Einflüsse auf die Wissenschaft ausgeübt.

Zusammenfassung

Wissenschaftler sind heutzutage besonders solchen Theorien gegenüber skeptisch, die nicht auf empirischen Ergebnissen beruhen. Wie Lester King schreibt, müssen Erklärungen jetzt sehr genau belegt werden, weil moderne Theorien eine sehr kritische Beurteilung über sich ergehen lassen müssen, um ernsthaftes Interesse zu finden.[275] Aber Liebig und seine Zeitgenossen bekannten sich zu einer ähnlich kritischen Haltung. Einer ihrer beliebten Vorwürfe lautete, daß jemand Dinge „mit der Feder allein", statt im Laboratorium entdeckt habe.[276] Doch Liebigs eigener Einfluß auf dem Gebiet der Physiologie beruhte auf einem Buch, das hoch über nachvollziehbaren Beweisen schwebte und auch nicht deshalb an Bedeutung verlor, weil seine methodischen Verstöße bald offenbar wurden. Wenn die Geschichte seiner „Thier-Chemie" demonstriert, daß nicht belegte Spekulationen ungewöhnlich nutzbringend sein können, so zeigt sie andererseits auch, daß nur ein Zusammentreffen besonderer Umstände ihn befähigte, seine Kenntnisse und seinen Ideenreichtum so wirkungsvoll miteinander zu verbinden. Erstens: Sein

Genius und seine chemischen Erfahrungen ermöglichten es ihm zu erfassen, was bei der Chemie der Organismen wahr sein muß, selbst wenn technische Schwierigkeiten die Physiologen bis dahin gehindert hatten, die Phänomene unmittelbar zu erkennen. Zweitens: Seine gründliche Kenntnis organischer Verbindungen – zu einer Zeit, als die meisten Physiologen mit ihnen noch wenig vertraut waren – ermöglichte ihm eine Darstellung, die ihnen als Offenbarung von Phänomenen erschien, die sie bis dahin nicht verstanden hatten. Drittens: Eine allgemeine Unzufriedenheit mit älteren biologischen Vorstellungen machte die Physiologen empfänglich für ein neues Konzept, das mehr versprach, als es bis dahin geleistet hatte. Viertens: Liebigs großer Einfluß als Lehrer half ihm, Forscher dafür zu gewinnen, seine verlockenden Theorien weiter zu erforschen. Schließlich: Die schnelle Ausbreitung der experimentellen Physiologie sorgte für die Mittel und den Willen, seine Gedanken unmittelbar in Tierexperimenten anzuwenden. Vielleicht hatte Liebig nicht erkannt, wie zeitbedingt und einmalig dieses Zusammentreffen von Faktoren gewesen war; daher glaubte er 1870 anscheinend, er könne noch weiterführende Hypothesen über Stoffwechselprozesse liefern, ohne sie an Lebewesen zu erproben. Inzwischen hatten die Physiologen jedoch neue Methoden und Normen aufgestellt und nahmen die Einfälle eines alten Chemikers, der die experimentelle Physiologie niemals praktiziert hatte, nicht mehr ernst.

Literatur und Anmerkungen

1 M. von Pettenkofer: Dr. Justus Freiherrn von Liebig zum Gedächtnis. München: Verlag der Kgl. Bayerischen Akademie, 1874, S. 40–41.
2 Es handelt sich um eine unmittelbar nach Liebigs Tod anonym veröffentlichte biographische Skizze, als deren Autor Carl Ludwig vermutet wurde. Vgl. J. Volhard: Justus von Liebig. Leipzig,: J.A. Barth: 1909, Bd. II, S. 150.
3 Brief von Liebig an Lyon Playfair vom 22.4. 1842: „My 'Animal Physiology' is now finished. Gregory will translate it. I am full of apprehension and anxiety as regards my conclusions, because they are obvious only to chemists and not to physiologists. There will doubtless be endless misunderstandings." Zitiert in: Thomas Wemyss Reid (editor): Memoirs and Correspondence of Lyon Playfair. London, Paris, New York, Melbourne: Cassel a. Company Ltd., 1899. – Brief von Liebig an Friedrich Mohr vom 24.5. 1842: "Die Aerzte verstehen uns nicht, es wird ein halbes Jahrhundert dauern, ehe sie auf dem Standpunkte sind, der ihnen gestattet, eine wahre Einsicht in den Lebensproceß zu gewinnen." Zitiert in: Georg W.A. Kahlbaum (Hrsg.): Justus von Liebig und Friedrich Mohr in ihren Briefen von 1834–1870. Leipzig: J. A. Barth, 1904, S. 72.
4 J. Liebig: Die organische Chemie in ihrer Anwendung auf Physiologie und Pathologie. Braunschweig: F. Vieweg, 1842, S. XIII–XIV. Hinfort abgekürzt „Thier-Chemie".
5 Ein ähnlicher Kommentar träfe auf Liebigs Arbeiten zur Agrarchemie zu. Siehe: C. A. Browne: Justus von Liebig – man and teacher. In: Forest Ray Moulton (editor): Liebig and after Liebig : A Century of Progress in Agricultural Chemistry. Washington, D.C.: American Association for the Advancement of Science, 1942 (Publication of the American Association for the Advancement of Science, 16), S. 4.
6 J. Müller: Handbuch der Physiologie des Menschen. 3. Aufl. Koblenz: J. Hölscher, 1838, Bd. I, S. 289–293. – C. Despretz: Recherches expérimentales sur les causes de la chaleur animale. Annales de chimie et de physique [Paris] 26 (1824), S. 337–364, hier: S. 348–350. – E. Mendelsohn: The controversy over the site of heat production in the body. Proceedings of the American Philosophical Society 105 (1961), S. 413–420.
7 Für eine ausführliche Diskussion dieses Themas siehe: F. L. Holmes: Elementary analysis and the origins of physiological chemistry. Isis 54 (1963), S. 50–81 (1963). – Weil der Einfluß dieser Entwicklungen auf

	Liebigs Denken dort herausgearbeitet ist, habe ich in dieser Untersuchung weniger Wert darauf gelegt, als andernfalls nötig gewesen wäre.
8	A. B. Costa: Michel Eugene Chevreul, Pioneer of Organic Chemistry. Madison: State Historical Society of Wisconsin, 1962.
9	Liebig, Thier-Chemie, wie Anm. (4), S. XI. – J. Liebig: Berzelius und die Probabilitätstheorien. Annalen der Chemie und Pharmacie 50 (1844), S. 295–335, hier: S. 301f.
10	F. Magendie: Mémoire sur les propriétés nutritives des substances qui se contiennent pas d'azote. Annales de chimie et de physique 3 (1816), S. 68–77. – J. Müller: Handbuch der Physiologie des Menschen für Vorlesungen. Koblenz: J. Hölscher, Band 1, 2. Auflage, 1835, S. 458–467.
11	W. Prout: On the phenomena of sanguification, and on the blood in general. Annals of Philosophy 13 (1819), S. 12–25 u. 265–279.
12	F. Tiedemann u. L. Gmelin: Die Verdauung nach Versuchen. Heidelberg: K. Groos, 1826–1827.
13	Brief von Liebig an Friedrich Wöhler vom 20.2. 1861: „Dass der alte Tiedemann todt ist, hast Du in der Zeitung gelesen. Ich bin erstaunt gewesen über dieses Mannes Fleiss und nützliche Tätigkeit." Zitiert in: A. W. Hofmann (Hrsg.): Aus Justus Liebig's und Friedrich Wöhlers's Briefwechsel in den Jahren 1829–1873. Braunschweig: F. Vieweg, 1888, Bd. II, S. 100.
14	Brief von Liebig an Wöhler vom 2.4. 1840: „Du weisst, ich schreibe soeben eine närrische Chemie, die es mit der Physiologie und dem Ackerbau zu thun hat. Was werden die Leute für Augen machen, dass ein Chemiker sich herausnimmt zu behaupten, die Physiologen und Agronomen seien die unwissendsten Pfuscher!". Siehe: Liebig–Wöhler Briefe, Bd. I, S. 158.
15	Liebig-Berzelius, wie Anm. (9), S. 302–304 (1844).
16	Pettenkofer, Liebig, wie Anm. (1), S. 15–18. – E. Erlenmeyer: Ueber den Einfluß des Freiherrn Justus von Liebig auf die Entwicklung der reinen Chemie. München: Verlag der Kgl. Bayerischen Akademie, 1874, , S. 9–12.
17	J. Liebig: Ueber einige Stickstoff-Verbindungen. Annalen der Pharmacie 10 (1834), S.1–47, hier: S. 1–4.
18	F. Wöhler u. J. Liebig: Untersuchungen über die Natur der Harnsäure. Annalen der Pharmacie 26 (1838), S. 241–340, hier: S. 241f. Siehe den Abdruck dieser Arbeit im vorliegenden Bande.
19	Brief von Berzelius an Liebig vom 14.8.1838: „Die Abhandlung von der Harnsäure ist eine von den interessantesten und folgenreichsten womit die organische Chemie je bereichert worden ist. Sie macht den Anfang das Räthsel der Chemie des lebenden Körpers zu enthüllen." Zitiert in: Berzelius und Liebig. Ihre Briefe von 1831–1845. Justus Carrière [Hrsg.]. München: J. F. Lehmann , 1893, S. 173.
20	Liebig, Thier-Chemie, wie Anm. (4), S. 139–146, 159–160, 162–163, 329–332.
21	Holmes, elementary analysis, wie Anm. (7), p. 73–74.
22	J. Vogel: Ueber einige Gegenstände der thierischen Chemie. Annalen der Pharmacie 30 (1839), S. 20–44. J. Liebig: Ueber die Zusammensetzung der Talg-, Oel- und Margarin-Säure. Annalen der Chemie und Pharmacie 33 (1840), S. 1–29. – J. Liebig: Ueber Verhalten und Zusammensetzung einer Reihe von fetten Körpern. Annalen der Chemie und Pharmacie 35 (1840), S. 44–45.
23	J. Liebig: Organic Chemistry in Its Applications to Agriculture and Physiology. L. Playfair (editor). London: Taylor and Walton, 1841, S. 1: „The object of organic chemistry is to discover the chemical conditions which are essential to the life and perfect development of animals and vegetables, and, generally, to investigate all those processes of organic nature which are due to the operation of chemical laws".
24	J. Liebig: Ueber Gährung, über die Quelle der Muskelkraft und Ernährung. Leipzig u. Heidelberg: C. F. Winter, 1870, S. XI–XII.
25	Brief von Liebig an Berzelius vom 17.4. 1841: „Ich bin sehr unzufrieden und wende mich von diesen trostlosen Dingen zu Anwendungen der Chemie in der Physiologie, die mich jetzt unendlich interessiren." Zitiert in: Berzelius und Liebig, Briefe, wie Anm. (19), S. 223. – Brief von Liebig an Berzelius vom 17.5. 1841: „Die Substitutionstheorie mit ihren Consequenzen hat mir die Chemie minder reizend gemacht. Dagegen auftreten und meine Kraft in unnütze Arbeiten zu versplittern, mag ich nicht, so habe ich mich denn der animalischen Physiologie zugewendet, den Metamorphosen der Nahrungsmittel, der Respiration und der thierischen Wärme." Ebenda, S. 230f.
26	Siehe: H. R. Kraybill: Liebig's influence in the promotion of agricultural chemical research. In: Moulton, Liebig and after Liebig, wie Anm. (5), p. 10–17. Siehe auch die ausführliche Darstellung von U. Schling-

	Brodersen: Entwicklung und Institutionalisierung der Agrikulturchemie im 19. Jahrhundert: Liebig und die Landwirtschaftlichen Versuchstationen. Braunschweig: Deutscher Apotheker-Verlag, 1989. (Braunschweiger Veröffentlichungen zur Geschichte der Pharmazie und der Naturwissenschaften, 31).
27	J. Liebig: Die organische Chemie in ihrer Anwendung auf Agricultur und Physiologie. Braunschweig, F. Vieweg, 1840, S. 35–39 und 52–55. Hinfort abgekürzt als „Agriculturchemie".
28	Ebenda, S. 62.
29	Ebenda, S. 52.
30	Siehe: Holmes, elementary analysis, wie Anm. (7), p. 64.
31	Liebig–Wöhler, Briefwechsel, wie Anm. (13), Bd. I, S. 171; siehe auch: Liebig, Thier-Chemie, wie Anm. (4). S. 61–63.
32	Siehe Holmes, elementary analysis, wie Anm. (7), S. 61–62. – Liebig scheint von Spekulationen über die „Animalisation" beeinflußt worden zu sein, wenn er schreibt: „Der ganze Ernährungsproceß im Thier, ist eine fortschreitende Entziehung des Stickstoffs aller zugeführten Nahrungsmittel; was sie in irgend einer Form als Excremente von sich geben, muß, in Summa, weniger Stickstoff als das Futter oder die Speise enthalten." Siehe: Liebig, Agriculturchemie, wie Anm. (27), S. 158. Seine Ausführungen sind aber zu allgemein, um erkennen zu lassen, ob er damals irgendein bestimmtes Ernährungsmodell im Sinn hatte.
33	Liebig, Agriculturchemie, wie Anm. (27), S. 149, S. 158.
34	Liebig, Thier-Chemie, wie Anm. (4), S. 46–51.
35	Liebig, Agriculturchemie, wie Anm. (27), S. 119. – Vgl. Liebig, Thier-Chemie, wie Anm. (4), S. 89–95.
36	J. Liebig: Der Zustand der Chemie in Preussen. Annalen der Chemie und Pharmacie 34 (1840), S. 97–136, hier: S. 121–122. – Liebig bemerkte dort, daß nicht die führenden Physiologen wie Müller, Tiedemann, Wagner u.a., sondern weniger bedeutende Physiologen die Bedeutung der Chemie für die Physiologie verkannten. Der Eindruck, den er kurz darauf in der „Thier-Chemie" mitteilte, nämlich daß gar kein Physiologe die wahre Bedeutung der Chemie verstehe, muß deshalb eine Übertreibung gewesen sein, mit der er seinen eigenen Standpunkt neuartiger erscheinen lassen wollte.
37	Liebig–Wöhler, Briefwechsel, wie Anm. (13), Bd. I, S. 173.
38	Liebig, Thier-Chemie, wie Anm. (4), S. 289–295.
39	J. Liebig: Antwort auf Hrn. Dumas' Rechtfertigung wegen eines Plagiats. Annalen der Chemie und Pharmacie. 41 (1842), S. 351–357, hier: S. 352.
40	Liebig–Wöhler, Briefwechsel, wie Anm. (13), Bd. I, S. 170f.
41	Liebig, Thier-Chemie, wie Anm. (4), S. 131–162.
42	Liebig, Rechtfertigung, wie Anm. (39).
43	Liebig–Wöhler, Briefwechsel, wie Anm. (13), Bd. I, S. 187. Gemeint ist das „Handwörterbuch der Physiologie mit Rücksicht auf die physiologische Pathologie", das von 1842–1853 in 4 Bänden in 5 Teilen erschien.
44	Liebig–Mohr, Briefwechel, wie Anm.(3), S. 70.
45	Brief von Wöhler an Liebig vom 19.3. 1841: „Du kennst meine Neigung zum Zweifel und zur Vorsicht, ich fürchte mich vor Deinem merkwürdigen Talent, in Meinungssachen zu verführen und hinzureissen. Ich bin fast von der Ueberzeugung durchdrungen, dass sich die Sachen so oder auf ähnliche Weise, wie Du annimmst, verhalten müssen. Aber ich enthalte mich jeden specielleren Urtheils, dessen ich auch ganz unfähig bin." Siehe: Liebig–Wöhler, Briefwechsel, wie Anm. (13), Bd. I, S. 174f. – Brief von Liebig an Wöhler vom 20.3. 1841: „Wenn Dein Verstand mir nicht sagt, ich sei auf unrichtigem Wege – und darüber wollte ich eigentlich Deine Meinung hören - so muss mich dies doch zum Fortfahren ermuthigen." Ebenda, S. 176.
46	Brief von Liebig an Berzelius vom 17.5. 1841: „Ich habe Blut, Muskelfaser, Albumin etc. analysirt und bin zu einer von Mulder übrigens sehr wenig abweichenden Zusammensetzung gekommen." Siehe: Berzelius und Liebig, Briefe, wie Anm. (19), S. 231.
47	J. Liebig: Ueber die stickstoffhaltigen Nahrungsmittel des Pflanzenreichs. Annalen der Chemie und Pharmacie 39 (1841), S. 129–160.
48	Ebenda. Dieses Argument wird kurz zusammengefaßt in: Liebig, Thier-Chemie, wie Anm. (4), S. 54 .
49	J. Dumas, J. B. Boussingault: The Chemical and Physiological Balance of Organic Nature. 3rd edition with new documents. London: Henry Bailliere, 1844, S. 1–50.

50   Brief von Liebig an Wöhler vom 23.12. 1841: „Ehe dieses Buch fertig ist, kann ich an nichts Fremdes denken, es muss schlechterdings fertig werden." Siehe: Liebig–Wöhler, Briefwechsel, wie Anm. (13), Bd. I, S. 187.
51   J. Liebig: Der Lebensprocess im Thiere, und die Atmosphäre. Annalen der Chemie und Pharmacie 41 (1842), S. 189–219, hier: S. 189f.
52   J. Dumas: Essai de statique chimique des êtres organisés. Annales de chimie et de physique [Paris] 4 (1842), S. 115–126.
53   Liebig, Rechtfertigung, wie Anm. (39).
54   Dumas and Boussingault, Balance, wie Anm. (49), S. 121.
55   Liebig, Rechtfertigung, wie Anm. (39), S. 355.
56   Liebig, Lebensprocess, wie Anm. (51), S. 189. – Dumas and Boussingault, Balance, wie Anm. (49), S. 121.
57   J. J. Berzelius: Jahresbericht über die Fortschritte der physischen Wissenschaften 22 (1843), S. 535–536.
58   Z.B.: Liebig, Thier-Chemie, wie Anm. (4), S. 21–23, S. 76f.
59   Vgl.: Liebig, Thier-Chemie, wie Anm. (4), S. 32f. mit S. 199–225.
60   Liebig, Thier-Chemie, wie Anm. (4), S. XIV–XV und S. 132–133 , außerdem im Vorwort zur englischen Ausgabe: J. Liebig: Animal Chemistry, or Organic Chemistry in its Application to Physiology and Pathology. W. Gregoy (editor). London: Taylor and Walton, 1842, S. VI.
61   J. J. Berzelius: Jahresbericht über die Fortschritte der physischen Wissenschaften 23 (1844), S. 573.
62   Liebig, Thier-Chemie, wie Anm. (4), S. 15-17. Vgl. Müller, Handbuch, wie Anm. (6), Bd. I, S. 292.
63   Müller, ebenda, S. 304.
64   Liebig, Thier-Chemie, wie Anm. (4), S. 17. Liebig meinte, daß direkte Messungen des Gasaustausches durch die Atmung von geringem Wert seien im Vergleich mit den Ergebnissen, die indirekt aus den Messungen der Nahrung und der Exkremente berechnet werden konnten. Siehe: Liebig, Berzelius, wie Anm. (9), S. 310. – Liebig scheint die zeitgenössischen Atemexperimente nicht sorgfältig studiert zu haben.
65   Liebig, Thier-Chemie, wie Anm. (4), S. 37–38.
66   C. Despretz: Recherches expérimentales sur les causes de la chaleur animale. Annales de chimie et de physique [Paris] 26 (1824), S. 337–364, hier: S. 350.
67   P. L. Dulong: Mémoire sur la chaleur animale. Annales de chimie et de physique [Paris] [3.Série] 1 (1841), 440–455 , hier: S. 450.
68   Liebig, Thier-Chemie, wie Anm. (4), S. 38.– Liebig bezog sich wahrscheinlich auf Experimente, die Legallois durchgeführt hatte. Siehe: Müller, Handbuch, wie Anm. (6), Bd. I, S. 88f.
69   Despretz, chaleur animale, wie Anm. (66), S. 350.
70   Z.B. Müller, Handbuch, wie Anm. (6), Bd. I, S. 329–334.
71   D. McKie: Antoine Lavoisier – Scientist, Economist, Social Reformer. New York: Collier Books, 1962 (zuerst: London 1953), S. 95–96.
72   Ebenda, S. 99–103. – A. L. Lavoisier und P. S. de Laplace: Mémoire sur la chaleur. Histoire de l' Académie royal des sciences [Paris] [Mémoires] 1780 (1784), S. 355–408. Siehe auch: Oevres de Lavoiser, Tome II, Paris: Imprimerie Impériale, Tome II, 1862, S. 283–333.
73   Oevres de Lavoisier , wie Anm. (72), S. 330–331.
74   McKie, Lavoisier, wie Anm. (71), S. 250. – A. Seguin u. A. L. Lavoisier: Premier mémoire sur la respiration des animaux. Histoire de l' Académic royal des sciences [Paris] [Memoires] Année 1789 (1793), S. 566–584); und: Oevres de Lavoiser, wie Anm. (72), S. 688–703, hier: S. 690–691.
75   Siehe: Despretz, chaleur animale, wie Anm. (66), S. 348. J. Müller: Handbuch der Physiologie des Menschen. 4. Aufl. Koblenz, J. Hölscher, 1844, Bd. I, S. 240.
76   B. C. Brodie: Further experiments and observations on the action of poisons on the animal system. Philosophical Transactions of the Royal Society [London] 102 (1812), S. 205–227. Zur ausführlichen Diskussion von Brodies Experimenten und Ansichten siehe: G. J. Goodfield: The Growth of Scientific Physiology. London: Hutchinson, 1960. S. 93–99.
77   Müller, Handbuch, wie Anm. (6), Bd. I, S. 88–90.
78   Despretz, chaleur animale, wie Anm. (66). – Dulong, chaleur animale, wie Anm. (67) (Vortrag vor der Académie des Sciences am 2. Dez. 1822).
79   Despretz, chaleur animale, wie Anm. (66), S. 360.

80   Dulong, chaleur animale, wie Anm. (67), S. 454.
81   Müller, Handbuch, wie Anm. (6), Bd. I, S. 84–90 u. 326–327.
82   Liebig, Thier-Chemie, wie Anm. (4), S. 18 (Hervorhebung im Original).
83   Ebenda, S. 34–36.
84   Goodfield, scientific physiology, wie Anm. (76), S. 113–127, diskutiert Liebigs Vorstellungen über tierische Wärme, wie sie in der ersten Auflage der Thier-Chemie stehen, und legt den Schwerpunkt auf einige, hier nicht weiter erörterte Aspekte dieses Gedankens.
85   Oevres de Lavoisier, wie Anm. (72), S. 691.
86   Zu den Ansichten sowohl über den Sitz als auch über die einfache chemische Natur der Atmung siehe: Mendelsohn, controversy, wie Anm. (6), S. 412–419.
87   J. R. Partington: A Short History of Chemistry. London: Macmillan, 1957, S. 327–328.
88   Liebig, Thier-Chemie, wie Anm. (4), S. 34 . – M. Rubner betonte den Unterschied zwischen den Ansichten von Lavoisier und Liebig. Siehe: M. Rubner: Die Quelle der thierischen Wärme. Zeitschrift für Biologie 30 (1894), S. 73–142, hier S. 82f.
89   G. Magnus: Über die im Blute enthaltenen Gase, Sauerstoff, Stickstoff und Kohlensäure. Annalen der Pharmacie 40 (1837), S. 583–606. – Müller, Handbuch, wie Anm. (6), Bd. I, S. 321f., 330. – Mendelsohn, controversy, wie Anm. (6), S. 420.
90   Thomas Kuhn: Energy conservation as simultaneous discovery. In: Critical Problems in the History of Science. Marshall Clagett (editor). Madison: University of Wisconsin Press, 1959, S. 336–337.
91   Liebig, Thier-Chemie, wie Anm. (4), S. 30–36.
92   W. B. Carpenter: On the correlation of the physical and vital forces. In: The Correlation and Conservation of Forces. E. L. Youmans (editor). New York: Appleton, 1966, S. 421–430.
93   Dumas and Boussingault, Balance, wie Anm. (49), S. 44–45.
94   Ebenda, S. 44.
95   Siehe z.B.: P. H. Bérard: Cours de physiologie. Paris, 1848–1851, Vol. I, S. 158-164. – F. A. Longet: Traité de physiologie. 2. Edition. Paris: Masson, 1861, Vol. I, S. XXV. – J. Gavarret: Les phénomènes physiques de la vie. Paris: Masson, 1869, S. 14–31. – Wie R. K. Merton so schön gezeigt hat, bedürfen solche gleichzeitigen Parallelentwicklungen im wissenschaftlichen Denken weniger der Erklärung als Fälle bei denen ein Mann allein eine bestimmte Entdeckung oder Schlußfolgerung erzielt. Siehe: R. K. Merton: Singletons and multiples in scientific discovery: a chapter in the sociology of science. Proceedings of the American Philosophical Society 105 (1961), S. 470–486.
96   Otto Kohlrausch: Physiologie und Chemie in ihrer gegenseitigen Stellung, beleuchtet durch eine Kritik von Liebigs Thierchemie. Göttingen: Dieterichsche Buchhandlung, 1844, S. 82–94.
97   Oevres de Lavoiser, a.a.O. (Anm. 74), S. 695, 699.
98   Siehe insbesondere: Liebig, Thier-Chemie, wie Anm. (4), S. 241–249.
99   Ebenda, S. 219–227.
100 Ebenda, S. 68.
101 Siehe unten, Kapitel „Fortschritte und Rückschläge".
102 Liebigs Vorstellung von Lebenskraft wird mit anderen vitalistischen Theorien des 18. und 19. Jahrhunderts verglichen in: Stephen Toulmin and June Goodfield: The Architecture of Matter. London: Hutchinson, 1962, S. 324–330. – Siehe auch: Goodfield, scientific physiology, wie Anm. (76), S. 135–149.
103 T. L. W. v. Bischoff: Ueber den Einfluss des Freiherrn von Liebig auf die Entwicklung der Physiologie. München: Verlag der K.B. Akademie, 1874, S. 76. – Liebig hatte dieses Dilemma beinahe selbst erkannt, siehe: J. Liebig: Die Thier-Chemie oder die organische Chemie in ihrer Anwendung auf Physiologie und Pathologie. 3. umgearbeitete und sehr vermehrte Auflage. Braunschweig: F. Vieweg & Sohn, 1846. S. 74–75 .
104 Liebig, Animal Chemistry, wie Anm. (60), S. VI.
105 Liebig beschäftigte sich auch – insbesondere in seinen späteren Schriften – mit der Frage, welche Rolle anorganische Bestandteile der Nahrung spielen. Siehe: J. Liebig: Chemische Briefe. 6. Auflage. Leipzig u. Heidelberg: C. F. Winter, 1878, 32. Brief.
106 Liebig, Thier-Chemie, wie Anm. (4), S. 131–132 .

107		Ebenda, S. 120–121, S. 236. – Die Vorstellung, daß Blutalbumin oder Fibrin die Muskelfasern nur durch Koagulation bilden, war im frühen 19. Jahrhundert weit verbreitet. Siehe z.B. A. Fourcroy: Elements of Natural History and Chemistry. London: C. Elliot & T. Kay, 1790, Vol. III, S. 171–172. – A. Dugès: Traité de physiologie comparée de l'homme et des animaux. Montpellier: L. Castel, 1838–1839, Vol. III, S. 180. – Diese Ansicht war tatsächlich eine chemische Interpretation der lange geltenden Vorstellung, daß die wesentlichen Bestandteile des tierischen Gewebes Fasern sind, die durch die Verfestigung des Blutes entstehen. Siehe Alexander Berg: Die Lehre von der Faser als Form- und Funktionselement des Organismus. Virchows Archiv für pathologische Anatomie und Physiologie 309 (1942), S. 333–460, hier: S. 358f., S. 407, S. 431.
108		Liebig, Thier-Chemie, wie Anm. (4), S. 57–68.
109		Ebenda, S. 68–71.
110		Ebenda, S. 83–84.
111		Ebenda, S. 85–95, S. 132–162.
112		Ebenda, S. 51.
113		Holmes, elementary analysis, wie Anm. (7), S. 61–62.
114		Liebig gab eine ähnliche Erklärung für die Umwandlung von Proteinen in „Leimsubstanz" (Gelatine). Siehe: Liebig, Thier-Chemie, wie Anm. (4), S. 130–131.
115		W. Prout: Chemistry, Meteorology and the Function of Digestion, Considered with Reference to Natural Theology. The Bridgewater Treatises, No. 8. London: W. Pickering, 1834, S. 443–528. – Zur weiteren Erörterung von Prouts Spekulationen über die Ernährung siehe: E. V. McCollum: A History of Nutrition. Boston: Houghton Mifflin, 1957, S. 87–90.
116		Liebig, Thier-Chemie, wie Anm. (4), S. VIII. – Liebig, Agriculturchemie, wie Anm. (27), S. 35–39.
117		Müller, Handbuch, wie Anm. (6), Bd. I, S. 353–368.
118		Prout, Bridgewater treatise, wie Anm. (115), S. 470–480.
119		Müller, Handbuch, wie Anm. (6), Bd. I, S. 479f. – R. F. Marchand: Lehrbuch der physiologischen Chemie. M. Simion, Berlin, 1844. S. 329–394.
120		Liebig, Agriculturchemie, wie Anm. (27), S. 40.
121		Prout, Bridgewater treatise, wie Anm. (115), S. 476.
122		A. Fick, J. Wislicenus: Über die Entstehung der Muskelkraft. Vierteljahrsschrift der Zürcher Naturforschenden Gesellschaft 10 (1865), 317–348, hier S. 319.
123		Müller, Handbuch, wie Anm. (6) Bd. I, S. 51–53.
124		Liebig, Thier-Chemie, wie Anm. (4), S. 248–249.
125		Holmes, elementary analysis, wie Anm. (7), p. 64.
126		J. L. Prévost, J.A. Dumas: Examen du sang et de son action dans les divers phénomènes de la vie. Bibliothèque universelle de Genève 17 (1821), S. 215–220 u. S. 294–317. – Dies war eines von mehreren einflußreichen physiologischen Experimenten, die der junge Dumas zusammen mit Prévost in Genf durchführte, bevor er nach Paris kam und Chemiker wurde.
127		Müller, Handbuch, wie Anm. (6), Bd. I, S. 585–586.
128		Liebig, Thier-Chemie, wie Anm. (4), S. 58.
129		Ebenda, S. 146–147.
130		Ebenda, S. 251.
131		Ebenda, S. 63.
132		Berzelius–Liebig, Briefwechsel, wie Anm. (19), S. 211–215, S. 218f., S. 224, S. 230–232, S. 234–238. H. v. Dechend: Justus von Liebig in eigenen Zeugnissen und solchen seiner Zeitgenossen. Weinheim: Verlag Chemie, 1953, S. 55.
133		Berzelius–Liebig, Briefwechsel, wie Anm. (19), S. 214f.
134		Ebenda, S. 237f.
135		J. J. Berzelius: Jahresbericht über die Fortschritte der physischen Wissenschaften 22 (1843), S. 535.
136		J. J. Berzelius: Jahresbericht über die Fortschritte der physischen Wissenschaften 25 (1846), S. 866. – Liebig–Wöhler, Briefwechsel, wie Anm. (13), Bd. I, S. 199–203.
137		Dieser Einwand war sehr berechtigt. Wie Berzelius berichtete, benutzten die Chemiker zahlreiche verschiedene Formeln für ihre voneinander abweichenden Analysen von Fibrin, Albumin und anderen Proteinen,

deren Zusammensetzung in Liebigs Berechnungen von so zentraler Bedeutung war. Siehe: J. J. Berzelius: Jahresbericht über die Fortschritte der physischen Wissenschaften 22 (1843), S. 537–541.

138   J. J. Berzelius: Jahresbericht über die Fortschritte der physischen Wissenschaften 23, 575–582 (1844).
139   Wallach, O. (Hrsg.): Briefwechsel zwischen J. Berzelius und F. Wöhler. Leipzig: W. Engelmann, 1901, Bd. 2, S. 294. Brief vom 24. April 1842.
140   Ebenda, S. 300–301. - Liebig–Wöhler, Briefwechsel, wie Anm. (13), Bd. I, S. 199–202, S. 214–216, S. 223f., S. 240, S. 254f.
141   Liebig, Berzelius, wie Anm. (9), S. 304.
142   J. J. Berzelius: Jahresbericht über die Fortschritte der physischen Wissenschaften 25, 866–867 (1846).
143   Berzelius–Liebig, Briefwechsel, wie Anm. (19), S. 255–257. Dechend, Liebig, wie Anm. (132), S. 57.
144   Berzelius–Liebig, Briefwechsel, wie Anm. (19), S. 254. – Seine persönliche Meinung über Liebigs Buch schrieb Berzelius an Wöhler, z.B. am 12.Mai 1843: „Mein Gott, welche Radotterie!". Siehe: Berzelius–Wöhler, Briefwechsel, wie Anm. (139), Bd. 2 , S. 411.
145   Brief von Berzelius an Wöhler vom 15.10. 1841: „Du weißt, wie wenig [Liebig] verträgt und wie er auch durch eine gelinde Kritik leidet. Was werden wir vornehmen, um ihm die Augen zu öffnen?" Ebenda, Bd. 2 , S. 265.
146   Ebenda.: „Was sollen wir machen, um zu bewirken, dass Liebig weniger Schwadroneur in der Wissenschaft wird, als er in diesen beiden letzten Jahren gewesen ist? Es thut mir wirklich weh, wenn ich seine späteren Produktionen lese, die viel Geist, aber eine fast vollständige Abwesenheit von Nachdenken zeigen." – Siehe auch: Brief vom 29.3.1842: „Ich weine über Liebigs physiologische Rademonaden. Niemand kann leugnen, dass darin viel Geistreiches steckt, aber wahre Physiologie fehlt." Ebenda, S. 292. – Brief vom 18.10. 1842, Ebenda, S. 339–341.
147   Liebig, Thier-Chemie, wie Anm. (4), S. VIII–XI.
148   Berzelius–Wöhler, Briefwechsel, wie Anm. (139), Bd. 2 , S. 129, S. 219, S. 237.
149   Berzelius–Liebig, Briefwechsel, wie (Anm. 19), S. 152, S. 214f., S. 234 usw.
150   Liebig–Wöhler, Briefwechsel, wie Anm. (13), Bd. I, S. 143.
151   Berzelius–Wöhler, Briefwechsel, wie Anm. (139), Bd. 2, S. 341.
152   Berzelius–Wöhler, Briefwechsel, wie Anm. (139), Bd 2, Seiten 265, 298, 315, 490, 631–633, 656–657, 678, 709.
153   „Jeder Satz enthält einige neue Ansichten, von denen jede interessanter und wichtiger ist als die andere." Siehe: L. Playfair: Abstract of Professor Liebig's Report on ‚Organic Chemistry, applied to Physiology and Pathology'. Report of the 12th Meeting of the British Association for the Advancement of Science [30.6.1842] 9 (1842), S. 50, S. 53; siehe auch: Playfair in: London and Edinburgh Monthly Journal of Medical Science 2 (1842) 8, S.768–772 (1842).
154   H. Bence Jones: On Gravel, Calculus, and Gout: Chiefly an Application of Professor Liebig's Physiology to the Prevention and Cure of These Diseases. London: Taylor & Watson, 1842, S. IIIf. – In der deutschen Übersetzung heißt es: „Bei ihrer Abfassung ging ich von der Ansicht aus, daß Liebig's Ansichten für richtig gelten dürften, da sie sich meist auf auf wohlbekannte Tatsachen stützen und durch ihre Einfachheit schon sehr überzeugen." Siehe: H. Bence Jones: Ueber Gries, Gicht und Stein, zunächst eine Anwendung von Liebig's Thierchemie auf die Verhütung und Behandlung dieser Krankheiten. Übersetzt von Hermann Hoffmann. Braunschweig: Vieweg 1843, S. V.
155   Briefwechsel Liebig–Mohr, Briefwechsel, wie Anm. (3), S. 70.
156   G. Valentin: Lehrbuch der Physiologie des Menschen. Braunschweig: F. Vieweg, 1844, Bd. I, S. 173–182 u. S. 758–778, – Kohlrausch, Kritik, wie Anm. (96), S. 96.
157   Kohlrausch, Kritik, wie Anm. (96), S. IV ff. – Volhard, Liebig, wie Anm.(2), Bd. I, S. 379.
158   C. H. Schultz: Bemerkungen über die Schrift 'die organische Chemie in ihrer Anwendung auf Physiologie und Pathologie von Dr. Justus Liebig', so wie über die Anwendung der Chemie in der Medizin überhaupt. Beiträge zur physiologischen und pathologischen Chemie und Mikroskopie 1 (1844), S. 581–602.
159   Bald darauf widerlegten die Forschungen von Regnault und Reiset die Ergebnisse von Allen und Pepys. Siehe: V. Regnault, J. Reiset: Recherches chimiques sur la respiration des animaux des divers classes. Annales de chimie et de physique [Paris] [3.Série] 26 (1849) 7 und 8, S. 299–384 und S. 385–519, hier: S. 496.

160 Müller, Handbuch, wie Anm. (75), Bd. I, Seiten 262–268, 479–483, 502.
161 Diese Interpretation stammt aus der Biographie von G. Koller: Das Leben des Biologen Johannes Müller, 1801–1854. Große Naturforscher (H. Degen, Hrsg.), Bd. 23, Stuttgart: Wissenschaftliche Verlagsgesellschaft 1958, S. 134–138. – Siehe auch: T. L. W. Bischoff: Ueber Johannes Müller und sein Verhältnis zum jetzigen Standpunkt der Physiologie. München: Kgl. Akademie der Wissenschaften, 1858, S. 26. – Zu Müllers Reaktion auf Liebigs „Agriculturchemie" siehe Dechend, Liebig, wie Anm. (132), S.49–51.
162 T. L. W. Bischoff: Bericht über die Fortschritte der Physiologie im Jahre 1841. Archiv für Anatomie, Physiologie und wissenschaftliche Medicin 1842, S.LXVI–LXXII, hier S. LXXIf.
163 Kohlrausch, Kritik, wie Anm. (96), S. 89–90.
164 Vgl.: Liebig, Thier-Chemie, wie Anm. (4), S. 146–147, 149–150.
165 Kohlrausch, Kritik, wie Anm. (96), S. 150 passim.
166 Liebig, Thier-Chemie, 3. Aufl., wie Anm. (103), S. 186.
167 Siehe unten im Kapitel „Fortschritte und Rückschläge".
168 T. L. W. Bischoff: Der Harnstoff als Maass des Stoffwechsels. Gießen: J. Ricker 1853. – Fr. Th. Frerichs: Ueber das Maass des Stoffwechsels, sowie über die Verwendung der stickstoffhaltigen und stickstofffreien Nahrungsstoffe. Archiv für Anatomie, Physiologie und wissenschaftliche Medicin 1848, S.469–491, hier: S. 476f. (1848).
169 H. Helmholtz: Ueber den Stoffverbrauch bei der Muskelaction. Archiv für Anatomie, Physiologie und wissenschaftliche Medicin 1845, S. 72-83.
170 Ebenda, S. 72–83.
171 Z.B.: L. Hermann: Elements of Physiology. Translated by A. Gamgee. 5. Edition. London: Smith, Elder, & Co., 1875. S. 250–251.
172 Liebig, Thier-Chemie, wie Anm. (4), S. X–XVI.
173 J. Liebig: Ueber die thierische Wärme. Annalen der Chemie und Pharmacie 53 (1845), S.63–77.
174 Ebenda, S. 67.
175 Diese Kommentare in: H. Helmholtz: Wärme, physiologisch (1845). In: Encyclopädisches Wörterbuch der medicinischen Wissenschaften. C. F. von Gräfe, C. W. Hufeland, H. F. Link, K. A. Rudolphi E. von Siebold (Herausgeber). Berlin: Veit et Comp, 1828–1849, Band 35, S. 523–567, hier S. 551–553.
176 Liebig–Wöhler Briefe, wie Anm. (13), Bd. I, S. 250 (Brief vom 21.1. 1845).
177 Helmholtz, Wärme, wie Anm. (175), S. 546–553; und: H. Helmholtz: Bericht über die Theorie der physiologischen Wärmeerscheinungen. Die Fortschritte der Physik [Berlin] 1 (1847), S.346–355 (für 1845).
178 Helmholtz, Wärme, wie Anm. (175), S. 543–544.
179 Helmholtz, Bericht, wie Anm. (177), S. 349; und: H. Helmholtz: Ueber die Erhaltung der Kraft, eine physikalische Abhandlung. Berlin: G. Reimer, 1847, S. 69–71.
180 Helmholtz, Erhaltung, wie Anm. (179), S. 70.
181 Siehe z.B.: C. Ludwig: Lehrbuch der Physiologie des Menschen. 2. Aufl. Leipzig: C. F. Winter, 1861, Bd. II, S. 732–734. – T. L. W. Bischoff, C. Voit: Die Gesetze der Ernährung des Fleischfressers durch neue Untersuchungen festgestellt. Leipzig: C.F. Winter, 1860, S. 3–4.
182 Ich habe die Aufmerksamkeit mehr auf Helmholtz als auf Julius Robert Mayer gerichtet, weil die Gedanken von Liebig und Helmholtz klar miteinander verbunden sind, weil Helmholtz Mayers früheres Werk nicht kannte, als er 1847 publizierte, und weil der Beitrag von Helmholtz zweifellos einen größeren Einfluß auf Physiologen in den folgenden Jahrzehnten ausübte. Zur Diskussion von Mayers Gedanken bezüglich der Physiologie siehe: G. Rosen: The conservation of energy and the study of metabolism. In: The Historical Development of Physiological Thought. C.M. Brooks a. P.F. Cranefield, editors. New York: Hafner, 1959, S. 243–363.
183 Liebig, Thier-Chemie 3. Aufl., wie Anm. (103), S. XVI.
184 Liebig, Berzelius, wie Anm. (9), hier: S. 308–335.
185 Vgl.: Liebig, Thier-Chemie, 1. Aufl., wie Anm. (4), S. 64–68, mit Thier-Chemie, 3. Aufl., wie Anm. (103), S. 68–50. – Die Frage der Rückresorption der Galle und ihrer Rolle bei der Atmung verlor an Bedeutung, als Messungen der Gallensekretion gezeigt hatten, daß diese nicht mehr als etwa fünf Prozent des bei der Atmung oxidierten Kohlenstoffs liefern könnte. Siehe: F. Bidder, C. Schmidt: Die Verdauungssaefte und der Stoffwechsel. Mitau: G. A. Reyher, 1852, S. 368f. – Bischoff, Liebig, wie Anm. (103), S. 34f.

186 Liebig, Thier-Chemie, 3. Aufl., wie Anm. 103, S. 30–36.
187 Ebenda, S. 37–38.
188 J. J. Berzelius: Jahresbericht über die Fortschritte der physischen Wissenschaften 23 (1844), 579–584.
189 Vgl.: Liebig, Thier-Chemie, 1. Aufl., wie Anm. (4), S. 36–39, mit Thier-Chemie, 3. Aufl., wie Anm. (103), S. 37.
190 Liebig, Thier-Chemie, 1. Aufl., wie Anm. (4), S. 26–27.
191 Vgl.: Liebig, Thier-Chemie, 1. Aufl., wie Anm. (4), S. 34–36, mit Thier-Chemie, 3. Aufl., wie Anm. (103), S. 37–44; 1. Aufl., S. 26, mit 3. Aufl. S. 24–25; 1. Aufl., S. 18–19, mit 3. Aufl. S. 18–19.
192 Liebig, Thier-Chemie, 1. Aufl., wie Anm. (4), S. 25–27, 76f.
192 Liebig, Thier-Chemie, 1. Aufl., wie Anm. (4), S. 25–27, 76f.
193 Liebig, Thier-Chemie, 1. Aufl., wie Anm. (4), S. 127.
194 Liebig, Thier-Chemie, 1. Aufl., wie Anm. (4), S. 75.
195 Siehe z.B. den Einfluß dieser Methode auf: Bidder und Schmidt, Verdauungssäfte, wie Anm. (185), S. 302, 36–366.
196 Vgl. z.B.: Liebig, Thier-Chemie, 1. Aufl., wie Anm. (4), S. 51–52, mit Thier-Chemie, 3. Aufl., wie Anm. (103), S. 61–62.
197 Liebig, Thier-Chemie, 1. Aufl., wie Anm. (4), S. 18, mit Thier-Chemie, 3. Aufl., wie Anm. (103), S. 18–19; Liebig, Thier-Chemie, 1. Aufl., wie Anm. (4), S. 28, mit Thier-Chemie, 3. Aufl., wie Anm. (103), S. 27–28; Liebig, Thier-Chemie, 1. Aufl., wie Anm. (4), S. 15, mit Thier-Chemie, 3. Aufl., wie Anm. (103), S. 14–15.
198 Liebig, Thier-Chemie, 3. Auflage, wie Anm. (103), S. 224–231 (siehe den Abdruck in diesem Band, S.313). Früher hatte er einmal zugegeben: „Ich weiß, daß ich schuldig gewesen bin vieler von diesen Ableitungen, aber ich zögere nicht sie mit all meiner Kraft zu vertreiben". Liebig, Berzelius, wie Anm. (9), S. 334.
199 C. G. Lehmann: Lehrbuch der physiologischen Chemie. 2. Auflage. Leipzig: Wilhelm Engelmann, 1850, 1. Bd., S. 5.
200 Ebenda, S. 1.
201 H. Milne-Edwards: Leçons sur la physiologie et l'anatomie comparée de l'homme et des animaux. Paris: Masson, 1862, Tome VII, S. 541–542. – Der Einfluß der Gleichungen ist hervorgehoben bei: Bidder: und Schmidt, Verdauungssäfte, wie Anm. (185), S. 390–392 usw.
202 Liebig, Thier-Chemie, 3. Aufl., wie Anm. (103), S. XVI.
203 J. Liebig: (1) Baldriansäure und ein neuer Körper aus Käsestoff. Annalen der Chemie und Pharmacie 57 (1846), S. 127–129. (2) Ueber das Proteinbioxyd, Ebenda, S. 129–131. (3) Ueber den Schwefelgehalt des stickstoffhaltigen Bestandtheils der Erbsen, Ebenda, S. 131–133. – Zitat aus (1), S. 129.
204 J. L[iebig]: Zur Characteristik des Hrn. Prof. Mulder in Utrecht. Annalen der Chemie und Pharmacie 62 (1847), unpaginiert, nach Seite 384 (7 Seiten). – Mulders Zorn ist leicht verständlich, wenn dieser auch Liebigs kritischen Beitrag über Berzelius, der Mulders Werk ständig unterstützt hatte, gelesen hat. In jenem Beitrag versuchte Liebig bestimmte zeitgenössische Theorien zu diskreditieren, indem er unterstellte, sie seien eine moderne Form der Iatrochemie. Liebig nannte zwar keine Personen, aber die fraglichen Theorien sind zweifellos diejenigen von Mulder. Siehe: Liebig, Berzelius, wie Anm. (9), S. 333f.
205 N. Laskowski: Ueber die Proteintheorie. Annalen der Chemie und Pharmacie 57 (1846), S. 129–166.
206 J. Liebig: Ueber die Bestandtheile der Flüssigkeiten des Fleisches. Annalen der Chemie und Pharmacie 62 (1847), S.257–369, hier: S. 267–271.
207 Vgl.: Kraybill, Liebig's influence, wie Anm. (26), S. 13–14. – Eine für Liebig günstigere Interpretation gibt: Volhard, Liebig, wie Anm.(2), Bd. II, S. 171–185.
208 J. Liebig: Bemerkungen zu vorstehender Abhandlung [Dumas und Stas: Untersuchungen über das wahre Atomgewicht des Kohlenstoffs]. Annalen der Chemie und Pharmacie 38 (1841), S. 198–216, hier: S. 203.
209 Siehe: Liebig, stickstoffhaltige Nahrungsmittel, wie Anm. (47), S 132–133.
210 Liebig, Fleisch, wie Anm. (206), S. 257 u. 264.
211 Liebig–Wöhler, Briefwechsel, wie Anm. (13), Bd. I, S. 326.
212 Ebenda, S. 323, 326.
213 Für eine Bewertung von Liebigs Beitrag zur Proteinchemie siehe: H. B. Vickery: Liebig and the Chemistry of Proteins. In: Liebig and after Liebig, wie Anm. (5), S. 12–19.
214 Liebig–Wöhler, Briefwechsel, wie Anm. (13), Bd. I, S. 305 u. 321.

215 Pettenkofer, Liebig, wie Anm. (1), S. 41–42.
216 Siehe z.B. die Antworten von: Frerichs, Stoffwechsel, wie Anm. (168), S. 474f., und von: Bischoff, Harnstoff, wie Anm. (168), S. 3.
217 Frerichs, Ebenda, S. 469–491.
218 Bidder und Schmidt, Verdauungssäfte, wie Anm. (185), S. 292, S. 353–360.
219 Z.B. ebenda, Seiten 115, 302, 309, 313, 320, 363–364, 369.
220 Bischoff, Harnstoff, wie Anm. (168), S. V–VII.
221 Ebenda, S. 6–9 u.a. – Brief von Liebig an Wöhler vom 23.11. 1851: „Ich habe endlich eine gute Methode gefunden, den Harnstoff im Harn zu bestimmen." Siehe: Liebig–Wöhler, Briefwechsel, wie Anm. (13), Bd. I, S. 374.
222 Diese Schule wurde zuerst mit Voit in Zusammenhang gebracht. Für eine Bewertung und Zusammenfassung des Werks von Voit und seiner Schule siehe: G. Lusk: A history of metabolism. In: Endocrinology and Metabolism. L.F. Barker, R.G. Hoskins, H.O. Mosenthal, editors. New York: Appleton, 1922, vol. III, S. 3–78, hier S. 65–77.
223 Bischoff u. Voit, Gesetze, wie Anm. (181), S. 40.
224 Bischoff, Harnstoff, wie Anm. (168), S. 74f. – Bischoff und Voit, Gesetze, wie Anm. (181), S. 1–3, S. 21–27.
225 Bischoff, Harnstoff, wie Anm. (168), S. 75–89.
226 Ebenda, S. 52–55, S. 142f. – Bischoff und Voit, Gesetze, wie Anm. (181), S. 27f.
227 Bischoff u. Voit, Gesetze, wie Anm. (181), S. 27–31. – C. Voit: Ueber die Entwicklung der Lehre von der Quelle der Muskelkraft und einiger Theile der Ernährung seit 25 Jahren. Zeitschrift für Biologie 6 (1870), S.305–401, hier: S. 312.
228 Bischoff u. Voit, Gesetze, wie Anm. (181), S. 31–241.
229 Ebenda, S. 5, S. 242.
230 Ebenda, S. 10, S. 25f. – Moritz Traube kommentierte diese Erklärung: „Das hiesse mit andern Worten: Die aufgenommene Nahrung würde bei ihrem Zerfall im Organismus nur soviel Kraft erzeugen, als zu ihrer eigenen Assimilation erforderlich war – eine wahre Danaïdenarbeit." Siehe: M. Traube: Ueber die Beziehung der Respiration zur Muskelthätigkeit und die Bedeutung der Respiration überhaupt. Archiv für pathologische Anatomie und Physiologie und klinische Medizin 21 (1861), S. 386–414, hier S. 405.
231 Bischoff u. Voit, Gesetze, wie Anm. (181), S. 8–21, S. 242–264.
232 Ebenda, S. 3, S. 258.
233 C. Bernard: Introduction à l'étude de la médecine expérimentale (Cours de médecine du Collège de France). Paris: J B & Fils Baillière, 1865. S. 228.
234 Ludwig, Lehrbuch, wie Anm. (181), S. 600–603, S. 711. – Trotz ihrer Kritik waren sowohl Bernard als auch Ludwig tief beeindruckt von den Ideen Liebigs (und Dumas') und seiner Nachfolger: Bernard begann seine Forschungen über die Umwandlungen der Nährstoffe im Kreislauf, um ihre Spekulationen zu überprüfen. Siehe: Bernard, Introduction, wie Anm. (233), S. 228 . – Ludwig diskutierte die chemische Theorie der Wärme und die Anwendung des respiratorischen Quotienten mit ähnlichen Begriffen, wie Liebig sie geprägt hatte. Ludwig, a.a.O., Seiten 732–740, 471f., 531.
235 Liebig, Thier-Chemie, 1. Aufl., wie Anm. (4), S. 61.
236 C. Voit: Untersuchungen über den Einfluss des Kochsalzes, des Kaffee's und der Muskelbewegungen auf den Stoffwechsel. München: J. G. Cotta'sche Buchhandlung, 1860, S. 148–228.
237 Ebenda, S. 201f.
238 Fick und Wislicenus, Muskelkraft, wie Anm. (122), S. 486.
239 J. B. Lawes, J.H. Gilbert: Food in its relations to various exigencies of the animal body. Philosophical Magazine [London] [4th ser.] 32 (1866), 55–64.
240 Traube, Respiration, wie Anm. (230), S. 386–398.
241 Fick und Wislicenus, Muskelkraft, wie Anm. (122), S. 485–503.
242 M. v. Pettenkofer, C. Voit: Untersuchungen über den Stoffverbrauch des normalen Menschen. Zeitschrift für Biologie 2 (1866), S.459–573, hier S. 571.
243 Bischoff, Liebig, wie Anm. (103), S. 77: „Unter allen Umständen aber wird es dabei bleiben, dass der Umsatz quantitativ mit der Arbeit steigen und diese mit jenem parallel gehen wird und muss, nur wird es uns wahrscheinlich nicht gelingen, und das ist sehr zu bedauern, dieses durch die Quantität des zu derselben Zeit

	gebildeten oder ausgeschiedenen Harnstoffes zu messen, wie Liebig früher glaubte und hoffte." – Liebig, Gährung, wie Anm. (24), S. 112: „Wir müssen uns nach ganz anderen Factoren zur Beurtheilung dieser Verhältnisse umsehen, seitdem wir den Harnstoff als Mass der Arbeit [...] leider verloren haben."
244	„... rendered utterly untenable the theory that muscular power is derived from muscle-oxidation". Siehe: E. Frankland: On the origin of muscular power. Philosophical Magazine [London] [4th ser.] 32 (1866), S. 182-199.
245	Ebenda. – Obwohl Franklands Werk vor allem zum Ziel gehabt zu haben scheint, die von Fick und Wislicenus aufgeworfene Frage zu lösen, führte es auch zur abschließenden Lösung des seit Dulong und Despretz bestehenden Problems. Franklands kalorimetrische Messungen – und spätere, die seine Methoden verbesserten – erlaubten es Rubner 1893 festzustellen, daß die Oxidation der Nährstoffe dem Wärmeverlust eines Tiers im Ruhezustand entspricht. Siehe: Rubner, thierische Wärme, wie Anm. (88), S. 87f. – McCollum, history, wie Anm. (115), S. 122–131.
246	Voit, Entwicklung der Lehre, wie Anm. (227), S. 394–399.
247	Ebenda, S. 371–393.
248	Pettenkofer und Voit, Stoffverbrauch, wie Anm.(242), S. 573. – Voit, Entwicklung der Lehre, wie Anm. (227), S. 339f.
249	Pettenkofer, Liebig, wie Anm. (1), S. 26–38. – Liebig, Chemische Briefe, wie Anm (105), 33. bis 45. Brief. – Liebig–Wöhler, Briefwechsel, wie Anm. (13), Bd. II, Seiten 21, 27, 43, 45f., 51f., 163, 169, 171, 173, 240 u.a.
250	Liebig, Gährung, wie Anm. (24), S. V.
251	Bischoff und Voit, Gesetze, wie Anm. (181), S. 29.
252	Brief von Liebig an Wöhler vom März 1870: „Ich lese nämlich im Sommer Thierchemie, Ernährungslehre u.s.w., und ich finde in dem, was Andere in diesem Gebiete thun, so wenig was mich interessirt, dass ich alle Theilnahme dafür verliere; es sind lauter kleinliche Versuche, mit denen sich nichts anfangen lässt; es fehlt den modernen Physiologen an einer grossen Idee, auf welche alle Forschungen abzielen; ein grosser Irrthum wäre schon ein Gewinn, so wie etwa die Metallverwandlungs-Idee oder die Universal-Medicin. Da hätten die Leute doch etwas Grosses vor Augen. Mit dem Addiren von kleinen Thatsachen, die sich nicht an eine grosse Idee anlehnen, gelangt man zu nichts, und die Leute meinen doch etwas Tüchtiges zu thun. Ich glaube nicht, dass es bei mir die Missgunst des Alters ist, was mich so urtheilen lässt." Siehe: Liebig–Wöhler, Briefwechsel, wie Anm. (13), Bd. II, S. 280.
253	Liebig, Gährung, wie Anm. (24), S. IX.
254	Ebenda, S. IX–XII, S. 67–138.
255	Voit, Entwicklung der Lehre, wie Anm. (227), S. 303–319.
256	Ebenda, S. 397.
257	Ebenda, S. 399.
258	Ebenda, S. 399–401.
259	Frerichs, Stoffwechsel, wie Anm. (168), S. 481–482.
260	Traube, Respiration, wie Anm. (230), S. 399.
261	Fick und Wislicenus, Muskelkraft, wie Anm. (122), S. 486. – Frankland, muscular power, wie Anm. (244), S. 193–194.
262	Voit, Entwicklung der Lehre, wie Anm. (227), S. 394–396.
263	Bernard, introduction, wie Anm. (233), S. 228.
264	Für ein Beispiel der allgemeinen Annahme dieser Ansicht siehe: Bidder und Schmidt,Verdauungssäfte, wie Anm. (185), S. 291, S. 387.
265	Bernard, introduction, wie Anm. (233), S. 228–229.
266	Liebig, Thier-Chemie, wie Anm. (4), S. 81–89. Dumas and Boussingault, Balance, wie Anm. (49), S. 36–44.
267	Hermann, elements, wie Anm. (171), S. 192–193.
268	Siehe: Frank G. Young: Claude Bernard and the theory of the glycogenic function of the liver. Annals of Science 2 (1937), S. 71.
269	Siehe z.B.: Pettenkofer und Voit, Stoffverbrauch, wie Anm.(242), S. 459, S. 570.
270	Hermann, elements, wie Anm. (171), S. 192. – Siehe auch: A. Magnus-Levy: Energy metabolism in health and disease. Journal of the History of Medicine 2 (1947), S. 309.

271	Rubner, thierische Wärme, wie Anm. (88), S. 85.
272	Siehe z.B.: Foster, Michael: A Textbook of Physiology. 3rd edition. Philadelphia: H.C. Lea's, 1880, S. 463–464, S. 579. – Die Spekulationen über die Natur und den Ort der dazwischen liegenden Reaktionen hörten nicht auf, aber die Anzahl der miteinander unvereinbaren Theorien, die im späten 19. Jahrhundert kursierten, kennzeichnet den diesbezüglichen vollständigen Mangel an Wissen. Zusammenfassungen von einigen solcher Spekulationen finden sich zusammen mit Argumenten für seine eigenen Ansichten bei: C. Voit: Physiologie des allgemeinen Stoffwechsels. In: Handbuch der Physiologie (Herausgegeben von L. Hermann). Leipzig: F. C. W. Vogel, 1881, Bd. VI, T. 1, S. 274–326.
273	Bischoff, Liebig, wie Anm. (103), S. 8.
274	„Man kann sagen, daß die Physiologie der Ernährung durch Liebig begründet wurde, als er die Bildung von Fett im Tierkörper nachwies und seine Ansichten über die Natur und die Verwendung der Nahrung veröffentlichte." Siehe: Foster, Physiology, wie Anm. (272), S. 624. – Siehe auch Liebigs Bewertung durch einen herausragenden modernen Ernährungsforscher in: McCollum, history, wie Anm. (115), S. 92–98.
275	L. S. King: The Growth of Medical Thought. Chicago: University of Chicago Press, 1963, S. 233.
276	Brief von Liebig an Wöhler vom 3.6. 1839: „Der Mann [Berzelius] kämpft für eine verlorene Sache und ganz gegen seine Natur mit der Feder allein. So etwas ist ohne Einfluss auf die Entwickelungen der Theorien." Siehe: Liebig–Wöhler, Briefwechsel, wie Anm. (13), Bd. I, S. 147.

EXERCITATIONES
PHYSICO - ANATOMICÆ,
DE
OECONOMIA
ANIMALI,
Novis in *Medicina* Hypothesibus superstructa,
& *Mechanicè* explicata.

AUTORE
GUALTERO CHARLETON,
M.D. & Caroli Magnæ Britanniæ
Regis olim Medico.

Τὰ μὲν διδακτὰ μανθάνω, τὰ δ' εὑρετὰ ζητῶ.

Editio secunda, priori multò correctior.

AMSTELÆDAMI,
Apud JOANNEM RAVESTEYNIUM,
Bibliopolam & Typographum Civitatis, &
Illustris Scholæ ordinarium. 1659.

Titelseite von Walter Charleton, Oeconomia animalis, London
(Aus der Sammlung J. Büttner)

Von der *oeconomia animalis* zu Liebigs Stoffwechselbegriff

Von Johannes Büttner

Einleitung

Mit seinem 1842 erschienenen Buch *„Die organische Chemie in ihrer Anwendung auf Physiologie und Pathologie"*[1] und den damit zusammenhängenden experimentellen Arbeiten hat Justus Liebig (1803–1873) das Interesse von Physiologen und Medizinern auf die chemischen Vorgänge im lebenden Tierkörper gelenkt.[2] Für dieses Teilgebiet der Physiologie wurde in der 2. Hälfte des 19. Jahrhunderts, nicht zuletzt durch Liebigs Buch, die Bezeichnung „Stoffwechsel" gebräuchlich. Vor allem die jüngere Generation der Physiologen und Mediziner sah in der Stoffwechsellehre einen neuen Weg zu einer auf Experimente gestützten wissenschaftlichen Medizin. Mediziner wie Chemiker wurden zu eigenen Untersuchungen im Laboratorium angeregt.[3]

Als Liebig seine „Thier-Chemie" veröffentlichte, war der Begriff „Stoffwechsel" noch nicht allgemein gebräuchlich. Auch Liebig selbst verwendete ihn nicht ausschließlich. Vielmehr findet man bei ihm neben „Stoffwechsel" die Ausdrücke „(chemische) Metamorphose", „Umsetzung der Gebilde" oder „Bewegung". An einer Stelle spricht er von dem „Act der Umsetzung, den wir mit Stoffwechsel bezeichnet haben".[4] Im ersten und zweiten Buch der „Thier-Chemie" (mit den Kapiteln Respiration und Ernährung sowie Umsetzung der Gebilde) wird „Stoffwechsel" nur gelegentlich benutzt, erst im 3. Buch (Kapitel Bewegungserscheinungen im Thierkörper) begegnet man dem Wort häufig.[5] In der 1840 erschienenen „Agriculturchemie" hat Liebig das Wort „Stoffwechsel" noch gar nicht verwendet.[6]

Auch in der zeitgenössischen englischen und französischen Sprache gab es keinen einheitlichen Begriff für diese Vorgänge, so daß die Übersetzer von Liebigs „Thier-Chemie" unterschiedliche Wörter nebeneinander benutzten (change of matter, chemical change, métamorphoses chimiques, mutation de substances).

Liebig selbst ist in seiner „Thier-Chemie" (und den „Chemischen Briefen") der Geschichte des Stoffwechselbegriffs nicht nachgegangen. George Rosen gab 1955 einen kurzen Überblick über die Entwicklung des Stoffwechselkonzepts.[7] Franklin C. Bing hat 1971 versucht, den Ursprung des Wortes „Stoffwechsel" zu finden.[8] Die Geschichte der Stoffwechselforschung ist verschiedentlich behandelt worden, ohne daß jedoch der Entstehung des Begriffs besondere Beachtung geschenkt wurde.[9,10] Im folgenden soll versucht werden, die historische Entwicklung des Begriffs sowie der Forschungskonzepte eingehender darzustellen.

Das Wort „Stoffwechsel" entstand um 1800, etwa zur gleichen Zeit, als die ersten Ergebnisse der neuen Chemie organischer Verbindungen bekannt wurden, die vor allem auf Analysen organischer Stoffe mit der Methode von Antoine Laurent Lavoisier (1743–1794) beruhten.[11]

Geht man weiter zurück, so stößt man vor allem in der physiologischen Literatur auf den Begriff „*Oeconomia animalis*", unter welchem ab dem 17. Jahrhundert Fragen der organischen Materie und ihres Haushaltes behandelt wurden. Dieser Begriff hat seinen Ursprung in der antiken Medizin. In unserer Studie wollen wir zunächst dem Begriff der „*Oeconomia animalis*" nachgehen, um dann die Entwicklung des Stoffwechselbegriffes von den letzten Jahrzehnten des 18. bis zur zweiten Hälfte des 19. Jahrhunderts zu verfolgen.

Oeconomia animalis

Es ist eine Grunderfahrung des Menschen, daß zum Leben von Mensch und Tier die regelmäßige Aufnahme von Nahrung erforderlich ist.[12] Über die Gründe hierfür und die mit der Ernährung in Zusammenhang stehenden Vorgänge, wie Verdauung, Ausscheidungen und Wachstum haben sich bereits die Ärzte und Philosophen der Antike Gedanken gemacht. Die Vorgänge der Verdauung und der Bildung der Gewebe wurden als eine Reihe aufeinanderfolgender Abschnitte aufgefaßt. Im Magen beginnt die Verdauung als „concoctio",[13] die man als mechanische Zerreibung, als Gärung oder als Kochung durch Wärme deutete. Dabei entsteht der Chymus,[14] der „Speisebrei", worunter man einen rohen, dicken „Nahrungssaft" verstand. Daraus wird im Darm der Chylus,[15] der „Milchsaft" gebildet, welcher in das Blut aufgenommen wird. Die unverwertbaren Bestandteile des Chymus werden als Faeces ausgeschieden. Die mit dem Chylus in das Blut aufgenommenen Stoffe erfahren eine Veränderung, durch welche sie für die Bildung von Blut und „festen Stoffen" geeignet werden. Diesen Vorgang bezeichnete man als „Verähnlichung" oder *assimilatio*.[16]

Für unsere Betrachtung ist der Alexandriner Arzt Erasistratos (ca 320–250 v. Chr.)[17] besonders wichtig, da sich bei ihm erstmals der Gedanke findet, daß das Gewicht eines Tieres und die Gewichte der aufgenommenen Nahrung sowie aller Ausscheidungen in einem Gleichgewicht stehen. Erasistratus beschrieb folgendes Experiment:

> „Wenn jemand ein Lebewesen nehmen würde, wie einen Vogel oder etwas in dieser Art und es für einige Zeit in einen Topf brächte, ohne ihm irgendwelche Nahrung zu geben und es wöge mit den Ausscheidungen, die es sichtbar von sich gegeben hat, dann wird man einen großen Gewichtsverlust feststellen, vor allem weil eine reichliche Ausdünstung stattgefunden hat, die nur der Verstand wahrnehmen kann."[18]

Ausgehend von dem Gedanken, daß bei gleichbleibendem Gewicht des Tieres in einem bestimmten Zeitintervall die Gewichte der aufgenommenen und der abgegebenen Stoffe gleich sind, schloß Erasistratos also auf eine mit den Sinnen nicht wahrnehmbare „Ausdünstung".[19]

Erasistratos benutzte im gleichen Text eine neuartige Bezeichnung für diese mechanistische Betrachtung physiologischer Vorgänge. Er sprach von *oikonomia*[20] und meinte damit den Haushalt des lebenden Organismus.[21] Etwa 1900 Jahre später begegnen wird diesem Begriff erneut in der Medizin. Seit dem frühen 17. Jahrhundert hatte eine mechanisch-physikalische Betrachtungsweise physiologischer Vorgänge eingesetzt. Die Erfolge Galileo Galileis (1564–1642) und seiner Schüler bei der Untersuchung mechanischer Vorgänge veranlaßten auch Mediziner zu ähnlichem Vorgehen. Eine entscheidende Anregung für eine mechanistische

Betrachtung des pflanzlichen und tierischen Lebens kam von dem Philosophen René Descartes (1596–1650). Er stellte die Analogie des lebenden Organismus zu einer *machina* heraus, in welcher mechanische Vorgänge ablaufen, und nannte als Beispiele Uhren, kunstvolle Wasserspiele oder Mühlen.[22] In zwei Schriften aus den Jahre 1632 und 1648, die jedoch erst postum veröffentlicht wurden, hat Descartes die Physiologie im Sinne seiner mechanistischen Lehre dargestellt.

Es sei hier noch die extreme mechanistische Deutung des Menschen als Maschine des französischen Arztes und Philosophen Julien Offray de La Mettrie (1709–1751) erwähnt. Er vertrat in seinem seinerzeit sehr umstrittenen Buch „L'Homme Machine" die Auffassung,
> „daß der Mensch nichts anderes ist als ein Tier bzw. eine Maschinerie von Triebfedern, die sich gegenseitig spannen...."[23]

La Mettrie sah den Sitz dieser „Triebfedern" im ganzen *Parenchym*.[24] Er sprach von den „natürlichen Eigenschwingungen" der Maschine, die er mit einem Pendel verglich, welches angestoßen werden muß.

Seit der Mitte des 17. Jahrhunderts haben besonders in den Niederlanden und in England Anhänger der Lehre des Descartes versucht, die Physiologie des Organismus systematisch als mechanische Vorgänge zu behandeln. Für diese Art der Darstellung wurde der Terminus *„oeconomia animalis"* oder *„oeconomia corporis animalis"* benutzt.[25] Zuerst ist dieser Begriff bei dem holländischen Theologen und Arzt Cornelis van Hogelande (1590–1662) 1646 nachweisbar.[26,27] Hogelande hatte Descartes während dessen Exil in Holland kennengelernt und war mit ihm befreundet. In England benutzte der Arzt Walter Charleton (1620–1707) den Begriff im Titel seines weitverbreiteten Lehrbuches der Physiologie, das 1659 zuerst erschien.[28] Der Titel weist ausdrücklich auf die Anwendung der neuen mechanischen Lehren (des Descartes) in der Medizin hin. Der lebende Körper wird als *„machina"* aufgefaßt, welche Betriebsstoff erfordert und Abfall produziert, also einen „Stoffhaushalt" hat. Bei der Darstellung der *oeconomia animalis* wurden meist sehr ausführlich die Vorgänge bei der Verdauung behandelt, hier liegt der Gedanke der Oekonomie besonders nahe. Häufig wurde auch die Frage diskutiert, aus welchem Grunde eine ständige Nahrungsaufnahme notwendig sei. Einen Gedanken von Aristoteles[29] aufgreifend sah man darin einen Ersatz für die mechanisch abgenutzten Teile der *machina animalis*. Aber auch die Produktion der tierischen Wärme wurde schon in Zusammenhang mit der Ernährung gebracht.

Der Begriff *„oeconomia animalis"* bleibt in der medizinischen Literatur bis weit in das 19. Jahrhundert hinein gebräuchlich. In einem Lexikon aus dem Jahre 1740 heißt es unter dem Stichwort „Oeconomia":
> „... allein die Aertzte [!] verstehen darunter nicht nur eine Abwartung und Versorgung der Krancken, sondern auch die Vertheilung der Säfte in dem thierischen Körper, und diese nennen sie Oeconomia animalis."[30]

Ein tieferes Eindringen in das Verständnis der Vorgänge des lebenden Organismus erforderte eine quantitative Betrachtung, d.h. die Auswertung von Daten, die durch Messungen gewonnen werden. Hier sind vor allem die Versuche von Santorio Santorio (1561–1636)[31] zu erwähnen, der ähnlich wie Erasistratos im 3. Jhdt. v. Chr. (siehe S. 62), Aufnahme und Abgabe von Stoffen im Haushalt des lebenden Körpers studierte. Santorio untersuchte mit täglichen Messungen des Körpergewichtes mittels einer speziell für diesen Zweck konstruierten Waage (siehe Abbildung 1) die *„perspiratio insensibilis"*, die nicht fühlbare Wasserdampfausdünstung durch die Haut. Die Ergebnisse seiner Messungen bei Gesunden und Kranken hat er in Aphorismen zusammengefaßt, die erstmals 1614 als Buch erschienen.[32] Im VI. Aphorismus im ersten Abschnitt dieses Buches heißt es:

„Wenn Speise und Trank eines Tages acht Pfund ausmachen, pflegt die unfühlbare Aushauchung auf ungefähr fünf Pfund anzusteigen."[33,34]

Santorio hat auch andere Funktionen der *„machina"* messend untersucht. In modernen Darstellungen wird er häufig als „Begründer der Stoffwechsellehre" apostrophiert.[35]

Santorios Messungen und Experimente hatten quantitative Daten geliefert, die von mathematisch interessierten Ärzten für weitergehende Berechnungen verwendet werden konnten. Die mathematische Behandlung mechanischer Phänomene des lebenden Organismus, beispielsweise der Muskelbewegungen, hatte im 17. Jahrhundert große Fortschritte gemacht.[36] Im Zusammenhang mit der *Oeconomia animalis* sind Berechnungen wichtig, die der Arzt und Mathematiker Johann Bernoulli (1667-1748) – ausgehend von Santorios Messungen – anstellte. Dessen Untersuchungen hatten ergeben, daß täglich ca. 1/50 der aufgenommenen Nahrung in Körpermasse verwandelt wird. Wenn nun das Körpergewicht sich nicht verändert, wie dies bei einem gesunden Erwachsenen über einen längeren Zeitraum der Fall ist, muß dieser geringen täglichen Zunahme der Körpermasse ein gleich grosser Abbau von „alter" Körpermasse entsprechen. Bernoulli konnte so berechnen, daß in 2 Jahren und 207,5 Tagen die gesamte Körpermasse durch neugebildete Substanz ersetzt worden sein müsse.[37]

Physiologische Vorgänge im lebenden Organismus, bei denen Stoff oder Materie verändert werden, lassen sich als „Bewegungen" physikalisch beschreiben.[38] Eine andere Möglichkeit, diese Vorgänge zu verstehen, bot die Chemie, die seit dem 16. Jahrhundert vor allem durch Theophrastus von Hohenheim, genannt Paracelsus (1493/94–1541), in Physiologie und Medizin an Bedeutung gewonnen hatte. Um die komplexen Vorgänge im Organismus zu beschreiben und zu erklären, hatte er den „Archeus", den „inneren Alchemisten" erfunden, ein immaterielles Prinzip,[39] welches steuert und regelt:

Er scheidet das böß vom gutten / Er wandlet das gut in ein Tinctur / Er tingirt den leib zu seim leben / Er ordinirt der Natur das subiect in ihr / Er tingirt sie / daß sie zu Blut vnnd Fleisch wirdt. Dieser Alchemist wonet im Magen / welcher sein Instrument ist / darinn er kocht und arbeitet."[40,41]

Die chemische Betrachtungsweise physiologischer und medizinischer Erscheinungen („Iatrochemie") ist dann in Fortführung der Gedanken des Paracelsus im 17. Jahrhundert vor allem durch den flämischen Arzt Johann Baptist van Helmont (1579-1644) und den Leidener Professor François de le Boë Sylvius (1614-1672) weiterentwickelt worden. Im Zusammenhang mit dem Haushalt der Stoffe im lebenden Organismus ist von Interesse, daß van Helmont die Ursache aller stofflichen Veränderungen in Gärungsprozessen (*fermentatio*) sah. Beispiele für Gärungen sind das Brotbacken mit Sauerteig und das Bierbrauen. Das Agens, welches solche Vorgänge bewirkt, ist das Ferment (im Deutsch des van Helmont „Urheb" genannt[42]):

„Da doch in allen Dingen die Abwechselungen oder Verwandlungen nicht durch die geträumte Begierde der ersten Materie (Hyle) geschiehet: Sondern allein und bloß durch die Vermittlung des Urhebs."[43]

Schon in der Antike war die *fermentatio* als eine Erklärungsmöglichkeit für die Verdauungsvorgänge im Magen diskutiert worden. Einem tiefergehenden Verständnis der im lebenden Organismus ablaufenden chemischen Vorgänge standen indes die mangelnden Kenntnisse gerade über jene Stoffe entgegen, welche im lebenden pflanzlichen oder tierischen Organismus vorkommen.

Lavoisier und die Chemie des Lebens

In der 2. Hälfte des 18. Jahrhunderts wurden zunehmend chemische Kenntnisse über „organische" Stoffe gewonnen. Man verstand darunter die in „organisierten", d.h. lebenden Wesen vorkommenden Stoffe. Ein wichtiger Grund für diesen Fortschritt waren Änderungen der analytisch-chemischen Methodik. Zuvor hatte man Stoffgemische überwiegend durch „Feuer", d.h. die Anwendung von Wärme – etwa durch eine („trockene") Destillation – zu zerlegen und zu trennen versucht. Hierbei werden jedoch viele organische Stoffe zersetzt. Jetzt traten Extraktion durch Lösungsmittel, Fällung und Kristallisation in den Vordergrund.[44] Auf diese Weise wurden viele wichtige organische Verbindungen erstmals isoliert.[45]

Von entscheidender Bedeutung für die Entwicklung der Organischen Chemie und die Aufklärung chemischer Vorgänge im Organismus wurde die „Organische Elementaranalyse", die sich aus Versuchen von Antoine Laurent Lavoisier (1743–1794) über die Verbrennung organischer Stoffe in reinem Sauerstoff entwickelt hat. Lavoisier konnte zeigen, daß organische Stoffe aus nur wenigen Elementen („éléments des corps") bestehen. Er fand Kohlenstoff, Sauerstoff und Wasserstoff.[46] Claude Louis Berthollet (1748–1822) ermittelte mit anderer Methodik noch Stickstoff als wichtigen Elementarbestandteil besonders der tierischen Stoffe.[47] Die Elementaranalyse, welche von Jöns Jacob Berzelius (1779–1848), Joseph Louis Gay-Lussac (1778–1850), William Prout (1785–1850) und Liebig ausgebaut wurde,[48] ermöglichte es, organische Verbindungen exakt zu charakterisieren, zu klassifizieren und Zusammenhänge zwischen den Partnern einer chemischen Reaktion festzustellen.[49] Liebig benutzte die Ergebnisse von Elementaranalysen später in großem Umfange, um Reaktionsketten abzuleiten.[50]

Für unsere Betrachtung sind zwei weitere Untersuchungen von Lavoisier von großer Bedeutung: seine Studie über die alkoholische Gärung und seine Arbeiten über die Atmung im tierischen Organismus.

In einem berühmt gewordenen Versuch ließ Lavoisier Traubensaft durch Bierhefe vergären und bestimmte exakt das Gewicht der Ausgangsprodukte sowie der gebildeten Stoffe Kohlensäure und Alkohol.[51] Das Resultat beschrieb er durch die Gleichung[52] moût de raisin = acide carbonique + alcool.

Lavoisier fügt dieser Feststellung hinzu:
„Man kann als Prinzip feststellen, daß bei jeder Operation die Menge vor und nach der Operation gleich ist; daß Qualität und Quantität der Prinzipien [d.h. der Elemente] gleich sind und daß nichts anderes stattgefunden hat als Veränderungen, Modifikationen".[53]

Diese Feststellung wird allgemein als der erste experimentelle Beweis des für die Chemie grundlegenden *Satzes von der Erhaltung der Materie* angesehen, ohne den die quantitative Untersuchung chemischer Reaktionen – im Reagensglas wie im lebenden Organismus – nicht möglich wäre. Hier ist allerdings anzumerken, daß der zugrunde liegende Gedanke eine sehr alte menschliche Erfahrung ist.[54] Wir finden ihn schon bei den Philosophen der Antike, zum Beispiel bei Demokritos von Abdera (ca. 460-370 v.Chr.) :
„Aus Nichts wird Nichts; nichts was ist, kann vernichtet werden."[55]

Auch die oben erwähnten Überlegungen und Versuche zu Stoffbilanzen des tierischen Körpers von Santorio, Johann Bernoulli und James Keill (1663–1719) setzten das Prinzip der Erhaltung der Materie unausgesprochen voraus. Lavoisier selbst hat dieses Prinzip bereits einige Jahre früher bei seiner Arbeit über die Verbrennung des Zinns im geschlossenen Raum implizit verwendet.[56]

Immanuel Kant (1724–1804) hat den Grundsatz der Erhaltung der Materie mehrfach ausgesprochen,[57] z. B. in seiner „Kritik der reinen Vernunft", wo es heißt:
„Bei allem Wechsel der Erscheinungen beharrt die Substanz, und das Quantum derselben wird in der Natur weder vermehrt noch vermindert."[58]
Kant weist aber darauf hin, daß dieses Prinzip nicht durch Erfahrung oder Argumente *a priori* beweisbar sei.[59]

Von besonderer Bedeutung für die experimentelle Untersuchung chemischer Vorgänge im tierischen Organismus wurden Lavoisiers Arbeiten über den Vorgang der Atmung.[60] Sie stehen in engem Zusammenhang mit seinen Untersuchungen über die Verbrennung und die Rolle der *fluides élastiques* (der Gase) bei diesem Vorgang, die er 1772 begonnen hatte. Es war ihm aufgefallen, daß bei der Verbrennung „l'air éminemment respirable" (die „atembare Luft") verbraucht wird.[61] 1780 beschrieb er die Atmung genauer als Verbrauch von „l'air vital" (jetzt auch als „oxigène" bezeichnet) und Produktion von „l'air fixe" (mephitic acid oder Kohlensäure) unter Erzeugung von Wärme und verglich den Vorgang mit einer langsamen Verbrennung.[62] Die Untersuchungen fanden 1789 ihren großartigen Abschluß in den gemeinsam mit Armand Seguin ausgeführten umfassenden quantitativen Versuchen an Tieren und Menschen, in denen die Aufnahme von Sauerstoff,[63] die Abgabe von Kohlensäure und die Körpertemperatur in Abhängigkeit von der Tätigkeit der Versuchsperson gemessen wurden (siehe Abbildung 2). Der Vorgang der Atmung wurde in den größeren Zusammenhang der physiologischen Körperfunktion, der „économie animale" gestellt:

> „Bei der Atmung wie bei der Verbrennung liefert die atmosphärische Luft Oxygène und Wärme; bei der Atmung ist es die tierische Substanz selbst, ist es das Blut, welches den Brennstoff liefert; aber wenn die Tiere nicht durch die Nahrung wieder herstellen, was sie durch die Atmung verlieren, würde das Öl in der Lampe bald fehlen, und das Tier würde untergehen, wie die Lampe verlischt wenn es ihr an Brennstoff ermangelt."[64]

Mit dem Beispiel einer brennenden Lampe erinnert Lavoisier an die Vorstellung einer *flamma vitalis* als Lebensprinzip, welche besonders von englischen Naturforschern im 17. Jahrhundert vertreten wurde.[65]

In seinen letzten Arbeiten, die er zusammen mit Armand Seguin ausführte, wird deutlich, daß Lavoisier die *économie animal*, die Vorgänge im lebenden tierischen Körper, als ein System gleichzeitig ablaufender Prozesse sah, die voneinander abhängen und einer Regelung bedürfen:
> „Die tierische Maschine wird hauptsächlich gesteuert durch drei Arten von Regulatoren: Atmung .... Verdauung .... Transpiration."[66]

Lavoisier und Seguin wandten sich nun der Untersuchung der „Transpiration" zu, d.h. der Abgabe von Wasserdampf (und Wärme) durch die Haut. Dabei benutzten sie wie Santorio Santorio, der von *perspiratio insensibilis* sprach (siehe S. 64), die Waage und versuchten durch eine ausgeklügelte Apparatur zu differenzieren zwischen der Wasserabgabe durch die Haut und durch die Atemluft.[67] Zu einer Untersuchung der Verdauung kam es nicht mehr.[68]

Lavoisier hatte gezeigt, daß die neuen analytischen Methoden auf pflanzliche und tierische Materialien angewendet werden können. In der Folge haben besonders die Chemiker Antoine François Fourcroy (1755–1809) und Nicolas Louis Vauquelin (1763–1829) und – zu Beginn des 19. Jahrhunderts – Jöns Jacob Berzelius systematisch zahlreiche „organische Stoffe" analysiert und chemische Zusammenhänge aufgezeigt. Noch einen Schritt weiter gingen verschiedene Mediziner, die chemische Systeme der Krankheiten aufzustellen versuchten. In diesem Zusammenhang wurden auch die Vorgänge der Verdauung und der Assimilation als chemische Vorgänge beschrieben. Als Beispiel sei der französische Arzt Jean-Baptiste-Thimotée Baumes (1756–1828)[69] genannt, der in seinem „Système chimique de la science de l'homme" den Prozeß der Assimilation in zwei Vorgänge unterteilte: „l'animalisation ou le changement des substances végétale en animales"[70] und „l'assimilation ou le passage des alimens en notre propre substance".[71] Baumes griff auch die Befunde von Berthollet und Lavoisier auf (siehe oben), wonach tierische Materie in Gegensatz zur pflanzlichen Stickstoff enthält, und sah in der „Azotisation" einen wichtigen Schritt der Assimilation:
> „Der Chylus kann daher nur dadurch animalisiert werden, und ein assimilierendes Vermögen erhalten, wenn der Salpeterstoff der thierischen Theile oder Materien an die Stelle des Kohlenstoffes der vegetabilischen Theile oder Materien tritt; so, daß sich der Salpeterstoff zufolge dieser wichtigen Veränderung, die mitten unter Verbindungen, Zersetzungen und Wiederzusammensetzungen vorgehet, durch die mehr oder weniger zusammengesetzte und verwickelte Anziehungen der ersten konstituirenden Bestandtheile, und folglich des Natrums, des Kalkes, des Phosphors u.s.f. bewirkt werden, an diesen neuen Substanzen festsetzt und dadurch die Animalisation

zu Stande bringt, und die Assimilation stufenweise in den verschiedenen Ordnungen des Thierkörpers beendigt."[72]

Chemische Affinität und Lebenskraft[73]

Die Newtonsche Mechanik hatte die Hoffnung erweckt, chemische Vorgänge auf eine der Schwerkraft ähnliche Kraft zurückführen zu können.[74] Chemische Verwandschaft[75] oder *Affinität* ließ sich verstehen durch das Wirken von Attraktions- und Repulsionskräften zwischen den Atomen.[76] Hingegen schienen chemische Umsetzungen im lebenden Pflanzen- oder Tierkörper ganz anders zu verlaufen als im Laboratorium des Chemikers. Man wußte zwar aus der Erfahrung seit langem, daß der tote organische Körper bereits nach kurzer Zeit in Fäulnis übergeht und zerfällt, während der lebende Organismus über lange Zeit bestehen kann. Doch war dieser Unterschied schwer zu erklären. Cicero (106–43 v.Chr) überliefert einen Ausspruch des Philosophen Chrysippus (280–210 v. Chr.):

„Was aber hat das Schwein ausser dem Futter? Ihm ist freilich, damit es nicht verfault, eine Seele anstatt des Salzes gegeben."[77]

Chrysipp greift hier die Vorstellungen von Aristoteles über die *anima* auf. Dieser hatte abgestufte „Teile" oder „Vermögen" der *anima* belebter Organismen unterschieden, so ein Vermögen, welches Wachstum und Ernährung bewirkt.[78]

Durch ein Maschinenmodell, wie es Descartes vorgeschlagen hat, ließ sich die Beständigkeit des lebenden Körpers ebensowenig erklären, wie bestimmte andere physiologische Funktionen. In den siebziger Jahren des 18. Jahrhunderts versuchte man deshalb eine besondere Kraft zu definieren, auf welche derartige Funktionen zurückgeführt werden konnten.[79] Nach einem Vorschlag von Friedrich Casimir Medicus (1736-1808) wurde sie als „Lebenskraft" bezeichnet.[80] Den entsprechenden französischen Begriff „principe vital" hat Paul Joseph Barthez (1734–1806) 1772 geprägt und später ausführlich begründet.[81] Erwähnt sei auch noch die Auffassung von Friedrich Bernhard Albinus (1715–1778), der Lebenskraft allein durch Bewegung definierte.[82]

Inzwischen hatten, wie wir gesehen haben, Lavoisiers Arbeiten gezeigt, daß bestimmte physiologische Vorgänge wie die Atmung sich als chemische Prozesse verstehen ließen. Das hatte auch Einfluß auf die Vorstellungen von der Lebenskraft. In der Definition, welche Alexander von Humboldt (1769–1859) 1794 gab, wird ein Zusammenhang zwischen Lebenskraft und chemischer Affinitätslehre besonders deutlich:

„Diejenige innere Kraft, welche die Bande der chemischen Verwandtschaft auflöst, und die freie Verbindung der Elemente in den Körpern hindert, nennen wir Lebenskraft. Daher giebt es kein untrüglicheres Zeichen des Todes, als die Fäulniß, durch welche die Urstoffe in ihre vorigen Rechte eintreten, und sich nach chemischen Verwandtschaften ordnen. Unbelebte Körper können nicht in Fäulniß übergehen."[83]

Noch einen Schritt weiter ging Joachim Dietrich Brandis (1762–1846) in seinem „Versuch über die Lebenskraft".[84] Er übernahm Lavoisiers Vorstellungen von einem Verbrennungsprozeß im lebenden tierischen Körper und weist der Lebenskraft die Kontrolle über diesen Prozeß zu:

> „Es scheint bei diesem phlogistischen Processe im organischen Körper noch eine Kraft nöthig zu seyn, welche außer den Gefäßen auf der Grenze zwischen den Arterien und Venen diese Verbindung des Säurestoffs mit dem Kohlenstoff bewirkt."[85]

Wenige Jahre später verwarf der Mainzer Mediziner Jacob Fidelis Ackermann (1765–1815) die Vorstellungen von v. Humboldt und Brandis und betonte:

> „daß alle Bewegungen im organischen Körper, weit entfernt eine Ausnahme von den physischen Naturgesetzen zu machen, sich vielmehr ganz nach denselben richten und daß eine wohlgeordnete Verbindung dieser physischen Kräfte das Leben selbst ausmache." [86]

Und:

> „Diejenige Kraft, welche wir als das erste Agens im lebenden Körper ansehen müssen, ist eine *chemische Kraft* und ganz den Gesetzen der Verwandtschaft unterworfen." [87]

Als Chemiker hat Sigismund Friedrich Hermbstädt (1760–1833) in einer Anmerkung zur deutschen Übersetzung des oben erwähnten Buches von Jean-Baptiste-Thimotée Baumes eine sehr vorsichtige Definition der Lebenskraft gegeben, welche nicht im Widerspruch zur Naturwissenschaft stand:

> „Was ist Lebenskraft? Ohne Materialist zu seyn, denke ich mir Lebenskraft als das Endresultat aller chemischen Wirkungen, der Mischungstheile des thierischen Körpers. Als Chemiker kann ich mir nichts als existirend im Weltraum vorstellen, dessen Existenz nicht mit der Existenz eines anderen Wesens in Beziehung stände. Die innere Ursache jener Wechselwirkung zwischen allen existirenden Materien im thierischen Körper nenne ich Lebenskraft."[88]

Der französische Chemiker Claude Louis Berthollet, welcher in seinem „Essai de statique chimique" 1803 die Affinitätslehre umfassend dargestellt hatte, sah die chemischen Vorgänge im Tierkörper allein als Wirkungen der Affinität:

> „Es scheint mir also, daß die Verbindungen, die im lebenden Tier einander folgen, ebenso ein Effekt der Affinität sind, welche durch die Umstände verändert ist, wie in den anderen chemischen Erscheinungen, aber diese Umstände sind vermehrt; die organische Aktion kann sie noch verändern durch die Kontraktion und Bewegung, die der organischen Sympathie und den lebendigen Einflüssen unterworfen sind."[89]

Schließlich sei noch kurz auf die Vorstellungen von Johann Christian Reil (1739–1813) eingegangen, der im ersten Heft seines neugegründeten Archivs für die Physiologie in einer ausführlichen und einflußreichen Darstellung die Lebenskraft behandelte. Reil stellte als allgemeine Ursache aller körperlichen Erscheinungen *Mischung und Form der Materie* heraus, ein Begriffspaar, das zum Kennzeichen der Reilschen Schule wurde.[90] Die Form der Materie sei auf die Wahlanziehung der Grundstoffe und ihrer Produkte gegründet.[91] Eine Unterordnung der „physischen, chemischen und mechanischen Kräfte" unter die Lebenskraft lehnte Reil aus grundsätzlichen Erwägungen ab.[92] Damit verwarf er auch die oben erwähnte Definition von

Alexander v. Humboldt. Bezüglich einer Definition der Lebenskraft zeigte Reil sich zurückhaltend, „so lange die Chemie uns nicht genauer mit den Grundstoffen der organischen Materie und ihren Eigenschaften bekannt gemacht hat."[93] In der Besprechung des Buches von Brandis (s. S. 68) stellte Reil die Frage:

> „Kann nicht der phlogistische Proceß selbst die unmittelbare Ursach der Lebenserscheinungen, und die Fähigkeit der Organe zu diesem Proceß (die in ihrer Mischung liegt) diejenige Eigenschaft derselben seyn, die wir Lebenskraft nennen?"[94]

Einige Jahre später hat Reil noch einmal präzisiert:

> „Die meisten thierischen Erscheinungen lassen sich aus den allgemeinen Kräften der Materie überhaupt erklären. Wir gebrauchen daher keine Lebenskraft als identische Grundkraft zur Erklärung derselben."[95]

Wechsel des Stoffes als Charakteristikum des Lebens

Wir hatten eingangs erwähnt, daß man sich schon in der Antike die ständig notwendige Nahrungsaufnahme bei Mensch und Tier als einen Ersatz verbrauchter Teile des lebenden Körpers vorstellte. So sollte zum Beispiel ein „Abrieb", eine mechanische Abnutzung der ständig bewegten Teile, zu einem Stoffverlust führen. Albrecht von Haller (1708–1777) hat in seinen *Elementa Physiologiae* die umfangreiche Literatur zu dieser Frage zusammengestellt.[96] Diskutiert wurde vor allem die Frage, ob nur die flüssigen oder auch die festen Teile des Körpers ausgetauscht würden. Verschiedene Beobachtungen sprachen dafür, daß auch letztere verbraucht und neugebildet werden. Hier sei als Beispiel nur die Rotfärbung der Knochen eines Tieres nach Verabreichung von Färberröthe erwähnt, dem Farbstoff der Pflanze *Rubia tinctorum L.*, die als Einbau des Farbstoffes bei der Neubildung des Knochens verstanden wurde.[97]

Wie schon erwähnt (S. 68), war bereits in der Antike bekannt, daß totes Fleisch sehr rasch verfault. Chrysippus hatte das auf die Wirkung einer *anima* im Tier zurückgeführt, welche das lebende Fleisch schütze. Bei Santorio Santorio finden wir zu Beginn des 17. Jahrhunderts eine andere Begründung. Einer seiner Aphorismen lautet:

> „Warum lebt das lebendige Fleisch und verfault nicht wie das tote? Weil es täglich erneuert wird".[98]

Auch Descartes stellte sich die Unterhaltung des lebenden Körpers als einen Prozeß ständigen Auswechselns der Teile vor:

> „Zum genauen Verständnis muß man beachten, daß sich die Teile aller Körper, die leben und durch Nahrung unterhalten werden, d.h. aller Lebewesen und Pflanzen, unaufhörlich auswechseln."[99]

Er fügt an, daß sich bei diesem Vorgang die flüssigen Teilchen schneller bewegen als die festen, weshalb z. B. der Ersatz von Knochen besonders langsam erfolge.

Hier wird der Wechsel der Stoffe nicht mehr als einfacher Ersatz des verbrauchten („abgenutzten") Körpermaterials verstanden. Vielmehr wird dem Vorgang des Wechsels selbst eine das Leben erhaltende Funktion zugesprochen. Das wird besonders deutlich bei Christian Wilhelm Hufeland (1762–1836):

„Unsere Bestandtheile wechseln unaufhörlich, werden uns durch Excretion entzogen, und durch Luft und Nahrung wiedergegeben, und die Operation des Lebens selbst supponirt einen beständigen Wechsel dieser Bestandtheile, folglich eine beständig neue Erzeugung und Schöpfung."[100]

Alexander von Humboldt schrieb 1797 unter Bezug auf Erfahrungen aus der Experimental-Physiologie,

„daß der große Prozeß des Lebens in einem perpetuirlichen Wechsel von Zersetzungen und Bindungen besteht, und daß Stoffe, der belebten Materie nach Willkühr beigemischt, oder entzogen, die Thätigkeit der Organe bald herabstimmen, bald erheben."[101]

Jacob Fidelis Ackermann, von dessen Definition der Lebenskraft als „chemischer Kraft" wir schon berichtet haben (S. 69), sah den dauernden Wechsel als wichtige Eigenschaft der Lebenskraft und stellte fest,

„daß gerade die immerdauernde Zersetzung der Theile, welche die organische Maschine bilden, durch eine besondere Anordnung physischer Kräfte das Leben derselben unterhalte, und ihre Erhaltung sichere."[102]

Joseph Servatius d'Outrepont (1776–1845) hat 1798 in einer medizinischen Dissertation unter Johann Christian Reil in Halle eine umfangreiche Darstellung der Bedeutung des „Wechsels der thierischen Materie" für die Physiologie und Medizin gegeben.[103] Reils Formel „Mischung und Form" aufgreifend, stellte er fest, daß beide sich bei dem Wechsel veränderten. In dem „ununterbrochenen Wechsel der Materie" sah er „die Ursache des Lebens". Zahlreiche praktische Beispiele, besonders die Embryonalentwicklung und das Wachstum, sowie verschiedene pathologische Vorgänge dienten ihm zur Erläuterung seiner Aussagen:

„Ich glaube, daß der Wechsel der Stoffe *allgemein* in den festen und flüssigen Theilen, in allen Säften und Organen ohne Ausnahme stattfinde; daß er *beständig* sey; daß er sowohl *zum gesunden, als zum kranken Zustand gehöre*."[104]

In seinen Betrachtungen kommt d'Outrepont zu folgenden Schlußfolgerungen:
(1) „Der Wechsel der Natur ist das große Mittel der Natur, durch welches sie die Mischung der thierischen Materie, bey ihren beständigen Veränderungen, dennoch immerhin als solche erhält."
(2) „Durch den Wechsel der Materie bessert das Thier seine Fehler aus, heilt seine Krankheiten und reproduziert verlorengegangene Theile."
(3) „Der Wechsel der Materie [ist] das Mittel der Natur, durch welches sie die Actionen in den Organen bewürckt."

Abschließend soll noch Gottfried Christian Reich (1769–1848) zu Wort kommen, der im Zusammenhang mit seiner vieldiskutierten Fieberlehre[105] die Lehre vom Wechsel des Stoffes vor allem unter chemischen Gesichtspunkten gesehen hat. Bei ihm heißt es:

> „Diese animalisch-chemischen Prozesse oder Mischungsveränderungen sind das Resultat der ununterbrochenen Gegenwirkung einander entgegengesezter [!] Kräfte oder Principien, ohne deren Daseyn nichts, was im Raum ist oder wird, gedacht werden könnte." *Und:* „Aus der gegenseitigen Wechselwirkung jener entgegengesezten [!] Principien .... geht das Leben als Phänomen hervor. Leben des menschlichen Körpers ist also ein beständiges Streben heterogener Materien nach Homogenität, wozu es aber wegen der beständigen Beimischung neuer heterogener Stoffe nicht kommen kann; oder mit andern Worten, eine immerwährende kreisförmige, durch den Konflikt feindlicher Principien bewirkte Bewegung."[106]

„Ein Blick in das Ganze der Natur"

Im Laufe des 18. Jahrhunderts wurden viele Details der *Oeconomia*, des Haushaltes von Tier und Pflanze zusammengetragen. Für einen Naturforscher, der gewohnt war, alle Phänomene der Natur zu beobachten, lag es nahe, einen „Blick in das Ganze der Natur" zu werfen und die Veränderungen im größeren Zusammenhang zu sehen. Als ein frühes Beispiel sei der Naturforscher Georg Forster (1754–1794) genannt, der bekannt wurde durch seine Beschreibung der zweiten Weltumsegelung des Captain James Cook (1728–1779), an der er 1772–1775 mit seinem Vater Johann Reinhold Forster (1729–1798) teilgenommen hatte. Er schreibt in dem Einleitungskapitel zu einer geplanten „Thiergeschichte":[107]

> „In einem Systeme, wo alles wechselseitig anzieht, und angezogen wird, kann nichts verloren gehen; die Menge des vorhandenen Stoffes bleibt immer dieselbe, und folglich erlischt auch nie die wohlthätige Quelle des Lichts. Inzwischen gehen überall in diesem Stoff Veränderungen vor, welche zwar, wie es scheint, auf das Ganze keinen merklichen Einfluß haben, aber gleichwohl ansehnlich genug sind, die Oberflächen der Weltkugeln auf eine sehr sichtbare Art umzugestalten."[108]

Und an anderer Stelle:

> „Eben die Materie erscheint immerfort unter einer anderen Gestalt. Das Thier, von Pflanzen genährt, die es in seine eigne Substanz verwandelte, stirbt hin, wird aufgelöst, und sein Stoff wird wieder begierig von Pflanzenwurzeln eingesogen; eben dieselben Grundstoffe sind mineralisch im Steine, vegetabilisch in der Pflanze, animalisch im Thiere."[109]

Ausgehend von dem alten Erfahrungssatz, daß Materie nicht verloren geht (siehe S. 66), sah Forster den Stoffaustausch zwischen Pflanzen und Tieren, die beide durch diese Vorgänge mit der Umwelt eng verbunden sind. So entstand das Bild von einem großen Kreislauf der Stoffe.

Lavoisier hat 1792 in einem Entwurf für eine Preisfrage der Académie royal des sciences ähnliche Gedanken geäußert:

> „Durch welche Processe bewerkstelligt die Natur diesen wunderbaren Kreislauf zwischen den beiden Reichen? Wie gelangt sie dazu, brennbare, gährungs- und fäulnissfähige Substanzen aus Verbindungen zu bilden, welche keine dieser Eigenschaften be-

sitzen? Das sind undurchdringliche Geheimnisse, wir erkennen nur, dass, wenn Verbrennung und Fäulniss die Mittel sind, welche die Natur anwendet, um dem Mineralreiche die Mineralien wiederzugeben, welche ihm entnommen worden sind, um Pflanzen und Thiere zu bilden, Pflanzenbildung und Thierbildung Processe sein müssen, welche zur Verbrennung und Fäulniss im Gegensatze stehen."[110]

Der ökologische Gedanke und die Erkenntnis, daß der Mensch mit dem Universum verknüpft ist, wurde besonders in der Medizin der Romantik wichtig.[111] Zu Beginn des 19. Jahrhunderts hatte Friedrich Wilhelm Joseph Schelling (1775–1854) ein „System der Naturphilosophie" entworfen,[112] welches die gesamte Natur umfaßte. Wichtige Prinzipien in seinem System waren die „Stufung" oder „Steigerung" (Materie → Pflanze → Tier → Mensch) sowie die Polarität, worunter er Gegensatzpaare verstand, aus denen Kräfte resultieren, die das jeweils Ganze schaffen. Schellings Gedanken waren anfangs sehr stark von der neuen antiphlogistischen Chemie beeinflußt. So sah er den Oxydationsprozeß und den Reduktionsprozeß als ein Gegensatzpaar, durch welches Pflanze und Tier unterschieden werden können.[113] Leben verstand Schelling als einen Prozeß, der in Permanenz besteht, so „daß es z. B. im thierischen Körper, so lange er lebt, nie zum endlichen Product" kommt, was bedeutet, daß der Prozeß sein Gleichgewicht niemals erreicht.[114] Den Lebensprozeß im Tier verstand er als einen Oxidationsprozeß, welcher durch negative Prinzipien ständig daran gehindert wird, ein Gleichgewicht[115] zu erreichen[116]:

„Die beyden negativen Principien des Lebens im thierischen Körper sind ... phlogistische [d.h. oxydierbare] Materie und Oxygene, (gleichsam die Gewichte am Hebel des Lebens), das Gleichgewicht beyder muß continuirlich gestört und wiederhergestellt werden."[117]

Schellings Lehre fand besonders in Deutschland rasch großes Interesse bei Medizinern und Physiologen.[118]

Die Idee des Lebensprozesses als eines ständigen Wechsels, als einer „Oscillation zwischen zwei Polen", findet sich auch bei dem Kliniker Dietrich Georg Kieser (1779–1862).[119]

Hier soll kurz auf eine naturphilosphische Interpretation eingegangen werden, welche in unmittelbarem Zusammenhang mit dem „Stoffwechsel" steht. Der Gießener Professor der Anatomie und Physiologie Johann Bernhard Wilbrand (1779–1846) hat in mehreren Schriften die Physiologie aus naturphilosophischer Sicht dargestellt.[120] Er war als Student in Würzburg ein Anhänger Schellings geworden. Eine zentrale Rolle nimmt bei Wilbrand die ständige Verwandlung der festen und flüssigen Materie im Organismus ineinander ein. Diesen Vorgang nannte er „Metamorphose". Sie steht nach seiner Vorstellung „in einem polaren Verhältnisse" zu bestimmten Bewegungsvorgängen im Körper. Das Blut fließt vom Herzen aus in die Peripherie und geht dort in der Metamorphose unter, d.h. wird in festes Material verwandelt. Venöses Blut wird neu gebildet und bewegt sich zum Herzen zurück. Der ganze Vorgang stellt sich als ein Kreislauf dar, bei welchem die äußere Bewegung (des Blutes) und die innere Bewegung (Metamorphose) sich wechselseitig ergänzen. An der hierin enthaltenen Ansicht, daß es keinen Blutkreislauf als solchen gibt, sondern nur Untergang und Neubildung des Blutes, hat Wilbrand trotz vielfacher Kritik zeitlebens festgehalten.

Justus Liebig, der 1824 einen Ruf an die Gießener Universität erhielt und damit Wilbrands Kollege wurde, hat sich häufig gegen die naturphilosophische Richtung ausgesprochen. Die unterschiedlichen Auffassungen führten zu einer erbitterten Gegnerschaft zwischen Wilbrand und Liebig.[121]

Der Idee der Einheit der Natur, wie sie von den Naturphilosophen und besonders von Schelling vertreten wurde, führte übrigens dazu, daß die alte Vorstellung einer Entsprechung zwischen dem Universum als Makrokosmos und dem Menschen als Mikrokosmos wieder aufgegriffen wurde[122] und beispielsweise von dem Göttinger Physiologen Arnold Adolph Berthold (1803–1861) auf die Physiologie des „Stoffwechsels" angewendet wurde.[123]

Der Begriff „Stoffwechsel" wird geprägt

Das Wort „Stoff" wurde erst im 17. Jahrhundert in der deutschen Sprache gebräuchlich. Als naturwissenschaftlichen Begriff (für *materia*) finden wir es erstmals im 18. Jahrhundert.[124] Der Chemiker Sigismund Friedrich Hermbstädt betont in seinem Lehrbuch der Experimentalchemie bei der Beschreibung organischer Substanzen noch 1805 ausdrücklich:

„Wenn ich die hier beschriebenen Materien mit dem Name *Stoffe* belege, so nehme ich sie zum Unterschied von den *Elementen*, und wünsche daher, nicht mißverstanden zu werden. Das Wort *Stoff* nehme ich hier als Materie eigener Art."[125]

Der Ausdruck „Stoffwechsel" ist erst zu Beginn des 19. Jahrhunderts belegt. Frühe Beispiele finden sich bei Franz von Paula Gruithuisen (1774–1852) im Jahre 1811[126] und Georg Carl Ludwig Sigwart (1784–1864) im Jahre 1815 (für ihn ist Stoffwechsel eine der Arten, „wie thierische Mischung überhaupt geschieht.")[127] Eine sehr detaillierte Bestimmung des Begriffes durch Ignaz Döllinger (1770–1841) aus dem Jahr 1819 sei ausführlicher zitiert:

„Alle Stoffe im lebendigen Leibe sind im Wechsel und Wandel begriffen, weil es zur Wesenheit des Thierstoffes, wovon alle unterscheidbaren thierischen Theile nur Modificationen sind, gehört, zu wechseln und sich umzuwandeln". „Die Verwandlung der Stoffe ist von zweyerley Art: eine innere und eine äußere. Im Innern des Leibes wandeln sich die Formen, unter welcher der Thierstoff erscheint, wechselweise in einander um, der einfache Thierstoff wird Blut, Nervenmark; das Blut, das Nervenmark wandeln sich wieder in einfachen Thierstoff um, oder es kommen zu der Verwandlung des Blutes Bestimmungen hinzu, wodurch es, in gewisse Formen sich zu schicken, gezwungen wird. Die zweyte Art des <u>Stoffwechsels</u> ist die äußerliche; der individuelle Thierleib setzt Stoffe an die äußere Natur ab, und nimmt dafür andere wieder auf."[128]

In den Lehrbüchern der Physiologie begegnen wir dem Begriff „Stoffwechsel" zunehmend häufiger in den 30er Jahren des 19. Jahrhunderts.[129] Dabei wird – wie im vorstehenden Zitat von Döllinger – häufiger unterschieden zwischen den Vorgängen der Verdauung im engeren Sinne, welche die alte Medizin als *concoctio*, *chymificatio* und *chylificatio* bezeichnet hatte, und der Assimilation. Hier sei auch auf die Auffassung von William Prout hingewiesen, der „primäre und sekundäre Assimilation" unterschied.[130] Unter primärer Assimilation verstand er die Auflösungsvorgänge in Magen und Duodenum bis hin zur Aufnahme des Chylus in das Blut. Zur sekundären Assimilation rechnete er die Bildung der Gewebe aus dem Blut sowie ihren Abbau.

Bei Karl Friedrich Burdach (1776–1847) finden wir in seiner „Physiologie als Erfahrungswissenschaft" die genauere Bestimmung des *äußeren* Stoffwechsels als Stoffaustausch zwischen Organismus und Außenwelt, und dem *inneren* Stoffwechsel als dem Stoffaustausch zwischen den „Gebilden" des Körpers.[131] Carl Gotthelf Lehmann (1812–1863) benutzte in seinem einflußreichen „Lehrbuch der physiologischen Chemie" den Begriff „intermediärer Stoffwechsel" für die „Zwischenstufen der inneren Stoffbewegungen und entwarf für die Zukunft ein Bild,

> „wo wir den gesammten Stoffwechsel in einen grossen übersichtlichen, netzförmigen Rahmen fassen sollten, welcher, nach mathematischen Linien gezeichnet, alle einzelnen Theile in ihrer natürlichen, realen Verknüpfung umfasste und darstellte."[132]

Justus Liebig hat den Begriff „Stoffwechsel", wie wir in der Einleitung schon dargestellt haben, in seiner „Thier-Chemie" anfangs gelegentlich, später häufiger verwendet.

1839 hat Theodor Schwann (1810–1882), der im Jahr zuvor als Anatom an die Universität Louvain in Belgien berufen worden war, eine anderes Wort für die chemischen Veränderungen im Gewebe geprägt. In seiner „Zellenlehre"[133] beschreibt er im Kapitel „Theorie der Zellen" die Grundkräfte der Zellen mit folgenden Worten:

> „Die Frage über die Grundkraft der Organismen reducirt sich also auf die Frage über die Grundkräfte der einzelnen Zellen. Wir müssen nun die allgemeinen Erscheinungen der Zellenbildung betrachten, um zu finden, welche Kräfte man zur Erklärung derselben in den Zellen voraussetzen muß. Diese Erscheinungen lassen sich unter zwei natürliche Gruppen bringen: Erstens Erscheinungen, die sich auf die *Zusammenfügung* der Moleküle zu einer Zelle beziehn; man kann sie die *plastischen* Erscheinungen der Zellen nennen; zweitens Erscheinungen, die sich auf chemische Veränderungen, sowohl der Bestandtheile der Zelle selbst, als des umgebenden Cytoblastems beziehn; diese kann man *metabolische* Erscheinungen nennen (τὸ μεταβολικὸν was Umwandlung hervorzubringen oder zu erleiden geneigt ist)."[134]

Und:

> „Das Cytoblastem,[135] in dem sich Zellen bilden, enthält zwar die Elemente der Stoffe, aus denen die Zelle zusammengesetzt wird, aber in anderen Kombinationen; es ist keine bloße Auflösung der Zellensubstanz, sondern enthält nur bestimmte organische Substanz aufgelöst. Die Zellen ziehen daher nicht bloß Stoff aus dem Cytoblastem an, sondern sie müssen die Fähigkeit haben, die Bestandteile des Cytoblastems chemisch umzuwandeln. Außerdem können alle Teile der Zelle selbst während ihres

Vegetationsprozesses chemisch verändert werden. Die unbekannte Ursache all dieser Erscheinungen, die wir unter dem Namen metabolische Erscheinungen der Zellen zusammenfassen, wollen wir die *metabolische Kraft* nennen."[136]

Für unsere Betrachtung ist auch die folgende Passage noch wichtig:
„... der ganze Organismus besteht nur durch die Wechselwirkung der einzelnen Elementartheile (das Wort Wechselwirkung im weitesten Sinne genommen, so daß auch das darunter begriffen wäre, wenn der eine Elementartheil den Stoff bereitet, den der andere zu seiner Ernährung braucht)."[137]

Der von Schwann vorgeschlagene Begriff wurde in viele andere Sprachen übernommen. Seine Bildung aus dem Griechischen war hierfür besser geeignet als das deutsche Wort Stoffwechsel.[138]

Liebigs Stoffwechselbegriff

Liebigs Vorstellungen über den Stoffwechsel im belebten Organismus haben sich schrittweise entwickelt. Ein wichtiger Ausgangspunkt waren die Erfahrungen, die er bei der gemeinsamen Arbeit mit Friedrich Wöhler „Untersuchungen über die Natur der Harnsäure"[139] gesammelt hatte. Zum einen war diese Arbeit der Beginn systematischer Untersuchungen tierischer Produkte, in diesem Falle der Stoffe, die im Urin als wichtigem tierischen „Excretionsproduct" enthalten sind. Zum anderen lieferte das methodische Vorgehen in dieser Arbeit einen Zugang zu chemischen Relationen zwischen verschiedenen Verbindungen, oder anders gesagt, zu Reaktionsfolgen. Die Ergebnisse der Elementaranalysen der isolierten Verbindungen dienten dazu, Reaktionsgleichungen aufzustellen.[140]

Ein weiterer Schritt war der Versuch, die chemischen Prozesse bei einem natürlichen Vorgang aufzuklären, dem organische Stoffe unterworfen sind. Liebig wählte hierzu solche, die „die von selbst erfolgenden, d.h. durch unbekannte Ursachen veranlaßten, Zersetzungen und Veränderungen der organischen Materialien begleiten",[141] nämlich Gärung, Fäulnis und Verwesung. Er untersuchte also Vorgänge, die sich seiner Meinung nach außerhalb von organisierten, lebenden Gebilden vollzogen. Liebig nahm diese Arbeiten zum Anlaß, um die „Zersetzungen" organischer Verbindungen erstmals zu klassifizieren. Er unterschied Reaktionen, bei denen einzelne Elemente abgespalten werden von den eigentlichen „Metamorphosen", bei denen sich aus den Elementen der Reaktionspartner neue Verbindungen bilden.[142]

Bei den Vorarbeiten zur „Thier-Chemie", die nach der Publikation der Agriculturchemie begannen, entwickelte Liebig den Gedanken, daß solche Reaktionsketten auch im lebenden Organismus auftreten. Auch hier sprach er zunächst einfach von „Metamorphosen". Im Laufe der Entstehung der „Thier-Chemie" wurde dann der Begriff „Stoffwechsel" immer deutlicher herausgearbeitet.

Liebigs Überlegungen nahmen ihren Ausgang von den Gedanken des Wechsels wie des Ersatzes, wie wir sie in unseren bisherigen Betrachtungen behandelt haben. So heißt es auf den ersten Seiten „Thier-Chemie":

> „Die gewöhnlichsten Erfahrungen geben ferner zu erkennen, daß in jedem Momente des Lebens in dem Thierorganismus ein fortdauernder, mehr oder weniger beschleunigter Stoffwechsel vor sich geht, daß ein Theil der Gebilde sich zu formlosen Stoffen umsetzt, daß sie ihren Zustand des Lebens verlieren und wieder ersetzt werden müssen."[143]

Neu war, daß er die Vorgänge des Stoffwechsels im größeren Zusammenhang mit den chemischen Prozessen der Atmung und Ernährung sah, wobei er davon überzeugt war, daß eine gegenseitige, quantitative Proportionalität zwischen Atmung, Nahrungsaufnahme, Stoffwechsel und der Produktion von mechanischer Arbeit und tierischer Wärme besteht.

> „Stoffwechsel, mechanische Kraftäußerung und Sauerstoffaufnahme, stehen in dem Thierkörper in so enger Beziehung zu einander, daß man die Quantität von Bewegung, die Menge des umgesetzten, belebten Stoffes, in einerlei Verhältniß setzen kann mit einer gewissen Menge, des, von dem Thiere, in einer gegebenen Zeit aufgenommenen und verbrauchten Sauerstoffs."[144]

Liebig stellte auch folgerichtig heraus, daß „der Stoffwechsel ... die Quelle der mechanischen Kraft im Körper"[145] und „die letzte Ursache der erzeugten Wärme" (der tierischen Wärme) ist."[146]

Die chemischen Vorgänge verstand er in Weiterführung der Gedanken von Lavoisier (siehe oben) vor allem als langsamen Oxidationsprozeß im Blut durch den Sauerstoff der Atmung. Diejenigen Bestandteile der Speisen, „ welche diesen allmählichen Verbrennungsproceß nicht erfahren, ... werden unverbrannt oder unverbrennlich in der Form von Excrementen ausgestoßen."[147]

Sowohl in der „Agriculturchemie" als auch in der „Thier-Chemie" benutzt Liebig an verschiedenen Stellen den Begriff „Lebenskraft". William Brock hat in seiner Liebig-Biographie darauf hingewiesen, daß „Liebig widersprüchlich und verwirrend ist, wann immer er physiologische Chemie erklärt."[148] Die Frage, ob Liebig Vitalist gewesen sei, ist in der Literatur häufiger erörtert worden.[149] Hier soll nur kurz erläutert werden, welche Funktion Liebig der Lebenskraft im Stoffwechsel zuschrieb. Sie unterscheidet sich für Liebig nicht grundsätzlich von anderen Kräften.[150] Sie hat Ähnlichkeit mit der chemischen Kraft, ja Liebig formulierte sogar: „Die einzige bekannte und letzte Ursache der Lebensthätigkeit im Thier sowohl, wie in der Pflanze ist ein chemischer Proceß".[151] Dieser reduktionistische Ansatz konnte alle Möglichkeiten für eine experimentelle chemische Forschung an und mit lebenden Organismen eröffnen. An anderer Stelle heißt es aber auch: „In dem Organismus des Thieres kennen wir nur eine Quelle der bewegenden Kraft, ... es ist die Lebenskraft."[152]

Liebig sah zwei wichtige Funktionen der Lebenskraft, das Wachstum des Organismus und einen Einfluß auf die chemische Reaktionsfähigkeit der organischen Stoffe:

> „Die Lebenskraft giebt sich in einem belebten Körpertheil als eine Ursache der Zunahme an Masse, sowie des Widerstandes gegen äußere Thätigkeiten zu erkennen, welche die Form, Beschaffenheit und Zusammensetzung der Elementartheilchen ihres Trägers zu ändern streben."[153]

Die zweite Funktion ähnelt der, welche Alexander von Humboldt 1794 formuliert hatte (siehe oben). Liebig erläutert diese Funktion mit folgenden Worten:

> „Als eine Kraft der Bewegung, Form- und Beschaffenheitsänderung der Materie zeigt sie sich durch Störung und Aufhebung des Zustandes der Ruhe, in dem sich die chemischen Kräfte befinden, durch welche die Bestandtheile der ihren Trägern zugeführten Verbindungen, die wir als Nahrungsstoffe kennen, zusammengehalten werden."[154]

Liebig stellte sich den Einfluß der Lebenskraft durchaus mechanistisch vor in dem Sinne, daß sie „Richtung und Stärke der Cohäsionskraft" (welche die Elemente einer Verbindung zusammenhält) beeinflußt und auf diese Weise beispielsweise die „Zersetzung" der Nahrungsstoffe bewirkt, aber auch einer chemischen Action des Sauerstoffs entgegenwirken kann.[155]

Liebigs Konzept der Lebenskraft hatte bei einem seiner Leser, dem Heilbronner Arzt Julius Robert Mayer (1814–1878) zu Kritik mit weitreichenden Folgerungen geführt.[156] In einer als 1845 Buch gedruckten Publikation hatte sich Mayer eingehend mit Liebigs „Thier-Chemie" auseinandergesetzt und gegen die Lebenskraft Stellung genommen:

> „Da wir in einem chemischen Prozesse, in dem Stoffwechsel, einen vollwichtigen Grund von dem Fortbestande lebender Organismen erblicken, so müssen wir gegen die Aufstellung einer Lebenskraft im Sinne Liebigs, Autenrieths, Hunters u.s.w. Protest erheben. Was aber die Hypothese Liebigs von der Verwendung einer Lebenskraft zu mechanischen Effekten betrifft, so erscheint dieselbe noch gewagter, als die Statuierung einer solchen vis occulta an und für sich allein."[157]

Mayers Überlegungen – vor allem am Beispiel des tierischen Stoffwechsels – führten ihn zu dem Ergebnis, daß „die verschiedenen Kräfte ineinander sich verwandeln lassen. Es gibt in Wahrheit nur eine einzige Kraft."[158] Das ist der Satz von der Erhaltung der Kraft. Im Hinblick auf die Lebenskraft folgt daraus, daß diese nicht – wie Liebig behauptet hatte – unerschöpflich sein kann, wenn etwa Muskelarbeit geleistet wird.

Es sei noch erwähnt, daß Liebig sehr deutlich den Unterschied des Stoffwechsels in Pflanzen und Tieren betonte. Für seine Ernährungslehre wurde die These wichtig, daß Pflanzen Eiweißkörper bilden,[159] die vom Tier mit der Nahrung aufgenommen werden und direkt zur Bildung von Gewebe dienen können. Der französische Chemiker Jean-Baptiste-André Dumas (1800–1884), hatte sich wie Liebig mit Pflanzen- und Tierchemie befaßt und äußerte im gleichen Jahr in einer Vorlesung „Sur la statique chimique des êtres organisés" ähnliche Gedanken wie Liebig.[160] Dumas hob besonders die Gegensätze in den chemischen Vorgängen bei Pflanzen und Tieren hervor. So werden die Pflanzen als „appareil de combustion", die Tiere als „appareil de réduction" definiert. Eine Synthese organischer Stoffe findet nach Dumas nur in der Pflanze statt.

Wissenschaftliche Grundlegung der Stoffwechselphysiologie

Liebigs Thesen über den Stoffwechsel führten schon bald zu Versuchen, sie in physiologischen Experimenten zu überprüfen. Besonders wichtig sind Experimente des jungen Hermann Helmholtz, in denen er den Stoffverbrauch bei der Muskelaktion gemessen hatte. Er begründete seine Untersuchungen mit folgenden Worten:

> „Eine der höchsten, das Wesen der Lebenskraft selbst unmittelbar betreffenden Frage der Physiologie, nämlich die, ob das Leben der organischen Körper die Wirkung sei einer eigenen, sich stets aus sich selbst erzeugenden, zweckmässig wirkenden Kraft, oder das Resultat der auch in der leblosen Natur thätigen Kräfte, nur eigenthümlich modificirt durch die Art des Zusammenwirkens, hat in neuerer Zeit, besonders klar in L i e b i g's Versuch, die physiologischen Thatsachen aus den bekannten chemischen und physikalischen Gesetzen herzuleiten, eine viel concretere Form angenommen, nämlich die, ob die mechanische Kraft und die im Organismus aus dem Stoffwechsel vollständig herzuleiten seien, oder nicht."[161]

Tatsächlich konnte Helmholtz nachweisen, daß mit der Aktion des elektrisch gereizten Muskels ein Stoffverbrauch einhergeht. Wenig später gelang es ihm mit einer aufwendigen physiologischen Apparatur auch eine Wärmeentwicklung bei der Muskeltätigkeit zu messen.[162]

Im Zusammenhang mit diesen physiologischen Experimenten hat sich Helmholtz sehr eingehend mit der Theorie der physiologischen Wärmeerscheinungen beschäftigt. Er sah, daß die materielle Theorie der Wärme [Lavoisiers „Wärmestoff"] nicht mehr zu halten sei, sondern daß sie durch die Vorstellung einer „Bewegung der kleinsten Körpertheile" ersetzt werden müsse. In einer Übersicht über den Stand der Kenntnisse über die „thierische Wärme" hat er 1846 alle experimentellen Daten über die Wärmeproduktion beim Versuchstier und die Verbrennungswärme der umgesetzten Nahrungsstoffe zusammengetragen und sorgfältig analysiert.[163] Er kam zu dem Schluß, daß die tierische Wärme nicht allein aus der Zusammensetzung der Atemgase berechnet werden kann, wie Liebig dies in seiner „Thier-Chemie" dargestellt hatte,[164] sondern daß „latente Wärme" noch bei anderen Stoffwechselvorgängen freigesetzt werden kann. Die Beschäftigung mit dem Phänomen des Stoffwechsels führte Helmholtz ähnlich wie Robert Mayer und unabhängig von diesem zum Problem der Erhaltung der Kraft (siehe oben). Er leitete den Erhaltungssatz 1847 in strenger Form und für alle damals bekannten Energieformen ab.[165]

Eine andere frühe experimentelle Arbeit zur Stoffwechselphysiologie stammt von dem Physiologen Friedrich Heinrich Bidder (1810–1894) und dem Chemiker (und Liebig-Schüler) Carl Schmidt (1822–1894), die an der Dorpater Universität umfangreiche und in dieser Art neue systematische Versuche zu Ernährung und Stoffwechsel an Versuchstieren ausführten.[166] (siehe Abbildung 3). Sie betrachteten ihre Arbeit als „Experimentalkritik des Stoffwechsels der höheren Wirbelthierclassen". Ihr Ziel war, „sämmtliche Elemente der Gleichung des Stoffumsatzes direct an wenigen typischen Thierformen in vollständig in sich geschlossenen Beobachtungsreihen quantitativ so" festzustellen, „dass die Hauptmomente: Sauerstoffaufnahme, Kohlensäure-, Harnstoff- und Wärme-Statik der nüchternen Thieres immer gleichzeitig, also unter identischen Bedingungen, an ein und demselben Individuum" ermittelt werden.[167] Frederic L. Holmes hat diese experimentelle Technik als „intake-output method of quantification in physiology" ausführlich dargestellt.[168]

In Liebigs Arbeitskreis wurden experimentelle Stoffwechseluntersuchungen erst relativ spät begonnen. Der Physiologe Theodor Ludwig Wilhelm Bischoff (1807–1882), der auf Liebigs Initiative 1843 nach Gießen berufen wurde, hatte – gehindert durch den Neubau eines Physiologischen Institutes in Giessen – erst um 1852 mit eigenen Versuchen begonnen, um Liebigs These vom Harnstoff als Maß des Stoffwechsels[169] experimentell zu überprüfen.[170] Liebig war 1852 nach München gegangen, Bischoff folgte ihm 1854. Inzwischen hatten sich verschiedene Versuchsfehler bei seinen Experimenten herausgestellt,[171] so daß Bischoff in München, jetzt zusammen mit seinem jungen Assistenten Carl Voit (1831–1908), die Untersuchungen wiederholte und ausweitete.[172] 1863 übernahm Voit das von der Anatomie abgetrennte Physiologische Institut. Ihm gelang es mit einem großen Schülerkreis die Münchener Schule der Stoffwechselforschung aufzubauen, die großen Einfluß gewann.[173] Die weitere Entwicklung der Stoffwechselforschung kann hier nicht verfolgt werden.

Erwähnt sei noch der Versuch eines theoretischen physikalischen Systems zur Beschreibung der komplexen Vorgänge des Stoffwechsels, welches Rudolf Hermann Lotze (1817–1881) 1842 – im Jahre des Erscheinens von Liebigs „Thier-Chemie" – entwarf:
> „Der lebende Körper als Mechanismus betrachtet, unterscheidet sich von allen anderen Mechanismen dadurch, daß in ihm ein Princip immanenter Störungen aufgenommen ist, die durchaus keinem mathematischen Gesetze ihrer Stärke und Wiederkehr folgen."[174]

Lotze stellte sich den Stoffwechsel als ein System wechselnder Massen vor, welches die regellos auftretenden Störungen auffängt und das Ganze im Gleichgewicht hält. Um eine Störung aufzufangen, bedarf es nur „der Steigerung einer schon vorhandenen Bewegung," „Der Stoffwechsel im thierischen Körper" wird „zur Regulirung von Störungen benutzt". „Er ist der Mittelpunkt des organischen Mechanismus" ... „um den sich alle übrigen Processe der thierischen Oekonomie anknüpfen lassen."[175] Lotzes Überlegungen weisen in die Richtung, die im 20. Jahrhundert mit der Beschreibung des Organismus durch „Fließgleichgewichte" in einem „offenen System" beschritten wurde.[176]

Popularisierung des Stoffwechselkonzeptes

Die neuen naturwissenschaftlichen Erkenntnisse über die Vorgänge im lebenden Organismus sind – im Vergleich zu anderen wissenschaftlichen Entdeckungen – sehr rasch und noch bevor eine allgemein akzeptierte wissenschaftliche Lehre entstanden war auch einem größeren Publikum bekannt gemacht worden. Hierfür lassen sich mehrere Gründe benennen, die um die Mitte des 19. Jahrhunderts zusammentrafen. Zum einen erwies sich Justus Liebig selbst als ein hervorragender Propagator seiner Forschungsergebnisse und ihrer praktischen Anwendung.[177] Zum anderen entwickelte sich vor allem in Deutschland bei „gebildeten Laien" ein besonderes Interesse an den stofflichen Vorgängen des Lebens. Thomas Nipperdey hat von der „szientistisch populären Bewegung" des „Materialismus" (oder „Vulgärmaterialismus") gesprochen.[178] Über beides soll im Hinblick auf die Stoffwechsellehre kurz gesprochen werden.

Liebig war nach dem Erscheinen seiner „Agriculturchemie" von dem Verleger Johann Georg Cotta (1796–1863) gebeten worden, über seine wissenschaftlichen Ergebnisse in der Augsburger Allgemeinen Zeitung zu berichten. Ab 1841 veröffentlichte er dort „Chemische Briefe". Sein Ziel war, „der Chemie in einem weiteren Kreise der Gesellschaft Zutritt zu verschaffen".[179] Die Briefe wurden ab 1843 auch in Buchform publiziert. Nach dem Erscheinen der „Thier-Chemie" behandelte Liebig in mehreren Briefen auch die chemischen Vorgänge im tierischen Organismus in einer eindrucksvollen und verständlichen Weise.[180]

Im 22. Brief wurde erstmals auch der Kreislauf der Stoffe zwischen Umwelt und Organismus erwähnt[181] und am Beispiel des heute so bezeichneten Ökosystems „Meer" dargestellt:
„Wir beobachten, daß im Meere, ohne Hinzutritt oder Hinwegnahme eines Elementes, ein ewiger Kreislauf stattfindet, der nicht in seiner Dauer, wohl aber in seinem Umfang begränzt ist, durch die in dem begränzten Raume in endlicher Menge enthaltene Nahrung der Pflanze."[182]

Der englische Apotheker Robert Warington (1807–1867) hatte 1850 nach eingehenden Versuchen ein derartiges „Ökosystem im Wasser" realisiert. In einem Glasbehälter, gefüllt mit 12 Gallonen (ca. 55 Liter) Wasser, gelang es ihm, Stachelfische über einige Jahre zu halten, wenn das Gefäß ausreichend mit der Wasserpflanze *Vallisneria spiralis* (als Sauerstoffspender) ausgestattet war und Wasserschnecken (*Himnaea stagnalis*) als „scavenger" für die Entfernung des Abfalls sorgten. Das System erforderte weder Belüftung noch Futter, „thus perfecting the balance between the animal and vegetable inhabitants, enabling both to perform their vital functions with health and energy".[183] Karl Friedrich Mohr (1806–1879) hatte das „Aquarium" anläßlich der Weltausstellung in London 1851 gesehen und es als anschauliches Beispiel für Liebigs Thesen beschrieben.[184] Mohrs Bezeichnung „Liebig's Welt in einem Glase" wurde rasch bekannt (siehe Abbildung 4). Liebig berichtete 1853 in einem Brief an seinen Sohn Georg, daß er der Königin Marie auf ihren Wunsch ein Aquarium einrichten ließ.[185]

1867 stellte der Liebigschüler Wilhelm Knop (1817–1891), der einer der bedeutendsten Agrikulturchemiker des 19. Jahrhunderts wurde, sein Lehrbuch der Agriculturchemie unter den Titel „Der Kreislauf des Stoffs" und führte dazu aus:
„Wir beobachten, wie ein Quantum des wägbaren Stoffs unseres Planeten, getrieben von den Kräften, welche die Sonne in Licht und Wasser äussert, in stetem Kreislauf

vom Mineralreich zum Pflanzenreich und durch dieses zum Thierreich aufsteigt, um mit dem Untergang der Körper beider Reiche der organisirten Welt desorganisirt und dem Mineralreich, den Gewässern und der beweglichen Atmosphäre überliefert zu werden, und von da aus den Kreislauf von Neuem zu beginnen."[186]

Liebigs „Chemische Briefe" boten in den fünfziger Jahren des 19. Jahrhunderts das Vorbild für Bücher, in denen die Gedanken des Stoffwechsels, des Stoffkreislaufs und auch des „Materialismus" einem breiterem Publikum dargestellt wurden.

Der Physiologe Frans Cornelis Donders (1818–1889) hatte 1845 in einem Vortrag sowohl den „Kreislauf der Materie" als auch den Stoffwechsel im lebenden Organismus einheitlich unter dem Begriff „Stoffwechsel" dargestellt und damit Gedanken aufgegriffen, wie sie Robert Forster und andere bereits am Ende des 18. Jahrhunderts geäußert hatten (siehe S. 72).[187]

1852 veröffentlichte der Physiologe Jacob Moleschott (1822–1893) sein Justus Liebig gewidmetes Buch „Der Kreislauf des Lebens", welches den Untertitel „Physiologische Antworten auf Liebig's Chemische Briefe" trägt.[188] Hier kann auf Einzelheiten von Moleschotts Kritik an Liebig nicht eingegangen werden.[189] Wir wollen lediglich auf einige an das Publikum gerichtete Aussagen über den Stoffwechsel hinweisen. Moleschott sagt in dem Kapitel „Unsterblichkeit des Stoffs" unter ausdrücklicher Bezugnahme auf Rudolf Forster:

„Diesem Austausch des Stoffs hat man den Namen Stoffwechsel gegeben. Man spricht das Wort mit Recht nicht ohne ein Gefühl der Verehrung. Denn wie der Handel die Seele ist des Verkehrs, so ist das ewige Kreisen des Stoffs die Seele der Welt."[190]

Und:

„Die Thätigkeit heißt Leben, wenn ein Körper seine Form und seinen allgemeinen Mischungszustand erhält trotz fortwährender Veränderung der kleinsten stofflichen Theilchen, die ihn zusammensetzen. Aus diesem Grunde spricht man bei lebenden Wesen von Stoffwechsel."[191]

Noch direkter trug Ludwig Büchner (1824–1899) in seinem 1855 erstmals erschienenen Buch „Kraft und Stoff" die materialistischen Thesen vor, „daß der Stoff dem Geiste nicht untergeordnet, sondern ebenbürtig ist" und „daß der Stoff der Träger aller geistigen Kraft, aller menschlichen und irdischen Größe ist".[192]

Schluß

Der Ausgangspunkt unserer Darstellung war Justus Liebig, der mit seiner „Thier-Chemie" ab 1842 kräftige Impulse gegeben hatte, die stofflichen Vorgänge im thierischen Organismus, den „Stoffwechsel", mit chemischen und physiologischen Methoden experimentell zu untersuchen. Es war unser Ziel, der Entstehung des Begriffes „Stoffwechsel" nachzugehen und seine Geschichte bis hin zu Justus Liebig nachzuzeichnen. Es zeigte sich, daß in dem Wort *Stoffwechsel* im 19. Jahrhundert viele Gedanken zusammenflossen, mit denen der Mensch seit der Antike versuchte, sich das Phänomen des Lebens zu erklären. Die Notwendigkeit der ständigen Nahrungsaufnahme bei Mensch und Tier, die Vorgänge bei der Verdauung wurden schon von griechischen Ärzten und Philosophen eingehend diskutiert. In der Renaissance begann man, Antworten auch auf diese Fragen mit Maß und Zahl zu suchen. Die Vorstellung vom „Haushalt des Stoffes" im lebenden Organismus, von der *Oeconomia animalis* wurde entwickelt. Anfangs standen mechanische Erklärungen im Vordergrund, im 16. Jahrhundert kamen chemische Vorstellungen auf. Aber erst Lavoisiers „Neue Chemie" brachte den Durchbruch für das chemische Verständnis physiologischer Vorgänge. Doch vieles blieb zunächst unerklärbar, die Vorstellung einer „Lebenskraft" sollte diese Lücke ausfüllen. Immer mehr rückte nun der Wechsel der Stoffe an sich als Charakteristikum des Lebens in den Vordergrund. Auch der große Kreislauf des Stoffes in der Welt fand Beachtung, Gedanken, die am Ende des 18. Jahrhunderts von der besonders in Deutschland entstehenden Naturphilosophie aufgegriffen wurden. Um 1800 wurde das Wort „Stoffwechsel" als *terminus technicus* geprägt. Aber erst um die Mitte des 19. Jahrhunderts war die Chemie methodisch soweit, daß sie beginnen konnte, sich im Detail mit der Chemie „organisierter Körper", d.h. der Chemie des lebenden Organismus zu befassen. Das ist der Zeitpunkt, wo wir unsere Darstellung abbrechen. Die weitere Entwicklung, in welcher die experimentelle Stoffwechsellehre entstand und zu einem zentralen Teil der Physiologie und der physiologischen Chemie (oder Biochemie) wurde, kann hier nicht mehr behandelt werden.[193] Sie würde vom Umfang her den Rahmen sprengen und sich auch zu weit vom Thema dieses Buches entfernen, das Liebigs „Thier-Chemie" und ihrem Umfeld gewidmet ist.

Abbildungen

Abb. 1: Santorios Waage zur fortlaufenden Kontrolle des Körpergewichtes, siehe Bildtafeln
Abb. 2: Bild von Lavoisiers Stoffwechselversuch (aus Grimaux), siehe Bildtafeln
Abb. 3: Stoffwechselschema von F. Bidder und C. Schmidt, siehe Bildtafeln
Abb. 4: Aquarium von Warington („Liebigs Welt im Glase"), siehe Bildtafeln

Literatur und Anmerkungen

1   Justus Liebig: Die organische Chemie in ihrer Anwendung auf Physiologie und Pathologie. Braunschweig: Friedrich Vieweg und Sohn, 1842. Das Buch wird meist nach dem Titel der 2. Auflage von 1843 einfach als „Thier-Chemie" bezeichnet.

2   Siehe dazu: (a) William H. Brock: Justus von Liebig : Eine Biographie des großen Naturwissenschaftlers und Europäers. Georg E. Siebeneicher [Übers.]. 1. deutsche Auflage. Braunschweig und Wiesbaden: Vieweg, 1999, besonders Kap. 7.
(b) Frederic L. Holmes: Einführung in Liebigs „Thier-Chemie", in diesem Band (S. 1).
(c) J. Büttner: Justus von Liebig and his influence on clinical chemistry. Ambix [Cambridge UK] 47 (2000), S. 96–117.

3   Zur Entwicklung der Stoffwechsel-Lehre als „research field" siehe: Frederic L. Holmes: Between Biology and Medicine: The Formation of Intermediary Metabolism. Berkeley : Office for the History of Science and Technology University of California at Berkeley, 1992 (Uppsala studies in History of Sciences, 12).
4   Liebig, Thier-Chemie, wie Anm. (1), S. 178.
5   Liebig, Thier-Chemie, wie Anm. (1): S. 9, S. 28 (Fußnote), S. 32, S. 33, S. 34, S. 70, S.71 (beide nicht 3.Aufl.), S. 81 (nicht 3.Aufl.), S. 173, S. 174, S. 178, S. 179, S. 225, S. 226, S. 227, S. 228, S. 229, S. 231, S. 234, S. 242, S. 243, S. 244, S. 245, S. 248, S. 249, S. 259, S. 262, S. 263, S. 264, S. 266, S. 268, S. 270. Die Fundstellen entsprechen mit einer Ausnahme denen in den beiden Vorabdrucken (Kap. I – XX): (a) Justus Liebig: Der Lebensproceß im Thiere, und die Atmosphäre. Annalen der Chemie und Pharmacie 41 (1842), S. 189–219. (b) Justus Liebig: Die Ernährung, Blut- und Fettbildung im Thierkörper. Annalen der Chemie und Pharmacie 41 (1842), S. 241–285.
6   Justus Liebig: Die organische Chemie in ihrer Anwendung auf Agricultur und Physiologie. Braunschweig: Vieweg, 1840. Liebig spricht durchgehend von „Metamorphose". Die Vorgänge der Aufnahme und Umsetzung von Stickstoff, Wasserstoff und Kohlenstoff durch die Pflanze werden als „Assimilation" bezeichnet.
7   George Rosen: Metabolism: The evolution of a concept. Journal of the American Dietetic Association 31 (1955), S.861–867.
8   Franklin C. Bing: The history of the word "metabolism". Journal of the History of Medicine 26 (1971), S.158–180.
9   Siehe z.B.: (a) Graham Lusk: A history of metabolism. In: Endocrinology and metabolism, edited by L. F. Barker. New York, London : D. Appleton & Co, 1924. 5 Bände, vol. 3, S. 1–78 (Literatur in vol. 5). (b) Fritz Lieben: Geschichte der Physiologischen Chemie. Reprint der Ausgabe Leipzig und Wien 1935. Hildesheim, New York: G. Olms Verlag, 1970. (c) Brigitte Hoppe: Biologie – Wissenschaft von der belebten Materie von der Antike zur Neuzeit. Biologische Methodologie und Lehren von der stofflichen Zusammensetzung der Organismen. Wiesbaden : F. Steiner, 1976 (Sudhoffs Archiv, Beihefte, 17). (d) Brigitte Hoppe: Zur Bewertung der Chemie in der Biologie im 19. Jahrhundert. In: Mathemata. Festschrift für Helmuth Gericke. Herausgeber M. Folkerts und U. Lindgren. Stuttgart: Franz Steiner Verlag, 1985 (Boethius, 12), S.523–556.
10 Eine gedrängte Begriffsgeschichte findet sich unter dem Stichwort „Stoffwechsel" in: Historisches Wörterbuch der Philosophie. Joachim Ritter u. Karlfried Gründer [Hrsg.]. Basel: Schwabe u. Co. AG, 1971-1998, Band 10 (1998), Sp. 189–197.
11 Über den Einfluß der organischen Elementaranalyse auf die Entwicklung der physiologischen Chemie siehe: Frederic Lawrence Holmes: Elementary analysis and the origins of physiological chemistry. Isis 54 (1963), S.50–81.
12 So heißt es beispielsweise bei Aristoteles: „$\dot{\epsilon}\pi\epsilon\grave{\iota}\ \delta'\ \dot{a}\nu\acute{a}\gamma\kappa\eta\ \pi\tilde{a}\nu\ \tau\grave{o}\ a\dot{v}\xi a\nu\acute{o}\mu\epsilon\nu o\nu\ \lambda a\mu\beta\acute{a}\nu\epsilon\iota\nu\ \tau\rho o\phi\acute{\eta}\nu$" („alles was wächst muß Nahrung aufnehmen"). Siehe: Aristoteles: Aristotle in Twenty-three Volumes. G. P. Goold [editor]. The Loeb Classical Library, 323). Cambridge, Mass and London: Harvard University Press and Heinemann, 1993. Vol. XII: Parts of animals, II, 3, 650a, S. 132–133.
13 Der griechische Ausdruck, z.B. bei Aristoteles, ist $\pi\acute{\epsilon}\psi\iota\varsigma$, Substantiv zu $\pi\acute{\epsilon}\sigma\sigma\omega$ kochen, reif machen.
14 Chymus, vom gr. $\acute{o}\ \chi\upsilon\mu\acute{o}\varsigma$, das Flüssige, Fließende. Der Vorgang der Bereitung des Chymus wurde als „Chymificatio" bezeichnet.
15 Chylus, vom gr. $\acute{o}\ \chi\upsilon\lambda\acute{o}\varsigma$, die Feuchtigkeit, der Saft. Der Vorgang der Chymusbildung wurde „Chylificatio" genannt.
16 Galen (129–199/200/216) definiert den Begriff mit folgenden Worten: „....in nutrition the inflowing material becomes assimilated to that which has already come into existence" (gr. $\dot{\eta}\ \dot{\epsilon}\xi o\mu o\acute{\iota}\omega\sigma\iota\varsigma$ Verähnlichung, assimilatio). Siehe: Galen on the Natural Faculties. Arthur John Brock [editor]. (The Loeb Classical Library). Reprint der Auflage 1916. London und Cambridge, Mass.: Heinemann und Harvard University Press, 1979, I, VIII, S. 30–31.
17 Erasistratus, Sohn des Kleombrotos und der Kretoxene aus Iulis auf der Kykladeninsel Keos, lebte im 3. Jahrhundert v. Chr. (ca. 330–250 v. Chr.). Er erhielt seine Ausbildung als Arzt in Athen, in Kos und in Alexandreia, wo er auch als Arzt tätig war. Näheres siehe: James Longrigg: Erasistratos. In: Dictionary of Scientific Biography. New York: Charles Scribner's Sons, 1995, Vol. 4, S. 382–386.
18 Die Werke des Erasistratos sind nur fragmentarisch bekannt. Wichtig sind hier vor allem die Aufzeichnungen eines unbekannten Schreibers in einem Papyrus, der sich im Britischen Museum befindet. Siehe: William

	Henry Samuel Jones: The medical writings of anonymus londinensis. (Cambridge Classical Studies) Amsterdam: Hakkert, 1968 (Reprint der Ausgabe London 1947). XXXIII, 43–55; XXXIV, 1–5 (S. 126–129).
19	Im Text wird das Wort ἀποφορά = Abgabe benutzt.
20	Siehe: Jones, medical writings, wie Anm. (18), XXII, 6 (S. 84).Das Wort „oikonomos" (ὀικονόμος) wurde seit dem 4. Jhdt. v. Chr. als Bezeichnung für einen öffentlichen oder privaten „Hausverwalter" verwendet. „Oikonomia" (ὀικονομία)) ist die Lehre von der privaten wie der staatlichen Hauswirtschaft (vgl. Xenophon, „Oikonomikos", Aristoteles, „Oeconomica").
21	Auf Erasistratos hat in einer Studie über die „intake-output method" der Stoffwechselforschung Frederic L. Holmes hingewiesen. Siehe: F. L. Holmes: The intake-output method of quantification in physiology. Historical studies in the physical and biological sciences 17 (1987), S. 235–270.
22	Descartes Manuskript „Traité de l'homme" aus dem Jahre 1632 wurde erst postum gedruckt (1662 lateinisch, 1664 französisch). Siehe: Renatus Descartes: De homine figuris et Latinitate donatus a Florentio Schuyl. Leiden: F. Moyard u. P. Leffen, 1662, S. 1–2.
	Deutsche Übersetzung siehe: René Descartes: Über den Menschen (1632) sowie Beschreibung des menschlichen Körpers (1648), übersetzt von Karl Eduard Rothschuh. Heidelberg: L. Schneider, 1969, Zitat S. 44.
23	„En faut-il davantage.....pour prouver que l'Homme n'est qu'un Animal, ou un Assemblage des ressorts, qui tous se montent les uns par les autres..." Siehe: Julien Offray de La Mettrie: L'homme machine. 2. Auflage (1. im Buchhandel erschienene Ausgabe). Leyden: Elie Lusac Fils, 1748, S. 83–84.
24	Der schon in der antiken Medizin verwendete Begriff parenchyma (παρεγχῦμα) bezeichnet das (neben den Blutgefäßen) „Hineingegossene", das „Drüsenfleisch" im Gegensatz zum Muskelfleisch.
25	Unter Bezug auf die mechanistische Methode von Descartes heißt es bei dem Cartesianer Theodor Craanen (1620–1690): „Quam etiam alii scriptores oeconomiae animalis imitari non inutile existimarunt, quales fuerunt Hooglandius, Charleton, Broeckhuysen, & alii recentiores." Siehe: Theodor Craanen: Tractatus physico-medicus de homine, In quo status ejus tam naturalis, quàm praeternaturalis, quoad Theoriam rationalem mechanicè demonstratur. Theodor Schoon [editor]. 2. Auflage. Neapel: B. Gessari, 1722, S. 2.
26	Cornelis van Hogelande: Cogitationes, quibus Dei existentia; item animae spiritalitas, et possibilis cum corpore unio, demonstrantur nec non Brevis historia Oeconomiae corporis animalis. Amsterdam: L. Elzevier, 1646.
27	Zur Frage der frühen Bücher über „Oeconomia animalis" siehe: (a) R J de Folter: A newly discovered oeconomia animalis, by Pieter Muis of Rotterdam (c. 1645–1721). Janus [Amsterdam] 65 (1978), S.183–204, (b) Sabina Fleitmann: Walter Charleton (1620–1717), "Virtuoso" : Leben und Werk. (Aspekte der englischen Geistes- und Kulturgeschichte, 7). Frankfurt a. Main: Peter Lang, 1986.
28	Walter Charleton: Oeconomia animalis, Novis in Medicina Hypothesibus Superstructa, & Mechanicè explicata.London. R. Daniel et J. Redmannus, 1659.
29	Für Aristoteles lieferte die Ernährung den Ersatz für die verbrauchte Körpermaterie. Siehe z.B. die Schrift „Περὶ μακροβιότητος καὶ βραχυβιότητος", Cap. II. In: Aristotle in Twenty-three Volumes. G. P. Goold [edit.]. The Loeb Classical Library, 288). Cambridge, Mass. and London: Harvard University Press and Heinemann, 1986. Vol.: Parva naturalia, 466b, S. 407.
30	Grosses vollständiges Universal-Lexikon. Johann Heinrich Zedler [Hrsg.]. Reprint Akademische Druck- und Verlagsanstalt, Graz, Austria. Leipzig und Halle: Johann Heinrich Zedler, 1740, Band 25, S. 527.
31	Santorio hatte in Padua studiert und war als Arzt in Kroatien und in Venedig tätig bevor er 1611 an die Universität Padua berufen wurde. Er stand in Gedankenaustausch u.a. mit Galilei, der seit 1582 an der Universität Padua wirkte und 1610 nach Florenz ging. Santorio sandte sein Buch „De statica medicina" mit einem Widmungsbrief an Galilei. Siehe auch die Biographie von M. D. Grmek: „Santorio, Santorio". In: Dictionary of Scientific Biography. New York: Charles Scribner's Sons vol. 12, S.101–104. Sein Brief an Galilei in: Le opere di Galileo Galilei. Edizione nazionale. Firenze: Barbèra, 1902, tome 12, S.140–142.
32	Santorio Santorio: Ars Sanctorii Sanctorii Iustinopolitani in Patavino Gymnasio Medicinae Theoricam ordinariam primo loco profitentis De Statica Medicina Aphorismorum Sectionibus septem comprehensa. Venedig: Nicolaus Polus, 1614. Santorio benutzt im Titel seines Buches das Wort „Statica", das auf das griechische Wort ἡ στατική, die Lehre vom Wägen, vom Gleichgewicht zurückgeht.
33	„Si cibus & potus unius diei sit ponderis octo librarum, transpiratio insensibilis ascendere solet ad quinque libras circiter". Santorio, statica medicina, wie Anm. (31), p. 3.
34	Im 17./18. Jahrhundert wurde meist die libra als Masseeinheit verwendet:

1 libra = 16 Unzen = 32 Semiunzen = 128 Drachmen. Das Gewicht einer Libra bzw. eines Pfundes schwankte in den Ländern zwischen etwa 350 und 420 g.

35   Siehe z.B.: Morton's Medical Bibliography: An Annotated Check-list of Texts Illustrating the History of Medicine (Garrison and Morton). Jeremy M. Norman [editor]. 5th edition. Aldershot, Hants UK: Scolar Press, 1991, S. 107.

36   Siehe zum Beispiel: Joh[annes] Alphonsus Borelli: De motu animalium. Editio altera, correctior et emendatior. Lugduni Batavorum = Leyden: Cornelius Boutesteyn, Daniel a Gaesbeeck, Johannes de Vivie & Petrum vander Aa, 1685.

37   Johann Bernoulli: Dissertatio medico-physica de nutritione (1699). In: J. Bernoulli, Opera omnia 1742 (Reprint 1968). Hildesheim: Olms, Band 1 ; S.273–306, cap. XVI. Eine ähnliche Berechnung hat auch James Keill (1673–1719) in England durchgeführt. Siehe: J. Keill: Essays on several parts of the Animal Oeconomy. 2nd Edition. London : George Strahan, 1717, Part I. Of the Quantity of Blood in the Humane Body, S. 1–63.

38   Der Begriff „Bewegung" ($\kappa\iota\nu\eta\sigma\iota\varsigma$, motus) bezieht sich nicht nur auf die Veränderung des Ortes, sondern hatte nach Aristoteles auch die Kategorien der qualitativen und der quantitativen Veränderungen. Siehe: Aristotle in twenty-three volumes (The Loeb Classical Library, 255). London und Cambridge, Mass.: Heinemann und Harvard University Press, 1980, Vol. V, darin: Physics, Part 2: Buch V, II, 226a, 24–36; Buch VIII, VII, 260a, 28–30.

39   Paracelsus bezieht sich ausdrücklich auf das „enormon" ($\dot{\epsilon}\nu o\rho\mu\hat{\omega}\nu$, lat. impetum faciens), welches Hippokrates als eine innere Antriebskraft beschrieben hat. Siehe das Zitat bei Galen, de differentiis febrium liber primus, cap. II, wo die drei Vermögen continentia (partes solidas), contenta (humores) et impetum facientia (spiritus) aufgeführt werden. Siehe: Claudius Galenus: Opera omnia. Herausgegeben von C. G. Kuehn, Band VII, 273–405, Zitat S. 278.

40   Das Zitat stammt aus der frühen, um 1520 niedergeschriebenen Abhandlung „Volumen medicinae Paramirum de medica industria", die 1575 erstmals im Druck erschien. Siehe: Paracelsus: Opera. Bücher und Schriften, soviel deren zur Hand gebracht. J Huser [Hrsg.]. Strassburg: Zetzner, 1603–1616, Band 1, p. 11 (Volumen paramirum, Tractatus II: De ente veneni).

41   Achelis erläutert in seinem Kommentar zum „Volumen Paramirum": „Tinktur: Ein Ding, das andere zu einem bessern zu verwandeln vermag. Die Verwandlung, die hier vor sich geht, ist eine doppelte: Die Natur wird verwandelt (tingiert zum menschlichen Fleisch und Blut), der leib des Menschen wird durch die anverwandelte Nahrung erst lebendig (tingiert den Leib)." Siehe: Paracelus: Volumen Paramirum. Von Krankheit und gesundem Leben. Herausgegeben von Johann Daniel Achelis. Jena: Eugen Diederichs, 1928, S. 139.

42   Das Wort Urhab oder Urheb war im Oberdeutschen gebräuchlich, es bezeichnet den „Sauerteig, der den Teig hebt oder sich heben läßt, so daß er aufgeht." Siehe J. u. W. Grimm: Deutsches Wörterbuch. 11. Band, III, Abt. Leipzig: Hirzel, 1936, Sp. 2431–2433.

43   Johann Baptista van Helmont: Aufgang der Artzney-Kunst. Herausgegeben von Christian Knorr von Rosenroth, übersetzt von Franciscus Mercurius van Helmont. Bearbeitet von Walter Pagel u. Friedhelm Kemp. Faksimile-Reprint der Originalausgabe 1683. München: Kösel-Verlag, 1971: hier: Band 1, S. 151 (1). Der lateinische Text lautet: „Cum attamen nulla in rebus fiat vicissitudo, aut transmutatio, per somniatum appetitum hyles: sed duntaxat solius fermenti opera.". Siehe: Jean Baptiste van Helmont: Ortus medicinae, id est initia physicae inaudita. Progressus medicinae novus, in Morborum ultionem, ad Vitam Longam. Franciscus Mercurius van Helmont [Übers.]. Amsterdam: L. Elzevier, 1648, Tractatus Imago fermenti impregnat massam semini, S. 111 (1).

44   Siehe die ausführliche Untersuchung von: Frederic L. Holmes: Analysis by fire and solvent extractions: The metamorphosis of a tradition. Isis 62 (1971), S.129–148.

45   Als Beispiele seien hier nur die Arbeiten von Carl Wilhelm Scheele (1742–1786) genannt, dem wir die unter anderem Entdeckung von Benzoesäure, Citronensäure, Milchsäure, Äpfelsäure, Harnsäure, Gallussäure und Glycerin („Ölsüss") verdanken.

46   A. L. Lavoisier: Mémoire sur la combinaison du principe oxygine, avec l' esprit-de-vin, l'huile, & différents corps combustibles. Histoire de l' académie royal des sciences [Paris] [Mémoires] 1784 (1787), S.593–608.

47   Claude Louis Berthollet fand in allen tierischen Stoffen Stickstoff („phlogisticated air" oder „mofette"). Siehe: (a) C. L. Berthollet: Précis d'observations sur l'analyse animale comparée a l'analyse végétale: Observations sur la physique, sur l'histoire naturelle et sur les arts 28 (1786), S.272–275, hier S. 274.

(b) Claude Louis Berthollet: Suite des recherches sur la nature des substances animales, et sur leurs rapports avec substances végétales. Histoire de l' Académie royal des sciences [Paris] Année 1785 (1788) Mémoirs, S. 331–349 (Décembre 1785).

48 Zur Geschichte der Elementaranalyse siehe: M[ax] Dennstedt,: Die Entwickelung der organischen Elementaranalyse. (Sammlung chemischer u. chemisch-technischer Vorträge. Felix B. Ahrens (Herausg.), Band 4). Stuttgart: Ferdinand Enke, 1899.

49 Holmes, elementary analysis, wie Anm (11).

50 Siehe Liebigs „Thier-Chemie" und die in diesem Band und abgedruckte Arbeit von Friedrich Wöhler und Justus Liebig über die Harnsäure (S. 247) mit der Einführung von J. Büttner (S. 235).

51 Holmes hat Lavoisiers Arbeiten zur „Chemie des Lebens" ausführlich dargestellt in seiner Monographie: F. L. Holmes: Lavoisier and the Chemistry of Life. An Exploration of Scientific Creativity. Madison: University of Wisconsin Press, 1985, siehe besonders chapter 14.

52 Die Gleichung gilt als die erste chemische Reaktionsgleichung.

53 „L'on peut poser en principe que dans toute opération, il y a une égale quantité de matière avant & après l'opération; que la qualité & la quantité des principes est la même, & qu'il n'y a que des changements, des modifications.". Siehe: A. L. Lavoisier: Traité élémentaire de chimie, présente dans un ordre nouveau et d'après les découvertes modernes. 1. Auflage. Paris: Cuchet, 1789. 2 Bände, Band 1, cap. De la décomposition des Oxides végétaux par la fermentation vineuse", S. 141.

54 Eine Übersicht siehe bei: Ferenc Szabadváry: Geschichte der Analytischen Chemie. Braunschweig: F. Vieweg u. Sohn, 1966, S. 106–113. Siehe auch: Max Jammer: Der Begriff der Masse in der Physik. Übersetzt von Hans Hartmann. Darmstadt: Wissenschaftliche Buchgesellschaft, 1964, S. 90–91.

55 „μηδέν τε ἐκ τοῦ μὴ ὄντος γίνεσθαι μηδὲ εἰς τὸ μὴ ὂν φθείρεσθαι.". Siehe: Diogenes Laertius: De vitis, dogmatis et apophthegmatis clarorum philosophorum libri decem. Herausgegeben von Heinrich Gustav Hübner. Reprint der Ausgabe Leipzig 1828, Carl Franz Koehler. Hildesheim: Georg Olms, 1981. Band II, Buch IX, 44.

56 Lavoisier hatte Zinn in einem abgeschlossenen Gefäß verbrannt und festgestellt, daß das Luftvolumens in dem Gefäß um 1/5 vermindert wurde, wobei aber das Gewicht des Gefäßes exakt gleich blieb. Er schloß daraus, daß das Zinn sich mit einem bestimmten Bestandteil der Luft verbindet, wobei sich „Zinn-Kalk" (Zinnoxid) bildet. Siehe: A. L. Lavoisier: Mémoire sur la calcination de l'étain dans les vaisseaux fermés; Et sur la cause de l'augmentation de poids qu'acquiert ce Métal pendant cette opération. Histoire de l' Académie royal des sciences [Paris] [Mémoires] Année 1774 (1778), S.351–367.

57 Zuerst schon 1770 in Kants Dissertatio pro loco professionis ausgesprochen. Siehe: Immanuel Kant: De mundi sensibilis atque intelligibilis forma et principiis. Berlin, 1770. In: Kants Werke, Akademieausgabe, Band 2 ; S.385–419, hier S.418.

58 Immanuel Kant: Kritik der reinen Vernunft. Raymund Schmidt [Hrsg.]. Philosophische Bibliothek, 37a (3. Auflage). Hamburg: Felix Meiner, 1990. Nach der 1. (1781) und 2. (1787) Originalausgabe herausgegeben, S. 235.

59 Kant, Dissertation, wie Anm. (57), S. 418–419.

60 Auch hier sei auf die ausführliche Schilderung von Holmes verwiesen: Holmes, Lavoisier, wie Anm. (51), chapters 3, 4, 9, 15, 16, 17. Siehe auch: Johann Peter Prinz: Die experimentelle Methode der ersten Gasstoffwechseluntersuchungen am ruhenden und quantifiziert belasteten Menschen : (A. L. Lavoisier und A. Seguin 1790) : Versuch einer kritischen Deutung. Academia-Hochschulschriften: Sportmedizin, 1). Sankt Augustin: Academia-Verlag, 1992.

61 A. L. Lavoisier: Expériences sur la respiration des animaux et sur le changement qui arrivent a l'air en passant par leur poumon. Histoire de l' académie royal des sciences [Paris] [Mémoires] Année 1777 (1780), S.185–194.

62 A. L. Lavoisier et P.-S. De la Place: Mémoire sur la chaleur. Histoire de l'académie royal des sciences [Paris] [Mémoires] Année 1780 (1784), S.355–408.

63 Seguin hatte für diese Untersuchungen eigens ein spezielles Phosphor-Eudiometer entwickelt. Siehe: A. Seguin: Mémoire sur l'eudiométrie. Annales de chimie; ou recueil de mémoires concernant la chimie et les arts qui en dépendant et spécialement la pharmacie [Paris] 9 (1791), S.296–303.
Siehe auch: Prinz, Gasstoffwechseluntersuchungen, wie Anm. (60).

64 „Dans la respiration, comme dans la combustion, c'est l'air de atmosphère qui fournit l'oxigène et le calorique; mais comme dans la respiration, c'est la substance mème de l'animal, c'est le sang quit fournit le combustible, si les animaux ne réparoient pas habituellement par les alimens, ce qu'ils perdent par la respiration, l'huile manqueroit bientôt à la lampe; et l'animal périroit comme une lampe s'eteint, lorsqu'elle manque de nourriture." Siehe: A. Seguin et A. L. Lavoisier: Premier mémoire sur la respiration des animaux. Histoire de l'Académie des Sciences [Paris] [Mémoires] Année 1789 (1793), S.566–584, hier S. 570.

65 Robert Boyle (1627–1691) hatte in den 60er Jahren des 17. Jahrhunderts mit der von ihm und Robert Hooke (1635–1703) gebauten Luftpumpe zahlreiche Versuche über die Atmung von Tieren *in vacuo Boyliano* durchgeführt und nachgewiesen, daß Luft zum Leben notwendig ist. Er verglich eine Spiritus- oder Kerzenflamme mit der flamma vitalis eines Lebewesens. Siehe dazu: Thomas S. Hall: Ideas of Life and Matter. Vol.1. From Presocratic Times to the Enlightenment. Chicago, London: University of Chicago Press, 1969, S. 290–292.

66 „Nous avons fait voir que la machine animale est gouvernée par trois régulatuers principaux: La respiration...., la transpiration....., la digestion." Siehe: A. Seguin et A. L. Lavoisier: Premier mémoire sur la transpiration des animaux. Histoire de l'Académie des Sciences [Paris] [Mémoires] Année 1790 (1797), S.601–612.

67 Siehe Seguin und Lavoisier, transpiration, wie Anm. (66).

68 Über diese letzte Phase von Lavoisiers Untersuchungen und ihre Probleme siehe die ausführliche Darstellung von Holmes, Lavoisier, wie Anm.(51), besonders chapter 17.

69 Zu Baumes' Lehre siehe: Karl Ed[uard] Rothschuh: Konzepte der Medizin in Vergangenheit und Gegenwart. Stuttgart : Hippokrates Verlag, 1978, S. 285–290.

70 Der Begriff „animalisation" war am Ende des 18. Jahrhunderts besonders in Frankreich sehr gebräuchlich. Siehe z.B.: Charles-Louis Cadet de Gassicourt: Dictionnaire de Chimie, contenant la théorie et la pratique de cette science, son application à l' histoire naturelle et aux arts. Paris: Imprimerie de Chaignieau ainé, 1803 (an XI), 4 Bände, tome 1, S. 191.

71 J[ean-]B[aptiste-]T[himotée] Baumes: Essai d'un système chymique de la science de l'homme. Nismes = Nîmes : J. B. Guibert, 1798 (An VI), S. 32.

72 Deutsche Übersetzung aus: J. B. T. Baumes: Versuch eines chemischen Systems der Kenntnisse von den Bestandtheilen des menschlichen Körpers. Übersetzt von Carl Johann Bernhard Karsten, mit Kommentaren von Sigismund Friedrich Hermbstädt. Berlin: S. 41–42 (franz.Text, wie Anm. (71), S. 32–33).

73 Im folgenden Abschnitt werden nur einige Aspekte des Lebenskraft-Begriffes und des Vitalismus behandelt, die für die Entwicklung des Stoffwechselkonzeptes von Bedeutung sind. Siehe auch den Beitrag von H. W. Schütt in diesem Band (S. 95) und:
(a) Brigitte Hoppe: Biologie - Wissenschaft von der belebten Materie von der Antike zur Neuzeit. Biologische Methodologie und Lehren von der stofflichen Zusammensetzung der Organismen. Wiesbaden: F. Steiner, 1976. (Sudhoffs Archiv, Beihefte, 17);
(b) Walter Botsch: Die Bedeutung des Begriffs Lebenskraft für die Chemie zwischen 1750 und 1850. Dissertation Fakultät für Geschichts- Sozial- und Wirtschaftswisssenschaften Universität Stuttgart 1997.

74 Newton selbst hatte den Gedanken geäußert, daß eine nur in geringe Distanz wirksame Attraktion kleinster Teilchen chemische Vorgänge bewirken könnte. Er bezieht dabei Vorgänge in Pflanzen und Tieren, z.B. die Assimilation der Nahrung ausdrücklich mit ein. Siehe: Isaac Newton: Optice: sive de reflectionibus, refractionibus, inflectionibus et coloribus lucis, libri tres. Samuel Clarke [Übers.]. 2. Lateinische Ausgabe. London : G. & J. Innys, 1719, questio 31, S. 380–415, besonders S.380–381, S.392–393.

75 Ausführlicher wird das Problem von Torbern Bergman (1735–1784) behandelt, der von *attractiones electivis* sprach und zwischen den fernwirkenden *attractiones longinquae* und den nahwirkenden *attractiones propinquae* unterschied. Letztere beziehen sich auf die Stoffteilchen der Chemie. Für die deutsche Übersetzung wurde das Wort „Wahlverwandtschaften" geprägt. Siehe: T. Bergman: Opuscula physica et chemica, pleraque autea seorsim edita, jam ab auctore collecta, revisa et aucta. 1. Auflage. 1779–1783. Darin: T. Bergman: De attractionibus electivis. 1775. Vol. III, S.291–470 (deutsche Übersetzung 1785).

76 Siehe hierzu besonders: Ursula Klein: Verbindung und Affinität. Die Grundlegung der neuzeitlichen Chemie an der Wende vom 17. zum 18. Jahrhundert. Basel, Boston, Berlin: Birkhäuser Verlag, 1994 (Science Networks - Historical Studies, 14).

77 „Sus vero quid habet praeter escam? cui quidem ne putesceret animam ipsam pro sale datam dicit esse Chrysippus." Siehe: M. Tullius Cicero: De natura deorum. II, 63, 160.
78 Aristoteles unterschied Teilfunktionen ($δύναμεις$ = facultates) der Seele ($ψυχή$ = anima), so für Ernährung ($θρεπτικόν$), Verlangen ($ὀρεκτικόν$), sinnliche Empfindung ($αἰσθητικόν$), Bewegung im Raum ($κινητικόν$ $κατὰ$ $τόπον$), und Denken ($διανοητικόν$). Hier ist die erste dieser Funktionen, die vegetative Funktion der Ernährung angesprochen. Siehe: Aristotle in twenty-three volumes. London und Cambridge, Mass.: Heinemann und Harvard University Press, 1986. Vol. „On the soul, parva naturalia, on breath" (The Loeb Classical Library, 288), De anima, 2. Buch, 3, 419a 29–4, 416b 32.
79 Eve-Marie Engels wies darauf hin, daß der Begriff Lebenskraft nicht deshalb eingeführt wurde, weil man die naturwissenschaftliche Erklärbarkeit der Lebensvorgänge prinzipiell bezweifelte, sondern weil sich das Organische noch nicht auf die bekannten Gesetze der Physik zurückführen ließ. Siehe: Eve-Marie Engels: Lebenskraft, In: Historisches Wörterbuch der Philosophie. Herausgeber Joachim Ritter und Karlfried Gründer. Basel: Schwabe u. Co. AG, 1971, 1980. Band 5, Sp. 122–127.
80 Friedrich Casimir Medicus: Von der Lebenskraft. Eine Vorlesung bei Gelegenheit des höchsten Namensfestes Sr. Kuhrfürstlichen Durchleucht von der Pfalz in der Kuhrpfälzisch-Theodorischen Akademie der Wissenschaften den 5. November 1774. Mannheim, 1774.
81 [Paul Joseph] Barthez: Nouveaux Élémens da la Science de l' Homme. Montpellier: Jean Martel ainé, 1778.
82 „Vis actuosa, sive impetum faciens, sive sensibilitas, sive irritabilitas .... natura sua non cognoscitur. Prodit se solo motu." Siehe: Friedrich Bernhard Albinus: De natura hominis libellus. Lugdunum Batavorum = Leyden: Petrus Delfos jun., 1775, S. 5.
83 Friedrich Alexander von Humboldt: Aphorismen aus der chemischen Physiologie der Pflanzen. Übersetzt von Gotthelf Fischer, mit Kommentar von Johann Hedwig. 1. deutsche Ausgabe. Leipzig: Voß und Co., 1794, S. 9. Ähnlich auch bei: [Christoph Wilhelm Hufeland]: Mein Begriff von der Lebenskraft. Journal der practischen Arzneykunde und Wundarzneykunst [Berlin] 6 (1798), S.785–796.
84 Joachim Dietrich Brandis: Versuch über die Lebenskraft. Hannover: Hahn, 1795.
85 Brandis, Lebenskraft, wie Anm. (84), S. 76. Brandis benutzt hier noch den Ausdruck „phlogistischer Proceß", obwohl er ganz im Sinne von Lavoisiers „antiphlogistischer Lehre" argumentiert.
86 J[acob] F[idelis] Ackermann: Versuch einer physischen Darstellung der Lebenskräfte organisierter Körper. Frankfurt a. M.: Varrentrapp & Wenner, 1797–1800. 2 Bände, Zitat Band 2, S. 4.
87 Ackermann, Lebenskräfte, wie Anm. (86), Zitat Band 2, S. 4.
88 Baumes, chemisches System, wie Anm. (72), S. 7.
89 „Il me semble donc que les combinaisons qui succèdent dans le animal vivant, sont également un effet de l'affinité, lequel varie par les circonstances, comme dans les autres phénomènes chimiques, mais ces circonstances sont très-multipliées; l'action organique peut encore les faire varier par la contraction et le mouvement soumis à la sympathie organique et aux affections vitales." Siehe: Claude Louis Berthollet: Essai de statique chimique. Paris: Firmin Didot, 1803 (an XI). 2 Bände. Zitat: Band 2, S. 540. (Deutsche Übersetzung aus: Lieben, Fritz: Geschichte der Physiologischen Chemie. Reprint der Ausgabe Leipzig und Wien 1935. Hildesheim, New York: G. Olms Verlag, 1970, S. 41).
90 Johann Christian Reil: Über die Lebenskraft. Archiv für die Physiologie 1 (1796), S.18–162, hier S. 5.
91 Reil, Lebenskraft, wie Anm. (90), S.19.
92 Reil, Lebenskraft, wie Anm. (90), S. 52–53.
93 Reil, Lebenskraft, wie Anm. (90), S. 48.
94 J. C. Reil: Versuch über die Lebenskraft, von J. D. Brandis, M. D. ... Hannover im Verlage der Hahn'schen Buchhandlung 1795 (Rezension). Archiv für die Physiologie 1 (1796), S.178–192, hier S. 191.
95 J. C. Reil: Veränderte Mischung und Form der thierischen Materie, als Krankheit oder nächste Ursache der Krankheitszufälle betrachtet. Archiv für die Physiologie 3 (1799), S.424–461.
96 Albrecht von Haller: Elementa physiologiae corporis humani. Tomus octavus. Fetus hominisque vita. Leyden : Cornelius Haak, 1766, liber XXX, Sectio 2, S. 48–68.
97 Henri Louis Duhamel du Monceau: Observations and Experiments with Madder-root, which has the Faculty of tinging the Bones of living Animals of a red Colour. Philosophical Transactions of the Royal Society [London] 41 (1740), S.390–406. Später hat sich Berzelius eingehend mit der Frage des Überganges von Färberröthe in den lebenden Knochen befaßt und festgestellt, daß die Rotfärbung „von einem ins Blut übergegangenen und in

Eyweiß aufgelösten Farbestoff, der sich zugleich mit der phosphorsaueren Kalkerde, wozu er eine größere Verwandtschaft hat, in den Knochen absetzt, herrühre." Siehe: Jöns Jacob Berzelius: Versuche über die Färbung der Thierknochen durch genossene Färberröthe. Neues allgemeines Journal der Chemie 4 (1805), S.119–133. Färberröte (auch Krapp genannt, engl. „madder") enthält ein Glykosid des Alizarins und wurde früher in großem Umfang zur Färbung von Stoffen benutzt.

98 Santorio, wie Anmerkung (31), Sectio I, Aphorismus LXXX, S. „Caro animata cur vivit et non putrescit ut mortua? Quia quotidie renovatur."

99 „Omnium corporum quae vitam habent, quaque alimento sustentantur, hoc est, animalium & plantarum partes in perpetua mutatione sunt; adeo ut inter illas dicuntur fluidae, ut sanguis, humores, spiritus, atque alteras quae solidae appellantur, ut ossa, caro, nervi, membranae, nihil sit discriminis, nisi quod qualibet harum particula multo tardius moveatur quam illarum." Siehe: Renatus Descartes: Tractatus de homine et de formatione foetus. Ludovicus De La Forge [Bearb.]. Amsterdam: Blaeu, 1686, „De formatione foetus" S. 209. Deutsche Übersetzung Rothschuh, Descartes, wie Anm. (22), S. 158.

100 Christian Wilhelm Hufeland: Ideen über Pathogenie und Einfluß der Lebenskraft auf Entstehung und Form der Krankheiten als Einleitung zu pathologischen Vorlesungen. Jena: Academische Buchhandlung, 1795, S. 66.

101 Friedrich Alexander von Humboldt: Versuche über die gereizte Muskel- und Nervenfaser nebst Vermuthungen über den chemischen Process des Lebens in der Thier- und Pflanzenwelt. Posen, Berlin: Heinrich August Rottmann, 1797. Zweiter Band, S. 430.

102 Ackermann, Lebenskräfte, wie Anm. (86), Band 1, S. 6.

103 Jos[eph] Servat[ius] D'Outrepont: (a) Dissertatio inauguralis medica de perpetua materiei organico-animalis vicissitudine. Halle, 1798. (b): Über den Wechsel der tierischen Materie. Archiv für die Physiologie 4 (1800), S.460–508, Zitat S. 490.

104 D'Outrepont, Dissertatio, wie Anm. (102(a)), S. 490.

105 Reich hatte eine chemische Fieberlehre aufgestellt, in welcher er Fieber und fieberhafte Zustände auf den Mangel an Sauerstoff bei Vermehrung des Stickstoffs im Körper zurückführte. Zur Behandlung schlug er die Verabreichung von starken Säuren vor, die damals als Sauerstoffspender angesehen wurden. Siehe: Gottfried Christian Reich: Vom Fieber und dessen Behandlung überhaupt. Berlin: Friedrich Maurer, 1800.

106 Reich, Fieber, wie Anm (105), S. 3 und 4.

107 Forster hatte 1786 auf Wunsch des Verlegers Campe mit der Abfassung eines Handbuches der Naturgeschichte begonnen, von welchem aber nur das Einleitungskapitel vollendet wurde.

108 Georg Forster: Ein Blick in das Ganze der Natur. Einleitung zu Anfangsgründen der Thiergeschichte. In: Georg Forster, Kleine Schriften : ein Beytrag zur Völker- und Länderkunde, Naturgeschichte und Philosophie des Lebens. 1794. Band 3 ; S. 311–354. Zitat S. 326–327.

109 Forster, Natur, wie Anm. (108), S. 334.

110 J. B. Dumas hatte diesen Text 1860 bei der Vorbereitung der Gesamtausgabe der Werke Lavoisiers gefunden. Die deutsche Übersetzung stammt aus: August Wilhelm von Hofmann: Zur Erinnerung an vorangegangene Freunde. Gesammelte Gedächtnisreden. Braunschweig: F. Vieweg & Sohn, 1888. Zweiter Band, „Jean-Baptiste-André Dumas", S. 207–397, Zitat S. 313. Siehe dazu auch: Holmes, „Lavoisier", wie Anm. (51), S. 483.

111 Siehe z.B.: Iago Galdston: The romantic period in medicine. Bulletin of the New York Academy of Medicine 32 (1956), S.346–362.

112 Siehe: (a) F[riedrich] W[ilhelm] J[oseph] Schelling: Einleitung zu seinem Entwurf eines Systems der Naturphilosophie. Oder: Ueber den Begriff der speculativen Physik und die innere Organisation eines Systems dieser Wissenschaft. Jena und Leipzig: Christian Ernst Gabler, 1799.
(b) F. W. J. Schelling: Erster Entwurf eines Systems der Naturphilosophie : Zum Behuf seiner Vorlesungen. Jena und Leipzig: Christian Ernst Gabler, 1799.

113 F. W. J. Schelling: Von der Weltseele : Eine Hypothese der höhern Physik zur Erklärung des allgemeinen Organismus. Hamburg: Friedrich Perthes, 1798, S. 179–182.

114 Schelling, Weltseele, wie Anm. (112), S. 181.

115 Schelling benutzt hier den Begriff „dynamisches Gleichgewicht" (siehe: Weltseele, wie Anm. (111), S. 208).

116 Schelling, Weltseele, wie Anm. (113), S. 202–212.

117 Schelling, Weltseele, wie Anm. (113), S. 204.

118 Siehe dazu: K. E. Rothschuh: Ansteckende Ideen in der Wissenschaftsgeschichte, gezeigt an der Entstehung und Ausbreitung der romantischen Physiologie. Deutsche medizinische Wochenschrift 86 (1961), S.396–402.
119 Dietrich Georg Kieser: System der Medicin, zum Gebrauche bei akademischen Vorlesungen und für practische Ärzte. Halle: Hemmerde & Schwetschke. Erster Band: Physiologie der Krankheit. 1817, § 2 – 4.
120 Siehe vor allem: (a) Johan[n] Bernhard Wilbrand: Darstellung der gesammten Organisation. 2 Bände. Gießen u. Darmstadt: Heyer, 1809–1810. (b) J. B. Wilbrand: Physiologie des Menschen. Giessen: Georg Friedrich Tasché, 1815.
121 Siehe dazu besonders: Christian Maaß: Christian: Johann Bernhard Wilbrand (1779–1846); herausragender Vertreter der romantischen Naturlehre in Giessen. Giessen: Wilhelm Schmitz Verlag, 1994 (Arbeiten zur Geschichte der Medizin in Giessen, 19).
122 Siehe hierzu: Brigitte Lohff: Die Suche nach der Wissenschaftlichkeit der Physiologie in der Zeit der Romantik. Stuttgart: Fischer Verlag, 1990 (Medizin in Geschichte und Kultur, Band 17), Kap. 6.6, S. 121.
123 Berthold hat diesen Gedanken erst in der 2. Auflage seines Lehrbuches ausgeführt. Siehe: Arnold Adolph Berthold: Lehrbuch der Physiologie des Menschen und der Thiere. 2. durchgängig verbesserte und vermehrte Auflage. Göttingen: Vandenhoeck u. Ruprecht, 1837, Band 1, Allgemeine Physiologie, Kap. 7, S. 91–112.
124 Jacob Grimm u. Wilhelm Grimm: Deutsches Wörterbuch. Herausgegeben von Bruno Crome. Leipzig: S. Hirzel, 1957. Stichwort „Stoff": 10. Band / 3. Abteilung = Band 19, Sp. 140; „Stoffwechsel", ebd. Sp. 176–177.
125 Sigismund Friedrich Hermbstädt: Systematischer Grundriß der allgemeinen Experimentalchemie: Zum Gebrauche bey Vorlesungen und zur Selbstbelehrung beym Mangel des mündlichen Unterrichtes nach neuesten Entdeckungen entworfen. 2. Auflage. Berlin: Heinrich August Rottmann, 1800–1805. Band 4, S. 38.
126 Franz von Paula Gruithuisen: Organozoonomie, oder: Über das niedrige Lebensverhältniß als Propädeutik zur Anthropologie; mit einem Anhange: Versuch eines Terminologiums der allgemeinen physiologischen, anthropologischen und philosophischen Ausdrücke. München: Lentner, 1811, S. 159 u. 194.
127 [Georg Carl Ludwig] Sigwart: Bemerkungen über einige Gegenstände der thierischen Chemie. Meckel's Deutsches Archiv für die Physiologie 1 (1815), S.202–220, hier S. 219.
128 Ignaz Döllinger: Was ist Absonderung und wie geschieht sie? Eine akademische Abhandlung. Würzburg: F. E. Nitribitt, 1819, S. 40 bzw. 41.
129 Zum Beispiel: Burkhard Eble: Taschenbuch der Anatomie und Physiologie nach dem neuesten Standpuncte beider Wissenschaften und zunächst für practische Ärzte entworfen. Wien: Carl Gerold, 1831, Band 2. Taschenbuch der Physiologie, S. 245.
Siehe auch: Bing, metabolism, wie Anm. (8) (zu: Arnold Adolph Berthold, Friedrich Tiedemann, Johannes Müller).
130 William Prout: On the Nature and Treatment of Stomach and Urinary Diseases. 3rd edition. London: Churchill, 1840; Primary and secondary assimilation in Sections III to V (S. XVIII–LIII). Siehe auch: W[illiam] H[odson] Brock: From Protyle to Proton : William Prout and the nature of matter, 1785–1985. Bristol and Boston: Adam Hilger Ltd, 1985, S. 121–131.
131 Karl Friedrich Burdach, Ernst Burdach und Johann Friedrich Dieffenbach: Die Physiologie als Erfahrungswissenschaft. Band 6 (1840) 2. berichtigte und vermehrte Auflage. Leipzig: Leopold Voss, 1840, S. 605 (§ 1012).
132 C. G. Lehmann: Lehrbuch der physiologischen Chemie. Leipzig: Engelmann, 1850–1852. 3 Bände, siehe Band 3, S. 487. Im 20.Jahrhundert wird definiert: „Unter dem intermediären Stoffwechsel versteht man alle Stoffwechselvorgänge, welche sich in den Zellen und Geweben des Organismus abspielen". Siehe: Konrad Lang: Der intermediäre Stoffwechsel (Lehrbuch der Physiologie in Einzeldarstellungen). Berlin: Springer, 1952. S. 1.
133 Th[eodor] Schwann: Mikroskopische Untersuchungen über die Uebereinstimmung in der Struktur und dem Wachstume der Tiere und Planzen. Berlin: Sandersche Buchhandlung (G. E. Reimer), 1839.
134 Schwann, Mikroskopische Untersuchungen, wie Anm. (133), S. 229.
135 Unter „Cytoblastem" verstand Schwann eine strukturlose Substanz, die sich u.a. zwischen den Zellen befindet und in welcher sich neue Zellen bilden. Siehe Schwann, Mikroskopische Untersuchungen, wie Anm. (133), S.200–204.
136 Schwann, Mikroskopische Untersuchungen, wie Anm.(133), S. 234.

137 Schwann, Mikroskopische Untersuchungen, wie Anm.(133), S. 227.
138 Das griechische Verb μεταβθλλειν bedeutet verändern, sich ändern, und findet sich in antiken philosophischen oder medizinischen Texte in ganz unterschiedlichen Zusammenhängen sehr häufig. So wurde beispielsweise auch der Übergang von einem Krankheitszustand in einen anderen als „Metabolia" bezeichnet. Siehe: Friedrich Julius Siebenhaar: Terminologisches Wörterbuch der medicinischen Wissenschaften. Dresden u. Leipzig: Arnoldische Buchhandlung, 1842, S. 397. Schwanns Vorschlag wurde sehr rasch ins das Englische und Französische aufgenommen. Siehe z.B. Bing, metabolism, wie Anm. (8), S. 172f.
139 F. Wöhler u. J. Liebig,: Untersuchungen über die Natur der Harnsäure. Annalen der Pharmacie 26 (1838), S. 241–340. Siehe den Abdruck dieser Arbeit in diesem Band.
140 Büttner, Liebig, wie Anm.(2c); siehe auch: J. Büttner: Einführung zum Abdruck der Arbeit von Wöhler und Liebig in diesem Band (S. 235).
141 Siehe: (a) Justus Liebig: Ueber die Erscheinungen der Gährung, Fäulniss und Verwesung und ihre Ursachen. Annalen der Pharmacie 30 (1839), S.250–288; (b) J. Liebig: Ueber Gärung, Verwesung und Fäulnis. Annalen der Pharmacie 30 (1839), S.363– 68. Diese Arbeiten wurden in veränderter Form im folgenden Jahr in Liebigs „Agriculturchemie" übernommen. Siehe: (c) Liebig, Agriculturchemie, wie Anm. (5), Zweiter Teil.
142 Siehe: Liebig, Gährung, wie Anm. (141a), S. 253, und Liebig, Agriculturchemie, wie Anm. (6), S. 201.
143 Liebig, Thier-Chemie, wie Anm. (1), S. 8–9.
144 Liebig, Thier-Chemie, wie Anm. (1), S. 227.
145 Liebig, Thier-Chemie, wie Anm. (1), S. 122.
146 Liebig, Thier-Chemie, wie Anm. (1), S. 34.
147 Liebig, Thier-Chemie, wie Anm. (1), S. 33.
148 Brock, Liebig, wie Anm. (2a), S. 249.
149 Siehe z.B.: (a) Iago Galdston: Physiology and the recurrent problem of vitalism. In: C. McC. Brooks and P. F. Cranefield (Ed.) The Historical Development of Physiological Thought. New York, 1959; S. 291–308; (b) Timothy O. Lipman: Vitalism and reductionism in Liebig's physiological thought. Isis 58 (1967), S.167–185; (c) T. O. Lipman: The response to Liebig's vitalism. Bulletin of the History of Medicine 40 (1966), S.511–524; (d) B. Lohff: Zur Geschichte der Lehre von der Lebenskraft. Clio medica [Amsterdam] 16 (1982), S.101–112; (e) W. Botsch, Lebenskraft, wie Anm. (73b). Siehe auch den Beitrag von H. W. Schütt in diesem Bande (S. 95).
150 Siehe hierzu auch die Ausführungen bei Botsch, Lebenskraft, wie Anm. (73b), S. 276–290.
151 Liebig, Thier-Chemie, wie Anm. (1), S. 35.
152 Liebig, Thier-Chemie, wie Anm. (1), S. 205.
153 Liebig, Thier-Chemie, wie Anm. (1), S. 200.
154 Liebig, Thier-Chemie, wie Anm. (1), S. 200.
155 Liebig, Thier-Chemie, wie Anm. (1), S. 200–201.
156 Siehe Brock, Liebig , wie Anm. (2a), S. 251–252, und die ausführliche Darstellung bei: Kenneth L. Caneva: Robert Mayer and the Conservation of Energy. Princeton: Princeton University Press, 1993, besonders Chapter 3.
157 Julius Robert Mayer: Die organische Bewegung in ihrem Zusammenhange mit dem Stoffwechsel. Ein Beitrag zur Naturkunde. Heilbronn: C. Drechsler'sche Buchhandlung, 1845, S. 68. Der zitierte Text ist beim Wiederabdruck 1867 geändert worden.
158 Mayer, organische Bewegung, wie Anm. (157), Einleitung.
159 Liebig unterschied Pflanzenalbumin, Pflanzenfibrin und Pflanzencasein, die er als „plastische Nahrungsmittel" bezeichnete. Siehe: Justus Liebig: Über die stickstoffhaltigen Nahrungsmittel des Pflanzenreiches. Annalen der Chemie und Pharmacie 39 (1841), S. 129–160, und: Liebig, Thierchemie wie Anm. (1), S. 97. (Vgl. Holmes, S. 5, Mani, S. 117).
160 J. B. Dumas: Leçon sur la statique chimique des êtres organisés. Annales des sciences naturelles 16 (1841), S.33–61. Dumas hat diese Vorlesung zusammen mit Jean Baptiste Joseph Dieudonné Boussingault (1802–1887) 1842 unter Beifügung von experimentellen Belegen als Buch publiziert. Die Publikation führte zu einem Prioritätsstreit mit Liebig. Siehe: Brock, Liebig, wie Anm. (2a), S. 151–152.
161 H. Helmholtz: Ueber den Stoffverbrauch bei der Muskelaktion. Archiv für Anatomie, Physiologie und wissenschaftliche Medicin 1845 (1845), S.72–83.

162 H. Helmholtz: Ueber die Wärmeentwickelung bei der Muskelaction. Archiv für Anatomie, Physiologie und wissenschaftliche Medicin 1848 (1848), S.144–164.
163 H. Helmholtz: Physiologische Wärmeerscheinungen. Die Fortschritte der Physik [Berlin] 1 (1847), S.346–355. Siehe auch: H. Helmholtz: Wärme (physiologisch). In: Encyclopädisches Wörterbuch der medicinischen Wissenschaften. Berlin: Veit et Comp., 1828–1849, Band 35, S. 523–567.
164 Pierre Louis Dulong (1785–1838) und César Despretz (1792–1836) hatten gefunden, daß sich nur ca. 75% der vom Tier abgegebenen Wärme aus dem Respirationsprozess ableiten lassen. Liebig versuchte diese Diskrepanz durch Versuchsfehler zu erklären. Siehe: J. Liebig: Ueber die thierische Wärme. Annalen der Chemie und Pharmacie 53 (1845), S. 63–77. Siehe hierzu auch: Frederic L. Holmes, Einführung in Liebigs "Thier-Chemie". Abgedruckt in diesem Bande (S.1).
165 H. Helmholtz: Über die Erhaltung der Kraft, eine physikalische Abhandlung. Berlin: G. Reimer, 1847. Zur Geschichte des Erhaltungssatzes siehe auch: Helmut Rechenberg: Hermann von Helmholtz: Bilder seines Lebens und Wirkens. Eine Biographie. Weinheim: VCH, 1994 (Reihe Forschen - Messen - Prüfen).
166 F. Bidder u. C. Schmidt: Die Verdauungssaefte und der Stoffwechsel. Eine physiologisch-chemische Untersuchung. Mitau, Leipzig: Reyher, 1852.
167 Bidder u. Schmidt, Stoffwechsel, wie Anm. (166), S. III. Die Autoren stellen jeden einzelnen Tierversuch durch die „Gleichung des Stoffwechsels" dar, in welcher die Stoff-Zufuhr und die Stoff-Ausfuhr pro 24 Stunden und Kilogramm Körpergewicht, aufgeschlüsselt nach Wasser, Kohle, Wasserstoff, Stickstoff, Sauerstoff, Salze und Schwefel angegeben wird. In der Arbeit wird übrigens der Begriff „Luxusconsumtion" geprägt, unter welcher die über das physiologische hinausgehende Nahrungsaufnahme verstanden wird (S. 292).
168 Holmes, intake-output method, wie Anm. (21).
169 „Die Quantität der in einer gegebenen Zeit umgesetzten Gebilde ist meßbar durch den Stickstoffgehalt des Harns." Siehe: Liebig, Thier-Chemie, wie Anm.(1), S. 251.
170 Th. L. W. Bischoff: Der Harnstoff als Maass des Stoffwechsels. Giessen: J. Ricker, 1853.
171 Carl Voit: Ueber die Entwicklung der Lehre von der Quelle der Muskelkraft und einiger Theile der Ernährung seit 25 Jahren. Zeitschrift für Biologie 6 (1870), S.305–401.
172 Th. L. W. Bischoff u. C. Voit: Die Gesetze der Ernährung des Fleischfressers durch neue Untersuchungen festgestellt. Leipzig und Heidelberg: C. F. Winter, 1860.
173 Siehe dazu besonders: F. L. Holmes: The formation of the Munich School of Metabolism. In: The Investigative Enterprise : Experimental Physiology in Nineteenth-Century Medicine. William Coleman a. Frederic Lawrence Holmes [editors]. Berkeley, Los Angeles, London: University of California Press, 1988, S. 179–210.
174 H[ermann] Lotze: Leben, Lebenskraft. In: Handwörterbuch der Physiologie, herausg. von Rudolph Wagner, Braunschweig: Vieweg, 1842, Band 1, S.IX–LVIII, Zitat S. XLVIII.
175 Lotze, Leben, wie Anm. (174), S. IL.
176 Siehe z.B.: Ludwig von Bertalanffy: Biophysik des Fließgleichgewichts : Einführung in die Physik offener Systeme und ihre Anwendung in der Biologie. Braunschweig: Vieweg, 1953. (Sammlung Vieweg, 124).
177 Siehe dazu: Justus-Liebig-Gesellschaft zu Gießen e.V.: Symposium "Das publizistische Wirken Justus von Liebigs". Giessen 1995; Herausgeber: J. Büttner, W. Lewicki, G. Rebers, unter Mitwirkung von G. K. Judel. Gießen, 1998 (Berichte der Justus-Liebig-Gesellschaft zu Gießen e.V., 4).
178 Thomas Nipperdey: Deutsche Geschichte 1800–1866 : Bürgerwelt und starker Staat. 2., unveränderte Auflage. München : C. H. Beck, 1984, S. 448. Siehe auch: Friedrich Albert Lange: Geschichte des Materialismus und Kritik seiner Bedeutung in der Gegenwart. 4. Auflage. Iserlohn: Bädeker, 1882, 2. Buch, II.
179 J. Liebig: Chemische Briefe. 1. deutsche Ausgabe. Heidelberg: C. F. Winter, 1844. S. 9.
180 Fragen des tierischen Stoffwechsels wurden zunächst im 17. – 21. Brief besprochen. Siehe: Liebig, Chemische Briefe, wie Anm. (179), S. 225–275.
181 In eigenen biographischen Aufzeichnungen, die Liebig in den 1860er Jahren verfaßte, erwähnt er die erste Begegnung mit diesen Gedanken: „Ich erkannte, oder richtiger ausgedrückt, es dämmerte in mir das Bewußtsein, daß nicht allein zwischen allen chemischen Erscheinungen in dem Mineral-, Pflanzen- und Tierreich ein gesetzlicher Zusammenhang bestehe, daß keine alleinstand, sondern immer verkettet mit einer anderen, diese wieder mit einer anderen und so fort alle miteinander verbunden, und daß das Entstehen und Vergehen der Dinge eine Wellenbewegung in einem Kreislauf sei.". Siehe: J. v. Liebig: Eigene biographische

Aufzeichnungen. Herausgegeben von Karl Esselborn. Gießen: Verlag der Gesellschaft Liebig-Museum, 1926, Zitat S. 19.
182   Liebig, Chemische Briefe, wie Anm. (179), 22. Brief, S. 277.
183   Robert Warington: Notice of observations on the adjustment of the relations between the animal and vegetable kingdoms, by which the vital functions of both are permanently maintained. Quarterly Journal of the Chemical Society of London 3 (1849–1850), S.52–54.
184   F. Mohr: Erinnerungen aus dem Krystallpalast und aus London: Polytechnisches Journal 123 (1852), S.1–14.
185   Rudolf Sachtleben, Rudolf: Liebigsche Welt im Glase: Vom Kreislauf des Lebens. Die BASF. Aus der Arbeit der Badischen Anilin & Soda Fabrik AG [Ludwigshafen] 8 (1958), S. 47–51.
186   Wilhelm Knop: Der Kreislauf des Stoffs. Lehrbuch der Agricultur-Chemie. Leipzig: H. Haessel, 1868, S. 2.
187   Frans Cornelis Donders: Der Stoffwechsel als Quelle der Eigenwärme bei Pflanzen und Thieren. Eine physiologisch-chemische Abhandlung für Gebildete aller Stände. Wiesbaden: Wilhelm Bayerle, 1847.
188   J. Moleschott: Der Kreislauf des Lebens : Physiologische Antworten auf Liebig's Chemische Briefe. 1. Auflage. Mainz: Victor v. Zabern, 1852.
189   Moleschott hat wichtige Arbeiten über Nahrungsmittel und Stoffwechsel publiziert. Von ihm stammt auch eine sorgfältige Kritik von Liebigs „Agriculturchemie".
190   Moleschott, Kreislauf, wie Anm.(188), S. 42.
191   Ebenda.
192   Louis Büchner: Kraft und Stoff : Empirisch-naturphilosophische Studien. In allgemein-verständlicher Darstellung. 1. Ausgabe. Frankfurt a. Main: Meidinger Sohn & Cie., 1855. Dieses Buch wurde bis in das 20. Jahrhundert hinein ein „Kultbuch" der Materialisten.
193   Hier sollen nur einige Hinweise auf zusammenfassende Darstellungen der Geschichte des Stoffwechsels gegeben werden. Eine ältere Darstellung stammt von Graham Lusk 1924 (wie Anm. (9a)). Ein wichtiges Nachschlagewerk ist auch heute noch Liebens Geschichte der physiologischen Chemie (wie Anm. (9b)). Eine sehr detaillierte Darstellung, besonders der Geschichte der „pathways of metabolism", ist in Marcel Florkin: History of Biochemistry von zu finden: Comprehensive Biochemistry. Marcel Florkin a. Elmer H. Stotz [editors]. Amsterdam, London, New York: Elsevier Publishing Company. Vol. 30: M. Florkin: A History of Biochemistry / Part I. Proto-Biochemistry. Part II. From Proto-Biochemistry to Biochemistry. 1972. Vol. 31: M. Florkin: A History of Biochemistry / Part III. History of the Identification of the Sources of Free Energy in Organisms. 1975. Vol. 32: M. Florkin: A History of Biochemistry / Part IV. Early Studies on Biosynthesis. 1977. Vol. 33A: M. Florkin: A History of Biochemistry / Part V. The Unravelling of Biosynthetic Pathways. 1979. Vol. 33B: M. Florkin: A History of Biochemistry / Part V. The Unravelling of Biosynthetic Pathways (continued). 1979. Vol. 34A: P. Laszlo: A History of Biochemistry / Molecular Correlates of Biological Concepts. 1986. Wohl die beste einführende Darstellung ist: Joseph Fruton: Molecules and Life. Historical Essays on the Interplay of Chemistry and Biology. New York usw.: Wiley-Interscience, 1972. Eine erweiterte Neubearbeitung erschien 1999: Joseph S. Fruton: Proteins, Enzymes, Genes: The Interplay of Chemistry and Biology. New Haven: Yale University Press, 2000. Wichtig ist noch immer: Karl Eduard Rothschuh: Geschichte der Physiologie. Berlin, Göttingen, Heidelberg: Springer-Verlag, 1953 (Lehrbuch der Physiologie in zusammenhängenden Einzeldarstellungen). Schließlich sei noch auf Russel Chittendens Darstellung der Entwicklung in den USA hingewiesen: R. H. Chittenden: The development of physiological chemistry in the United States. New York: The Chemical Catalog Company, 1930 (American Chemical Society Monograph Series).

Die Synthese des Harnstoffs und der Vitalismus[*)]

Von Hans-Werner Schütt

„Lieber Herr Professor", schrieb 1828 ein junger Mann aus Berlin an seinen Lehrer nach Stockholm, „obgleich ich ... stündlich in gespannter Hoffnung lebe, einen Brief von Ihnen zu erhalten, so will ich Ihn doch nicht abwarten, sondern schon wieder schreiben, denn ich kann so zu sagen, mein chemisches Wasser nicht halten und muss Ihnen sagen, dass ich Harnstoff machen kann, ohne dazu Nieren oder überhaupt ein Thier, sey es Mensch oder Hund, nöthig zu haben. Das cyansaure Ammoniak ist Harnstoff."[1]

Haben die eben zitierten Zeilen von Friedrich Wöhler (1800–1882) an Jöns Jacob Berzelius (1779–1848) etwas mit Ontologie zu tun? Sind chemische Probleme, historische Probleme der Chemie, überhaupt ontologische Probleme? Diese Doppelfrage erfordert eine kleine Erläuterung vorweg. Zunächst: Es geht im vorliegenden Beitrag nicht um Philosophie, sondern um Chemiegeschichte. Wenn überhaupt ontologische Probleme behandelt werden, dann in dem Verstande, in dem auch sonst Chemiker die Frage nach dem Sein stellen. Es geht hier also nicht um das Sein an sich, und nicht darum, ob dieses Sein – oder seine behauptete Negation – herrschaftsstabilisierend ist, es geht nicht um das Verhältnis von erkennendem Sein und erkanntem Sein, es geht auch nicht um das Verhältnis von Ding und Eigenschaft, und nicht einmal um die Lösung des Problems, ob es substantielle und akzidentielle Eigenschaften gibt, und ob diese Unterscheidung in philosophischer Sicht zusammen mit der Scholastik untergegangen ist: es sei einfach konstatiert, daß jeder Chemiker so etwas wie eine forma substantialis chemischer Substanzen in praxi immer voraussetzt, auch wenn er das Wort nicht kennt und auch wenn das, was als substantiell genommen wurde, im Laufe der Geschichte gewechselt hat. Ferner sei konstatiert, daß bereits im 19. Jahrhundert das Dispositionsprädikat der *spezifischen Reaktionsbereitschaft*, anders gesagt, das *chemische Verhalten* und im weiteren Sinne das Verhalten überhaupt als eine wesentliche Eigenschaft der chemischen Substanzen angesehen wurde. Nicht zunächst nach physikalischen Bestimmungen, sondern nach dem chemischen Verhalten wird klassifiziert, wobei dann umgekehrt die Substanzgruppen ihrerseits Aussagen darüber implizieren, was man mit schon vorhandenen oder auch bisher nur denkbaren Mitgliedern einer Gruppe chemisch anfangen kann, zum Beispiel wie und ob es möglich ist, sie zu synthetisieren. In diesem Sinne, als Problem der Zuordnung wesentlicher Eigenschaften und damit auch als Problem der Klassifizierung, hat – das sei zunächst nur behauptet – die Harnstoffsynthese tatsächlich etwas mit Ontologie, oder einschränkend gesagt, mit regional-ontologischen Problemen zu tun.

[*)] Abdruck aus: Ontologie und Wissenschaft : Philosophische und wissenschaftshistorische Untersuchungen zur Objektkonstitution. Herausgegeben von Hans Poser u. Hans-Werner Schütt. Berlin: Technische Universität Berlin, 1982/83, S.199-214.

Hinter dieser Behauptung steht aber wiederum eine Doppelfrage. Spielt, wenn doch ein Bezug zur Ontologie-im-genannten-Sinne immer herzustellen und meistens trivial ist, die Harnstoffsynthese überhaupt eine irgendwie ungewöhnliche Rolle, und wenn ja, wie sah diese Rolle aus? Auf diese zweite Doppelfrage ist die Antwort bereits vor hundert Jahren gegeben worden, und – wie es schien – definitiv. In einem offiziösen Nachruf der Deutschen Chemischen Gesellschaft auf Wöhler schrieb August Wilhelm Hofmann (1818–1892), bekannt vor allem durch Arbeiten auf dem Gebiet der Teerfarben, im Jahre 1882 über die Entdeckung der Harnstoffsynthese:

„Die Synthese des Harnstoffs ist im eigentlichen Sinne des Wortes eine epochemachende Entdeckung. Mit ihr war der Forschung ein neues Gebiet erschlossen, von welchem die Chemiker nicht zögerten, Besitz zu ergreifen. Die heutige Generation, welche auf diesem ihr von Wöhler eroberten Gebiete alltägliche reiche Ernten einheimst, kann sich nur schwer in jene entfernten Zeiten zurückversetzen, denen das Zustandekommen einer organischen Verbindung im Körper der Pflanze oder des Thieres in geheimnisvoller Weise von der Lebenskraft bedingt erschien, und sie vermag sich daher auch kaum den Eindruck zu vergegenwärtigen, welchen der Aufbau des Harnstoffs aus seinen Elementen auf die Gemüther hervorbrachte."

Und etwas später:

„Alle Versuche, organische Körper aus ihren Elementen zusammenzufügen, wie dies für eine große Anzahl von Mineralsubstanzen bereits gelungen war, hatten sich bisher als erfolglos erwiesen. Die Chemiker jener Periode hatten gleichwohl das Vorgefühl, daß auch diese Schranke fallen müsse, und man begreift daher den Jubel, mit welchem die Botschaft einer neuen einheitlichen Chemie von den Geistern begrüsst ward."[2]

Da die Entdeckung der Harnstoffsynthese beim Tode Wöhlers – übrigens vor genau hundert Jahren – bereits mehr als ein halbes Jahrhundert zurücklag, gerierte sich Hofmann mit seinen Worten nicht als zeitgenössischer Kommentator, sondern als Chemiehistoriker. Und Historiker haben gewöhnlich Kollegen, die ihnen nachweisen, wie blind sie gewesen sind. Der blinde Fleck nun in Hofmanns Auge trägt nach Ansicht mancher heutiger Chemiehistoriker den Namen „Lebenskraft", anders gesagt, er trägt den Namen eines Hauptbegriffes des Vitalismus, wie ihn das 19. Jahrhundert verstand. Im Kern des Vitalismus aber finden wir denn doch eine wohl nicht-triviale, auf Ontologisches zielende Behauptung. Es gibt, sagt jeder Vitalist, Klassen von materiell Seiendem, deren Sosein mit den Mitteln und vor dem Erkenntnishorizont von Physik und Chemie nicht aufzuklären ist.

Eine dritte Doppelfrage lautet also; hat Wöhler den Vitalismus widerlegt, und wenn ja, welchen? – Die Frage nach der Art des Vitalismus muß gestellt werden, weil von der Parteien Haß und Gunst verzerrt, auch sein Charakterbild in der Geschichte schwankt. Zu diesen Parteien gehörten – und gehören – unter anderem die Chemiker und ihre Verwandten, die Physiologen, obwohl, da stimme ich Plessner zu, sie als Naturwissenschaftler in einem Parlament, das über den Vitalismus zu debattieren hätte, nicht das große Wort führen dürften.[3] Der Vitalismus hat sich bisher nicht als gemein naturwissenschaftliches, d.h. mit den Mitteln der neuzeitlichen, physikalischen Wissenschaften grundsätzlich lösbares Problem erwiesen, wenn er auch, und sei es mit seinem bloßen Namen, Forschungstendenzen fördern oder blockieren kann.[4] Global gesagt geht es bei dem Teil des Vitalismus, der für die Naturwissenschaften interessant ist, um folgendes: Wir alle können uns darauf einigen, daß zumindest Säugetiere bestimmte Merkmale aufweisen können, die uns dazu zwingen würden, sie als lebend zu bezeichnen. Zu den Merkmalen gehören hoher Organisationsgrad und – dies als Dispositionsprädikate – wechselnd auch Irritabilität, Sensibilität, aktive Selbsterhaltung, Selbsterzeugung, Anpassungsfähigkeit und eine gewisse Zielgerichtetheit, oder zumindest Zweckmäßigkeit, will sagen, eine teleologische Komponente im Bau und/oder im Verhalten der Materie.[5] Also nicht bei der Beschreibung der Lebensphänomene scheiden sich die Geister, wohl aber bei deren Erklärung.

Auch wenn es vielen Beteiligten an der Auseinandersetzung um den Vitalismus nicht klar war und ist: der Streit um den Vitalismus mündet letztlich immer ein in die Frage, ob dem Komplex von Dispositionsprädikaten, unter dem das Leben begriffen wird und von denen immer nur einige manifest sind, ein spezifisches, nicht auf die moderne Physik und Chemie reduzierbares Prinzip zugrundeliegt oder nicht.

Die Mechanisten – hier nur als die übliche Bezeichnung für Antivitalisten genommen –, die Mechanisten also glauben, daß diese Phänomene und mit ihnen das Leben selbst durch Materie und ihren von dem toter Substanzen nicht verschiedenen Chemismus restlos zu erklären sind. Wie und vor allem warum, bleibt unklar. – Die Vitalisten dagegen glauben, daß die von den Mechanisten herangezogenen Bestimmungsmerkmale zur restlosen Erklärung des Lebens lebender Materie nicht hinreichen. Was das Nichthinreichende recht eigentlich ist, bleibt unklar.

Dabei haben beide, Vitalisten und Mechanisten, ihre Positionen im Laufe der Geschichte erheblich geändert. Es ist ein weiter Weg von der physiologischen Anima Stahlscher Prägung im 18. Jahrhundert über Nervenfluida und Lebenskräfte, die im 19. Jahrhundert das Feld der Vitalisten beherrschten, bis zu den Entelechien nach Driesch und den außerphysikalischen Resten mancher prominenter Physiker, und Chemiker des 20. Jahrhunderts. Und auch die Mechanisten sind heute von einer Maschinentheorie des Lebendigen à la La Mettrie recht weit entfernt.

Die Vitalismus-Mechanismus-Auseinandersetzung ist im übrigen nicht zu entscheiden, solange man sich zwar auf die Merkmale des Lebens, nicht aber darauf einigen kann, was als zureichende Erklärung dieser Merkmale zu gelten hat und was nicht. Genau wegen dieser Geltungsproblematik kommt es manchmal zu so groben Mißverständnissen, daß man Positionen angreift, die vom Gegner schon längst geräumt worden sind, oder theologische mit biologischen Aussagen verwechselt, und so war und ist jeder Streiter in diesem Kampf sein eigener Don Quichotte mit je eigener vitalistischer oder antivitalistischer Windmühle, die es zu bekämpfen gilt.[6]

Für uns, um auf Wöhler zurückzukommen, ist die zu widerlegende und angeblich widerlegte vitalistische Hypothese die der Lebenskraft. Wenn nun die Harnstoffsynthese gleichbedeutend mit einer Widerlegung der Lebenskrafthypothese gewesen wäre, sollte man erwarten, daß schon der Adressat der Mitteilung Wöhlers, nämlich Berzelius, sich eingehend mit den Konsequenzen dieser Widerlegung auseinandergesetzt hätte. Berzelius aber schrieb 1828 postwendend an Wöhler:[7]

> „Nachdem man seine Unsterblichkeit beim Urin angefangen hat, ist wohl aller Grund vorhanden, die Himmelfahrt mit demselben Gegenstand zu vollenden, – und wahrlich, Hr. Doktor hat wirklich die Kunst erfunden, den Richtweg zu einem unsterblichen Namen zu gehen. Aluminium [gemeint ist Wöhlers Reindarstellung des Metalls durch Reduktion von Aluminiumchlorid mit Kalium im Herbst 1827][8] und künstlicher Harnstoff, freilich zwei sehr verschiedene Sachen, die so dicht aufeinanderfolgen, werden, mein Herr! als Edelsteine in Ihren Lorbeerkranz eingeflochten werden, und sollte die Qualität des artificiellen nicht genügen, so kann man leicht ein wenig aus dem Nachttopf suppliren. Und sollte es gelingen, noch etwa weiter im Produktionsvermögen zu kommen (vesiculae seminales liegen ja weiter nach vorn als die Urinblase), welche herrliche Kunst, im Laboratorium der Gewerbeschule[9] ein noch so kleines Kind zu machen. – Wer weiß? Es dürfte leicht genug gehen. – Aber nun genug mit Raillerie ... Es ist eine recht wichtige und hübsche Entdeckung die Hr. Doktor gemacht hat, und es machte mir ganz unbeschreibliches Vergnügen, davon zu hören. Es ist ein ganz sonderbarer Umstand, dass die Salznatur so vollständig verschwindet, wenn die Säure und das Ammoniak sich vereinigen, was für künftige Theorien sicher sehr aufklärend wird".[10]

Man beachte, worauf Berzelius nur scherzhaft und worauf er ernstlich eingeht, wobei auch das Ernsthafte später noch aufgegriffen werden soll. Auf eine Frage hat Berzelius nicht geantwortet, eine Frage allerdings, die in Wöhlers Veröffentlichung zur Harnstoffsynthese[11] ebenfalls durch bemerkenswerte Abwesenheit glänzt, die dieser aber am Schluß seines Entdeckerbriefes an Berzelius wenigstens angesprochen hat:

> „Die künstliche Bildung von Harnstoff, kann man sie als ein Beispiel von Bildung einer organischen Substanz aus unorganischen Stoffen betrachten? Es ist auffallend, dass man zur Hervorbringung von Cyansäure (und auch von Ammoniak) immer doch ursprünglich eine organische Substanz haben muss, und ein Naturphilosoph würde sagen, dass sowohl aus der thierischen Kohle, als auch aus den daraus gebildeten Cyanverbindungen, das Organische noch nicht ganz verschwunden, und daher immer noch ein organischer Körper daraus wieder hervorzubringen ist".[12]

Vielleicht antwortete Berzelius nur deshalb auf diese Bemerkungen nicht, weil Wöhler mit dem, was er dem sogenannten Naturphilosophen unterstellte, offensichtlich Recht hatte. Wöhlers Sätze zielen sicherlich auf die – nota bene von den führenden Chemikern der Zeit um 1830 schon längst abhorreszierte – romantische Naturphilosophie, wobei offenbleiben muß, ob Wöhler mit der allgemeinen Benennung „Naturphilosoph" Schelling oder gar Steffens meinte, den er besonders scheußlich fand.[13] Klar aber ist aus der Sicht dieser Naturphilosophen, daß Wöhler nichts Neues ans Licht der Philosophie gebracht hatte. Tatsächlich wurden zur Zeit Wöhlers Cyanate üblicherweise aus Kaliumferrocyanat, also Preußischblau, über die Oxidation des beim Zersetzen entstehenden Kaliumcyanids gewonnen, wobei Preußischblau seinerseits gewöhnlich aus trockenem Blut, Pottasche, also Kaliumcarbonat, und Eisen synthetisiert wurde.

Bei diesem Prozeß ist natürlich chemisch nichts so geblieben, wie es einmal war, aber der Kohlenstoff stammte doch letztlich immer noch aus dem Tierreich.[14] Vom Naturphilosophen nun nimmt Wöhler stillschweigend, aber für Berzelius verständlich an, daß er der Ansicht ist, die Lebenskraft sei im Element Kohlenstoff enthalten. Das aber war eine Meinung, die angesichts etwa des Diamants von kaum einem Chemiker geteilt wurde.[15]

Warum also, wo keine Lebenskraft in die Synthese sozusagen eingeschleppt worden ist, haben Berzelius und andere bedeutende zeitgenössische Chemiker, pars pro toto sei Wöhlers Freund Justus Liebig (1803–1873) genannt, die Synthese nicht als Widerlegung des Vitalismus begrüßt? Warum hat Liebig, während übrigens Wöhler zeitlebens eine Debatte zu vermeiden suchte, die Materialisten, sprich die Mechanisten, weiterhin als „Dilettanten" abqualifiziert,[16] weshalb er sich übrigens seinerseits von keinem Geringeren als Emil du Bois-Reymond mit dem Epitheton ‚Geißel Gottes', welche in unseren Tagen über die Physiologen verhängt wurde"[17] schmücken lassen mußte?

Einfach deshalb konnte Liebig auf seinem hohen Vitalistenroß sitzenbleiben und als „Geißel Gottes" wider die Knechte des Mechanismus fechten, weil auch der Harnstoff in deren Hand weder eine gefährliche noch überhaupt eine geeignete Waffe in der wissenschaftlichen Auseinandersetzung war. Und dies wiederum wegen eines Definitionsproblems mit ontologischen Implikationen.

So klar Wöhlers Worte auch für unsere ungeschulten Ohren klingen, sie waren doch unklar, denn um 1830 war man sich durchaus noch nicht darüber einig, was man – in Grenzfällen – als unorganisch und was als organisch bezeichnen sollte, und man war sich auch nicht einig, ob eine Grenzziehung zwischen den beiden großen chemischen Klassen zugleich eine Grenzziehung zwischen verschiedenen Methodenspektra und unterschiedlichen Erkenntnismöglichkeiten der Chemie bedeuten würde.

Die Begriffe „unorganisch" und „organisch" waren noch relativ jung, sie stammten aus dem Ende des 18. Jahrhunderts. Die Generation davor sprach von den „unorganisierten" und „organisierten" Körpern, wobei die organisierten Körper sowohl zum Pflanzen- als auch zum Tierreich gehörten, während man wiederum davor – im 16. und 17. Jahrhundert – die Stoffe der drei Naturreiche, also mineralische, pflanzliche und tierische, getrennt hielt, im Begriff „organisch" wurde also der Begriff „organisiert" noch mitgedacht, und auch der von Wöhler verwendete Begriff „Körper" schleppte noch unausgesprochene Assoziationen mit sich. Zuvor waren mit „Körpern" nämlich schlicht die Körper von Tieren oder Pflanzen gemeint, dann aber auch einzelne Teile, vor allem Organe, der Tiere und Pflanzen und schließlich tierische und pflanzliche Stoffe, In welcher Form auch immer. Erst im Laufe des 19. Jahrhunderts wurde in der Chemie der Begriff „Körper" auf chemische Substanzen eingeengt und später durch eindeutigere Ausdrücke ersetzt.[18]

Aus der Sicht eines Chemikers um 1830 fielen die organisierten chemischen Körper durch zwei Eigenschaften auf, nämlich durch ihren stöchiometrischen Komplexitätsgrad und durch die Stabilität unter nur einer bestimmten Bedingung, der ihres Lebens.

Zunächst einige Bemerkungen zur Komplexität. – Nach Ansicht etwa von Berzelius, der auch in diesen Dingen der Meinungsführer der Chemie schlechthin war, zeigen organisierte Substanzen nicht die einfache Stöchiometrie unorganisierter Substanzen, bei denen es immer deutliche Sprünge zwischen den Äquivalentverhältnissen der Verbindungspartner gibt. Das heißt, echte organische Substanzen bilden Serien ähnlicher Körper, wie die Zuckerarten, während z. B. die Serien der Pflanzensäuren mit ihren sprunghaften Änderungen der Eigenschaften sozusagen nur halborganisch sind.[19] Unter diesem und anderen Aspekten konnte der Harnstoff nicht eindeutig als organisierte Substanz bezeichnet werden. Er schien kein konstitutiver Bestandteil eines Organs zu sein; er war ein Ausscheidungsprodukt, genau wie etwa Wasser, das ja auch nicht als solches für einen Organbestandteil, sprich für organisch, gehalten wurde. Und nicht zuletzt seiner einfachen Zusammensetzung wegen stand der Harnstoff „gerade auf der äußersten Grenze [nicht: Zusammensetzung] zwischen organischer und unorganischer Zusammensetzung",[20] dies zusammen mit anderen organischen Substanzen, zu denen übrigens unter anderen die schon 1824 ebenfalls von Wöhler aus Cyanaten und Wasser synthetisierte Oxalsäure gehörte, die wohl nur deshalb kaum Beachtung gefunden hatte, weil sie kein tierisches Produkt ist.[21] Noch 1837 konstatierte Berzelius, daß es wohl in Zukunft gelingen würde mehr solche Verbindungen darzustellen, doch ist „diese unvollständige Nachahmung immer zu unbedeutend, als wir jemals hoffen könnten es zu wagen, organische Substanzen künstlich hervorzubringen".[22] „Künstlich hervorbringen" meint in diesem Zusammenhang eine Totalsynthese aus den Elementen, glaubte man doch, daß die organische Natur ihre Substanzen aus den Elementen selbst aufbaue.[23]

Wöhler und mit ihm Liebig, der wohlgemerkt weiterhin Vitalist blieb, gingen im selben Jahre 1837 sogar noch einen Schritt weiter, als sie in einer gemeinsamen Veröffentlichung über die doch etwas komplizierter gebaute Harnsäure (2.6.8.-Trioxypurin) bekannten:

„Die Philosophie der Chemie wird aus dieser Arbeit (über die Harnsäure) den Schluß ziehen, daß die Erzeugung aller organischen Materien, in so weit sie nicht mehr dem Organismus angehören, in unsern Laboratorien nicht allein wahrscheinlich, sondern als gewiß betrachtet werden muß. Zucker, Salicin, Morphin werden künstlich hervorgebracht werden. Wir kennen freilich die Wege noch nicht, auf dem [!] dieses Endresultat zu erreichen ist, weil uns die Vorderglieder unbekannt sind, aus denen diese Materien sich entwickeln, allein wir werden sie kennen lernen".[24]

Das bisher Gesagte betraf im weitesten Sinne noch den Komplexitätsgrad. Zum zweiten Charakteristikum organisierter Körper, nämlich zu ihrer Stabilität, ist eigentlich nur zu bemerken, daß die besondere Art Stabilität, die hier gemeint ist, für den Harnstoff irrelevant war. Stabilität im Rahmen des Vitalismusproblems bedeutet nämlich gleichzeitig Labilität auch unter physikalischen Normalbedingungen, wie sie beim Harnstoff nicht gegeben ist. – Zur Erläuterung betrachte man einen lebenden Organismus. Man wird feststellen können, daß ein solcher Organismus in einer gewissen Bandbreite auch über längere Perioden erstaunlich resistent gegen Veränderungen der äußeren Bedingungen ist, obwohl er doch chemisch gesehen wahrscheinlich instabil, weil kompliziert gebaut ist. Diese Vermutung bestätigt sich, wenn man den Organismus tötet. Er zersetzt sich dann nämlich binnen kurzem in chemisch einfachere

Bestandteile. Liebig und auch Berzelius, zumindest noch in der Zeit der Harnstoffentdeckung, nahmen deshalb an, daß im Organismus zwei Kräfte zur Wirkung kämen: eine spezifisch organische Kraft, die für die Stabilität der organisierten Teilchen und möglicherweise auch für deren Synthese verantwortlich ist, eben die Lebenskraft, und eine Kraft, die auch in der Anorganik wirksam ist, die normale chemische Affinitätskraft, die im toten Organismus für die Zersetzung des Gewebes in chemisch stabile Einheiten sorgt. Zur Zeit der Entdeckung des Harnstoffs glaubte Berzelius, die Lebenskraft sei etwas elektrochemisch Wirksames, das vom tierischen und vom noch zu entdeckenden pflanzlichen Nervensystem aus in die normalen elektrochemischen Verhältnisse, die auch die Affinitäten erzeugen, eingriffe.

Berzelius ließ sich dabei von folgender Beobachtung leiten: nach der elektrochemischen Theorie sind Säuren elektronegative Verbindungen, deren Stärke von der Polarisationsintensität abhängt, die wiederum vom Sauerstoffgehalt abhängt. Nun sind zum Beispiel Benzoesäure und Zucker chemische Verbindungen vom schwach elektronegativen Kohlenstoff mit Wasserstoff, der entweder schwach elektronegativ oder positiv ist, und dem absolut negativen Sauerstoff. In Benzoesäure findet sich rund 20 % Sauerstoff, im Zucker hingegen rund 50 %. Es war deshalb mit der elektrochemischen Theorie völlig unvereinbar, daß Benzoesäure eine starke Säure ist, der Zucker aber neutral.[25]

Die Unklarheiten über das Wie, Was und Warum organischer Materie wurden zusätzlich dadurch nicht gerade erhellt, daß man nicht recht sicher war, was eigentlich als Grundbaustein organisierter Körper anzusehen sei. Der von Berzelius sehr geschätzte Physiologe Gerardus Johannes Mulder (1802–1880), um nur ein Beispiel zu nennen, war der Meinung, der eigentliche Baustein organischen Gewebes sei nicht das chemische Molekül, etwa die organische Säure, sondern das nur mit schonenden Analysemitteln zu erhaltende proximale Teilchen, in dem der elementare Bestandteil, der in geringster stöchiometrischer Menge im organischen Gewebe auftritt, gerade mit einem Atom enthalten ist.[26] Daß der simple Harnstoff auf dieser Betrachtungsebene völlig unbedeutend war, ist wohl einzusehen.

Aber war dann vielleicht die Harnstoffsynthese überhaupt ziemlich unbedeutend und nichts als ein ganz netter Erfolg eines eifrigen Nachwuchschemikers? Sowohl von der Sache als auch von der zeitgnössischen Beurteilung her muß die Antwort lauten: nein. Und auch hier ist ein im Sinne des Chemikers ontologisches Problem angesprochen. Es geht um die Frage, ob es sein kann, daß bei zwei Beobachtungen dasselbe unter Umständen nicht mehr dasselbe ist und dies, obwohl nichts hinzugekommen, nichts fortgenommen worden ist und zum Zeitpunkt der zweiten Beobachtung die physikalischen Rahmenbedingungen dieselben sind wie zum Zeitpunkt der ersten Beobachtung. „Dasselbe" meint hier für den Chemiker: chemisch dasselbe, also mit denselben Reaktionsmöglichkeiten begabt.

So, wie sie hier formuliert ist, wirkt allein schon die Frage abwegig. Und doch hatte gerade in den zwanziger Jahren des vorigen Jahrhunderts einiges darauf hingedeutet, daß es chemische Substanzen gibt, die sich unter Umständen selbst nicht wiedererkennen können. 1824 hatten zum Beispiel Louis Joseph Gay-Lussac (1778–1850) und Liebig in Paris die Zusammensetzung von knallsaurem Silber ermittelt, während Wöhler zur selben Zeit bei Berzelius in Stockholm cyansaures Silber analysierte, wobei beide Forschergruppen dieselbe quantitative Zusammensetzung ermittelten, obwohl die jeweils untersuchte Substanz sich chemisch deutlich von der anderen unterschied. Prompt verdächtigte man sich zunächst gegenseitig, unsauber gearbeitet zu haben.[27] Aber schon im Jahr darauf gab Michael Faraday (1791–1867) in London bekannt, daß Butylen und Äthylen dieselbe mengenmäßige Zusammensetzung hätten. Beides war noch halbwegs erträglich: Cyansäure ist eine Säure, und Isocyansäure ist auch eine Säure; Butylen ist neutral, und Äthylen ist ebenfalls neutral, beide Verbindungen reagieren dank ihrer Doppelbindung ähnlich und sind, wie man heute weiß, zudem noch als Beispiel schlecht gewählt, weil sie nicht dieselbe Bruttoformel besitzen. Nun aber kam 1828 der Harnstoff. Der Harnstoff war so ungewöhnlich, daß Wöhler, obwohl ihm klar war, daß eine Anlagerungsreaktion vorlag, die Reaktion falsch deutete. „Das cyansäure Ammoniak ist Harnstoff", hatte er ja geschrieben, und das darf man, wie spätere Bemerkungen Wöhlers zeigen, nicht als façon de parler auffassen. Harnstoff ist aber nicht cyansaures Ammoniak, denn Ammoniumcyanid ist ein Salz, also eine Verbindung einer Säure und einer Base, und Harnstoff ist ein Diamid einer ganz anderen Säure, nämlich der Kohlensäure, und er zeigt auch keinerlei Salzreaktionen. Es blieb nichts anderes übrig, als die merkwürdige Tatsache anzuerkennen, die man nur darauf zurückführen konnte, daß in bestimmten chemischen Verbindungen offenbar eine Lageänderung der Atome zueinander nicht nur vorkommen, sondern auch den chemischen Charakter einer Substanz grundlegend verändern kann. Im Jahre 1830 bezeichnete Berzelius Verbindungen mit derselben Bruttoformel und unterschiedlichem chemischen Verhalten als isomer.[28]

Die Harnstoffsynthese war also tatsächlich wichtig, wenn auch nicht in Hinblick auf vitalistische oder mechanistische Konzeptionen, sondern in Hinblick auf die Konzeption der Isomerie. – Damit ist das Thema aber nicht erschöpft. Warum, so ist noch zu fragen, ist es überhaupt dazu gekommen, daß die Harnstoffsynthese gegen Ende des 19. Jahrhunderts derart mißdeutet wurde? War Hofmanns Interpretation der Synthese bloß ein Lapsus in einem per definitionem unzuverlässigen Nekrolog? Offensichtlich nicht; denn Hofmanns Diktum wurde gläubig sicher hunderte von Malen von den Ehrentribünen der Chemikerkongresse herab nachgeredet,[29] bis 1944 ein englischer Chemiehistoriker auf ganzen drei Seiten erstmals Zweifel an der Weisheit der Behauptung anmeldete.[30] So offensichtlich, wie Hofmanns Worte für ein halbes Jahrhundert nicht nur unbezweifelt blieben, sondern weiter propagiert wurden, so offensichtlich waren sie – wohl unbewußt – dazu bestimmt, die vermeintliche Widerlegung des Vitalismus zu dramatisieren. Die Widerlegung des Vitalismus durch die Harnstoffsynthese ist eine Legende, und Legenden sind unter anderem dazu da, lang andauernde Entwicklungen und Tendenzen dramatisch zu verkürzen.

Was also war in den reichlich fünfzig Jahren nach der Entdeckung der Harnstoffsynthese geschehen? Ohne Zweifel: Die Lebenskrafthypothese des Vitalismus war langsam, aber deutlich an den Rand der Wissenschaft gedrückt worden. Und daran war auch die Harnstoffsynthese beteiligt, aber ganz anders, als Hofmann es später darstellte. Es war nicht die angebliche Erstsynthese einer organischen Substanz aus anorganischen Substanzen, wohl aber war es das von der Harnstoffsynthese entscheidend gestützte Isomeriekonzept, das den führenden Kopf der Chemie, eben Berzelius, mit der Zeit von – vorsichtig gesagt – vitalistischen Äußerungen immer mehr abbrachte. Unter anderem deshalb hatte er ja 1827 in der ersten Ausgabe seines Lehrbuches die Lebenskraft quasi 'gebraucht', weil anders die so unterschiedlichen Eigenschaften, sprich Verhaltensweisen, unorganischer und organischer Stoffe nicht zu erklären waren. Nun, in der Neuauflage des Lehrbuchs aus dem Jahre 1837 sind die außergewöhnlichen Eigenschaften organisierter Stoffe nicht durch besondere elektrochemische Modifikationen erklärt, sondern dargestellt als eine Funktion nicht allein der Zusammensetzung, sondern auch der relativen Position der Atome im Molekül, womit zwar keine ausgeformte antivitalistische Theorie, immerhin jedoch ein 'mechanistischer' Erklärungsrahmen für die Verschiedenheit der Eigenschaften geschaffen war.[31] Seit Einführung der Hypothese katalytischer Wirkung stand zudem ein ähnlich „mechanistischer" Erklärungsrahmen auch für die Bildung chemisch 'unplausibler' Verbindungen zur Verfügung.[32] Beides zusammen erklärt wohl hinreichend, daß Berzelius zwar 1837 an anderer Stelle seines Lehrbuches weiterhin von Lebenskraft spricht, in einer weiteren Auflage 1847 aber jede Diskussion über genau diesen Begriff vermeidet.

Inzwischen hatten auch an anderen Orten der Wissenschaft Entwicklungen eingesetzt, die den Vitalismus in Gestalt der Lebenskraft bedrohten. Im Jahre 1845 gelang Hermann Kolbe (1816–1884) die Totalsynthese von Essigsäure aus den Elementen, und zwar via Schwefelkohlenstoff, Tetrachlormethan und Trichloressigsäure.[33] Man konnte sich zwar nicht recht vorstellen, daß Mutter Natur persönlich in Kolbes Labor am Werke gewesen war, doch zeigte die Darstellung von Essigsäure aus den Elementen immerhin, daß man bei organischen Synthesen nicht grundsätzlich von sozusagen präformierten Bestandteilen, also von Verbindungen, auszugehen brauchte.

Zur Geschichte der physiologischen Chemie sei lediglich bemerkt, daß auch hier der Vitalismus mit dem relativen Anwachsen biochemischer Erkenntnisse in den Hintergrund gedrängt wurde.[34] Die Stellung des Vitalismus in der Physik des 19. Jahrhunderts erfordert allerdings noch eine kurze Erörterung, handelt es sich doch bei der Lebenskraft um eine physikalische Größe.

Gemeint war allerdings nicht eigentlich eine Kraft, sondern eine Energieform, die im lebenden Körper gespeichert sei. Nun gibt es aber noch andere Energieformen, und bekanntlich haben Robert Mayer 1842 und Hermann Helmholtz 1847 den Energiesatz entdeckt und auf andere klassische Energieformen ausgedehnt. Nur die Lebenskraft war anscheinend etwas Besonderes, Partikuläres, das heißt in seiner Wirkung auf bestimmte Körperklassen Beschränktes, und vor allem etwas nicht Quantifizierbares und nicht in andere Energieformen Umwandelbares. Die Lebensenergie war ein Außenseiter, und schon Mayer versuchte denn auch in mehreren heftigen Attacken, sie ganz von der Bühne der Wissenschaften zu verdrängen. Am Beispiel Mayers und anderer kann man – dies in Klammern – demonstrieren, daß das Problem des Vitalismus im 19. Jahrhundert nichts mit der Problematik des christlichen Seelenbegriffes zu tun hatte. Mayer war so demonstrativ religiös, daß es für manche seiner Kollegen schon peinlich wirkte, auch für Helmholtz übrigens, der natürlich genauso Gegner des Vitalismus war wie Mayer.[35] Unter den physikalisch arbeitenden Physiologen sei als Gegner des Vitalismus noch einmal du Bois-Reymond genannt, als dessen Hauptleistung die Erforschung der tierischen Elektrizität gilt.[36] Du Bois-Reymond, ein glänzender Redner, tat auch viel dazu, den Antivitalismus sozusagen populär zu machen.[37]

Der Antivitalismus gab sich – erfolgreich – als Widerlegung des Vitalismus, obwohl er diesen Anspruch aus heutiger Sicht nicht hätte erheben dürfen.[38] In Wirklichkeit hatte ein Verdrängungsprozess stattgefunden: der Vitalismus war als naturwissenschaftliche Scheinerklärung aus den Gebieten der Physik und Chemie verwiesen worden, und dies vor allem deshalb, weil er zur Erreichung der in den beiden Naturwissenschaften gesetzten Forschungsziele nicht nur überflüssig, sondern auch hinderlich war.[39] Die in ihrem Fortschrittsglauben durch ihre Erfolge gerechtfertigten Wissenschaftler der achtziger Jahre des vorigen Jahrhunderts fühlten sich in großer Mehrheit durchaus nicht dazu veranlaßt, in Gestalt des Vitalismus eine Hypothese zu akzeptieren, die im Grunde nichts anderes tat, als naturwissenschaftliche Erkenntnismöglichkeiten auf weiten Gebieten der Physik, Chemie, Physiologie und Biochemie zu negieren.[40] Als Interpret einer Grundüberzeugung die von den meisten Wissenschaftlern seiner Zeit geteilt wurde, hatte August Wilhelm von Hofmann also recht; als Interpret allerdings der Wöhlerschen Harnstoffsynthese und ihrer Wirkungsgeschichte hatte Hofmann zweifellos unrecht.

Literatur und Anmerkungen

1   Brief v. 22.2.1828. In: O. Wallach (Herausgeber): Briefwechsel zwischen J. Berzelius und F. Wöhler. 2 Bde. Leipzig 1901, hier Bd. 1, S. 206.
2   A.W. Hofmann: Zur Erinnerung an Friedrich Wöhler. Berichte der Deutschen Chemischen Gesellschaft 15 (1882), S. 3127–3290, hier S. 3152 f.
3   H. Plessner: Vitalismus und ärztliches Denken. Klinische Wochenschrift 1 (1922), S. 1956–1961.
4   Vgl. E.J. Dijksterhuis: Die Mechanisierung des Weltbildes. Berlin, Göttingen, Heidelberg 1956, hier S. 344–347. Dijksterhuis weist hier auf die Konsequenzen der - zunächst physikalisch nicht begründbaren - Ansicht Keplers hin, die Planeten würden statt von Seelen (animae) von Kräften (vires) bewegt .
5   Zum Vitalismus vgl. u.a.: (a) H. Driesch: Geschichte des Vitalismus. Leipzig 1922. (b) E. Bleuler: Mechanismus – Vitalismus – Mnemismus. Berlin 1931. (c) K. Demoll: Über den Handel der biologischen Anschauungen in den letzten hundert Jahren. München 1932 (Münchner Universitätsreden, Heft 23). (d) K. Delchow; Die Überwindung vitalistischer Denkweisen in der Chemie des neunzehnten Jahrhunderts. NTH 2 (1965), S. 56–65. (e) R. Mocek: Mechanismus und Vitalismus. In: H. Ley u. R. Löther (Herausgeber): Mikrokosmos–Makrokosmos. Philosophisch-theoretische Probleme der Naturwissenschaft, Technik und Medizin. 2 Bde. Berlin (Ost) 1966, 1967, hier Bd. 2, S. 324–372. (f) H. Hein: The Endurance of the Mechanism–Vitalism Controversy. Journal of the History of Biology 5 (1972), 159–188. (g) D.M. Knight: The Vital Flame. Ambix 23 (1976), S. 5–15. (h) R. Toellner: Mechanismus-Vitalismus: ein Paradigmawechsel? In: R. Diemer (Hg.) Die Struktur wissenschaftlicher Revolutionen und die Geschichte der Wissenschaften. Meisenheim 1977, hier S. 61–72. Im Hinblick auf die Hypothese der Lebenskraft sei hier schon angemerkt, daß genau wie der Begriff „lebend" auch der Begriff „spezifisch reaktionsbereit" ein Dispositionsprädikat darstellt. Zur Erklärung beruft sich der Naturwissenschaftler in beiden Fällen auf Allsätze, und in beiden Fällen ergibt sich ein logischer Wenn-dann-Zusammenhang folgender Art; Wenn ein Objekt O, das zu einer Klasse mit einem bestimmten Dispositionsprädikat gehört, bestimmten Bedingungen B ausgesetzt wird, dann zeigt es ein bestimmtes Verhalten V, also

$$\bigwedge x\,((O(x) \wedge B(x))\,(V(x))).$$

6 H. Hein weist daraufhin, daß sich dennoch grundsätzliche Unterschiede zwischen den vitalistischen und den mechanistischen Positionen feststellen lassen. Die Vitalisten sind – ausgesprochen oder unausgesprochen – der Überzeugung, daß zur causa efficiens eine causa finalis im aristotelischen Sinne hinzutritt, welche gewisse chemische Substanzen zu einer Ganzheit oberhalb eines Ensembles ihrer Teile zusammentreten läßt. Da verschiedene ganzheitliche Strukturen zwanglos nur durch unterschiedliche Teloi erklärt werden können, betonen die Vitalisten die Diskontinuität in den Erscheinungsformen der Materie. – Den Mechanisten dagegen geht es letztlich um eine Rückführung der Phänomene des Lebens auf einen mechanischen Prozeß, wobei mit der Uniformität des Erklärungskonzepts (ein Stoff, ein Kausalgesetz, ein Prinzip der Zusammensetzung) auch die Kontinuität in den Erscheinungsformen der Materie betont wird, vgl. Hein, Mechanism–Vitalism Controversy, wie Anm. (5), S. 174.

7 Wobei er übrigens, was im Schwedischen auch heute noch nicht ungewöhnlich ist, seinen Briefpartner in der dritten Person mit dessen Titel anredet.

8 F. Wöhler: Über das Aluminium. Annalen der Physik und Chemie 11 (1827), S. 146. – Zur Geschichte der Darstellung elementaren Aluminiums und der künstlichen Gewinnung des Harnstoffs vgl.: O. Krätz: Von Friedrich Wöhlers aufsehenerregenden Entdeckungen im Herbst 1827 und im Frühjahr 1828. Die BASF 23 (1973), S. 51–53.

9 Von 1825 bis 1831 war Wöhler Dozent an der Berliner Gewerbeschule (seit 1827/28 als Professor).

10 Brief v. 7.3.1828. Siehe: Wallach, Briefwechsel Berzelius–Wöhler, wie Anm. (1), Bd. 1, S. 208 f.

11 F. Wöhler: Über die künstliche Bildung des Harnstoffs. Annalen der Physik und Chemie 12 (1828), S. 253–256. Zur großtechnischen Synthese und zur heutigen industriellen Bedeutung des Harnstoffs vgl.: (a) D. Lützow: Harnstoff. Seine großtechnische Herstellung. Die BASF 33 (1973), S. 54–59. (b) S. Jürgens-Geschwind; Die Bedeutung des Harnstoffs für die Landwirtschaft. Die BASF 23 (1973), S. 60–69.

12 Brief v. 22.2.1828. Wallach, Briefwechsel Berzelius-Wöhler, wie Anm. (1), Bd. 1, S. 208 f.

13 Vgl. Brief von Wöhler an Liebig vom 12.11.1863. In: W. Lewicki (Hg.) Wöhler und Liebig. Briefe von 1829–1873. 2 Bde. Göttingen 1982, hier Bd. 2, S. 148–151, S. 150. Zur Geschichte der deutschen Naturphilosophie und zu den durchaus nicht immer fruchtlosen Bemühungen der Chemiker in dieser Zeit vgl. (a) C. Siegel: Geschichte der Deutschen Naturphilosophie. Leipzig 1913. (b) R. Löw: Pflanzenchemie zwischen Lavoisier und Liebig. Straubing, München 1977. (3) R. Löw; The Progress of Organic Chemistry during the Period of German Romantic Naturphilosophie (1795–1825). Ambix 27 {1980), S. 1–10.

14 D. McKie: Wöhler's "Synthetic" Urea and the Rejection of Vitalism; a Chemical Legend. Nature 153 (1944), S. 608–610, hier S. 608. Brooke weist darauf hin, daß Wöhler ohne tierische Kohle hätte auskommen können, wenn er das Kaliumcyanat nach der Methode von C.W. Scheele aus Kaliumcarbonat, reinem Kohlenstoff und Ammoniak dargestellt hätte. Vgl. J.H. Brooke: Wöhler's Urea and its Vital Force? – A Verdict from the Chemists. Ambix 15 (1968), S. 84–144, hier S. 93.

15 Daß Kohle und Diamant chemisch dasselbe ist, war den Chemikern spätestens seit der Entdeckung des Polymorphismus (E. Mitscherlich 1821/23) bewußt. Vgl. H.-H. Schütt: Diamant und Graphit als „Kohlenstoffverbindungen". Zur Geschichte der Chemie und Mineralogie um die Wende vom 18. zum 19. Jahrhundert. In: NTM. Schriftenreihe für Geschichte der Naturwissenschaften, Technik und Medizin 12 (1975}, S. 56–62.

16 F. A. Lange: Geschichte des Materialismus. Iserlohn, Leipzig 4. Auflage, 1887, hier S. 469. Die Lebenskraft-Hypothese der Naturphilosophie allerdings bekämpfte Liebig mit dem für ihn so charakteristischen Temperament: „Mit Lebenskraft, mit dynamisch, mit specifisch, mit lauter in ihrem Munde sinnlosen Worten, die man selbst nicht versteht, erklärt man Erscheinungen, die man ebenfalls nicht versteht. Die Lebenskraft der Naturphilosophie ist der horror vacui, der Spiritus rector der Unwissenheit ... Für die Naturphilosophie ist der Zustand der Materie, den man lebendig nennt, dasselbe, was die Otahaiti'schen Priester für Tabu (unantastbar, heilig) erklären; versucht man dieses Geschlecht zum Sehen zu bringen, so reißen sie sich lieber die Augen aus." J. Liebig: Der Zustand der Chemie in Preußen. Annalen der Chemie und Pharmacie 34 (1840), S. 97–136, hier S. 118 f. Zu Liebigs eigener Vitalismus-Hypothese im Rahmen der Chemie seiner Zeit vgl. T.O. Lipman: The Response to Liebig's Vitalism. Bulletin of the History of Medicine 40 (1966), S. 511–524.

17 E. du Bois-Reymond (Hg,): Reden von Emil du Bois-Reymond. 2 Bde. Leipzig 1912, Bd. 1, S. 1–26 (Aus der Vorrede zu den „Untersuchungen über tierische Elektrizität"), hier S. 11.

18 Zu diesem wichtigen Problem und zur Interpretation der Harnstoffsynthese – der ich mich anschließe – vgl. J. Weyer: 150 Jahre Harnstoffsynthese. Nachrichten aus Chemie, Technik und Laboratorium 26 (1978), S. 564–568. Dort auch weitere Literatur.
19 B. S. Jörgensen: Berzelius und die Lebenskraft. Centaurus 10 (1964), S. 258-281, hier S. 263.
20 J. J. Berzelius: Lehrbuch der Chemie. 2. Auflage. 4 Bde. Dresden 1825–1831, hier Bd. 3, Tl. 1, S. 146. Der Physiologe Johannes Müller vertrat in diesem Punkt dieselbe Ansicht: „Harnstoff steht indess an der äußersten Grenze der organischen Stoffe, und ist mehr Excrementum, als Bestandtheil des thierischen Körpers." Siehe: J. Müller: Handbuch der Physiologie des Menschen für Vorlesungen. 2 Bde. Coblenz, 4. Aufl. 1844, hier Bd. 1, S. 3.
21 F. Wöhler: Über Cyan-Verbindungen. Annalen der Physik und Chemie 3 (1825), S. 177–182. Zur Synthese noch anderer organischer Verbindungen vgl. P. Walden: Die Bedeutung der Wöhlerschen Harnstoffsynthese. Naturwissenschaften 16 (1928), S. 835–849, hier S. 838. Ferner Löw, Pflanzenchemie, wie Anm. (13), S. 362 und Jörgensen: Berzelius, wie Anm. (19), S. 272.
22 Berzelius, Lehrbuch, wie Anm. (20), S. 146 f. Wörtlich so auch. in der 3. Auflage des Lehrbuchs (1837), vgl. Jörgensen, Berzelius, wie Anm. (19), S. 273.
23 Brooke, Wöhler's Urea, wie Anm. (14), S. 89–98.
24 F. Wöhler u. J. Liebig: Untersuchungen über die Natur der Harnsäure. Annalen der Pharmacie 26 (1838), S. 241–340, hier S. 242 f. (siehe den Abdruck in diesem Band, S. 247).
25 Vgl. Jörgensen, Berzelius, wie Anm. (19), S. 269.
26 G. Mulder: Versuch einer physiologischen Chemie. 8 Theile Heidelberg 1844-1847, hier Tl. 1 (1844), passim. Zur Physiologie Mulders vgl.: E. Glas: Chemistry and Physiology in their Historical and Philosophical Relations. Delft 1979, hier S. 15–40. In diesem Zusammenhang sei an unsere heutigen Aminosäuresequenzen in Proteinen erinnert.
27 J. R. Partington: A History of Chemistry. 4 Bde. London 1961–1970, hier Bd. 4 (1964), S. 258.
28 J. J. Berzelius: Über die Zusammensetzung der Weinsäure und Traubensäure etc. Annalen der Physik und Chemie 19 (1830), S. 305–335, hier S. 326.
29 Als Beispiele seien genannt: (a) E. Thorpe: Essays in Historical Chemistry. London 1923, hier: Kap. Friedrich Wöhler, S. 294–317. (b) F.G. Hopkins: The Centenary of Wöhler's Synthesis of Urea (1820-1920). Biochemical Journal 22 (1928), S. 1341–1348. Ferner Walden, Bedeutung, wie Anm. 21, S. 838. Walden stellt zwar bereits fest, daß Wöhler selbst nicht als Widerleger der Lebenskraft aufgetreten ist, meint aber, der bescheidene Wöhler habe auf den Ruhm zunächst verzichtet, um die Zeit für sich arbeiten zu lassen und den Ruhm freiwillig geboten zu bekommen. – In einer Antwort auf Walden gibt Gustav Wolff zu bedenken, daß die Hypothese der Lebenskraft als einer Kraft, „die, ihre Selbständigkeit bewahrend, zu geeigneten Stoffen hinzutreten und eine generatio aequioca erzeugen, ja nach völligem Untergang ganzer Schöpfungen eine neue Schöpfung hervorrufen kann" (S. 290) widerlegt worden sei, nicht aber der Vitalismus als organisierendes Prinzip. G. Wolff: Harnstoffsynthese und Vitalismusfrage. Nova Acta Leopoldina, N.F. 1 (1934), S. 288–293.
30 McKie, Wöhler's „Synthetic" Urea, wie Anm. (14). Alle Veröffentlichungen nach 1944 nehmen auf McKie Bezug. Außer den bereits zitierten seien genannt: (a) F. Kurzer u. P.M. Sanderson: Urea in the history of organic chemistry. Journal of Chemical Education 33 (1956), S. 452–459. (b) T.O. Lipmann: Wöhler's preparation of urea and the fate of vitalism. Journal of Chemical Education 41 (1964), S. 452–458. (c) J. Schiller: Wöhler, l'urée et le vitalisme. Sudhoffs Archiv 51 (1967), S. 229–243. Schiller geht (mit vielen Literaturangaben) besonders auf die physiologisch-historische Seite des Problems ein.
31 Jörgensen, Berzelius, wie Anm. (19), S. 269.
32 Bereits vor 1828 waren einzelne Effekte beobachtet worden, die auf katalytischer Wirkung beruhen. 1835 führte Berzelius das Wort Katalyse als Gruppenbezeichnung für einen Reaktionstyp speziell im Zusammenhang mit der Bildung organischer Verbindungen in die Fachsprache ein. Vgl. Partington, History, wie Anm. (27), Bd. 4, S. 261–264.
33 H. Kolbe: Beiträge zur Kenntniß der gepaarten Verbindungen. Annalen der Chemie und Pharmacie 54 (1845), S. 145–188.
34 Zur Geschichte der Physiologie vgl.: (a) K.E. Rothschuh: Geschichte der Physiologie. Berlin, Göttingen, Heidelberg 1953. (b) K.E. Rothschuh: Ursprünge und Wandlungen der physiologischen Denkweisen im 19. Jahrhundert. Technikgescheschichte 33 (1966), S. 329–355. (c) J. Jacques: Le vitalisme et la chimie organique

pendant la première moitié du 19e siècle. Revue d'histoire des sciences et de leurs applications 3 (1950), S. 32–66. Die Arbeit von Jacques beschäftigt sich vor allem mit den Verhältnissen in Frankreich und bringt dazu viele Literaturhinweise.

35 Ein kurzer Verweis auf Mayers Religiosität findet sich in: H. Schmolz u. H. Weckbach: Robert Mayer, sein Leben und Werk in Dokumenten. Weißenhorn 1964, hier S. 148.
36 E. du Bois-Reymond: Untersuchungen über thierische Elektrizität. 2 Bde. Berlin 1849–1884.
37 Du Bois-Reymond, Reden, wie Anm. (17). Hier vor allem die Aufsätze „Über die Lebenskraft" (Bd. l, S. 1–26) und „Über Neo-Vitalismus" (Bd. 2, S. 492–515).
38 Die Hypothese der Lebenskraft schien dadurch widerlegt, daß sie als Erklärung des Disposionsprädikats „lebend" rein theoretisch blieb. Es gelang wie gesagt nicht, sie zu quantifizieren oder mit anderen Energieformen zu verknüpfen. Dagegen schienen Isomerie und Katalyse – wenn auch nur in erster Näherung – eine empirische Erklärung des „auffälligen" chemischen Verhaltens gewisser organischer Substanzen zu liefern. Die sogenannte Widerlegung darf also nicht als von allen Wissenschaftlern anerkannte Falsifikation, sondern muß als Verdrängungsprozeß angesehen werden.
39 Die umstrittene Grenze zwischen lebend und nicht-lebend liegt auch nicht mehr zwischen Organik und Anorganik, sondern durchzieht die Biochemie bzw. Molekularbiologie. Demgemäß hat auch der Vitalismus seine Gestalt gewechselt. In der „General Systems Theory" z.B. wird auf die hierarchische Ordnung abgehoben, nicht aber auf eine quasi-physikalische Lebenskraft. Vgl. Hein, Mechanism–Vitalism Controversy, wie Anm. (5f), S. 184–186.
40 Der Vitalismus zeigt sich so, historisch betrachtet, janusköpfig: er kann, indem er erste, arbeitshypothetische Erklärungen auf wissenschaftlich unerforschten Gebieten liefert, die Forschung fördern, er kann aber auch, indem er unerforschte Gebiete für prinzipiell wissenschaftlich unerforschbar erklärt, die Forschung behindern.

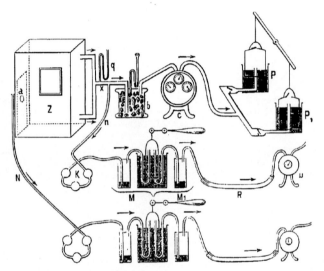
Schema des Respirationsapparates von v. Pettenkofer.

Skizze des Respirationsapparates von Max von Pettenkofer (1861).
Abbildung aus: L. Landois, Lehrbuch der Physiologie des Menschen.
Wien: Urban & Schwarzenberg, 1880. S. 238.

Die wissenschaftliche Ernährungslehre im 19. Jahrhundert[*)]

Von Nikolaus Mani

I. Allgemeine Übersicht[1]

Die vorliegende Arbeit versucht, einige wichtige Kerngebiete und die hauptsächlichsten Entwicklungslinien der Ernährungswissenschaft im 19. Jahrhundert herauszuschälen und zu verfolgen.

Die wissenschaftliche Ernährungslehre des 19. Jahrhunderts wird entscheidend charakterisiert durch die chemische Untersuchung und Betrachtung des Nutritionsprozesses. In der *Chemie* fand die Ernährungslehre das ihr adäquate naturwissenschaftliche Rüstzeug. Diese neue Orientierung der Ernährungswissenschaft wurde durch die Begründung und rasche Entwicklung der organischen, physiologischen und analytischen Chemie möglich.[2] Die Nahrungsmittel wurden chemisch analysiert und charakterisiert. Der Begriff des Nährstoffs wurde definiert, und man versuchte, die physiologische Bedeutung der Nährstoffe zu erkennen. Von grundlegender Wichtigkeit für die Entwicklung der Ernährungslehre war die Verschmelzung [23] *biochemischer Verfahren* mit den neuen Methoden der exakten *physiologischen Experimentation*. Diese Verschmelzung bildete die hauptsächlichste Grundlage der großen Erfolge, die die Ernährungswissenschaft im 19. Jahrhundert erzielte. Von großer Bedeutung wurde auch die *thermochemische* und *physikalisch-energetische* Betrachtung der Ernährungs- und Stoffwechselprozesse. Diese Forschungsrichtung spannte sich im großen Bogen von Lavoisier zu Max Rubner. Rubners Charakterisierung der organischen Nährstoffe nach ihrem *Kaloriengehalt* ist der sinnfälligste Ausdruck und zugleich das abschließende Resultat dieser energetischen Untersuchungen.

Das Ideal einer naturwissenschaftlichen und kausal-analytischen Forschungsweise, der Glaube an einen strengen Determinismus in allem Naturgeschehen, die Lehren des philosophischen Positivismus und Materialismus und der weite Kreise ergreifende Szientismus mit seiner naturwissenschaftlichen Heilslehre bildete auch für die Ernährungswissenschaft einen mächtigen Ansporn zur Forschung.

In der ersten Hälfte des 19. Jahrhunderts wurden die Kenntnisse über Ernährung und Stoffwechsel durch einige hervorragende Einzelleistungen begründet und gefördert. Pioniere verschiedenster Forschungsrichtungen haben diese Erkenntnisse erarbeitet: (l.) Physiologen, Bio-

---

[*)] Abdruck aus: Ernährung und Ernährungslehre im 19. Jahrhundert. Herausgegeben von Edith Heischkel-Artelt. Vorträge eines Symposiums am 5. und 6. Januar 1973 in Frankfurt am Main. Göttingen: Vandenhoeck & Ruprecht, 1976, S. 22–75 (die Seitenzahlen des Originals sind im Text in eckigen Klammern [ ] angegeben).

chemiker und Ärzte wie Fr. Magendie, Fr. Tiedemann, W. Prout, Th. Frerichs, G.J. Mulder u. a.; (2.) Chemiker und Physiker wie C. M. Despretz, P. L. Dulong, H. V. Regnault, J. Reiset und vor allem J. Liebig; (3.) Landwirte und Agrikulturchemiker wie A. D. Thaer und J. B. Boussingault.

Die wichtigsten Fragen, die in der ersten Jahrhunderthälfte untersucht wurden, betrafen folgende Gebiete:

1. Die chemische Erforschung und Charakterisierung der Nährstoffe
2. Die Fütterungsversuche mit reinen isolierten Nährstoffen
3. Erste, exaktere Bilanzversuche, in denen die Nahrungsaufnahme und die Exkretabgabe quantitativ verglichen wurden
4. Die Korrelierung des chemischen Stoffverbrauchs mit der tierischen Wärmeproduktion.

Zu den hervorragendsten Erforschern des Stoffwechsels und der Ernährung in der ersten Hälfte des 19. Jahrhunderts gehören Fr. Magendie, W. Prout, Fr. Tiedemann, L. Gmelin, G. J. Mulder sowie vor allem J. B. Boussingault und Justus Liebig. Boussingault inaugurierte den exakten quantitativen Bilanzversuch, und Liebig hat die gesamte Ernährungsforschung wie ein mächtig wirkendes Ferment beeinflußt. Liebig war ebenso groß in positiven Leistungen wie fruchtbar in seinen Irrtümern.

Die zweite Hälfte des 19. Jahrhunderts brachte die Ernährungslehre in Methodik und Leistung zur Reife einer ausgebildeten wissenschaftlichen [24] Disziplin. Zahlreiche Ärzte, Physiologen, Biochemiker, Chemiker und Physiker nahmen an diesem Werk teil. Einige grundlegende Fragen, die in diesem Zeitraum untersucht wurden, betrafen folgende Gebiete:

1. Das Problem der Stickstoffbilanz und des Stickstoffgleichgewichts
2. Die Ausarbeitung einer exakten Methodik, die es erlaubte, den Stoffverbrauch der einzelnen Nährstoffe zu bestimmen
3. Die Quelle der Muskelkraft
4. Die gegenseitige Vertretbarkeit der organischen Nährstoffe gemäß ihrem Gehalt an potentieller Energie

Die geschlossene und monumentale Leistung auf dem Gebiete der Ernährungswissenschaft in der zweiten Hälfte des 19. Jahrhunderts bleibt mit dem Namen Carl Voits und seiner Schule verbunden.

II. Die Nährstoffe

Seit Ende des 18. Jahrhunderts war es den Chemikern gelungen, organische Stoffe in ihre chemischen Elemente zu zerlegen. Lavoisier stellte in seinem „Traité élémentaire de chimie" (1789) fest, daß die tierischen Substanzen ganz wesentlich durch ihren *Stickstoffgehalt* charakterisiert seien. Zu gleicher Zeit beschrieb der französische Chemiker A. F. Fourcroy[3] einen in Pflanzen und Tieren gemeinsam vorkommenden *Eiweißstoff*, der eine Annäherung der pflanzlichen und tierischen Lebewesen zu einem organischen Reich ermögliche.

Die Kenntnis der elementaren Zusammensetzung der organischen Stoffe erlaubte eine schärfere chemische Charakterisierung der Nahrungsmittel. L. J. Gay-Lussac und L. J. Thenard[4] zeigten im Jahre 1811, daß die zuckrigen Stoffe und die Stärke aus den Elementen des Kohlenstoffs und Wasserstoffs bestehen, wobei das H und O im Gewichtsverhältnis des Wassers auftreten. Damit war der ursprüngliche Begriff des „Kohlenhydrates" geprägt.[5] Der französische Physiologe F. Magendie[6] teilte die Nahrungsmittel in zwei Hauptgruppen ein: die *stickstoffhaltigen* einerseits und die *stickstofflosen* Nahrungsmittel anderseits. Diese Einteilung bildete eine wichtige Achse, an der sich die Ernährungsforschung des 19. [25] Jahrhunderts orientierte. Der französische Chemiker M. E. Chevreul,[7] zerlegte die Fettkörper in *Glycerin* und *Fettsäuren* und zeigte, daß die letzteren die physiko-chemischen Eigenschaften der Fette bestimmen. Damit legte Chevreul die Grundlagen für die Untersuchung des Fettstoffwechsels. Im Jahre 1827 unterschied der englische Chemiker und Arzt W. Prout[8] drei Klassen von organischen Nährstoffen: *zuckrige*, *ölige* und *eiweissartige*. Prout umriss ein zukunftsweisen des Programm der Ernährungsforschung: Einmal die Analyse der chemischen Zusammensetzung der Nährstoffe, sodann die Untersuchung ihrer graduellen Veränderungen im Assimilations- und Dissimilationsprozess. Der holländische Chemiker G. J. Mulder[9] führte im Jahre 1838 auf Vorschlag von Berzelius den Namen „Protein" für eine Substanz ein, die den Kern sowohl des pflanzlichen wie auch des tierischen Eiweisses bilde.

Im Jahre 1833 isolierten A. Payen und J. Persoz[10] aus keimender Gerste eine Substanz, die Stärke in Zucker zu spalten vermochte und die sie „Diastase" nannten. Drei Jahre später vermutete der schwedische Chemiker J. J. Berzelius[11] (1836), daß in den lebenden Pflanzen und Tieren tausende von katalytischen Prozessen zwischen den Geweben und Flüssigkeiten vor sich gehen. Zu den ersten tierischen Katalysatoren, die näher beschrieben wurden, gehörten die Fermente der Verdauungssäfte.

In der ersten Hälfte des 19. Jahrhunderts gab die Elementaranalyse und die hydrolytische Spaltung der Nährstoffe wichtige Aufschlüsse über ihre chemischen Eigenschaften. Die Einteilung der Nährstoffe gründete sich auf den prozentischen Anteil von Kohlenstoff, Wasserstoff, Sauerstoff und Stickstoff sowie auf das Vorkommen oder das Fehlen von Stickstoff.

In der zweiten Hälfte des 19. Jahrhunderts wurde dann die organische Chemie als Lehre der Verbindungen des vierwertigen Kohlenstoffs ausgebaut. Das Skelett des Benzolringes wurde postuliert. Man unterschied zahlreiche aliphatische und aromatische Verbindungen. Die Chemiker beschäftigten sich nun mit der Strukturanalyse, mit der Systematik und [26] mit der Synthese zahlreicher organischer Körper. Dies befruchtete auch die Ernährungslehre.

1. Die Kohlenhydrate

In der ersten Hälfte des 19. Jahrhunderts wurde der Begriff und der Name „Kohlenhydrat" für diejenigen Stoffe geprägt, die neben Kohlenstoff den Sauerstoff und Wasserstoff im Verhältnis des H_2O enthielten.[12] Die Zucker wurden aufgrund ihrer Gärbarkeit, ihres Reduktionsvermögens und ihrer optischen Aktivität gekennzeichnet.[13]

Fr. Tiedemann und L. Gmelin[14] entdeckten 1826 die Verzuckerung der Stärke im Darmkanal, und A. Bouchardat und C. L. Sandras[15] isolierten 1845 aus dem Bauchspeichel eine Substanz, die Stärke in Zucker spaltete. In einer Reihe genial konzipierter Experimente untersuchte Claude Bernard[16] zwischen 1848 und 1857 den tierischen Zuckerhaushalt. Er stellte fest, daß die Leber Glukose produzierte, und er fand in der Leber eine zuckerbildende Substanz (matière glycogène, Glykogen), die durch ein Ferment in Zucker gespalten wird. Er isolierte das Glykogen, charakterisierte es als Polysaccharid und deutete es als tierische Stärke. Er kennzeichnete die Leber als vitales chemisches Laboratorium und als Zentralorgan des intermediären Stoffwechsels.

In der zweiten Hälfte des 19. Jahrhunderts erweiterten sich die Kenntnisse über die Chemie und Physiologie der Kohlenhydrate in ungeahnter Weise. Der große Chemiker Emil Fischer erforschte die Struktur der Zucker auf breitester Basis. Biochemiker und Physiologen erkannten, daß die Hauptmenge der im Körper verwendeten Kohlenhydrate freie Hexosen seien, die entweder in Form einfacher Zucker oder dann als Polysaccharide in der Nahrung vorkommen. Die Forscher stellten fest, daß die Kohlenhydrate als Monosaccharide ins Blut resorbiert würden.

Schon in den vierziger Jahren hatten Liebig und Boussingault die Theorie aufgestellt, daß der tierische Organismus imstande sei, Zucker in Fette [27] umzuwandeln. Diese Theorie wurde in der zweiten Hälfte des 19. Jahrhunderts auf breiter Grundlage überprüft und von den meisten Forschern bestätigt.[17]

2. Die Fette

Chevreuls Entdeckung, daß die Fette aus Fettsäuren und Glyzerin zusammengesetzt seien, bildete die Grundlage für die Erforschung des Fettstoffwechsels. Man bestimmte die verschiedenen Glyzeride der Fettkörper. Claude Bernard[18] entdeckte im Jahre 1849, daß der normale Bauchspeichel die Fähigkeit habe, Neutralfette zu emulgieren und in Fettsäuren und Glyzerin zu spalten. Umstritten blieb die Frage, in welcher Form Fette resorbiert würden. Als gewiß erschien die Resynthese der Fette im Innern der Darmwand. Von großer Bedeutung für die menschliche und tierische Ernährung war die Frage der Fettbildung aus Kohlenhydraten. Die letzteren wurden von einigen Forschern geradezu als „Fettbildner" bezeichnet.

3. Das Eiweiß

In der ersten Hälfte des 19. Jahrhunderts wurden die tierischen und pflanzlichen Eiweißkörper durch die Resultate der Elementaranalyse charakterisiert. Diese bestimmte den prozentischen Gehalt der Elemente N, C, H, O und S am Aufbau der Proteinsubstanzen. Die Eiweißkörper wurden auch durch ihre Löslichkeit in Wasser, Alkohol und Salzlösungen sowie durch bestimmte Farbreaktionen gekennzeichnet.[19]

Schon im frühen 19. Jahrhundert waren einige Aminosäuren als pathologische Produkte (Cystin) beobachtet oder durch Säurehydrolyse (Glykokoll, [28] Leucin) gewonnen worden. Diese Aminosäuren wurden aber zuerst als Zerfallsprodukte betrachtet und galten keineswegs als die wesentlichen Bausteine der Eiweißkörper. Bis in die neunziger Jahre glaubte man, daß die Proteine in Form hochmolekularer Spaltprodukte des Nahrungseiweißes aus dem Darm resorbiert würden. Im allgemeinen waren Ärzte und Ernährungsforscher der Ansicht, daß das tierische Eiweiß von größerem Nährwert sei als das pflanzliche. Übereinstimmend wurde aufgrund tierexperimenteller Studien der Leim als das unvollkommenste Nahrungseiweiß bezeichnet. Er sei allein nicht imstande, den Zustand des Stickstoffgleichgewichtes zu erzielen und entbehre eines wichtigen Bestandteiles der vollwertigen Proteine, nämlich des Tyrosins.

Erst an der Schwelle des zwanzigsten Jahrhunderts erkannte man die physiologische Dignität der Aminosäuren als der Grundbaustoffe des Eiweißmoleküls, das man nun nach seiner Aminosäurezusammensetzung charakterisierte.[20]

III. Die frühen Fütterungsversuche

Die ersten bahnbrechenden Experimente wurden von Magendie[21] (1816) sowie von Tiedemann[22] in den zwanziger Jahren unternommen. Magendie ging von folgenden Ueberlegungen aus: Die tierischen Gewebe enthalten Stickstoff, und dieses Element kommt auch in gewissen Nahrungsmitteln vor. Nun stellte sich Magendie folgende Fragen: Stammt der Stickstoff der Gewebe aus der Luft oder ist die Nahrung die einzige Quelle des in tierischen Geweben vorkommenden Stickstoffs? Oder sollte der lebende Organismus gar in der Lage sein, den Stickstoff „durch den Lebensprocess" aus anderen Elementen zu erzeugen? Um diese Frage experimentell zu entscheiden, fütterte Magendie Hunde mit stickstofffreien Nährstoffen bekannter elementarer Zusammensetzung wie Zucker, Oel und Butter. Die Hunde frassen und verdauten die Nahrung; sie gingen aber nach 32 bis 36 Tagen unter extremer Abmagerung ein. Bei einigen [29] Versuchstieren trat ein Ulcus corneae auf. Die wichtigste Folgerung, die Magendie aus diesen Versuchsergebnissen zog, lautete: Der Stickstoff in den tierischen Geweben kann nur aus der Nahrung stammen.

In der dritten Auflage seines Lehrbuchs der Physiologie beschrieb Magendie[23] weitere Fütterungsexperimente. Ein mit schwarzem Soldatenbrot gefütterter Hund befand sich dauernd wohl.

Ein Esel, der mit gekochtem Reis gefüttert wurde, lebte 14 Tage lang. Hunde, die nur mit Käse und andere, die ausschließlich mit Eiern ernährt wurden, lebten längere Zeit, magerten aber stark ab. Magendie folgerte daraus, daß die Mischung und Mannigfaltigkeit der Nahrungsmittel ihren Nährwert bestimme.

Die entscheidende Leistung Magendies lag weniger in den konkreten Resultaten als vielmehr in seiner Methodik. Magendie versuchte erstmals reine Nährstoffe bekannter chemischer Zusammensetzung isoliert zu verfüttern, um deren Nährwert zu bestimmen. Nach Magendie unternahmen Friedrich Tiedemann und Leopold Gmelin (in den zwanziger Jahren) weitere Versuche mit „einfachen Nahrungsstoffen".[24] Sie beschrieben diese Versuche in ihrem berühmten Werk: Die Verdauung nach Versuchen, das 1826–1827 in Heidelberg erschien. Als Versuchstiere wählten Tiedemann und Gmelin Gänse, da diese Tiere einerseits meist mit Vegetabilien ernährt wurden, andererseits aber auch animalische Nahrung nicht verschmähten. Ein Vorversuch zeigte, daß die etwa 8 Pfund wiegenden Gänse täglich mit 3 Unzen Gerste ihr Gewicht längere Zeit beibehielten. Nun wurden die Gänse ausschließlich mit Zucker, Stärke oder geronnenem Eiweiß sowie mit Wasser gefüttert. Die Änderung des Gewichtes der Versuchstiere, die Menge der aufgenommenen Nahrung und die chemische Beschaffenheit der Exkremente wurden von Tiedemann und Gmelin täglich registriert. Die gestorbenen und getöteten Tiere wurden exakt seziert. Der Darminhalt, das Blut und der Chylus wurden chemisch analysiert.

Bei ausschließlicher Ernährung mit Zucker und Stärke trat der Tod zwischen dem 22. und 27. Tag ein, bei Fütterung mit geronnenem Eiweiß nach 46 Tagen. Die Exkremente der mit gekochtem Eiweiß gefütterten Gans zeigte viel Harnsäure, die sich bei Erwärmen mit Kali auflöste und nach Zusatz von Salzsäure gefällt wurde. Das Hauptergebnis der Ernährungsversuche von Tiedemann und Gmelin lautete: die einfachen Nahrungsmittel – ob mit oder ohne Stickstoff – erhalten den Nutritionsprozess nicht über längere Zeit aufrecht. Werden Gänse mit gekochtem [30] Hühnereiweiß gefüttert, so ist ihre Überlebenszeit doppelt so lang wie bei der Ernährung mit Zucker oder Stärke.

IV. Die Knochenleim-Frage[25]

Ein interessantes Problem, das in mannigfacher Abwandlung während des ganzen 19. Jahrhunderts diskutiert wurde, war die Frage nach dem Nährwert des Knochenleims, der Gelatine.

Im 17. Jahrhundert hatte Denis Papin die Armen von Paris mit Knochenleimsuppe gespiesen. Nach der französischen Revolution suchte man mit philanthropischem Enthusiasmus nach einer guten und billigen Nahrung für das Volk und glaubte diese im Knochenleim gefunden zu haben. Ein Knochen, so hieß es, repräsentiere eine durch die Natur geformte Bouillon-Tafel. Öffentliche Institutionen und Spitäler führten die Leimsuppe als Nahrungsmittel ein. Der Widerwille der Leimkonsumenten und die Einwände ärztlicher und wissenschaftlicher Kreise führten dazu, daß die französische Akademie im Jahre 1831 erneut eine Kommission einsetzte, die sich mit der Gelatine-Frage befasste. Im Jahre 1841 wurde unter dem Vorsitz Magendies ein Bericht der Gelatine-Kommsission veröffentlicht.[26] Die Hauptergebnisse der im wesentlichen von Magendie geleiteten experimentellen Überprüfung des Gelatine-Problems an Hunden lauteten:[27]

1. Hunde verschmähten diese Nahrung.

2. Blutfibrin allein oder Eiereiweiß erhielt die Hunde ebenfalls nicht am Leben.

3. Am längsten (126 Tage) lebten die Hunde, die mit Fibrin und Albumin gefüttert wurden.

4. Die mit Fibrin, Gelatine und Albumin gefütterten Tiere, die sich also sozusagen mit „künstlichem Muskel" ernährten, lebten 121 Tage.

5. Die mit frischem Muskelfleisch gefütterten Tiere erfreuten sich bester Gesundheit.

[31] Aufgrund der Resultate der beiden letzten Versuchsreihen fragte sich Magendie, ob aus frischem Muskel ein Stoff extrahierbar sei, der mit Fibrin zusammen eine vollwertige Nahrung ausmache.

Die Versuche Magendies gehören zu den besten und eingehendsten Ernährungsexperimenten, die in der ersten Hälfte des 19. Jahrhunderts angestellt wurden.

1. Das hauptsächlichste praktische Ergebnis bestand in der Feststellung der Kommission, daß der Knochenleim nicht als Volksnahrungsmittel gelten könne und aus den Spitalküchen zu verschwinden habe.
2. Von besonderer Bedeutung war die Tatsache, daß Magendie den qualitativen Nährwert verschiedener Nährstoffe, insbesondere eiweißartiger Substanzen, verglich.
3. Von großem Interesse ist auch Magendies Suche nach einem in frischem Muskelfleisch vorkommenden, aber in Fibrin und Albumin fehlenden, lebenserhaltenden Stoff. Die zeitbedingten Mängel der Methodik bestanden darin, daß Magendie selten genaue quantitative Angaben machte, wieviel von der angebotenen Nahrung auch wirklich verzehrt oder verdaut wurde. Er verwechselte auch die Verweigerung einer bestimmten Kost mit ihrem fehlenden Nährwert, und er unterschied nicht scharf zwischen Nährstoffen und Nahrungsmitteln.

V. Jean Baptiste Boussingault und die Ernährungsphysiologie

J. B. Boussingault, Bergbauingenieur, Agrikulturchemiker, Tierphysiologe und Landwirt gehört zu den hervorragendsten Ernährungsforschern des 19. Jahrhunderts.[28]

Boussingault bewies im quantitativen Versuch, daß Klee und Erbsen während des Wachstums in einem gänzlich von Dünger befreiten Boden (in geglühtem Kieselsand) eine nachweisliche Menge Stickstoff aus der Luft aufnahmen, während wachsender Weizen seinen vom Samenkorn erhaltenen Stickstoff nicht vermehrte.[29]

Boussingault verglich bei Haustieren die Ein- und Ausgaben an Kohlenstoff, stickstoffhaltigen Substanzen, Fetten und Phosphaten, wobei er [32] einerseits das Futter, andererseits die Milch und die Exkremente quantitativ analysierte.[30]

Boussingault studierte auch die Frage, ob der gesamte im Körper umgesetzte Stickstoff[31] mit dem Urin und Kot ausgeschieden werde. Sein Anliegen galt hier der Lösung eines physiologischen Problems von großer praktischer Tragweite. Er wollte die Frage entscheiden, ob ein Teil des umgesetzten Stickstoffs in elementarer Form mit der Atemluft ausgehaucht werde und damit für die Düngung verloren gehe. Die Versuchsanordnung war folgende: Eine Turteltaube wurde mit Hirse bekannter elementarer Zusammensetzung gefüttert; auch die Exkremente der Turteltaube wurden der Elementaranalyse unterworfen. Dabei zeigte sich, daß die Turteltaube mehr Stickstoff mit ihrer Nahrung aufnahm als in ihren Exkrementen abgab, obwohl sie an Gewicht leicht verlor. Boussingault folgerte daraus, daß ein Teil des Nahrungsstickstoffs durch die Atemluft ausgedünstet werde. Damit wurde die später viel diskutierte Frage der „negativen Stickstoffbilanz" erstmals zur Diskussion gestellt. Dieses Problem bildete einen wichtigen Ausgangspunkt der Stoffwechselversuche von Voit und Bischoff.

Im Jahre 1844 faßte Boussingault[32] die zu seiner Zeit verschwommenen Vorstellungen über die Nahrungsinsuffizienz in klare Begriffe. Eine gegebene Kostform, so stellte er fest, ist ungenügend, wenn
a) die Nahrung keine genügende Menge an stickstoffhaltigen Körpern besitzt, die den Stickstoffverlust decken,
b) die Nahrung nicht genügend Kohlenstoff enthält, um den CO_2 - Verlust zu ersetzen, die Nahrung nicht genügend Salze, insbesondere Phosphate, enthält, um die Salzverluste auszugleichen.

Von grundlegender Bedeutung war Boussingaults Methodik: die quantitative, elementare Bilanz der Stoffeinnahmen und Stoffausgaben im Tierversuch, das heißt die quantitative, chemische Analyse des Futters einerseits und des Urins, der Exkremente und der Atmungsgase andererseits. Mit diesen Methoden wandte sich Boussingault Kernfragen des pflanzlichen und tierischen Stoffwechsels zu, die er teilweise löste und teilweise zu fruchtbarer Diskussion stellte. Boussingault war der metho-[33]-disch exakteste Ernährungsforscher in der ersten Hälfte des 19. Jahrhunderts, und in der fruchtbaren Fragestellung wurde er wohl nur von Liebig übertroffen.

VI. Justus Liebig und die Ernährungslehre[33]

Der bedeutendste und einflußreichste Ernährungsforscher im 19. Jahrhundert war der Chemiker Justus Liebig. Die Hauptleistung Liebigs bestand darin, daß er die bisherigen Ergebnisse und Anschauungen, die durch Magendie, Prout, Dulong, Despretz, Boussingault und Mulder erarbeitet worden waren, mit der divinatorischen Kraft eines begnadeten Chemikers deutete und in ein neues, kohärentes System der Ernährungslehre integrierte. Liebig teilte die Nährstoffe in zwei Hauptgruppen ein, in
1. Die plastischen Nahrungsmittel und
2. Die Respirationsmittel, das heißt die wärmebildenden Nährstoffe.[34]

Die plastischen Nahrungsmittel sind nach Liebig das Eieralbumin, das Fibrin des Blutes, das Casein der Milch, das Pflanzenalbumin u. s. w. Diese Stoffe besitzen alle eine eiweißartige Kernsubstanz, die Mulder nach einem Vorschlag von Berzelius „Protein" nannte (von proteuo = ich bin der erste).[35] Wechselnde Kombinationen von Schwefel und Phosphor mit dem Grundkörper Protein sollten die verschiedenartigen Eiweißstoffe hervorbringen, wie etwa Albumin, Fibrin, Casein u.s.w.

Die Funktion der plastischen Nährstoffe ist nach Liebig eine doppelte.[36] Sie bauen einmal die organisierte Substanz der Gewebe und Körperorgane auf und liefern sodann die mechanische Kraft für die Muskelarbeit. Der Stoffwechsel im eigentlichen Sinne besteht nach Liebig im Abbau der lebenden organisierten Materie und liefert Harnstoff und Harnsäure. Liebig führte aus:[37]

> „Es ist augenscheinlich, die plastischen Bestandtheile der Nahrung sind die nächsten Bedingungen der Krafterzeugung im Organismus und aller seiner sinnlichen und geistigen Thätigkeiten."

Die Respirationsmittel[38] werden durch die Fette und Kohlenhydrate repräsentiert. Der durch die Respiration absorbierte Sauerstoff oxydiert [34] diese Substanzen im Blute und erzeugt Wärme. Die Respirationsmittel gewährleisten eine zureichende Körpertemperatur.

Liebig glaubte, daß die Kohlenhydrate im tierischen Körper in Fette umgewandelt werden. Dies geschehe etwa bei der Gänselebermast in eindrücklicher Weise.

Mulder[39] hatte im Jahre 1838 darauf hingewiesen, daß sowohl die Pflanzen- wie die Fleischfresser eine ähnliche Nahrung genossen. Beide, so sagte er, nehmen Eiweißstoffe auf, die Pflanzenfresser aus der vegetabilischen Nahrung, die Fleischfresser aus ihren Beutetieren. Liebig entwirft folgendes Bild des Ernährungsprozesses.[40] Der Pflanzenfresser bezieht sein Eiweiß aus der vegetabilischen Nahrung und resorbiert es ins Blut. Die Pflanze ist imstande. Eiweißkörper zu synthetisieren, die mit dem Fibrin und Albumin des Blutes beinahe identisch sind. Der Pflanzenfresser bezieht sein Blutfibrin aus dem resorbierten „Pflanzenfibrin" und sein Blutalbumin aus dem „Pflanzenalbumin". Blutfibrin und -albumin haben die gleiche elementare Zusammensetzung. Das Fibrin und Albumin des Blutes bilden die Muskelfaser und diese zersetzt sich in einem oxydativen Prozess zu Harnstoff und Harnsäure. Der Fleischfresser bezieht sein Albumin und Fibrin unmittelbar aus dem Blut und Fleisch der Beutetiere. Die Pflanzen- und Fleischfresser bekommen ihr Eiweiß letztlich von den Pflanzen.

Der Harnstoff ist das Mass des eigentlichen Stoffwechsels: „Die Quantität der in einer gegebenen Zeit umgesetzten Gebilde ist meßbar durch den Stickstoffgehalt des Harns."[41]

Ein besonderes Verdienst Liebigs besteht darin, daß er die Salze als unerlässliche Nährstoffe erkannte. Sie beteiligten sich am Aufbau der organisierten Materie, die ohne Salze leblos wie ein Stein wäre.[42] Liebig charakterisierte die Nährstoffe nach der Menge des Sauerstoffs, die bei ihrer Verbrennung verbraucht werde. Er berechnete den Sauerstoffverbrauch aus der Menge der brennbaren Elemente C und H, die in den Nährstoffen vorhanden seien. Dabei glaubte Liebig, daß der „Wärmeerzeugungswert" der Nährstoffe der Menge des aufgenommenen Sauerstoffs entspreche. Liebig berechnete nach diesen Überlegungen die kalorischen Äquivalente der verschiedenen Nährstoffe. Seine Berechnungen ergaben, daß 100g Fett bei der Verbrennung die gleiche Menge O_2 absorbierten und [35] dieselbe Wärme freisetzten wie 240 g Stärke, 249 g Rohrzucker, 263 g Traubenzucker, 770 g frisches Muskelfleisch ohne Fett.[43]

Diese Angaben Liebigs stehen am Beginn der Bemühungen, die gegenseitige kalorische Vertretung der Nahrungsmittel zahlenmäßig festzulegen, ihren „isodynamen" Betrag, wie es Rubner später nannte, zu bestimmen.

Liebigs Betrachtungen über die im Stoffwechsel freiwerdenden mechanischen Kräfte bildeten den Ausgangspunkt der späteren Untersuchungen über die Energiebilanz im tierischen Organismus.[44] Liebig glaubte, daß im Tierkörper vitale Energien oder der „Zustand des Lebens" in meßbare mechanische Effekte umgewandelt werden können. Er stellt fest:
„Die Menge des belebten Stoffs, welcher in dem Thierkörper seinen Zustand des Lebens verliert, steht bei gleichen Temperaturen in geradem Verhältnis zu den in der gegebenen Zeit hervorgebrachten mechanischen Effecten."[45]

Im Schlafe wird durch die „Lebenskraft" ein Bildungseffekt hervorgebracht. Beim Zerfall dieser durch den Bildungseffekt erzeugten organischen Stoffe wird mechanische Kraft frei. Hier schafft also die „Lebenskraft" organisierte Substanzen.

Die Menge an „Lebenskraft", die in mechanische Effekte transformiert wird, geht von der Kraftmenge ab, die für den Aufbau organischer Stoffe freisteht.
„Die Lebenskraft, welche zu mechanischen Effecten verwendet wird, geht von der Summe an Kraft ab, welche zur Zunahme verwendbar ist."[46]

Der Begriff der Lebenskraft wird hier von Liebig nicht mit letzter Klarheit definiert. Einmal mißt Liebig den Verbrauch an Lebenskraft durch den Verlust der organisierten Materie, etwa der abgebauten Muskelsubstanz. Ein andermal bewirkt die Lebenskraft nach Liebig mechanische Effekte, die in Meterkilogramm ausgedrückt werden. Schließlich soll die Lebenskraft organisierte vitale Gewebe erzeugen. Eine gegebene Menge an Lebenskraft ist also nach Liebig befähigt, sowohl plastische wie mechanische Wirkungen auszuüben. Die Summe der plastischen und mechanischen Effekte bleibt sich dabei gleich. Worin aber diese Lebenskraft besteht, wie sie „Bildungseffekte" bewirkt, und woraus die Lebenskraft geschöpft wird, all das bleibt unklar.

[36] Hier schuf Julius Robert Mayer, der große theoretische Physiker und Arzt, Klarheit. In seinem Buche „Die organische Bewegung in ihrem Zusammenhang mit dem Stoffwechsel"[47] klärte er in scharfsinniger Kritik der Liebigschen Kraftlehre die Frage nach der Quelle der mechanischen und tierischen Energien. Mayer stellte fest:[48]

> „Die chemische Kraft, welche in den eingeführten Nahrungsmitteln und in dem eingeathmeten Sauerstoffe enthalten ist, ist also die Quelle zweier Kraftäußerungen, der Bewegung und der Wärme, und die Summe der von einem Thiere producirten physischen Kräfte ist gleich der Größe des gleichzeitig erfolgenden chemischen Processes."

Hier wird zum ersten Male das Gesetz der Erhaltung der Energie mit voller Klarheit auf den lebenden Organismus angewendet. Mayer lehnte auch die Hypothese Liebigs ab, die besagte, daß Muskelkraft durch den Zerfall von Muskeleiweiß erzeugt wird. Wenn die chemische Energie der Muskelsubstanz in die mechanische Kraft der Herzarbeit sich umsetzen würde, dann müßte der Herzmuskel innerhalb weniger Tage aufgezehrt sein. Das Blatt der Pflanze, so stellte Mayer fest, verwandelt Licht in chemische Differenz. Auf gleiche Weise erzeugt der Muskel auf Kosten der in seinen Kapillargefäßen zirkulierenden chemischen Differenz den mechanischen Effekt.

> „Der Muskel ist nur das Werkzeug, mittels dessen die Umwandlung der Kraft erzielt wird, aber er ist nicht der zur Hervorbringung der Leistung umgesetzte Stoff."[49]

Die klare Anwendung des Gesetzes von der Erhaltung der Energie auf den lebenden Organismus, die hier Mayer formulierte, fand in den nächsten 20 Jahren wenig Resonanz.

Vom Werke Liebigs gehen für die Ernährungsforschung zwei große Entwicklungslinien aus:

1. Die *stoffliche* Seite der Ernährung. Sie gilt der Untersuchung des Liebigschen Satzes „Der Stickstoff ist das Maß des Stoffwechsels" und mündet in die große Leistung Voits ein.
2. Die *energetische* Seite. Sie regt Helmholtz zu seinen energetischen Studien auf dem Gebiete der Muskelphysiologie an. Sie führt zur Kritik durch Julius Robert Mayer und zu dessen erster voller Anwendung des Gesetzes von der Erhaltung der Energie. Diese energetische Linie führt schließlich zu den Untersuchungen von Fick und Wislicenus über die Quelle der Muskelkraft, sowie zu den Studien Franklins und Rubners über die tierische Wärmebildung. [37]

VII. Die Epoche nach Liebig (1840–1860). Der Primat des Proteins

Liebigs epochemachendes Werk „Die organische Chemie in ihrer Anwendung auf die Physiologie und Pathologie" erschien im Jahre 1842. Die Ernährungslehre der nächsten 20 Jahre steht eindeutig unter dem dominierenden Einfluß von Liebig. Sie ist ohne seine bahnbrechende Leistung undenkbar. In der Zeit zwischen 1840 und 1860 wurden folgende Grundthesen für die Ernährungswissenschaft wegleitend.

Der Organismus der Pflanzen- und Fleischfresser braucht zu seiner Erhaltung Salze, Eiweiß, Fette und Kohlenhydrate. Fette und Kohlenhydrate können sich dabei in weiten Grenzen gegenseitig ersetzen. Die organischen Nährstoffe können in zwei Hauptklassen eingeteilt werden: die plastischen und die kalorischen Nährstoffe.

Die plastischen Nährstoffe sind die Eiweißkörper. Sie ersetzen, wie der Name sagt, die verbrauchten Körpergewebe, und sie sind zudem die einzigen Energielieferanten für die innere und äußere Arbeit des Organismus.

Die Respirationsmittel oder die kalorischen Mittel bestehen aus den Kohlenhydraten und Fetten. Sie liefern die Körperwärme, sind aber für die Erzeugung mechanischer Arbeit ungeeignet. Fette und Kohlenhydrate – die letzteren wurden auch als „Fettbildner" bezeichnet – können sich als Wärmeerzeuger weitgehend vertreten. Auch das Eiweiß liefert bei der oxydativen Zersetzung Wärme. Die Fette und Kohlenhydrate können aber niemals die plastischen und energetischen Funktionen des Eiweißes ersetzen. Die Eiweißkörper sind daher die wichtigsten und durch keine anderen Substanzen ersetzbaren Nährstoffe. Der „eigentliche Stoffwechsel" besteht in Eiweißumsatz. Die Frage, wie man den Eiweißbedarf der Menschheit decken solle, wurde zur Kernfrage der Ernährungslehre. Zahlreiche ökonomische, landwirtschaftliche, hygienische und soziale Probleme waren damit verknüpft.

Die Nahrungsmittel wurden in diesem Zeitraum auf ihren Gehalt an Eiweiß, an Fetten, an Kohlenhydraten und Salzen untersucht. In der Ernährungsliteratur erschienen immer häufiger tabellarische Übersichten über die verschiedenen in den Nahrungsmitteln enthaltenen Nährstoffe. Andere Tabellen gaben an, wie groß die Menge eines bestimmten Nahrungsmittels sein müsse, um 100 g Eiweiß zu liefern, deren der arbeitende Erwachsene auf die Dauer zum Leben bedürfe. Mit diesen Tabellen versuchte man, Kostformen aufzustellen, das heißt eine Zusammenstellung von Nahrungsmitteln, die den Nährstoffbedarf des Menschen decken sollten. Größte Aufmerksamkeit wurde dem Eiweißgehalt der verschiedenen Nahrungsmittel geschenkt. Dabei stellte sich heraus, daß [38] Fleisch, Eier und Hülsenfrüchte mit ihrem reichen Eiweißgehalt bei vorwiegender Kartoffel- oder Reisnahrung für die Deckung des Eiweißbedarfes unerläßlich waren.

Die zwei wichtigsten Werke, die zwischen 1840 und 1860 über die Ernährung erschienen, sind zweifellos G. J. Mulders Buch „Die Ernährung in ihrem Zusammenhang mit dem Volksgeist" (1847) und J. Moleschotts Handbuch „Die Physiologie der Nahrungsmittel" (1859). Beide

Werke verkörpern neben den physiologisch-hygienischen auch die sozialen Anliegen der 48er Generation.

Mulder unterschied anorganische und organische Nahrungsmittel. Die Salze, so stellte er fest, sind ebenso unentbehrlich für das Leben wie die organischen Nährstoffe, aber der tägliche Bedarf an Salzen ist noch unbekannt. Mulder stellte fest,
> „um den Gegenstand unter einen einfachen Gesichtspunkt zu bringen, beschränke ich mich jetzt auf drei Klassen der Nahrungsmittel: eiweißartige, stärkemehlartige und fettige Körper, und erinnere daran, daß durch diese drei Arten von Stoffen, wenn sie in dem richtigen Verhältnisse in den Körper eingeführt werden, und die Salze, die täglich den Körper verlassen – als phosphorsaure, schwefelsaure Salze, Chlorverbindungen von Kalk, Magnesia, Natron, Kali, Eisen – hinzukommen, das Leben erhalten werden kann."[50]

Schon im Jahre 1838 hatte Mulder auf die fundamentale Bedeutung des in der vegetabilischen und tierischen Nahrung vorkommenden „Proteins" hingewiesen.[51] Der Eiweißstoff, so stellte er 1847 fest, ist der Hauptstoff der Nahrung. Der Organismus zeigt nun bei wechselnder Eiweißzufuhr eine „erstaunliche Duldsamkeit". Er vermag ohne Nachteile ein Übermaß an Eiweiß zu verarbeiten, und er ist imstande, wenig Eiweiß maximal auszuwerten. Mulder unterstrich die Unentbehrlichkeit der Eiweißkörper:
> „Bei jedem Gedanken, bei jeder Muskelbewegung wird eiweißartige Substanz von unserem Gehirn, von unseren Muskeln verbraucht; diese muß also von außen in demselben Verhältnisse ersetzt werden. Sie kann durch gar keinen anderen Stoff vertreten werden: kein Zucker, kein Fett, kein Stärkemehl können irgendwie die Stelle des Eiweißes einnehmen."[52]

Die für einen Erwachsenen bei mittlerer Arbeit nötige Eiweißmenge bestimmte Mulder empirisch.[53] Er berechnete sie aus dem Kostmaß der im Festungsdienst tätigen niederländischen Soldaten. Die tägliche Nahrungs-[39]menge betrug zum Beispiel Weizenmehl 500 g (= 85 g Eiweiß), frisches Fleisch 250 g (= 28,75 g Eiweiß), Reis 60 g (= 2,2 g Eiweiß). Die Summe der Eiweißmenge ergab 115,95 g Eiweiß. Den mittleren täglichen Eiweißbedarf für den erwachsenen Menschen gab Mulder mit etwa 100 g an. Diesen Bedarf könne man durch folgende Speisemengen decken: 370 g Eier, 500 g gebratenes Fleisch, 900 g Weizenbrot, 10 kg Kartoffeln undsoweiter.[54] Kartoffeln als alleinige Speise seien also zur Deckung des Eiweißbedarfes ein äußerst ungünstiges Nahrungsmittel.

Die Fette und Kohlenhydrate werden im Organismus zu Kohlensäure und Wasser oxydiert. Ein erwachsener Mensch haucht täglich etwa 800 g Kohlensäure oder 218g Kohlenstoff aus.[55] Um diesen Kohlenstoff zu ersetzen, müssen zum Beispiel 490 g Stärkemehl zugeführt werden. (Das Stärkemehl enthält 44,5% Kohlenstoff). Stärke kann auch in Fett umgewandelt werden, was sich etwa bei der Schweinemast deutlich zeigt. Die Kohlenhydrate und Fette können sich weitgehend vertreten. Mulder unterstrich aber, daß die kalorische Äquivalenz eines Nahrungsmittels für den Nährwert nicht allein maßgebend sei. Es gebe z. B. für die Fette noch spezifische Effekte, die nicht alle durch ihren Kohlenstoffgehalt bedingt seien. Das Fett, so unterstrich Mulder, habe „seinen eigenen Nutzen"; und diese spezifische Wirkung könne nicht durch Stärke oder Zucker ersetzt werden. Weder die Wissenschaft noch die Erfahrung könne etwas über die Menge etwa der Butter angeben, die man unbedingt brauche, um gesund zu bleiben.[56] Diese Feststellung Mulders war eine seltene und warnende Stimme im Chor der quantitativ-kalorischen Euphorie der damaligen Nahrungsforscher.

Einen ausgezeichneten Überblick über die Ernährungslehre zwischen Liebig und Voit (1840–1860) finden wir in Moleschotts Werk „Physiologie der Nahrungsmittel" (2. Aufl. 1859). Dieses Werk bringt eine Fülle an Fakten, an tabellarischem Material und zudem eine kritische Sichtung der Ernährungstheorien innerhalb dieser fruchtbaren Forschungsepoche. Mit großer Klarheit unterscheidet Moleschott die Begriffe Nahrungsmittel und Nährstoff.[57] Ein Nährstoff ist jeder Bestandteil der Speisen und Getränke, der durch die Verdauung in einen wesentlichen Blutbestandteil umgewandelt wird. Nahrungsmittel ihrerseits enthalten meist mehrere solcher Nährstoffe. Nur wenige einzelne Nahrungsmittel vereinen die verschiedenen Nährstoffe in einer für die Ernährung vollkommen zureichenden und geeigneten Mischung. Aus diesem Grund muß jede Nahrung aus verschiedenen Nahrungsmitteln zusammengesetzt werden. Erst dann wird die Nahrung qualitativ und quantitativ optimal. [40]

Moleschott unterzog die von Magendie und Tiedemann und Gmelin sowie anderen Forschern unternommenen Fütterungsversuche einer neuen Interpretation. Die Tatsache, daß die Versuchstiere mit Knochenleim allein auf die Dauer nicht leben können, beweist noch nicht, daß der Leim keinen Nährwert besitze. Mit dieser Feststellung unterschied Moleschott klar den Begriff des Nährstoffs von dem einer Vollnahrung. Moleschott überlegte sich folgendes: man sollte meinen, daß der tierische Organismus mit Eiweiß und Salzen auskommen sollte. Denn Eiweiß besitzt alle den organischen Stoffen zukommenden Elemente und ist wahrscheinlich auch ein Fettbildner, denn aus Leuzin, einem Eiweißbestandteil, entstehen durch Oxydation flüchtige Fettsäuren. Die Erfahrung aber zeigt, daß Tauben, die mit Hühnereiweiß und anorganischen Stoffen gefüttert wurden, nicht viel länger am Leben blieben als hungernde Tiere.[58]

Die Salze sind ebenso unerläßlich wie die organischen Nährstoffe. Die anorganischen Stoffe sind mit den organischen Substanzen der tierischen Gewebe in ganz spezifischer Weise verbunden. Im Blut befindet sich viel Kochsalz, in den Muskeln kommt dagegen viel Chlorkalium vor. Während die Knochen reich an Kalziumphosphaten sind, enthält die Muskelasche viel Magnesium.

Um das Kostmaß festzusetzen, sind zwei Methoden gangbar:[59]
1. Einmal kann empirisch bestimmt werden, wieviel eiweißartige Stoffe, Fettbildner, Salze und Wasser ein Mensch in 24 Std. zu sich nimmt, um sein Nahrungsbedürfnis zu befriedigen.
2. Die andere Methode besteht darin, aus den Exkrementen des Harns, des Kots und der Lunge die Mutterkörper der Auswurfstoffe zu rekonstruieren.

Die erste Methode, so gab Moleschott an, sei zuverlässiger, aber eine Kontrolle durch die zweite Methode sei nützlich. Der Nachteil der zweiten Methode bestehe darin, daß nicht alle

Abgänge erfaßt werden könnten. Nicht aller Stickstoff erscheine nämlich im Harn, und die Abgänge im Darmkanal, der Hauttalg und der Schweiß seien schwer zu bestimmen. Aus den Angaben verschiedener Forscher berechnete Moleschott folgenden Mittelwert für einen arbeitenden Mann:[60] Eiweiß 104 g, stickstofffreie organische Nährstoffe 384 g, Salze 12 g. Eine vollkommene Nahrung soll nach Moleschott[61] in tausend Teilen folgende Substanzen enthalten: Eiweiß 37,70; Fett 24,36; Fettbildner 117,17; Salze 8,70; Wasser 812,07. Von besonderer Wichtigkeit erschien Moleschott das Verhältnis zwischen dem Eiweiß einerseits und den Fetten und Kohlenhydraten andererseits. [41] Um ideale Mischungsverhältnisse zu erreichen, müsse man mehrere Nahrungsmittel kombinieren.

Soziale Ernährungslehre

Der soziale und hygienische Aspekt der Ernährungslehre wurde von den Forschern der 48er Generation intensiv empfunden und kraftvoll vertreten. Mulder[62] stellte fest, daß breite Bevölkerungsschichten der Arbeiter, Bauern, Handwerker und Dienstboten zu wenig Eiweiß erhielten. Er geißelte den Kartoffelabusus, der zu einem Überangebot an Kohlenhydraten und zu einer ungenügenden Deckung des Eiweißbedarfs führe. Der mit Kartoffeln vollgepfropfte Arbeiter ißt zuviel und zu wenig, d. h. zuviel an Kohlenhydraten, zu wenig an Eiweiß.[63] Er ist sozusagen ein unterernährter Polyphage mit ungenügender körperlicher und geistiger Kraft. Mulder verglich die trägen, aufgeschwemmten Kartoffel- und Reisesser mit den dynamischen Fleischessern: Etwa die Irländer und Inder mit den englischen Arbeitern, die auf ihrer Fleischration bestehen. Längst habe man eingesehen, so stellte Moleschott fest, daß ein kräftig arbeitendes Pferd Hafer (Eiweiß) bekommen muß. Nur den Arbeitern, Handwerkern und Dienstboten hat man diesen wichtigen Nährstoff vorenthalten. Mulder forderte, daß das Volk über die gesunde Ernährungsweise aufgeklärt werden müsse. Ärzte, Politiker, Schulmänner und Lehrer sollten vereint die Forderung nach einer zureichenden Ernährung propagieren. Insbesondere müßten in der Volksschule neben der Gymnastik auch die Diätetik unterrichtet werden.[64] Das teure Eiweiß des Fleisches könne durch das billigere Protein der Hülsenfrüchte ersetzt werden. Die Landbevölkerung, die auch zuviel Kartoffeln esse, decke den Eiweißbedarf teilweise durch Milch. Auch Brot ist ein besserer Eiweißlieferant als etwa Kartoffeln.

Die Dorpater Forscher F. Bidder und C. Schmidt wiesen auf die große nationalökonomische Bedeutung der Ernährungslehre hin. Sie forderten:[65] Die Staatswirtschaft muß dafür sorgen, daß eine maximale Menge unassimilierbarer C, H, N und O-Verbindungen der Atmosphäre und des Bodens in komplexe organische Substanzen umgewandelt werden, die dem tierischen und menschlichen Organismus als Nahrung dienen können. Dies geschieht durch den Apparat der Pflanze. Die von der [42] Pflanze synthetisierten organischen Nährstoffe müssen zur „Erhaltung der größtmöglichen Zahl von Individuen als zeitweiligen Trägern des intellectuellen Bewußtseins und Fortschritts" rationell verteilt werden. Hier treffen sich die Ernährungslehre und wissenschaftlicher Fortschrittsglaube in inniger Verschmelzung. Bidder und Schmidt verlangten auch, daß die Albuminate im wesentlichen nur als plastische Ersatzstoffe gebraucht werden müssen, während Fette und Kohlenhydrate als Wärmebildner dienen sollten.

VIII. Untersuchung der Stickstoffbilanz bis zu Carl Voits Werk

Die frühen Untersuchungen über den Stoffwechsel der stickstoffhaltigen Substanzen bilden den Ausgangspunkt der modernen Ernährungslehre. Der französische Chemiker H. M. Rouelle[66] entdeckte im Jahre 1773 den Harnstoff und beschrieb ihn als seifige, alkohollösliche und kristallisierbare Materie, die bei der Zersetzung viel Ammoniak liefere. Fourcroy und Vauquelin gaben zu Anfang des 19. Jahrhunderts eine umfassende Beschreibung der chemischen und physikalischen Eigenschaften dieser Substanz, die sie „urée" (Harnstoff) nannten. Im Jahre 1821 zeigten der junge Genfer Arzt J. L. Prevost[67] und der mit ihm zusammenarbeitende französische Apothekerschüler und spätere berühmte Chemiker Jean Baptiste Dumas im Tierversuch, daß der Harnstoff nicht in den Nieren gebildet werde. Sie stellten fest: Wenn beide Nieren bei Katzen exstirpiert werden, so akkumuliert sich der Harnstoff im Blut und führt zu einer tödlichen Vergiftung im Koma. W. Prout und N. T. de Saussure gaben die genaue elementare Zusammensetzung des Harnstoffs an.[68]

Der reichliche Stickstoffgehalt des Harnstoffes legte die Vermutung nahe, daß er aus den Eiweißkörpern der Nahrung stamme. Im Jahre 1825 stellte Charles Chossat[69] folgende Überlegungen an. Der mit der Nahrung in den Körper eingeführte Stickstoff wird im Urin ausgeschieden. Der gesamte Stickstoff des umgesetzten Albumins erscheint im Harnstoff des Urins, wobei ein Gewichtsteil Harnstoff die gleiche Stickstoffmenge wie 2,7 Teile Albumin enthält. Der überschüssige Kohlenstoff des Albumins, der nicht [43] in Form von Harnstoff entleert wird, verbrennt in der Lunge zu CO_2 und wird ausgeatmet.

Damit drang Chossat erstmals zu einem Zentralproblem des Stoffwechsels vor. Nach seinen Berechnungen ließ sich die Quantität des umgesetzten Eiweißes aus der Menge des ausgeschiedenen Harnstoffes bestimmen. Der Stickstoff erschien somit als *Leitelement* der Eiweißbilanz.

Der große Physiologe Johannes Müller[70] stellte 1835 in seinem „Handbuch der Physiologie" ein anderes Grundproblem des Eiweißstoffwechsels zur Diskussion: Ist der Harnstoff ein Abbauprodukt vitaler Gewebe oder bloß ein Exkret des Verdauungsprozesses?

> „Es wäre sehr wichtig zu wissen, ob der Harnstoff nur aus zersetztem, schon vorher ausgebildetem Thierstoffe entsteht, und sich also auch bei hungernden Thieren erzeugt, oder ob er sich aus den Nahrungsstoffen als ein unbrauchbares Product des Verdauungsprocesses erzeugt."

Damit war das Problem klar formuliert und auch die Methode es zu lösen, nämlich der Hungerversuch, angedeutet.

R. F. Marchand[71] suchte nun die von Müller gestellte Frage experimentell zu prüfen. Er fütterte einen Hund reichlich mit Milch. Innerhalb von elf Tagen stieg der im Urin ausgeschiedene Harnstoff von 2,6 % auf 3 % und hielt sich dann konstant auf diesem Niveau. Nun wurde an diesem Tier der Hungerversuch begonnen: Marchand fütterte den Hund mit reinem Zucker und Wasser, also ohne Eiweiß. Innerhalb von 16 Tagen sank der Prozentgehalt an Harnstoff von 3

% auf 1,8 % und hielt sich bis zum 20. Tage auf diesem Betrag. Marchand folgerte aus diesem Eiweiß-Hungerversuch, daß der Harnstoff „aus der schon gebildeten, lebenden thierischen Substanz" entstehe.

Die weltweite Resonanz der Liebigschen Ernährungslehre mit ihrem Primat des Proteins als Quelle der plastischen und mechanischen Kraft lenkte die Aufmerksamkeit vieler Forscher auf die Prozesse des Eiweißstoffwechsels. Der Internist und Stoffwechselforscher Theodor Frerichs[72] versuchte im Jahre 1848 „die Größe des reinen Stoffwechsels" zu bestimmen. Um dieses Ziel zu erreichen, müsse man die minimale Menge des umgesetzten Stickstoffes im Hungerversuch messen. Diese Stickstoffmenge könne dann mit dem Stickstoffumsatz bei reichlicher Fleischkost verglichen werden. Daraus ergebe sich die Spannweite zwischen mini- [44]-malem Stickstoffbedarf und überschüssigem Stickstoffumsatz. Bei reichlicher animalischer Kost schied ein Hund etwa 29 g Harnstoff pro Tag aus, bei gemischter Kost zwischen 23 g und 12 g und bei Nahrungsentzug zwischen 4 g und 2 g. Diesen letzteren Betrag betrachtete Frerichs als den minimalen, lebenserhaltenden und eigentlichen Stickstoffwechsel. Er folgerte aus diesem Versuche: Bei überschüssiger Eiweißnahrung wird nur ein Bruchteil des Proteins in organisierte Gebilde umgeformt und darauf zu Harnstoff abgebaut. Der größte Teil des überschüssigen zugeführten Eiweißes wird schon im Blute zu CO_2, H_2O und Harnstoff oxydiert. C. Schmidt[73] gab dann im Jahre 1852 diesem Sachverhalt den Namen „Luxusconsumtion". Frerichs fragte sich nun, warum beim Fasten das immer noch reichlich vorhandene Bluteiweiß nicht angegriffen werde, und er erklärte diesen Umstand mit der Hypothese, daß der Eiweißgehalt des Blutes auf einen bestimmten „Concentrationsgrad" eingestellt sei. Das Werk der beiden Dorpater Forscher C. Schmidt und F. Bidder: „Die Verdauungssäfte und der Stoffwechsel" (1852) leitet die Epoche der exakten Bilanzversuche in der zweiten Hälfte des 19. Jahrhunderts ein. Zum ersten Male erstellten Bidder und Schmidt eine exakte Bilanz[74] aller mit der Nahrung und Atmung aufgenommenen Substanzen und sämtlicher durch die Respiration, den Urin und den Kot abgehender Exkrete. An ein und demselben Tier wurden die Nahrung und das Wasser exakt gewogen. Der Eiweiß-, Fett- und Kohlenhydratgehalt der Nahrung wurde genau bestimmt und auch elementar analysiert. Auch die Ausgaben wurden gemessen und elementar bestimmt. Dazu gehörten der Harnstoff, die Harnsalze, der Kot, das CO_2 der ausgeatmeten Luft. Die Ernährungsbilanz ermittelte die Größe des assimilierten und abgebauten Eiweißes, Fettes, die Sauerstoffaufnahme sowie den respiratorischen Quotienten. Bidder und Schmidt fanden mit 2 % bis 3 % Genauigkeit die gleiche Menge Stickstoff in der Nahrung wie im ausgeschiedenen Harn. Der Stickstoff wurde zum größten Teil im Harn, ein kleiner Rest mit dem Kot ausgeschieden. Diese Befunde führten zum fundamentalen Ergebnis, daß der Eiweißumsatz (bei der Katze z. B.) sich mit ziemlicher Genauigkeit aus dem Harnstoffgehalt des Urins berechnen ließ.[75] Wenn z. B. 34,5 g Harnstoff mit 16 g Stickstoff im Harn ausgeschieden wird, entspricht dies ca. 100 g umgesetztem Eiweiß. 100 g Eiweiß enthalten aber 53 g Kohlenstoff. Im Harnstoff werden nur etwa 6,9 g dieses Kohlenstoffes entfernt. Der Rest des Eiweißkohlenstoffes, also ca. 46 g, muß in Form von CO_2 ausgeatmet werden. Wird nun mehr Kohlenstoff ausgeschieden als diesen 46 g entspricht, so müssen Fette oder Kohlenhydrate oxydiert [45] worden sein. Deren Menge läßt sich dann aus ihrem bekannten Kohlenstoffgehalt berechnen.

Die negative Stickstoffbilanz

In Gießen untersuchte der Physiologe Th. L. W. Bischoff[76] die von Liebig aufgestellte These, daß der Harnstoff als Maß des Stoffwechsels zu betrachten sei. Die Resultate von Bischoffs zahlreichen Versuchsreihen mit Hunden lauteten: l. Der Harnstoff ist beim Fleischfresser das Hauptprodukt des Eiweißstoffwechsels. 2. Er entsteht aus organisierten Gebilden und nicht aus einer „direkten Metamorphose" der ins Blut resorbierten Eiweißkörper. 3. Wenn die Nahrung viel Stickstoff enthält, steigt die Harnstoffmenge im Urin steil an. 4. Nicht die gesamte Menge des umgesetzten Harnstoffes wird im Urin ausgeschieden. Ein Teil wird wahrscheinlich weiter zersetzt und als Stickstoff oder Ammoniak durch Haut und Lungen ausgehaucht.

IX. Die Stoffwechsellehre von Carl Voit

1. Die Stickstoffbilanz. Das Stickstoffgleichgewicht

Die Ergebnisse der Stoffwechselversuche von Bischoff wurden zum unmittelbaren Ausgangspunkt des großen, dem Stoffwechsel und der Ernährung gewidmeten Lebenswerkes des Münchner Physiologen Carl Voit.[77] Als Assistent von Bischoff am Physiologischen Institut der Universität München veröffentlichte Voit im Jahre 1857 seine Inauguraldissertation, die sich mit dem Kreislauf des Stickstoffs befaßte.[78] Diese Arbeit erschien auch als erster Teil von Voits Monographie „Physiologisch-chemische Untersuchungen", die im gleichen Jahr veröffentlicht wurde.[79] Voit stellte sich folgende Frage: Wie ist das von Bischoff und anderen Forschern gefundene Stickstoffdefizit zu erklären? Wohin entweicht der mit der Nahrung aufgenommene und nicht im Harnstoff ausgeschiedene Stickstoff? Um dieses Problem zu lösen, verglich Voit bei Hunden [46] genauestens die Menge des mit der Nahrung aufgenommenen Stickstoffs mit der Quantität des in Harn und Kot ausgeschiedenen Stickstoffs. Er bestimmte zunächst exakt den Stickstoffgehalt des Nahrungsfleisches. Sodann fing er sämtlichen Harn und Kot, der auf die Versuchszeit fiel, auf und bestimmte deren Stickstoffgehalt. Dabei ergab sich das überraschende Resultat, daß bei einigen Versuchstieren die gesamte Menge des mit der Nahrung zugeführten Stickstoffs in Harn und Kot erschien.

Dieses Ergebnis war fundamental: Unter bestimmten Bedingungen, z. B. bei reichlicher Fleischkost) befanden sich die Hunde im Stickstoffgleichgewicht. Der im Körper umgesetzte Stickstoff ließ sich also hier genau durch die in Harn und Kot ausgeschiedene Stickstoffmenge bestimmen.[80] Diese erste Arbeit von Voit bildete die Grundlage und den Angelpunkt für sein kommendes Lebenswerk, das der Erforschung des Stoffwechsels und der Ernährung galt. Zunächst war es nötig, durch zahlreiche Versuche die Tatsache des Stickstoffgleichgewichtes zu bestätigen und die Bedingungen des früher als „Stickstoffdefizit" bezeichneten Ernährungszustandes durch exakte Experimente zu untersuchen und zu klären. Dies geschah in einer großen gemeinsam mit Bischoff durchgeführten Untersuchung über die Ernährung des Fleischfressers. Dieses Werk wurde im Jahre 1860 veröffentlicht.[81] Bischoff und Voit bestimmten den Eiweißumsatz durch die Menge des im Harnstoff ausgeschiedenen Stickstoffes.

Sie wiesen darauf hin, daß die früheren Forscher die Tatsache des „Stickstoffdefizits" im Harn falsch gedeutet hätten. Wenn z. B. 1 Pfund Fleisch verfüttert wurde und das Gewicht des Versuchstieres gleich blieb, so interpretierten die früheren Forscher dieses Ergebnis folgendermaßen: Es wurde gerade 1 Pfund Fleisch umgesetzt. Erhielten sie dann im Harn weniger Stickstoff als in der Nahrung, so sprach man von einem Stickstoffdefizit. Man glaubte, daß in diesem Falle ein Teil des zersetzten Stickstoffs durch die Atemluft ausgehaucht worden sei. Diese Interpretation lehnten Voit und Bischoff ab. Ein Gleichbleiben des Gewichtes bei 1 Pfund Fleischnahrung kann auf verschiedene Weise erklärt werden: 1. Es wird gerade 1 Pfund Fleisch umgesetzt. 2. Es wird ein halbes Pfund Fleisch umgesetzt und ein halbes Pfund Fleisch am Körper deponiert. In diesem Falle muß ein halbes Pfund Wasser abgegeben oder ein halbes Pfund Fett verbrannt worden sein. Im Falle 2 erscheint nur die Hälfte der erwarteten Stickstoffmenge im Harn, es tritt also ein 50 %iges Stickstoffdefizit auf. Der Stickstoff wird hier als Körperfleisch gespeichert und nicht, wie es die frühere Theorie des Stickstoffdefizits postuliert hatte, durch die Atemluft eliminiert.[82]

[47] Voit und Bischoff unterstrichen die wichtige Tatsache, daß die Gewichtsverhältnisse des mit Fleisch gefütterten Versuchstieres nicht nur durch den Fleischumsatz bedingt werden, sondern auch durch den Verlust oder Ansatz von Wasser und die Verbrennung von Körperfett.[83]

In seiner ersten Untersuchung über den Stickstoffkreislauf beschrieb Voit folgenden Stoffwechselversuch.[84] Ein Hund wurde drei Tage lang ausschließlich mit Fleisch (ohne Wasser) ernährt. Das Tier vermehrte sein Gewicht um 91 Gramm.

Im Nahrungsfleisch nimmt der Hund auf		180,52 g N
im Harnstoff gibt er ab	174,47 g N	
im Kot gibt er ab	3,40 g N	
im Körperfleisch deponiert der Hund	3,09 g N	
das ergibt	180,96 g N	180,52 g N

Die Gewichtszunahme des ausschließlich mit Fleisch gefütterten Hundes kann nur durch Fleisch erfolgt sein. 91 g Fleisch entsprechen aber 3,09 g Stickstoff. Die Rechnung geht also mit ziemlicher Genauigkeit auf: Die Aufnahmen betragen nämlich 180,52 g Stickstoff, die Abgaben 180,96 g Stickstoff. Es gibt also kein Stickstoffdefizit.

Die Untersuchungen Voits über den Kreislauf des Stickstoffs (1857) und die große gemeinsam mit Bischoff unternommene Studie über die Ernährung des Fleischfressers (1860), deren experimenteller Teil von Voit geleistet wurde,[85] bilden die Basis und die Voraussetzung des gesamten Voitschen Werkes. Das fundamentale Ergebnis, das Voit durch zahlreiche weitere Versuche erhärtete,[86] lautete: Aus der Stickstoffausscheidung in Harn und Kot läßt sich der Eiweiß- und Fleischumsatz des tierischen Organismus bestimmen. Die gesamte im Eiweißstoffwechsel umgesetzte Stickstoffmenge erscheint in Harn und Kot. Aus dem Stickstoffgehalt des Harns und Kots läßt sich der Proteinstoffwechsel exakt bestimmen. Wird in Harn und Kot weniger Stickstoff ausgeschieden, als in der Nahrung aufgenommen wurde, so bedeutet dies einen Eiweißansatz im Körperge-[48]webe. Wird in Harn und Kot gleich viel Stickstoff abgegeben wie mit der Nahrung zugeführt wurde, so besteht Stickstoffgleichgewicht. Wird in Harn und Kot mehr Stickstoff eliminiert als mit der Nahrung aufgenommen wurde, so entspricht dies einem Stickstoff- bzw. einem Eiweißverlust des Organismus. Die Widerlegung der Theorie eines Stickstoffdefizits im Harn als Folge einer respiratorischen Stickstoffausscheidung war die eherne Bedingung für die von Voit eingeleitete exakte moderne Stoffwechsellehre. Voit stellte fest:[87]

> „Ich stehe daher nicht an, es als ein allgemein gültiges Gesetz hinzustellen, daß unter gewöhnlichen Verhältnissen aller Stickstoff der im Körper zersetzten stickstoffhaltigen Stoffe denselben durch Harn und Koth verläßt. Die von Boussingault für die Taube, das Schwein und die Kuh; von Barral und Anderen für den Menschen und früher von Bischoff und Hoppe für den Hund gemachten Angaben [eines Stickstoffdefizits] haben sich als völlig unrichtig erwiesen."

Voit umriß die Bedingungen des Stickstoffgleichgewichts mit folgenden Worten:[88]

> „Wir haben zuerst entschieden betont, daß nur dann, wenn der Organismus mit dem Stickstoff der Nahrung sich im Gleichgewichte befindet, der Stickstoff derselben im Harn und Koth erwartet werden kann. Dieser Zustand tritt bei verschiedener Kost in sehr verschiedener Zeit ein."

Voit hielt abschließend fest:[89]

> „Aus der Beobachtung des Stickstoffs im Harn und Koth kann man die Größen des Stickstoffverbrauchs und der Zersetzung der stickstoffhaltigen Materien oder des Fleisches vollkommen feststellen."

Damit war die feste Grundlage und die unerläßliche Voraussetzung der weiteren Arbeit Voits formuliert: *Der Stickstoff wurde als Leitelement und Indikator des Eiweißstoffwechsels erkannt.* Der in Harn und Kot abgegebene Stickstoff bildet das Maß des Proteinumsatzes. Die Bestimmung des Harn- und Kotstickstoffs erlaubte eine direkte Messung des Eiweißumsatzes.

2. Der Pettenkofersche Respirationsapparat

In seinen ersten Untersuchungen hatte Voit nur die Stickstoffausscheidung und damit den Eiweißumsatz bestimmt. Für eine differenzierte und vollständige Stoffwechselbilanz, die auch den Umsatz der Fette und Kohlenhydrate berücksichtigte, war eine direkte Bestimmung der ausge-[49]schiedenen Kohlensäure und des Wasserdampfes nötig. Diese methodischen Forderungen wurden durch den vom großen Hygieniker Max Pettenkofer entwickelten „Respirationsapparat" erfüllt.[90] Maximilian II., König von Bayern, steuerte aus seiner Privatkasse 8000 Gulden bei, die es Pettenkofer ermöglichten, seinen Respirationsapparat zu bauen. Dieser Apparat war so geräumig, daß an Mensch und Tier bequem fortlaufende Stoffwechselversuche durchgeführt werden konnten. Im Pettenkoferschen Apparat wurden direkt gemessen: 1. die totale Kohlensäureabgabe während des gesamten Versuches, 2. die gesamte Wasserdampfausscheidung. Die in den Organismus aufgenommene Sauerstoffmenge wurde indirekt bestimmt. Sie ergab sich aus der Differenz zwischen dem Endgewicht plus allen Ausgaben einerseits und dem Anfangsgewicht plus Speise und Trank andererseits.[91]

Anfangsgewicht des Hundes	29.944	g
gefüttertes Fleisch	500	g
gefütterte Stärke	200	g
gefüttertes Fett	6,5	g
gefüttertes Wasser	144,5	g.
	30.795,0	g
Endgewicht des Hundes	29.873	g
ausgeschieden im Harn	438,8	g
ausgeschieden im Kot	1,14	g
ausgeschiedene Kohlensäure	416,0	g
ausgehauchtes Wasser	359,9	g.
	31.088,8	g

Differenz: 31 088,8 – 30 795,0 = 293,8 = entspricht dem in den Organismus aufgenommenen Sauerstoff.

Um den Proteinstoffwechsel zu messen, wurde der Stickstoffgehalt in Harn und Kot bestimmt.

Der Pettenkofersche Apparat wurde zum wichtigen methodischen Instrument für die Stoffwechsel- und Ernährungsversuche der Voitschen Schule. [50]

3. Voits Methodik[92]

In den zwanzig Jahren zwischen 1860 und 1880 hatte Voit die Grundlagen der modernen experimentell und biochemisch ausgerichteten wissenschaftlichen Ernährungslehre gelegt. Dies war nur möglich durch die Erarbeitung einer exakten, umsichtigen und kritischen Methodik. Einige wichtige methodische Leistungen Voits bestehen in folgenden Punkten:

a) die Zubereitung einer chemisch genau definierten und doch eßbaren Nahrung für Mensch und Tier. Dies bildete die Voraussetzung einer exakten Bestimmung der Nahrungseinnahmen.

b) die exakte Bestimmung der tatsächlichen Aufnahme und Verwertung der Nahrung.

c) zahlreiche Vorversuche über die Dauer der Verdauung und der Resorption sowie die Bestimmung der Ausnutzung der verschiedenen Nahrungsmittel.

d) die exakte quantitative Analyse der Exkrete in Harn, Kot und in den Atmungsgasen.

e) das vollständige Auffangen von Harn und Kot und die Abgrenzung der Harn- und Kotmenge, die auf eine gegebene Stoffwechselzeit fallen.

f) die anatomische, histologische und chemische Untersuchung der tierischen Gewebe in verschiedenen Ernährungszuständen (Hunger, mittlere und reichliche Fütterung).

g) eine kritische Interpretation der Versuche, wobei zahlreiche Faktoren des Stoffwechsels und der Ernährung berücksichtigt werden.

Voit realisierte diese eben angeführten methodischen Forderungen in einer gewaltigen Anstrengung und legte damit die Basis für seine großen konkreten Forschungsleistungen.

4. Voits Untersuchung des Eiweiß-, Kohlenhydrat- und Fettstoffwechsels

In der Zeit zwischen 1860 und 1880 untersuchte Voit an einem erdrückenden Material den Stoffumsatz des tierischen und menschlichen Organismus unter den verschiedensten inneren und äußeren Bedingungen [51] und gab eine vollständige stoffliche und elementare Bilanz der Einnahmen und Ausgaben des Organismus. Damit wurde Voit zum Santorio des 19. Jahrhunderts. Das hauptsächlichste Versuchstier war der Hund, der als Typus des Fleischfressers gewählt wurde. Aber auch am Menschen unternahm Voit – z. T. zusammen mit Pettenkofer – zahlreiche Bilanz- und Ernährungsversuche.[93] Die von Voit mitbegründete „Zeitschrift für Biologie", deren erster Band 1865 erschien, wurde zum Sprachrohr der neuen Ernährungswissenschaft.

a) Eiweißstoffwechsel
Bei ausschließlicher Zufuhr von Eiweiß fand Voit folgende Verhältnisse:

1. Steigert man die Eiweißzufuhr, dann nimmt auch die Zersetzung von Eiweiß gleichmäßig zu. Selbst die kleinste Vermehrung des Nahrungseiweißes steigert die Eiweißzersetzung im Körper.[94]
2. Nach einer gewissen Zeitspanne, die von inneren und äußeren Bedingungen abhängt, stellt sich der Zustand des „Stickstoffgleichgewichts" ein. Voit stellte fest: „Wenn ebensoviel Stickstoff in den Exkreten sich vorfindet, als in dem verzehrten Eiweiß oder Fleisch eingeführt worden war, dann erhält sich der Körper auf seinem Eiweißstande: Es ist das Stickstoffgleichgewicht vorhanden."[95]

Weiterhin hielt Voit fest: „Mit den verschiedensten Eiweissmengen der Nahrung ist Stickstoffgleichgewicht möglich."[96] Voit fand, daß es für jeden Organismus eine obere und untere Grenze der Eiweißzufuhr gebe, bei welcher der Zustand des Stickstoffgleichgewichts eintrat. Für einen Hund von 35 kg Gewicht z. B. betrug die obere Grenze 2 500 g Fleisch pro Tag, die untere Grenze wurde bei 480 g Fleischnahrung erreicht.[97]

Die geringste Eiweißmenge, die noch den Zustand des Stickstoffgleichgewichts ermöglicht, ist einmal abhängig vom Eiweißgehalt des Körpers, dann auch von der Menge des Körperfettes. Ein fettreicher Organismus braucht weniger Nahrungseiweiß, um ins Stickstoffgleichgewicht zu kommen.[98] Bei reiner Eiweißnahrung kann der Fleischfresser sowohl seinen Eiweiß- wie auch Fettgehalt bewahren. Aber dazu bedarf er einer großen Menge an Eiweiß.[99] [52]

b) Fettstoffwechsel und Eiweißstoffwechsel

Wird ein Hund ausschließlich mit Fett gefüttert, so vermögen auch die größten Gaben von Fett den Eiweißverlust des Organismus nicht zu verhindern. Es tritt kaum eine Verminderung des Eiweißzerfalls ein.[100] Wird nach einer Periode gleichmäßiger Fleischfütterung Fett zugeführt, so sinkt der Eiweißverbrauch. Um eine maximale Speicherung von Eiweiß zu erzielen, muß im Verhältnis zum Eiweiß viel Fett dargeboten werden. Das Fett hat eine „eiweißsparende" Wirkung.[101]

c) Kohlenhydratstoffwechsel und Eiweißstoffwechsel[102]

Auch bei Zufuhr von Kohlenhydraten ist weniger Eiweiß nötig, um den Proteingehalt des Organismus zu erhalten, als bei ausschließlicher Eiweißfütterung. Die Kohlenhydrate begünstigen den Eiweißansatz in noch stärkerem Maße als das Fett.

5. Die Ernährung

Die Ernährung Voits steht auf experimenteller Basis. Sie fußt im wesentlichen auf äußerst sorgfältig geplanten und durchgeführten Stoffwechselversuchen beim Menschen und beim Hund. Im Jahre 1865 stellte Voit fest:[103]

„Die Wirkungen der einzelnen Nahrungsmittel erkennt man aus den unter ihrem Einfluss vor sich gehenden Zersetzungen und man schließt daraus, welche Qualität und Quantität von Nahrung man reichen muß, um einen gewissen Körperzustand mit gewissen Leistungen hervorzurufen; die Lehre von der Ernährung, Abmagerung, Mästung, ist zum größten Theil nur ein Zweig der Lehre von den Zersetzungen im Körper."

Die Ernährung, so stellte Voit fest, erhält den stofflichen Bestand des Organismus durch Zufuhr von Eiweiß, Fett, Wasser und den nötigen Salzen. Den Begriff des Nährstoffs (Nahrungsstoff) definiert Voit so:[104]

„Alle diejenigen Stoffe, welche einen für die Zusammensetzung des Körpers nothwendigen Stoff zum Ansatz bringen, oder dessen Abgabe verhüten und vermindern, nennt man Nahrungsstoffe."

Die Nährstoffe besitzen zwei Hauptwirkungen.

1. Sie ersetzen Substanzen, die im Stoffwechselprozess abgebaut wurden oder verlorengingen (Eiweiß, Fett, Kohlenhydrate, Wasser, Salze) [53]

2. Sie vermindern oder verhüten den Verlust eines Körperstoffes. Fette, Kohlenhydrate oder Leim verhindern zum Beispiel den Eiweißverbrauch, Eiweißkörper verringern den Abbau von Körperfetten.

Die Nährstoffe werden in zwei große Gruppen eingeteilt:[105]
1. Die Anorganischen Nährstoffe
2. Die organischen Nährstoffe

Die letzteren werden unterteilt in
a) stickstoffhaltige, organische Nährstoffe
b) stickstofflose, organische Nährstoffe.

Den Nährwert einer Substanz kann man nicht durch die chemische Analyse sondern nur durch das Ernährungsexperiment an Tier und Mensch feststellen.[106]

Durch einen Nährstoff allein läßt sich ein Organismus nicht am Leben erhalten. Aber ein Nährstoff kann mehrere Substanzen ersetzen oder einsparen. Eiweiß z. B. ersetzt Eiweiß und Fett, Fette und Kohlenhydrate ersparen die Fettabgabe und vermindern die Eiweißzersetzung.[107]

Die anorganischen Nährstoffe[108]
Die anorganischen Nährstoffe sind zur Erhaltung des Organismus ebenso unerlässlich wie die organischen. Bei salzarmer Nahrung gehen Tiere mit der Zeit zugrunde. Die gewöhnliche Nahrung von Mensch und Tier enthält bei genügender Zufuhr von Eiweiß und Fett auch die lebensnotwendigen Salze.[109]

Kochsalz[110]
Der Fleischfresser lebt auf die Dauer mit reiner Fleisch- und Fettnahrung. Ein Hund von 30 kg Gewicht vermag sich mit 500 g Fleisch und 200 g Fett dauernd zu ernähren. Er scheidet dabei im Harn sehr wenig Kochsalz aus. Der Kochsalzbedarf des Menschen ist nicht genau bekannt. Beim Hungern sinkt die NaCl-Ausscheidung beträchtlich.

Kalksalze
Wenn junge, im Wachstum begriffene Hunde ausschließlich mit Fleisch und Fett gefüttert werden, so entsteht Rachitis[111] mit Gelenkschwellungen, verkrümmten Gliedmaßen, mit breiter Brust und schmalem Becken [54] und kleinen Zähnen. Der Knochen ist mürbe und die normale Verknöcherung gestört. Der Kalkbedarf bei ausgewachsenen Tieren ist sehr gering. Enthält die Kost eine ausreichende Menge der gewöhnlichen organischen Nahrungsmittel, so wird damit auch der Kalkbedarf gedeckt. Nach längerem Entzug von Kalk entwickelt das ausgewachsene Tier nicht rachitische Erscheinungen, sondern osteoporotische Prozesse ohne eigentliche pathologische Veränderungen des Knochens.[112]

Das Eiweiß

Voit glaubte, daß die verschiedenen Eiweißkörper wahrscheinlich den gleichen physiologischen Nährwert besitzen; er unterstrich aber, daß darüber noch keine gesicherten Daten vorlägen.[113] Die Bedeutung des Eiweißes als Nährstoff sei eine doppelte: in erster Linie verhütet es den „Eiweißverlust vom Körper", dann vermindert oder verhindert es die „Fettabgabe vom Körper".[114] Wachstum und Gewebeersatz kann nur durch Eiweißzufuhr geschehen. Die organoplastische Funktion des Eiweißes kann durch keinen anderen Nährstoff ersetzt werden.

> „Ohne Eiweiß in der Nahrung vermag der Organismus, wenigstens der höheren Thiere, auf die Dauer nicht zu bestehen: es geht in ihm stets Eiweiß zu Grunde, zum Theil gelöstes, cirkulirendes, zum Theil in abgestoßenen organisirtenTheilen enthaltenes."[115]

Mit reinem Eiweiß allein vermag aber das Tier ebenfalls nicht zu leben, es fehlen dann die notwendigen Nährsalze.[116]

Zur alten Streitfrage über den Nährwert des Leims stellte Voit fest, daß der Leim ein Nährstoff sei, aber nicht eine Vollnahrung darstelle. Er vermöge zwar Eiweiß zu sparen, könne es aber nicht gänzlich ersetzen.[117]

Die Fette

Voit hielt fest: „Das Fett ist ein integrirender Bestandtheil des Körpers. wenigstens der höheren Thiere, nur in den untersten Thierklassen vermißt man es fast gänzlich."

Die Fettkörper finden sich in den Fettreservoiren des Körpers sowie in feinverteiltem Zustande in den Organen und Körpersäften.[118]

Die hohe physiologische Bedeutung des Fetts[119] ergibt sich schon daraus, daß der hungernde Organismus an Fett einbüßt. Deshalb muß man Fett, Kohlenhydrate oder Eiweiß zuführen, um den Fettverlust zu verhindern. Bei schwerer Körperarbeit muß ebenfalls Fett zugeführt werden. Die [55] Gebirgsbewohner der Alpen nehmen bei anstrengenden Touren viel Schmalz zu sich. Ein mit Fett in mittlerem Grade versehener Körper ist dauernden Anstrengungen besser gewachsen als ein fettarmer Organismus. Auch den Hunger erträgt er besser. Beim mageren Individuum steigt nämlich die Eiweißzersetzung nach Verbrauch des Körperfettes rasch an.

Auch der Fettgehalt der Milch – dieser ersten Nahrung des Säugetieres – weist auf die physiologische Bedeutung des Fettes hin.

Das Fett wird in großen Mengen resorbiert. Der Mensch vermag bis zu 300 g Fett aus dem Darm aufzusaugen.

Die Kohlenhydrate

Der Pflanzenfresser verzehrt die Kohlenhydrate in großen Mengen. Im Gegensatz zum Fett speichert der tierische Organismus die Kohlenhydrate nicht in größerer Quantität:[120]

> „Im Thierkörper sind die Kohlenhydrate nur in geringer Menge abgelagert, wenn sie auch darin bei dem Stoffzerfall in bedeutenden Quantitäten erzeugt werden. Sie lassen sich bekanntlich nachweisen in der Leber (Glycogen, Traubenzucker), im Muskel (Inosit, Glycogen), im Blut, der Lymphe, in der Milch (Milchzucker), im Mantel derTunicaten (Cellulose) usw."

Die Kohlenhydrate verringern den Zerfall des Eiweißes und verhüten die Fettabgabe im Körper. In diesen beiden Beziehungen ersetzen sie Fett. Voit hielt fest:[121]

> „Die Kohlehydrate sind daher höchst wichtige Nahrungsstoffe, welche die Rolle des Fettes zu übernehmen im Stande sind;. . . im Darmkanal verhalten sich aber die Kohlehydrate, zum Theil ihrer großen Masse halber, anders als das Fett, weshalb es nicht gut ist, dieselben in der Nahrung neben dem Eiweiß ausschließlich und ohne Fette zu reichen."

Die Nähräquivalente

Voit wandte sich entschieden gegen die von neueren Autoren (insbesondere von Frankland) vertretene Auffassung, daß der Nährwert eines gegebenen Nährstoffes seiner Verbrennungswärme entspreche. Dazu sagte er:[122]

> „In vollständiger Verkennung der Vorgänge bei der Ernährung hat man auch aus der Verbrennungswärme der Nahrungsmittel die Äquivalentwerthe abgeleitet. Dies ist aber selbstverständlich nicht möglich, da den Nahrungsstoffen nur eine stoffliche Wirkung im Körper zukommt und es dafür völlig gleichgültig ist, welche Menge von Wärme sie bei ihrer Verbrennung entwickeln. Es sind nicht, wie Frankland meinte, 100 Grm. [56] Butter, 1150 Grm. Äpfel und 524 Grm. mageres Rindfleisch als Nahrungsstoffe äquivalent, weil sie die gleiche Verbrennungswärme liefern, denn diese Substanzen haben die verschiedenste stoffliche Bedeutung: das Fett der Butter vermag den Fettverlust vom Körper zu vermindern, ebenso der Zucker der Apfel, das Eiweiß des Fleisches verhütet dagegen die Eiweißabgabe ... Nahrungsmittel oder Nahrungsgemische können nur dann äquivalent sein oder für den stofflichen Bestand im Körper den gleichen Effekt haben, wenn sie äquivalente Mengen der Nahrungsstoffe enthalten."

Voit unterstrich mit Nachdruck die stoffliche Bedeutung der Nahrung gegenüber ihrem kalorischen Wert.

Es blieb dann Voits Schüler Max Rubner vorbehalten, das Problem des kalorischen Äquivalents schärfer zu fassen und zu klären.

Der Fleischextrakt
Die seit Liebig oft diskutierte Frage über die Nährkraft des Fleischextraktes bearbeitete Voit ebenso wie alle anderen Ernährungsprobleme mit experimenteller Methode.[123] Er stellte fest:
„Bei Aufnahme von Fleischextrakt wird im Körper nicht weniger Stoff zersetzt, und es ist dabei die nämliche Quantität von Nahrungsstoffen zur Erhaltung nöthig; der Stickstoff des Extrakts wird im Harn wieder ausgeschieden."[124]

Trotz der geringen Nährkraft besitzt die Fleischbrühe einen vortrefflichen würzenden und appetitanregenden Effekt.

Vegetabilische Nahrungsmittel
Die vegetabilischen Nahrungsmittel[125] sind ungeheuer wichtig, da der größte Teil der Menschheit sich von pflanzlicher Kost ernährt. Die pflanzlichen Nahrungsmittel enthalten mehr Kohlenhydrate und weniger Eiweiß als die aus dem Tierreich bezogene Nahrung. Aber auch mit pflanzlicher Kost kann der Eiweißbedarfgedeckt werden. Voit stellte dazu fest:
„Man ist jedoch im Stande aus Vegetabilien absolut ebensoviel Eiweiß zur Resorption zu bringen wie aus animalischen Substanzen, z. B. durch Zusatz von Leguminosen zur Pflanzenkost des Menschen oder von Hafer zum Futter des Pferdes."[126]

Das Eiweiß wird aus der tierischen Nahrung schneller resorbiert als aus den pflanzlichen Nahrungsmitteln. [57]

Anforderungen an die Nahrung
Voit definierte die Nahrung mit folgenden Worten:[127]
„Eine Nahrung ist ein Gemisch von Nahrungsstoffen und Nahrungsmitteln mit den nöthigen Genußmitteln, welches den thierischen Organismus für einen bestimmten Fall auf seinem stofflichen Bestande erhält oder ihn in einen gewünschten stofflichen Zustand versetzt."

Ein Gemisch von Nahrungsstoffen und Nahrungsmitteln stellt dann eine Nahrung dar, wenn der Organismus damit seinen Bestand an Eiweiß, Fetten, Salzen und Wasser erhalten kann.[128] Eine Vollnahrung muß die einzelnen Nährstoffe in genügender Menge und in geeigneter Mischung enthalten.[129]

Die Erfahrung hat gezeigt, daß ein kräftiger Mann bei mittlerer Arbeit täglich 18,3 g Stickstoff (118 g Eiweiß) und 328 g Kohlenstoff braucht. In den 118g Eiweiß sind 63 g Kohlenstoff enthalten, also müssen 328 − 63 = 265 g Kohlenstoff in Form von stickstoffloser Nahrung (Fette und Kohlenhydrate) gereicht werden. Die 18,3 g Stickstoff sind z. B. in 520 g Erbsen vorhanden, aber für die 328 g Kohlenstoff müßten 919 g Erbsen gegessen werden, was einem Überangebot an Eiweiß entsprechen würde.[130] Am ehesten enthalten Mehl und Brot den nötigen Stickstoff und Kohlenstoff im richtigen Nährverhältnis.[131] Fettarmes Fleisch allein ist eine ungünstige Nahrung. 538 g davon decken zwar schon den Eiweißbedarf, aber, um die

328 g Kohlenstoff zuzuführen, müßten 2 620 g Fleisch gegessen werden. Dies bedeutet eine Überbürdung der Verdauungsorgane und eine weit über dem Bedarf liegende Eiweißeinnahme. Man ergänzt hier die Fleischnahrung am besten mit Fetten und Kohlenhydraten.[132] Aus diesem Grunde sind die von der Jagd lebenden Völkerstämme so gierig auf Fett, sie schlagen die Knochen auf, um das fettreiche Mark zu gewinnen, und die fette Bärentatze wird als Leckerbissen betrachtet.[133]

Fette und Kohlenhydrate verhüten Fettverluste des Körpers. Dabei sind 100 g Fett 175 g Kohlenhydraten äquivalent.[134] Eine zureichende Kost muß zunächst das Eiweißgleichgewicht gewährleisten. Dazu müssen Fett und Kohlenhydrate in einer Menge zugeführt werden, die den Fettverlust des Körpers ausgleicht.[135] Die Nahrungsmittel müssen die richtigen Mengen der Nährstoffe enthalten und ohne zu große Verluste ausgenutzt, d. h. ins Blut aufgesaugt werden. Die rein vegetabilische Kost ist voluminöser als die gemischte Kost. Die Vegetabilien werden nur zum Teil [58] ausgenutzt und steigern die Darmarbeit mehr als die Fleischkost.[136] Bei vorwiegender Kartoffelkost tritt eine „kolossale Verschwendung an Nahrungsstoffen durch die schlechte Ausnutzung" ein. [137] Voit stellte fest:

„Die größtentheils von Kartoffeln sich nährenden Irländer oder die arme Bevölkerung mancher Gegenden Norddeutschlands bleiben nichts desto weniger schlecht genährt, haben Hängebäuche (Kartoffelbäuche), sind zu keiner strengen Arbeit befähigt und widerstehen krankmachenden Einflüssen nur wenig."[138]

„Nach allen diesen Auseinandersetzungen ist es am besten und einfachsten, die Kost des Menschen aus animalischen und vegetabilischen Substanzen zu mischen. Rein animalische Kost ist nicht günstig, da man entweder übermäßig Fleisch oder übermäßig Fett braucht."[139]

Bei ausschließlich vegetabilischer Kost, die aus Brot, Reis, Mais und Kartoffeln besteht, wird zur Deckung des Eiweißbedarfes ein großes Nahrungsvolumen gebraucht. Mischung von Leguminosen mit dem Mehl der Getreidearten und etwas Fett deckt den Bedarf an Eiweiß und stickstofflosen Nährstoffen in geeigneter Weise.[140]

Aus der Bilanz der Nahrungseinnahmen und der Exkretabgaben erkennt man, ob eine gegebene Nahrung den Körper erhält oder ob Eiweiß und Fett abgegeben oder angesetzt werden. Die vornehmste Aufgabe der Ernährungswissenschaft besteht nun darin, das Gleichgewicht der Stoffeinnahmen und Stoffausgaben mit den geringsten Substanzmengen zu erreichen.[141] Die Größe der Stoffzersetzung im Organismus ist von vielerlei Faktoren abhängig: von der Masse der stoffzersetzenden Teile des Körpers, vom Reichtum an Fett, von der Menge des den Zellen zugeführten zerstörbaren Materials, von der Außentemperatur, der Arbeitsleistung u.s.w.[142]

Die Kostformen

Die Nahrung eines „mittleren Arbeiters" berechneten Pettenkofer und Voit aus der Nahrungsaufnahme eines 28jährigen Arbeiters von 70 kg Gewicht im Zustand der Ruhe und bei der Arbeit. Die Nahrungsaufnahme betrug[143] [59]

	bei Ruhe	bei der Arbeit
Eiweiß	137	137
Fett	72	173
Kohlenhydrate	352	352

Als Durchschnittswert der Nahrung für einen „mittleren Arbeiter" gab Voit aus einer großen Anzahl von eigenen Beobachtungen und Angaben anderer Autoren folgende Zahlen an: 118g Eiweiß, 500 g Kohlenhydrate, 56 g Fett.[144]

Die Gefangenenkost soll sich nach Voit danach richten, ob der Häftling arbeitet oder nicht. Auf jeden Fall muß man dafür sorgen, daß der Gefangene auf einem gewissen, wenn auch niedrigen Eiweißbestand erhalten bleibt. Der arbeitende Häftling braucht mehr Eiweiß, um seinen Muskelapparat zu erhalten. Bei allen Gefangenen muß dafür gesorgt werden, daß eine minimale und unerläßliche Eiweißzufuhr stattfindet, mit der er im Stickstoffgleichgewicht steht. Bei chronischem Eiweißverlust treten nämlich schwere Gesundheitsschäden auf.[145]

X. Die Quelle der Muskelkraft

Liebig hatte 1842 in seinem berühmten Werk „Die organische Chemie in ihrer Anwendung auf Physiologie und Pathologie" die Kraftleistungen des tierischen Organismus auf einen oxydativen Abbau des Muskeleiweißes zurückgeführt. Diese Theorie blieb während rund 20 Jahren dominierend. Der Einwand von J. R. Mayer, daß der Muskel nur den Apparat für die Umwandlung chemischer Energie in mechanische Arbeit darstelle und nicht selbst zersetzt werde, verhallte meist ungehört. Noch im Jahre 1860 stellen Bischoff und Voit fest:[146]

> „Es wird und muß für alle Zeiten richtig bleiben, daß nur die stickstoffhaltigen Substanzen Krafterzeuger sind, d. h. daß sie allein bei ihrer Umsetzung in dem thierischen Körper Krafteffecte, Bewegungsphänomene, bedingen."

Voit untersuchte diese Frage auf experimenteller Grundlage. Er bestimmte den Eiweißumsatz des Hundes bei Ruhe und Arbeit, sowie im Hungerzustand und bei Stickstoffgleichgewicht. Die vom Hunde geleistete Arbeit wurde am Tretrade gemessen. Das Ergebnis der Versuche war überra-[60]schend. Voit stellte fest:[147] „Es wird nach starker Arbeit in 24 Stunden nicht mehr Eiweiß zum Zustandekommen der Arbeit zersetzt wie in der Ruhe."

Diese Feststellung schien der Liebigschen These, die das Muskeleiweiß als Quelle der vom tierischen Organismus geleisteten mechanischen Arbeit betrachtete, direkt zu widersprechen. Voit versuchte, sein klares experimentelles Ergebnis in den Rahmen der Liebigschen Theorie einzufügen. Er führte aus: wird eine bestimmte Menge Eiweiß frei, so wird neben Wärme elektrische und mechanische Kraft entwickelt. Die Wärmeenergie kann dabei nicht in mechanische Arbeit umgesetzt werden, da hierzu im Muskel keine Einrichtungen bestehen. Hingegen könnte der Organismus die Beträge der elektrischen und mechanischen Energie beliebig gegeneinander austauschen. Muß viel mechanische Arbeit verrichtet werden, so erzeugt der Muskel auf Kosten elektrischer Energie mehr mechanische Kraft, wobei die Summe elektrischer und mechanischer Energie natürlich gleichbleibt.

Der englische Arzt Edward Smith[148] untersuchte in langen Versuchsreihen die Ausscheidung von Harnstoff unter den verschiedensten äußeren und inneren Bedingungen. Dabei fand er, daß die Harnstoffausscheidung in erster Linie von der Nahrungszufuhr abhing und nur unwesentlich von der mechanischen Arbeitsleistung beeinflusst wurde. Bei Erhöhung der Muskeltätigkeit am Tretrade stieg dagegen die Kohlensäureausscheidung steil an. Smith stellte fest, daß die Erzeugung von Kohlensäure das beste Maß für die geleistete Muskelarbeit darstelle.

In einem aufsehenerregenden Experiment suchten zwei in Zürich wirkende Forscher, der Physiologe A. Fick und der Chemiker J. Wislicenus[149] dieses Problem zu klären. Sie stellten fest, daß zu Anfang der 40er Jahre Liebig mit „genialem Blick" die Kohlenhydrate und Fette als Brennmaterialien des Körpers erkannt habe. Kurz darauf sei dann das Gesetz der Erhaltung der Energie formuliert worden. Unter diesem energetischen Aspekt sei nun das von Liebig zuerst aufgeworfene Problem erneut zu untersuchen. Fick und Wislicenus stellten fest:[150]

„Für den heutigen Standpunkt der [61] Wissenschaft aber liegt es nahe, wenn einmal eine gewisse Gruppe von Nahrungsstoffen als Heizmaterial bezeichnet wird, von der Verbrennung dieser Stoffe nicht bloß die Wärme, sondern auch die mechanischen Leistungen des Organismus herzuleiten, da eben für den heutigen Standpunkt der Wissenschaft Wärme und mechanische Arbeit nur zweierlei Erscheinungsformen desselben Wesens sind. . . Wären die stickstofffreien Verbindungen ausschließlich Heizmaterial im engeren Sinne, dagegen die eiweissartigen Körper das kraftgebende Brennmaterial, dann hätte die Natur im Thierkörper so unökonomisch verfahren, wie ein Fabrikant, welcher neben eine Dampfmaschine auch noch einen Ofen stellte, obwohl von der Dampfmaschine selbst schon eine bedeutende Wärmemenge geliefert wird."

E. Smith, so führten sie aus, habe gezeigt, daß bei äußerer Arbeit die Kohlensäureausscheidung des Organismus enorm zunehme, während die Harnstoffbildung nicht wesentlich vergrößert werde. Auch Bischoff und Voit hätten nachgewiesen, daß die Stickstoffausscheidung bei äußerer Arbeit gegenüber dem Zustand der Ruhe nicht wesentlich gesteigert werde. Fick und Wislicenus suchten nun die vieldiskutierte Frage nach der Quelle der Muskelkraft aufgrund der neuentdeckten Energiegesetze zu beantworten. Sie schlugen folgende Methode vor. Man muß die genau in Meterkilogramm gemessene Arbeit mit der aus dem verbrauchten Eiweiß berechneten Energiemenge vergleichen. Reicht nun die aus dem umgesetzten Eiweiß berechnete Energiemenge nicht aus, um die äußere Arbeit zu verrichten, so ist mit Sicherheit entschieden, daß der Eiweißstoffwechsel allein nicht genügt, um die äußere Arbeit zu leisten. Dann muß notwendigerweise auch aus Fetten und Kohlenhydraten mechanische Energie gewonnen werden.

Fick und Wislicenus führten folgenden Selbstversuch durch. Sie bestiegen das im Berner Oberland gelegene Faulhorn vom Brienzersee aus. Die Multiplikation des Körpergewichtes mit der Steighöhe ergab äußere Arbeit in Meterkilogramm. Sie bestimmten die während des Versuchs in den Harn ausgeschiedene Stickstoffmenge; daraus berechneten sie die Menge des während der Besteigung umgesetzten Eiweißes. Die kalorische Energie dieser zersetzten Eiweißmenge wurde nun in mechanische Energie (Meterkilogramm) umgerechnet und dann mit der äußeren Steigarbeit verglichen. Der einzige Unsicherheitsfaktor der Versuchsanlage bestand darin, daß keine empirisch-bestimmten Werte für die Verbrennungswärme von Eiweiß vorlagen. Fick und Wislicenus behalfen sich damit, daß sie den Brennwert des Proteins theoretisch bestimmten. Aus den prozentualen Anteilen von C und H am Protein und aus den bekannten Verbrennungswerten von C und H zu CO_2 und H_2O berechneten sie die kalorische Energie eines Gramms Protein auf 6,73 Kalorien. Dabei waren sie sich bewußt, daß der so errechnete Verbrennungswert zu hoch ausfiel und daß außerdem die im [62] Harnstoff enthaltene restliche Energie des abgebauten Proteins nicht abgezogen worden war. Die Versuchsergebnisse lauteten für Wislicenus:[151]

1. Körpergewicht plus Ausrüstung gleich 76 kg. Höhe des Faulhorngipfels über dem Brienzersee: 1956 m. Besteigungsarbeit gleich 76 x 1956 = 148 656 Meterkilogramm,

2. Arbeits- und Nacharbeitsharn (morgens 5 Uhr – 19 Uhr abends) gleich 5,55 g Stickstoff. Bei 15% N-Gehalt des Proteins ergibt dies 37 g Eiweiß. Diese 37 g Eiweiß besitzen eine potentielle chemische Energie von 37 x 6,73 Kalorien gleich 249 Kalorien. Diese letzteren sind äquivalent 105 825 Meterkilogramm.

Vergleicht man die Steigarbeit mit der maximalen aus dem Eiweiß überhaupt ableitbaren Energie, so ergibt sich: Steigarbeit = 148 656 Meterkilogramm; potentielle Energie des Eiweißes = 105 825 Meterkilogramm. Zu der äußeren Steigarbeit mußte aber noch die innere Herz- und Respirationsarbeit dazugerechnet werden. Dies ergab eine Gesamtarbeit von 184287 Meterkilogramm, also beinahe doppelt soviel wie die maximale vom Eiweiß produzierbare Energiemenge. Darüber hinaus mußte noch berücksichtigt werden, daß höchstens die Hälfte der aus dem Eiweiß freigesetzten Energie in mechanische Muskelarbeit umgesetzt werden konnte. Um also 184 287 Meterkilogramm an Muskelenergie zu gewinnen, mußte mindestens die doppelte Energiemenge aus dem Eiweiß freigesetzt werden, was etwa 368 574 Meterkilogramm ausmachte. Dies war aber mehr als der dreifache Betrag, den der Eiweißumsatz von Wislicenus (105 825 Meterkilogramm) zu liefern vermochte. Das Hauptergebnis lautete:[152]

„Die Verbrennung von Proteinstoffen kann nicht die ausschliessliche Kraftquelle des Muskels sein, denn es liegen zwei Beobachtungen vor (bei Fick und Wislicenus), in welchen von Menschen mehr meßbare Arbeit geleistet wurde als das Äquivalent der

Wärmemenge, welches sich unter geradezu lächerlich hoch gegriffenen Annahmen aus der Eiweißverbrennung berechnen läßt."

Der Selbstversuch von Fick und Wislicenus bildete den Ausgangspunkt einer grundlegenden Arbeit des englischen Physikers E. Frankland über die Quelle der Muskelkraft.[153] Die Hauptleistung Franklands bestand darin, daß er die Verbrennungswärme einiger wichtiger Nährstoffe, insbesondere des Muskelfleisches, des Albumins, des tierischen Fetts und des Harnstoffs [63] experimentell im Thompsonschen Kalorimeter bestimmte. Er fand dabei folgende Verbrennungswerte:[154]

1 g Rindermuskel getrocknet = 5,103 Kalorien
1 g Albumin = 4,998 Kalorien
1 g Rinderfett = 9,069 Kalorien
1 g Harnstoff = 2,206 Kalorien

Beim Abbau von Eiweiß oder Muskel im Innern des tierischen Organismus liegen die energetischen Verhältnisse wie folgt:

1. Im Kalorimeter verbrennt 1 g trockenes Muskeleiweiß mit 5,103 Kalorien.
2. Im tierischen Organismus liefert 1 g trockene Muskelsubstanz etwa 1/3 g Harnstoff. Dieser enthält aber 2,206 Kalorien : 3 = 0,735 Kalorien.
3. Zieht man diese 0,735 Kalorien von den 5,103 Kalorien des gesamten kalorischen Betrages vom Muskeleiweiß ab, so erhält man 4,368 Kalorien pro Gramm verbrannten Muskels.

Der von Fick und Wislicenus berechnete Brennwert für Protein war also um etwa 2,4 Kalorien zu hoch angesetzt. Bei Einsetzung des neuen Kalorienäquivalents von 4,368 Kalorien pro Gramm Eiweiß ergab sich für 37 g umgesetztes Eiweiß von Wislicenus 68 376 Meterkilogramm, also fast dreimal weniger mechanische Energie als die effektiv geleistete Steigarbeit von 184 287 Meterkilogramm. Wenn man einen mechanischen Nutzeffekt von 50 % annahm, so hätte Wislicenus fünfmal mehr Eiweiß umsetzen müssen, um die Arbeit von 184 287 Meterkilogramm für die Besteigung des Faulhorns zu leisten.[155] Frankland hielt abschließend fest:[156]

1. Der Muskel ist eine Maschine, um potentielle Energie in mechanische Kraft umzuwandeln.
2. Die mechanische Kraft des Muskels wird hauptsächlich von chemischem Material, das im Blut zirkuliert, bezogen und stammt nicht aus der oxydativen Zersetzung von Muskelsubstanz.
3. Beim Menschen liefern die stickstoflosen Substanzen das Hauptmaterial für die Muskelkraft; aber auch stickstoffhaltige Substanzen können Energie liefern.
4. Bei Fleischdiät vermehrt sich die Stickstoffausscheidung unabhängig von der Muskeltätigkeit. [64]

5. Sobald einmal der Stickstoffbedarf zur Erneuerung der Gewebe gedeckt ist, sind die stickstofffreien Nährstoffe wie Öl, Fett, Zucker und Stärke die geeignetsten Energielieferanten.
6. Die stickstoflosen Nährstoffe wandeln bei ihrer Oxydation im Innern des Organismus ihre gesamte potentielle Energie in aktuelle Energie um, während die Eiweißkörper nur etwa 6/7 ihrer potentiellen Energie in aktuelle Energie freisetzen.

Die Theorie von Fick, Wislicenus und Frankland setzte sich rasch durch, und die These Liebigs wurde bald aufgegeben. Voit sperrte sich längere Zeit gegen die Anerkennung der neuen Theorie über die Quelle der Muskelkraft. Er führte an, daß die chemische Energie des Proteins größer sein könne als der von Frankland gefundene Wert. Auch sei es möglich, daß der Muskel aus zersetztem Eiweiß Spannkräfte für spätere Arbeit speichern könne. In diesem Falle entspreche die während der Arbeit ausgeschiedene Stickstoffmenge nur einem Teil des für die Arbeit genutzten Eiweißes. Die reservierte Haltung Voits hatte aber auch einen psychologischen Grund. Voit hatte die Ernährungswissenschaft nach strengen Kriterien als vollwertige Disziplin begründet. Fick und Wislicenus hatten nun als Außenseiter und aufgrund eines einzigen Experimentes einen Eckstein aus der bisher gültigen Ernährungslehre herausgelöst. Voit war verärgert, daß Fick und Wislicenus seine eigenen und grundlegenden Beiträge nicht genügend hervorgehoben hatten. Das Faulhorn-Experiment und die Interpretation desselben durch Fick und Wislicenus beruhe auf zwei Tatsachen und Voraussetzungen, die er, Voit, erst geschaffen habe, nämlich:
1. Der Eiweißumsatz wird durch erhöhte mechanische Arbeit nicht wesentlich vergrößert.
2. Der Proteinstoffwechsel wird durch die Stickstoffausscheidung im Urin gemessen.[157]

XI. Isodynamie

In der ersten Hälfte des 19. Jahrhunderts versuchten Landwirte, Physiologen, Ärzte und Chemiker aufgrund praktischer Erfahrungen, physiologischer Experimente und chemischer Analysen Nahrungsäquivalente, d. h. die gegenseitigen Vertretungswerte der verschiedenen Nährstoffe festzustellen.

[65] Der Landwirt A. Thaer[158] definierte im Jahre 1809 als Heuwert diejenige Menge eines Futters, das imstande sei, eine bestimmte Quantität Heu zu ersetzen. Der Heuwert wurde nach der Menge der „nahrhaften" Bestandteile eines Futters und mit Hilfe von Fütterungsversuchen ermittelt. 100 Pfund Heu hatten nach Thaer den gleichen Wert wie 200 Pfund Kartoffeln, 525 Pfund Wasserrüben oder 90 Pfund Klee- oder Wickenheu. Andere Nähräquivalente basierten auf den Mengen derjenigen Substanzen, die durch Wasser, Säuren, Alkalien und Alkohol aus den Nahrungsmitteln extrahiert werden konnten.

Später wurde der Stickstoffgehalt der Nahrungsmittel als Maß des Nährwertes herangezogen. J. B. Boussingault[159] gab an, daß der Nährwert des Tierfutters seinem Stickstoffgehalt und damit auch seinem Eiweißgehalt proportional sei.

Einen neuen Weg zur Bestimmung der kalorischen Äquivalenz verschiedener Nährstoffe schlug Liebig ein. Er machte folgende Überlegung.[160] Der Wärmeeffekt der organischen Nährstoffe ist proportional ihrem Gehalt an den brennbaren Elementen C und H. Je mehr Sauerstoff zur Oxydation des gleichen Gewichts verschiedener Nährstoffe verbraucht wird, desto mehr Wärme wird entwickelt. 100 g Fett verbrennen gleichviel O_2 wie 240 g Stärke und erzeugen deshalb auch die gleiche Wärmemenge. Liebig errechnete folgende Respirationswerte, d. h. kalorische Äquivalente: 100 g Fett binden bei der Verbrennung die gleiche Menge Sauerstoff und haben daher den gleichen Wärmewert wie 240 g Stärke, 249 g Rohrzucker, 266 g Branntwein zu 50 % und 770 g frisches, fettloses Muskelfleisch.

Mit Hilfe exakter Bilanzversuche zeigten Pettenkofer und Volt, daß sich die verschiedenen organischen Nährstoffe in weitem Maße gegenseitig vertreten konnten. Ein Hund zersetzte bei Fütterung mit 500 g Fleisch 110 g Eiweiß und 52 g Körperfett. Bei gleichbleibender Eiweißzufuhr konnte sein Verlust an Körperfett durch die Fütterung mit 200 g Fett, 200 g Traubenzucker oder mit zusätzlichen 1000 g Fleisch vollkommen aufgehoben werden. Zucker und Eiweiß waren also imstande, Fett zu ersetzen.

Diese experimentellen Resultate bildeten den Ausgangspunkt einer wichtigen Studie von Max Rubner. Auf Anregung seines Lehrers Voit studierte [66] er zwischen 1878 und 1881 das Problem der gegenseitigen Vertretung der organischen Nährstoffe zum Zwecke der stofflichen Erhaltung.[161] Diejenigen Mengen der verschiedenen organischen Nährstoffe, die einen gleichartigen Stoffersatz im Organismus hervorbrachten, nannte er isodynam.[162] Das Ziel der Versuche Rubners bestand darin, festzustellen, in welchem Verhältnis die Kohlenhydrate, Proteine und Fette den Stoffverbrauch eines vorher hungernden Organismus aufzuheben oder zu verringern vermochten. Die unerläßliche Voraussetzung für diese Experimente war ein Zustand konstanter Stoffzersetzung des Organismus. Rubner stellte fest:[163]

„Wir müssen z. B. gewiss sein, daß ein Thier an dem Tage, an dem wir z. B. die Wirkung eines Kohlehydrates untersuchen, ohne letzteres eine genau bekannte Menge und Art von anderen Stoffen zersetzt hätte, und daß die Änderung der Zersetzung allein auf Rechnung des zugeführten Kohlehydrates zu setzen ist."

In Vorversuchen mit Hungerdiät oder leichter Nahrungszufuhr überzeugte sich Rubner, daß Versuchstiere über längere Zeit in einem Zustand konstanter Stoffzersetzung eingestellt blieben. Nun führte Rubner folgendes wichtige Experiment durch:[164] Ein hungernder Hund mit gleichbleibendem Stoffumsatz wurde mit Fleisch gefüttert. Nun stieg die Stickstoffausscheidung in Harn und Kot an, während das vom Organismus abgebaute Fett zurückging. Das zusätzlich umgesetzte Eiweiß mußte hier der eingesparten Fettmenge äquivalent oder isodynam sein.

Ernährung	Ausscheidung von N in Kot und Harn	Zersetztes Körperfett
Hungern	3,15 g N	78,31 g
Eiweißfütterung	20,63 g N	33,76 g
Differenz	+17,48 g	− 44,55 g

17,48 g ausgeschiedener Stickstoff = 93 g umgesetztes Eiweiß ersetzte hier 44,5 g Fett. 44,5 g Fett ist isodynam 93 g Eiweiß, 100 g Fett ist isodynam 209 g Eiweiß.

Mit der gleichen Methode fand Rubner, daß sich Fett und Rohrzucker im Verhältnis von 100 zu 234 vertraten. Das Ergebnis war: Im physiologischen Versuch sind 100 g Fett 234 g Rohrzucker isodynam.[165] Die nächste Frage lautete: Entspricht die *physiologische Isodynamie* der Nährstoffe auch ihrer *potentiellen Energie*, d. h. ihrem Brennwert? Die [67] Versuche Rubners beantworteten diese Frage in positivem Sinne. Im Tierversuch vertraten sich Fett und Rohrzucker im Verhältnis 100 zu 234 oder 1:2,3. In der kalorischen Bombe gaben 100 g Fett die gleiche Verbrennungswärme ab wie 234 g Rohrzucker, also wieder 1:2,3.[166] Damit hatte Rubner bewiesen, daß der Organismus die verschiedenen Nährstoffe nach ihrer potentiellen oder kalorischen Energie benutzte und gegenseitig ersetzte. Rubner umriss die Bedeutung dieser Entdeckung mit folgenden Worten:[167]

> „Durch die Kenntniss der isodynamen Werthe läßt sich nun für jede beliebige Art der Stoffzersetzung ein Maass finden und indem man die calorischen Werthe der zersetzten Stoffe summirt, ein numerischer Ausdruck für den Gesammtstoffwechsel gewinnen... Ich halte es aber für zweckmäßiger, an Stelle eines Stoffes den Kraftinhalt desselben durch Calorien auszudrücken, da dies dem Wesen des Vorganges am besten entspricht."

Rubner fand weiterhin, daß der Kraftstoffwechsel einen sehr hohen Betrag des Gesamtstoffwechsels ausmachen konnte. Im Bilanzversuch mit einer Gans, die nur mit Stärke und Fett ernährt wurde, zeigte es sich, daß der kalorische Betrag des Eiweißstoffwechsels nur etwa 5 % des gesamten Stoffwechsels betrug.[168] Rubner unterschied den organoplastischen Stoffwechsel vom Kraftstoffwechsel. Der organoplastische Stoffwechsel ist an Eiweiß gebunden, eine minimale Eiweißzufuhr ist für ihn unerlässlich, während der Kraftstoffwechsel von allen 3 organischen Nährstoffen im Verhältnis ihrer kalorischen Energie unterhalten wird.[169] Die Kohlenhydrate bilden z. B. die wichtigste „Spannkraftquelle der Arbeiter".

In einer großangelegten neuen Arbeit bestimmte Rubner[170] die Verbrennungswärmen der 3 organischen Nährstoffe und fand erstmals die immer noch gültigen Durchschnittswerte für ihren Kaloriengehalt. Er stellte fest:[171]

> „Ich komme also nach Abwägung aller einschlägigen Verhältnisse dazu, für jene Fälle, in denen die sog. gemischte Kost von den Menschen aufgenommen wird, pro 1 g Eiweiß 4,1 g Calorien, pro 1 g Fett 9,3 Calorien, pro 1 g Kohlehydrate 4,1 Calorien als Wärmewerth zu setzen."

Der Ausdruck einer bestimmten Kost durch ihren Kaloriengehalt erfasste unmittelbar ihren energetischen Betrag. Der Kaloriengehalt verschiedener Kostformen erlaubte nun, einen sofortigen, bequemen Vergleich ihres Beitrages zum Kraftstoffwechsel. Die „mittlere Kost" eines Mannes betrug z. B. nach Moleschott: Eiweiß 130 g, Fett 40 g, Kohlenhydrate 550 g, in [68] Kalorien übertragen bedeutet dies: Eiweiß 533 Kalorien, Fett 372 Kalorien, Kohlenhydrate 2255 Kalorien, zusammen 3160 Kalorien. Die Kost eines „mittleren Arbeiters" betrug nach Voit: Eiweiß 118 g, Fett 56 g, Kohlenhydrate 500 g, in Kalorien übertragen ergab dies Eiweiß 484 Kal., Fett 521 Kal. und Kohlenhydrate 2 050 Kal., zusammen 3 055 Kalorien.

XII. Die tierische Wärme

Lavoisier hatte erstmals die effektive Wärmeabgabe des tierischen Organismus im Eiskalorimeter gemessen und diesen Wert mit der Wärmemenge verglichen, die sich aus dem verbrauchten Kohlenstoff und Wasserstoff berechnen liessen.[172] Die quantitative Korrelierung des Stoffverbrauchs mit der Wärmebildung des tierischen Organismus wurde für die Physiologen, Chemiker und Ernährungsforscher zum grossen Problem der tierischen Wärmeökonomie, das mit stetig verbesserten Methoden und neuen theoretischen Anschauungen untersucht wurde. Anfang der zwanziger Jahre stellte die Pariser Akademie der Wissenschaften eine Preisfrage, die der tierischen Wärme gewidmet war. Die von Lavoisier und Laplace formulierte Theorie, die die tierische Wärmebildung auf einen Oxydations-prozess zurückführte, sollte erneut geprüft werden. C. M. Despretz[173] und P. L. Dulong[174] bearbeiteten diese Frage unabhängig voneinander. Despretz erhielt dafür den prix de physique für das Jahr 1823. Beide Forscher bestimmten gleichzeitig und am gleichen Versuchstier einerseits die effektive Wärmeabgabe, anderseits die Sauerstoffabsorption und die Kohlensäureausscheidung.

Despretz bestimmte die Wärmeabgabe mit dem Wasserkalorimeter, die ausgeschiedene Kohlensäure durch ihre Absorption in Laugen und den Sauerstoffgehalt der Atemluft durch die Verbrennung mit Wasserstoffgas. Die Ergebnisse von Despretz lauteten:

1. Die Atmung ist die Hauptursache der tierischen Warme. Die restliche im tierischen Organismus gebildete Wärme wird durch Reibungsprozesse und durch die Blutbewegung verursacht. [69]

2. Die Versuchstiere absorbieren mehr Sauerstoff als sie Kohlensäure abgeben. Der nicht zur Oxydation des Kohlenstoffs verbrauchte Sauerstoff wird wahrscheinlich zur Verbrennung des Wasserstoffelements im Tierkörper verbraucht.

3. Die Wärmemenge, die aus der Oxydation des absorbierten Sauerstoffs zu CO_2 und H_2O berechnet wurde, erreichte nie mehr als 90% der mit dem Kalorimeter effektiv gemessenen Wärmeabgabe.

P. L. Dulong[175] kam zu ähnlichen Ergebnissen. Die aus der Oxydation von C und H zu CO_2 und H_2O berechnete Wärmemenge betrug etwa 70–83 % der effektiv vom Versuchstier abgebenen direkt gemessenen Wärmequantität.

Im Jahre 1845 befasste sich J. Liebig[176] erneut mit dem Problem der tierischen Wärme und besprach in diesem Zusammenhang die wichtigen Versuche von Despretz und Dulong. Liebig glaubte, daß sich bei Einsetzung der richtigen Verbrennungswerte für C zu CO_2, und H zu H_2O aus den Daten von Dulong und Despretz eine Übereinstimmung der gemessenen und berechneten Wärmemenge ergebe, oder mit anderen Worten, daß die tierische Wärme ganz und gar der Oxydation von C und H entspringe.[177]

Die Fortschritte der Thermochemie und die empirische Bestimmung der Brennwerte von verschiedenen organischen Nährstoffen erlaubten dann Rubner eine Klärung dieser seit Lavoisier erörterten Frage. Rubner hielt fest: Die Verbrennungswerte der organischen Substanzen stimmen nicht überein mit der Summe der Verbrennungswärmen ihrer C und H Anteile gemäß ihrem elementaren Verbrennungswert. Berechnet man z. B. die Verbrennungswärme von Rohrzucker aus der Wärmemenge, die sein elementarer C-Anteil bei der Oxydation zu CO_2 ergeben würde, so erhält man 3,4 Kalorien. Die direkte empirische Bestimmung des Brennwertes ergibt aber 4 Kalorien.[178] Um die aus dem Stoffumsatz des Organismus resultierende Wärmemenge zu berechnen, muß man zuerst die Anteile der oxydierten Nährstoffe bestimmen. Aus dem kalorischen Gehalt der oxydierten Nährstoffe läßt sich dann erst die Wärmeabgabe des tierischen Organismus berechnen. Auch der Sauerstoffkonsum des Organismus allein ist kein exaktes Maß für die dabei entwickelte Wärmemenge. Man muß wissen, welche Nährstoffe im Körper verbrannt wurden, um aus dem Sauerstoffverbrauch die entwickelte Wärme berechnen zu können.

[70] 1 g Sauerstoff liefert z. B. bei der Verbrennung von Fett, von Kohlenhydraten oder Proteinen verschiedene Wärmequantitäten: für Fleisch 3,0 Kal., für Fett 3,27 Kal., und für Rohrzucker 3,56 Kal.[179]

In einer klassischen Untersuchung über die Quelle der tierischen Wärme befasste sich Rubner[180] erneut mit der Frage, ob die tierische Wärme gänzlich auf den chemischen Stoffumsatz zurückgeführt werden könne. Das Problem stellt sich so:[181]
„Es sollte verglichen werden, ob die in einem Tiere verbrannten Stoffe ebensoviel Wärmeinhalt besitzen, als von Seiten des Tieres Wärme nach außen abgegeben wird."

Als Versuchstier diente der ruhende und keine äußere Arbeit leistende Hund. Zur gleichen Zeit wurden die Stoffwechselexkrete im Urin, Kot und in der Atemluft sodann der ausgedünstete Wasserdampf sowie die abgegebene Wärmemenge direkt gemessen. Die Analyse der Exkrete im Kot, im Urin und in der Atemluft gestattete es, die oxydierten Nährstoffe zu bestimmen und daraus die abgegebene Wärme zu berechnen. Diese berechnete Wärme verglich Rubner mit der unmittelbar durch das Kalorimeter gemessenen Wärmemenge und der dazugerechneten Verdunstungswärme und Ventilationsverluste. Er fand dabei für den Hund:[182]

"Im Gesamtdurchschnitt aller Versuche von 45 Tagen sind nach der calorimetrischen Methode nur 0,47 % weniger an Wärme gefunden als nach der Berechnung der Verbrennungswärme der zersetzten Körper- und Nahrungsstoffe."

Damit war das Gesetz von der Erhaltung der Energie auch für den lebenden Organismus empirisch nachgewiesen. W. O. Atwater und F. G. Benedict[183] bestätigten Rubners Ergebnisse. Mit ihrem großen, an der Wesleyan Universität in Middletown, Conn., eingerichteten „Respirations-Kalorimeter" führten sie lange Versuchsreihen am Menschen durch. Diese Versuche, die mit bisher unerreichter methodischer Exaktheit und apparativer Perfektion durchgeführt wurden, zeigten die größte Übereinstimmung zwischen der direkt gemessenen Wärmeabgabe und der Arbeit einerseits und der aus dem Stoffumsatz errechneten Wärme andererseits. [71]

XIII. Qualitative Ernährungslehre

Die großen und bleibenden Leistungen der wissenschaftlichen Ernährungslehre im 19. Jahrhundert bestanden in der Bestimmung der stofflichen Bilanz, des Stoffumsatzes und der energetischen Äquivalente der drei großen organischen Nährstoffgruppen (Proteine, Fette, Kohlenhydrate). Die Untersuchung der spezifisch-qualitativen Wirkung der Proteine, der Fette oder anderer noch unbekannter Nährstoffe trat dabei ganz in den Hintergrund.

1. Die Proteine

Zu Beginn der 80er Jahre stellte Voit fest:[184]
„Die verschiedenen Eiweißstoffe haben wahrscheinlich annähernd den gleichen Werth für die Ernährung, d. h. für die Verhütung der Eiweißabgabe und den Eiweißumsatz. Jedoch hat man hierüber noch keine genügenden Erfahrungen."

Der Stickstoffgehalt der Proteine wurde von manchen Forschern als Indikator ihres Nährwerts betrachtet. H. Ritthausen[185] gab an, daß der Nähreffekt der Proteine vom Verhältnis ihres Stickstoff- und Kohlenstoffgehaltes abhänge. Der Nährwert sei umso größer, je mehr C und je weniger N in den Proteinen enthalten sei. J. Munk[186] glaubte noch im Jahre 1891 an einen gleichwertigen Nähreffekt der chemisch verschiedenen Eiweißstoffe.

Nach Meinung der meisten Autoren sollte das Eiweiß in Form von hochmolekularen Spaltprodukten (Albumosen und Peptone) resorbiert werden. A. Adamkiewicz[187] betrachtete das im Darmtrakt auftretende Leucin und Tyrosin als Fäulnis- und nicht als physiologisches Verdauungsprodukt. Die Proteine sollten als „peptonisiertes Eiweiß" aus dem Darm resorbiert werden. S. Pollitzer[188] gab für Pepton und Hemialbumosen einen dem Fleisch äquivalenten Nährwert an. R. Maly[189] charakterisierte das Pepton als „ein zu Eiweiß reconstruirbares organisationsfähiges [72] Verdauungsproduct" und R. Heidenhain[190] glaubte, „daß die Peptone nach ihrer Resorption innerhalb der Darmschleimhaut eine Rückverwandlung in Eiweißkörper erfahren müssen".

Der früheste Ansatz zu einer qualitativen Differenzierung des Nährwertes der Proteine begann mit der Untersuchung der ernährenden Eigenschaften des Knochenleims (vgl. Kap. IV). Voit[191] bezeichnete dann den Leim als besten „Eiweißsparer". Der Leim sei aber nicht imstande, die Proteine zu ersetzen, er stelle also keinen echten Eiweißkörper dar.

Th. Escher, ein Schüler von L. Hermann, gab der Diskussion über den Knochenleim eine neue Wendung.[192] Er ging von folgender Überlegung aus: Eiweiß und Tyrosin geben beide eine positive Millonsche Reaktion, während diese Reaktion für den Leim negativ ausfällt. Der mangelnde Nährwert vom Leim ist vielleicht auf das Fehlen des Eiweißspaltproduktes Tyrosin zurückzuführen. Escher fütterte Hühner und Schweine mit einem Gemisch von Tyrosin und Leim. Dieses Nahrungsgemisch erhielt die Tiere auf ihrem Körperbestand, während Leim allein dazu nicht genügte.

Diese Arbeit gehört zu den frühen qualitativen Nährexperimenten mit dem Zusatz einer einzelnen Aminosäure als Versuchsvariable.

Um die Jahrhundertwende wurden die Auffassungen über die physiologische Bedeutung der Eiweißkörper auf eine neue Basis gestellt. Dies war durch die Fortschritte der Eiweißchemie möglich geworden. E. Fischer[193] und F. Hofmeister[194] charakterisierten die Eiweißkörper als komplexe Moleküle, die sich aus Aminosäuren aufbauten. Die letzteren seien durch eine Peptidbindung miteinander verkettet. *Der Nährwert und der Stoffwechsel der Eiweißkörper wurde nun unter dem neuen Aspekt des Aminosäurengehaltes betrachtet. Eiweißchemie und Eiweißphysiologie wurden zur Biochemie der Aminosäuren, die als Bausteine des Proteinmoleküls erkannt worden waren.* A. Magnus-Levy umriß im Jahre 1906 den neuen Weg der Eiweißforschung mit folgenden Worten:[195]

> „In früheren Zeiten, wo es galt, zunächst einmal die Generalbilanz der Stoffwechselvorgänge aufzustellen, durfte man sich mit der Kenntnis des [73] *Gesamtbedarfs an stickstoffhaltigen Substanzen* begnügen. Nunmehr, wo die Kenntnis des Bruttostoffwechsels im wesentlichen abgeschlossen ist, hat sich die Forschung in erhöhtem Masse mit den feineren Stoffwechselvorgängen zu beschäftigen."

2. Die Avitaminosen und die wissenschaftliche Ernährungslehre

Die ärztliche Beobachtung und Erfahrung hatte seit der Antike avitaminotische Zustandsbilder beschrieben. Die auf Vitamin A-Mangel beruhende Nachtblindheit wurde seit dem griechisch-römischen Altertum klar erkannt und mit Leber behandelt.

Der schottische Schiffsarzt J. Lind hatte in seinem klassischen Buch über den Skorbut im Jahre 1753 als Prophylaxe und Therapie dieser Krankheit Zitronen- und Orangensaft verschrieben. Der englische Marinearzt Th. Trotter schrieb in seiner Medicina nautica zu Beginn des 19.

Jahrhunderts, „frisches Gemüse führt dem Körper ein gewisses Etwas zu, das ihn gegen den Skorbut stärkt".[196]

Die Ernährungslehre des 19. Jahrhunderts konzentrierte ihre Aufmerksamkeit auf die drei großen organischen Nährstoffgruppen und auf die Salze der Nahrung. Sie versuchte, die Avitaminosen in diesem Rahmen zu erklären. Moleschott fragte sich, wie die Wirkung der Antiscorbutica erklärt werden könne. Handelte es sich um eine Heilwirkung der organischen Säuren, die in frischen Vegetabilien, im Limonensaft und Zitronensaft vorkamen oder war es der Kaligehalt der Antiscorbutica, der den geringen Kaliumgehalt des Blutes von Skorbutkranken behob?[197]

Essigsäure als organische Säure besserte den Skorbut nicht, während A. B. Garrod eine Besserung des Skorbuts durch Zufuhr von Kalisalzen beobachtet hatte.

Auch in den 90er Jahren wurde diese These Garrods immer noch diskutiert.[198] Neben Kalimangel wurde auch eine erhöhte Kochsalzzufuhr als Ursache des Skorbuts angegeben. Die gesteigerte Aufnahme von Kochsalz führte zu einer vermehrten Ausscheidung von Kalisalzen. In der „Anleitung zur Gesundheitspflege an Bord von Kauffahrteischiffen" (1888) wird der Skorbut auf einen Mangel an frischer Pflanzenkost und auf eine andauernde Zufuhr von Salzfleisch zurückgeführt.[199] [74] Der Skorbut wurde also mit der mangelnden Zufuhr oder der ungeeigneten Mischung der bekannten anorganischen und organischen Stoffe zu erklären versucht.

Die experimentelle Untersuchung der physiologischen Bedeutung der Nährsalze liess einige Forscher vermuten, dass es neben den organischen Nährstoffen und den Salzen noch weitere, bis dahin unbekannte Substanzen mit spezifischer Nährwirkung gebe. J. Forster[200] fütterte Hunde und Tauben mit Stärkemehl, Fett und mit einem Fleischpulver, das durch Auskochen mit Wasser salzarm geworden war. Die Ausscheidung des Stickstoffs ging parallel mit der Stickstoffzufuhr in der Nahrung, während die Salzausscheidung bei salzarmer Kost stark vermindert wurde. Ein Hund ging bei dieser Kost nach 26 Tagen ein. Er wurde teilnahmslos, litt an Muskelschwäche, zitterte und entwickelte eine Parese der hinteren Extremitäten. Nach der dritten Woche traten schwere Verdauungsstörungen und Erbrechen auf. Förster folgerte aus diesen Versuchen: Auch der im organischen Stoffgleichgewicht befindliche Hund bedarf zu seiner Ernährung einer genügenden Salzzufuhr, ohne die er rasch zugrunde geht. Der Dorpater Physiologe G. Bunge beauftragte seinen Schüler N. Lunin[201] mit der Untersuchung folgender Frage. Unter physiologischen Bedingungen wird die im Organismus gebildete Schwefelsäure durch die basischen Salze der Nahrung neutralisiert. Fehlen diese, so ist der Organismus gezwungen, basische Salze aus seinen Geweben zu entziehen. Dieser Salzverlust könnte den raschen Tod der Versuchstiere Försters erklären.

Um die Wirkung von einzelnen anorganischen Nährstoffen zu bestimmen, stellte Lunin eine salzlose organische Grundkost her, zu der einzelne Salze oder Salzgemische als Variablen beliebig zugefügt werden konnten. Als eine solche Grundnahrung wählte er eine salzlose künstliche Milch, die nur etwa 0,05–0,08 % Aschenbestandteile enthielt, und die er durch Fällung verdünnter Milch mit Essigsäure und Zusatz von Rohrzucker erhielt. Der essigsaure Niederschlag enthielt das Kasein und das Fett der Milch, der Milchzucker wurde durch Rohrzucker ersetzt.

Diese salzarme künstliche Milch erhielt 5 Mäuse zwischen 11 und 21 Tagen am Leben. Nach Zugabe von kohlensaurem Natron in einer Menge, die dem Schwefel des Kaseins äquivalent war, lebten 6 Mäuse zwischen 16 und 30 Tagen, also länger als die nur mit salzarmer Milch ernährten Versuchstiere. Als nun Lunin der salzarmen Milch sämtliche anorganischen Bestandteile der Milch künstlich zufügte, lebten 6 Mäuse zwischen 20 und 31 Tagen. Diese mit künstlicher Milch ernährten Mäuse erhielten also die [75] Fette, die Proteine und die Kohlenhydrate sowie die Salze der Milch und lebten dennoch nicht länger als die Versuchstiere, die neben den organischen Bestandteilen der Milch nur kohlensaures Natron erhielten. Wurden aber Mäuse mit eingedickter natürlicher Milch ernährt, blieben sie ohne Schaden mehrere Monate am Leben und nahmen noch an Gewicht zu. Lunin stellte fest:

> „Die Mäuse konnten also unter diesen Lebensbedingungen bei geeigneter Nahrung (d.h. im Käfig mit natürlicher Milch) sehr wohl bestehen; da sie nun aber, wie die obigen Versuche lehren, mit Albuminaten, Fett, Zucker, Salzen und Wasser nicht zu leben vermochten, so folgt daraus, dass in der Milch ausser dem Casein, Fett, Milchzucker und den Salzen noch andere Stoffe vorhanden sein müssen, welche für die Ernährung unentbehrlich sind. Diese Stoffe zu erforschen wäre eine Untersuchung von hohem Interesse."[202]

Mit diesen Worten umriss Lunin in prophetischer Weise die erst im nächsten Jahrhundert einsetzende Aera der Vitaminforschung.

Literatur und Anmerkungen

1   Die beste allgemeine Darstellung der Geschichte der wissenschaftlichen Ernährungslehre gibt: E. V. McCollum: A history of nutrition. Boston, Cambridge, Mass, 1957. – F. Lieben: Geschichte der physiologischen Chemie. Leipzig u. Wien, 1935. – M. Florkin: A history of biochemistry. Amsterdam, 1972 (= Comprehensive Biochemistry Vol. 30). – Einen guten Ueberblick und Bewertung der älteren Arbeiten finden sich bei: C. von Voit: Physiologie des allgemeinen Stoffwechsels und der Ernährung. In: Handbuch der Physiologie, herausgegeben v. L. Hermann. Leipzig: F. C. W. Vogel, 1881. Band 6, Teil 1. – C. Voit: Ueber die Entwicklung der Lehre von der Quelle der Muskelkraft und einiger Theile der Ernährung seit 25 Jahren. Zeitschrift für Biologie 6 (1870), S. 305–401. C. Voit: Über die Theorien der Ernährung der thierischen Organismen. Vortrag, München, 1868. – Reiche Literaturangaben aus der 2. Hälfte des 19. Jahrhunderts ausser bei Voit auch bei: J. Munk u. J. Uffelmann: Die Ernährung des gesunden und kranken Menschen. 2. Aufl. Wien u. Leipzig, 1891, sowie bei: A. Magnus-Levy: Physiologie des Stoffwechsels. In: Handbuch der Pathologie des Stoffwechsels, herausgegeben v. C. von Noorden. Band 1, 2. Auflage. Berlin, 1906. – Eine wertvolle Darstellung mit reicher Literatur siehe bei: H. H. Teuteberg u. G. Wiegelmann: Der Wandel der Nahrungsgewohnheiten unter dem Einfluss der Industrialisierung. Göttingen, 1972 (= Studien zum Wandel von Gesellschaft und Bildung im 19. Jahrhundert Bd. 3).

2	Vgl. dazu: Lieben, Geschichte, wie Anm. (1). – McCollum, History, wie Anm. (1). – J. R. Partington: A history of chemistry. London,1962–64. Vol. 3 a. 4. – P. Walden: Chronologische Uebersichtstabellen zur Geschichte der Chemie. Berlin, 1952. – A. J. Ihde: The development of modern chemistry. New York, 1964.
3	Siehe: Beyträge zur Erweiterung der Chemie, v. L. Grell, 4, 4. Stück (1790), S. 472f.
4	L. J. Gay-Lussac et L. J. Thénard: Recherches physico-chimiques. Tome 1 et 2. Paris, 1811, hier tome 2, S. 321f.
5	Der Terminus „Kohlenhydrat" wurde von C. Schmidt geprägt: Annalen der Chemie und Pharmacie 51 (1844). S. 29–62, hier S. 30.
6	F. Magendie: Handbuch der Physiologie: Übersetzt von C. F. Heusinger nach der 3. Ausg., Eisenach, Wien, 1836, Band 2, S. 28f.
7	M. E. Chevreul: Recherches chimiques sur les corps gras d'origine animale. Paris, 1823.
8	W. Prout: On the ultimate composition of simple alimentary substances. Philosophical Transactions of the Royal Society [London] 117 (1827), S.355–388. Siehe dazu: M. Florkin, History, wie Anm. (1), S. 119–123, Prout's nutritional theories; und: J. Müller: Handbuch der Physiologie des Menschen. 4. Aufl. Coblenz, 1844, l. Band, S. 397.
9	G. J. Mulder: Versuch einer allgemeinen physiologischen Chemie.Braunschweig, 1844–1851, S. 300–303. Zum Terminus und Begriff „Protein" siehe: M. Florkin, History, wie Anm. (1), S. 125, und: H. B. Vickery: The origin of the word protein. Yale Journal of Biology and Medicine 22 (1949/50), S. 387–393.
10	A. Payen et J. Persoz: Memoire sur la diastase. Annales de chimie et de physique [Paris] [II.Ser.] 53 (1833),S. 73–92.
11	J. J. Berzelius: Jahresbericht über die Fortschritte der physischen Wissenschaften 15 (1836), S. 237, S. 243, S. 245.
12	Siehe: Gay-Lussac et Thénard, Recherches, wie Anm.(4); Schmidt, wie Anm. (5.).
13	N. Mani: Die historischen Grundlagen der Leberforschung.Basel, 1967, Band 2, S. 341f.
14	F. Tiedemann u. L. Gmelin: Die Verdauung nach Versuchen. Heidelberg, 1826–1827, Band 1, S. 185. – N. Mani: Das Werk von Friedrich Tiedemann und Leopold Gmelin „Die Verdauung nach Versuchen". Gesnerus 13 (1956), S. 190–214.
15	A. Bouchardat u. C. L. Sandras: Des fonctions du pancreas et de son influence dans la digestion des feculents. Comptes-rendus hebdomadaires des séances de l'Académie des Sciences [Paris] 20 (845), S. 1085–1091.
16	Mani, Leberforschung, wie Anm. (13), S. 348–369.
17	Diskussion und Literatur hierzu bei: A. Magnus-Levy, Physiologie des Stoffwechsels, wie Anm. (1), S. 165.
18	Cl. Bernard: Du suc pancréatique et de son rôle dans les phénomenes de la digestion, in: Mémoires de la Société de Biologie 1849, S. 99–115. Deutsche Uebers. von N. Mani in: Cl. Bernard: Ausgewählte physiologische Schriften, Bern 1966 (= Hubers Klassiker d. Medizin Bd. 6).
19	Lieben, Geschichte, wie Anm. (1), Kap. VI: Das Eiweiß und seine Derivate. – Vgl. auch die älteren Gesamtdarstellungen: (a) J. J. Berzelius: Lehrbuch der Thier-Chemie. Band 4 von: Lehrbuch der Chemie. 1831, Abt. 1. – (b) J. F. Simon: Handbuch der angewandten medizinischen Chemie. Berlin, Berlin 1840–1842, Teil 1 u. 2. – (c) C. G. Lehmann: Lehrbuch der physiologischen Chemie, Leipzig, 1842–1852, Band 1–3,. – (d) G. J. Mulder, Versuch, wie Anm. (9), S. 303–305. – (e) J. Liebig: Die organische Chemie in ihrer Anwendung auf Physiologie und Pathologie. Braunschweig, 1842, S. 42–53, S. 97–109, S. 123–128. – (f) J. Moleschott: Physiologie der Nahrungsmittel. 2. Auflage. Giessen, 1859, S. 26–35.
20	Vgl. Diskussion und Literatur dazu: (a) A. Magnus-Levy, Physiologie des Stoffwechsels, wie Anm. (1), S. 5–25, S. 70–80, S. 92. – (b) F. Hofmeister: Ueber den Bau und Gruppierung der Eiweißkörper. Ergebnisse der Physiologie 1 (I.Abt.: Biochemie) (1902), S. 759–802. – Zur Geschichte der Entdeckung der Aminosäuren vgl.: (c) H. B. Vickery a. C. L. A. Schmidt: The history of the discovery of the amino acids. Chemical Reviews 9 (1931) S. 169–318. – (d) E. Fischer: Untersuchungen über Aminosäuren, Polypeptide und Proteine. Berlin, 1905.
21	F. Magendie: Mémoire sur les proprietes nutritives des substances qui ne contiennent pas d'azote. Annales de chimie et de physique [Paris] 3 (1816), S. 66–77; vgl. auch: Magendie, Handbuch, wie Anm. (6), S. 418–422.
22	Tiedemann u. Gmelin, Verdauung, wie Anm. (14), Band 2, S. 183–237.

23 Magendie, Handbuch, wie Anm. (6), S. 422.
24 Tiedemann u. Gmelin, Verdauung, wie Anm. (14), Band 2, S. 183–184, S. 188–190, S. 197–200, S. 232–237.
25 Zur Geschichte der Knochenleimfrage siehe: McCollum, History, wie Anm. (l), S. 75–83. – C. Voit: Zeitschrift für Biologie 8 (1872), S. 298–311; ders., Entwicklung der Lehre, wie Anm. (1), S. 396–400. – F. Magendie: Rapport fait a l'Académie des Sciences au nom de la commission dite de la gélatine. Comptes-rendus hebdomadaires des séances de l'Académie des Sciences [Paris] 13 (1841), S. 237–283, hier: S. 239–252. Experimenteller Teil dieser Arbeit siehe auch: F. Magendie: Recherches experimentales sur l'alimentation. Annales des sciences naturelles [2e ser. (zool.)] 16 (1841), S. 73–109.
26 Magendie, Rapport, wie Anm. (25).
27 Zusammenfassung von Magendies Ergebnissen siehe: Magendie, Rapport, wie Anm. (25), S. 282f. u. S. 108f.
28 McCollum, History, wie Anm. (l), S. 100–108. – R. P. Aulie: Artikel „Boussingault". In: Dictionary of Scientific Biography. New York, 1970, Band 2, S. 356f.
29 J. B. Boussingault: Chemische Untersuchungen über die Vegetation, zur Entscheidung, ob die Pflanzen Stickstoff aus der Atmosphäre aufnehmen. Journal für practische Chemie 14 (1838), S. 193–204. – McCollum, History, wie Anm. (l), S. 101.
30 J. B. Boussingault: Expériences sur l'alimentation des vaches avec des betteraves et des pommes de terre. Annales de chimie et de physique [3e série] 12 (1844), S. 153–167.
31 J. B. Boussingault: Analyses comparées de l'aliment consommé et des excréments rendus par une tourterelle entreprises pour rechercher s'il y a exhalation d'azote pendant la respiration des granivores. Annales de chimie et de physique [3e série] 11 (1844), S. 433–456.
32 Boussingault, Expériences, wie Anm. (30), S. 164.
33 Zu Liebigs Ernährungslehre vgl.: McCollum, History, wie Anm. (l), S. 92–98. – Lieben. Geschichte, wie Anm. (l), S. 99–115. – J. Ranke: Die Ernährung des Menschen. München, 1876, S. 44–96.
34 J. Liebig: Die organische Chemie in ihrer Anwendung auf Physiologie und Pathologie. Braunschweig, 1842, S. 97f. (Hinfort als „Thier-Chemie" bezeichnet).
35 Siehe Mulder, Versuch, wie Anm. (9).
36 Liebig, Thier-Chemie, wie Anm. (34), S. 97, S. 251–254.
37 J. Liebig: Über die Beziehungen der verbrennlichen Bestandteile der Nahrung zu dem Lebensprozeß. Annalen der Chemie und Pharmacie 79 (1851), S. 205–221 und S. 358–369, hier: S. 215.
38 Liebig, Thier-Chemie, wie Anm. (34), S. 97–98, S. 278. Liebig, verbrennliche Bestandtheile, wie Anm. (37), S. 367f.
39 Moleschott, Nahrungsmittel, wie Anm. (19), S. 27.
40 Liebig, Thier-Chemie, wie Anm. (34), S. 41–51; J. Liebig: Die Ernährung, Blut- und Fettbildung im Thierkörper. Annalen der Chemie und Pharmacie 41 (1842), S. 241–285, hier S. 242–244).
41 Liebig, Thier-Chemie, wie Anm. (34), S. 251.
42 J. Liebig: Chemische Briefe. 3. Auflage. Leipzig, 1859, Band 2, S. 907.
43 Liebig, verbrennliche Bestandtheile, wie Anm. (37), S. 367f.
44 Siehe die Untersuchungen von H. Helmholtz über die chemischen Veränderungen und die Wärmeentwicklung im arbeitenden Muskel: (1) H. Helmholtz: Ueber den Stoffverbrauch bei der Muskelaktion. Archiv für Anatomie, Physiologie und wissenschaftliche Medicin 1845, S.72–83; (2) H. Helmholtz: Ueber die Wärmeentwickelung bei der Muskelaction. Archiv für Anatomie, Physiologie und wissenschaftliche Medicin 1848, S.144–164. J. R. Mayers Untersuchungen über die energetischen Umwandlungen im tierischen Organismus knüpfen unmittelbar hier an: J. R. Mayer: Die organische Bewegung in ihrem Zusammenhange mit dem Stoffwechsel. Heilbronn: C. Drechsler'sche Buchhandlung, 1845.
45 Liebig, Thier-Chemie, wie Anm. (34), S. 251.
46 Ebenda, S. 252.
47 Mayer, organische Bewegung, wie Anm. (44).
48 Ebenda, S. 45f.
49 Ebenda, S. 54.

50 G. J. Mulder: Die Ernährung in ihrem Zusammenhange mit dem Volksgeist (nach dem Holländischen von J. Moleschott). Utrecht u. Düsseldorf, 1847, S. 35f.
51 Mulder, wie Anm. (9).
52 Mulder, Ernährung, wie Anm. (50), S. 48f.
53 Ebenda, S. 55, S. 58f.
54 Ebenda, S. 53.
55 Ebenda, S. 41.
56 Ebenda, S. 46f.
57 Moleschott, Nahrungsmittel, wie Anm. (19), S. 37.
58 Ebenda, S. 38, S. 213.
59 Ebenda, S. 217.
60 Ebenda, S. 219.
61 Ebenda, S. 475.
62 Mulder, Ernährung, wie Anm. (50), S. 37, S. 56–63.
63 Ebenda, S. 61.
64 Ebenda, S. 60–78.
65 F. Bidder u. C. Schmidt: Die Verdauungssäfte und der Stoffwechsel. Mitau u. Leipzig, 1852, S. 354f.
66 H. M. Rouelle: Observations sur l'urine humaine, & sur celles des vaches & de cheval, comparées ensemble. Journal de Médecine, Chirurgie et Pharmacie [Paris] 40 (1773), S.451–468.
67 N. Mani: La découverte de l'uremie expérimentale par Jean-Louis Prevost et Jean-Baptiste Dumas. Geneve 1821. Médecine et Hygiene 21 (1963) S. 408f.
68 Siehe: Mani, uremie, wie Anm. (67). – Partington, History, wie Anm.(2), Vol. 3, S. 798. – Mani, Leberforschung, wie Anm. (13), S. 263f.
69 Ch. Chossat: Memoire sur l'analyse des fonctions urinaires. Journal de Physiologie expérimentale et pathologique 5 (1825), S. 65–221, hier: S. 149f.
70 J. Müller: Handbuch der Physiologie. Band. L. Coblenz, 1834, S. 568.
71 R. F. Marchand: Fortgesetzte Versuche über die Bildung des Harnstoffes im thierischen Körper. Journal für practische Chemie 14 (1838), S. 490–497.
72 F. Th. Frerichs: Ueber das Maass des Stoffwechsels, sowie über die Verwendung der stickstoffhaltigen und stickstofffreien Nahrungsstoffe. Archiv für Anatomie, Physiologie und wissenschaftliche Medicin 1848, S.469–491.
73 Bidder u. Schmidt, Verdauungssäfte, wie Anm. (65), S. 292.
74 Ebenda, 292–308.
75 Ebenda, S. 303, S. 333, S. 339.
76 Th. L. W. Bischoff: Der Harnstoff als Maass des Stoffwechsels. Giessen, 1853.
77 E. Heischkel-Artelt: Carl von Voit als Begründer der modernen Ernährungslehre. Ernährungsumschau, Zeitschrift für die Ernährung des Gesunden und Kranken 10 (1963) S. 232–234.
78 C. Voit: Beiträge zum Kreislauf des Stickstoffs im thierischen Organismus. Medizinische Inaugural-Dissertation. Augsburg, 1857.
79 Karl Voit: Physiologisch-chemische Untersuchungen. Augsburg: M. Riegersche Buchhandlung, 1857.
80 Voit, Beiträge, wie Anm. (78), S. 25–26. Siehe auch: C. Voit: Untersuchungen über die Ausscheidungswege der stickstoffhaltigen Zersetzungs-Produkte aus dem thierischen Organismus. Zeitschrift für Biologie 2 (1866), S. 6–77 u. S. 189–243, hier: S. 21–24.
81 Th. L. W. Bischoff u. C. Voit: Die Gesetze der Ernährung des Fleischfressers durch neue Untersuchungen festgestellt. Leipzig u. Heidelberg: C. F. Winter, 1860.
82 Ebenda S. 30–32.
83 Ebenda S. 30ff.
84 Voit, Beiträge, wie Anm. (78), S. 22, S. 25f.
85 C. Voit: Zeitschrift für Biologie 1 (1865) S. 84.
86 C. Voit: Ueber den Stickstoff-Kreislauf im thierischen Organismus. Annalen der Chemie und Pharmacie [Heidelberg] II. Supplement Band (1863), S.238–241. C. Voit: Die Gesetze der Zersetzung der

	stickstoffhaltigen Stoffe im Thierkörper. Zeitschrift für Biologie 1 (1865), S.69–168 u. S. 283–314. C. Voit, Ausscheidungswege, wie Anm. (80).
87	C. Voit, Ausscheidungswege, wie Anm. (80), S. 76.
88	Ebenda S. 192.
89	Ebenda S. 243.
90	M. Pettenkofer: Ueber die Respiration. Annalen der Chemie und Pharmacie II. Supplement Band (1863), S. 1–52.
91	M. Pettenkofer u. C. Voit: Untersuchungen über die Respiration. Annalen der Chemie und Pharmacie II. Supplement Band (1863), S. 52–70, hier: S. 59.
92	Zur Methodik Voits siehe: Voit, Physiologie (1881), wie Anm. (l), S. 6–81; Voit, Physiologisch–chemische Untersuchungen, wie Anm. (79); Voit, Gesetze der Zersetzung, wie Anm. (86), hier Seiten 69–107, 109–168, 283–314; Zschr. Biol. 3 (1867) S. 1–85; Zeitschrift für Biologie 4 (1868), S. 297–363; Zeitschrift für Biologie 5 (1869) S. 329–368. – Zusammen mit Pettenkofer in: Zeitschrift für Biologie 2 (1866) S. 459–573; Zeitschrift für Biologie 7 (1871) S. 433–497; Annalen der Chemie und Pharmacie II. Supplement Band (1863), S. 52–70, S. 361–377. – Bischoff u. Voit, Ernährung des Fleischfressers, wie Anm. (81).
93	Literatur siehe Anm. (92).
94	Voit, Physiologie (1881), wie Anm. (l), S. 105f.
95	Ebenda S. 111.
96	Ebenda S. 111.
97	Ebenda S. 112f.
98	Ebenda S. 113.
99	Ebenda S. 117.
100	Ebenda, S. 127.
101	Ebenda, S. 129–134.
102	Ebenda, S. 141–143.
103	Voit, Gesetze der Zersetzung, wie Anm. (86), S. 71.
104	Voit, Physiologie, wie Anm. (l), S. 330.
105	Ebenda, S. 342.
106	Ebenda, S. 343.
107	Ebenda, S. 344.
108	Ebenda, S. 345–387.
109	Ebenda, S. 358.
110	Ebenda, S. 363–370.
111	Ebenda, S. 376.
112	Ebenda, S. 379.
113	Ebenda, S. 389.
114	Ebenda, S. 389.
115	Ebenda, S. 391.
116	Ebenda, S. 390.
117	Ebenda, S. 400.
118	Ebenda, S. 403.
119	Ebenda, S. 405–409.
120	Ebenda, S. 414.
121	Ebenda, S. 414f.
122	Ebenda, S. 419.
123	Ebenda, S. 449–453.
124	Ebenda, S. 452.
125	Ebenda, S. 461.
126	Ebenda, S. 488.
127	Ebenda, S. 491f.
128	Ebenda, S. 492.
129	Ebenda, S. 495–501.

130	Ebenda, S. 497.
131	Ebenda, S. 497.
132	Ebenda, S. 498.
133	Ebenda, S. 498.
134	Ebenda, S. 318, S. 499.
135	Ebenda, S. 501.
136	Ebenda, S. 502.
137	Ebenda, S. 503.
138	Ebenda, S. 503.
139	Ebenda, S. 504.
140	Ebenda, S. 504.
141	Ebenda, S. 508.
142	Ebenda, S. 508f.
143	Ebenda, S. 518.
144	Ebenda, S. 519–525.
145	Ebenda, S. 528f.
146	Bischoff u. Voit, Ernährung des Fleischfressers, wie Anm. (81), S. 258.
147	C. Voit: Untersuchungen über den Einfluss des Kochsalzes, des Kaffee's und der Muskelbewegungen auf den Stoffwechsel. Ein Beitrag zur Feststellung des Princips der Erhaltung der Kraft in den Organismen. München, 1860, S. 188.
148	E. Smith: On the elimination of urea and urinary water, in relation to the period of the day, season, exertion, food, prison discipline, weight of body etc. Philosophical Transactions of the Royal Society [London] 151 (1861), S. 747–834.
149	A. Fick u. J. Wislicenus: Ueber die Entstehung der Mukelkraft. Vierteljahrsschrift der naturforschenden Gesellschaft in Zürich 10 (1865), S. 317–348; auch abgedrukt in A. Fick: Gesammelte Schriften. 2. Band, 1903, S. 85–104.
150	Ebenda, S. 319f.
151	Ebenda, Seiten 328f., S. 336f., S. 342–344.
152	Ebenda, S. 337.
153	E. Frankland: On the origin of muscular power. Philosophical Magazine [London] [4th ser.] 32 (1866), S. 182–199. Derselbe Aufsatz auch in: The American Journal of Science and Arts (2nd ser.) 42 (1866), S. 393–416.
154	Ebenda, S. 187f.
155	Ebenda, S. 188f.
156	Ebenda, S. 199.
157	Stellungnahme von Voit zu den Versuchen von Fick und Wislicenus siehe: (1) C. Voit: Ueber die Verschiedenheiten der Eiweisszersetzung beim Hungern. Zeitschrift für Biologie 2 (1866), S.307–365, hier S. 340–342. (2) M. v. Pettenkofer u. C. Voit: Untersuchungen über den Stoffverbrauch des normalen Menschen. Zeitschrift für Biologie 2 (1866), S.459–573, hier: S. 566-573. Siehe auch den ausführlichen Artikel: Voit, Entwicklung der Lehre, wie Anm. (1), S. S. 315–320.
158	A. Thaer: Grundsätze der rationellen Landwirthschaft. 1. Band. Berlin, 1809, S. 261–263.
159	J. B. Boussingault: Considérations sur l'alimentation des animaux. Annales des sciences naturelles [3e sér.] 1 (1844), S. 229–244, hier: S. 234. Derselbe: Economie rurale. Tome 1. Paris, 1843, S. 438–439 (Tabelle der Näräquivalente).
160	J. Liebig: Ueber die Beziehungen der verbrennlichen Bestandtheile der Nahrung zu dem Lebensprozeß. Annalen der Chemie und Pharmacie 79 (1851), S. 205–221, S. 358–369, hier: S. 367f.
161	M. Rubner: Die Vertretungswerthe der hauptsächlichsten organischen Nahrungsstoffe im Thierkörper. Zeitschrift für Biologie 19 (1883), S. 313–396.
162	Ebenda, S. 314.
163	Ebenda, S. 321f.
164	Ebenda, S. 341–345.
165	Ebenda, S. 352–361.

166	Ebenda, S. 360f.
167	Ebenda, S. 387.
168	Ebenda, S. 391f.
169	Ebenda, S. 392 f.
170	M. Rubner: Calorimetrische Untersuchungen. Zeitschrift für Biologie 21 (1885), S. 250–410.
171	Ebenda, S. 377.
172	Zu Lavoisier vgl.: J. R. Partington: A history of chemistry. Vol 3. London: Macmillan & Co Ltd., 1962, S. 363–495, hier: Seiten 418, 429–431, 472–478). – D. McKie: Antoine Lavoisier. Scientist, economist, social reformer. London: Constable, 1952.
173	C. M. Despretz: Recherches expérimentales sur les causes de la chaleur animale. Annales de chimie et de physique [Paris] 26 (1824), S.337–364.
174	P. L. Dulong: Memoire sur la chaleur animale (lu a l'Academie des Sciences le 2 dec. 1822), Annales de chimie et de physique [Paris] [3e sér.] 1 (1841), S. 440–455.
175	Wie Anm. (174).
176	J. Liebig: Über die thierische Wärme. Annalen der Chemie und Pharmacie 53 (1845), S. 63–77.
177	Ebenda, S. 76.
178	M. Rubner, Calorimetrische Untersuchungen, wie Anm. (170), S. 358–361.
179	Ebenda, S. 363f.
180	M. Rubner: Die Quelle der thierischen Wärme. Zeitschrift für Biologie 30 (1894), S. 73–142; M. Rubner: Geschichte der Entwicklung des Energieverbrauches bei den Wirbeltieren. Sitzungsberichte der Preußischen Akademie der Wissenschaften, Physikalisch- Mathematusche Klasse, 1931, S. 272–316 (S. 272-280: Historisches über die tierische Wärme).
181	Rubner, Thierische Wärme, wie Anm. (180), S. 112.
182	Ebenda, S. 136.
183	W. O. Atwater a. F. G. Benedict: A respiration calorimeter with appliance for the direct determination of oxygen. Washington 1905 (= Carnegie Institution of Washington, Publ. No. 42).
184	Voit, Physiologie (1881), wie Anm. (l), S. 389.
185	Z it. nach: Voit, Physiologie (1881), wie Anm. (l), S. 389.
186	Munk u. Uffelmann, Ernährung, wie Anm. (l), S. 98.
187	A. Adamkiewicz: Ist die Resorption des verdauten Albumins von seiner Diffusibilität abhängig und kann ein Mensch durch Pepton ernährt werden. Archiv für pathologische Anatomie und Physiologie und klinische Medizin 75 (1879), S. 144–161.
188	S. Pollitzer: Ueber den Nährwerth einiger Verdauungsproducte des Eiweisses. Pflügers Archiv für die gesamte Physiologie des Menschen und der Tiere 37 (1885), S. 301–313.
189	R. Maly: Ueber die chemische Zusammensetzung und physiologische Bedeutung der Peptone. Pflügers Archiv für die gesamte Physiologie des Menschen und der Tiere 9 (1874), S. 585–619.
190	R. Heidenhain: Beiträge zur Histologie und Physiologie der Dünndarmschleimhaut. Pflügers Archiv für die gesamte Physiologie des Menschen und der Tiere 43, Suppl. II. (1888), S. 1–103, hier S. 72.
191	C. Voit: Ueber die Bedeutung des Leimes bei der Ernährung. Zeitschrift für Biologie 8 (1872), S. 297–387.
192	Th. Escher: Ueber den Ersatz des Eiweisses in der Nahrung durch Leim und Tyrosin. Vierteljahrsschrift der naturforschenden Gesellschaft in Zürich 21 (1876), S. 36–50. – Bericht über diese Versuche auch in Maly's Jahresberichte über die Fortschritte der Thierchemie 9 (1879), S. 2–4 (durch O. Nasse).
193	Fischer, Proteine, wie Anm. (20).
194	Hofmeister, Eiweißkörper, wie Anm. (20).
195	Magnus-Levy, Physiologie, wie Anm. (l), S. 2.
196	Th. Trotter: Medicina nautica 1–3, 1797–1803 (Vol. 3, S. 5; zit. nach: C. Lloyd and J. L. S. Coulter: Medicine and the Navy. Vol. 3. Edinburgh a. London, 1961, S. 325).
197	Moleschott, Nahrungsmittel, wie Anm. (19), S. 562.
198	Munk u. Uffelmann, Ernährung, wie Anm. (l), S. 557.
199	Ebenda.
200	J. Forster: Zeitschrift für Biologie 9 (1873), S. 297.

201 N. Lunin: Ueber die Bedeutung der anorganischen Salze für die Ernährung des Thieres. Med. Diss. Dorpat 1880.
202 Ebenda, S. 15.

Justus von Liebig und Wilhelm Henneberg, Beginn einer neuen Epoche in der Tierernährungsphysiologie[*)]

Von Othmar P. Walz

Vorwort

In seinem 47. Lebensjahr schrieb Wilhelm Henneberg an seinen damals 69jährigen Lehrer Justus von Liebig:[1]

Göttingen-Weende, den 11.10.1872
Mein Hochverehrter, lieber Herr Geheimrath!
Professor Drechsler, der noch auf seinem Gute weilt, hat mir dieser Tage die für mich bestimmte Medaille überschickt. Ich habe also jetzt den vollständigen Beweis in Händen, daß Sie bei Ihrem Entschlusse geblieben und mich in Ihrem so oft bewiesenen Wohlwollen des Lehrers und Freundes zu einem treuen anhänglichen Schüler, mit einer Auszeichnung beehrt haben, zu der meine Leistungen mehrlich in keinem Verhältnisse stehen. Seit ich von Ihrer Absicht wußte, habe ich mich begreiflicher Weise ernstlicher als je mit der Frage beschäftigt: Was und wie hast Du geschafft und was hast Du dadurch weiter gebracht? Da kann ich mir dann wohl allerdings ein Zeugnis geben, daß ich mir die Arbeit und das Nachdenken nicht habe verdrießen lassen und daß es mir dadurch gelungen ist, auf dem Gebiete der tierischen Ernährung diesen und jenen Weg zum Ziele in seinen ersten Strecken fahrbar zu machen und einigen Ingenieure heranzuziehen, welche den Bau weiterführen können und wollen.
Aber wo dieser Wegebau zu beginnen, nach welcher Richtung er zu führen war, das wußte ich nicht von mir selbst, diese Entdeckungen waren längst oder unlängst gemacht: Sie waren es, nebst Boussingault und Haubner, welche die Wegweiser gesetzt hatten. Ich kann die Medaille daher nur betrachten als übergroßen Lohn für redliche Arbeit und als eine Anerkennung gesunden Menschenverstandes und hätte es, wie ich's Ihnen, hochverehrter Herr Geheimrath, und den Münchner Freunden bereits ausgesprochen, im Interesse der Liebig-Stiftung der Landwirthschaft gegenüber lieber gesehen, wenn Sie auf einen anderen zugegriffen hätten. Das beeinträchtigt nicht mein Dankgefühl und ich verstumme, wenn ich nach einem entsprechenden Ausdruck dafür suche. Möge es mir vergönnt sein, mögen meine Kräfte es gestatten, in einer Weise weiter zu streben, die mich des Kleinods, das ich jetzt besitze und erwerbe, mehr und mehr würdig macht. (...)
Augenblicklich bin ich mit den Plänen für die neue Versuchsstation in Göttingen eifrig beschäftigt; könnte ich sie doch auch Ihnen gleich einmal zur Begutachtung vorlegen!
Mit den besten Wünschen für Ihr Wohlergehen
Verehrungs- und Dankes-voll
Ihr treu ergebener
W. Henneberg

Dieser Brief gab Veranlassung zum 125jährigen Gründungsjubiläum des Lehrstuhls für Tierernährung an der Georg-August-Universität Göttingen, den Beginn einer neuen, naturwissenschaftlichen Epoche der Tierernährungsphysiologie aus der Sicht ihrer Begründer eingehender zu untersuchen. Vor allem soll hierzu die enge Beziehung des ersten Lehrstuhlinhabers Wilhelm Henneberg (1825–1890) zu seinem Lehrer und „Wegweiser" Justus von Liebig (1803–1873) und deren Beitrag auf die Entwicklung dieses Fachgebietes beleuchtet werden.

Schulen der Ernährungsphysiologie

1. Gießen und München

Wie sich aus neuzeitlichen Würdigungen ergibt,[2,3] lag der eigentliche Erfolg von Liebigs thierchemischen Thesen in der Wirkung auf das forschende Interesse der nachfolgenden Generation. Aus der Reaktion auf die Herausgabe der Thier-Chemie[4] muß Liebig selbst klar geworden sein, daß ihm die Kritiker vor allem die mangelnden experimentellen Beweise für seine deduktiv abgeleiteten Thesen zum Stoffwechsel übelnahmen. Er sah die Notwendigkeit, seine Ansichten experimentell absichern zu müssen. Der seinerzeit führende deutsche Physiologe Johannes Müller, Berlin (1801–1898) begriff jedoch, wie Holmes dargestellt hat,[5]

„daß Liebigs Werk einen derartig grundlegenden Wandel einleitete, daß es nicht einfach in die ältere Physiologie eingefügt werden konnte, die er begründet hatte. Er zog sich plötzlich aus der physiologischen Forschung zurück, und weigerte sich, weitere Auflagen seines Handbuches zu veröffentlichen."

Sein Schüler Theodor Bischoff (1807–1882) „teilte seine Erkenntnis, daß die von Liebig vertretene Richtung für die Physiologie von größter Bedeutung war: Theodor Bischoff glaubte, der Hauptwert der neuen Gedanken bestehe darin, daß sie Anregungen zu einer neuen Art von Forschung geben würden. In einer Besprechung der ‚Thier-Chemie' für Müllers ‚Archiv für Anatomie, Physiologie und wissenschaftliche Medicin' äußerte Bischoff seine Ansicht, ‚dass er in Liebigs geistreichen Schlüssen aus älteren und neueren von ihm gelieferten Thatsachen vielfach hohe Wahrscheinlichkeit, aber noch nicht diejenigen Beweise erblickt, welche der Geist heutiger Naturforschung verlangt.'" (Siehe S. 28)

Durch die positive Stellungnahme dieses jüngeren Physiologen, zudem Schwiegersohn des einflußreichen Heidelberger Physiologen Friedrich Tiedemann (1781–1861), fühlte sich Liebig nicht wenig geschmeichelt. Er faßte den Entschluß, diesen hoffnungsvollen Privatdozenten nach Gießen zu holen. Die Gießener Verhältnisse an der durch die Schellingsche Naturphilosophie geprägten Medizin, einschließlich der Anatomie und Physiologie in der Person von Johann Bernhard Wilbrand (1779–1846), waren Liebig längst ein Dorn im Auge.

Nach beharrlichem Drängen erreichte Liebig, daß Bischoff im Herbst 1843 den Lehrstuhl für Physiologie und ein Jahr später auch den der Anatomie übertragen bekommt. Wie Bischoff 1874 selbst schildert, war er von da an über 30 Jahre lang ein treuer Weggefährte Liebigs bis über den Tod hinaus.[6] Am 18. April 1873 fertigte er ein Sektionsprotokoll des „Gehirnes des Geheimrathes J. v. Liebig" an.[7]

Bischoff erkannte die Notwendigkeit, die Auswirkungen unterschiedlicher Ernährung auf den Stoffwechsel tierischer Gewebe, insbesondere auf den Proteinumsatz, gründlicher zu erforschen. Liebig selbst leistete 1851 einen entscheidenden Beitrag zu diesem Anliegen, indem er eine einfache, verläßliche Methode zur Bestimmung der Harnstoffmenge im Urin entwickelte.[8] Bischoff wandte dieses Verfahren an, um herauszufinden, wie die Harnstoffausscheidung von Tieren und Menschen durch Variation der Futtermenge und der Anteile von Eiweiß und Fett in der Nahrung beeinflußt wird. Diese 1852 erschienene Abhandlung *„Der Harnstoff als Mass des Stoffwechsels"*[9] enthält Harnstoffbestimmungen von Hund, Kaninchen und Menschen. Bei den Versuchstieren wurden zusätzlich Bilanzversuche angestellt. Weiterhin führte Bischoff in einer Übersicht die Werte auf, die er über einen halbjährigen Zeitraum an sich selbst ermittelte.
Hierzu schickte er voran:
> „Ich gebe zunächst eine Reihe von Harnstoffbestimmungen bei mir selbst, wobei ich bemerke, daß ich damals 45 Jahre alt war, ca. 108 Kilogramm wog, 185 cm groß bin und im Ganzen während dessen eine gewöhnliche Lebensweise führte, nur zuweilen absichtlich eine größere Menge Wasser trank."[10]

Durch den Beginn dieser quantitativ ausgerichteten Ernährungsexperimente ist es gerechtfertigt, das Tandem Bischoff – Liebig auch als die Begründer der quantitativ experimentellen Ernährungsphysiologie zu bezeichnen.

Bischoff folgte 1855 Liebig nach München, wo er den Lehrstuhl für Physiologie und Anatomie übernahm, Mitglied der Königlichen Akademie wurde und den Adelstitel verliehen bekam. Mit seinem Mitarbeiter Carl Voit (1831–1908), Chemiker aus der Wöhler-Schule und Mediziner, baute Bischoff die Versuchsanlagen in München weiter aus und führte umfangreiche Untersuchungen (Bilanzen) zum Proteinstoffwechsel insbesondere an Hunden durch. Ihre Ergebnisse veröffentlichten sie 1860 in einem Buch mit dem Titel „Die Gesetze der Ernährung des Fleischfresser durch neue Untersuchungen festgestellt".[11] Holmes schreibt hierzu:
> „Bischoffs und Voits Abhandlung, war der Höhepunkt der Bemühungen auf den Spekulationen von Liebigs „Thier-Chemie" eine experimentelle Ernährungswissenschaft zu errichten".[12] (Siehe Seite 39)

In München kam Max Pettenkofer (1818-1901) hinzu, der mit Liebigs Unterstützung 1860 eine erste Respirationsanlage im physiologischen Institut aufbauen konnte und sich darauf zusammen mit Voit dem Energiestoffwechsel zuwandte. Holmes sagt dazu:[13]
> „Pettenkofer und Voit entwickelten Verfahren, die Bilanz von Nahrung und Ausscheidung gleichzeitig mit dem Austausch der Atemgase zu bestimmen, so daß sie eine vollständige Gleichung über Herkunft und Verbleib aller vom Organismus umgesetzten Elemente aufstellen konnten. Zu diesem Zweck stützten sie sich auf Liebigs These, daß eine Beziehung zwischen der elementaren Zusammensetzung und dem Sauerstoff-Kohlendioxid-Verhältnis (nach Pflüger „Respirations-Quotient") besteht, um die Anteile an Fetten, Kohlenhydraten und Proteinen, die Tiere oder

Menschen verzehren, zu berechnen." (Beginn der exakten Tierkalorimetrie). (Siehe S. 46)

Wenn im Verlauf dieser neuen Forschungen auch Liebigs Thesen zum Protein- und „Kraftstoffwechsel" teilweise als Irrtümer erkannt wurden, so daß es zwischen Voit und Liebig sowie Voit und Bischoff zu Zerwürfnissen kam, so waren um 1880 die Abstammungslinien von der „Thier-Chemie" zu aktuellen Auffassungen und Verfahren jedoch allgemein so klar, daß der amerikanische Physiologe Michael Foster (1836–1907) sagen konnte: „The physiology of nutrition may be said to have been founded by Liebig, when he proved the formation of fat in the animal body, and published his views on nature and use of food."[14] (Siehe S. 47)

2. Göttingen-Weende

Steht die Gießen-Münchener Schule ganz im Zeichen der auf die Humanmedizin ausgerichteten Grundlagenphysiologie, so bedurfte es andererseits der experimentellen Ansätze zu einer quantitativen Nutztierphysiologie, die von Liebig in den Chemischen Briefen im Zusammenhang mit den Erläuterungen zu den Boussingault'schen Fütterungsversuchen wiederholt angesprochen wurde.[15] Der Durchbruch auf diesem Gebiet gelang Wilhelm Henneberg (1825–1890) in ständigem Gedankenaustausch mit Liebig und der Münchener Schule.

Die Lebensdaten Hennebergs sind von F. Liebert bereits früher dargestellt,[16] so daß hier vor allem die Beziehungen Hennebergs zu Liebig und dessen Thesen der Thier-Chemie darzustellen sind.

Wie dem Nachruf Lehmanns für Henneberg (1890) zu entnehmen ist, wandte sich die Neigung des jungen Henneberg dem Studium der reinen Naturwissenschaften, namentlich der Chemie, zu.

„So fiel dem 20-jährigen die Wahl der Universität nicht schwer. Denn um diese Zeit standen vor allem Liebig und Matthias Jacob Schleiden (1804–1881) durch ihre bahnbrechenden Arbeiten auf dem Gebiete der Naturwissenschaften in rasch wachsendem Ansehen."[17]

Hennebergs Vater schätzte Liebig und stand schon seit Jahren mit Schleiden im Briefverkehr. 1845 ging Henneberg zunächst nach Jena, wo er 3 Semester allgemeine Naturwissenschaften belegte und sich vor allem in Schleidens physiologischem Laboratorium beschäftigte. So vorbereitet „ging er [1846] nach Gießen, wo er bei Liebig, Hermann Kopp und Carl Vogt hörte, den größten Theil seiner Zeit aber den Arbeiten im Laboratorium Liebigs widmete."[18] Liebig war um diese Zeit mit dem Zusammenhang zwischen Nahrung und Blut beschäftigt. „Zu seinen Mitarbeitern gehörte bald auch Henneberg. Aus dieser Zeit stammen die analytischen Arbeiten ‚Ueber die unorganischen Bestandtheile des Hühnerblutes' und ‚Neue Analyse der Hühnerblutasche', sowie die in Gemeinschaft mit Theodor Fleitmann ausgeführten Untersuchungen über phosphorsaure Salze und ‚Ueber einige pyrophosphosaure Doppelsalze'."[19] Auch die Dissertation wurde begonnen und 1849 in Jena abgeschlossen.

Welche Verhältnisse traf Henneberg in Gießen an?

Der Zeitzeuge Ascanio Sobrero (1812–1888), der spätere Erfinder des Nitroglycerins, schrieb 1845:[20]

„In diesem Jahr ist die Anzahl der Schüler im Laboratorium 18, während die Anzahl der Schüler, die sich mit wissenschaftlichen Forschungen befassen zwischen 38–40 liegt. Es sind dabei Schüler aller Nationen. Der Eifer zu dem Studium war in Allem sehr groß; der Wetteifer entsprang aus dem Vergleich, hatte aber nie Neid. Alle waren einmütig wie Mitglieder einer selben Familie, zusammen unter demselben Dach unter der Leitung eines gemeinsamen Vaters".

Der erste Liebig-Biograph Jacob Volhard (1834–1910) zitiert die Erinnerungen des Liebig-Schülers Carl Gustav Guckelberger (1820–1902) für die Zeit um 1847:[21] „Ich kann Sie versichern, dass die Zeit meines Aufenthalts in Giessen die schönste meines Lebens war". Er führt sodann die Schüler Liebigs auf und erzählt mit welchen Aufgaben sie beschäftigt waren, so „Henneberg analysirt die Salze des Hühnerbluts". Weiter berichtet Volhard:

„Liebig's Antheilnahme an der Ausbildung seiner Schüler beschränkt sich aber nicht nur auf den Unterricht im Laboratorium Die Schüler werden in den Verkehr seines gastlichen Hauses gezogen; namentlich an Sonntagen ist die Tafelrunde und die Gesellschaft, die sich nachmittags in Liebig's Garten versammelt, eine sehr grosse und darunter viele Angehörige des Laboratoriums. Da nimmt denn der Meister Gelegenheit, den Schülern menschlich nahetretend, deren ganze Geistesentwicklung wohlthätig anzuregen. Die Chemiker oder, wie der Giessener sie nannte, ‚die Blaufärber', bildeten, durch die Gemeinsamkeit des ernsten Strebens zusammengehalten, eine besondere Gruppe in der Studentenschaft, die an den studentischen Vergnügungen keinen Antheil nimmt und sich durch zielbewusstes eifriges Arbeiten auszeichnet."[22]

Die Bedeutung einer Ausbildung bei Liebig wird auch von Pettenkofer 1874 gewürdigt:[23]

„Manch eine Freundschaft fürs Leben wurde da durch gemeinsame Aufgabe und Arbeit begründet. Und Liebig hatte für jeden, wenn er bei der Arbeit in eine wissenschaftliche oder experimentelle Bedrängnis, in chemische Noth geraten war, meistens sofort guten Rath, einen glücklichen Gedanken, der ihm weiter half und sein Fahrzeug wieder flott machte."

Über die Arbeitsweise und die Form wissenschaftlicher Veröffentlichung berichtet Carl Vogt:

„Man arbeitete im Laboratorium von Morgens früh bis Abends, Samstag Nachmittag ausgenommen, (...) weil Liebig gern diesen Nachmittag zu Arbeiten benutzte, bei welchen giftige Gase sich entwickelten oder eine Gefahr, z. B. eine Explosion zu befürchten stand".[24]

„Wir wurden bald zu den Arbeiten unseres Meisters selbst zugezogen, während er zugleich darauf drang, daß wir eigene Arbeiten machen sollten. ‚Nichts eifert die jungen Leute mehr an,' sagte er, ‚als ihren Namen gedruckt zu sehen. Die Franzosen haben ein ganz verkehrtes System. Alles, was in einem Laboratorium in Paris oder der

Provinz gemacht wird, muß unter dem Namen des Professors in die Welt gehen. Das entmutigt die jungen Leute, abgesehen davon, daß der Professor oft für Dummheiten einstehen muß, die ihm doch nicht zur Last fallen. Dieser Dumas, er hat die Dinge vertreten müssen, die seine Assistenten verschuldet hatten. Die Leute, die bei mir arbeiten, publizieren unter ihrem Namen, wenn ich ihnen auch geholfen habe. Wenn es etwas Gutes ist, so schreibt man mir doch einen Teil davon zu und die Fehler brauche ich nicht zu vertreten. Sie verstehen?'"[25]

Henneberg dürfte in Liebigs Laboratorium somit eine glänzende Zeit mit erfolgreichen Analysen erlebt haben, die von Liebig selbst in den Chemischen Briefen gewürdigt wurden.[26] Die Märzrevolution 1848 bereitete dem Treiben im Liebiglaboratorium wohl ein vorübergehendes Ende und Henneberg kehrte ins Vaterhaus zurück. Der Vater richtete ihm in einer zum Gut gehörenden Brauerei ein kleines chemisches Laboratorium ein, worin er für seine Dissertation („„von Gießen mitgebrachte Aufgabe") weiterarbeiten konnte. Dort reifte auch der Entschluß sich der Agrikulturchemie zu widmen, was er Liebig mitteilte. Liebig antwortete am 16. Februar 1849:[27]

„Sie haben mir, mein lieber Freund, mit Ihrem freundlichen Briefe vom 10. Febr. eine große Freude gemacht, denn ich sehe aus dem Inhalt desselben, und der Beilage, daß Sie der Wissenschaft treu geblieben und stets bemüht sind, dieselbe praktisch nützlich und anwendbar zu machen (...) es fehlen eigentlich nur die Männer, welche die Wissenschaft in das praktische Gebiet verpflanzen müssen, und ich halte es für ein glückliches Ereigniß, daß Sie gerade ein Fach, was ich besonders liebe, die Agricultur, zum künftigen Lebensberuf und die Lösung der darin vorkommenden Fragen zu Ihrer Aufgabe gewählt haben. Es ist eine Irrthum, zu glauben, daß die Agricultur empirisch noch Fortschritte machen könne, diese Zeit ist vorbei; es ist nicht möglich, sie voranzubringen, ohne überdachte sorgfältige Untersuchungen, und daß durch diese geistigen Mittel mehr geleistet werden kann, als durch die bloße Empirie."

Nach der Promotion in 1849 war es Hennebergs Wunsch „die Landwirtschaft in dem Lande zu sehen, in welchem der Praktiker so Hervorragendes leistet und auf welches die Augen der ganzen Kulturwelt von Neuem durch die ungeheure Erregung gelenkt war, die hier gerade Liebigs Schriften hervorgerufen hatten".[28]

Im Frühjahr 1850 trat Henneberg die Reise nach England an und traf auf Liebigs Empfehlung hin in London August Wilhelm Hofmann (1818–1892), den in Gießen geborenen Liebig-Schüler und Professor am Royal College of Chemistry. Auch weiterhin begleitete ihn die Fürsprache Liebigs, wie Lehmann schreibt:[29]

„Dort trifft er einen Brief Liebigs vor, auf den er lange sehnlich gewartet, und der ihn nun auf das freudigste erregt, zumal er Introduktionen an bekannte Gelehrte und Landwirthe darunter Playfair und Walter Crum [beides Schüler Liebigs] enthält."

Dr. Thomas Anderson (1819–1874), ein Studienkollege aus der Gießener Zeit, führt ihn in die Landwirtschaft Schottlands ein. Am Ende seiner Reisen schreibt er seinem Vater:[30]

„Was mir jetzt besonders am Herzen liegt, ist, daß sich eine Stelle für mich biete, wo ich mit Anstrengung aller meiner Kräfte zeigen kann, daß mein bisheriges Dasein in der Welt zu einem Erfolge führt."

Ein Brief *Liebigs* enthält bereits die Mitteilung, daß er seinen Schüler zu einer Stelle empfohlen habe.[31] Im Frühjahr 1851 fand sich die erste Anstellung beim landwirtschaftlichen Verein des Herzogtums Braunschweig in Celle.

Zu den Aufgaben Hennebergs gehörte hier auch die Gründung und Herausgabe eines landwirtschaftlichen Centralblattes, des späteren „Journals für Landwirtschaft", sowie die Anfertigung eines jeweiligen Jahresberichtes. Über das Erscheinen des 1. Heftes schreibt er am 1. Februar 1853 (Celle) an Liebig:[32]

„Erlauben Sie mir, in der Anlage das erste Heft meiner neuen landwirthschaftlichen Zeitschrift zu überreichen, welche, unter meiner Redaktion, von den Landwirthsvereinen des Königreichs Hannover herausgegeben wird. Es würde mir zur besonderen Freude und Aufmunterung gereichen, wenn mein hochverehrter Lehrer dem Unternehmen einige Beachtung schenken wollte; und ich darf in der Überzeugung, daß der gute Wille nirgends mehr Anerkennung findet, als bei Ihnen, auf Erfüllung solchen Wunsches hoffen.

Der Wirkungskreis, der sich mir als Secretair der Königlichen Landwirthschaftsgesellschaft eröffnet hat, verspricht mit der Zeit immer mehr Gelegenheit zu geben, um die Wissenschaft, deren Studien ich unter Ihrer Leitung, hochverehrtester Herr Professor oblag, in das Gebiet der Landwirthschaft einzuführen. (...)

Wenn ich auch jetzt noch hoffen darf, daß das persönliche Wohlwollen, von dem Sie, hochverehrter Herr Professor, so reichliche Beweise mir zu geben die Güte hatten, einigermaßen fortdauere, so kann ich mir nicht versagen, davon Mittheilung zu machen, daß meine jetzige Stellung, welche ich in nicht geringem Grade Ihrer Fürsprache verdanke, mir die Begründung einer Häuslichkeit ermöglicht hat. (...)"

hochverehrter Herr Professor,

Verehrungsvoll und treu ergeben

Im Brief vom 22. Dezember 1854 legt Henneberg den Entwurf des ersten Jahresberichtes mit der Bitte um Durchsicht vor:[33]

„In der mir so theuren Hoffnung, daß mein hochverdienter und hochverehrter Lehrer den Bestrebungen des Schülers auch jetzt noch einige Theilnahmen zu schenken die Güte haben möchte, nehme ich mir die Freiheit, die bislang erschienene erste Abtheilung eines von mir bearbeiteten landwirthschaftlichen Jahresberichtes hierneben mit der gehorsamsten Bitte zu überreichen, das Schriftchen nachsichtigst freundlich aufnehmen zu wollen.

Zu verbindlichstem Dank würde ich mich verpflichtet halten, wenn Sie, hochverehrtester Herr, die Gewogenheit haben wollten, die „systematische Zusammenstellung" als den Versuch eines landwirthschaftlichen Jahresberichts einer geneigten näheren Durchsicht zu würdigen; wage indessen kaum zu äußern, wie ich es mir zur besonderen Ehre anrechnen würde, einige rückhaltlos beurtheilende Notizen, auf die ich im

Interesse der Sache, wie im eigenen Interesse größtes Gewicht legen muß, gelegentlich entnehmen zu können. (...)"

In Celle gelang auch die Einrichtung eines chemischen Laboratoriums zur Untersuchung eingehender Proben aus der Landwirtschaft. Ab 1857 gewann er zur Mitarbeit den Chemiker Friedrich Stohmann (1832–1897), einen Wöhler- und Hofmann-Schüler. Die Tätigkeit war für Henneberg jedoch nicht befriedigend. Sein Lebensziel war es, die Gesetze der Ernährung von Tier und Pflanze experimentell erforschen zu können. Durch die rege Agitation Liebigs, so Lehmann, war 1850 die erste Versuchsstation Deutschlands in Möckern mit Emil Wolff (1818–1896) als Leiter eingerichtet worden. Eine solche Station wurde durch die „Versammlung deutscher Land- und Forstwirte" auch für das Königreich Hannover angestrebt. Nachdem auch der einflußreiche Wöhler dafür eingetreten war, gelang es 1857 die Versuchsstation in Weende bei Göttingen einzurichten und Henneberg wurde zum Dirigenten ernannt. Lehmann berichtet dazu:[34]

„Henneberg ging sogleich an die Arbeit der Einrichtung und noch in demselben Jahre beginnen die Versuche der neuen Station." ... Er hatte „unter Einfluß seines Lehrers Liebig den Wahlspruch: ‚Versuch und abermals Versuch' zu dem seinigen gemacht."

Über die Arbeitsweise der Versuchsstation berichtet Lehmann:[35]

„War ein neuer Versuch in Aussicht genommen, dann wurde er in der Regel gemeinsam besprochen. Henneberg entwarf den Plan, welcher mit einer präcisen Aufstellung der Fragen, die beantwortet werden sollten, begann, er gab die Methoden und die Schemata für die täglichen Aufzeichnungen an und endlich eine Übersicht über die Arbeiten in Stall und Laboratorium. Die Assistenten hatten hiernach ihre Maßregel zu treffen und durften in dem gegebenen Kreise selbständig handeln. Viele der so entstandenen Arbeiten überließ Henneberg den Mitarbeitern zur Publikation und begnügte sich oft mit einer kurzen zusammenfassenden Mitteilung." (...) „Alle nahmen den Geist in sich auf, der die Weender Versuchsstation durchwehte, den Geist exakter Forschung".

Diese Arbeitsweise erinnert an die von Liebig her gewohnten Grundsätze, wie sie von Carl Vogt berichtet wurden (siehe oben).

Während sich in dieser Zeit die Liebigschen Theorien zur Pflanzenernährung auch in der Praxis durchzusetzen begannen, hatten die Thesen Liebigs zur physiologischen Tierernährung noch keinen Eingang in die Landwirtschaft gefunden. So wandte sich Henneberg der Thier-Chemie zu, an dessen Thesen er bei Liebig mitgearbeitet hatte (siehe oben). Alsbald begann Henneberg an den Futterbewertungsverfahren seiner Zeit, dem Heuwert von Albrecht Daniel Thaer (1752–1828) und den Tabellen Jean Baptiste Boussingaults (1802–1887) zum Stickstoffgehalt der Futtermittel als Bewertungsgröße, zu zweifeln. Seine ersten Versuche an Rindern ergaben Zahlen „welche allen bislang angenommenen ‚Heuwerthen' Hohn sprachen".[36]

Aufgrund dieser ersten Ergebnisse beschritt Henneberg neue Wege, die letzten Endes zur Ablösung der bisherigen Verfahren führten. Lehmann schreibt:[37]

„Henneberg hat in der Thierernährungslehre denselben Schritt gethan, wie Liebig für die Lehre von der Ernährung der Pflanzen: er hat die in den Kreisen der Praxis heimisch gewordenen Anschauung bis zur Evidenz als unrichtig erwiesen und die bereits vorhandenen Lehren von den Nährstoffen auf die landwirtschaftliche Fütterungslehre angewandt." (...) „Von Liebig her rechnete die Physiologie mit zwei Nährstoffgruppen, die im Thierkörper differente Funktionen versehen sollten. Je nach dem größeren oder geringeren Gehalt an der einen oder der anderen mußte eine Futtermischung nothwendig verschiedene Nährwirkung hervorbringen können. Es war also nicht eine Ursache, wie die Heuwerthstheorie vorauszusetzen schien, sondern es waren mindestens zwei vorhanden, welche eine Wirkung hervorbrachten und die Consequenz hieraus kann nur die sein, daß eine Kenntniß beider Ursachen erforderlich ist, wenn man auf die Wirkung mit Sicherheit schließen will." (...) „Das wahre Ziel exakter Versuche" mußte somit sein, „den Wirkungswerth der Nährstoffgruppen zu bestimmen."

Hiervon teilte er am 1. Dezember 1859 Liebig mit:[38]
„(...) Ihnen in dem beikommenden Hefte eine Untersuchung auf dem Gebiet der chemischen Struktur der chemischen Statik des Thierkörpers vorzulegen, deren Resultate zu der Hoffnung berechtigen dürften, daß die landwirthschaftliche Thierproduktion von der Fortsetzung derartiger Arbeiten erheblichen Nutzen ziehen wird. Es würde mir die größte Freude sein, wenn mein hochverehrter Lehrer diesen Bestrebungen seinen Beifall schenken könnte! (...)"

Liebig muß bereits am 7. Dezember 1859 geantwortet und ihn auf die Arbeiten der Münchener Physiologen hingewiesen haben, denn Henneberg antwortet schon am 17. Dezember 1859:[39]
„Es ist mir eine ganz besondere Freude, aus Ihrer Zuschrift vom 7. Dezember zu ersehen, daß die hiesigen Untersuchungen über die Ernährung ruhender Arbeitsochsen Ihr Interesse erregen. Die Bemerkung, welche Sie die Güte haben, mir darüber mitzutheilen, und das Studium der von Ihnen erwähnten Schrift des Herrn Prof. Bischoff „die Gesetze der Ernährung des Fleischfressers" machen den lebhaften Wunsch in mir rege, bei der Fortsetzung der Versuche die physiologischen Gesichtspunkte noch mehr als bisher ins Auge zu fassen. Ja, ich bin bei der Zusammenfassung der Resultate unseres ersten Mastversuchs, womit ich mich dieser Tage beschäftigt habe, zu der Überzeugung gelangt, daß dies auch für den hier verfolgten speziellen landwirthschaftlichen Zweck eine absolute Nothwendigkeit ist. (...) Um so drückender empfinde ich das unzureichende Maß meiner Kräfte und um so lebhafter ist der Wunsch, von dem Meister der Wissenschaft Unterstützung zu erhalten. Erlauben Sie mir daher, hochverehrter Herr Professor, die dringende Bitte darum und die Versicherung der Bereitwilligkeit, bei der Fortsetzung der Versuche nach Möglichkeit Alles zu berücksichtigen, was Sie für wünschenswert erachten. Da uns hier die Mittel zu Untersuchung bei den großen Wiederkäuern in einer Weise zu Gebote stehen, wie bis jetzt wohl nirgends sonst, und solche Untersuchungen, solange ich an meiner Stelle bleibe, jedenfalls die Hauptarbeit der hiesigen Versuchsstation bilden sollen, so lege ich auf die Erreichung meines Wunsches so großen Werth, daß ich eine expresse Reise

nach München zur mündlichen Besprechung und zur Augenscheinnahme der Methode, welche Prof. Bischoff und Dr. Voit anwenden, gerne unternehmen würde. (...) Wir haben augenblicklich wiederum andere Ochsen stehen, welche zu einem 2ten Mästungsversuche vorbereitet werden, der etwa Mitte Januar beginnen kann, und möchte ich gar zu gern schon bei der Ausführung dieses Versuches alle Verbesserungen anbringen. (...)."

In diesem Brief betont er also die Notwendigkeit, auch bei den Nutztieren die physiologischen Gesichtspunkte „noch mehr als bisher ins Auge zu fassen". Zu diesem Zweck plant er eine Reise nach München zu Bischoff und Voit. Die erwähnte zweite Versuchsreihe „machte zwei neue Schritte vorwärts. Einmal tritt sie mit einer fertigen analytischen Methode hervor, zum anderen bestimmt sie in ausgiebigster Weise die Verdaulichkeit der Futtermittel".[40] Henneberg und sein Chemiker Friedrich Stohmann erkannten bei den vergleichenden Fütterungsversuchen die absolute Notwendigkeit der Festschreibung der Analysenmethoden.

Sie „bedurften einer gemeinsamen Grundlage, wenn sie überhaupt vergleichbar sein sollten, und eine solche konnte nur die conventionelle Analytik der Futtermittel bieten. In der That liegt der Hauptwerth dieser Methoden darin, daß sie Dank des Ansehens, welches Henneberg um diese Zeit schon genoß, von den bei weitem meisten Versuchsanstellern angenommen wurden, und weniger in ihrer Neuheit, denn es ist wohl keine darunter, welche nicht schon vorher in ähnlicher Form vorhanden gewesen wäre".[41]

Das dargestellte festgeschriebene Verfahren hat als „Weender Methode" seinen Siegeszug um die Welt angetreten.

Nach der Analysenfixierung beginnen die Untersuchungen zur Verdaulichkeit der Nährstoffe. „Ein genaues Wägen der Futtermittel und ein ebenso genaues Bestimmen des Unverdauten mußte in Futterungsversuchen die Menge des Verdauten aus der Differenz ergeben".[42]

Die nächsten Ziele, die sich Henneberg setzte, inspiriert durch die Münchener Arbeiten und Liebigs Thesen von der Fettsynthese im Tierkörper, war die Erforschung des Schicksals der Nährstoffe im Körper sowie des Fleisch- und Fettansatzes. Bisher war von den Physiologen (Bischoff, Voit) der Einfluß des Futters bei Fleischfressern auf den Fleischansatz, nicht dagegen auf den Ansatz von Fett studiert worden. Der Ansatz von Fett setzt dagegen die Kenntnis der gasförmigen Respirationsprodukte voraus. „Die ‚Weender Beiträge' schließen darum mit den Worten „Ohne Zuhülfenahme von Respirationsuntersuchungen lassen sich die Gesetze der Fleischbildung nicht vollständig feststellen".[43]

Zu derselben Erkenntnis war man in München gelangt, wo Pettenkofer die Konstruktion eines Respirationsapparates gelang, welcher an Menschen und größeren Thieren die Kohlensäureausscheidung in exakter Weise zu messen gestattete. Kurze Zeit, nachdem der erste Apparat in München gebaut war, begann Henneberg darauf zu dringen, daß auch die Weender Versuchsstation einen ähnlichen Apparat erhielt. Bereits im Winter 1860 stellte er den Antrag hierzu, und ein Jahr später legte eine Commission dem Central-Ausschuß der Königl.

Landwirthschafts-Gesellschaft einen Bericht vor, in welchem die Anschaffung eines Respirationsapparates mit den Worten empfohlen wurde:

„Sicher ist aber die Bildung von Fleisch und Fett das Einzige, worum es sich bei der Mästung handelt, und es ist ein gerechtes, bisher noch nicht befriedigtes Verlangen, welches die Praktiker an die Wissenschaft stellen, daß ihnen gesagt werde, durch welche und wieviel Futtermittel am meisten Fleisch und Fett und jeder einzelne dieser Stoffe gewonnen werde (...) ."[44]

Von den Bemühungen um den Respirationsapparat und der Mittelbewilligung hierzu teilt er Liebig am 20. Mai 1862 mit:[45]

„In den beikommenden M.S. (=Manuskripten) erlaube ich mir eine Zusammenstellung der bei meinem letzten Besuche erwähnten Beobachtung vorzulegen, welche wir bei Gelegenheit unserer letzten Fütterungs-Versuche über Harnstoff-Bestimmung im Harne der Pflanzenfresser gemacht haben. (...)

Sie würden mich nun, hochverehrter Herr Professor, zu größtem Dank verpflichten, wenn Sie die Güte haben wollten, mir einige Fingerzeige darüber zu geben, was wir tun müßten, wenn in diesem Artikel Angedeutetes zu berücksichtigen sein möchte, und mir zu sagen, ob unsere Ansicht von den beobachteten Erscheinungen wohl die richtige ist, wie wo und wann zu verifizieren; und es würde dies die größte Unterstützung sein, die uns für die künftigen Ernährungs-Versuche angedeihen könnten. (...)

Der Pettenkofersche Respirations-Apparat für die hiesige Versuchsstation, für den unser Ministerium des Innern im Ganzen 3.700 Thaler bewilligt hat, ist bereits im Bau begriffen; ich freue mich der schönen Untersuchungen, die dadurch verursacht werden. (...)"

Am 6. Juli 1863 legt er Liebig den Schlußbogen des 2. Heftes „Beiträge zur Begründung einer rationellen Fütterung der Wiederkäuer" vor und bittet um Korrektur. Gleichzeitig kündigt er die Aufnahme der Versuche mit Hilfe des Pettenkofer'schen Respirationsapparates für Untersuchungen über die Fleisch- und Fettbildung an:[46]

„Die Schlußbogen des II. Heftes der „Beiträge zur Begründung einer rationellen Fütterung der Wiederkäuer", welche Prof. Pettenkofer die Gefälligkeit hatte, diese Ihnen zuzustellen, begleite ich mit der Bitte um eine freundliche Aufnahme derselben. Möchten Sie daraus entnehmen können, daß wir für alle Erfolge unsere letzten Kräfte in die Arbeit gesetzt haben; möchten Sie aber auch – und das wäre mein dringendster Wunsch – sich rückhaltlos über die uns verborgen gebliebenen Schwächen der Versuche äußern, um unseren künftigen Versuchen ergänzend damit zu Hilfe zu kommen. Ich beabsichtige in der nächsten Zeit wiederum eine neue Versuchsreihe zu beginnen und dabei zunächst nochmals die Frage nach der Ausnutzung von Futterstoffen aufzunehmen, dies jetzt aber mit Hilfe unseres Pettenkoferschen Respirations-Apparates an die Untersuchungen über Fleisch- und Fettbildung zu gehen. (...)"

Mit gewissem Stolz auf die nun gegebenen Möglichkeiten berichtet er Liebig am 11. Juli 1864 und hegt den Wunsch, daß Liebig am 16. und 17. August zur 2. Wanderversammlung der deutschen Versuchsstationsvorstände nach Göttingen kommt:[47]

„Zu meiner größten Freude höre ich von Herrn Hofrath Wöhler, daß wir sichere Aussicht haben, Sie Anfangs August bei uns zu sehen. Abgesehen von den Freuden, die mir dadurch bevorsteht, knüpft sich mir mit Ihrer Hierherkunft noch eine große Hoffnung für die künftige Entwicklung und das künftige Treiben auf den landwirthschaftlichen Versuchsstationen. Wie Sie aus der Anlage des Briefes ersehen sollen, tritt am 16. und 17. August die II. Wanderversammlung der deutschen Versuchsstation-Vorstände in Göttingen zusammen. Ich erwarte, wenn nicht ganz ungewöhnliche Zeitverhältnisse bis dahin eintreten, eine zahlreiche Betheiligung, da die Leute begierig sind, unsere hiesigen Einrichtungen und vornehmlich den Respirations-Apparat kennen zu lernen. In der Versammlung werden daher die verschiedenartigsten Richtungen anzutreffen sein. Wenn nun auch unter meinen Herren Collegen manche sind, an denen so zu sagen Hopfen und Malz verloren sein mag, so sind doch auch viele andere darunter, denen es womöglich sehr an wissenschaftlichem Streben möchte fehlen und die nur durch die Verhältnisse in die krassen einseitigen Ansichten hineingerathen und bis jetzt festgehalten sind. In Bezug auf diese bin ich überzeugt, daß es von dem größten hilfreichen Einfluß sein würde, wenn ihnen der Mann großruhig gegenübertrete, dem wir Alles verdanken, was seit 25 Jahren durch die Chemie für die Landwirthschaft geleistet ist. (...)"

Daß das zweite Heft bei der königlichen Akademie in München lobende Anerkennung fand, erfahren wir durch die Beurteilung Bischoffs aus dem Sitzungsbericht der königlichen Akademie vom 12.Dezember 1863:[48]

„Uebrigens kann ich nicht umhin zu gestehen, dass die vollständige Uebereinstimmung der Resultate einer so ausgedehnten und sorgfältigen Untersuchung mit der unsrigen und diese Folge, welche unsere Untersuchungen bereits für die in ökonomischer Hinsicht so ausserordentlich wichtige Ernährung des Rindes gehabt haben, für uns eine grosse Genugthuung in sich einschliesst. Was sollen die petulanten und entstellenden Angriffe eines Vogt, oder die anmassenden Räsonnements des Herrn Professor Funke, die auf keinerlei eigne Untersuchungen und Erfahrungen gegründet sind, sagen, gegen Resultate der Untersuchung zweier vollkommen unbefangener, äusserst sorgfältiger, vortrefflich unterrichteter und wahrhaft erstaunenswerth fleissiger Beobachter? Wir dürfen nur erwarten, dass Keiner mehr in dieser Angelegenheit das Wort nimmt, dem nicht eigne und selbständige, zahlreiche und sorgfältige Beobachtungen zur Seite stehen, und während dadurch die Menge vor Irrleitung geschützt wird, hoffen wir unsere Erfahrungen auch noch ferner befestigt, berichtigt und erweitert zu sehen."

Auch Liebig erkennt die großen Verdienste Hennebergs um eine neue Physiologie der Pflanzenfresser an und ernennt Henneberg zum correspondierenden Mitglied der Königlichen Bayerischen Akademie, worüber sich Henneberg mit Schreiben von 9.7.1864 bedankt:[49]

„Die Ernennung zum correspondierenden Mitglied Ihrer Akademie, von der ich erst durch Ihren Brief erfahren, bereitete mir eine große, große Freude; es ist für mich die höchste und ehrenvollste Anerkennung meiner Bestrebungen, die mir je zu Theil geworden ist. Ich werde mich nicht irren, daß ich diese Auszeichnung vornehmlich Ihnen, meinem theuren Lehrer, zu danken habe, und spreche diesen Dank aus vollstem Herzen aus. So viel an mir soll es nicht fehlen, auf dem eingeschlagenen Wege weiterzuschreiten; ich weiß sehr wohl, daß es wesentlich Ausdauer ist, was mich dahin gebracht hat und mich da halten kann, wo ich jetzt stehe. (...)"

In Göttingen wird Henneberg Ostern 1865 zum a.o. Prof. an der Landwirtschaftlichen Akademie Göttingen-Weende ernannt. Die Freude und Dankbarkeit darüber teilt er Liebig mit Brief vom 16. Dezember 1865 mit, da Liebig sich offensichtlich dafür eingesetzt hatte:[50]

„Einzig und allein Ihrer einflußreichen Verwendung habe ich es zuzuschreiben, daß die Anstände, welche meiner Betheiligung an der landwirtschaftlichen Academie Göttingen-Weende bisher entgegenstanden, endlich gehoben sind und am 9. des November die Ausfertigung meines Anstellungsgesuchs als a.o. Professor mit 200 Thaler Gehaltszulage und auch im übrigen ganz Ihren Vorschlägen entsprechend erfolgt ist. Von ganzem Herzen danke ich Ihnen, mein hochverehrter Geheimrath, für diese aufs Neue mir erwiesenen Wohlthat! Ich gehe, durch Sie ermuthigt, mit Vertrauen an die Lösung der neuen Aufgabe heran und hoffe auf dem festen Boden meiner eigenen Untersuchungen und Erfahrungen die allerdings meist geringen Schwierigkeiten zu überwinden, die sich mir bei dem mündlichen Vortrage entgegenstellen werden. Wie ich die Sache ansehe, ist für die Wirksamkeit unserer Versuchsstation durch die neuen Einrichtung außerordentlich viel gewonnen; ob auch für die landwirtschaftliche Academie, selbst in dem Falle, daß ich als Lehrer selbständig reüssieren sollte, muß ich leider bezweifeln. Die jungen Landwirthe müssen, meine ich, Gewicht darauf legen, daß sie von den landwirtschaftlichen Disziplinen, außer Nutzungsgesetzen des Feldbaus und der Fleisch-Produktion, doch mindestens noch die landwirtschaftliche Taxationslehre gründlich kennen lernen, (...).“

Von einer geplanten Verlegung der Versuchsstation nach Göttingen berichtet er sodann im Brief vom 5. Dezember 1866:[51]

„(...) Es ist seit Kurzem der Plan ernstlich in Anregung, die Anstalt nach Göttingen zu verlegen, ohne an ihrer Stellung, auch zu den hiesigen Domänen, etwas zu ändern; ich wünsche sehr, daß es dazu kommt. (...)“.

In dieser Zeit laufen die ersten Versuche mit dem Respirationsapparat. Die Ergebnisse würdigt Stohmann, jetzt in Braunschweig, bereits 1868 im Journal für Landwirtschaft:[52]

„Die Arbeiten von Voit und Pettenkofer, von Bischoff und Voit haben helles Licht auf die im Körper des Fleischfressers vorgehenden Ernährungsprocesse geworfen, die Arbeiten von Henneberg, Stohmann, Kühn, Aronstein und Schultze haben Vieles über die Vorgänge beim unproductiven oder Fleisch bildenden Wiederkäuer gelehrt, - es erschien daher wünschenswert, als neue Richtung der Forschung, nunmehr auch die während der Lactationsperiode beim weiblichen Wiederkäuer eintretenden Processe näher in's Auge zu fassen.“

Die Bedeutung dieser Versuche Hennebergs und seiner Mitarbeiter beurteilte Brune 1973 wie folgt:[53]

> „Die erstmals durchgeführten Gaswechsel-Untersuchungen mit Großtieren in Göttingen machten Henneberg in Fachkreisen weithin bekannt und stellten den Beginn der Lehre von der energetischen Bewertung der Nährstoffe für landwirtschaftliche Nutztiere dar. Von hier aus wurden energetische Futterwertmaßstäbe angeregt, die später im ‚Stärkewert' von O. Kellner bis heute weltweite Verbreitung und Anwendung finden sollten."

Nach methodischen Anlaufschwierigkeiten wurden 1867/68 neue Versuche an Schafen durchgeführt. Über seine neuen Konzepte berichtete Henneberg im Journal für Landwirtschaft 1868:[54]

> „Das Bildungsmaterial für alle diese Stoffe wird dem Thiere von außen zugeführt; es unterliegt heut zu Tage nicht dem mindesten Zweifel mehr, daß in dem thierischen Organismus so wenig wie in dem pflanzlichen eine Neubildung von Materie schöpferisch zu Stande kommt. Jedes Atom Kohlenstoff, Stickstoff, Wasserstoff, Sauerstoff, jedes Atom Kalk, Phosphorsäure u. s. w., welches wir im Körper antreffen, war zuvor ein Bestandtheil der Außenwelt: bei dem höher stehenden Thiere entweder der Nahrung, welche es genossen, oder der Luft, in welcher es geathmet hat." (...) „Alle Production und Reproduction im thierischen Organismus stellt sich in diesem Sinne dar als eine Function der Nahrung allein, und unsere Aufgabe lautet mithin jetzt: Erforschung des gesetzmäßigen Zusammenhangs zwischen der Stoffbildung im Körper der Hausthiere und der Qualität und Quantität ihrer Nahrung unter übrigens gleichen Verhältnissen."

Die Ausführungen bestätigten Liebigs Thesen zur Nahrung und Metamorphose der Gebilde, sowie reflektieren Liebigs Forderungen an die Physiologen. Im Brief vom 10. Mai 1868 an Liebig berichtete Henneberg von methodischen Schwierigkeiten der Rationsgestaltung und kündigt das beginnende Ende der Göttinger landwirtschaftlichen Akademie an, da der Besuch stark zurückgeht und „Halle mit seinem Kühn und seinen landwirthschaftlichen Institutseinrichtungen legt uns brach, trotzdem die Leute dort, (...) ein reales Verständnis für Chemie nicht gewinnen können".[55]

Über die Ergebnisse der neuen Respirationsuntersuchungen berichtet Henneberg im Journal für Landwirtschaft in mehreren Folgen ab 1869 zusammen mit Kühn, Märcker, Schulze, Schultze, Busse und Schulz: „Untersuchungen über die Respiration des Rindes und Schafs".[56] Die darin entwickelten „Stoffwechselgleichungen a priori" zeigen schöne Beispiele Liebigscher chemischer Gleichungen, deren Schreibweise sich Henneberg bedient.

> „Es würde dasselbe z. B., wenn wir für Fett und Eiweiß die früher benutzten empirischen Formeln (Einl. II S. 455 Anm.) $C_{36}H_{34}O_4$ und $C_{48}H_{38}N_6O_{16}$ zu Grunde legen und bei Eiweiß wie früher den Stickstoff in der Form von Harnstoff eliminiren, gemäß den Gleichungen
>
> $$C_{36}H_{34}O_4 + O_{102} = C_{36}O_{72} + H_{34}O_{34}$$
>
> und

$$C_{48}H_{38}N_6O_{16} - 3\ C_2H_4N_2O_2 + O_{100} = C_{42}O_{84} + H_{26}O_{36}$$
sich gestaltet haben (...)."

In den Jahren 1870 bis 1872 besteht der rege Gedankenaustausch mit Liebig fort, wenn auch weniger zu wissenschaftlichen Fragen. Die Wanderversammlung der deutschen Landwirte hatte ein General-Comitee für eine Liebig-Stiftung gegründet, in welchem Henneberg als Schriftführer und Schatzmeister tätig war. In diesem Amte hatte er anstehende Fragen mit dem durch die Stiftung zu ehrenden Liebig zu klären.

Im Brief vom 14. April 1870 ist Hennebergs Stellung zur Stiftung gekennzeichnet:[57]
„Professor Drechsler hat Wicke und mich v. Z. benachrichtigt, daß es Ihr Wunsch sei: wir mögen die Statuten der Stiftung, welche Ihren Namen tragen wird, hier entwerfen. (...) Wenn ich, von meinem Schriftführer-Amte absehend, mich in die Seite der Beitragsgeber versetze, so würde es zu meiner Freude, zu der Ehrenbezeugung ein Scherflein beigetragen zu haben, in so hohem Grade erhöhen, wenn ich erführe: Der Geist, der die Stiftung durchweht, die Du zu gründen geholfen hast, ist der eigenste Geist des Mannes, den Du hast ehren wollen! (...)."

Im Brief vom 2. September 1870 berichtet Henneberg über den „Capitalbestand" der Stiftung, freut sich über den „Beifall" Liebigs zum Medaillenentwurf und geht auf das Kriegsereignis ein.[58]
„(...) wenn nicht bald hinterher die politischen Ereignisse gekommen wären, die den Menschen ganz in Anspruch nehmen. (...) Mit unserer Arbeit hier ist es unter den jetzigen Umständen, die uns Alle gehörig bewegen – meine beiden Assistenten wie ich haben Jeder einen Bruder bei dem Heere – nicht weit her. (...)".

Am 21. April 1871 wird ein Besuch in München erwähnt:[59] „(...) In angenehmster Erinnerung an die 3 Tage in München und mit den besten Wünschen für Ihr Wohlergehen (...)". Im Brief vom 11. Mai 1871 nimmt Henneberg bezug auf einen Brief Liebigs vom 24. März, d.h. es bestand ein gegenseitiger Gedankenaustausch. Am 14. Juli 1871 berichtete Henneberg,[60] „daß (Prof) Drechsler und er mit der Verleihung der 1. Liebig-Medaille an Theodor Reuning vollkommen einverstanden" sind und Liebig allein die Verleihung vornehmen sollte. Weiterhin „Ich bin augenblicklich um die Aquisition eines Assistenten zu Michaelis in einiger Sorge; nachdem mein Dr. L. Schulze Ostern nach Darmstadt berufen, verläßt mich Michaelis auch Dr. Märcker, um in Stohmanns Stelle in Halle einzuziehen. Sollten Sie in der Lage sein, mir einen tüchtigen, für hier passenden jungen Mann (ich lege auch auf eigenen Forschungs-Trieb und -Vermögen Werth) zuzuweisen, so würde ich sehr glücklich sein; der Betreffende müßte sich jedoch baldigst melden."

Mit dem Brief vom 11. Dezember 1871 wird ein neuer Untersuchungsbericht vorgelegt:[61]
„(...) Gleichzeitig erlaube ich mir, ein I. Heft „Neue Beiträge zur Begründung einer rationellen Fütterung der Wiederkäuer" mit der ergebensten Bitte zu überreichen, dasselbe Ihrer Academie der Wissenschaften vorlegen zu wollen. Ein zweites Exemplar steht auf Wunsch mit Freuden zu Diensten. (...)".

Im letzten vorhandenen Brief, datiert vom 11.10.1872, also 6 Monate vor Liebigs Tod, bedankte sich Henneberg für die große Ehre, die 2. Liebig-Medaille erhalten zu haben (siehe Vorwort).[62]

Nach der Auflösung der landwirtschaftlichen Akademie kam es zur Gründung eines landwirtschaftlichen Institutes an der Landesuniversität Göttingen, in welchem der Versuchsstation-Weende ein Flügel eingeräumt wurde. Im Herbst 1874 wurde übergesiedelt. Henneberg selbst war schon 1873 zum ordentlichen Professor an der Universität Göttingen ernannt worden.
In den Vorlesungen beschränkte sich Henneberg jedoch ganz – im Gegensatz zu seinem Lehrer Liebig – auf sein Fachgebiet, wie Lehmann ausführt:

„In der gerechten Erkenntnis, daß er nur da Vollkommenes leisten könne, wo er aus Erfahrung spräche, beschränkte er sich auf das Gebiet der Thierernährungslehre, die er in die Lehre vom Futter und die Lehre von der Futterverwertung einzutheilen pflegte."[63]

Nach der Verlegung der Station und dem Wiederaufbau des „Respirations-Apparates" wurden die Tierversuche zusammen mit dem genialen Schüler Gustav Kühn (1840–1892), dem späteren Direktor der Versuchsstation Möckern, wieder fortgesetzt. „Am Morgen des 22. Novembers 1890 durchschritt [der 75jährige] noch einmal die Räume des Laboratoriums, des Stalles und des Respirationsapparates. Es war sein Abschied. (...) Abends hat ihn (...) ein erneuter Schlaganfall getroffen"[64] und Henneberg verstarb.

Die Verdienste Hennebergs und seiner Mitarbeiter für die Entwicklung einer chemisch-physiologisch ausgerichteten Tier-Ernährungsphysiologie hat schon sein Kollege und Zeitgenosse Emil Wolff 1876 gewürdigt, indem er neidlos anerkennt, daß die Arbeiten von Henneberg und Stohmann die Ernährung der landwirtschaftlichen Nutztiere in eine „vollkommen neue Entwicklungsperiode" geführt haben; „in der Tat für alle Zukunft eine denkwürdige Periode". Die „landwirtschaftliche Fütterungslehre hat erst ihre eigentliche wissenschaftliche Grundlagen erhalten".[65] Auch in neuerer Zeit hat sich an dieser Beurteilung nichts geändert, so daß Brune 1973 ausführt:[66]

„Trotz des starken Einflusses der Gedanken Liebigs aus der Tier-Chemie sind Hennebergs Leistungen so eigenständig, daß es berechtigt ist, ihn als den Begründer der Wissenschaftlichen Tierernährung zu bezeichnen".

Günther ergänzte 1992:[67] „Ihm gebührt das Verdienst die empirische Fütterungslehre in eine exakte Tierernährungswissenschaft übergeführt zu haben".

Vorstehende Abhandlung sollte, von Liebig ausgehend, die „Wegweiser" und den „Wegebau" Hennebergs zur Entwicklung einer exakten experimentellen Tier-Ernährungsphysiologie nachzeichnen.

Literatur und Anmerkungen

1 W. Henneberg: Briefe Hennebergs an J. von Liebig von 1853 bis 1872, Bayerische Staatsbibliothek, Handschriftenabteilung, München. Briefe 1–19, hier Brief 19.
2 Frederic L. Holmes: „Introduction" zu Liebigs „Thier-Chemie", welche in dem Facsimile-Reprint der 1. amerikanischen Ausgabe erschienen ist. Siehe: Justus von Liebig: Animal Chemistry, or Organic Chemistry in its Application to Physiology and Pathology. Edited by William Gregory and John W. Webster. New York and London: Johnson Reprint Corporation, 1964, S. VII– CXVI. Eine deutsche Übersetzung der „Introduction" wurde von Wolfgang Caesar und Georg E. Siebeneicher erstellt. Siehe den Abdruck in diesem Band. Die Hinweise auf Holmes' Artikel beziehen sich auf diesen Abdruck. Hier: S. 42.
3 Siehe: (a) Elke Wübbeke u. J. Pallauf: Liebigs Tierchemie aus heutiger Sicht. Berichte der Justus-Liebig-Gesellschaft [Gießen] 2 (1992), S. 35–55, hier S. 50.
(b) William H. Brock: Justus von Liebig : Eine Biographie des großen Naturwissenschaftlers und Europäers. Übersetzt von Georg E. Siebeneicher. Braunschweig und Wiesbaden: Vieweg, 1999, S. 174.
4 Justus [von] Liebig: Die organische Chemie in ihrer Anwendung auf Agricultur und Physiologie. 1. Auflage. Braunschweig: Vieweg, 1840.
5 Holmes, Introduction, wie Anm. (2), S. 24–25.
6 Theodor L. W. von Bischoff: Über den Einfluss des Freiherrn Justus von Liebig auf die Entwicklung der Physiologie. München: Kgl. Bayerische Akademie, 1874, S. 4.
7 Michael Kutzer u. Emil Heuser: Gehirn und Wissenschaft. Theodor Ludwig Wilhelm von Bischoffs Sektionsbefund am Gehirn von Justus von Liebig. Medizinhistorisches Journal 23 (1988), S. 325–341.
8 Justus Liebig: Über eine neue Methode zur Bestimmung von Kochsalz und Harnstoff im Harn. Heidelberg: C. F Winter, 1853.
9 Th. L. W. Bischoff: Der Harnstoff als Maass des Stoffwechsels. Giessen: J. Ricker, 1853.
10 Bischoff, Harnstoff, wie Anm. (9), S. 18.
11 Th. L. W. Bischoff u. Carl Voit: Die Gesetze der Ernährung des Fleischfressers durch neue Untersuchungen festgestellt. Leipzig und Heidelberg: C. F. Winter, 1860.
12 Holmes, Introduction, wie Anm. (2), S. 34.
13 Holmes, Introduction, wie Anm. (2), S. 40.
14 Zitat nach Holmes, Introduction, wie Anm. (2), S. 41.
15 Justus Liebig: Chemische Briefe. 6. Auflage. Leipzig u. Heidelberg: C. F. Winter'sche Verlagsbuchhandlung, 1878, 30. Brief.
16 Frank Liebert: 125 Jahre Lehrstuhl für Tierernährung an der Georg-August-Universität Göttingen - zu den Grundlagen. Georgia Augusta Nachrichten aus der Universität Göttingen 11 (1998), S. 21–28.
17 F. Lehmann: Wilhelm Henneberg. Journal für Landwirtschaft 38 (1891), S. 503–533.
18 Lehmann, Henneberg, wie Anm. (17), S. 506.
19 Lehmann, Henneberg, wie Anm. (17), S. 506.
20 A. Sobrero: Niederschrift nach Paoloni, handschr. pers. Mitteilung an die Justus Liebig-Gesellschaft zu Gießen, 1992.
21 Jacob Volhard: Justus von Liebig - sein Leben und Wirken. Justus Liebig's Annalen der Chemie 328 (1903), S. 1–40. Zitat S. 16–17.
22 Volhard, Liebig, wie Anm. (21), S. 17.
23 Max von Pettenkofer: Dr. Justus Freiherrn von Liebig zum Gedächtniss. München: Kgl. Bayerische Akademie der Wissenschaften, 1874, 19.
24 Carl Vogt: Aus meinem Leben – Erinnerungen und Rückblicke. Stuttgart: Nägele, 1896, S. 131.
25 Ebenda, S. 129.
26 Justus Liebig: Chemische Briefe. 3. Auflage. Heidelberg: C. F. Winter'sche Verlagsbuchhandlung, 1851, Vorwort.
27 Siehe: Lehmann, Henneberg, wie Anm. (17), S. 507
28 Siehe: Lehmann, Henneberg, wie Anm. (17), S. 508
29 Siehe: Lehmann, Henneberg, wie Anm. (17), S. 509.
30 Siehe: Lehmann, Henneberg, wie Anm. (17), S. 509.

31	Weitere Originalbriefe Liebigs an Henneberg sind zur Zeit nicht auffindbar. Auskunft Niedersächsisches Universitäts- und Staatsarchiv, Archiv Dr. Hunger, 25.7.98.
32	Henneberg, Briefe, wie Anm. (1), hier Brief hier Brief 1.
33	Henneberg, Briefe, wie Anm. (1), hier Brief 2.
34	Siehe: Lehmann, Henneberg, wie Anm. (17), S. 514.
35	Siehe: Lehmann, Henneberg, wie Anm. (17), S.258–529.
36	Siehe: Lehmann, Henneberg, wie Anm. (17), S. 517.
37	Siehe: Lehmann, Henneberg, wie Anm. (17), S. 515–516 u. 517
38	Henneberg, Briefe, wie Anm. (1), hier Brief 4.
39	Henneberg, Briefe, wie Anm. (1), hier Brief 5.
40	Siehe: Lehmann, Henneberg, wie Anm. (17), S. 518.
41	Siehe: Lehmann, Henneberg, wie Anm. (17), S. 518.
42	Siehe: Lehmann, Henneberg, wie Anm. (17), S. 519.
43	Siehe: Lehmann, Henneberg, wie Anm. (17), S. 522.
44	Siehe: Lehmann, Henneberg, wie Anm. (17), S. 523.
45	Henneberg, Briefe, wie Anm. (1), hier Brief 6.
46	Henneberg, Briefe, wie Anm. (1), hier Brief 7.
47	Henneberg, Briefe, wie Anm. (1), hier Brief 8.
48	Theodor L. W. Bischoff: Bericht über die der k. Akademie von den Herren Dr. W. Henneberg und Dr. F. Stohmann übersendete Schrift: "Beiträge zur Begründung einer rationellen Fütterung der Wiederkäuer". Heft I. 1860. Heft II. 1864, Braunschweig. Sitzungsberichte der Königlichen Bayerischen Akademie der Wissenschaften zu München 2 (1863), S. 414–427, Zitat S. 424. Siehe auch: Christian Giese: Theodor Ludwig Wilhelm von Bischoff (1807–1882): Anatom und Physiologe. Habilitationsschrift, FB Humanmedizin, Universität Gießen, 1990, S. 256–257.
49	Henneberg, Briefe, wie Anm. (1), hier Brief 10.
50	Ebenda.
51	Henneberg, Briefe, wie Anm. (1), hier Brief 11.
52	F. Stohmann: Ueber die Ernährungsvorgänge des Milch producierenden Thieres. Erste Arbeit: Bei stickstoffreichem Futter. Journal für Landwirtschaft 16 (1868), S.135–189, Zitat S. 135.
53	H. Brune: Justus von Liebig und Wilhelm Henneberg – die Väter der wissenschaftlichen Tierernährung. Gießener Universitätsblätter 1973, Heft 1, S. 46–57, Zitat S. 53.
54	Wilhelm Henneberg: Ueber das Ziel und die Methode der von landw[irthschaftlichen] Versuchsstationen auszuführenden thier-physiologischen Untersuchungen. Journal für Landwirtschaft 16 (1868), S. 1–27, Zitate S. 1 u. 2.
55	Henneberg, Briefe, wie Anm. (1), hier Brief 12.
56	Wilhelm Henneberg, G. Kühn, M. Märcker, E. Schulze, H. Schultze: Untersuchungen über die Respiration des Rindes und Schafs. III. Untersuchung über den Stoffwechsel des volljährigen Schafs bei Beharrungsfutter. Journal für Landwirtschaft 18 (1870) Heft 3, S. 247–283, Zitat S. 252–253.
57	Henneberg, Briefe, wie Anm. (1), hier Brief 13.
58	Henneberg, Briefe, wie Anm. (1), hier Brief 14.
59	Henneberg, Briefe, wie Anm. (1), hier Brief 15.
60	Henneberg, Briefe, wie Anm. (1), hier Brief 17.
61	Henneberg, Briefe, wie Anm. (1), hier Brief 18.
62	Henneberg, Briefe, wie Anm. (1), hier Brief 19.
63	Siehe: Lehmann, Henneberg, wie Anm. (17), S. 530.
64	Siehe: Lehmann, Henneberg, wie Anm. (17), S. 532-533.
65	Internet: Inst. f. Tierphysiologie und Tierernährung der Univ. Göttingen, Geschichte des Institutes, http://www.gwdg.de/~jbrinkm/geschich.html
66	Brune, Liebig u. Henneberg, wie Anm. (52).

67   K.-D. Günther: Die Tierernährungswissenschaft im Wandel der Zeiten. In: Ergänzungsband (zu Liebigs „Thier-Chemie"). Herausgegeben von W. Lewicki. Frankfurt a. M.: Agri Media, Strothe Verlag, 1992, S. 89–93.

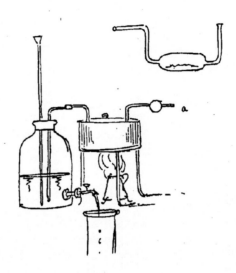

Apparat zur Trocknung organischer Stoffe.
Zeichnung von Ludwig Thiersch. Nachschrift der Vorlesung „Anorganische Chemie" von Justus von Liebig im Wintersemester 1856/57 in München. Manuskript S. 64.

Wechselbeziehungen zwischen Chemie und Medizin: Die Bedeutung des Liebig-Schülers Johann Joseph von Scherer (1814–1869)[*)]

Von Johannes Büttner

Verfolgt man den Gang der Wissenschaftsgeschichte, so findet man immer wieder Verzweigungspunkte, an denen es zur Bildung neuer Fachgebiete kommt. Dies gilt ganz besonders für die Geschichte der Medizin und der Naturwissenschaften im 19. Jahrhundert. An diesen Verzweigungspunkten stehen oft bedeutende Persönlichkeiten, die fähig sind, interdisziplinär zu denken und adäquate wissenschaftliche Methoden auf das neue Fachgebiet zu übertragen.

Um das Jahr 1840 war die Entwicklung der Chemie an einem derartigen Verzweigungspunkt angelangt: Antoine Laurent Lavoisier (1743–1794), Jöns Jacob Berzelius (1779–1848), Joseph-Louis Gay-Lussac (1778–1850) und Justus Liebig (1803–1873) hatten die Voraussetzungen geschaffen, die neuen Erkenntnisse und Methoden der Chemie auf medizinische Probleme anzuwenden, die neuentstehende naturwissenschaftlich orientierte Medizin war bereit, diese Gedanken aufzunehmen.

Ein wichtiger Impuls war das verstärkte Interesse der Chemiker an medizinischen Fragen. Besonders Justus Liebig bemühte sich ab 1838, die Chemie auf andere Gebiete, auf „Medizin, Physiologie und Industrie" anzuwenden.[1] Seine 1842 veröffentlichte Monographie „Die organische Chemie in ihrer Anwendung auf Physiologie und Pathologie" war ein Ergebnis dieser Bemühungen.[2] Das Buch hatte eine außerordentliche Wirkung, vor allem auf die Mediziner. Es stellte mit seinen stark spekulativen Thesen Fragen, die Anlaß für Kritik aber auch intensive chemische Untersuchungen wurden.

An diesem Verzweigungspunkt beginnt die Entwicklung der Klinischen Chemie, und zwar im deutschsprachigen Raum etwa gleichzeitig in Berlin, Würzburg und Wien.[3] In Würzburg war Johann Joseph [von] Scherer die entscheidende Persönlichkeit. Die Schilderung seines wissenschaftlichen Wirkens macht einen wichtigen Abschnitt in der Entwicklung dieses Fachgebietes deutlich.

Scherer[4] - die Abb. 5 zeigt eines der wenigen erhaltenen Bilder von ihm – wurde am 13. März 1814[5] in Aschaffenburg als Sohn eines Lehrers geboren und studierte von 1833 bis 1836 an der Würzburger Universität Medizin sowie Chemie, Geologie und Mineralogie. „Sein Fleiß, sein Talent und seine Kenntnisse", so heißt es in einem Gutachten des Professors der Medizinischen Klinik, Carl Friedrich von Marcus (1802–1862),[6] „reihten ihn bald unter die ausgezeichnetsten Hochschüler...". Er promovierte mit Auszeichnung zum Doctor der Medizin und Chirurgie[7] und praktizierte dann während seines *Biennium practicale* in Wipfeld nahe Würzburg „als von der Regierung aufgestellter Badearzt".[8]

[*)] Überarbeitete und erweiterte Fassung einer Publikation von J. Büttner (1978)

Während dieser Zeit lernte er den Freiherrn Ernst von Bibra (1806–1878)[9] kennen, der als Privatgelehrter auf Schloß Schwebheim bei Schweinfurt auf medizinisch-chemischem Gebiet arbeitete. Von Bibra bestimmte Scherer, sich ganz der Chemie zuzuwenden.[10] Vom Wintersemester 1838/39 bis zum Wintersemester 1839/40 studierte Scherer mit einem königlichen Staatsreisestipendium an der Münchener Universität Chemie. Dieses Fach war in München durch Franz von Kobell (1803–1882) und Johann Nepomuk von Fuchs (1774–1856) vertreten, die beide vorwiegend mineralogisch und anorganisch-chemisch ausgerichtet waren. Scherer arbeitete bei ihnen im Laboratorium.[11] Obwohl er auch organische Chemie bei Heinrich August Vogel (1778–1867) hörte, konzentrierte sich sein Studium in München besonders auf die anorganische Chemie.[12] Zur Ausbildung in der organischen Chemie ging Scherer kurz vor Ostern 1840 nach Gießen, nachdem er auf Vorschlag v. Kobells erneut ein Staatsreisestipendium erhalten hatte. In seinem Reisebericht (siehe Anhang B und Abbildung 6) heißt es, um „in dem dortigen großartigen Laboratorium und unter der speziellen Leitung des im Fache der Chemie so ausgezeichneten Lehrers Justus Liebig sich weiter zu vervollkommnen".[13]

Scherer kam zu einem günstigen Zeitpunkt in Liebigs Laboratorium, in einem Augenblick, den man als eine Sternstunde der Wissenschaft bezeichnen könnte. Liebig beschäftigte sich seit dem Winter 1839/40[14] mit dem Entwurf seiner Monographie „Die organische Chemie in ihrer Anwendung auf Physiologie und Pathologie".[15] Das Buch erschien 1842. Es markiert den Beginn einer quantitativen, dynamischen Betrachtungsweise der chemischen Vorgänge bei Stoffwechsel, Atmung und Ernährung und hat wie kaum ein Buch die jüngere Generation der Naturwissenschaftler und Mediziner beeinflußt.[16]

Nachdem sich Scherer – wie es in in einem eigenhändigen Zeugnis Liebigs (siehe Abbildung 7 und Anhang A)[17] heißt – „mit allen Hülfsmitteln und Verfahrensweisen vertraut gemacht" hatte, erhielt er von Liebig die Aufgabe gestellt, kurz zuvor veröffentlichte Befunde des holländischen Chemikers Gerrit Jan Mulder (1802–1880)[18] zu überprüfen, wonach pflanzliche und tierische Eiweißstoffe die gleiche Elementarzusammensetzung haben. Scherer konnte dies bestätigen.[19] Er untersuchte eine große Zahl weiterer Eiweißkörper. In Liebigs Zeugnis für Scherer heißt es:

> „Diese Untersuchungen sind in ihren Resultaten für die Chemie und Physiologie von größter Wichtigkeit insofern sie eine feste Grundlage abgeben für die Verwandlung der Nahrungsmittel in Blut, und für den Übergang der Bestandtheile aus Blut zu den Bestandtheilen der Organe".[20]

Berzelius hat Scherers Ergebnisse in seinen Jahresberichten sehr ausführlich besprochen und mit den Ergebnissen von Mulder verglichen.[21] Liebig nahm sie als wichtige experimentelle Stütze für seine Thesen über die Umwandlung von pflanzlichen Nahrungsmitteln in Stoffe des tierischen Organismus in seine Monographie auf.[22] Noch andere Eigenschaften der Proteine wurde von Scherer experimentell untersucht. Prosper Sylvain Denis (1799–1863) hatte 1838 berichtet,[23] daß Fibrin in Neutralsalzlösungen gelöst werden kann und damit löslich wie das Albumin wird. Scherer konnte diesen Befund nur teilweise reproduzieren.[24] Liebig interessierte die Frage, ob das Fibrin in Albumin umgewandelt werden kann.[25] Scherer führte seine Arbeiten in Gießen vor allem in dem sog. Analytischen Laboratorium aus. Eine bekannte Lithographie dieses Laboratoriums ist gerade in dieser Zeit entstanden und zeigt auch Scherer[26] (siehe Abb. 4).

Nachdem das Staatsreisestipendium verlängert worden war und die Arbeiten in Liebigs Laboratorium abgeschlossen werden konnten, unternahm Scherer im September 1841 noch die geplante Studienreise, die ihn nach Berlin, Kassel, Göttingen, Klausthal im Harz, Berlin, Leipzig, Dresden, Prag und die böhmischen Bäder führte, um „technisch und chemisch wichtige Anstalten" zu besuchen.[27] Im Oktober 1841 kehrte er nach Würzburg zurück. Er nahm Verbindung auf zu Prof. Carl Friedrich von Marcus, dem Vorstand der Medizinischen Klinik am Juliusspital. Von Marcus bemühte sich zu diesem Zeitpunkt darum, nach dem Vorbild seines berühmten Lehrers und Amtsvorgängers Johann Lukas Schönlein (1793–1864) chemische Untersuchungen in die Klinik einzuführen. Zu diesem Zweck wurde von ihm „ein kleiner Apparat für chemische Untersuchungen klinischer Fälle" angeschafft und Scherer erhielt die Erlaubnis, mit diesen Geräten „pathologische Produkte" von Patienten des Juliusspitales zu analysieren.[28] Eine Anstellung war damit nicht verbunden, weswegen Scherer gezwungen war, an der Königlichen Kreis-Landwirtschafts- und Gewerbschule in Würzburg eine mit 200 Gulden im Jahr dotierte Lehrerstelle für Chemie anzunehmen. Ein Gesuch Scherers an das königliche bayerische Innenministerium um Anstellung als außerordentlicher Professor „gegen eine wenn auch geringe Besoldung"[29] wurde an die Medizinische Fakultät weitergeleitet. In einem Gutachten für die Fakultät,[30] das ganz den Ideen Liebigs folgt, plädierte Prof. v. Marcus dafür, die „Anthropochemie in ihrer gehörigen Bedeutung anzuerkennen und durch besondere Lehrkräfte vertreten zu lassen".[31] Er schlug vor, Scherer hierfür zu benennen. Die Medizinische Fakultät folgte diesem Gutachten. Vier Monate später erneuerte die Fakultät ihren Antrag,[32] nachdem Liebig seinem Schüler eine neu zu schaffende Professur für Physiologische Chemie in Gießen angetragen hatte. Am 17. Juli 1842 erfolgte die Ernennung Scherers zum „außerordentlichen Professor für die Lehrvorträge der organischen Chemie in Verbindung mit den für die Kliniken des Juliusspitals nöthigen chemischen Untersuchungen".[33] Sein Gehalt wurde auf 600 Gulden nebst Naturalbezug von Weizen und Korn festgesetzt, eine Summe, die an der unteren Grenze vergleichbarer Besoldungen lag. Erst 5 Jahre später, nach mehrfachen Anträgen der Fakultät, einem persönlichen Gesuch an seinen König und nach Ablehnung eines Rufes an die Universität Dorpat, wurde er zum ordentlichen Professor ernannt.[34]

Mit der Scherers Ernennung wurde zugleich ein jährlicher Etat „für das neue Lehrfach und das damit verbundene Klinisch-chemische Laboratorium"[35] bewilligt. Scherer verwendete die Bezeichnung „klinisch-chemisches Laboratorium" erstmalig im heutigen Sinne, fast 100 Jahre bevor dieser Terminus in Deutschland allgemein Verwendung fand. Scherer beschrieb die Funktion dieses Laboratoriums mit den folgenden Worten:
>„Dieses Laboratorium und die von dem Unterzeichneten sowohl, als den unter seiner Leitung arbeitenden Medizinern gemachten Untersuchungen stehen in enger Beziehung mit der Klinik selbst, so dass die Untersuchungen jedesmal in der Klinik öffentlich mitgetheilt und von dem behandelnden Arzte zur Diagnose u. s. w. benutzt werden".[36]

Aber im Juliusspital war kein Platz für das Laboratorium, deshalb mußte Scherer zunächst in den Borgiasbau der Universität ziehen.[37] Erst 1853 erhielt er im neuerbauten Anatomiegebäude (dem späteren Medizinischen Kollegiengebäude) gemeinsam mit dem Anatomen Albert Ritter von Koelliker (1817–1905) und dem Pathologen Rudolf Virchow (1821–1902) ausreichende Institutsräume (siehe Abbildung 8).[38]

In seiner wissenschaftlichen Arbeit wandte sich Scherer – dessen Name durch die große, bei Liebig ausgeführte Arbeit[39] in der Fachwelt inzwischen bekannt geworden war – in Würzburg sogleich pathologisch-chemischen Fragen zu. Er untersuchte mit quantitativen Methoden systematisch Blut, Urin sowie pathologische Produkte bei den Kranken des Juliusspitals und versuchte allgemeine, für die Diagnostik verwertbare Schlüsse daraus zu ziehen.

Die quantitative Untersuchung von Körpermaterialien für klinische Zwecke war zu Beginn von Scherers Würzburger Tätigkeit noch kaum entwickelt. Die Methoden, die Scherer im Liebigschen Laboratorium kennengelernt hatte, mußten durch neue Verfahren ergänzt werden. Besondere Schwierigkeiten bereitete die quantitative Analyse des Blutes. Scherer entwickelte hierfür eine Methode,[40] deren Grundzüge kurz geschildert werden sollen. Untersuchungsmaterial war geronnenes Vollblut. Eine Portion diente zur Untersuchung des Serums, das in zwei Anteile aufgeteilt wurde. In dem einen Anteil ließ sich durch Trocknen und Glühen der Gehalt an Wasser, festen Bestandteilen und anorganischen Stoffen ermitteln. Der zweite Anteil wurde in kochendes Wasser eingetragen, um das Eiweiß abzutrennen. Die restliche Flüssigkeit konnte auf Extraktivstoffe und lösliche Salze untersucht werden. In einer zweiten Portion der geronnenen Blutprobe wurde zunächst mittels eines Leinentuches der Faserstoff abgetrennt. Der flüssige Anteil, welcher die Blutkörperchen, das Eiweiß sowie lösliche Stoffe enthielt, konnte nun in gleicher Weise wie das Serum auf den Gehalt an Wasser, festen Stoffen und anorganischen Bestandteilen, sowie in einer zweiten Portion auf Eiweiß, Extraktivstoffe und lösliche Salze untersucht werden. Im Unterschied zum Serum enthielt die zweite Portion neben dem Eiweiß noch die Blutkörperchen. Zur Trennung wurde diese Portion in heißes Wasser gegeben und das Koagulum aus Eiweiß und Blutkörperchen mittels Leinwand abgetrennt und sorgfältig ausgewaschen.[41] Ein Beispiel für ein Analysenresultat nach Scherers Methode zeigt Tabelle 1.[42]

1843 publizierte Scherer in einer Monographie[43] 71 genau untersuchte und klinisch dokumentierte Kasuistiken. Das Buch enthält – nach Krankheiten geordnet – eine Fülle von Einzelbeobachtungen, die Scherer in der kurzen Zeit von etwa 2 Jahren zusammengetragen hat. Er widmete das Buch „seinen verehrten Collegen und Freunden, den Mitgliedern der medizinischen Fakultät".[44] Für einen kleinen Teil dieser Fälle existieren noch die Orginal-Krankengeschichten der Kliniker.[45] Scherers Monographie wurde sehr gut aufgenommen, besonders bei den jüngeren Medizinern.[46] Scherer wies auch darauf hin, daß bei der Beurteilung klinisch-chemischer Analysenresultate neben den aktuellen Krankheitserscheinungen verabreichte Nahrung, Getränke und Heilmittel berücksichtigt werden müßten.

Zusammenstellung der Resultate.

Die auf 1000 berechneten Zahlen stellt man in folgender Weise zusammen:

In unserem gewählten Beispiele:

In 1000 Serum sind enthalten:		In 1000 Blut sind enthalten:	
Wasser	910,45	Wasser	783,18
Feste Stoffe	89,55	Feste Stoffe	216,82
Eiweiss	74,15	Faserstoff	2,30
Extractivstoffe	5,96	Blutkörperchen	139,25
Lösliche Salze	8,74	Eiweiss	63,78
	88,85	Extractivstoffe	5,13
Differenz	0,70	Lösl. Salze	8,86
			219,32
		Differenz	2,50

Die Gesammtmenge der anorganischen Salze des Serums betrug: 10,49 in 1000 Th.

Die Gesammtmenge der anorganischen Salze des Blutes betrug: 10,71 in 1000. In 1000 Th. defibrinirten Blutes waren ferner 2,69 Fett enthalten.

Tabelle 1: *Scherers Methode der Blutuntersuchung.*

Scherers Methode galt im Urteil der Fachwelt als besonders genau und zuverlässig.[47,48] Eugen Franz von Gorup-Besanez (1817–1878) in Erlangen nahm sie in seine verbreitete „Anleitung zur qualitativen und quantitativen zoochemischen Analyse" auf und empfahl sie

„wegen der Reinlichkeit der Ausführung, welch letztere bei einiger Uebung in chemischen Arbeiten keine bedeutenden Schwierigkeiten darbietet, sowie wegen des Umstandes, dass alle Bestandtheile durch Wägung gefunden werden".[49]

Sieht man das Verzeichnis von Scherers Publikationen durch (siehe Anhang C), das insgesamt mehr als 50 Arbeiten umfaßt,[50] so fällt gegen Ende der 40er Jahre eine allmähliche Verlagerung von der klinischen Chemie zur physiologischen und organischen Chemie auf. Scherer wandte sich damals der Untersuchung der sog. Extraktivstoffe, dem „Augiasstall der Extraktivstoffe" wie er sagte,[51] zu, d.h. jenen Substanzen, die in den braunen und schmierigen Rückständen verborgen sind, die nach dem Eindampfen biologischer Flüssigkeiten entstehen. Er entwickelte ein besonderes Verfahren zur Fällung und Isolierung reiner Stoffe, wobei er die Bildung brauner Rückstände sorgfältig vermied, und wendete dieses Verfahren zuerst auf den Urin an.[52] 1847 hatte Liebig[53] über eine neue Methode zur Gewinnung von Fleischflüssigkeit berichtet, welche später zur technischen Gewinnung des unter dem Namen „Liebig's Fleischextrakt" weltweit bekannt gewordenen Produktes genutzt wurde. Es gelang Scherer mit seinem Verfahren hierin einen neuen, zuckerähnlichen Stoff zu entdecken, den er als Inosit[54] bezeichnete, im gleichen Jahr fand er in der Milzflüssigkeit das Hypoxanthin.[55] Die

Nachweisreaktionen, die Scherer bei diesen Untersuchungen entwickelte, haben noch lange Zeit unter der Bezeichnung „Scherer-Proben" allgemeine Anwendung gefunden, so die Probe auf Inosit,[56] auf Leucin[57] und auf Tyrosin.[58]

Trotz dieser Verlagerung zur Grundlagenforschung fanden die spezifischen Probleme der Klinischen Chemie oder Pathologischen Chemie im wissenschaftlichen Werk Scherers immer wieder ihren Niederschlag. Dabei stand – ganz im Sinne seines Lehrers Liebig – die quantitative Betrachtungsweise im Vordergrund. Mancher Gedanke erscheint uns auch heute durchaus aktuell, etwa – um ein Beispiel aufzugreifen – seine Betrachtungen zur quantitativen Ausscheidung von Stoffen im Harn, über die er 1852 vor der Physikalisch-Medizinischen Gesellschaft vortrug.[59] Er wies darauf hin, daß man bei der Untersuchung des Urins nicht nur qualitativ nach pathognomonischen Stoffen fahnden sollte. Vielmehr könne die quantitative Untersuchung der 24-Stunden-Ausscheidung normaler Urinbestandteile wichtige Aufschlüsse über normale oder pathologische Stoffwechselprozesse geben. Unter Benutzung einer von Liebig neuentwickelten Titrationsmethode für Chlorid und Harnstoff[60] führte er bei sich selbst und zweien seiner drei Kinder Untersuchungen aus, deren Ergebnisse er im Hinblick auf den Umsatz im Stoffwechsel diskutierte.[61] Im folgenden Jahr griff der Gießener Physiologe Theodor Ludwig Wilhelm Bischoff (1807–1882) diesen Gedanken vom „Harnstoff als Maß des Stoffwechsel" in einer umfangreichen experimentellen Studie auf.[62]

Es ist hier nicht der Raum, das umfangreiche wissenschaftliche Werk Scherers im einzelnen zu behandeln. Neben klinisch-chemischen bzw. pathologisch-chemischen Themen finden sich analytisch-chemische, geologische und toxikologische Arbeiten. Mehrere Untersuchungen beschäftigen sich – dem Geist der Zeit folgend – mit der Analyse des Wassers von Heilquellen.

Während vieler Jahre hat Scherer als Referent und Herausgeber an *Canstatt's Jahresberichten über die Fortschritte der gesammten Medizin,* einem der wichtigsten Referateorgane der damaligen Zeit mitgewirkt. Seine jährlichen kritischen Berichte über physiologische Chemie und pathologische Chemie spiegeln das Wissen seiner Zeit wider.[63]

Auch als akademischer Lehrer entfaltete Scherer eine außerordentlich fruchtbare Tätigkeit. Er wird „als eines der hervorragendsten Mitglieder und besten Lehrer"[64] der medizinischen Fakultät bezeichnet. Seine Lehrveranstaltungen waren Teil des ersten Abschnittes des Medizinstudiums („Lehrkurs der allgemeinen Wissenschaften"[65]). Scherer hielt seine ersten Vorlesungen[66] im Wintersemester 1842/43:
>„Anthropochemie mit Benützung der Lehrbücher von Liebig, Lehmann, Simon und nach eigenen Untersuchungen" (4-stündig)[67] und
>„Analytische Untersuchungen gesunder und krankhafter thierischer Produkte".

Aus letzterem entwickelte sich im Laufe der Zeit ein chemisches Praktikum, das bis zu 30 Wochenstunden umfaßte. Tab. 2 gibt einen Überblick über die Vorlesungen und Praktika, die Scherer in den 53 Semestern seiner Lehrtätigkeit in Würzburg abgehalten hat.

Tabelle 2: *Vorlesungen und Übungen von Johann Joseph v. Scherer an der Universität Würzburg von 1842 bis 1869.*

Vorlesung oder Übung	Beginn	Ende
Physiologische und Pathologische Chemie	WS 1842/3	WS 1865/66
Praktikum der Pathologischen Chemie	WS 1842/3	SS 1843
Analytische Chemie	WS 1843/44	SS 1855
Praktikum der analytischen Chemie	WS 1843/44	WS 1868/69
Stöchiometrie	WS 1845/46	WS 1858/59
Allgemeine organische Chemie	SS 1850	SS 1868
Geschichte der Chemie	SS 1850	SS 1851
Allgemeine anorganische Chemie	WS 1854/55	WS 1868/69
Balneologie	SS 1859	SS 1862
Anorganische Arzneimittel	nur SS 1863	
Hygiene	SS 1866	SS 1868

Interessant im Hinblick auf die Geschichte der Klinischen Chemie ist die Formulierung im Vorlesungsverzeichnis für das Sommersemester 1843. Es heißt dort: „. . . leitet Derselbe die chemisch-analytischen Übungen im klinisch-chemischen Laboratorium".

Eine besonders glückliche Hand zeigte Scherer beim Umgang mit seinen zahlreichen Schülern, die als Doktoranden oder Assistenten bei ihm arbeiteten. Scherer hat auch begabte und interessierte Studenten mit selbständigen Aufgaben im Laboratorium beauftragt. Die Ergebnisse wurden dann in Scherers Publikationen unter dem Namen des Studenten angeführt. In einigen Fällen durften sie Ihre Arbeiten auch in der „Physikalisch-medizinischen Gesellschaft" vortragen. Eine Liste der Schüler ist im Anhang D angefügt.

Einer der ersten Mitarbeiter war der Student Emil Harless (1820–1862),[68] der später als Professor für „physiologische Physik" in München wirkte. Im Winter 1843/44 entdeckte Max Pettenkofer (1818–1901) in Scherers Laboratorium das Kreatinin im Urin[69] und seine bekannte Probe auf Gallensäuren,[70] 1852/53 finden wir Peter Ludwig Panum (1820–1885), den späteren Kieler und Kopenhagener Physiologen bei Scherer.[71] 1853/54 kam George Harley (1829–1896), später Professor of Medical Jurisprudence und bekannter Arzt in London nach Würzburg, „in order to study the microscope with Professor Koelliker and Chemistry under Professor Scherer".[72] Bei Scherer arbeitete er über Farbstoffe im Urin[73]. 1856 führte Albert von Bezold (1836–1868) – nachmals Physiologe in Würzburg – unter Scherers Leitung mehrere Arbeiten über den Mineral- und Wassergehalt im Organismus aus, über die er als Student der Medizin in der Physikalisch-Medicinischen Gesellschaft vortrug.[74] Und 1857 isolierte Victor Hensen (1835–1924) bei Scherer unabhängig und kurz nach Claude Bernard das Glykogen aus der Leber.[75]

Die Zusammenarbeit mit den Kollegen der Medizinischen Fakultät scheint ausgezeichnet gewesen zu sein. In vielen Arbeiten Scherers finden sich Hinweise darauf. Die Kliniker von

Marcus und Heinrich Bamberger (1822–1888) zeigten großes Interesse an Scherers Arbeit und unterstützten ihn. Besonders fruchtbar war die Zusammenarbeit mit Rudolf Virchow.[76] Sichtbarer Ausdruck der gemeinsamen wissenschaftlichen Aktivitäten ist die Begründung der heute noch existierenden Physikalisch-Medicinischen Gesellschaft im Winter 1849 (Abbildung 9). Mehrmals wurde Scherer zum Dekan der Medizinischen Fakultät gewählt und 1852 sowie 1861 amtierte er als Rector der Julius-Maximilians-Universität.

In seinem letzten Lebensjahrzehnt ergaben sich für Scherer zusätzliche Aufgaben und Belastungen, die ihn zunehmend von seinen Arbeiten im Laboratorium abhielten, eine Erscheinung, die auch in unserer Zeit einem Hochschullehrer nicht fremd ist. Scherer mußte neben den akademischen Ämtern das Lehramt des Mineralogen und Pharmazeuten Ludwig Rumpf (1793–1862) nach dessen Tod mitübernehmen sowie das neue Fach der Hygiene (1866). Er nahm auch das Amt eines Gerichtschemikers wahr und begann ab 1862 mit der Planung und ab 1865 mit dem Neubau eines großen „Medicinischen Instituts für Chemie und Hygiene" in der Maxstraße (Abbildung 10),[77] welches erst sein Nachfolger Adolf Strecker (1822–1871) – nach Scherers Tod 1869 – vollständig in Betrieb nehmen konnte.

Welche wissenschaftshistorische Bedeutung kommt Scherer im Hinblick auf die Wechselbeziehungen zwischen Chemie und Medizin zu? Scherer ist einer der Mitgründer des Faches Klinische Chemie gewesen. Sein Versuch, Chemie und chemische Methodik in die Klinische Medizin hineinzutragen war sehr erfolgreich, weil es ihm gelang, seine klinischen Kollegen und seine Fakultät zu überzeugen. Das unterscheidet die Situation in Würzburg von der in Wien, wo Johann Florian Heller (1813–1871) gegen große Schwierigkeiten anzukämpfen hatte.[78] In Berlin blieb Johann Franz Simon (1807–1843) die volle Entfaltung versagt, weil er wenige Jahre nach seiner Einstellung als „Chemischer Assistent" an Schoenleins Klinik in der Charité in sehr jungen Jahren starb.[79] Doch der mit großem Eifer und erfolgreich begonnene Versuch Scherers kam – wie wir gesehen haben – nach einigen Jahren zum Erliegen. Scherer wandte sich mehr und mehr der Grundlagenforschung in der physiologischen Chemie zu. Was war der Grund hierfür? Scherer und seine Kollegen hatten sich voller Vertrauen in die neuentwickelten Methoden der Tierchemie an die schwierigsten Aufgaben herangewagt. Sie hatten beispielsweise versucht, aus der Untersuchung des Blutes diagnostische und prognostische Erkenntnisse für die Klinik abzuleiten, ohne doch die Bestandteile des Blutes auch nur annähernd zu kennen. Sie hatten sich bemüht, Veränderungen der Bluteiweißstoffe bei Krankheiten zu finden und waren doch über den chemischen Aufbau der Eiweißstoffe ganz im Unklaren, wie die heftige Kontroverse zwischen Justus Liebig und Gerrit Jan Mulder um dessen Protein-Hypothese zeigt[80]. Der Leipziger Physiologe Carl Gotthelf Lehmann (1812–1863) hat 1850 in einer sehr weitsichtigen und kritischen methodologischen Analyse festgestellt, daß man eine pathologische Chemie zu schaffen versuche, der keine physiologische zu Grunde liege.[81] Wenn auch die weitere Entwicklung eines selbständigen Faches Klinische Chemie in den folgenden Jahrzehnten zum Stillstand kam, so hat doch das kurze Wechselspiel zwischen Chemie und Medizin zwischen 1840 und 1850 weltreichende Folgen gehabt. Eine kleine Gruppe wissenschaftlich interessierter Kliniker wurde von den Möglichkeiten überzeugt, chemische Methoden für die medizinische Forschung einzusetzen.[82] Auch hierfür bietet die Entwicklung in Würzburg ein interessantes Fallbeispiel. 1854 wurde Heinrich Bamberger als Nachfolger für von

Marcus berufen und zum Vorstand der Medizinischen Klinik bestellt. Bamberger, der schon zur Generation der Kliniker gehört, die ihre Ausbildung in der Aera der neuen „Wissenschaftlichen Medizin" erhielten, hat als Ordinarius bei Scherer „durch ein eingehendes und gründliches Studium und durch unermüdlichen Fleiß" – wie es in einem Bericht der Fakultät heißt[83] – Kenntnisse und Fähigkeiten in der Chemie erworben. Als er 1859 einen Ruf nach Breslau erhielt, forderte und bekam er ein eigenes Laboratorium im Juliusspital „für die Vornahme der notwendigen physikalisch-chemischen Untersuchungen am Krankenbett".[84] Wie die Publikationen von Bamberger zeigen, diente dieses Laboratorium vor allem für die klinischen Forschungsarbeiten. Wir können also feststellen, daß mit dem vorläufigen Aufhören einer selbständigen Klinischen Chemie die chemische Methodik und chemisches Denken nicht aus der Klinik verschwanden. Bis zum Ende des Jahrhunderts wurden an den deutschen Universitäten bevorzugt chemische Methoden in der Forschung benutzt, dann tritt die neuentstandene Bakteriologie an die Stelle der Chemie.[85]

Doch zurück zur Bedeutung Scherers. Scherer ist nicht nur für die Anwendung der Chemie in der Medizin eingetreten. Er hat sich auch um die Nutzung in Landwirtschaft, Gewerbe und Industrie bemüht. Über viele Jahre hat er als Lehrer der Chemie an der Kreislandwirtschafts- und Gewerbsschule in Würzburg gewirkt.[86] Später war er Ministerial-Prüfungs-Commissär für die Prüfung an den technischen Unterrichtsanstalten des Königreiches Bayern.[87] 1857 schließlich wurde er in eine Kgl. bayerische Commission zur Reorganisation der technischen Unterrichtsanstalten berufen.[88] Dem 1806 gegründeten Polytechnischen Verein ist er zeitlebens verbunden gewesen. Es lag ganz auf dieser Linie, wenn Scherer sich nachdrücklich für eine realienbezogene Schulausbildung einsetzte, die eine bessere Bildung in den Naturwissenschaften und den modernen Sprachen ermöglicht. Auch für das Studium der Medizin hielt Scherer die Vorbildung auf dem Realgymnasium für besonders geeignet.[89] In diesem Zusammenhang ist interessant, daß Scherer die Chemie auch als modernes formales Bildungsmittel schätzte:

„In formeller Beziehung wird durch die Chemie, gleichwie durch die übrigen Naturwissenschaften die Beobachtungsgabe geschärft und geübt und der Weg gezeigt, auf welchem der Natur gewisse Fragen vorgelegt, oder exacte Antworten auf gestellte Fragen gesucht werden können".[90]

Schließlich ist auf die Bedeutung hinzuweisen, die Scherer direkt oder indirekt für die Herausbildung der organischen Chemie als Spezialgebiet innerhalb der Chemie hatte. Scherers Lehrstuhl führte vom Beginn an, als erster Lehrstuhl überhaupt, die Bezeichnung „organische Chemie",[91] auch sein Laboratorium wurde – nach dem Ende der klinisch-chemischen Aera und vor dem Bau des großen Instituts 1865 – als „Laboratorium für organische Chemie" bezeichnet.[92] Nach Scherers Tod 1869 ging der Lehrstuhl an die philosophische Fakultät über. Die medizinische Fakultät war in der Frage der Fakultätszugehörigkeit gespalten. Die Hälfte der Mitglieder sprach sich für den Übergang des Lehrstuhls an die philosophische Fakultät aus, unter Hinweis auf die Bedeutung der Chemie für jede allgemeine wissenschaftliche Bildung.[93] Der Senat entschied sich für den Wechsel und so erhielt der Liebig-Schüler Adolf Strecker den Lehrstuhl in der philosophischen Fakultät, mitsamt dem gerade fertiggestellten modernen Institut. Strecker sowohl wie vor allem seine Nachfolger Johannes Wislicenus (1835–1902) und

Emil Fischer (1852–1919) wandten sich – anders als Scherer – der „reinen", auf der Strukturtheorie begründeten organischen Chemie zu. Ein Lehrstuhl für physiologische Chemie entstand erst sehr viel später in der medizinischen Fakultät.[94]

Scherer wurde 1864 zum Hofrath ernannt. Am 25. Februar 1866 erhielt er das Ritterkreuz des Verdienstordens der bayerischen Krone „für besondere Verdienste im Interesse des Heilbades Kissingen". Dieser Orden war mit dem persönlichen Adel verbunden.[95] Im Dezember 1865 wurde ihm der russische Stanislausorden II. Classe in Anerkennung seiner Verdienste um die wissenschaftliche Ausbildung junger russischer Ärzte verliehen.[96] Schon längere Zeit an einem „Brustleiden" erkrankt, verstarb Johann Joseph von Scherer, nachdem er am 12. Februar seine letzte Vorlesung gehalten hatte,[97] am 17. Februar 1869.[98,99]

Die Biographie und das Werk von Johann Joseph Scherer zeigen sehr gut den starken Einfluß der Chemie auf die Medizin in der Zeit der Entstehung der sog. naturwissenschaftlichen Medizin. Deutlich wird vor allem der große Einfluß, den die Schule von Justus Liebig in der Mitte des 19. Jahrhunderts auf die Entwicklung der physiologischen und der klinischen Chemie in Deutschland hatte. Leben und Werk Scherers bieten darüberhinaus ein interessantes, aber auch sehr komplexes Fallbeispiel zur Disziplinengeschichte des 19. Jahrhunderts.

Die 1964 gegründete Deutsche Gesellschaft für Klinische Chemie hat 1978 eine *Scherer-Medaille* gestiftet, um das Andenken an Johann Joseph von Scherer als einen der Gründer der Klinischen Chemie zu bewahren. Diese Medaille wird als höchste Auszeichnung der Gesellschaft „an Persönlichkeiten verliehen, die sich besondere Verdienste um die wissenschaftliche Entwicklung und um die Förderung der Klinischen Chemie erworben haben".[100] Die Medaille mit dem Portrait von Scherer (Abbildung 11) wurde von dem Bildhauer Gerhard Marcks (1889–1981) geschaffen.

Der Autor dankt der Historischen Kommission der Julius-Maximilians-Universität Würzburg für die Genehmigung zum Abdruck des Zeugnisses von Justus Liebig für Scherer sowie des Reiseberichtes von Scherer und dem Bildarchiv der Österreichischen Nationalbibliothek in Wien für die Genehmigung, das Portraitphoto von Scherer zu reproduzieren. Herrn Dr. Koesling vom Deutschen Technikmuseum in Berlin ist der Autor für den Hinweis auf den Mechaniker Oertling verbunden.

Abbildungen

Abb. 5: Portrait Johann Joseph von Scherer, siehe Bildtafeln
Abb. 6: Eigenhändiger Reisebericht von Johann Joseph Scherer, siehe Bildtafeln
Abb. 7: Eigenhändiges Zeugnis Liebigs für Scherer, siehe Bildtafeln
Abb. 8: Neues Anatomiegebäude der Universität Würzburg, siehe Bildtafeln
Abb. 9: Die Gründer der Physikalisch-medizinischen Gesellschaft Würzburg, s. Bildtafeln
Abb.10: Ansicht des Würzburger Chemischen Laboratoriums in der Maxstraße, s. Bildtafeln
Abb.11: Scherer-Medaille der Deutschen Gesellschaft für Klinische Chemie, siehe Bildtafeln

Literatur und Anmerkungen

Die vorliegende Arbeit ist eine überarbeitete und stark erweiterte Fassung einer Publikation des Autors aus dem Jahre 1978: J. Büttner: Johann-Joseph von Scherer. Ein Beitrag zur frühen Geschichte der Klinischen Chemie. Journal of Clinical Chemistry and Clinical Biochemistry 16 (1978), S. 478–483.

Die Arbeiten von Johann Joseph Scherer werden mit den Nummern des Verzeichnisses seiner Veröffentlichungen im Anhang C angeführt (z.B. Scherer [2]).

1 Brief Liebigs an Berzelius vom 26.4.1840: „Ich habe mich ernsthaft gefragt, zu was alle diese Erörterungen dienen können [gemeint ist der Streit über die Substitutionstheorie], weder für Medizin, noch für Physiologie oder Industrie gehen nützliche Anwendungen daraus hervor...". Siehe: J. Berzelius und J. Liebig. Ihre Briefe von 1831–1845. Herausgegeben von Justus Carrière, 2. Aufl. J. F. Lehmann: München, 1898, S. 210–211.
2 J. Liebig: Die organische Chemie in ihrer Anwendung auf Physiologie und Pathologie. Braunschweig: F. Vieweg, 1842. (Das Buch wird nach dem Titel der 2. Auflage abgekürzt meist als „Thier-Chemie" bezeichnet).
3 Siehe dazu:
(a) J. Büttner: Wechselbeziehungen zwischen Chemie und Medizin im 19.Jahrhundert. In: Jahrbuch des Instituts für Geschichte der Medizin der Robert-Bosch-Stiftung. Herausgegeben von R. Wittern. Stuttgart: Hippokrates Verlag, 1985, Band 2 (1983), S. 7–24.
(b) J. Büttner: Die Entstehung klinischer Laboratorien in den deutschsprachigen Ländern im 19. Jahrhundert. In: W. Kaiser u. A.Völker (Herausgeber): Johann Christian Reil (1759–1813) und seine Zeit. Wissenschaftliche Beiträge. Martin-Luther-Universität Halle-Wittenberg: Halle (Saale) 43 (1989), T 73; S.118–135.
4 Biographische Angaben über Scherer siehe bei:
(a) J. C. Poggendorff: Biographisch-literarisches Handwörterbuch zur Geschichte der exakten Wissenschaften. Amsterdam, 1970. Band 2, S. 790 u. Band 3, S. 1182–1183.
(b) Allgemeine Deutsche Biographie. Leipzig: Duncker & Humblot, 1890, Band 31, S. 115–116.
(c) A. Hirsch: Biographisches Lexikon der hervorragenden Ärzte aller Zeiten und Völker, 3. Auflage. München u. Berlin: Urban u. Schwarzenberg, 1962, Band 5, S. 67–68.
(d) J. R. Wagner: Gedächtnisrede auf J. J. v. Scherer. Verhandlungen der physicalisch-medicinischen Gesellschaft in Würzburg [N. F.] 2, XXIII-XXXIX (1872).
(e) [J.] R. Wagner: Nekrolog Johann Joseph von Scherer. Berichte der Deutschen Chemischen Gesellschaft 2 (1869), S. 108–110.
5 In Poggendorff, Handwörterbuch, wie Anm. (4a), wird fälschlich der 13. März angegeben.
6 Gutachten von Hofrath und Prof. Dr. v. Markus an den akademischen Senat der Universität Würzburg vom 9.3.1842. 8 Bl. folio. Akten des Rektorats und Senats Nr. 795, Universitäts-Bibliothek Würzburg.
7 Scherer [1].
8 Wipfeld mit seinem Ludwigsbad liegt nordöstlich von Würzburg. Während seines Aufenthaltes dort mußte Scherer "auf Befehl der Königlichen Regierung die von im ausgeführten Analysen dieser Heilquelle dem Königlichen Ministerium einsenden". Siehe: Markus, Gutachten, wie Anm. (6), hier Bl. 6 recto.
9 Zur Biographie E. v. Bibras siehe: Hirsch, wie Anm. (4c), Band 1, S. 521.
10 Scherer bedankt sich in seiner Dissertation bei „seinem Freunde Freiherrn von Bibra zu Schwebheim" für experimentelle Unterstützung. Siehe dazu auch: Poggendorff, Handwörterbuch, wie Anm.(4a) und: G. Sticker: Entwicklungsgeschichte der Medizinischen Fakultät an der Alma Mater Julia. In: M. Buchner

(Herausgeber): Aus der Vergangenheit der Universität Würzburg, Festschrift zum 350jährigen Bestehen der Universität. Berlin: J. Springer, 1932, S. 616–619.

11 Von Fuchs berichtet in einer Mitteilung an die Akademie der Wissenschaften in München 1839: „Ich habe unlängst, unterstützt von Herrn Joh. Scherer, Dr. der Medizin aus Aschaffenburg, welcher sich mit bestem Erfolge der Chemie widmet, wieder mehrere Versuche über die Bestimmung des Eisengehaltes von Eisenerzen angestellt...". Vgl.: Johann Nep. v. Fuchs: Gesammelte Schriften. Hrsg. v. Central-Verwaltungs-Ausschuss des polytechnischen Vereins für das Königreich Bayern. München: Literarisch-artistische Anstalt, 1856, S. 229.

12 Mit pharmazeutischer Chemie, die in München von Johann Andreas Buchner (1783–1852) gelehrt wurde, hatte sich Scherer in den drei Semestern in München offensichtlich nicht beschäftigt.

13 J. J. Scherer: Allgemeiner Bericht über die von dem Dr.med Joh. Jos. Scherer aus Aschaffenburg, vermöge allergnädigster Verleihung von Staatsreisestipendien gemachten chemischen Studien, und daruf erfolgte chemisch wißenschaftliche und medizinische Reise. Handschriftlich von der Hand Scherers (ohne Datum, wahrscheinlich Herbst 1841). 10 Bl. folio. Akten des Rektorats und Senats Nr. 795, Universitäts-Bibliothek Würzburg. Der Reisebericht ist in Anhang B vollständig wiedergegeben. Siehe auch Abb. 2.

14 Einen Teil seiner Erkenntnisse hatte Liebig in seinen Annalen vorab publiziert. Siehe: J. Liebig: Der Lebensprocess im Thiere, und die Atmosphäre. Annalen der Chemie und Pharmacie 42 (1842), S. 189–219, und : J. Liebig: Die Ernährung, Blut- und Fettbildung im Thierkörper. Annalen der Chemie und Pharmacie 41 (1842), S. 241–285.

15 Siehe: Liebig, Thier-Chemie, wie Anm. (2).

16 F. L. Holmes: Einführung in Liebigs Thier-Chemie, abgedruckt in diesem Band.

17 J. Liebig: Handschriftliches Zeugnis für Dr. Scherer vom 8. 12. 1841. Folio, 2 Seiten. Akten des Rektorats und Senats Nr. 795, Universitäts-Bibliothek Würzburg. Siehe Anhang A und Abb. 3.

18 G. J. Mulder: Zusammensetzung von Fibrin, Albumin, Leimzucker, Leucin u.s.w. Annalen der Pharmacie 28 (1838), S. 73– 82. In der Arbeit wurde von Mulder die Bezeichnung "Protein" vorgeschlagen.

19 Scherer [2].

20 Siehe: Liebig, Zeugnis, wie Anm. (17) und Anhang A.

21 J. J. Berzelius: Jahresbericht über die Fortschritte der physischen Wissenschaften 22 (1842), S. 535– 546.

22 Siehe Liebig, Thier-Chemie, wie Anm. (2), besonders Abschnitt „Analytische Belege", S. 283–337.

23 P[rosper] S[ylvain] Denis: Essai sur l'application de la chimie a l'étude physiologique du sang de l'homme, et a l'étude physiologico-pathologique, hygiénique et thérapeutique des maladies de cette humeur. Bechet Jeune, Paris 1838, S. 67–78.

24 Scherer berichtet von einem Erfahrungsaustausch mit Denis. Siehe: Scherer [2], S. 10–13. Siehe auch: J. Liebig: Brief des Hrn. Liebig an Hrn. Denis aus Commercy über Albumin, Fibrin, die weiße Materie der Blutkörperchen und den Käsestoff. Journal für practische Chemie 24 (1841), S. 190–191.

25 Siehe: Liebig, Thier-Chemie, wie Anm. (2), S. 42.

26 Enthalten im Tafelband zu: J. P. Hofmann: Das Chemische Laboratorium der Ludwigs-Universität zu Gießen. C. F. Winter, Heidelberg 1842. Die Zeichnung stammt von den Malern Wilhelm Trautschold (1815–1876) und Hugo von Ritgen (1811–1889). Zu diesem Bild siehe die ausführliche Beschreibung von O. Krätz in diesem Band (S. 367).

27 Siehe: Scherer, Bericht, wie Anm. (13).

28 Scherer [4], Vorrede, S. V–VIII.

29 Schreiben des Königlich bayerischen Ministeriums des Innern an den Senat der Universität Würzburg vom 26. 2. 1842. Akten des Rektorats und Senats Nr. 795, Universitäts-Bibliothek Würzburg.

30 Siehe v. Markus, Gutachten, wie Anm. (6).

31 Markus und die Fakultät benutzen in ihren Gutachten bzw. Anträgen die Begriffe „Organische Chemie", „Zoochemie", „physiologische Chemie", „pathologische Chemie" und „Anthropochemie" nebeneinander. Es heißt an einer Stelle auch: „Die physiologische Chemie in ihrem Inbegriffe mit der pathologischen meist Anthropochemie genannt" (siehe die folgende Anmerkung). In den Vorlesungsverzeichnissen der Universität wird Scherer als „Professor der Organischen Chemie" bezeichnet.

32 Antrag der medizinischen Fakultät an den akademischen Senat, die Anstellung eines Professors für Anthropochemie betreffend, vom 4. 7. 1842. 7 Bl. folio. Akten des Rektorats und Senats Nr. 795, Universitäts-Bibliothek Würzburg, hier Bl. 2.
33 Dekret betr. die Ernennung Scherers, unterzeichnet von Ludwig I., vom 17. 7. 1842. 1 Bl. folio. Akten des Rektorats und Senats Nr. 795, Universitäts-Bibliothek Würzburg.
34 Dekret betr. die Ernennung, unterzeichnet von Ludwig I., vom 8. 6. 1847. 1 Bl. folio. Akten des Rektorats und Senats Nr. 795, Universitäts-Bibliothek Würzburg.
35 Siehe Scherer [4], S. V.
36 Siehe Scherer [4], S. VI.
37 Das Gebäude befindet sich in der Neubaustraße 11 und hat die Kriegszerstörungen überstanden.
38 1849–1853 wurde außerhalb des Julius-Spitals in der Stelzengasse 2 (der heutigen Koellikerstraße) das neue Anatomiegebäude errichtet, ab 1854 entstand um dieses Gebäude herum der Botanische Garten.
39 Siehe Scherer [2].
40 Scherer [12], S. 121–136. Scherer schreibt in diesem Artikel, daß er seine Blutuntersuchungsmethode seit 1843 einsetzte. Mehrere von Scherers Schülern haben in seinem Laboratorium über die Methodik der Blutanalyse gearbeitet. Siehe z.B.
(a) E. Rindskopf: Ueber einige Zustände des Bluts in physiologischer und pathologischer Beziehung. Medizinische Dissertation Universität Würzburg. Würzburg: Becker'sche Universitätsbuchhandlung, 1843.
(b) A. Otto: Beitrag zu den Analysen des gesunden Blutes. Medizinische Dissertation Universität Würzburg. Becker'sche Universitätsbuchhandlung, Würzburg 1848.
41 Um die Menge des Eiweißes zu berechnen, die in dem Koagulum zusammen mit den Blutkörperchen enthalten ist, ging Scherer von den Analysen im Serum aus und benutzte die Proportion: Wassergehalt des Serums : Eiweißgehalt des Serums = Wassergehalt des Blutes : Eiweißgehalt des Blutes.
42 Aus: E. C. F. von Gorup-Besanez: Anleitung zur qualitativen und quantitativen zoochemischen Analyse. 1. Auflage. J. L. Schrag, Nürnberg 1850, S. 223–236, hier S. 235.
43 Siehe Scherer [4].
44 Siehe Scherer [4], S. III.
45 Krankengeschichten Prof. Mohr, Universitäts-Bibliothek Würzburg (M.ch. f. 630).
Es finden sich Krankengeschichten folgender Patienten, die in Scherers Monographie (Scherer [4]) erwähnt werden: Franz Feuerbach, Anna Maria Schmidt, Elisabeth Stöhr, Wilhelm Weiss, Barbara Bestreicher, Margaretha Glück.
46 Rezensionen von Scherers Monographie (siehe: Scherer [4]):
a) F. u. G.: Archiv für physiologische Heilkunde 2 (1843), S. 625– 628.
b) H. Hoffmann: Archiv für die gesammte Medicin 6 (1844), S. 515–524.
c) [C. G.] Lehmann: Jahrbücher der in- und ausländischen gesammten Medicin (hrsg. v. C.C. Schmidt) 42 (1844), S. 99–105.
47 Siehe: C. G. Lehmann: Lehrbuch der physiologischen Chemie. Engelmann, Leipzig 1850, Band 2, S. 206: „Scherer hat die Blutanalyse in vieler Hinsicht vervollkommnet und seine Methode ist die reinlichste von allen...".
48 Im Laboratorium von E. C. F. von Gorup-Besanez in Erlangen hatte Friedrich Hinterberger Vergleichsuntersuchungen mit verschiedenen Blutanalyse-Methoden durchgeführt. Sein positives Urteil über Scherers Methode wird in einer Nachschrift von Gorup-Besanez bekräftigt.
Siehe: F. Hinterberger: Vergleichende Untersuchungen über einige Methoden der Blutanalyse. Archiv für physiologische Heilkunde 8 (1848), S. 603–616, mit einer Nachschrift von [E.C.F. von] Gorup-Besanez: Einige Bemerkungen zu vorstehenden Untersuchungen, a.a.O., S.617– 618.
49 Gorup-Besanez, Analyse, wie Anm 42.
50 Eine unvollständige Liste findet sich in: Royal Society of London. Cataloque of Scientific Papers 5 (1871), S. 457–458. Eine vervollständigte Liste wird in Anhang C gegeben.
51 Scherer [16].
52 Scherer [10].
53 J. Liebig,: Chemische Untersuchung über das Fleisch und seine Zubereitung zum Nahrungsmittel. Heidelberg: C. F. Winter, 1847.

54 Siehe: Scherer [16], [18] und [22]. Der von Scherer als Inosit benannte cyklische Polyalkohol ist eines der 9 Isomere und wurde später als „Meso-Inosit" oder „Myo-Inosit" bezeichnet.
55 Scherer [19]. Hypoxanthin (6-Hydroxypurin) steht, wie Scherer erkannte, in naher Beziehung zu dem schon länger bekannten Xanthicoxyd (heute: Xanthin (2,6-Dihydroxypurin)) und zur Harnsäure (2,6,8-Trihydroxypurin).
56 Scherers Inositprobe: Inosit gibt nach Eindampfen mit konz. Salpetersäure, Versetzen mit Ammoniak und Calciumchlorid beim erneuten vorsichtigen Eindampfen eine „lebhaft rosenrothe" Färbung. Siehe: Scherer [22.]
57 Scherers Leucinprobe: Leucin gibt nach dem Eindampfen mit Salpetersäure einen farblosen Rückstand, der mit Natronlauge erwärmt eine wasserhelle oder gelblich bis bräunlich gefärbte Flüssigkeit liefert. Siehe Scherer [38]
58 Scherers Tyrosinprobe: Tyrosin gibt nach dem Eindampfen mit Salpetersäure mit Natronlauge eine „tief rothgelbe Färbung". Siehe Scherer [38].
59 Scherer [28].
60 J. Liebig: Über einige Harnstoffverbindungen und eine neue Methode zur Bestimmung von Kochsalz und Harnstoff im Harn. Annalen der Chemie und Pharmacie 85 (1853), S. 289–328.
61 Siehe Scherer [28].
62 Th. L. W. Bischoff: Der Harnstoff als Maass des Stoffwechsels. Gießen: F. Ricker, 1853.
63 Scherers Beiträge zu den "Jahresberichten" sind im im Verzeichnis von Scherer Veröffentlichungen in Anhang C, Abschnitt II, enthalten (siehe S. 207).
64 Siehe Anm. (4c).
65 Das Medizinstudium bestand in Würzburg zu Scherers Zeit aus den 3 Abschnitten, dem „Lehrkurs der allgemeinen Wissenschaften" (2 Jahre), dem eigentlichen Fachstudium (3 Jahre). Nach der „Theoretischen Prüfung" folgte noch das zweijährige „Biennium practicale". Siehe auch: Bernd Casper: Carl Gerhardt 1833–1902. Berlin, 1993. Medizinische Dissertation Humboldt-Universität Berlin 1993.
66 Siehe Vorlesungsverzeichnisse der Universität Würzburg. (Univ. Bibliothek Würzburg).
67 Die in Scherers Vorlesungsankündigung genannten Bücher sind:
(a) Liebig, Thier-Chemie, wie Anm. (2).
(b) C. G. Lehmann: Lehrbuch der physiologischen Chemie. Leipzig: Engelmann, 1842. Zu diesem Zeitpunkt war nur Band 1 des Werkes (in 1. Auflage) erschienen.
(c) J. F. Simon: Handbuch der angewandten medicinischen Chemie nach dem neuesten Standpunkte der Wissenschaft und nach zahlreichen eigenen Untersuchungen bearbeitet. 2 Bände. Berlin: Förstner, 1840 und 1842.
68 Harless hatte die Zeichnungen zu der Monographie Scherer [4] angefertigt (s. dort S. VII).
69 M. Pettenkofer: Vorläufige Notiz über einen neuen stickstoffhaltigen Körper im Harne. Annalen der Chemie u. Pharmacie 52 (1844), S. 97–100.
70 M. Pettenkofer: Notiz über eine neue Reaction auf Galle und Zucker. Annalen der Chemie u. Pharmacie 52, (1844), S. 90–96.
71 Zu Panum siehe: Jürgen Carstensen: Peter Ludvig Panum : Professor der Physiologie in Kiel 1853–1864. Neumünster: Wachholtz, 1967 (Kieler Beiträge zur Geschichte der Medizin, Heft 3), S. 12–20.
72 Harley beschreibt seinen Aufenthalt in dem noch mittelalterlich anmutenden Würzburg und seine Arbeit bei Scherer in seinen Lebenserinnerungen: G. Harley: The Life of a London Physician. Herausgegeben v. A. Tweedie. London: Scientific Press, 1899. Siehe besonders: Chapter VII. Harley arbeitete in Würzburg besonders über Farbstoffe im Urin. 1865 beschrieb er die paroxysmale Haemoglobinurie.
73 G. Harley: Ueber Urohaematin und seine Verbindung mit animalischem Harze. Verhandlungen der physikalisch-medicinischen Gesellschaft in Würzburg 5 (1855), S. 1–13.
74 A. von Bezold: Über die Vertheilung von Wasser, organischer Substanz und Salzen im Thierreiche. Verhandlungen der physikalisch-medicinischen Gesellschaft Würzburg 7 (1857), S. 251–262.
75 V. Hensen: Ueber die Zuckerbildung in der Leber. Verhandlungen der physikalisch-medicinischen Gesellschaft Würzburg 7 (1857), S. 219–222; V. Hensen: Ueber die Zuckerbildung in der Leber. Archiv für pathologische Anatomie und Physiologie und klinische Medizin 11 (1857), S. 395–398.

76	Virchow war, nachdem er Berlin 1848 aus politischen Gründen verlassen mußte, 1849 auf den Lehrstuhl für Pathologische Anatomie nach Würzburg berufen worden.
77	Dieses Institut war in der Maxstraße 4 gelegen, benachbart der Maxschule (Maxstraße 2), welche die Kreislandwirthschafts- und Gewerbsschule beherbergte. Beide Gebäude wurden im Krieg vollständig zerstört. Heute befindet sich dort die Mozartschule.
78	Über Johann Florian Heller siehe: (a) E. Lesky: Die Wiener Medizinische Schule im 19. Jahrhundert. Graz, Köln: Böhlau, 1965, S. 252 f. (b) N. Mani: Johann Florian Heller und die frühe Klinische Chemie in der Mitte des 19. Jahrhunderts. In: Wien und die Weltmedizin (Herausgegeben v. E. Lesky). Wien, Köln u.Graz: Böhlau, 1974, S. 170–182. (c) J. Schmalhofer: Das Werk von Johann Florian Heller mit besonderer Berücksichtigung der Entstehung des ersten pathologisch-chemischen Laboratoriums am Allgemeinen Wiener Krankenhaus und der Ernennung Hellers zum Vorstand des Laboratoriums, Medizinische Dissertation, Bonn 1980. In (c) werden die für die Schwierigkeiten Hellers mit den Klinikern aufschlußreichen Fakultätsakten ausführlich behandelt.
79	Eine Bearbeitung der Biographie von Johann Franz Simon auf Grund der Quellen liegt noch nicht vor. Vgl. den kurzen Eintrag in Poggendorff (Anm. (4a), Band 2, S. 936) und Anm. (3b).
80	Siehe z. B.: J. S. Fruton: Molecules and Life. New York, London: Wiley-Interscience, 1972, S. 98 f.
81	Lehmann, Physiologische Chemie, wie Anm. (42), Bd. 1, 2. Aufl., 1850, S. 1–26.
82	Die Entwicklung chemischer Forschung in der Klinik im späten 19. Jhdt. wird ausführlich behandelt in: J. Büttner: Interrelationships between clinical medicine and clinical chemistry, illustrated by the example of the German-speaking countries in the late 19th century. Journal of Clinical Chemistry and Clinical Biochemistry 20 (1982), 465–471; siehe auch: J. Büttner (Editor). History of Clinical Chemistry. Berlin, New York: De Gruyter, 1983.
83	Bericht der medizinischen Fakultät vom 31.1.1859 an den Senat einen dem Prof. Bamberger gemachten Antrag zur Berufung nach Breslau betreffend (geschrieben von Prof. Scherer als Dekan). Akten des Rektorats und Senats Nr. 356, Universitäts-Bibliothek Würzburg.
84	Ebenda.
85	Siehe dazu: J. Büttner: Die Entwicklung der Klinischen Chemie im Spannungsfeld zwischen Medizin und Chemie. Journal of Clinical Chemistry and Clinical Biochemistry 23 (1985), S. 797–804.
86	Siehe: Wagner, Gedächtnisrede, wie Anm. (4d).
87	Ebenda.
88	Ebenda und Notiz vom 28.1.1857 in der Personalakte Scherer (Akten des Rektorats und Senats Nr. 795, Universitäts-Bibliothek Würzburg).
89	Siehe: Wagner, Gedächtnisrede, wie Anm. (4d).
90	Scherer [50], S. III (Vorwort).
91	Vgl. auch: Anm. (31).
92	Siehe Personalstandsverzeichnisse der Universität Würzburg (Universitäts-Bibliothek Würzburg).
93	Die Mehrheit der Fakultät, die Professoren Bamberger (Medizinische Klinik), Linhart (Chirurgie), v. Recklinghausen (Pathologie) u. v. Welz (Ophthalmologie u. Zahnheilkunde) sprachen sich für ein Verbleiben in der medizinischen Fakultät aus. Die Minorität, die Professoren Rinecker (Psychiatrie), v. Scanzoni (Gynäkologie) und Fick (Physiologie), denen dann noch der Dekan Prof. Koelliker (Anatomie) beitrat, waren für den Übergang an die philosophische Fakultät. Siehe: Bericht der med. Fakultät an den Senat vom 26.5.1869 und Separatvotum der Professoren Rinecker, v. Scanzoni und Fick vom 25.5.1869 in der Akte Prof. Strecker, Akten des Rektorats und Senats Nr. 851. Universitäts-Bibliothek Würzburg.
94	In Würzburg erhielt Dankwart Ackermann (1878–1935), der ab 1908 am Physiologischen Institut tätig war, 1922 ein planmäßiges Extraordinariat für Physiologische Chemie. 1929 wurde er persönlicher Ordinarius. Auf die Entwicklung der Physiologischen Chemie im engeren Sinne kann hier nicht näher eingegangen werden. Es sei verwiesen auf: (a) Fruton, Molecules and life, wie Anm. (80). (b) R. E. Kohler: From medical chemistry to biochemistry. The making of a biomedical discipline. Cambridge: Cambridge University Press, 1982.

	(c) Büttner, History, wie Anm. (82).
95	Siehe Personalakte Scherer, Akten des Rektorats und Senats Nr. 795, Universitäts-Bibliothek Würzburg.
96	Ebenda.
97	Siehe: Wagner, Gedächtnisrede, wie Anm. (4d).
98	Poggendorff, Handwörterbuch, wie Anm. (4c) gibt fälschlich den 16.2.1869 an.
99	In der Bayerischen Akademie der Wissenschaften trug v. Kobell, einen Nekrolog auf seinen einstigen Schüler vor. Siehe: Kobell, Franz von: Johann Joseph von Scherer (Nekrolog). Sitzungsberichte der Königlich bayerischen Akademie der Wissenschaften zu München 1869, S.402–403 (Sitzung vom 20.3.1869).
100	Die Scherer-Medaille wurde bisher verliehen an:

1978: Prof.Dr.Dr.Ernst Schütte (1908–1985)
1980: Prof.Dr.Hansjürgen Staudinger (1914–1990)
1981: Prof.Dr.Poul Astrup (geb. 1915)
1985: Prof.Dr.Dr.Johannes Büttner (geb. 1931)
1985: Prof.Dr.Dr.Dankwart Stamm (1924–1994)
1985: Prof.Dr.Axel Delbrück (geb. 1925)
1991: Prof.Dr.Dr.Helmut Greiling (geb. 1928)
1995: Prof.Dr.Gérard Siest (geb. 1936)
1999: Dr. Detlef Laue (geb. 1928).

Anhang A

Zeugnis von Justus Liebig für J. J. Scherer[*]

Herr Dr. Scherer aus Aschaffenburg welcher sich in diesem Augenblicke um ein Lehrerstelle der Chemie in seinem Vaterlande bewirbt, hat mich ersucht ihm ein Zeugniß hinsichtlich seiner Befähigung zu dieser Laufbahn auszustellen.

Obwohl ich bey den thatsächlichen Leistungen des Hr. Dr. Scherer einiges Bedenken getragen habe, in einer Beurtheilung dieser Art, der Einsicht und Weisheit der Mitglieder des ausgezeichneten Collegiums in dem Fache der Chemie vorzugreifen, welche in Deutschland und ich kann hinzufügen, in Europa eine so hohe Stellung in der Wissenschaft einnehmen, so wollte ich dennoch seinem mir ausgedrückten Wunsche nicht entgegen sein, indem ich von der Überzeugung durchdrungen bin, daß Herr Dr. Scherer allen Anforderungen, die einer als Lehrer der Naturwissenschaften insbesondere der Chemie nur ausmachen (?) kann, zur Ehre für sich und zum Nutzen derer die seinen Unterricht genießen, aufs volkommenste zu entsprechen vermag.

Während seines Aufenthaltes in Gießen von Ostern 1840 bis September 1841, hat sich Herr Dr. Scherer mit allen Hülfsmitteln und Verfahrungsweisen zu chemischen Untersuchungen vertraut gemacht und, auf meinen Rath, das letzte Jahr seines hiesigen Aufenthaltes zur Ausführung einer großen Arbeit über die Zusammensetzung und das chemische Verhalten der Hauptbestandtheile des Thierkörpers verwendet. In dieser Untersuchung welche in den Annalen der Chemie u. Ph. XL. 1. im Drucke erschienen ist, zeigte Hr Dr Scherer die Gleichheit in der Zusammensetzung mehrerer stickstoffhaltiger Pflanzenstoffe mit den Haupbestandtheilen des Blutes, er wiederholte und bestätigte die von P. Denis entdeckte Verwandlung des Fibrins aus venösem Blut in eine dem Albumin ähnliche Materie, er bewies die Richtigkeit von Mulders Analysen des Fibrins, Albumins und Caseins, berichtigte die Zusammensetzung der Leim und Chondringebenden Gebilde und stellte die der Arterienhaut, der Horngebilde, Federn und des schwarzen Pigmentes der Augen fest.

Diese Untersuchungen sind in ihren Resultaten für die Chemie und Physiologie von großer Wichtigkeit insofern sie eine feste Grundlage abgeben für die Verwandlung der Nahrungsmittel in Blut, und für den Übergang der Bestandtheile aus Blut zu den Bestandtheilen der Organe.

---

*) *Handschriftliches Zeugnis Liebig aus der Personalakte J.J.Scherer. Akten des Rektorats und Senats der Universität Würzburg, Nr. 795. Universitätsbibliothek Würzburg. 2 Bl. folio. Siehe Abbildung 7a und b*

Nur ein entschiedenes Talent für chemische Untersuchungen, eine reine Liebe zur Wissenschaft und ein ernster fester Wille, der sich durch zahlreiche Schwierigkeiten nicht entmuthigen läßt, machte die Durchführung dieser großen Arbeit möglich und eine beßere Bürgschaft für die Befähigung zum Lehrer der Chemie als in dieser Untersuchung liegt, möchten wohl sehr wenige Andere beyzubringen im Stande sein.

Gießen d 8 December 1841   Dr Justus Liebig

Anhang B

Reisebericht von Johann Joseph Scherer aus dem Jahre 1841[*]

[fol. 1]
Allgemeiner Bericht über die von dem Dr. med. Joh. Jos. Scherer aus Aschaffenburg, vermöge allergnädigster Verleihung von Staatsreisestipendien gemachten chemischen Studien, und darauf erfolgte chemisch-wißenschaftliche und medizinische Reise.[1]

Nachdem der allerunterthänigst Unterzeichnete an der Königlichen Universität zu München, in den Laboratorien der Herren Profeßoren Oberbergrath von Fuchs[2] und Profeßor von Kobell,[3] sich mit anorganisch-chemischen Untersuchungen beschäftigt, und zu gleicher Zeit die Vorlesungen des Herrn Hofrath und Profeßor Vogel[4] über organische Chemie, sowie die des Herrn Profeßor von Kobell über Mineralogie, gehört hatte, worüber derselbe bereits bei seiner allerunterthänigsten Bitte um ein Reisestipendium in das Ausland, im September 1839 die entsprechenden Zeugniße der allerhöchsten Stelle vorgelegt hat, wurde demselben im Frühjahr 1840 durch allerhöchste Entschließung ein Staatsreisestipendium zum Besuche der Universitäten Gießen, Göttingen und Berlin allergnädigst gewährt.[5] [fol. 2] Derselbe begab sich daher alsbald nach Gießen um in dem dortigen großartigen Laboratorium, und unter der speziellen Leitung des im Fache der Chemie so ausgezeichneten Lehrers Justus Liebig sich weiter zu vervollkom̅nen.

Ich benutzte die erste Zeit meines Aufenthaltes daselbst, zur Erlernung der organischen Elementaranalyse sowohl Stickstofffreier als Stickstoffhaltiger Körper. Ich machte mich bekannt mit den verschiedenen Verfahrungsweisen zur Besti m̅ ung des Atomgewichtes organischer und anorganischer Körper, sowie mit der spezifischen Gewichtsbestimmung der Gase und Dämpfe. Die sodann eingetretenen Osterferien benutzte ich dazu, mir aus der reichhaltigen Sammlung chemischer Schriften des dortigen Laboratoriums, die für meine ferneren Arbeiten nöthigen Kenntniße zu sam̅eln, sowie zum Besuche einiger chemisch-technischer Anstalten in der Nachbarschaft von Gießen. Nach der Wiedereröffnung des chemischen Laboratoriums fing ich zuerst damit an, mich mit dem Verseifungsprozeß und seinen Produkten bekannt zu machen, sodann [fol. 3] unternahm ich auf den Rath des Herrn Profeßor Liebig eine Arbeit über Harnsaeure und die aus ihrer Zersetzung hervorgehenden Produkte,[6] und nach Vollendung derselben beauftragte mich Profeßor Liebig mit einer Prüfung der von Mulder[7] und Denis[8] erhaltenen Resultate über Fibrin, Albumin und Kasein. Zugleicher Zeit besuchte ich auch in diesem Sommersemester die Vorlesungen des Herrn Profeßor Liebig über Experimentalchemie.

---

[*] Transcribiert und mit Anmerkungen versehen von Johannes Büttner

Da die von mir unternom̅ ene Arbeit über Fibrin, Albumin und Kasein stets intereßantere Resultate gewährte, und sowohl zu meiner eigenen chemischen Ausbildung diente, als auch für die Wißenschaften der Medizin und Chemie von stets größerer Wichtigkeit zu werden versprach, so setzte ich dieselbe nach dem Wunsche des Herrn Profeßor Liebig auch im Winter 1840/41 fort, und verband damit um die Arbeit vollständig zu machen, die Untersuchung des Leim- und Chondrin gebenden Gebildes, der faserigen Arterienhaut, des Horngewebes in seinen verschiedenen Modifikationen als Haare, Oberhaut, Nägel, Federn, und endlich noch die Analyse des schwarzen Pigmentes der Augen. Gleichzeitig damit stellte ich mehrere Versuche über Blut, über die Kohlensäure desselben, über Blut [fol. 4] farbstoff, und über das Verhältniß in welchem das Eisen zu demselben steht, an. Durch die bedeutenden Schwierigkeiten, welche Arbeiten dieser Art entgegenstehen, ward es nicht möglich diese Arbeit bis zum Frühjahr 1841 zu Ende zu bringen.

Um diese Zeit wurde mir auf meine allerunterthänigste Bitte ein letztes halbjähriges Reisestipendium von 300 fl[9] zum Besuche der Universität allergnädigst verliehen. Da es nun im Intereße der Wißenschaft lag, obige Arbeit die bereits soweit gediehen war zur Vollendung zu bringen, so forderte mich Herr Profeßor Liebig dringend auf, die Erlaubniß zu einem verlängerten Aufenthalte in Gießen allerunterthänigst zu erbitten. Profeßor Liebig stellte mir zu diesem Behufe ein Zeugniß[10] über meine seitherigen Leistungen in dem Fache der Chemie aus, sowie über die, im Intereße der Wißenschaft höchst wünschenswerthe Vollendung dieser von mir unternom̅ enen Arbeit. Ich habe dieses Zeugniß der von mir an S. Königliche Majestät desfalls ergangenen allerunterthänigsten Bitte beigelegt, worauf mir durch allerhöchste Entschließung von 23ten April 1841 die allergnädigste Erlaubnis zu Theil wurde noch einen Theil des Som̅ ersemesters zu dieser Arbeit in Gießen verwenden zu dürfen, und [fol. 5] mich sodann nach Berlin zu begeben. Ich brachte daher diese Arbeit im Sommer 1841 zu Ende und das Resultat derselben erschien sodann Ende August in den von Liebig und Wöhler redigirten Annalen der Chemie und Pharmazie im Drucke.[11] Ich wage es daher als Nachweis über meine in Giesen (*sic*) gemachten Studien, und über die von mir im Fache der Chemie verlangte Qualification ein Exemplar dieser Abhandlung allerunterthänigst beizuschließen.

Leider wurde mir das, durch allerhöchste Gnaden für das Sommersemester 1841 bereits im März desselben Jahres bewilligte, und zur Auszahlung in zwei Raten bei der Königl. Kreiskaße zu Würzburg angewiesene letzte halbjährige Reisestipendium von 500 fl, dessen erste Hälfte ich vermöge allerhöchster Weisung mit 225 fl sogleich, die andere Hälfte mit 275 fl im Verlaufe des zweiten Quartals empfangen sollte, von der Königl. Kreiskasse zu Würzburg erst am Ende des Semesters und zwar im Anfange September die erste und zweite Hälfte zusam̅ en ausgezahlt. Da ich nun, ohne eigenes Vermögen, die kostspielige Reise nach Berlin nicht aus eigenen Mitteln zu unternehmen im Stande war, so konnte ich erst nach Auszahlung dieses mir allergnädigst verliehenen Staatsreisestipendiums die Reise dahin antretten (*sic*), folglich zu einer Zeit wo die Kollegien in Berlin bereits geschloßen [fol. 6] waren. Um nur so viel als möglich, den bei Erteilung von Reisestipendien in Betracht kom̅ enden allerhöchsten weisen Absichten hinsichtlich allseitiger Ausbildung zu entsprechen reiste ich zuerst über Kassel, woselbst ich sämtliche technisch und chemisch wichtigen Anstalten besuchte, sodann von da nach Göttingen, besuchte das dortige Laboratorium des Profeßor Wöhler[12] und begab mich von dort nach dem, durch seine vielen technisch-chemischen Anstalten höchst merkwürdigen Harzgebirge.[13]

Insbesondere war es hier Klausthal, durch seine großartigen Berg- und Hüttenwerke, durch seine vortreffliche Bergschule durch die Münze für jeden technischen Chemiker intereßant, wo ich mich einige Zeit aufhielt. Ich besuchte von hier aus noch mehrere andere Hüttenwerke und machte mich mit dem ganzen Verfahren genau bekan̄ t

Das zu Schlich[14] verarbeitete Erz / Bleiglanz /[15] wird mit granuliertem Eisen und mit Schlacken u.s.w. auch manchmal mit Spatheisenstein[16] gemengt verschmolzen; man bewirkt dadurch eine Entschwefelung des Bleiglanzes; es entweicht schweflige Säure und es bildet sich Schwefeleisen. Versuche die man anstellte das theure Granulireisen durch Kalk zu ersetzen, fielen nicht befriedigend aus, indem mehr Brenmaterial dabei aufging. Beßer zeigte sich das Verhältnis bei Braunspath-Zuschlag,[17] wegen der leichteren Schmelzbarkeit einer aus Kieselerde, Bitterde und Kalk bestehenden Schlacke. Diese Operation, das Schliegschmelzen[18] genan̄ t liefert als Nebenprodukt den sogenan̄ ten Stein,[19] welcher noch Blei und Silber enthält, und dem Röstprozeße[20] unterworfen und sodan̄ wieder als Zuschlag bei späterem Schliegschmelzen benutzt wird. [fol. 7] Das erhaltene Starkblei als Hauptprodukt wird nun um das Silber daraus zu gewinnen, in den sogena n̄ ten Treiböfen[21] abgetrieben, wobei sich das Blei zu Glätte[22] oxydiert und als solche abgenom̄ en wird. Zuletzt bleibt das Silber mit dem sogenan̄ ten Blick[23] von allem Blei befreit zurück. Dieses Abtreiben geschieht jetzt allgemein auf Mergelheerden. Die gewonnene Glätte wird sortirt, die reinere als solche in den Handel gebracht, die unreine aber mit Kohle wieder zu metallischem Blei reduzirt. Sie bekom̄ t dabei eine Schlackendecke von Frischschlacken. Diese Frischschlacken enthalten selbst noch bis 40 (pf.) Blei,[24] und dienen beim Reduziren der Glätte und auch als Zuschlag beim Schliegschmelzen. Da die einbrechenden Bleierze stets innig gemengt sind mit Kupferkies,[25] so geht dieses Schwefelkupfer mit in den Schlieg über, und da dasselbe durch das beigeschlagene Granulireisen beim Schliegschmelzen nur wenig zersetzt wird, auch in den hiebei fallenden Stein. Dieser Stein wird daher wie oben schon angegeben geröstet und zwar nicht in Oefen, sondern in Haufen.[26] Dadurch werden die in ihm enthaltenen Schwefelmetalle zu Oxiden; der geröstete Stein wird sodan̄ wieder mit Schliegschlacken, Frischschlacken und Eisen gemengt und nochmal verschmolzen. Der erhaltene Stein, der wieder einen Gehalt von etwa 40 pC. Blei und 1/1600 pC. Silber enthält wird wieder geröstet und abermal verschmolzen. Dieses geschieht 4 mal nacheiander, worauf der zuletzt fallende Stein mit einem Gehalte von etwa 20 pC. Kupfer und 1 1/2 Loth Silber nun durch die sogenan̄ ten Krätzkupferarbeit, daß heißt durch 8 maliges Rösten /um die beigemischten übrigen Metalle wie Zink, Blei und Antimon zu oxi [fol. 8] diren und den Schwefel als schweflige Säure zu entfernen/ weiter verarbeitet wird. Er wird sodann mit Kupferkies und Rohschlacken mittelst Coaks geschmolzen. Es entsteht das sogenan̄ te Schwarzkupfer, welches Kupfer, Eisen und Silber enthält. Zink, Blei und Antimon verflüchtigen sich, oder gehen in die Schlacken über. Das so erhaltene Schwarzkupfer wird nun mit Blei und Glätte durch die sogenan̄te Saigerarbeit[27] verschmolzen und in den unter dem Brennofen befindlichen Tiegel aufgefangen, von wo es in die Saigerpfanne abgelaßen wird. – Diese Legirung von Kupfer, Blei und Silber wird nun auf dem Saigerheerde in einzelnen

Stücken aufgestellt und bei einer nur bis zum Schmelzen der Legirung von Blei und Silber gehenden Hitze geschmolzen. Es tropft diese Legirung flüßig herunter, kom̄t zum Heerde und wird hier in runde 1/4 Centner schwere Scheiben gegoßen, aus welchen dann wieder Blei und Silber auf die oben angegebene Art getren̄t werden. Das zurückbleibende Kupfer heißt nun Darrling und enthält noch etwas weniges Eisen und Blei nebst etwas Silber. Es wird von Eisen und Blei durch die Operation des Gaarmachens d.h. Schmelzen auf dem Gaarheerde / wobei sich Eisen und Blei oxydiren / getren̄t, und ist nun Gaarkupfer mit einem halben bis ganzen Loth Silber per Centner. Alle bei diesen Arbeiten abfallenden Schlacken werden [fol. 9] wieder als Zuschläge benützt.

Bei reinbrechenden Kupferkiesen wird durch Rösten der Schwefel entfernt, und der geröstete Stein mit Schlacken verschmolzen, wobei die Bergart als Schlacke abfällt. Es ist dieses die sogenan̄te Roharbeit. Das Produkt Rohstein genannt, wird abermals geröstet, und dann zu Schwarzkupfer verschmolzen, welches wieder auf dem Gaarheerde gereinigt wird. – Auch die Gewinnung von Roh- und Stabeisen, sowie die weitere Verarbeitung zur Stahl, die Erzeugung von Gußwaaren und Maschinenstücken zu Mägdesprung, die Erzeugung von Gußstahl, die Verarbeitung zun Blech und Draht sind ziemlich vollkom̄en. Die wichtigsten Hochöfen sind die zu Rothehütte,[28] Königshütte und Mägdesprung, in welchem letzteren Werke meistens Spatheisenstein verarbeitet wird. Von Klausthal aus setzte ich sodann meine Reise weiter fort über die Silber- und Eisenhütten zu Altenau, über den Brocken nach Elbingerode, von da nach Bauman̄shöhle[29] und nach der Blechhütte bei Thale. Sodann über Mägdesprung[30] nach Alexisbad,[31] einer schwachen Stahlquelle und nach Harzgerode. Von hier aus nach der berühmten preußischen Silberhütte Hettstätt.[32] Von Hettstädt (*sic*) als dem letzten Punkte der technischen Betriebsamkeit des Harzes begab ich mich nach Berlin. Ich besuchte daselbst die Laboratorien der Herren Profeßoren Rose[33] und Mitscherlich,[34] sowie die intereßanten technisch-chemischen Anstalten. Auch mit der Einrichtung und den Verhältnißen der medizinischen Anstalten und [fol. 10] Sam̄lungen machte ich mich daselbst bekannt. Ich besuchte die Ateliers der Mechaniker Oertel[35] und Kleinert,[36] woselbst ich eine große Menge intereßanter chemischer und physikalischer Apparate fand. Von Berlin begab ich mich sodann nach Leipzig woselbst ich das dortige Universitätslaboratorium besuchte und von da nach Dresden, berühmt durch seine herrlichen naturhistorischen Sam̄lungen.

Von Dresden reiste ich nach dem durch seine medizinischen und technischen Anstalten mit Recht so berühmten Prag, dessen sämtliche medizinischen und technisch-chemischen Anstalten mich im höchsten Grade befriedigten. Auch die in chemisch-medizinischer Hinsicht so wichtigen Badeanstalten, namentlich Töplitz und Karlsbad besuchte ich auf dieser Reise und kehrte endlich über Eger nach Baiern zurück.

Indem ich mir schmeicheln darf nicht nur in chemisch wißenschaftlicher und technischer, sondern auch in medizinischer Hinsicht mir so die größtmögliche Vollkom̄enheit und Ausbildung erworben zu haben, gebe ich mich der zuversichtlichen Hoffnung hin, durch die allerhöchste Gnade recht bald im Stande zu seyn, die mir erworbenen Kenntniße auf eine dem Vaterlande nützliche Weise in Anwendung bringen zu können.

Anmerkungen des Herausgebers

1   Der Reisebericht von Johann Joseph Scherer findet sich in: Akten des Rektorats und Senats Nr. 795, Universitäts-Bibliothek Würzburg. Handschriftlich von der Hand Scherers, ohne Datum, wahrscheinlich Herbst 1841. 10 Bl. folio. Der Text wird unter Beibehaltung der Orthographie wiedergegeben. Zum besseren Verständnis wurden in Fußnoten einige Erläuterungen eingefügt.
2   Johann Nepomuk [von] Fuchs (1774–1856), Professor der Chemie und Mineralogie an der Universität München und Mitglied der Akademie der Wissenschaften in München. 1835–1844 auch Ober-Berg- und Salinenrath.
3   Franz [von] Kobell (1803–1882), Professor der Mineralogie an der Universität München und Mitglied der Akademie der Wissenschaften in München.
4   Heinrich August Vogel (1778–1867), Professor der Chemie an der Universität München.
5   Fol. 1 des handschriftlichen Berichtes von Scherer ist in Abbildung 6 (siehe Bildtafeln) wiedergegeben.
6   Liebig hatte 1838 zusammen mit Friedrich Wöhler eine Arbeit über die Natur der Harnsäure publiziert. In der Folgezeit arbeitete Liebig weiter über den Abbau der Harnsäure. Am 2.3.1840, unmittelbar bevor Scherer nach Gießen kam, berichtete Liebig an Wöhler über Versuche mit Alloxan und den Abbau von Harnsäure. Die Untersuchungen Scherers, über die im einzelnen nichts bekannt ist, standen offenbar in Zuasmmenhang damit. Siehe:
(a) J. Liebig u. F. Wöhler: Untersuchungen über die Natur der Harnsäure. Annalen der Pharmacie [Heidelberg] 26 (1838), S. 241–340,
(b) Aus Justus Liebig's und Friedrich Wöhler's Briefwechsel in den Jahren 1829–1873. A.W. Hofmann u. Emilie Woehler (Hrsg.). Vieweg, Braunschweig 1888, Band 1, S. 134 und S. 156.
7   Gerrit Jan Mulder (1802–1880), Lektor für Chemie an der Medizin-Schule in Rotterdam, 1840 Professor der Chemie an der Universität Utrecht. Die von Scherer erwähnten Untersuchungen hatte Mulder in einem Briefe an Liebig mitgeteilt. Siehe:
G. J. Mulder: Zusammensetzung von Fibrin, Albumin, Leimzucker, Leucin u.s.w. Aus einem Briefe an J.L. Annalen der Pharmacie 28 (1838), 73–82.
8   Prosper Sylvain Denis (1799–1863). Denis hatte 1838 in einer Monographie über das menschliche Blut umfangreiche Untersuchungen über die Eiweißstoffe des menschlichen Blutes publiziert. Siehe: P. S. Denis: Essai sur l'application de la chimie a l'étude physiologique du sang de l'homme, er a l'étude physiologico-pathologique, hygiénique et thérapeutique des maladies de cette humeur. Bechet Jeune, Paris 1838. Liebig antwortete mit einem Brief an Denis, in welchem er die von Scherer erhaltenen Ergebnisse mitteilte. Dieser Brief wurde von Liebig publiziert: J. Liebig: Brief des Herrn Liebig an Herrn Denis aus Commercy: über die Zusammensetzung des Albumin's, Fibrin's, der weißen Materie der Blutkörperchen und des Käsestoffs. Journal für practische Chemie 24, S.190–191.
9   Gulden, abgekürzt fl von Florenus, Florentiner Goldmünze. Zum Vergleich sei angemerkt, daß Scherers Gehalt als a.o. Professor in Würzburg zunächst 600 fl im Jahr betrug.
10 Siehe Anhang A.
11 J. J. Scherer: Chemisch-physiologische Untersuchungen. Annalen der Chemie und Pharmacie 40 (1841), S. 1–64.
12 Friedrich Wöhler (1800–1882), Lehrer der Chemie an der Höheren Gewerbeschule in Cassel, 1836 Professor der Chemie an der Universität Göttingen.
13 Zu den im folgenden beschriebenen Hüttenwerken siehe: (1) Bruno Kerl: Der Oberharz: ein Wegweiser beim Besuche der Oberharzer Gruben, Pochwerke, Silberhütten und sonstigen damit in Verbindung stehenden Anstalten, so wie auch ein Leitfaden auf geognostischen Excursionen. Clausthal: Schweigersche Buchhandlung, 1852. (2) Bruno Kerl: Bescheibung der Oberharzer Hüttenprocesse in ihrem ganzen Umfange: mit Berücksichtigung anderer metallurgischer Prozesse im Allgemeinen. Clausthal: Schweiger, 1852. (3) Bruno Kerl: Die Oberharzer Hüttenprocesse zur Gewinnung von Silber, Kupfer, Blei und arseniger Säure mit besonderer Berücksichtigung des Vorkommens und der Aufbereitung der Erze. Clausthal: Schweiger, 1860. (4) Das Berg- und Hüttenwesen des Oberharzes. Unter Mitwirkung einer Anzahl Fachgenossen aus Anlass des VI. Allgemeinen Deutschen Bergmannstages zu Hannover herausgegeben von H. Banniza, F. Klockmann, A. Lengemann u. A. Sympher. F. Enke, Stuttgart 1895.

14	Schlich (Schliech, Schlieg), von schlagen (pochen), heißt das gepochte, zum Schmelzen vorbereitete Erz. Siehe: G. C. Wittstein: Vollständiges etymologisch-chemisches Handwörterbuch mit Berücksichtigung der Geschichte und Literatur der Chemie: Zugleich als synoptische Encyclopädie der gesammten Chemie. München: J. Palm, Band 1, S. 492.
15	Bleisulfid (PbS), im Oberharz wichtig wegen des Silber- und Kupfergehaltes.
16	Eisenspat (Eisen-II-carbonat), meist mit z.T. erheblichem Anteil an Manganspat (Mangancarbonat).
17	Gemisch aus Bittererde (MgO) und Kalk mit wechselnden Mengen Eisen und Mangan.
18	Gemeint ist das Schmelzen von Schlich oder Schlieg (vgl. Anm (13)). Eine zeitgenössische Darstellung siehe bei: E. Mitscherlich: Lehrbuch der Chemie. 4. Auflage. Berlin: E. S. Mittler. Band 2, 1847, S. 532–533.
19	„Der Stein besteht hauptsächlich aus Schwefeleisen und Schwefelblei, enthält außerdem noch Schwefelkupfer und andere Schwefelmetalle". Siehe: Mitscherlich, Lehrbuch, wie Anm. (18), Band 2, S. 533.
20	Unter Rösten versteht man im Hüttenwesen das Erhitzen von Erzen und Hüttenprodukten unter Luftzutritt zur Überführung von Metallsulfiden, wobei Schwefeldioxid mit dem Röstgas ausgetrieben wird.
21	Ein Treibofen oder Treibherd ist ein Flammenofen, in welchem man auf das schmelzende Metall mit einem Gebläse Luft strömen läßt. Dabei wird Blei oxidiert, während Silber flüssig bleibt und abgetrennt werden kann. Siehe z.B.: Mitscherlich, Lehrbuch, wie Anm. (18), Band 2, S. 539.
22	Bleiglätte (PbO).
23	"Blick nennt man den eigenthümlichen hellen Glanz, der sich beim Abtreiben des Bleies vom Silber in dem Momente, wo der letzte Antheil des Bleies oxydiert und abgeflossen ist, über die Oberfläche des Silbers verbreitet". Aus: Wittstein, Handwörterbuch, wie Anm. (14), Band 1, S. 179.
24	Im Hüttenwesen wurden Metallgehalte entweder in Prozent oder in Pfund bzw. Loth pro Zentner angegeben. 1 Zentner = 100 Pfund, 1 Pfund = 32 Loth, 1 Pfund ca. 500 g.
25	Kupferkies oder Chalkopyrit (FeS_2Cu).
26	Stückige Erze bzw. Steine wurden in Haufen oder Stadeln geröstet.
27	Trennung eines leichtflüssigen Metalls vom Erz oder schwerflüssigen Metall durch Erhitzen auf einer schiefen Ebene. Silberhaltiges Kupfer wird mit Blei zusammengeschmolzen. Das Blei mit dem darin gelösten Silber läuft ab und läßt das Kupfer zurück.
28	Rothehütte und Königshütte liegen südwestlich von Elbingerode.
29	Die Baumannshöhle liegt bei Rübeland östlich von Elbingerode.
30	Etwa 8 km südlich von Gernrode.
31	Etwa 5 km südlich von Mägdesprung und 3 km westlich von Harzgerode.
32	Gemeint ist Hettstedt, das am Nordost-Rand des Harzes liegt
33	Heinrich Rose (1795–1864), habilitierte sich 1823 an der Berliner Universität und wurde 1835 dort ordentlicher Professor der Chemie. Er systematisierte die anorganisch-chemische Analyse.
34	Eilhard Mitscherlich (1794–1863) wurde 1822 außerordentlicher, 1825 ordentlicher Professor der Chemie an der Berliner Universität.
35	Hier könnte es sich um den Instrumentenmacher Johann August Daniel Oertling (1803–1866) handeln, der in Berlin bei Carl Philipp Heinrich Pistor (1778–1847) in der Lehre war und 1827 in Berlin eine eigene Firma gründete. Oertling hat u.a. physikalische Instrumente, Spectrometer und Waagen hergestellt.
36	Über Kleinert konnten keine Angaben gefunden werden.

Anhang C

Verzeichnis der Veröffentlichungen von Johann Joseph [von] Scherer

I. Wissenschaftliche Veröffentlichungen

1. J. J. Scherer:Versuche über die Wirkung einiger Gifte auf verschiedene Thierclassen; als Beitrag zu einer vergleichenden Pharmakodynamik. Medizinische Dissertation Universität Würzburg. C. W. Becker, Würzburg 1838, 46 S.

2. J. [J.] Scherer,: Chemisch-physiologische Untersuchungen.
Annalen der Chemie und Pharmacie 40 (1841), S. 1–69.
Referat (a): Recherches physiologico-chimiques. Bibliothèque universelle. Archives des sciences physiques et naturelles [Genève] 40 (1842), S. 186–191.
Referat (b): Abstract of chemico-physiological researches.
Philosophical Magazine [London] (3.Ser.) 20 (1842), S. 314–319 und S. 412–417.
Referat (c): J. J. Berzelius: Thierchemie. Jahresbericht über die Fortschritte der physischen Wissenschaften 22 (1842), S. 537–546.

3. J. [J.] Scherer.: Beiträge zur pathologischen Chemie.
Annalen der Chemie und Pharmacie 42 (1842), S. 171–196
(Bem.: Beitrag endet mit "Fortsetzung folgt", mehr aber nicht erschienen).

4. J. J. Scherer: Chemische und mikroskopische Untersuchungen zur Pathologie angestellt an den Kliniken des Julius-Hospitales zu Würzburg. Heidelberg: C. F. Winter, 1843.
Referat (a): F. und G.: Archiv für physiologische Heilkunde 2 (1843), S. 625–628.
Referat (b): H. Hoffmann: Archiv für die gesammte Medicin [Jena] 6 (1844), S. 515–524.
Referat (c): [C.G.] Lehmann,: Jahrbücher der in- und ausländischen gesammten Medicin. Herausgegeben von C. C. Schmidt. 42 (1844), S. 99–105.

5. J. J. Scherer: Chemische Untersuchung mehrerer fränkischen Weinbergserden.
Jahresbericht über den Stand und Fortgang der K. Kreis-Landwirthschafts- u. Gewerbsschule zu Würzburg 1843/44. Würzburg: C. Zürn, 1844, 11 S.

6. J. J. Scherer: Ueber die Farbe des Blutes.
Zeitschrift für rationelle Medizin 1 (1844), S. 288–292.
Referat (a) C. G. Lehmann: Jahrbücher der in- und ausländischen gesammten Medicin 41 (1844), S. 156–157.

7. [J. J.] Scherer: Blutserum von einem 64jährigen, an Kopfcongestionen leidenden Manne. Beiträge zur physiologischen und pathologischen Chemie und Mikroskopie 1 (1843/44), S. 125–127.

8. [J. J.] Scherer: Milch. In: Handwörterbuch der Physiologie mit Rücksicht auf die physiologische Pathologie. Herausgegeben v. R. Wagner. Braunschweig: F. Vieweg, Band 2 (1844), S. 449–475.

9. [J. J.] Scherer: Ueber die Zusammensetzung und Eigenschaften des Gallenfarbstoffes. Annalen der Chemie und Pharmacie 53 (1845), S. 377–384.
Referat (a): Sur la composition et les propriétés de la matière colorante de la bile.
Journal de Pharmacie et de Chimie [Paris] (3.Ser.) 8 (1845), S. 115–116.

10. [J. J.] Scherer: Ueber die Extractivstoffe des Harnes.
Annalen der Chemie und Pharmacie 57 (1846), S. 180–195.
Referat (a): Über die Extractivstoffe des Harnes. Amtlicher Bericht über die Versammlung deutscher Naturforscher und Ärzte [Berlin] 23 (1845), S. 233–234 (23. Tagung, Nürnberg, 21.9.1845).
Referat (b): Ueber die Extractivstoffe des Harnes. Archiv für die gesammte Medizin 8 (1846), S. 165–175.
Referat (c): Über die Extractivstoffe des Harns. Archiv für physiologische und pathologische Chemie und Mikroskopie [Wien] 3 (1846), S. 558–562.

11. [J. J.] Scherer: Ueber den flüssigen Schleimstoff des thierischen Körpers.
Annalen der Chemie und Pharmacie 57 (1846), S. 196–201.

12. [J. J.] Scherer: Pathologisch-chemische Untersuchungen. I. Blutuntersuchungen.
Archiv für die gesammte Medizin [Jena] 10 (1849), S. 121–136.
(Anmerkung "Fortsetzung folgt" am Ende des Artikels, aber mehr nicht erschienen).

13. [J. J.] Scherer: Chemische Untersuchungen der Amniosflüssigkeit des Menschen in verschiedenen Perioden ihres Bestehens. Zeitschrift für wissenschaftliche Zoologie [Leipzig] 1 (1849), S. 88–92.

14. J. J. Scherer: Vorkommen der Essigsäure und Ameisensäure in der Muskelflüssigkeit. Kurze Notiz. Verhandlungen der physikalisch-medicinischen Gesellschaft in Würzburg 1 (1850), S. 5 (Sitzung am 8.12.1849).

15. [J. J.] Scherer: Vorläufige Mitteilung über das Vorkommen flüchtiger Säuren in der Fleischflüssigkeit. Annalen der Chemie und Pharmacie 69 (1849), S. 196–201.

16. [J. J.] Scherer: Eine neue im Fleische des Ochsen aufgefundene Zuckerart. Verhandlungen der physikalisch-medicinischen Gesellschaft in Würzburg 1 (1850), S. 51–55 (Sitzung vom 5.1.1850).
Referat (a): Eine neue, im Fleische des Ochsen aufgefundene Zuckerart.
Journal für practische Chemie 50 (1850), S. 32–34.

17. [J. J.] Scherer: Über die geognostischen Verhältnisse der Linie von Bamberg bis incl. Aschaffenburg. Verhandlungen der physikalisch-medicinischen Gesellschaft in Würzburg 1 (1850), S. 96 (kurze Notiz), S. 96, S. 160, S. 175–178 (Sitzung vom 25.5.1850).

18. [J. J.] Scherer: Ueber eine neue, aus dem Muskelfleische gewonnene Zuckerart. Annalen der Chemie und Pharmacie 73 (1850), S. 322–328.
Referat (a): Sur l'existence d'une nouvelle espèce de sucre dans la chair musculaire. Journal de Pharmacie et de Chimie [Paris] (3.Ser.) 18 (1850), S. 71–73.
Referat (b): Sur l'existence d'une nouvelle espèce de sucre dans la chair musculaire. Annales de Chimie [Paris] 35 (1852), S. 112–115.

19. [J. J.] Scherer: Ueber einen im thierischen Organismus vorkommenden, dem Xanthicoxyd verwandten Körper. Annalen der Chemie und Pharmacie 73 (1850), S. 328–334.
Referat (a): Sur un corps que l'on rencontre dans l'économie animale et qui est analogue à l'oxyde xanthique. Journal de Pharmacie et de Chimie [Paris] (3.Ser.) 18 (1850), S. 73–75.

20. [J. J.] Scherer: Ueber die Entstehung der Amnios-Flüssigkeit.
Verhandlungen der physikalisch-medicinischen Gesellschaft in Würzburg 2 (1851/1852), S. 2–11 (Sitzung vom 21.12.1850).

21. [J. J.] Scherer: Meteoreisen von Atakama.
Verhandlungen der physikalisch-medicinischen Gesellschaft in Würzburg 2 (1851/1852), S. 40–42 (Sitzung vom 18.1.1851).

22. [J. J.] Scherer: Einige Bemerkungen über den Inosit.
Verhandlungen der physikalisch-medicinischen Gesellschaft in Würzburg 2 (1851/1852), S. 212–214 (Sitzung vom 10.5.1851).
Referat (a): Einige Bemerkungen über den Inosit. Journal für practische Chemie 54 (1851), S. 405–407.

23. J. J. Scherer: Paralbumin, ein neuer Eiweißkörper.
Verhandlungen der physikalisch-medicinischen Gesellschaft in Würzburg 2 (1851/1852), S. 214–216 (Sitzung vom 10.5.1851).
Referat (a): Über Paralbumin, einen neuen Eiweisskörper. Journal für practische Chemie 54 (1851), S. 402– 405 (als Autor fälschlich *J. Scheerer* angegeben).
Referat (b): Sur la paralbumine. Journal de Pharmacie et de Chimie [Paris] (3.Ser.) 21 (1852), S. 474–475.
Referat (c): Sur la Paralbumine. Annales de Chimie [Paris] 35 (1852), S. 115–116.

24. [J. J.] Scherer: Über Metalbumin, ein weiterer zur Albumin-Familie gehöriger Stoff in der Flüssigkeit des Hydrops Ovarii.
Verhandlungen der physikalisch-medicinischen Gesellschaft in Würzburg 2 (1851/1852), S. 278–281 (Sitzung vom 12.7.1851).

25. J. [J.] Scherer,: Über Paralbumin und Metalbumin. Annalen der Chemie und Pharmacie 82 (1852), S. 135–136.

26. [J. J.] Scherer: Vorläufige Mitteilung über einige chemische Bestandteile der Milzflüssigkeit. Verhandlungen der physikalisch-medicinischen Gesellschaft in Würzburg 2 (1852), S. 298–299 (Sitzung vom 26.7.1851).
Referat (a): Einige chemische Bestandteile der Milzflüssigkeit.
Archiv für physiologische und pathologische Chemie und Mikroskopie [Wien] 5 (1852), S. 237.

27. [J. J.] Scherer: Eine Untersuchung des Blutes bei Leukämie.
Verhandlungen der physikalisch-medicinischen Gesellschaft in Würzburg 2 (1851/1852), S. 321–325 (Sitzung vom 15.11.1851).
Referat: Untersuchung des Blutes bei Leukämie. Archiv für physiologische und pathologische Chemie und Mikroskopie [Wien] 5 (1852), S. 224–225.

28. [J. J.] Scherer: Vergleichende Untersuchungen der in 24 Stunden durch den Harn austretenden Stoffe.
Verhandlungen der physikalisch-medicinischen Gesellschaft in Würzburg 3 (1852), S. 180–190 (Sitzung vom 31.7.1852).

29. [J. J.] Scherer: Abriss einer Geschichte der beiden ersten Jahrhunderte der Universität Würzburg mit besonderer Hinsicht auf die Entwicklung der Medicinischen Facultät. Auszug aus der Rectoratsrede des Professors Scherer am 2. Januar 1852, als dem 270. Jahrestage der Stiftung derselben durch Fürstbischof Julius. Aus der Akademischen Monatsschrift abgedruckt. Würzburg: Friedrich Ernst Thein, 1852.

30. [J. J.] Scherer: Ueber den Inosit.
Annalen der Chemie und Pharmacie 81 (1852), S. 375.
Referat (a): Sur l'existence d'une nouvelle espèce de sucre dans la chair musculaire. Journal de Pharmacie et de Chimie [Paris] (3.Ser.) 22 (1852), S. 41–43.

31. [J. J.] Scherer: Ueber die Nachweisung kleiner Mengen von Milch-Säure in thierischen Stoffen. Verhandlungen der physikalisch-medicinischen Gesellschaft in Würzburg 4 (1854), S. 235–241 (Sitzung vom 19.2.1853).

32. [J. J.] Scherer: Untersuchung des in der Soolbadeanstalt in Orb verwendeten Wassers der Philippsquelle daselbst.
Verhandlungen der physikalisch-medicinischen Gesellschaft in Würzburg 5 (1855), S. 333–342 (Sitzung vom 29.4.1854).

33. J. J. Scherer: Chemische Untersuchung der Soole der Philippsquelle zu Orb im Regierungsbezirk Unterfranken und Aschaffenburg in Bayern. Würzburg 1855.

34. [J. J.] Scherer: Ueber das Würzburger Brunnenwasser mit Rücksicht auf die neue projectirte Wasserleitung.
Gemeinnützige Wochenschrift (des Würzburger Polytechnischen Vereins) [Würzburg] 5 (1855), S. 65–73.

35. [J. J.] Scherer: Die Mineralquellen zu Brückenau in Bayern, Buttersäure, Propionsäure, Essigsäure und Ameisensäure enthaltend. Annalen der Chemie und Pharmacie 99 (1856), S. 257–286, und: Separatdruck, Gießen 1856, S. 3–32.
Referat (a): Présence des acides butyrique, propionique, acétique et formique dans les eaux minérales de Brückenau, en Bavière. Annales de Chimie [Paris] 49 (1857), S. 111.
Referat (b): Analyse der Mineralquellen zu Brückenau in Bayern. Journal für practische Chemie 70 (1857), S. 151–154.

36. [J. J.] Scherer: Gedächtnisrede auf Herrn Dr. Johann Eduard Herberger.
Verhandlungen der physikalisch-medicinischen Gesellschaft in Würzburg 6 (1856), S. XLVIII–LV.

37. [J. J.] Scherer: Beiträge zur Geschichte der Leukamie. 3. Chemische Untersuchung des Blutes. Verhandlungen der physikalisch-medicinischen Gesellschaft in Würzburg 7 (1857), S. 123–126.

38. [J. J.] Scherer: Ueber eine einfache Reaction zur Erkennung von Tyrosin, Leucin, Hypoxanthin, Harnsäure und einem neuen Stoff der Leber (Xanthoglobulin).
Verhandlungen der physikalisch-medicinischen Gesellschaft in Würzburg 7 (1857), S. 262–265 (Sitzung vom 18.7.1856).
Referat (a): Über eine einfache Reaction zur Erkennung von Tyrosin, Leucin, Hypoxanthin, Harnsäure und einem neuen Stoff der Leber (Xanthoglobulin). Journal für practische Chemie 70 (1857), S. 406–411.

39. J. J. Scherer: Ueber den Gehalt an Wasser und Mineralsubstanzen in ganzen Organismen.
Verhandlungen der physikalisch-medicinischen Gesellschaft in Würzburg 7 (1857), S. 266–267 (Sitzung vom 9.5.1856).
Referat (a): Über den Gehalt an Wasser und Mineralsubstanzen in ganzen Organismen. Journal für practische Chemie 70 (1857), S. 411–413.

40. [J. J.] Scherer: Chemische Untersuchung menschlicher Lymphe.
Verhandlungen der physikalisch-medicinischen Gesellschaft in Würzburg 7 (1857), S. 268 (Sitzung vom 2.8.1856).
Referat (a): Chemische Untersuchung menschlicher Lymphe. Journal für practische Chemie 70 (1857), S. 413–414.

41. [J. J.] Scherer: Untersuchung der Galle eines Stöhres.
Verhandlungen der physikalisch-medicinischen Gesellschaft in Würzburg 7 (1857), S. 269 (Sitzung vom 2.8.1856).

42. [J. J.] Scherer: Chemische Untersuchung von Blut, Harn, Galle, Milz und Leber bei acuter gelber Atrophie der Leber.
Verhandlungen der physikalisch-medicinischen Gesellschaft in Würzburg 8 (1858), S. 281–284 (Sitzung vom 8.11.1856).

43. [J. J.] Scherer: Xanthicoxyd (Harnoxyd, harnige Säure) ein normaler Bestandteil des thierischen Organismus. - Sarkin und Hypoxanthin identisch. Briefliche Mittheilung an J. Liebig. Annalen der Chemie und Pharmacie 107 (1858), S. 314–315.

44. [J. J.] Scherer: Maßanalytische Bestimmung von Eisenoxid durch unterschwefligsaures Natron und eine neue Methode zur quantitativen Bestimmung der Thonerde und Trennung derselben von Eisen, Mangan, Kalk, Magnesia usw.
Gelehrte Anzeigen [der Königlich bayerischen Akademie der Wissenschaften] [München] 49 (1859), S. 193–199.

45. [J. J.] Scherer: Gerichtliche Fälle von Vergiftung durch Phosphor, Kreosot und Schierling. Verhandlungen der physikalisch-medicinischen Gesellschaft in Würzburg 9 (1859), S. LXIX.

46. [J. J.] Scherer: Ueber die Erkennung und Bestimmung des Phosphors und der phosphorigen Säure bei Vergiftungen. Annalen der Chemie und Pharmacie 112 (1859), S. 214–220.
Referat (a): On the detection and estimation of phosphorus and phosphorous acid in cases of poisoning. Chemical News 1 (1860), S. 207–208.
Referat (b): Recherches médico-légales sur le phosphore et l'acide phosphoreux. Journal de Pharmacie et de Chimie [Paris] (3.Ser.) 37 (1860), S. 158–159.

47. [J. J.] Scherer: Guanin, Bestandtheil des Pancreas. Briefliche Mittheilung an den Herausgeber. Archiv für pathologische Anatomie und Physiologie und klinische Medizin 15 (1858), S. 388.

48. [J. J.] Scherer: Ueber Hypoxanthin, Xanthin und Guanin im Thierkörper und den Reichthum der Pancreas-Drüse an Leucin. Annalen der Chemie und Pharmacie 112 (1859), S. 257–281.
Referat (a): Sur l'existence de l'hypoxanthin, de la xanthine et de la guanine dans l'organisme, et sur l'abondance de la leucine dans le pancréas.
Annales de Chimie [Paris] 58 (1860), S. 304–313.
Referat (b): Sur les alcaloides xanthiques de l'organisme animal. Journal de Pharmacie et de Chimie [Paris] (3.Ser) 38 (1860), S. 471–473.

49. [J. J.] Scherer: Ueber eine einfache Methode das spezifische Gewicht von Flüssigkeiten zu bestimmen und einige Titrirmethoden mit unterschwefligsaurem Natron. Verhandlungen der physikalisch-medicinischen Gesellschaft in Würzburg 10 (1860), S. LII.

50. J. J. Scherer: Lehrbuch der Chemie, mit besonderer Berücksichtigung des ärztlichen und pharmazeutischen Bedürfnisses. Band 1 (mehr nicht erschienen). Wien: W. Braumüller, 1861.

(1862 soll noch erschienen sein: Scherer, J: Anleitung zur Chemie. Ins Russische übersetzt von D. Awerkiew und P. Alexiew. Zitiert nach: R. Ruprecht, Bibliotheca Chemica et Pharmaceutica 1858-1870, bibliographisch nicht genauer zu ermitteln).

51. J. J. Scherer: Tabellarische Übersicht des Verhaltens der gewöhnlichen, bei analytischen Untersuchungen vorkommenden Stoffe gegen Reagenzien. Nebst Anleitung zur methodischen Untersuchung derselben. Wien: W. Braumüller, 1861, 96 S. (Besonderer Abdruck aus Nr. 50).

52. [J. J.] Scherer: Ueber einen neuen stickstoffhaltigen Körper; über Glykogen. Würzburger Medicinische Zeitschrift 4 (1862), S. V (Sitzung vom 8.2.1862).

53. J. J. Scherer: Ueber Mostuntersuchung. Würzburger Medicinische Zeitschrift 7 (1866), S. XII–XIII (Sitzung vom 10. 3.1866).

54. [J. J.] v. Scherer,.: Vorläufige Mittheilung über einige Verhältnisse der Würzburger Brunnenwässer. Verhandlungen der physikalisch-medicinischen Gesellschaft in Würzburg [N.F.] 1 (1868/69), S. 87–91.

II. Referate Scherers in Canstatts Jahresberichten

Das Referatenblatt ist unter folgenden Titeln erschienen:

1841 bis 1848:
Jahresbericht über die Fortschritte der gesammten Medicin in allen Ländern.
Herausgegeben von C. F. Canstatt (1841) bzw. C. F. Canstatt und G. Eisenmann (1842 - 1848). F. Enke, Erlangen.
Ab 1849:
Canstatt's Jahresbericht über die Fortschritte der gesammten Medicin in allen Ländern.
Herausgegeben von G. Eisenmann (1849 - 1850), ab 1851 vom J. J. Scherer, R. Virchow und G. Eisenmann. F. Enke, Erlangen, ab 1851 Stahel, Würzburg.
Ab 1866:
Jahresbericht über die Leistungen und Fortschritte der gesammten Medicin.
Herausgegeben von R. Virchow und A.Hirsch. A. Hirschwald, Berlin.
Die Bände haben eine Jahrgangszählung und sind meist im darauffolgenden Jahr erschienen.

Tabelle 1: Scherers Beiträge in Canstatts Jahresberichten. Scherer hat regelmäßig Beiträge veröffentlicht unter den Titeln *Bericht über die Leistungen in der physiologischen Chemie* („Physiol.Chem.") und *Bericht über die Leistungen in der pathologischen Chemie* („Pathol.Chem."), die in Band 1 bzw. 2 des jeweiligen Jahrganges erschienen sind.

Titel	Jahrgang	Band	Seiten	Ersch.-Jahr
Physiol. Chem.	1843	1	118-162	1844
Pathol. Chem.	1843	2	93-154	1844
Physiol. Chem.	1844	1	76-133	1845
Pathol. Chem.	1844	2	76-102	1845
Physiol. Chem.	1845	1	108-166	1846
Pathol. Chem.	1845	2	72-104	1846
Physiol. Chem.	1846	1	84-136	1847
Pathol. Chem.	1846	2	40-58	1847
Physiol. Chem.	1847	1	76-107	1848
Pathol. Chem.	1847	2	36-48	1848
Physiol. Chem.	1848	1	52-95	1849
Pathol. Chem.	1848	2	51-62	1849
Physiol. Chem.	1849	1	81-120	1850
Pathol. Chem.	1849	2	30-50	1850
Physiol. Chem.	1850		nicht erschienen	
Pathol. Chem.	1850	2	1-85	1851
Physiol. Chem.	1851	1	64-107	1852
Pathol. Chem.	1851	2	44-61	1852
Physiol. Chem.	1852	1	71-126	1853
Pathol. Chem.	1852	2	64-95	1853
Physiol. Chem.	1853	1	81-142	1854
Pathol. Chem.	1853	2	115-134	1854
Physiol. Chem.	1854	1	100-140	1855
Pathol. Chem.	1854	2	178-189	1855
Physiol. Chem.	1855	1	158-207	1856
Pathol. Chem.	1855	2	55-85	1856
Physiol. Chem.	1856	1	153-187	1857
Pathol. Chem.	1856	2	73-87	1857
Physiol. Chem.	1857	1	136-189	1858
Pathol. Chem.	1857	2	60-69	1858
Physiol. Chem.	1858	1	144-200	1859
Pathol. Chem.	1858	2	65-89	1859
Physiol. Chem.	1859	1	185-256	1860
Pathol. Chem.	1859	2	72-92	1860
Physiol. Chem.	1860	1	214-258	1861
Pathol. Chem.	1860	2	94-113	1861
Physiol. Chem.	1861	1	205-228	1862
Pathol. Chem.	1861	2	54-60	1862
Physiol. Chem.	1862	1	198-225	1863
Pathol. Chem.	1862	2	67d-73	1863
Physiol. Chem.	1863	1	198-221	1864
Pathol. Chem.	1863	2	142-152	1864
Physiol. Chem.	1864	1	252-283	1865
Pathol. Chem.	1864	2	95-117	1865
Physiol. Chem.	1865	1	190-229	1866
Pathol. Chem.	1865		nicht erschienen	
Physiol. Chem.	1866	1	66-107	1867
Physiol. Chem.	1867	1	93-159 u.183-184c	1868

Anhang D

Schüler von Johann Joseph [von] Scherer

Die Namen der Assistenten in Scherers Laboratorium sind unterstrichen, die Namen der Mitarbeiter, die bei Scherer selbständige größere wissenschaftliche Arbeiten durchgeführt haben, sind in Kapitälchen gedruckt.

Anselm, Anton
　　Assistent bei Scherer 1863–1865 im „Laboratorium für Organische Chemie". Keine näheren biographischen Angaben verfügbar.

Bamberger, Joseph Heinrich [von] (1822–1888)
　　Studium der Medizin in Prag und Wien. Dr. med. 1847. Sekundararzt am Allgemeinen Krankenhaus in Prag, 1849–1850 Assistent an der Medizinischen Klimik der Prager Universität. 1851–1854 Klinischer Assistent bei Oppolzer in Wien. 1854 als o. Professor der Speziellen Pathologie und Therapie an die Würzburger Universität berufen. 1872 Nachfolger von Oppolzer in Wien. Nach seiner Berufung nach Würzburg arbeitete Bamberger in Scherers Laboratorium, um dort „durch ein gründliches Studium und durch unermüdlichen Fleiss ... diejenigen Kenntniße und Fertigkeiten" sich anzueignen, „welche ihn befähigten, diesem Standpunkte der Wissenschaft [d.h. der Klinischen Chemie] selbst die gehörige Rechnung zu tragen".[1]

Bauer, N.
　　Keine näheren biographischen Angaben verfügbar. Medizinstudium in Würzburg. Doktorand bei Scherer 1855–1856. Arbeitete über den Wassergehalt ganzer Organismen. Medizinische Dissertation Würzburg 1856.[2]

Besel, Rudolph
　　Assistent bei Scherer 1858–1860 im „Laboratorium für Organische Chemie". Keine näheren biographischen Angaben verfügbar.

BEZOLD, ALBERT VON (1836–1868)
　　Studium der Medizin und Naturwissenschaften in München und Würzburg. Arbeitete im Sommer 1856 bei Scherer über den Wassergehalt ganzer Organismen, die Verteilung des Wassers und der anorganischen Verbindungen bei Tieren.[3] Medizinisches Staatsexamen in Würzburg 1857. Dr.med. 1859 in Würzburg. 1857–1859 bei E. du Bois-Reymond in Berlin. 1859 a.o., 1861 o. Professor der Physiologie in Jena. 1865 Berufung nach Würzburg. Bedeutende Arbeiten zur Physiologie des Herzens.

Bischoff, Hugo
　　Assistent bei Scherer 1868–1869. Keine näheren biographischen Angaben verfügbar.

Braun
Keine näheren biographischen Angaben verfügbar. Scherer erwähnt 1843 Harnuntersuchungen von „Dr. Braun" unter seiner Leitung.[4] Möglicherweise handelt es sich um Franz Bernhard Braun, der 1841 in Würzburg mit einer Arbeit über den Eiter zum Dr. med. promoviert wurde..[5]

CLEMM, CHRISTIAN GUSTAV (1814–1866)
Aus Lich in Hessen. Apothekerausbildung in Bensheim, Gießen, Lörrach und Schopfheim. Studium der Pharmazie in Göttingen (matr. Nov. 1839 pharrm.). Später Apotheker in Darmstadt. Chemiestudium ab 1841 in Heidelberg, 1843 in Gießen bei Liebig, 1844–1845 in Würzburg bei Scherer. Ausführliche Untersuchungen über die Milch in Scherers Laboratorium im Zusammenhang mit Scherers Bearbeitung des Abschnittes „Milch" im Handwörterbuch der Physiologie.[6] Clemm hat auch Milchzucker in der Milch fleischgefütterter Hündinnen gefunden.[7] Clemm reichte eine lateinische Dissertation mit den Ergebnissen seiner Untersuchungen bei der Universität Göttingen ein,[8] die Promotion zum Dr. phil. erfolgte „in absentia" am 31.07.1845. In den Jahren 1832 – 1834 war Clemm in der von Georg Büchner gegründeten Gießener „Gesellschaft für Menschenrechte" politisch tätig (u.a. Verteilung der revolutionären Flugschrift „Der Hessische Landbote" von Georg Büchner und Pfarrer Friedrich Ludwig Weidig). Später war Clemm zusammen mit seinem Bruder Carl Clemm-Lennig maßgeblich bei der Begründung der chemischen Industrie im Raume Mannheim-Ludwigshafen beteiligt gewesen. Siehe die ausführliche Biographie von Kurt Ohlendorf.[9]

CLOETTA, ARNOLD LEONHARD (1828–1890)
Studium in Zürich, Würzburg, Wien, Berlin und Paris. Schüler von C. Ludwig und Claude Bernard. Promotion Dr. med. 1851 in Zürich. 1854 daselbst als Arzt tätig. 1857 Professor für Allgemeine Pathologie in Zürich, 1870–1880 Professor der Arzneimittellehre ebd. Cloetta hat nach seiner Promotion 1855 im Laboratorium bei Scherer gearbeitet und dort eine Untersuchung des Lungengewebes begonnen. Er fand dabei Inosit im Lungengewebe.[10]

FOX, WILSON (?) (1831–1887)
Scherer berichtete über einen „Dr. Fox aus London", der im Sommer 1856 bei ihm arbeitete, wo er sich mit der Untersuchung von Ochsenleber befaßte. Er fand dort u.a. Xanthoglobulin.[11] Es könnte sich um Wilson Fox handeln, der ab 1847 Medizin studierte (am University College in London, in Edinburgh, Paris, Wien und Berlin, wo er 2 Jahre bei Virchow arbeitete). Fox war später Professor of Medicine am University College in London.[12]

Fries, Emil (1844–?)
Studierte in Erlangen, Zürich, Heidelberg, Würzburg und Wien und wurde 1868 in Wien zum Dr.med. promoviert. Er kam im gleichen Jahr als Assistent an die Psychiatrie im Juliusspital. Später war er zusammen mit Hermann Bresslauer (1835–1916) Direktor an

der Heilanstalt Inzensdorf bei Wien.[13] Fries hat 1868 im Laboratorium bei der Untersuchung der Würzburger Brunnenwässer mitgewirkt.[14]

Gerber
Keine näheren biographischen Angaben verfügbar. Medizinstudium in Würzburg. Um 1861–1862 als cand. med. in Scherers Laboratorium. Untersuchungen über das Glykogen in verschiedenen Organen.[15]

GERHARDT, CARL (1833–1902)
Studierte ab Ende 1852 Medizin in Würzburg bei Bamberger, Rinecker und Scherer. Promotion 1856. 1861 a. Prof., 1862 o. Prof. der Medizinischen Klinik in Jena. 1872 o. Prof. in Würzburg. 1885 o. Prof. in Berlin (Charité II). In Scherers Laboratorium war Gerhardt 1851–1852 mit den Blutextraktivstoffen beschäftigt und fand Hypoxanthin im Ochsenblut.[16]

HARLESS, EMIL (1820–1862)
Aus Nürnberg. Studium in Erlangen (matr. Okt. 1840, phil.) und –zur Ausbildung in Naturwissenschaften und Physiologie– in Würzburg, Wien und Prag. Promotion zum Dr.med. in Erlangen 1846. 1843 als Student in Scherers Laboratorium.[17] 1848 Dozent an der Münchener Universität. 1856/57 wurde Harless in München a.o. Professor für Physiologie, 1857 o. Professor und Vorstand des Laboratoriums für physiologische Physik.

HARLEY, GEORGE (1829–1896)
Studierte Medizin in Edinburgh. Promotion zum M.D. 1850. Dann 2 Jahre in Paris (Arbeiten über Urinfarbstoffe). 1852 Aufenthalt in Würzburg (im Laboratorium Scherers, Weiterführung seiner Arbeiten über Urinfarbstoffe[18]), Gießen, Berlin, Wien und Heidelberg. 1855 Rückkehr nach London. 1856 Dozent für praktische Physiologie und Histologie am University College in London. 1860 Physician ebd., später Professor of Medical Jurisprudence ebd. 1865 F.R.S. Harley wurde auch bekannt durch seine spätere Arbeit über Akute Hämoglobinurie („Kälte-Hämoglobinurie", „Dressler-Harley-Disease"[19]), die bereits vor ihm von Anton Dressler (1815–1896) beschrieben wurde, der zur gleichen Zeit im Würzburger Juliusspital arbeitete.[20]

Heckenlauer, Georg
Keine näheren biographischen Angaben verfügbar. Assistent bei Scherer 1866–1869 im „Laboratorium für Organische und pharmaceutische Chemie". Scherer erwähnt ihn auch im Zusammenhang mit der Untersuchung der Würzburger Brunnenwässer.[21] Ihm wurde nach Scherers Tod die „laufende Vertretung" einschließlich der Vorlesung übertragen.

HENSEN, VICTOR (1835–1924)
Aus Schleswig. Studium der Medizin 1854 in Würzburg. Zum Wintersemester 1856 ging er nach Berlin, ein Jahr später nach Kiel, wo er 1859 zum Dr.med. promoviert wurde und sich habilitierte. 1868 o. Professor für Physiologie in Kiel. 1856 arbeitete er

bei Scherer in dessen Laboratorium über die Zuckerbildung in der Leber. Er bestätigte die Versuche von Claude Bernard und es gelang ihm, unabhängig von diesem, Glykogen aus der Leber zu isolieren.[22]

Hertlein, Franz von

Assistent bei Scherer 1865. Keine näheren biographischen Angaben verfügbar.

HILGER, ALBERT (1839–1905)

Ausbildung als Apotheker, Studium in Karlsruhe und Würzburg, 1862 pharmazeutische Staatsprüfung. Promotion Dr.phil in Heidelberg bei Bunsen. 1862–1865 Assistent bei Scherer im „Laboratorium für organische und pharmaceutische Chemie". 1869 Habilitation in Würzburg.[23] Nach Scherers Tod bis zur Übernahme des Lehrstuhls durch Strecker 1871 Lehrstuhlvertretung. Organisation der Untersuchungsanstalten für Nahrungs- und Genußmittel in Bayern. Mitglied der Reichspharmakopoekommission. 1872 a.o. Professor der Pharmazie und angewandten Medizin in Erlangen, 1875 o. Professor der Pflanzenchemie, Agrikulturchemie, Nahrungsmittelchemie. 1894 Direktor der kgl. Untersuchungsanstalt für Nahrungsmittel in München. Während seiner Zeit im Laboratorium von Scherer publizierte er eine Anleitung für den praktischen Unterricht.[24]

Lerch, Julius

Scherer erwähnt in seiner Monographie von 1843 mehrfach einen Studenten bzw. „cand. med." Lerch, der in seinem Laboratorium arbeitete und quantitative Analysen von Blut und pathologischen Körpermaterialien durchgeführt hat.[25] Es handelt sich wahrscheinlich um Julius Lerch, der 1845 eine Dissertation über Blutuntersuchungen der Medizinischen Fakultät vorgelegt hat, die „seinem Lehrer Scherer" gewidmet ist.[26] Nähere biographische Angaben fehlen.

Maurokordatos

Keine näheren biographischen Angaben verfügbar. Um 1856 im Laboratorium Scherers. Arbeiten über die Abscheidung von Hypoxanthin aus der Thymusdrüse.[27]

Medicus, Bernhard

Assistent 1861–1863 im „Laboratorium für organische Chemie". Keine näheren biographischen Angaben verfügbar.

Menges, Peter (?)

Keine näheren biographischen Angaben verfügbar. Scherer erwähnt Untersuchungen, die Dr. Menges in seinem Laboratorium über Gallenfarbstoff in Erbrochenem ausgeführt hat.[28] Es könnte sich um Peter Menges handeln, der 1844 eine medizinische Dissertation der Würzburger Fakultät vorgelegt hat.[29]

OIDTMANN, HEINRICH (1833–1890)

Studium der Chemie und Medizin in Würzburg und Bonn. Promotion Dr. med. (Bonn ?). In der Internationalen Bewegung gegen den Impfzwang aktiv. Neben seiner ärztlichen Praxis gründete in seinem Geburtsort Linnich bei Aachen eine Firma für künstlerische Glasmalerei (Austattung von Kirchen etc. mit Glasfenstern). Um 1857 hatte Oidtmann bei Scherer im Laboratorium über anorganische Stoffe im tierischen Organismus gearbeitet.[30]

Otto, Arnold
Keine näheren biographischen Angaben verfügbar. Studium der Medizin in Würzburg. Medizinische Dissertation über die von Scherer entwickelte Blutanalyse, ausgeführt in Scherers Laboratorium 1847–1848.[31]

PANUM, PETER LUDWIG (1820–1885)
Medizinstudium in Kiel. 1851–1853 Studienreise nach Würzburg, Leipzig und Paris. 1853 a.o., 1857 o. Professor der Physiologie, medizinischen Chemie und allgemeinen Pathologie in Kiel, 1863 o. Professor der Physiologie in Kopenhagen. 1851/52 im Laboratorium von Scherer,[32] wo er sich u.a. mit Proteinen sowie mit dem von Scherer entdeckten Inosit beschäftigte. Panum konnte ihn aus Herzmuskel, nicht aber aus Skelettmuskel isolieren.[33]

PETTENKOFER, MAX (1818–1901)
1839 Lehrling in der Hofapotheke in München. 1843 Approbation als Apotheker. Mit einem bayerischen Staatsstipendium 1843–1844 bei Scherer in Würzburg (da er zunächst keine Stelle bei Liebig bekam), 1844–1845 bei Liebig in Gießen. 1845 Assistent am Hauptmünzamt in München, 1846 a.o. Mitglied der K. Bayerischen.Akademie der Wissenschaften, 1847 a.o. Professor für Medizinische Chemie in der Medizinischen Fakultät der Universität München, 1852 o. Professor ebenda. 1849 Mitglied im Obermedizinalausschuss. 1856 ordentliches Mitglied der Akademie, 1865 o. Professor für Hygiene. Im Schererschen Laboratorium entdeckte er – ohne es schon so zu benennen – das Kreatinin im Urin[34] (das zuvor oft fälschlich für Milchsäure gehalten wurde[35]), fand eine neue Reaktion auf „Gallensäure" (Choleinsäure)[36] und beobachtete die Ausscheidung großer Mengen Hippursäure im Urin bei einer Patientin mit vegetarischer Ernährung.[37]

Reuss, Carl Andreas
Aus Würzburg. Keine näheren biographischen Angaben verfügbar. Medizinische Dissertation bei Scherer über chemische Untersuchungen bei einem Fall von Scorbut.[38]

Reuter, C.
Keine näheren biographischen Angaben verfügbar. Führte im Laboratorium von Scherer Untersuchungen über die Ursache der unterschiedlichen Farbe von arteriellem und venösen Blut aus,[39] die im Zusammenhang mit einer früheren Arbeit Scherers stehen.[40]

Rindskopf, Ernst
Keine näheren biographischen Angaben verfügbar. Medizinstudium in Würzburg. 1843 im Laboratorium von Scherer. Anfertigung einer Dissertation unter Verwendung von

Scherers Methode zur Blutanalyse. Scherer erwähnt Blutuntersuchungen von Rindskopf in seiner Monographie 1843.[41]

Schierenberg

Keine näheren biographischen Angaben verfügbar. Scherer berichtet in seiner Monographie 1843 über die quantitative Untersuchung eines kalkartigen Concrementes der Pleura durch Dr. Schierenberg.[42]

Voit, Carl (1831–1908)

1848 Medizinstudium in München, 1851 – nach dem Zwischenexamen – in Würzburg, wo er besonders Scherer hörte. 1855 ging er nach Göttingen, wo er in Wöhlers Laboratorium arbeitete. Promotion Dr. med. 1854 bei Pettenkofer in München, Habilitation für Physiologie 1856. 1860 a.o. Professor für Physiologie, 1863 o. Professor an der Münchener Universität.

Witte

Keine näheren biographischen Angaben verfügbar. „Dr. Witte aus Kopenhagen" war 1859 in Scherers Laboratorium tätig. Er isolierte Leucin aus Pankreasgewebe eines Ochsen.[43]

Wydler, Ferdinand

Aus Aarau. Keine näheren biographischen Angaben verfügbar. Medizinische Dissertation bei Scherer mit einer Untersuchung über die Fleischflüssigkeit des Menschen mit Nachweis von Kreatin, Kreatinin und Milchsäure.[44]

Literatur

Die Arbeiten von Johann Joseph Scherer werden mit den Nummern des Verzeichnisses seiner Veröffentlichungen im Anhang C angeführt (z. B. Scherer [2]).

1 Siehe: Bericht der Medicinischen Fakultät vom 31.1.1859 an den Senat. Akten des Rektorats und Senats der Universität Würzburg No. 356.

2 N. Bauer: Ueber den Wassergehalt ganzer Organismen und über den Gehalt derselben an chemischen Bestandteilen. Würzburg: Becker, 1856. 21 S. Medizinische Dissertation Universität Würzburg. Bericht Scherers in der Physikalisch-Medizinischen Gesellschaft siehe: Scherer [39].

3 (a) Albert von Bezold: Untersuchungen über die Vertheilung von Wasser, organischer Materie und anorganischen Verbindungen im Thierreiche. Zeitschrift für wissenschaftliche Zoologie 8 (1857), S. 487–524. (b) Albert von Bezold: Ueber die Vertheilung von Wasser, organischer Substanz und Salzen im Thierreiche. Verhandlungen der Physikalisch-Medizinischen Gesellschaft zu Würzburg 7 (1857), S. 251–262.
(c) Albert von Bezold: Das chemische Skelett der Wirbelthiere: Ein physiologisch-chemischer Versuch. Zeitschrift für wissenschaftliche Zoologie 9 (1858), S. 240–270.

4 Siehe: Scherer [4], S. 75.

5	Franz Bernhard Braun: Der Eiter in physikalischer, chemischer und physiologischer Beziehung. Kitzingen : Georg Ed. Köpplinger, 1841. Medizinische Dissertation Universität Würzburg 1841.
6	Siehe Scherer [8], S. 449–475. Zitat S. 475:„... bis jetzt noch nicht veröffentlichter Untersuchungen benutzt, mit denen Herr Clemm, ein sehr eifriger und talentvoller Chemiker, im Laboratorium des Verfassers beschäftigt ist".
7	Siehe Scherer [16], S. 55.
8	Christian Gustav Clemm: Inquisitiones chemicae ac microscopiae in mulierum ac bestiarum complurium lac. Philosophische Dissertation Universität Göttingen. Dieterich, 1845. Scherer referiert die Arbeit ausführlich: Johann Joseph Scherer: Bericht über die Leistungen in der physiologischen Chemie im Jahre 1845. In: Jahresbericht über die Fortschritte der gesammten Medicin in allen Ländern im Jahre 1845. Herausgegeben von Canstatt und Eisenmann. Erlangen: Ferdinand Enke, 1846, S. 108–166, hier: S. 135–139.
9	Kurt Ohlendorf, Eckhart G Franz: Gustav Clemm : Vom demokratischen Verschwörer zum Wegbereiter der deutschen Kaliindustrie. Archiv für hessische Geschichte und Altertumskunde [N.F.] 45 (1987), S.249–269.
10	(a) Arnold Cloetta: Ueber einen neuen Extraktivstoff im Lungengewebe. Mittheilungen der Naturforschenden Gesellschaft in Zürich 3 (1853–1855), Heft 8 (No. 92–104), S. 402–404. (b) Arnold Cloetta: Ueber das Vorkommen von Inosit, Harnsäure, Taurin und Leucin im Lungengewebe. Verhandlungen der Naturforschenden Gesellschaft in Zürich 4 (1856), Heft 10 (No. 119–131), S. 174–131. (c) Arnold Cloetta: Ueber das Vorkommen von Inosit, Harnsäure, Taurin und Leucin im Lungengewebe. Journal für practische Chemie 66 (1855), S. 211–219.
11	Scherer hatte den als Xanthoglobulin bezeichneten neuen Stoff zunächst in pathologischen menschlichen Lebern gefunden. Siehe Scherer [38], S. 263.
12	Siehe: Biographisches Lexikon der hervorragenden Aerzte aller zeiten und Voelker. Herausgegeben von August Hirsch, W. Haberling, F. Hübotter. 3. unveränderte Auflage. München u. Berlin : Urban & Schwarzenberg, 1962, Band 2, S. 587–588.
13	Voswinckel beschreibt, daß aus dieser Heilanstalt von Bresslauer erste Hinweise auf die toxischen Wirkungen des zur Therapie damals viel verwendeten Schlafmittels „Sulfonal" („Sulfonal-Porphyrie") gegeben wurden. Siehe: Peter Voswinckel: Der schwarze Urin: Vom Schrecknis zum Laborparameter; Urina Nigra, Alkaptonurie, Hämoglobinurie, Myoglobinurie, Porphyrinurie, Melanurie. Berlin: Blackwell Wissenschaft, 1993, S. 164.
14	Siehe: Scherer [54], S. 87–88.
15	Siehe dazu: Scherer [52], S. V (Sitzung v. 8.2.1862).
16	Bericht Scherers siehe in Scherer [26].
17	Harless fertigte u.a. die Zeichnungen für Scherers Monographie (siehe Scherer [4]) an, auf denen erstmals und unabhängig von Johann Franz Simons Entdeckung ein Erythrocytenzylinder dargestellt ist. Siehe auch: Franz Simon: Ueber eigenthümliche Formen im Harnsediment bei Morbus Brightii. Archiv für Anatomie, Physiologie und wissenschaftliche Medicin 1843 (1843), S. 23–31.
18	George Harley: Ueber Urohaematin und seine Verbindung mit animalischem Harze. Verhandlungen der physicalisch-medicinischen Gesellschaft in Würzburg 5 (1855), S. 1–13.
19	George Harley: On intermittent haematuria with remarks upon its pathology and treatment. Medico-chirurgical Transactions 48 (1865), S. 161–173.
20	Anton Dressler: Ein Fall von intermittirender Albuminurie und Chromatinurie. Archiv für pathologische Anatomie und Physiologie und klinische Medizin 6 (1854), S. 264–266. Auch Scherer hatte schon eine Hämoglobinurie bei einem Scharlachkranken beobachtet: rote Färbung des Urin, aber keine Blutkügelchen erkennbar. Siehe die ausführliche Darstellung in: Voswinckel, urina nigra, wie Anm. (5), S. 111–114.
21	Siehe Scherer [54], S. 87-88.
22	(a) Hensen, Victor: Über die Zuckerbildung in der Leber. Verhandlungen der Physikalisch-Medicinischen Gesellschaft zu Würzburg 7 (1857), S. 219–222. (b) Hensen, Victor: Über die Zuckerbildung in der Leber. Archiv für pathologische Anatomie und Physiologie und klinische Medizin [Berlin] 11 (1857), S. 395–398.

Siehe auch die ausführliche Biographie über Hensen von Rüdiger Porep: Der Physiologe und Planktonforscher Victor Hensen (1835-1924). Sein Leben und Werk. Neumünster: K. Wachholtz, 1970 (Kieler Beiträge zur Geschichte der Medizin und Pharmazie, Heft 9), besonders zur Frage der Glykogenentdeckung S. 79–81.

23 Albert Hilger: Ueber Verbindungen des Jod mit den Pflanzenalcaloïden : Ein Beitrag zum Nachweis der Alcaloïde. Würzburg : A Stüber's Buchhandlung, 1869. (Habilitationsschrift Universität Würzburg)

24 Albert Hilger, Albert: Anleitung zur Vornahme der praktischen Übungen im chemischen Laboratorium zu Würzburg. Würzburg, 1864.

25 Siehe Scherer [4], S. 87, 130, 158.

26 Julius Lerch: Einige chemische Untersuchungen über das Blutserum in verschiedenen pathologischen Zuständen. Würzburg : Friedrich Ernst Thein, 1845. Medizinische Dissertation Universität Würzburg 1845.

27 Scherer in [48], S. 264: „Herr Maurocordatos hat bereits vor 3 Jahren [d.h. 1856] in meinem Laboratorium auf diese Weise die Abscheidung desselben [Hypoxanthin] aus der Thymus-Drüse bewerkstelligt".

28 Siehe: Scherer [9], S. 379.

29 Menges, Peter: Die Ursachen der Speckhautbildung, ein Beitrag zur Lehre der entzündlichen Blutkrasis. Würzburg : Becker'sche Universitäts-Buchdruckerei, 1844. Medizinische Dissertation Universität Würzburg 1844

30 (a) Heinrich Oidtmann: Die anorganischen Bestandtheile der Leber und Milz und der meisten anderen thierischen Drüsen. Ein Beitrag zum physiologischen Zusammenhang zwischen Leben und Leiche. Linnich : C. Quos, 1858. Als Preisschrift auf eine Preisfrage der Würzburger Medizinischen Fakultät von 1855/1856 ausgezeichnet.
(b) Heinrich Oidtmann: Methode zur quantitativen Analyse der Organaschen. Auszug aus einer von der medizinischen Fakultät Würzburg gekrönten Preisschrift. Linnich, 1858.

31 Arnold Otto: Beitrag zu den Analysen des gesunden Blutes. Würzburg : C. Becker'sche Universitätsbuchhandlung, 1848 (Medizinische Dissertation Würzburg).

32 Panum schreibt in seiner Bewerbung für den Lehrstühl in Kiel: „An der durch das Beisammensein und Zusammenarbeiten Virchows, Köllikers und Scherers für die wissenschaftliche Medizin so hochstehenden Universität Würzburg verweilte ich 9 Monate und beschäftigte mich daselbst theils mit allgemeiner Pathologie, theils mit Mikroskopie, theils arbeitete ich in Scherers Laboratorium". Zitat aus: Jürgen Carstensen: Peter Ludvig Panum : Professor der Physiologie in Kiel 1853–1864. Medizinische Dissertation Universität Kiel 1964. Neumünster : Karl Wachholtz-Verlag, 1967. (Kieler Beiträge zur Geschichte der Medizin ; Heft 3), S. 12–19. An der gleichen Stelle auch ein Zeugnis von Scherer für Panum, in welchem es heißt: „Panum hat...während eines Theiles des Wintersemesters 1851/52 sich in dem Laboratorium des Unterzeichneten mit physiologisch-chemischen Untersuchungen beschäftiget."

33 Scherer teilt mit, daß Panum den Inosit leicht aus Herzmuskel, aber nicht aus anderer Muskelflüssigkeit gewinnen konnte. Siehe: Scherer [30].

34 Max Pettenkofer: Vorläufige Notiz über einen neuen stickstoffhaltigen Körper im Harne. Annalen der Chemie und Pharmazie 52 (1844), S. 97–100.

35 Scherer [10], S. 181. Siehe auch: Scherer [31], S. 236.

36 Max Pettenkofer: Notiz über eine neue Reaction auf Galle und Zucker. Annalen der Chemie und Pharmacie 52 (1844), S. 90–96.

37 Max Pettenkofer: Ueber das Vorkommen einer grossen Menge Hippursäure im Menschenharne. Annalen der Chemie und Pharmacie 52 (1844), S. 86–90.

38 Carl Andreas Reuss: Ueber den Scorbut nebst Beschreibung eines im Frühjahre 1842 im Juliushospitale beobachteten Falles dieser Krankheit. Würzburg: Friedrich Ernst Thein, 1843. Medizinische Dissertation Würzburg. Siehe auch: Scherer [4], S. 93.

39 C. Reuter: Beleuchtung der Versuche von Prof. Scherer und Dr. Bruch über die Farbe des Blutes. Zeitschrift für rationelle Medicin 3 (1845), S.165–172 u. 173–174 (mit einer Bemerkung von J. Scherer).

40 Siehe: Scherer [6]. Scherer hatte vermutet, daß die unterschiedliche Farbe des arteriellen und des venösen Blutes durch einen physikalischen Effekt infolge einer veränderten Form der „Blutscheiben" bedingt sei. Dem hatte der Heidelberger Dozent C. Bruch widersprochen. Scherers Mitarbeiter Reuter versuchte, experimentelle Gründe für Scherers Meinung zu liefern.

41	Ernst Rindskopf: Ueber einige Zustände des Bluts in physiologischer und pathologischer Beziehung. Würzburg: C. W. Becker'sche Universitätsbuchhandlung, 1843 (Medizinische Dissertation Würzburg). Siehe auch Scherer [4], S. 87.
42	Siehe: Scherer [4], S. 197.
43	Siehe: Scherer [48], S. 284.
44	Ferdinand Wydler: Ueber die Bestandtheile des menschlichen Muskelextracts. Würzburg: Bonitas-Bauer, 1848. Medizinische Dissertation Würzburg. Siehe auch: Scherer [15], S. 198.

Salpetersaurer Harnstoff.

Oxalsaurer Harnstoff.

Kristalle von salpetersaurem und oxalsaurem Harnstoff.

Friedrich Wöhler hat bei seinen chemischen Arbeiten die Kristallform isolierter Stoffe als wichtiges Erkennungsmerkmal benutzt
[Aus: Willy Kühne: Lehrbuch der physiologischen Chemie. Leipzig: W. Engelmann, 1866–1868, S. 472].

Friedrich Wöhlers experimentelle Arbeiten über den Stoffwechsel

Von Johannes Büttner

Ein Band zur Geschichte der Tierchemie im 19. Jahrhundert wäre unvollständig ohne die Erwähnung der experimentellen Arbeiten von (1800–1882) zu einigen Fragen des Stoffwechsels im tierischen Organismus. Die erste Anregung hierzu erhielt Wöhler als Student an der Heidelberger Universität. Er hatte sich 1821 entschlossen, an der Marburger Universität das Studium der Medizin zu beginnen. Nach einem Jahr wechselte er an die Universität Heidelberg, wo zwei seiner Lehrer, der Chemiker Leopold Gmelin (1788–1853) (siehe Abbildung 12) und der Anatom und Physiologe Friedrich Tiedemann (1781–1861), bald auf ihn aufmerksam wurden. Wöhlers große Neigung zur Chemie war schon während der Schulzeit erwacht. Gmelin veranlaßte Wöhler, seine chemischen Arbeiten im Laboratorium fortzusetzen. Er war es auch, der Wöhler nach Abschluß des Medizinstudiums riet, sich ganz der Chemie zu widmen[1] und für ein Jahr zu Jöns Jacob Berzelius (1779–1848) nach Schweden zu gehen.[2]

Durch Tiedemann und Gmelin wurde Wöhler angeregt, sich mit einem speziellen chemisch-physiologischen Thema zu befassen. Hierüber und über die weiteren sich hieraus ergebenden Arbeiten soll im folgenden berichtet werden. Friedrich Tiedemann war 1816 als Professor der Anatomie und Physiologie nach Heidelberg gekommen. Zu dieser Zeit bestand bei vielen Physiologen und Medizinern großes Interesse, die neue „antiphlogistische Chemie" und ihre analytischen Methoden für physiologische Untersuchungen nutzbar zu machen.[3] Tiedemann gewann Leopold Gmelin, der seit 1817 Professor für Medizin und Chemie in Heidelberg war,[4] für eine Zusammenarbeit.

Eine erste gemeinsame Studie von Tiedemann und Gmelin betraf ein seit langem diskutiertes Problem der Verdauungslehre. Seit dem Altertum wußte man, daß bei der Verdauung im Magen und Duodenum der Chylus gebildet wird, der in das Blut aufgenommen wird. Der Italiener Gaspare Aselli (1581–1626) hatte 1622 das System der „Milchvenen" (später als „Sauggefäße" oder Lymphgefäße bezeichnet) beschrieben,[5] welche den Chylus aus dem Darm aufsaugen. Jean Pecquet (1622–1674) in Montpellier fand 1651 beim Hund den „Milchbrustgang" (Ductus thoracicus), über welchen der Chylus in das Blut der Vena subclavia geleitet wird.[6]

Tiedemann und Gmelin versuchten nun experimentell an lebenden fleisch- bzw. pflanzenfressenden Tieren zu klären, „ob es ausser dem Milchbrustgang noch Wege gibt, auf welchen Nahrungsstoffe und Arzneimittel aus dem Darmkanal in die Blutmasse gelangen."[7] Sie verabreichten den Versuchstieren peroral verschiedene Chemikalien (z. B. Bleizucker, Eisenvitriol oder blausaures Eisenkali)[8] oder Pflanzenprodukte (Farbstoffe wie Indigo, Färberröte, oder Gummigutt, ferner Campher oder Terpentin). Anschließend wurde nach Freilegung des Ductus thoracicus Lymphe, ferner Blut aus bestimmten Gefäßen, Urin und Darminhalt gewonnen. Mit chemischen Tests sowie durch Farbe und Geruch versuchten sie dann, die verabreichten Stoffe aufzuspüren. Es stellte sich heraus, daß die aufgenommenen Fremdstoffe zwar im Darm, im

Blut und in den Ausscheidungen (Urin, z.T. auch Atemluft und Hautausdünstung) nachweisbar waren, nicht jedoch im Chylus des Ductus thoracicus. Tiedemann und Gmelin kamen zu dem Schluß, daß zwar „Alimentar-Materialien" aus dem Darm über die Sauggefäße in den Chylus aufgenommen werden, „Fremdmaterialien" aber vor allem durch die „Gekrösevenen" direkt in das Blut gelangen.[9] Sie stellten auch ausdrücklich fest, daß die Ausscheidung von Stoffen im Harn stets über das Blut erfolge, „geheime Wege", die direkt vom Magen in die Harnwerkzeuge führen, ließen sich nicht nachweisen.

Als Wöhler 1822 nach Heidelberg kam, waren Tiedemann und Gmelin mit einer weiteren chemisch-physiologischen Experimentalarbeit beschäftigt, welche das Ziel hatte, die Physiologie und Chemie des Verdauungsprozesses umfassend experimentell zu untersuchen.[10] Die Heidelberger Medizinische Fakultät hatte eine Preisfrage ausgeschrieben, die im Zusammenhang mit den Arbeiten von Tiedemann und Gmelin stand. Die Preisfrage lautete: „Welche Substanzen, durch den Mund oder auf eine andere Weise in den Körper der Menschen oder Tiere gebracht, können unverändert oder verändert im Harn nachgewiesen werden, und was kann man hieraus schließen?"[11] Tiedemann veranlaßte Wöhler, diese Frage zu bearbeiten. In einer umfangreichen und systematischen Untersuchung hat Wöhler eine große Anzahl von mineralischen und organischen Stoffen im Tierversuch, in einigen Fällen auch im Selbstversuch, verabreicht und eine Ausscheidung im Urin durch Färbung, Geruch und mit chemischen Methoden geprüft. Die umfangreiche Arbeit wurde von der Heidelberger Fakultät mit dem Preis ausgezeichnet und in der von Tiedemann herausgegebenen Zeitschrift für Physiologie 1824 publiziert.[12]

Wöhler weist in seiner Arbeit einleitend darauf hin, daß die selbständig gewordene Chemie zur „richtigen Erkennung und Erklärung der meisten Verrichtungen im thierischen Organismus unentbehrlich geworden" sei und fährt fort:

> „Ohne die chemische Zusammensetzung des Harns zu kennen, würden wir in der Kenntniß seiner krankhaften Veränderung und der Function des harnabsondernden Apparates ebenso unwissend seyn, als unsere Vorfahren. Die richtige Kenntniß und Beurtheilung dieser Function und ihres Productes muß uns zugleich vielen Aufschluß über die Verdauung und Blutbereitung geben. Als einen Weg dahin zu gelangen, betrachtete man unter anderen die Untersuchung, welche Substanzen aus den ersten Wegen in die Blutmasse und aus dieser in den Harn übergehen."[13]

Zur Methodik bei derartigen Versuchen erläuterte Wöhler, daß die verabreichte Dosis so groß sein müsse, daß der Stoff im Urin mit Sicherheit chemisch nachgewiesen werden könne. Das erfordere bei giftigen Stoffen meist den Tierversuch. Zum anderen ließen sich für derartige Untersuchungen nur solche Stoffe verwenden, die nicht „ohnehin schon im Harne vorhanden sind, da die ohngefähre Schätzung der vermehrten Quantität ein sehr unsicheres Resultat gegeben hätte."[14]

Bemerkenswert an Wöhlers Arbeit ist, daß er jeweils auch versucht hat, aus dem Teststoff durch chemische Umsetzung gebildete Produkte chemisch nachzuweisen. Beispiele sind die Ausscheidung von „Hydriodsäure" (Jodid) nach Gabe von Jod und die Reduktion von rotem

Blutlaugensalz („blausaurem Eisenoxy-Kali", Kalium-hexacyano-ferrat-III) zu „blausaurem Oxydulsalz" (Hexacyano-ferrat-II). Diese Beobachtungen bezeichnen die ersten Reduktionsvorgänge, die an Fremdstoffen im tierischen Körper sicher nachgewiesen wurden.

Besonders erwähnt werden soll Wöhlers Versuch mit Verabreichung von Benzoesäure[15] bei einem Hund, weil sich hieraus spätere, noch zu besprechende Untersuchungen von Wöhler ergeben haben. Wöhler schildert seinen Versuch mit folgenden Worten:

> „... der folgende Versuch [beweist], daß sie [die Benzoesäure], in den Körper gebracht, unverändert und in großer Quantität in den Harn übergehen kann. Derselbe Hund, welcher das rothe blausaure Eisenoxyd-Kali erhalten hatte, bekam dabei ½ Drachme[16] Benzoesäure. Nach fünf Stunden ließ er Urin. In einem Theile desselben, der mit Salpetersäure vermischt war, hatten sich bis den andern Tag viele nadelförmige Krystalle abgesetzt, die ich anfangs für Salpeter zu halten geneigt war; sie verpufften aber nicht auf glühenden Kohlen, sondern verwandelten sich in einen weißen aromatisch riechenden Rauch; in einer Glasröhre erhitzt, schmolzen sie und sublimirten sich unter Zurücklassung von etwas Kohle; in kaltem Wasser waren sie sehr wenig, leichter in kochendem Wasser auflöslich, woraus sie beim Erkalten, wieder schnell anschossen. In Alkohol waren sie noch leichter löslich, von wässrigem Kali wurden sie schnell aufgenommen, und aus dieser Auflösung durch Salpetersäure wieder krystallinisch abgeschieden; sie verhielten sich also vollkommen wie Benzoesäure. Diese war nicht in freiem Zustande in diesem Harne, sondern mit irgendeiner Basis verbunden; denn als ein anderer Theil des Urines fast bis zur Trockne abgedampft war, blieb beim Auflösen desselben in wenigem kalten Wasser keine Benzoesäure zurück, sie schied sich aber bald in schönen Krystallen ab, als Salpetersäure zu dieser Auflösung gesetzt wurde."[17]

Wöhler ging also hier davon aus, daß die verabreichte Benzoesäure zwar chemisch unverändert, aber mit einer „Basis" verbunden (d.h. als Salz) ausgeschieden wird. Wahrscheinlich hatte er aber eine neue Verbindung in der Hand, die mit der Benzoesäure verwandt war, sich jedoch in einigen Eigenschaften unterschied.[18] 1829 hat Justus Liebig (1803–1873) diese Verbindung aus Pferdeharn isoliert und chemisch charakterisiert.[19] Er bezeichnete sie als „Hippursäure" (Kristalle siehe S. 224).

Bevor wir die Erforschung dieses Stoffes weiter verfolgen, sei noch auf einige allgemeine Schlußfolgerungen eingegangen, die Wöhler im 2. Teil seiner Arbeit „Übergang von Materien in den Harn" gezogen hat.

Wöhler teilt die untersuchten Stoffe hinsichtlich ihres Verhaltens im Körper in vier Gruppen ein:
1. Stoffe, die sich nicht mehr nachweisen lassen,
2. Stoffe, deren „Zersetzungsprodukte" im Harn ausgeschieden werden,
3. Stoffe, die im Körper „mit einer anderen Materie in eine neue Verbindung treten",
4. Stoffe, die unverändert ausgeschieden werden.

Er diskutiert dann mögliche Ursachen für das unterschiedliche Verhalten dieser vier Gruppen. So können die Stoffe der ersten Gruppe „im Chylifications- und Sanguificationsproceß" zerstört, als Nahrungsstoffe verwertet, durch Haut oder Atemluft entfernt oder im Darmkanal unresorbierbar geworden sein. Für die zweite Gruppe führt er die schon erwähnten chemischen Reaktionen bei Jod bzw. Hexacyano-ferrat-III als Beispiele an. Zur dritten Gruppe zählt er vor allem organische Säuren, deren Salze im Harn erscheinen. Zur vierten Gruppe führt Wöhler aus:

> „daß alle, auf irgend einem Wege, in den thierischen Körper gebrachte Materien, welche im Wasser und in den Flüssigkeiten des Körpers auflöslich sind, welche nicht in seine Mischung eingehen, oder, wie man sagt assimilirt werden, welche nicht chemisch durch die in den Flüssigkeiten oder Gebilden enthaltenen Körper in unauflösliche Verbindungen übergeführt, welche nicht durch den Act der Respiration oder andere im Körper vor sich gehende chemische Processe zerstört werden, welche nicht zu adstringend wirken, welche endlich nicht wegen ihrer Flüchtigkeit durch die Transspiration [!] weggehen, daß diese alle in den Urin übergehen können."[20]

An diese Feststellungen schließt er einige grundsätzliche Überlegungen bezüglich der Nierenfunktion an. Unter Hinweis auf Versuche von Jean Louis Prévost (1790–1850) und Jean Baptiste Dumas (1800–1884), die bei Tieren nach operativer Entfernung der Nieren einen Anstieg der Harnstoffkonzentration im Blut beobachtet hatten,[21] spricht er sich wie diese dafür aus, daß „nähere Bestandtheile des Harns schon im Blute gebildet" anzunehmen seien, also nicht durch die Niere gebildet werden. Die Funktion der Nieren beschreibt er mit den Worten:

> „Sie sind vorhanden, um eine Flüssigkeit auszusondern, aus denjenigen Materien zusammengesetzt, die theils unassimilirt ins Blut gelangten, und zum Stoff-Ersatz des thierischen Körpers nicht brauchbar sind, theils bei der Verdauung und dem Wechsel der Materie im thierischen Organismus erzeugt, oder bei diesen Vorgängen als fernerhin unbrauchbar abgeschieden werden; sie sind also Organe, welche dazu beitragen, das Blut in seiner zum Leben nothwendigen Mischung zu erhalten, ohne selbst eine neue Materie zu erzeugen."[22]

An dieser ersten physiologischen Arbeit Wöhlers, die August Wilhelm von Hofmann später in seinem Nachruf auf Wöhler als „bahnbrechend" bezeichnet hat,[23] ist der Einsatz chemischer Methoden zum Stoffnachweis und zur Stoffisolierung bemerkenswert, welcher Wöhlers Erfahrung in der Chemie erkennen läßt. Vorgänge im lebenden Organismus werden als chemische Prozesse gesehen, bei welchen Stoffe in definierte Produkte umgesetzt werden. Der Gedanke des chemischen Wechsels der Materie ist bereits deutlich.[24] Aber man erkennt auch – etwa bei der Diskussion um die Nierenfunktion und ihre Rolle bei den stofflichen Veränderungen im Organismus – den naturwissenschaftlich denkenden Mediziner.

Wöhler trat, nach Ablegung des medizinischen Examens und der Promotion zum Dr. medicinae, im Herbst 1823 seine Reise zu einem einjährigen Aufenthalt im Laboratorium von Berzelius an. 1825 ging er dann als Lehrer der Chemie an die Städtische Gewerbeschule nach Berlin.

Hier gelang ihm 1828 die künstliche Darstellung des Harnstoffs.[25] Im folgenden Jahr teilte ihm Liebig im November 1829 die Entdeckung der Hippursäure mit:

„Mit einer neuen Säure muss ich Sie auch noch bekannt machen, die bekannt und nicht bekannt ist; es ist dies die Säure, welche Fourcroy und Vauquelin in dem Harn des Rindviehs und der Pferde gefunden haben.[26] Sie ist keine Benzoësäure, sie krystallisirt auch ganz anders. Beim Erhitzen sublimirt sie nur zum kleinsten Theil, verkohlt und verbreitet einen durchdringenden Geruch nach Kirschlorbeer."[27]

Wöhler scheint durch Liebigs Hippursäure-Arbeit an seine Heidelberger Studien erinnert worden zu sein, denn er griff im folgenden Jahr die Frage des physiologischen Zusammenhanges zwischen Benzoesäure und Hippursäure wieder auf und führte zur Klärung einen Versuch mit einem Hund aus, über den er Liebig in einem Brief informierte:

„Was sagst Du dazu, daß, wenn man einem Hunde Benzoësäure zu fressen giebt, er Hippursäure pißt? Ich habe einige vergebliche Versuche gemacht, mit Benzoësäure und Harnstoff Hippursäure zu machen."[28]

Wöhler sah offenbar die Möglichkeit der „chemischen Metamorphose" der Benzoesäure zu Hippursäure im tierischen Organismus, also eines „Stoffwechselprozesses". Er war damals gerade damit beschäftigt, Berzelius' „Lehrbuch der Chemie" ins Deutsche zu übersetzen. An der Stelle, wo Berzelius Wöhlers Arbeit über den „Übergang der Materien in den Harn" bespricht, fügte er die folgende Fußnote ein:

„Es wäre möglich, daß hierbei die Benzoësäure in Harnbenzoësäure[29] umgewandelt worden sei. Wenigstens stimmen die schönen, soliden Krystalle der Säure, welche ich auf diese Weise aus dem Harne eines Hundes abscheiden konnte, der Benzoësäure gefressen hatte, in ihrem äußeren Ansehen mehr mit der Harnbenzoësäure als mit Benzoësäure überein. Dadurch wäre dann auch das Vorkommen der Harnbenzoësäure im Harne der kräuterfressenden Thiere erklärt, indem man annehmen könnte, daß die in den Pflanzen ihres Futters enthaltene Benzoesäure bei der Verdauung in Harnbenzoësäure umgewandelt werde. W."[30]

Die charakteristischen Kristalle der Hippursäure sind in der folgenden Abbildung wiedergegeben.[31]

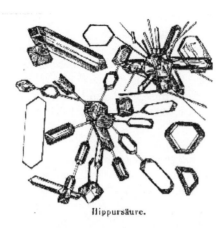
Hippursäure.

Wöhler war 1836 auf den Lehrstuhl der Chemie und Pharmacie an der Göttinger Universität berufen worden. Im Zusammenhang mit seinen in diesem Beitrag besprochenen Arbeiten zur physiologischen Chemie ist von Interesse, daß sich Wöhler – gegen den Vorschlag der Universität – für einen Verbleib des Lehrstuhls für Chemie in der Medizinischen Fakultät einsetzte. Er begründete dies mit der Bedeutung der Chemie für das Studium der Physiologie und damit für das ganze Medizinstudium.[32] Er hat auch, worauf noch einzugehen ist, in seinem Institut bis in die 50er Jahre ein eigenes „physiologisch-chemisches Laboratorium" betrieben.

Wöhlers Auffassung von einem engen Bezug der Chemie – besonders der Chemie organischer Stoffe – zur Medizin wird auch deutlich bei gemeinschaftlichen Aktivitäten mit seinen Fakultätskollegen. So wurde im Sommer 1836 in den Göttingischen gelehrten Anzeigen, dem Mitteilungsblatt der Königlichen Gesellschaft der Wissenschaften in Göttingen, ein „Physiologischer Preis, gestiftet von einem Freunde der Wissenschaften" ausgeschrieben.[33] Das Preisrichterkollegium bildeten Wöhler und seine Kollegen in der medizinischen Fakultät, der Botaniker Friedrich Gottlieb Bartling (1798–1875)[34] und der Zoologe und Physiologe Arnold Adolph Berthold (1803–1861).[35] Die Preisfrage lautete:

„Welches physiologische Wechselverhältniß findet zwischen den einzelnen Bestandtheilen des Blutes überhaupt, besonders aber zwischen den sogenannten nächsten Bestandtheilen desselben statt, und welchen Antheil hat jedes einzelne dieser letztern an dem Sanguifications-, Ernährungs-, und Absonderungs-Processe?"

Der Preis wurde zunächst nicht verliehen und 1838 erneut ausgeschrieben, zugleich mit zwei weiteren Preisfragen (zur Rolle der Schleimhaut des Magens bei der Chymification und zur Bedeutung der unorganischen Elemente für den pflanzlichen Organismus).[36] 1839 wurde der 1836 ausgelobte Preis dem Greifswalder Professor Friedrich Ludwig Hünefeld (1799–1882)[37] zuerkannt, der eine verbesserte Fassung seiner schon 1836 eingereichten Schrift eingesandt hatte.[38] Die Preisarbeit wurde von Hünefeld als Buch publiziert.[39]

Im Jahre 1841 wurde die Hippursäure-Frage wieder aktuell, als der britische Arzt und Chemiker Alexander Ure (?–1866)[40] über die Ausscheidung von Hippursäure im Urin nach Verabreichung von Benzoesäure beim Menschen berichtete.[41] Da Ure neben der Hippursäure im Urin keine Harnsäure fand, nahm er an, daß die Hippursäure anstelle von Harnsäure gebildet wird und schlug die Verabreichung von Benzoesäure zur Behandlung der Gicht vor, um die Ablagerung von harnsauren Salzen in Form von Nierensteinen bei dieser Krankheit zu vermeiden.

Wöhler beauftragte seinen Mitarbeiter Wilhelm Keller (1818–?)[42] mit der Überprüfung der Arbeit von Ure. Keller nahm im Selbstversuch mehrmals nacheinander 2 g Benzoesäure ein. Es gelang ihm aus dem Urin durch Zugabe von Salzsäure Hippursäure direkt kristallin abzuscheiden und durch Elementaranalyse zu charakterisieren.[43] Die Verminderung von Harnsäure im Urin nach Gabe von Benzoesäure, die Ure beobachtet hatte, konnte Keller jedoch nicht bestätigen.

Liebig hatte offenbar die früheren Hinweise von Wöhler zur Hippursäurebildung vergessen, denn als er Kellers Arbeit, die für die Publikation in den „Annalen" eingereicht worden war, gelesen hatte, wandte er sich sogleich brieflich an Wöhler:

> „Mystificire mich nicht und mache keinen Spaß. Die Thatsache, die Ihr, Du und Keller, beobachtet habt, die Entstehung der Hippursäure aus Benzoësäure, ist für mich von der außerordentlichsten Wichtigkeit, und ich sehe ihrer Bestätigung mit dem größten Verlangen entgegen. Ich werde sie im Anhange meiner Physiologie, als von Dir und Keller kommend, anführen."[44]

Liebigs großes Interesse hing – wie das vorstehende Briefzitat zeigt – mit seiner „Thier-Chemie" zusammen, an der er im März 1842 intensiv arbeitete. Er hatte in dem schon fertiggestellten Teil der „Thier-Chemie" die Arbeit von Ure erwähnt, nicht jedoch Wöhlers Versuch von 1830 und ausgeführt:

> „Wenn sich diese Beobachtung [von Ure] bestätigen sollte, so erlangt sie eine große physiologische Bedeutung, weil sie offenbar beweisen würde, daß der Akt der Umsetzung der Gebilde im Thierkörper, durch gewisse, in den Speisen genossene Materien, eine andere Form in Beziehung auf die neugebildeten Verbindungen annimmt, denn die Hippursäure enthält die Elemente des milchsauren Harnstoffs, in dessen Zusammensetzung die Elemente der Benzoesäure eingetreten sind."[45]

Im Anhang der „Thier-Chemie" ist dann die Arbeit von Keller aus den „Annalen der Chemie" vollständig abgedruckt worden.[46] In einer Fußnote bemerkte Liebig, daß Wöhler die Bildung von Hippursäure aus Benzoesäure bereits 1831 vermutet habe. Unabhängig davon wies Wöhler in einer Notiz in den Göttingischen gelehrten Anzeigen noch einmal auf die Zusammenhänge hin.[47] Noch vier Jahre später, anläßlich der 3. Auflage von Liebigs „Thier-Chemie", ist eine gewisse Verärgerung Wöhlers zu bemerken, daß die Entdeckung dieses ersten wichtigen Stoffwechselprozesses einer organischen Substanz nicht ihm, sondern Ure und Keller zugeschrieben wurde. Er bat Liebig in einem Brief vom 5. Februar 1846, ihm in der neuen Auflage seines Buches „Gerechtigkeit widerfahren zu lassen" und fügte hinzu:

> „Seit ich Keller veranlaßt habe, Versuche hierüber anzustellen, wird nur er genannt, der doch nur der Apparat dazu war und der nicht die Idee dazu gegeben hat."[48]

Und in einem Brief an Berzelius schrieb er:
> „Auf diese Entdeckung lege ich einigen Werth und ärgere mich, dass sie mir entrissen worden ist. Denn ich bin fest überzeugt, das Ure durch meine Note in Deinem Lehrbuch auf die Idee gebracht worden ist."[49]

1847 griff Wöhler das Problem des Stoffwechsels verabreichter Fremdstoffe wieder auf, welches er schon 1823 in Heidelberg bearbeitet hatte. Gemeinsam mit dem jungen Privatdozenten im Physiologischen Institut Friedrich Theodor Frerichs (1819–1885) entstand eine umfangreiche experimentelle Studie.[50] Frerichs hatte in Göttingen Medizin studiert und war durch Wöhler sehr stark für die Chemie und ihre Anwendung in der Medizin interessiert worden. Nach dem Abschluß seines Studiums hatte er einige Jahre als Arzt praktiziert und sich 1846 entschlossen, wieder an die Göttinger Universität zurückzukehren. Er habilitierte sich 1846 für Pathologische Anatomie, Histochemie und Anthropochemie und wurde Assistent am Physiologischen Institut bei Rudolf Wagner (1805–1864).[51] 1848 wurde er zum außerordentlichen Professor ernannt.[52] Wöhler schrieb über ihn in einem Brief an Liebig:[53]

> „Hierbei für die Annalen ein Aufsatz von Frerichs. Er ist Assistent bei Wagner. Bei der Ueberzahl von jungen Physiologen, die wir hier haben, ist hier wenig Aussicht für ihn. Empfiehl ihn doch bitte . Er ist ein äußerst tüchtiger Kerl, von echt ostfriesischer Race, wie Schlosser in Heidelberg[54]."

Und am 8. März 1848 schrieb Wöhler an Berzelius:
> „Nur bei einer Arbeit war ich mitwirkend, insofern ich alle Ideen dazu gegeben habe, nämlich über eine Reihe von Versuchen über die Veränderungen, die organische Stoffe von bekannter Zusammensetzung bei ihrem Übergang in den Harn erleiden, Versuche, die ich mit Dr. Frerichs, einem ausgezeichneten chemischen Physiologen gemeinschaftlich angestellt habe..."[55]

In ihrer gemeinsamen Arbeit beschrieben Wöhler und Frerichs Tierversuche, bei denen zahlreiche Substanzen verabreicht und die Ausscheidungsprodukte im Harn chemisch untersucht wurden. Das Versuchsschema entsprach also etwa dem in Wöhlers Arbeit von 1824. Aber entsprechend den inzwischen gewonnenen chemischen Kenntnissen wurden diesmal chemisch exakt definierte Stoffe verabreicht und der Nachweis der Stoffe bzw. ihrer Stoffwechselprodukte erfolgte mit modernen analytischen Methoden. Wichtig ist auch, daß bestimmte Stoffe ganz gezielt eingesetzt wurden, um bestimmte physiologische Fragen beantworten zu können.

Interessant war für Wöhler besonders das physiologische Verhalten von Harnsäure und Allantoin im Vergleich mit den chemischen Umsetzungen, die er zusammen mit Liebig studiert hatte. Von diesen Untersuchungen heißt es:
> „Diese wurden besonders in der Absicht versucht, um über das Verhältniß der Harnsäure zum Harnstoff Aufklärung zu erhalten, namentlich um die Frage zu entscheiden:

ob die Harnsäure im lebenden Organismus in derselben Weise, wie es z. B. durch Bleisuperoxyd sich ausführen läßt, in Harnstoff, Oxalsäure und Allantoin umgewandelt wird."[56]

Tatsächlich wurden nach Gabe von harnsauren Salzen Oxalsäure und Harnstoff vermehrt im Urin gefunden, nicht jedoch Allantoin. Nach der Verabreichung von Allantoin, das im Reagensglas als Oxidationsprodukt aus Harnsäure entsteht, konnten keine Abbauprodukte gefunden werden. Auch Allantoin selbst wurde nicht ausgeschieden.

Mit diesem Versuch hatten Wöhler und Frerichs, ausgehend von der Wöhler-Liebig-Arbeit über die Natur der Harnsäure,[57] methodisches Neuland betreten. Sie untersuchten den biologischen Abbau von Stoffen, „deren chemische Constitution bekannt ist, die nach allen Richtungen hin genau erforscht sind, deren Umsetzungen daher Rückschlüsse auf die veranlassende Ursache gestatten."[58] Wöhler und Frerichs warfen auch kurz die Frage nach dem Ort im Organismus auf, an dem sich derartige Stoffwechselprozesse abspielen könnten, ließen aber dieses Problem „wegen des geringen Umfanges unserer Kenntnisse" außer Betracht. Noch im gleichen Jahr veröffentlichte Frerichs eine bemerkenswerte Arbeit, in welcher er versuchte, den „reinen Stoffwechsel abgesehen von aller Zufuhr" zu messen, das heißt den Umsatz beim hungernden Tier.[59] Seine Ergebnisse führten ihn zu der Vermutung, daß eiweißhaltige Nahrungsstoffe auch direkt abgebaut werden können, anders als Liebig postuliert hatte (siehe hierzu den Beitrag von Holmes in diesem Bande, S. 37).

Friedrich Theodor Frerichs verließ Göttingen 1850, um einem Ruf als Professor der Medizin an der Universität Kiel zu folgen. Die Leitung des Göttinger Physiologisch-chemischen Laboratoriums übernahm Wöhlers Assistent Georg Städeler (1821–1871).[60] Ihm gelang es 1851 durch Destillation von Kuh-Urin mit Schwefelsäure Phenole als Bestandteile des Urins nachzuweisen.[61] Der Chemiker Eugen Baumann (1846–1896)[62] hat später diese Phenole genauer untersucht und gefunden, daß sie „gepaart"[63] mit Schwefelsäure ausgeschieden werden.[64] Damit war eine weiterer Syntheseprozess im tierischen Organismus nachgewiesen.

Die enge Zusammenarbeit von Frerichs und Wöhler auf dem Gebiet der Chemie des Stoffwechsels wirkte sich noch im folgenden Jahrzehnt aus, als Frerichs bei seinen berühmt gewordenen Arbeiten über die Leberkrankheiten „unmittelbare Produkte des abnormen Stoffwandels" in der Leber (später auch im Urin) bei Patienten mit akuter Leberatrophie entdeckte.[65] In Zusammenarbeit mit Georg Städeler, der inzwischen in Zürich tätig war, wurden diese Stoffe als die Aminosäuren Tyrosin[66] und Leucin[67] identifiziert.[68]

1856 wurde von der Göttinger Medizinischen Fakultät erneut eine Preisaufgabe gestellt. Diesmal hing die Frage direkt mit Wöhlers altem Problem der Entstehung der Hippursäure im Organismus zusammen. Die chemische Konstitution der Hippursäure war inzwischen durch den Pariser Mediziner Victor Dessaignes (1800–1885) als Verbindung aus Benzoesäure und Glycin („Leimsüß")[69] erkannt worden.[70] 1853 war Dessaignes auch die Synthese der Hippursäure gelungen.[71] Damit konnte die Bildung der Hippursäure im Organismus als eine „Paarungsreaktion" von Benzoesäure und Glycin[72] beschrieben werden.

Die Göttinger Preisfrage lautete:

"Durch genaue chemische Untersuchung möge die Frage beantwortet werden, ob jene Pflanzen, welche pflanzenfressende Tiere, vor allem Pferde und Rinder, meistens fressen, vor anderen Wiesengräser, Benzoesäure oder Benzoylverbindungen enthalten, woraus Hippursäure abgeleitet werden kann, welche im Urin jener Tiere regelmäßig zu erscheinen pflegt."[73]

Der Preis wurde 1857 an zwei Göttinger Mediziner vergeben, Wöhlers Mitarbeiter Wilhelm Hallwachs (1834–1881)[74] und den Medizinstudenten August Weismann (1834–1914)[75]. Beide Arbeiten wurden im gleichen Jahr in Göttingen publiziert.[76] Hallwachs hatte Tierfutter systematisch auf „Benzoylverbindungen"[77] untersucht. Da er derartige Stoffe in Wiesengräsern und anderen Futterpflanzen aber kaum gefunden hatte, schloß er aus seinen Versuchen, daß „die Hippursäurebildung nicht durch einen besonderen Nahrungsbestandteil bedingt, sondern ein Product des allgemeinen Stoffwechsels sei." Weismann wählte einen etwas anderen Weg. Er extrahierte Futterpflanzen mit verschiedenen Lösungsmitteln und prüfte, ob die erhaltenen Extrakte im Tier die Bildung von Hippursäure bedingen. Er konnte keinen Effekt feststellen, vermutete aber einen Einfluß von Stoffen aus dem nichtlöslichen Gerüst der Pflanzen.

Hallwachs hatte noch im gleichen Jahr im Göttinger Physiologischen Institut zusammen mit dem Göttinger Medizinstudenten Wilhelm Kühne (1837–1900) versucht, experimentell zu klären, an welchem Ort im Körper ein Stoffwechselvorgang wie die „Paarung" der Benzoesäure mit „Leimsüß" stattfindet. Sie vermuteten, daß die Hippursäurebildung in der Leber erfolge,[78] was aber von anderen Untersuchern nicht bestätigt werden konnte. Erst 1876 konnten Gustav Bunge (1844–1920) und Oswald Schmiedeberg (1838–1921) bei Hunden die Niere als Bildungsort der Hippursäure nachweisen.[79]

Wöhlers langjähriger Assistent Georg Städeler war 1853 nach Zürich berufen worden. Sein Nachfolger wurde der Apotheker Carl H. Detlev Bödeker (1815–1895), der 1854 als außerordentlicher Professor die Leitung des Physiologisch-chemischen Laboratoriums im Göttinger Physiologischen Institut übernahm. Bödeker machte 1859 bei der Untersuchung eines Patientenurins eine Beobachtung die schließlich zu einer neuen Gruppe von Krankheiten führte, den „angeborenen Stoffwechselstörungen" („inborn errors of metabolism").[80] Ausgangspunkt war ein falsch-positiver „Zuckertest" in einem Urin, der durch einen unbekannten, reduzierenden Stoff verursacht wurde.[81] Bödeker nannte diesen Stoff, der sich in alkalischer Lösung dunkel färbt, „Alkapton".[82] Der englische Arzt Archibald E. Garrod (1857–1936) hat 1899 die als „Alkaptonurie" bezeichnete Störung als erstes Beispiel einer erblich bedingten, „angeborenen" Stoffwechselstörung beschrieben.[83]

Dieser kurze Überblick sollte zeigen, daß Friedrich Wöhler mit seiner Heidelberger Arbeit von 1824 eine Entwicklung angestoßen hat, die noch zu seinen Lebzeiten zu zahlreichen neuen Erkenntnissen über die chemischen Vorgänge im tierischen Stoffwechsel geführt hat. Als Wöhler begann, wurden chemische Vorgänge im tierischen Organismus – etwa bei der Atmung oder der Verdauung – ausschließlich als Abbauvorgänge gesehen. Auch Liebig sieht in seiner

„Thier-Chemie" chemische Metamorphosen im Körper noch als Abbauvorgänge, als „Zersetzungen", etwa durch Oxidation oder durch fermentative Spaltungsprozesse. Im Gegensatz zum tierischen Organismus sah man im pflanzlichen Stoffwechsel nur Synthesen und Reduktionsvorgänge.[84] Wöhlers Arbeiten haben den Blick auf synthetische Prozesse im Tierkörper gelenkt. Schon in seiner Heidelberger Arbeit konnte er Reduktionsvorgänge in vivo nachweisen. Es folgte mit der Hippursäurebildung aus Benzoesäure ein erstes Beispiel einer synthetischen Reaktion vom Typ der heute so genannten Entgiftungsreaktionen, die Konjugation mit Glycin. In Wöhlers Göttinger Laboratorium wurde auch der Anstoß gegeben zur Entdeckung von Entgiftungsreaktionen, bei denen eine Konjugation mit Schwefelsäure erfolgt. Wöhler steht damit am Anfang der Erforschung der „Entgiftungs-Reaktionen" im tierischen Organismus. Eugen Baumann hat 1878 in seinem Berliner Habilitations-Vortrag „Über die synthetischen Processe im Thierkörper" die inzwischen bekannt gewordenen Reaktionen unter ausdrücklichem Hinweis auf Wöhlers Arbeiten erstmals zusammengestellt und damit eine neues Gebiet der Stoffwechselforschung inauguriert.[85] Er verwies darauf, daß Wöhler als erster Reduktionsreaktionen im tierischen Stoffwechsel nachgewiesen hatte. Die Paarungsreaktion der Benzoesäure mit Glycin eröffnete eine zweite Gruppe synthetischer Stoffwechselreaktionen. Städelers Nachweis von Phenolen im Urin schließlich bildete den Ausgangspunkt der Arbeiten von Baumann, die zur Entdeckung der Paarungsreaktion mit Schwefelsäure führten. So hat Friedrich Wöhler das Tor geöffnet für ein wichtiges neues Forschungsgebiet.[86]

Wöhler hat das Interesse an der Erforschung chemischer Vorgänge des Stoffwechsels zeitlebens bewahrt und gepflegt. In den langen Jahren seiner Tätigkeit in Göttingen hat er durch Einrichtung einer eigenen Abteilung für Physiologische Chemie die Arbeiten seiner Schüler auf diesem Gebiet nachhaltig unterstützt und damit auch die Entstehung des Faches Physiologische Chemie wirksam befördert.

Abbildungen

Abb. 12: Leopold Gmelin, siehe Tafel
Abbildung von Hippursäurekristallen im Text

Literatur und Anmerkungen

1 Siehe hierzu: Friedrich Wöhler: Jugenderinnerungen eines Chemikers. Berichte der Deutschen Chemischen Gesellschaft 8 (1875), S. 838–852.
2 Zur Biographie Wöhlers siehe z.B.: (1) August Wilhelm von Hofmann: Zur Erinnerung an vorangegangene Freunde. Gesammelte Gedächtnisreden. Braunschweig: F. Vieweg & Sohn, 1888. Zweiter Band, S. 1–205. (2) Johannes Valentin: Friedrich Wöhler. Stuttgart: Wissenschaftliche Verlagsgesellschaft, 1949 (Grosse Naturforscher, 7). (3) Robin Keen: The life and work of Friedrich Wöhler (1800–1882). London, 1976. (Dissertation (Ph.D.) University College London, 1976). (4) Georg Schwedt: Der Chemiker Friedrich Wöhler (1800–1882) : Eine biographische Spurensuche Frankfurt am Main, Marburg und Heidelberg, Stockholm, Berlin und Kassel, Göttingen. Seesen: HisChymia Buchverlag, 2000.
3 Siehe dazu: J. Büttner: Von der oeconomia animalis zu Liebigs Stoffwechselbegriff. Im vorliegenden Band.

4   Leopold Gmelin wurde 1813 Privatdozent, 1814 außerordentlicher Professor an der Heidelberger Universität. 1814–1815 war er zu einem Aufenthalt in Paris, um Gay-Lussac, Thenard zu hören und bei Vauquelin im Laboratorium zu arbeiten. Seit 1817 war er Professor der Medizin und Chemie an der Universität Heidelberg.
5   Gaspare Aselli: De lactibus, sive lacteis venis, quarto vasorum mesaraicorum genere, Novo invento Dissertatio. Mediolani, apud Io. B. Bidellium, 1627.
6   Jean Pecquet: Experimenta Nova Anatomica, Quibus Incognitum hactenus Chyli Receptaculum, & ab eo per Thoracem in ramos usque Subclavios Vasa Lactea deteguntur. Paris : Apud S. Cramoisy et G. Cramoisy, 1651.
7   F. Tiedemann und L. Gmelin: Versuche über die Wege, auf welchen Substanzen aus dem Magen und Darmkanal ins Blut gelangen, über die Verrichtung der Milz und die geheimen Harn-Wege. Heidelberg: Mohr & Winter, 1820.
8   Bleizucker ist Bleiacetat, Eisenvitriol ist Eisen-II-sulfat, blausaures Eisenkali ist gelbes Blutlaugensalz oder Kalium-Hexacyanoferrat-II.
9   François Magendie (1783–1855) hatte sich bereits 1809 mit derartigen Versuchen beschäftigt, die aber erst 1821 publiziert wurden. Er hatte festgestellt, daß Alkohol oder riechende Stoffe wie Campher nach oraler Aufnahme nicht im Chylus erscheinen, wohl aber im Blut nachweisbar sind. Siehe: F. Magendie: Mémoire sur les organes de l'absorption chez les mammifères. Journal de Physiologie expérimentale et pathologique 1 (1821), S. 18–31.
10 F. Tiedemann und L. Gmelin: Die Verdauung nach Versuchen. Heidelberg und Leipzig: K. Groos, 1826–1827. 2 Bände.
11 „Quae materiae in corpus hominum aut animalium per os aliove modo ingestae, seu integrae seu mutatae in eorum urina detegi possunt et quid inde concludere licet?". Zitiert in: Valentin, Wöhler, wie Anm. (1 (2)), S. 28.
12 F. Wöhler: Versuche über den Übergang von Materien in den Harn. Zeitschrift für Physiologie. Untersuchungen über die Natur des Menschen, der Thiere und der Pflanzen [Heidelberg und Darmstadt] 1 (1824) Heft 1, S. 125–146 und Heft 2, S. 290–317. „Eine von der Medicinischen Facultät in Heidelberg gekrönte Preisschrift".
13 Wöhler, Übergang von Materien, wie Anm. (12), S. 125–126.
14 Wöhler, Übergang von Materien, wie Anm. (12), S. 127.
15 Benzoësäure gehörte als „Benzoëblumen", einem Sublimationsprodukt aus dem Harz einer im östlichen Mittelmeerraum und in Ostasien heimischen Pflanze (Styrax officinalis), seit dem 17. Jahrhundert zum Arzneischatz. Sie wurde von Scheele rein dargestellt und als Säure charakterisiert. Siehe: C. W. Scheele: Anmärkingar om Benzoe-Salted. Kgl. Vetenskaps Academiens Handlingar Stockholm 36 (1775), S. 123–133.
16 Gebräuchliches Apothekergewicht. 1 Drachme ca. 3,7 g.
17 Wöhler, Übergang von Materien, wie Anm. (12), S. 142–143.
18 Über das Vorkommen von Benzoesäure im Urin, besonders von pflanzenfressenden Tieren, wurde häufiger berichtet. Ob dabei Benzoesäure oder Hippursäure vorlag, ist nicht mit Sicherheit zu sagen.
19 Justus Liebig: Über die Säure, welche in dem Harn der grasfressenden vierfüssigen Thiere enthalten ist. Annalen der Physik und Chemie, herausgegeben von Poggendorff [N.F.] 17 (1829), S. 389–399.
20 Wöhler, Übergang von Materien, wie Anm. (12), S. 309–310.
21 J. L. Prevost et J. B. A. Dumas,: Examen du sang et de son action dans les divers phénomènes de la vie. Bibliothèque universelle de Genève [Genève] 18 (1821), S. 208–220.
22 Wöhler, Übergang von Materien, wie Anm. (12), S. 314–315.
23 A. W. v. Hofmann, Erinnerung, wie Anm. (2), Band 2, S. 16.
24 Siehe hierzu: J. Büttner: Von der oeconomia animalis zu Liebigs Stoffwechselbegriff. Im vorliegenden Bande (siehe S. 61).
25 Siehe hierzu die Arbeit: Hans-Werner Schütt: Die Synthese des Harnstoffs und der Vitalismus. In: Ontologie und Wissenschaft. Kolloquium an der Technischen Universität Berlin. 1982/83, S. 199–214. Abgedruckt im vorliegenden Bande (siehe S. 95).
26 Fourcroy und Vauquelin hatten aus Pferdeurin eine Substanz gewonnen, welche sie als Benzoesäure ansahen. Siehe: A. F. Fourcroy et L. N. Vauquelin: Mémoire sur l'urine du cheval comparée à l'urine de l'homme, et sur plusieurs points de physique animale. Mémoires de la Classe des sciences mathematiques et physiques de l'Institut national de France [Paris] 2 (1799), S. 431–459, hier S. 441.
    Liebig hatte in seiner Arbeit 1829 vermutet (siehe: Liebig, Säure im Harn, wie Anm. (18)), daß die französischen Chemiker die Hippursäure schon in der Hand gehabt, aber für Benzoesäure gehalten hätten. Einer

Bemerkung von Volhard zufolge beruhte diese Annahme auf einem Mißverständnis. Nach dem verwendeten Aufarbeitungsverfahren sei davon auszugehen, daß es sich um Benzoesäure gehandelt habe. Siehe: Jacob Volhard: Justus von Liebig. Leipzig: J. A. Barth, 1909, Band 1, S. 204.

27 Aus Justus Liebig's und Friedrich Wöhler's Briefwechsel in den Jahren 1829–1873. Herausgegeben von A. W. v. Hofmann u. Emilie Woehler. Braunschweig: Vieweg, 1888, Band 1, Brief vom 26.11.1829. Siehe auch: Liebig, Säure im Harn, wie Anm. (19). Die Formel der Hippursäure bestimmte Liebig 1834: J. Liebig: Ueber die Zusammensetzung der Hippursäure. Annalen der Pharmacie 12 (1834), S. 20–24.

28 Liebig und Wöhler, Briefwechsel, wie Anm. (27), Band 1, S. 35, Brief vom 28.11.1830.

29 Berzelius hatte die Bezeichnung „Harnbenzoesäure" statt „Hippursäure" vorgeschlagen, da sie nicht nur im Harn des Pferdes gefunden wurde.

30 F. Wöhler: <Fußnote zur Benzoesäure>. Dresden: Arnoldische Buchhandlung, 1831. In: J. J. Berzelius: Lehrbuch der Thierchemie (besonderer Druck von Band 4 der 2. Auflage von Berzelius' Lehrbuch der Chemie), S. 376.

31 Aus: Willy Kühne: Lehrbuch der physiologischen Chemie. Leipzig: W. Engelmann, 1866–1868, S. 499. Kühne hatte sich 1857 im Laboratorium von Wöhler mit dem Stoffwechsel der Hippursäure beschäftigt.

32 Siehe Brief Wöhlers an die Universität Göttingen, zitiert in: Valentin, Wöhler, wie Anm. (2), S. 82.

33 F. G. Bartling, A. A. Berthold und F. Wöhler: Physiologischer Preis gestiftet von einem Freunde der Wissenschaft. Goettingische gelchrtc Anzeigen. Stück 109 (11. Juli 1836) (1836), S. 1081–1083.

34 Bartling hatte in Göttingen studiert. Er wurde 1831 außerordentlicher Professor der Botanik an der Göttinger Universität. Von 1837–1875 hatte er den Lehrstuhl für Botanik inne und war zugleich Direktor des Botanischen Gartens.

35 Berthold hatte sich 1825 in Göttingen habilitiert. Seine Arbeitsgebiete waren Zoologie und Physiologie. 1835 wurde er außerordentlicher, 1836 ordentlicher Professor für Zoologie und vergleichende Anatomie an der Göttinger Universität. Von ihm stammte ein vielgelesenes „Lehrbuch der Physiologie", welches 1837 in 2., 1848 in 3. Auflage erschien. Wichtig sind auch Bertholds Experimente zur Hodentransplantation. Siehe: H. Simmer u. I. Simmer: Arnold Adolph Berthold (1803–1861): Zur Erinnerung an den hundertsten Todestag des Begründers der experimentellen Endokrinologie. Deutsche medizinische Wochenschrift 86 (1961), S. 2186–2192.

36 F. G. Bartling, A. A. Berthold u. F. Wöhler: Physiologische Preise. Goettingische gelehrte Anzeigen. Stück 101 (25. Juni 1838) (1838), S. 1001–1003.

37 Friedrich Ludwig Hünefeld studierte in Breslau Medizin, wo er 1822 zum Dr. medicinae promoviert wurde. Später wirkte er als Arzt und Dozent in Breslau. 1826 wurde er als a.o. Professor an die Universität Greifswald berufen. 1827 arbeitete er für ein Jahr bei Berzelius in Stockholm. 1833 wurde er zum o. Professor der Chemie, Pharmacie und Mineralogie ernannt. Von ihm stammt das erste Lehrbuch mit dem Titel „Physiologische Chemie". Siehe: F. L. Hünefeld: Physiologische Chemie des menschlichen Organismus, zur Beförderung der Physiologie und Medicin und für seine Vorlesungen entworfen. 2 Bände. Erster Theil. Breslau: J. F. Korn, 1826, Zweiter Theil. Leipzig : L.Voss, 1827. Berzelius und Wöhler äußerten sich in ihren Briefen mehrfach eher negativ über Hünefeld. Siehe: Briefwechsel zwischen J. Berzelius und F. Wöhler. Herausgegeben von O. Wallach. Neudruck der Auflage 1901. Wiesbaden: Sändig, 1966, 2 Bände. Hier: Band 1, Briefe Berzelius vom 26. Oktober 1827 u. 29. Dezember 1827, Brief Wöhler vom 22. April 1828.

38 F. G. Bartling, A. A. Berthold und F. Wöhler: Physiologischer Preis. Goettingische gelehrte Anzeigen. Stück 93 (10. Juni 1839) (1839), S. 921–922.

39 F. L. Hünefeld: Der Chemismus in der thierischen Organisation. Physiologisch-chemische Untersuchungen der materiellen Veränderungen oder des Bildungslebens im thierischen Organismus, insbesondere des Blutbildungsprocesses, der Natur der Blutkörperchen und ihrer Kernchen: Ein Beitrag zur Physiologie und Heilmittellehre. Leipzig: F. A. Brockhaus, 1840.

40 Alexander Ure war der Sohn des bekannten Chemikers Andrew Ure (1778–1857), mit dem er in der Literatur häufiger verwechselt wurde.

41 Alexander Ure: On gouty concretions, with a new method of treatment. Provincial medical and surgical Journal 1841 (1841), S. 331. Vgl. auch: A. Ure: On hippuric acid and its tests. Pharmaceutical Journal and Transactions [London] 1 (1841–1842), S. 24–27; A. Ure: On the conversion of benzoic acid into hippuric acid in the human subject. Pharmaceutical Journal and Transactions 1 (1841) S. 650–653. Zusammenfassendes Referat siehe: A.

Ure: De la transformation de l'acide urique en acide hippurique dans le corps humain, sous l'influence de l'acide benzoique. – Application de cette proprieté à la thérapeutique des affections calculeuses. – Caractères distinctifs des acides benzoique et hippurique. Journal de pharmacie et des sciences accessoires [Paris] 27 (1841), S. 646–649.

42 Wilhelm Carl Christian Keller (1818–?) aus Griesheim bei Darmstadt studierte Medizin zunächst in Gießen und arbeitete bei Liebig. Auf der Zeichnung von Liebigs Analytischem Laboratorium von Trautschold (siehe Abbildung in diesem Band) ist auch Keller dargestellt. Keller ging dann zu Wöhler nach Göttingen. Keller ist wahrscheinlich 1848 nach USA ausgewandert.

43 W. Keller: Ueber die Umwandlung der Benzoesäure in Hippursäure. Annalen der Chemie und Pharmacie 43 (1842), S. 108–111.

44 Liebig und Wöhler, Briefwechsel, wie Anm. (27), Brief vom März 1842, S. 191.

45 J. Liebig,: Die organische Chemie in ihrer Anwendung auf Physiologie und Pathologie. 1. Auflage. Braunschweig: Friedrich Vieweg und Sohn, 1842, S. 153–154. (Nachfolgend als „Thier-Chemie" bezeichnet).

46 Liebig, Thier-Chemie, wie Anm. (45), S. 338–342.

47 F. Wöhler: <Über die im lebenden Organismus vor sich gehende Umwandlung der Benzoësäure in Hippursäure> Goettingische gelehrte Anzeigen 1842, Stück 102, S. 1017–1020. Abgedruckt auch in: Annalen der Physik und Chemie, herausgegeben von Poggendorff 56 (1842), S. 638–641.

48 Liebig und Wöhler, Briefwechsel, wie Anm. (27), Band 1, S. 268, Brief vom 6. Februar 1846. Zu einer Besprechung dieser Frage in der 3. Auflage der „Thier-Chemie" kam es jedoch nicht mehr, weil Liebig die Fertigstellung des Buches nach Publikation der ersten Häfte abbrach.

49 Berzelius und Wöhler, Briefwechsel, wie Anm. (37), Band 2, S. 581–584, Brief vom 20. März 1846.

50 F. Wöhler u. F. Th. Frerichs: Ueber die Veränderungen, welche namentlich organische Stoffe bei ihrem Uebergang in den Harn erleiden. Annalen der Chemie und Pharmacie 65 (1848), S. 335–349.

51 Das Göttinger Physiologische Institut wurde 1842 für Rudolph Wagner als drittes seiner Art in Deutschland eingerichtet. Wegen einer Erkrankung Wagners im Jahre 1845 wurden der Pathologe Conrad Heinrich Fuchs (1803–1855) und Friedrich Wöhler mit der Oberaufsicht über das Institut beauftragt. Mit dem Unterricht in physiologischer Chemie wurde Frerichs beauftragt. Das physiologisch-chemische Laboratorium verblieb noch bis 1852 im Wöhlerschen Chemischen Institut und wurde dann in das Physiologische Institut verlagert. Von 1846 bis zu seinem Weggang nach Kiel 1850 war Frerichs für das physiologisch-chemische Laboratorium zuständig. Zur Geschichte der Göttinger Physiologie siehe: Christiane Borschel: Das Physiologische Institut der Universität Göttingen 1840 bis zur Gegenwart. Medizinische Dissertation Universität Göttingen, 1987; und: Andreas-Holger Maehle, Marlies Glase u. Ulrich Tröhler: Der Göttinger Weg von der medizinischen zur physiologischen Chemie 1840–1940. Biological Chemistry Hoppe-Seyler 371 (1990), S.447–454.

52 Zu erwähnen ist noch eine ebenfalls 1848 publizierte Arbeit von Frerichs, in welcher er aus Tierversuchen folgerte, daß ein Überschuß an stickstoffhaltiger Nahrung ebenso wie stickstofffreies Futter direkt oxidiert wird. Das stand im Gegensatz zu den Vorstellungen, die Liebig in seiner „Thier-Chemie" entwickelt hatte. Siehe: F. Th. Frerichs: Ueber das Maass des Stoffwechsels, sowie über die Verwendung der stickstoffhaltigen und stickstofffreien Nahrungsstoffe. Archiv für Anatomie, Physiologie und wissenschaftliche Medicin [Leipzig] 1848 (1848), S. 469– 491. Siehe dazu: Frederic Holmes' Einführung in Liebigs „Thierchemie" in diesem Bande (siehe Seite 1).

53 Liebig und Wöhler, Briefwechsel, wie Anm. (27), Band I, S. 304, Brief vom 2. Januar 1848. Bei der erwähnten Arbeit handelt es sich um die gemeinsame Arbeit mit Frerichs. (siehe: Wöhler und Frerichs, Veränderungen, wie Anm. (50)).

54 Der Historiker Friedrich Christoph Schlosser (1776–1861).

55 H. G. Söderbaum: Zwei bis jetzt unbekannte Briefe von Wöhler an Berzelius. Mitteilungen zur Geschichte der Medizin und Naturwissenschaften 12 (1913), S. 135–141.

56 Wöhler und Frerichs, Veränderungen (Anm. 50), S. 340.

57 Siehe dazu den Abdruck der Arbeit „Untersuchungen über die Natur der Harnsäure" in disem Bande und die Einführung dazu von J. Büttner.

58 Wöhler und Frerichs, Veränderungen, wie Anm. (50), S. 335.

59   F. Th. Frerichs: Ueber das Maass des Stoffwechsels, sowie über die Verwendung der stickstoffhaltigen und stickstofffreien Nahrungsstoffe. Archiv für Anatomie, Physiologie und wissenschaftliche Medicin [Leipzig] 1848, S.469–491.
60   Städeler war 1846 mit einer bei Wöhler ausgeführten Arbeit promoviert worden und erhielt eine Assistentenstelle bei Wöhler. 1849 habilitierte er sich in Göttingen für Chemie und Physik und war bis 1851 als Assistent in Wöhlers Institut tätig. 1851–1853 leitete er als außerordentlicher Professor das aus Wöhlers Institut ausgegliederte Chemische Laboratorium im Physiologischen Instituts. 1853 wurde er als o. Professor für Chemie nach Zürich berufen.
61   G[eorg] Städeler: Ueber die flüchtigen Säuren des Harns. Annalen der Chemie und Pharmacie 77 (1851), S.17–37. Städeler fand unter anderem Phenol und eine „kreosot-ähnliche" Verbindung, die er „Taurylsäure" nannte. Sie wurde später genauer untersucht und als „crésol" oder Kresol (Methylphenol) erkannt.
62   Eugen Albert Georg Baumann war ab 1870 Assistent bei Felix Hoppe-Seyler (1825–1895) in Tübingen und ab 1872 in Straßburg. 1877 wurde er als Vorsteher der Chemischen Abteilung an das Physiologische Institut in Berlin berufen. Ab 1883 war er Professor der Chemie an der Freiburger Universität. Siehe dazu: Beatrix Bäumer: Von der physiologischen Chemie zur frühen biochemischen Arzneimittelforschung. Der Apotheker und Chemiker Eugen Baumann (1846–1896) an den Universitäten Straßburg, Berlin, Freiburg und in der pharmazeutischen Industrie. Stuttgart: Deutscher Apotheker Verlag, 1996 (Braunschweiger Veröffentlichungen zur Geschichte der Pharmazie und Naturwissenschaften. 39).
63   Der Begriff „Paarung", „gepaarte Verbindung" geht auf einen Vorschlag von Charles Gerhardt zurück, der die Verbindung von Säuren mit neutralen organischen Verbindungen als „accouplement" bezeichnete. Berzelius griff diesen Vorschlag auf und führte die deutsche Bezeichnung „Paarung" ein. Siehe: Charles [F] Gerhardt: Sur la constitution des sels organiques à acides complexes, et leur rapports avec les sels ammoniacaux. Annales de chimie et de physique [Paris] 72 (1839), S.184–214, hier S. 198–205. Berzelius und Wöhler, Briefwechsel, wie Anm. (37), Band 2, S. 243, Brief vom 30. April 1841.
64   Baumann konnte zeigen, daß Phenole (Phenol, Kresol) in Form von Schwefelverbindungen im Urin ausgeschieden werden. Die Reaktion verläuft nach der Gleichung:
$C_6H_5OH + H_2SO_4 \rightarrow C_6H_5-O-SO_3H + H_2O$
Verbindungen dieses Typs wurden als „gepaarte Schwefelsäuren" oder „Ätherschwefelsäuren" bezeichnet. Siehe: E. Baumann: Ueber gepaarte Schwefelsäuren im Organismus. Pflügers Archiv für die gesamte Physiologie des Menschen und der Tiere 13 (1876), S.285– 308.
65   Frerichs hatte diese Untersuchungen 1851 in Kiel begonnen und in Breslau, wo er ab 1852 als Kliniker ab 1852 tätig war, fortgeführt.
66   Liebig hatte diesen Stoff durch alkalische Hydrolyse von „Käsestoff" erhalten und später als „Tyrosin" bezeichnet. Siehe: J. Liebig: Baldriansäure und ein neuer Körper aus Käsestoff. Annalen der Chemie und Pharmacie 57 (1846), S. 127–129.
67   Henri Braconnot (1781–1855) erhielt das Leucin durch saure Hydrolyse aus Muskel und Wolle. Siehe: H. Braconnot: Sur la conversion des matières animales en nouvelles substances par le moyen de l'acide sulfurique. Annales de chimie et de physique [Paris] 13 (1820), S. 113–125. In der gleichen Arbeit beschreibt er auch das Glykokoll.
68   F. Th. Frerichs u. G. Städeler: Über das Vorkommen von Tyrosin und Leucin in der Leber. Archiv für pathologische Anatomie und Physiologie und klinische Medizin [Berlin] 1854 (1854), S. 382–392.
69   Leimsüß (das heutige Glycin oder Glykokoll) wurde von Braconnot aus Gelatine erhalten und deshalb als „sucre de gélatine" bezeichnet. Siehe Braconnot, matière animale, wie Anm. (67).
70   V. Dessaignes: Nouvelles recherches sur l'acide hippurique, l'acide benzoique et le sucre de gélatine. Extrait d'une lettre de M. Dessaignes à M. Dumas. Comptes-rendus hebdomadaires des séances de l'Académie des Sciences [Paris] 21 (1845), S. 1224–1227.
71   Durch Erhitzen von Benzoylchlorid und dem Zn-Salz des Glykokolls. Siehe: V. Dessaignes: Note sur la régénération de l'acide hippurique. Comptes-rendus hebdomadaires des séances de l'Académie des Sciences [Paris] 37 (1853), S. 251–252.
72   Die „Paarung" der Benzoesäure mit Glycin zu Hippursäure erfolgt nach der Gleichung:
$C_6H_5COOH + NH_2CH_2COOH \rightarrow C_6H_5-CO-NH-CH_2-COOH$

73 „Accurata investigatione chemica respondeatur ad qaestionem, num eae plantae, quibus animalia herbivora, imprimis equi et boves, plerumque vescuntur, prae ceteris igitur gramina pratorum, acidum benzoicum vel coniunctionem benzoylicum contineant, unde derivari possit acidum hippuricum, quod in illorum animalium urina constanter apparere solet."

74 Wilhelm Hallwachs aus Darmstadt hatte in Göttingen Chemie und Medizin studiert und besonders in Wöhlers Laboratorium gearbeitet. Er erwarb den Dr. philosophiae und den Dr. medicinae in Göttingen und war später als Arzt tätig.

75 August Weismann hatte 1852–1856 in Göttingen Medizin studiert. Er habilitierte sich 1863 in Freiburg für Zoologie, wo er 1873 den Lehrstuhl für Zoologie übernahm. Er wurde besonders bekannt durch seine „Keimplasmatheorie" sowie seine Arbeiten zur Deszendenztheorie.

76 (1) Wilhelm Hallwachs: Ueber den Ursprung der Hippursäure im Harn der Pflanzenfresser. Göttingen: Dieterichsche Universitäts-Buchdruckerei, 1857. (2) August Weismann: Ueber den Ursprung der Hippursäure im Harn der Pflanzenfresser. Göttingen: Dieterichsche Universitäts-Buchdruckerei, 1857.

77 Gemeint waren im Sinne der „Radikaltheorie" Verbindungen, welche das Benzoyl-Radikal enthielten, welches Wöhler und Liebig in ihrer berühmten Arbeit 1832 beschrieben haben. Siehe: F. Wöhler und J. Liebig: Untersuchungen über das Radikal der Benzoesäure. Annalen der Pharmacie 3 (1832), S. 249–282.

78 Sie verglichen die Hippursäurebildung nach peroraler bzw. intravenöser Verabreichung bei Tieren ohne und mit operativer Ausschaltung der Leber. Siehe: W[ilhelm] Kühne u. W[ilhelm] Hallwachs: Ueber die Entstehung der Hippursäure nach dem Genusse von Benzoësäure. Archiv für pathologische Anatomie und Physiologie und klinische Medizin [Berlin] 12 (1857), S. 386–396.

79 G. Bunge u. O. Schmiedeberg: Ueber die Bildung der Hippursäure. Archiv für experimentelle Pathologie und Pharmakologie 6 (1876), S.233–255.

80 C. W. Bödeker: Mittheilungen aus dem chemischen Laboratorium des physiologischen Instituts zu Göttingen. Ueber das Alcapton; ein neuer Beitrag zur Frage: welche Stoffe des Harns können Kupferreduction bewirken?. Zeitschrift für rationelle Medicin [Zürich, Heidelberg] [3.Reihe] 7 (1859), S. 130–145; und: C. Bödeker: Das Alkapton; ein Beitrag zur Frage: Welche Stoffe des Harns können aus einer alkalischen Kupferoxydlösung Kupferoxydul reduciren?. Annalen der Chemie und Pharmacie 117 (1861), S. 98–106.

81 Von Michail Wolkow (1861–1913) und Eugen Baumann (1849–1896) wurde später nachgewiesen, daß es sich bei dem Alkapton um die Homogentisinsäure (2.5-Dihydroxyphenylessigsäure) handelt. Siehe: M. Wolkow und E. Baumann: Ueber das Wesen der Alkaptonurie. Hoppe-Seyler's Zeitschrift für Physiologische Chemie 15 (1891), S. 228–286.

82 Zu Bödeker und der Alkaptonurie siehe die ausführliche Darstellung in: Peter Voswinckel: Der schwarze Urin: Vom Schrecknis zum Laborparameter; Urina Nigra, Alkaptonurie, Hämoglobinurie, Myoglobinurie, Porphyrinurie, Melanurie. Berlin : Blackwell Wissenschaft, 1993, S. 132–145.

83 A. E. Garrod: A contribution to the study of alcaptonuria. Medico-chirurgical Transactions 82 (1899), S. 367–391.

84 In einer berühmten Vorlesung hat Jean-Baptiste-André Dumas noch 1841 den Gegensatz zwischen Pflanze und Tier in dieser Weise dargestellt: „Animal = appareil de combustion", Végétal = appareil de réduction". Abgedruckt in: J.-B.-A. Dumas et J. B. Boussingault: Essai de statique chimique des êtres organisés. Troisième édition, augmentée de nouveaux documents. Paris: Fortin Masson et Cie., 1844.

85 Eugen Baumann: Ueber die synthetischen Processe im Thierkörper. Berlin: August Hirschfeld, 1878. Öffentlicher Vortrag zur Habilitation bei der philosophischen Fakultät der Friedrich-Wilhelms-Universität Berlin.

86 Zur Geschichte der „Entgiftungsreaktionen" im Tierkörper siehe: (a) A[ngelo] Conti, M H Bickel: History of drug metabolism : Discovering of the major pathways in the 19th century. Drug Metabolism Reviews 6 (1977), S.1–50; (b) Christoph Bachmann: Aspekte der Geschichte des Stoffwechsels körperfremder Verbindungen in der ersten Hälfte des 20. Jahrhunderts. Bern, 1985. Pharmazeutische Dissertation Universität Bern.

Einführung zur Arbeit von Friedrich Wöhler und Justus Liebig
„Untersuchungen über die Natur der Harnsäure"

Von Johannes Büttner

Eine der bedeutendsten experimentellen Arbeiten aus der Zusammenarbeit von Justus Liebig (1803–1873) und Friedrich Wöhler (1800–1882) trägt den Titel „Untersuchungen über die Natur der Harnsäure".[1] Diese Arbeit wird nachfolgend im Originaltext abgedruckt, da sie nicht nur ein frühes und hervorragendes Beispiel für die chemische Untersuchung einer komplizierteren organischen Verbindung darstellt, sondern auch wegen der großen Bedeutung, die sie für die Entstehung von Liebigs „Thier-Chemie" gehabt hat. Das von Wöhler und Liebig benutzte methodische Prinzip bestand darin, eine chemisch unbekannte Substanz durch eine große Zahl verschiedener chemischer Reaktionen in andere Verbindungen umzuwandeln. Auf diese Weise wurden zahlreiche „chemische Relationen" deutlich, welche die untersuchte Substanz zu charakterisieren vermochten. Der Chemiker denkt in Reaktionsfolgen, er prüft, wie Liebig es ausdrückte, „welche Elemente hinzu-, welche ausgetreten sind, um die Verwandlung einer gegebenen Verbindung in eine zweite und dritte zu bewirken oder überhaupt möglich zu machen".[2] Die einzige analytische Methode für dieses Vorgehen war damals die konsequente Anwendung der organischen Elementaranalyse, welche Liebig zur Vollendung entwickelt hatte. Sie diente, wie man beim Lesen der Arbeit feststellen wird, nicht nur zur Charakterisierung und eindeutigen Unterscheidung der erhaltenen Reaktionsprodukte. Die ermittelte Formel (damals nur eine „Summenformel") wurde auch als Beschreibung der „Constitution" einer Verbindung verstanden. Vor allem aber gestattete sie, die „Relationen" zwischen dem Ausgangsstoff und dem gebildeten Produkt chemisch zu erfassen und eine Reaktionsgleichung aufzustellen.

Zur Entstehung der Harnsäure-Arbeit

Die große Gemeinschaftsarbeit, die im 3. Heft des 26. Bandes der Annalen der Pharmazie im Spätsommer 1838 erschienen ist, hat einen Umfang von 99 Seiten. Erstaunlich ist die kurze Entstehungszeit von etwa einem Jahr einschließlich aller Experimente. Das Projekt ging auf eine Anregung von Friedrich Wöhler zurück, der am 20. Juni 1837 an Liebig schrieb:

„Laß uns die alte Harnsäure wieder vornehmen und zum Gegenstand einer gemeinschaftlichen Untersuchung machen. Bei einigen, erst seit gestern angefangenen Versuchen, habe ich Resultate bekommen, die vielleicht einen Weg zeigen, wie ihr beizukommen ist. In der Überzeugung, daß sie ein zusammengesetztes Ding ist, wie z. B. Amygdalin,[3] versuchte ich einen ihrer Bestandtheile zu zerstören und dadurch die anderen frei zu machen. Ich kochte sie mit Wasser und Bleisuperoxyd. Starke Gasentwickelung, ohne Zweifel Kohlensäure, und Verwandlung des Bleisuperoxyds in ein weißes Pulver. Die davon abfiltrirte Flüssigkeit setzt beim Erkalten in reichlicher Menge einen schön krystallisirten, farblosen Körper ab, der kein Blei enthält und der ohne Zweifel etwas Neues ist. Die Mutterlauge, woraus sich die Krystalle abgeschieden haben, enthält eine große Menge Harnstoff. Durch Zersetzung der Bleimasse durch Schwefelwasserstoff erhält man krystallisirende Oxalsäure."[4]

Liebig antwortete bereits 5 Tage später und teilte Wöhler mit, daß die neue Substanz auf Grund der Elementaranalyse Allantoin sei.[5] In den folgenden Wochen schloß sich ein reger brieflicher Gedankenaustausch über die Fortschritte bei der gemeinsamen Arbeit an. Kurze Zeit später warf Liebig die Frage auf, ob es angemessen sei, über die schon vorliegenden Ergebnisse eine „vorläufige Notiz zu publiciren und die Arbeit später zu beendigen", da er im Begriffe sei, eine größere Reise nach England anzutreten.[6] Eine gekürzte Fassung des Anfanges der Arbeit wurde in Poggendorffs Annalen veröffentlicht[7] und Liebig gab dann im September 1837 auf der Tagung der British Association for the Advancement of Science in Liverpool einen kurzen Bericht.[8] Im Juni 1838 lag das umfangreiche Manuskript für den Druck vor.

Mit der „Harnsäure" hatten Wöhler und Liebig ein Thema gewählt, das in physiologischer und medizinischer Hinsicht von großem Interesse war. Die Harnsäure war schon länger bekannt, sie wurde bereits 1776 durch Carl Wilhelm Scheele (1742–1786) als charakteristisches tierisches Produkt in einem Blasenstein entdeckt.[9] In der Einleitung ihrer Arbeit führten Wöhler und Liebig den Bezug der Harnsäure zu tierischen Exkretionsfunktionen an. Auch auf den Zusammenhang mit der schmerzhaften Gicht wurde hingewiesen.[10] Wöhler hatte sich bereits 1829 – nach seiner Entdeckung der Harnstoffsynthese – mit der Harnsäure befaßt und festgestellt, daß sie beim Erhitzen Harnstoff bildet.[11] Liebig ermittelte 1834 die korrekte Summenformel.[12] Für die umfangreichen chemischen Untersuchungen der Harnsäure war eine große Menge Harnsäure als Ausgangsmaterial erforderlich. Als Quelle verwendete Wöhler die Exkremente von Schlangen, welche sehr reich an Harnsäure sind.[13] Als Liebig wieder einmal um neues Material bat, schrieb Wöhler: „Aber bin ich denn eine Boa constrictor, Du Koprophage, daß Du nicht aufhörst, von mir Harnsäure zu verlangen."[14]

Die gemeinsame Arbeit von Liebig und Wöhler fand sogleich große Zustimmung. Berzelius schrieb an Liebig:
> „Die Abhandlung von der Harnsäure ist eine der interessantesten und folgenreichsten womit die organische Chemie je bereichert worden ist. Sie macht den Anfang das Räthsel der Chemie des lebenden Körpers zu enthüllen."[15]

Und in seinem einflußreichen „Jahresbericht" heißt es:
> „Wöhler und Liebig haben eine Arbeit über die Metamorphosen der Harnsäure durch den Einfluß oxydirender Reagentien herausgegeben, die von noch höherem Interesse geworden ist, als ihre Arbeit über das Bittermandelöl. Der Reichthum an neu entdeckten und analysirten Körpern darin ist ohne Beispiel."[16]

Emil Fischer (1852–1919), der durch seine Arbeiten kurz vor dem Ende des Jahrhunderts die Konstitution der Harnsäure endgültig bewies, urteilte:
> „Die Frucht ihrer gemeinsamen Arbeit waren die großen „Untersuchungen über die Natur der Harnsäure", welche die höchste Bewunderung der Zeitgenossen fanden und

welche dauernd ein Muster für das systematische Studium einer natürlichen organischen Verbindung sein werden."[17]

Kurzer Überblick über den Inhalt der Arbeit

Zum besseren Verständnis der Arbeit seien einige Bemerkungen vorangeschickt. Wöhler und Liebig stützten sich sehr weitgehend auf Elementaranalysen, die mit Liebigs Methode ausgeführt wurden.[18] Dabei kam die fehleranfällige volumetrische Stickstoffanalyse zur Anwendung.[19] Die Ermittlung der Formel aus den Analysendaten hat Liebig in seiner „Anleitung" ausführlich dargestellt.[20] Eine Unsicherheit bestand damals darin, daß man in vielen Fällen bei neuen Verbindungen keine Anhaltspunkte für das Molekulargewicht[21] der Verbindung hatte. Auch benutzte man gerade in der Zeit der Entstehung der Harnsäure-Arbeit „Verbindungs- oder Äquivalentgewichte" statt der Atomgewichte. Das hatte zu einer Halbierung einiger Atomgewichte geführt.[22] Aus diesem Grunde waren die berechneten Formeln meist doppelt so groß wie heute (siehe Tabelle). Die Autoren gaben in allen Fällen ihre Analysendaten genau an, so daß die Berechnung der Formel nachvollzogen werden kann.[23] Die von Wöhler und Liebig ermittelten Bruttoformeln waren – von der Unsicherheit des Verbindungsgewichtes abgesehen – für fast alle der neugefundenen Stoffe korrekt, lediglich die Formeln für Uramilsäure, Murexid und Murexan wurden später nicht bestätigt.

Im folgenden soll ein kurzer Überblick über den experimentellen Gang der Arbeit gegeben werden.[24]

1. Oxidation der Harnsäure mit Bleidioxid
Wöhler hatte den Gedanken, für die Oxidation der Harnsäure „braunes Bleisuperoxyd" (heute Bleidioxid, PbO_2) und nicht das übliche Mangandioxid zu verwenden.[25] Er fand als Oxidationsprodukte Allantoin sowie Harnstoff, Oxalsäure („Kleesäure") und Kohlensäure. Das Allantoin[26] war von besonderem Interesse im Hinblick auf die zu Beginn der Arbeit formulierte Eigenschaft der Harnsäure „als Excretionsproduct der ausgebildetsten wie der niedrigsten Thierklassen". Buniva und Nicolas Louis Vauquelin (1763–1829) hatten es im Jahre 1800 aus der Allantoisflüssigkeit isoliert,[27] die – wie Wöhler an Liebig schrieb – „der Harn des Fötus" sei.[28] Man hatte also mit Harnstoff und Allantoin zwei schon bekannte Exkretionsprodukte in chemischen Zusammenhang mit der Harnsäure gebracht.

2. Oxidation der Harnsäure mit Salpetersäure
Die Versuche mit Bleidioxid-Oxidation lieferten den Schlüssel für die Erklärung von weiteren Oxidationsversuchen mit verdünnter Salpetersäure, bei denen zwei unbekannte Körper gefunden wurden, die als Oxalursäure und Alloxan bezeichnet wurden.[29] Daneben wurde noch Oxalsäure gefunden. Die Autoren schlossen nun, daß die Oxalursäure aus den Elementen von Oxalsäure und Harnstoff, das Alloxan aus den Elementen von Allantoin und Oxalsäure bestehe.[30] Die erste Erklärung erwies sich später als richtig, die Bildung von Alloxan aus Harnsäure verläuft jedoch nicht über Allantoin, sondern es entsteht bei der sauren Oxidation direkt unter Abspaltung von Harnstoff.

3. Reaktionen des Alloxans

Das Alloxan bildet seinerseits wieder eine ganze Reihe von Umwandlungs- und Zersetzungsprodukten. (1) Durch Reduktion mit Schwefelwasserstoff oder salzsaurer Zinnchlorür-Lösung ($SnCl_2$) entsteht Alloxantin, das durch Oxidation wieder in Alloxan zurückverwandelt wird. (2) Durch weitere Einwirkung von Reduktionsmitteln wird Dialursäure gebildet. (3) Beim Kochen mit schwefliger Säure und überschüssigem Ammoniak geht Alloxan in Thionursäure über, die bei weiterem Erhitzen der Lösung das schwerlösliche Uramil abscheidet. Durch Erhitzen des Uramils wurde ein weiterer Körper gewonnen, der die Bezeichnung Uramilsäure erhielt. (4) Durch fortgesetzte Oxidation erhielten die beiden Forscher aus dem Alloxan oder direkt aus der Harnsäure die Parabansäure, die durch Alkalien weiterhin in Oxalursäure, zuletzt in Oxalsäure und Harnstoff aufgespalten wird. (5) Fixe Alkalien[31] verwandeln das Alloxan in Alloxansäure und weiterhin in Mesoxalsäure. (6) Durch Ammoniak wird Alloxan in Mykomelinsäure übergeführt,[32] während Säuren daraus Oxalsäure, Oxalursäure und Alloxantin bilden.

4. Purpursäure, Murexid und Murexan

Schon William Prout (1785–1850) hatte bei der Oxidation von Harnsäure mit Salpetersäure einen mit tief dunkelroter Farbe in Wasser löslichen Körper dargestellt, den er als Ammoniumsalz der Purpursäure beschrieb.[33] Liebig und Wöhler stellten ihn wiederholt und auf verschiedenen Wegen dar: so aus einem Gemisch von Alloxan und Alloxantin oder einer konzentrierten wässerigen Lösung von reinem Alloxan, die einige Zeit im Sieden erhalten worden war, oder aus Uramil mit Quecksilberoxid. Sie hielten den Stoff nicht für ein Ammoniumsalz, sondern für einen amidartigen Körper und gaben ihm den Namen Murexid.[34] Über diese Frage kam es zu einer Kontroverse mit dem St. Petersburger Chemiker Carl Julius Fritzsche (1808–1871), der für Prouts Auffassung eines Ammoniumsalzes der Purpursäure eintrat.[35] Die Konstitution des aus dem Murexid mit Kalilauge erhaltenen Murexans blieb damals noch unklar. Friedrich Konrad Beilstein (1838–1906) bewies später, daß es sich um das Uramil handelt.[36] Die „Murexid-Probe", wie sie zuerst von William Prout beschrieben wurde, blieb bis in das 20. Jahrhundert hinein die wichtigste Probe zum qualitativen Nachweis von Harnsäure.

5. Konstitution der beschriebenen Körper

Bei vielen der beobachteten Abbaureaktionen der Harnsäure hatten Wöhler und Liebig Harnstoff als ein Endprodukt gefunden. Das veranlaßte sie zu der Überlegung, welche zweite Komponente in der Harnsäure, verbunden mit dem Harnstoff, vorliegen könnte. In einem besonderen Kapitel zur „Constitution der in dem Vorstehenden beschriebenen Körper"[37] postulierten sie auf Grund der ermittelten Formeln einen hypothetischen Körper, den sie „Uril" nannten.[38] Dieser Verbindung müßte als Differenz von Harnsäure – Harnstoff die Zusammensetzung $C_8N_4O_4$ (heute $C_4N_2O_2$) haben.[39] Aber Liebig hatte schon in einer vorangehenden Arbeit davor gewarnt, „aus dem Verhalten eines Körpers in verschiedenen Zersetzungsweisen mit apodiktischer Gewissheit Schlüsse rückwärts auf seine Constitution zu machen."[40]

Weitere Entwicklung der Harnsäureforschung

In Liebigs Gießener Laboratorium wurden die Arbeiten über die Harnsäure noch einige Jahre fortgesetzt, besonders durch Liebigs Assistenten Adolf Schlieper (1825–1887), der weitere neue „Zersetzungsprodukte" auffinden konnte.[41] Unter diesen ist im Hinblick auf die Arbeit von Wöhler und Liebig die „Hydurilsäure" wichtig, weil sich später herausstellte, daß die Uramilsäure von Wöhler und Liebig das saure Ammoniumsalz der Hydurilsäure ist.[42] Im Wöhlerschen Institut in Göttingen gelang Friedrich Konrad Beilstein in seiner Dissertation der Nachweis der Identität des von Wöhler und Liebig beschriebenen Murexans mit dem Uramil.[43] 1858 begegnete der junge Chemiker Adolf Baeyer (1835–1917) zufällig Adolph Schlieper (1825–1887), der inzwischen als Chemiker in die väterliche Firma in Elberfeld eingetreten war. Schlieper übergab ihm Präparate, die er in Liebigs Laboratorium hergestellt hatte und die der Ausgangspunkt für bedeutende Arbeiten über die Harnsäure wurden.[44] Unter anderem hat Baeyer die Barbitursäure zuerst dargestellt, die für Synthesen auf dem Harnsäuregebiet sehr wichtig wurde.

Die Aufklärung der Konstitition der Harnsäure und der von Wöhler und Liebig beschriebenen „Zersetzungsprodukte" zog sich noch bis zum Ende des 19. Jahrhunderts hin. Wöhler und Liebig hatten in ihrer Arbeit noch Äquivalentformeln benutzt. In den 50er Jahren wurden zunehmend sog. rationelle Formeln verwendet, die gewissermaßen in abgekürzter Schreibweise einiges über mögliche chemische Umsetzungen aussagten. Die uns heute geläufigen Konstitutionsformeln finden sich erstmals Ende der 60er Jahre.[45] Ludwig Medicus (1847–1915) machte 1875 einen – noch spekulativen – Vorschlag für die Strukturformel der Harnsäure.[46] Adolf Baeyers Schüler Emil Fischer hat dann am Ende des 19. Jahrhunderts vor allem auf Grund seiner Untersuchungen an den Methylderivaten der Harnsäure die Richtigkeit dieser Formel bewiesen.[47]

Untersuchung von „Bewegungserscheinungen im Thierorganismus"

Wir hatten eingangs bereits auf das methodische Prinzip hingewiesen, welches Wöhler und Liebig bei ihrer Arbeit über die Harnsäure angewandt haben. Liebig hatte sich bereits einige Jahre vorher Gedanken gemacht, wie man die „Klasse der thierischen Substanzen" untersuchen könnte und festgestellt:

> „wenn es aber der Chemie nicht gelingt, in dem thierischen Körper alle Veränderungen in den Organen und den damit in Wechselwirkung kommenden Stoffen zu verfolgen und Einsicht in dieselben zu erlangen, so lohnt es sich nicht der Mühe sich damit zu beschäftigen."[48]

Einige Jahre nach der Publikation der „Untersuchungen über die Natur der Harnsäure" wandte Liebig nun die in der Harnsäurearbeit benutzte chemische Methode in seiner „Thier-Chemie" an, um chemische Reaktionswege im lebenden Organismus aufzuspüren.[49] Aus diesem Grunde ist diese Arbeit auch wichtig für das Verständnis von Liebigs Forschungsmethode bei der Untersuchung von „Bewegungserscheinungen im Thierorganismus",[50] d.h. Vorgängen, wie wir sie heute unter dem Begriff „Stoffwechsel" zusammenfassen.

Liebigs Vorgehen sei an einem einfachen Beispiel aus seiner „Thier-Chemie" erläutert. Er sah in harnsaurem Ammoniak ein „Product der Umsetzung der Muskelfaser", von welchem er annahm, daß es im Organismus in ähnlicher Weise oxidiert werde, wie bei den chemischen Untersuchungen, die er mit Wöhler durchgeführt hatte. Er stellte die folgende Reaktionsgleichung auf, wobei zum besseren Verständnis die heutigen Summenformeln eingesetzt sind:[51]

1 At.	Harnsäure	$C_5 N_4 H_4 O_3$		2 At.	Harnstoff	$C_2 N_4 H_8 O_2$
2 At.	Wasser	$H_4 O_2$	==			
3 At.	Sauerstoff	$3O$		3 At.	Kohlensäure	$C_3 \quad O_6$
		$C_5 N_4 H_8 O_8$				$C_5 N_4 H_8 O_8$

Liebig schreibt dazu: „Bei Thieren, welche größere Mengen Wasser genießen, wodurch die schwerlösliche Harnsäure in Auflösung erhalten wird, so daß der eingeathmete Sauerstoff darauf wirken kann, finden wir im Harn keine Harnsäure, sondern Harnstoff."[52]

Liebig ging also davon aus, daß die Harnsäure im lebenden Organismus in gleicher Weise umgewandelt wird wie bei den Versuchen im Reagensglas, die er mit Wöhler durchgeführt hatte. Reaktionsendprodukte sind – „bei den höhern Thierklassen" – Harnstoff und Kohlensäure.

Zwischen den Versuchen im Laboratorium und den Vorgängen in-vivo besteht jedoch ein wichtiger Unterschied. Ein chemischer Versuch kann meist so gestaltet werden, daß die Zahl möglicher Reaktionspartner überschaubar ist, bei Vorgängen im lebenden Organismus ist das nicht der Fall. So konnten Wöhler und Liebig beim Abbau der Harnsäure mit Bleidioxid feststellen: „Die Produkte dieser Zersetzung der Harnsäure sind also: Allantoin, Harnstoff, Oxalsäure und Kohlensäure. *Wir haben uns überzeugt, daß sie die einzigen sind*".[53] Im lebenden Organismus ist ein solcher Nachweis schwierig, wenn nicht unmöglich. Deshalb bleiben die Schlußfolgerungen über chemische Veränderungen im lebenden Organismus spekulativ. Das ist ein wichtiger Kritikpunkt, der gegen Liebigs „Thier-Chemie" vorgebracht worden ist, unter anderem von Jöns Jacob Berzelius.[54] Zu dem Erfolg von Liebigs „Thier-Chemie" haben die aus chemischen Analysen abgeleiteten Reaktionsgleichungen trotz ihres spekulativen Charakters wesentlich beigetragen, da sie bestimmte physiologische Prozesse anschaulich machten und so für die Forschung von heuristischem Wert wurden.

Übersicht über die Formeln der in der Arbeit beschriebenen Verbindungen[55]

	Name	Textstelle Seite[*)]	Angegebene Formel	Heutige Formel
1.	Harnsäure	249	$C_{10}N_8H_8O_6$	$C_5N_4H_4O_3$
2.	Allantoin	246	$C_4N_4H_6O_3$	$C_4N_4H_6O_3$
3.	Alloxan	256	$C_8N_4H_8O_{10}$	$C_4N_2H_4O_5$ (Hydratform)
4.	Alloxantin	262	$C_8N_4H_{10}O_{10}$	$C_8N_4H_6O_8 + 2\,H_2O$
5.	Thionursäure	268	$C_8N_6H_{10}O_6S_2$	$C_4N_3H_5O_6S$
6.	Uramil	274	$C_8N_6H_{10}O_6$	$C_4N_3H_5O_3$
7.	Dialursäure	276	$C_8N_4H_8O_8$	$C_4N_2H_4O_4$
8.	Parabansäure	285	$C_6N_4H_4O_6$	$C_3N_2H_2O_3$
9.	Oxalursäure	287	$C_6N_4H_8O_8$	$C_3N_2H_4O_4$
10.	Mesoxalsäure	298	C_3O_4	$C_3H_2O_5$ (Hydratform)
11.	Mykomelinsäure	304	$C_8N_8H_{10}N_5$	$C_4N_4H_4O_2$
12.	Uramilsäure	314	$C_{16}N_{10}H_{20}O_{15}$	$C_8N_4H_5O_6 + NH_4$
13.	Murexid	319	$C_{12}N_{10}H_{12}O_8$	$C_8N_6H_8O_6$ (NH_4-Salz)
14.	Murexan	327	$C_6N_4H_8O_5$	$C_4N_3H_5O_3$ (= Uramil)

*) Die Seitenzahlen der Textstellen beziehen sich auf die in eckigen Klammern [ ] angegebenen Seiten des Originals.

Moderne Strukturformeln der von Wöhler und Liebig entdeckten Verbindungen

[Die Ziffern beziehen sich auf die Nummern in vorstehender Tabelle]

(1) Harnsäure
(2) Allantoin
(3) Alloxan
(4) Alloxantin
(5) Thionursäure
(6) Uramil = Murexan
(7) Dialursäure
(8) Parabansäure
(9) Oxalursäure
(10) Mesoxalsäure
(11) Mykomelinsäure
(12) Hydurilsäure saures Ammoniumsalz = Uramilsäure
(13) Murexid

Literatur und Anmerkungen

1. F[riedrich] Wöhler u. J[ustus] Liebig: Untersuchungen über die Natur der Harnsäure. Annalen der Pharmacie. 26 (1838), S.241–340. Die Seitenzahlen des Originals sind in dem Abdruck im vorliegenden Band jeweils in Klammern [ ] angegeben. Bei Verweisen werden diese Seitenzahlen benutzt.
2. Justus Liebig: Die organische Chemie in ihrer Anwendung auf Physiologie und Pathologie. 1. Auflage. Braunschweig: Friedrich Vieweg und Sohn, 1842, S. 161. Nachfolgend als „Thier-Chemie" bezeichnet.
3. Diese Bemerkung bezieht sich auf die vorangehende gemeinsame Arbeit von Liebig und Wöhler über das Amygdalin. Siehe: F. Wöhler u. J.Liebig: Über die Bildung des Bittermandelöls. Annalen der Pharmacie 22 (1837), S.1–24.
4. Aus Justus Liebig's und Friedrich Wöhler's Briefwechsel in den Jahren 1829–1873. Herausgegeben von A. W. Hofmann und Emilie Wöhler. 1. Auflage. Braunschweig : Vieweg, 1888, 1. Band, S. 106, Brief vom 20. Juni 1837.
5. Liebig/Wöhler, Briefwechsel, wie Anm. (4), S. 107, Brief vom 25. Juni 1837.
6. Liebig/Wöhler, Briefwechsel, wie Anm. (4), S. 109, Brief vom 10. Juli 1837. Es handelt sich um Liebigs erste große England-Reise. Siehe hierzu: William H. Brock: Justus von Liebig : Eine Biographie des großen Naturwissenschaftlers und Europäers. 1. deutsche Auflage. Braunschweig und Wiesbaden: Vieweg, 1999, Kap. 4.
7. Friedrich Wöhler u. Justus Liebig: Ueber die Natur der Harnsäure. Annalen der Physik und Chemie (herausgegeben von Poggendorff) 41 (1837), S. 561–569.
8. [Justus] Liebig: On the products of the decomposition of uric acid. Report of the British Association for the Advancement of Science 6 (1838), S.38–41.
9. C[arl] W[ilhelm] Scheele: Undersökning om blase-stenen. Kgl.Vetenskaps Academiens Handlingar Stockholm 37 (1776), S.327–332 (im gleichen Band berichtet auch Torbern Bergman über diese Säure in einem Tierstein: siehe S. 333–338).
10. William Hyde Wollaston (1766–1828) hatte 1797 Harnsäure in gichtischen Ablagerungen gefunden und damit auf die Beziehung zwischen dieser Krankheit und der Harnsäure aufmerksam gemacht. Siehe: William Hyde Wollaston: On gouty and urinary concretions. Philosophical Transactions of the Royal Society [London] 87 (1797), S.386–400.
11. Wöhler hatte bei der Erhitzung von Harnstoff die von Georges Simon Serullas (1774–1832) zuerst beobachtete „Cyansäure" erhalten. Diese Verbindung wurde später zur Unterscheidung von der Cyansäure (O=C=NH) als „Cyanursäure" (nach heutiger Kenntnis ein Triazinderivat) bezeichnet. Da die „Cyansäure" mit einer bei der Erhitzung von Harnsäure gefundenen „brenzlichen Harnsäure" Ähnlichkeit zeigte, untersuchte er die Zersetzung von Harnsäure in der Hitze genauer. Dabei fand er neben "Cyansäure" (= Cyanursäure) auch Harnstoff. Siehe: Friedrich Wöhler: Über die Zersetzung des Harnstoffs und der Harnsäure durch höhere Temperatur. Annalen der Physik und Chemie (herausgegeben von Poggendorff) 15 (1829), S.619–628. Eine kurze Notiz findet sich im gleichen Band, S. 529. Siehe auch: [Georges Simon] Serullas: Sur la combinaison du Chlore et du Cyanogène ou Cyanure de Chlore. Annales de chimie et de physique 35 (1827), S.291–305 und 337–349.
12. Justus Liebig: Analyse der Harnsäure. Annalen der Pharmacie 10 (1834), S.47–48. Eilhard Mitscherlich (1794–1863) kam kurz darauf zur gleichen Formel. Siehe: E. Mitscherlich: Analysen kohlenstoffhaltiger Verbindungen. Annalen der Physik und Chemie, herausgegeben von Poggendorff 33 (1834), S.331–336.
13. Siehe: [William] Prout: Analysis of the excrements of the Boa Constrictor. Annals of Philosophy 5 (1815), S.413–417. In einem Brief vom 17. April 1838 bat Wöhler seiner Frankfurter Jugendfreund Hermann von Mayer ihm bei der Beschaffung von Schlangenexkrement bei Schaustellern, die in Frankfurt auftraten, behilflich zu sein. Siehe: Friedrich Wöhler – ein Jugendbildnis in Briefen an Hermann v. Meyer. Herausgegeben von Georg Wilhelm August Kahlbaum. Leipzig: J. A. Barth. 1900, Brief Wöhlers v. 17.4.1838, S. 22–25.
14. Liebig und Wöhler's Briefwechsel, wie Anm. (4), Band I, S. 134, Brief Wöhler v. 23.1.1839.
15. Berzelius und Liebig. Ihre Briefe von 1831–1845. Justus Carrière [Hrsg.]. 2. Auflage. Reprint der Ausgabe München, 1898. Wiesbaden : Dr. Martin Sändig, 1967, S. 173, Brief vom 14. August 1838.
16. Jacob Berzelius: Thierchemie. Jahresbericht über die Fortschritte der physischen Wissenschaften 18 (1839) (Bericht für 1838), S.530–645. Kritik in einigen Details äußerte Berzelius in einem Brief an Wöhler vom 9. Oktober 1838. Siehe: Briefwechsel zwischen J. Berzelius und F. Wöhler. Herausgegeben von O. Wallach.

Neudruck der Auflage 1901. Wiesbaden: Sändig, 1966, 2 Bände. Hier: Band 2, Brief Berzelius vom 9. Oktober 1838, S. 53–59.
17 Emil Fischer: Synthesen in der Puringruppe. Berichte der Deutschen Chemischen Gesellschaft 32 (1899), S. 435–504, Zitat S. 438.
18 Justus Liebig: Anleitung zur Analyse organischer Körper. 1. Auflage. Braunschweig : Friedrich Vieweg & Sohn, 1837, S. 55–72.
19 Bei dieser Methode wurde der bei der Verbrennung entstehende Stickstoff in einer pneumatischen Wanne aufgefangen und gemessen. Die Autoren weisen in der Arbeit auf Schwierigkeiten mit dieser Methode hin, z.B. bei der Analyse des Murexids (S. 325). Spätere Nachuntersucher verwendeten die einfachere und zuverlässigere Methode von Varrentrapp und Will, bei welcher der Stickstoff in Ammoniak verwandelt und gravimetrisch bestimmt wurde. Siehe: F. Varrentrapp u. H. Will: Neue Methode zur Bestimmung des Stickstoffs in organischen Verbindungen. Annalen der Physik und Chemie 39 (1841), S.257–296, mit Tafel I.
20 Liebig, Analyse, wie Anm. (18), S.55–72.
21 Damals wurde von „Atomgewicht" gesprochen.
22 Berzelius sagt beispielsweise bei der Diskussion der Harnsäureformel: „Gewöhnlich nimmt man an, dass das Atom der Harnsäure die doppelte Anzahl der einfachen Atome enthalte [d.h. von $C_5N_4H_4O_3$], was sich auf die Neigung derselben gründet, zweifach harnsaure Salze zu bilden". Siehe: Berzelius, Jahresbericht, wie Anm (16), hier S. 558–559.
23 Im Falle des Allantoins war zusätzlich das Silbersalz untersucht worden, woraus auf das Verbindungsgewicht geschlossen werden konnte. Deshalb stimmt diese Formel mit der heutigen überein.
24 Siehe auch die ausführliche Biographie von: Robin Keen: The life and work of Friedrich Wöhler (1800 – 1882). London, 1976 (Dissertation (Ph.D.) University College London, 1976).
25 Wöhler hatte zunächst Braunstein (MnO_2) verwendet, aber eine sehr komplizierte Abbaureaktion gefunden.
26 Das Allantoin wurde von Vauquelin als „Allantoïssäure" bezeichnet. Liebig änderte den Namen, weil der Stoff keine Säure sei.
27 Die kristalline Substanz rötete Lackmus und wurde deshalb als „acide amniotique" bezeichnet. Siehe: Buniva et [Nicolaus Louis] Vauquelin: Extrait d'un mémoire sur l'eau de l'amnios de femme et de vache. Annales de chimie; ou recueil de mémoires concernant la chimie et les arts qui en dépendant et spécialement la pharmacie [Paris] 33 (1800), S.269–282.
28 Liebig und Wöhler's Briefwechsel, wie Anm. (4), Band I, S. 108, Brief Wöhlers vom 1.Juli 1837.
29 Es stellte sich heraus, daß Gasparo Brugnatelli (1795–1852) diese Substanz schon in den Händen gehabt und als „ossieritrico" (erythrische Säure) bezeichnet hatte. Diesen Namen wählte er, weil eine Auflösung von Harnsäure in Salpetersäure auf der Haut eine Rotfärbung hervorruft (gr. ἐρυθραίνομαι erröten). Siehe: Gaspare Brugnatelli: (1) Osservazioni Sopra vari cangiamenti che avvengono nell' ossiurico (ac.urico) trattato coll' ossisettonoso (ac. nitroso) Giornale di fisica, chimica, storia naturale, medicina ed arti [Pavia] [2. Dekade] 1 (1818), S.38–46. (2) Nuove osservazioni Sopra i cangiamenti che avvengono nel' ossiurico (ac.urico) trattato coll' ossisettonoso (ac. nitroso). Ebenda, S.117–129.
30 Der Name Alloxan wurde aus Allantoin und Oxalsäure gebildet.
31 Als „fixe Alkalien" wurden Verbindungen wie KOH und NaOH bezeichnet, die im Gegensatz zu den Ammoniumsalzen nicht „flüchtig" waren.
32 Wöhler und Liebig stellten die Mykomelinsäure durch Erhitzen von Alloxan mit Ammoniak her. Der Innsbrucker Chemiker Heinrich Herrmann Hlasiwetz (1825–1875) erhielt 1857 den Stoff auch durch Erhitzen der Harnsäure mit Wasser auf 160 bis 190°C, wobei CO abgespalten wurde. Er konnte die korrekte Formel ($C_4N_4H_4O_2$ in moderner Schreibweise) ermitteln. Siehe: H[einrich Herrmann] Hlasiwetz: Ueber einige neue Zersetzungsweisen von Körpern aus der Harnsäuregruppe. Annalen der Chemie und Pharmacie 103 (1857), S.200–218, hier S. 214–216.
33 William Prout: Description of an principle prepared from lithic or uric acid. Philosophical Transactions of the Royal Society [London] 108 (1818), S. 420–428.
34 Der Name soll von Ureum und Oxid (unter Versetzung der Buchstaben) gebildet sein.
35 Fritzsche wies darauf hin, daß die Elementaranalyse des Murexids, welche Wöhler und Liebig ausgeführt hatten, einen Fehler im Stickstoffgehalt aufwies. Er fand die Zusammensetzung $C_{16}N_{12}H_{16}O_{11}$, was nahe an die heutige Formel herankommt. Siehe: [Carl] J[ulius] Fritzsche: Vorläufige Notiz über die Purpursäure und ihre

36 Salze. Annalen der Pharmacie 29 (1839), S.331–332 (dazu: "Bemerkung der Redaction zu vorstehender Notiz", gez. „L. u. W." (S. 332–333); und: C. G. Fritzsche: Ueber die Purpursäure und ihre Salze. Journal für practische Chemie 17 (1839), S.42-56 (Bulletin scientifique de St. Petersbourg, V, No. 107)).
36 Fr[iedrich] Beilstein: Ueber das Murexid. Annalen der Chemie und Pharmacie 107 (1858), S.176–191, hier S.183 u. 190. Diesbezügliche Vermutungen waren zuvor verschiedentlich geäußert worden. Siehe z.B.: Charles Frédéric Gerhardt: Traité de chimie organique. Paris: Firmin Didot Frères, 1853–1856. Tome premier, 1853, S. 518–519.
37 Wöhler und Liebig, Harnsäure, wie Anm.(1), S. 281–285.
38 Wöhler und Liebig, Harnsäure, wie Anm.(1), S. 282.
39 Nach unseren heutigen Vorstellungen würde diese Komponente einer Verbindung mit dem Pyrimidin-Ringsystem entsprechen.
40 Als Beispiel führt er die Oxalursäure aus der Harnsäurearbeit an. Siehe: Justus Liebig: Ueber die Constitution der organischen Säuren. Annalen der Pharmacie 26 (1838) 2, S.113–189, Zitat S. 176–177.
41 Adolph Schlieper: Ueber Alloxan, Alloxansäure und einige neue Zersetzungsproducte der Harnsäure. Annalen der Chemie und Pharmacie [Heidelberg] 55 (1845), S.251–297 und 56 (1845), S. 1–29.
42 Adolf Baeyer ermittelte die korrekte Formel der Hydurilsäure als $C_8N_4H_6O_6$ und stellte auch das hydurilsaure Ammoniak (= Uramilsäure) dar. Nach späterer Erkenntnis handelt es sich um eine bicyklische Verbindung. Siehe: Schlieper, Alloxan, wie Anm. (41), S. 11. Adolf Baeyer: Notiz über die Hydurilsäure. Zeitschrift für Chemie 5 (1862), S. 289–291.
43 Beilstein, Murexid, wie Anm. (36).
44 Adolf Baeyer: Untersuchungen über die Harnsäuregruppe : Erste Abhandlung. Annalen der Chemie und Pharmacie 127 (1863), S.1–27 und 199–236, und (2) Untersuchungen über die Harnsäuregruppe : Zweite Abhandlung. Annalen der Chemie und Pharmacie 130 (1864), S.129–175.
45 Der Liebig-Schüler Adolph Strecker hat in der 5. Auflage seines Lehrbuches konsequent Konstitutionsformeln für die Abbauprodukte der Harnsäure benutzt. Siehe: A. Strecker: Kurzes Lehrbuch der organischen Chemie. Band 2 von: Regnault-Strecker's kurzes Lehrbuch der Chemie. 5. verb. Auflage. Braunschweig, 1867, S. 797–814.
46 Ludwig Medicus: Zur Constitution der Harnsäuregruppe. Justus Liebig's Annalen der Chemie 175 (1875), S.230–251. In dieser Arbeit wird auch ein sehr guter Überblick über andere Vorschläge gegeben.
47 Siehe dazu die Übersicht von Emil Fischer, Synthesen in der Puringruppe, wie Anm. (17). Dieser umfassende Bericht Fischers enthält auch Angaben zur Geschichte der Harnsäure-Chemie.
48 J. Liebig: Ueber einige Stickstoff-Verbindungen. Annalen der Pharmacie 10 (1834), S.1–47, hier: S. 1–4.
49 Johannes Büttner: Justus von Liebig and his influence on clinical chemistry. Ambix [Cambridge UK] 47, (2000), S. 96–117.
50 Siehe: Liebig, Thier-Chemie, wie Anm. (2), Dritter Teil.
51 Siehe: Liebig, Thier-Chemie, wie Anm. (2), S. 142
52 Siehe: Liebig, Thier-Chemie, wie Anm. (2), S. 142
53 Wöhler und Liebig, Harnsäure, wie Anm. (1), S. 245.
54 Siehe z.B.: Jacob Berzelius: Thierchemie. Jahresbericht über die Fortschritte der physischen Wissenschaften 22 (1843), S.535–585, hier S. 535: „Für die Thierchemie kommt jetzt die Zeit heran, wo die Erfahrung, die man aus den Metamorphosen gesammelt hat, welche in organischen Producten bei den Operationen in unseren Laboratorien stattfinden, zu chemischen Speculationen führen wird über die Processe, welche in noch lebenden Körpern vorgehen."
55 Modifiziert nach J. R. Partington: A History of Chemistry. London: Macmillan & Co Ltd., Vol. IV. 1964, S. 333.

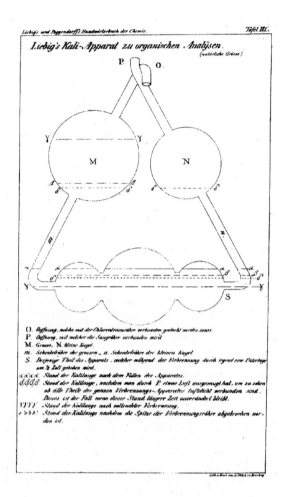

Liebigs Kaliapparat (5-Kugel-Apparat) für die Organische Elementaranalyse.

Die aus dem Verbrennungsapparat ausströmenden Gase werden durch den mit Kalilauge gefüllten Apparat geleitet. Dabei wird das CO_2 gebunden und kann quantitativ bestimmt werden. Die Abbildung stammt aus Liebigs Publikation von 1837.

Untersuchungen über die Natur der Harnsäure[*]

Von F. Wöhler und J. Liebig.

Es giebt in der organischen Chemie keinen Körper, welcher die Aufmerksamkeit des Physiologen und Chemikers in höherem Grade in Anspruch nimmt, als wie die Harnsäure. Als Excretionsproduct der ausgebildetsten wie der niedrigsten Thierklassen, ist die Kenntniß ihrer chemischen Natur, dem Physiologen, als secundäre Ursache einer der schmerzhaftesten Krankheiten ist sie dem Arzte von Wichtigkeit. Schlüsse, in Hinsicht auf die Rolle, die sie im Organismus spielt, können ohne diese Kenntniß nicht gemacht werden; eben so unmöglich bleibt die Aufsuchung von Mitteln, diesen Stoff als Träger einer Krankheit, ohne Anwendung mechanischer Werkzeuge, aus dem Organismus zu entfernen, wenn derselben nicht das genaueste Studium des chemischen Verhaltens der Harnsäure vorhergegangen ist.

Wie man aus dieser Untersuchung entnehmen wird, ist die Harnsäure für die organische Chemie noch von höherer [242] Bedeutung, in ihren zahllosen Metamorphosen setzt sie die Eigenthümlichkeit derselben fest, im Gegensatz zu der unorganischen ist ihr Character eine grenzenlose Wandelbarkeit; eine kaum übersehbare Mannigfaltigkeit von neuen und in der Art ihres Verhaltens wahrhaft wunderbaren Verbindungen entspringt aus einer Einzigen und ein Rückschluß auf den Zusammenhang vieler andern Materien, den man bis jetzt nicht vermuthen konnte, ergiebt sich daraus von selbst.

Die Constitution und das chemische Verhalten dieser aus der Harnsäure hervorgehenden neuen Materien verbreitet Licht über eine große Reihe längst bekannter Verbindungen und über viele bis jetzt nicht erklärte Erscheinungen. Es wäre gegen alle Erfahrung, diese Phänomene als eigenthümlich und als den Harnsäure-Producten allein angehörig zu betrachten, es sind die Aeußerungen derselben Kräfte, die sich in allen andern wiederholen. Diese Verbindungen werden mit ihrer Eigenthümlichkeit auf zahllosen andern Wegen hervorgebracht werden, es sind einzelne neue Glieder in der unendlichen Kette, in welcher noch so viele Lücken auszufüllen sind. Wir erinnern an das Cyan, an das Oxamid, an das Aldehyd, sie standen nur kurze Zeit isolirt da, wir begegnen ihnen oder Körpern, die ihnen gleichen, jetzt überall, wo wir nur die Augen hinwenden. Mit einem dieser Producte, mit der sogenannten Allantoïssäure, hat diese Begegnung schon statt gefunden, dasselbe wird mit den andern Körpern geschehen, die wir zu beschreiben haben.

Die Philosophie der Chemie wird aus dieser Arbeit den Schluß ziehen, daß die Erzeugung aller organischen Materien, in so weit sie nicht mehr dem Organismus angehören, in unsern Laboratorien nicht allein wahrscheinlich, sondern als gewiß betrachtet werden muß. Zucker, Salicin, Morphin werden künstlich hervorgebracht werden. Wir kennen freilich die Wege noch nicht, auf dem dieses Endresultat zu er-[243]-reichen ist, weil uns die Vorderglieder unbekannt sind, aus denen diese Materien sich entwickeln, allein wir werden sie kennen lernen.

Wir haben es nicht mit Körpern zu thun, deren Zusammengesetztheit auf Vermuthungen beruht, wir wissen mit positiver Gewißheit, daß und in welchen Verhältnissen sie

---

[*] Abgedruckt aus: Annalen der Pharmacie Band 26 (1838), S. 241–340. Die Seitenzahlen des Originals sind im Text in eckigen Klammern [ ] angegeben.

zusammengesetzt sind, wir wissen, daß sie Producte uns bekannter Kräfte sind.

Wir fühlen, wie unvollkommen die gegenwärtige Untersuchung ist, insofern noch viele Fragen ungelöst bleiben, allein wir befinden uns auf dem Wege sie zu lösen. Die Menge der Producte, die Verwickelung der Erscheinungen die durch den Uebergang des einen in das andere hervorgebracht wurde, durch Ursachen, die man vorher nicht kannte, werden als Hauptursachen der Unvollkommenheit unserer Arbeit betrachtet werden müssen.

Unter den früheren Versuchen über die Harnsäure, deren Geschichte wir als bekannt übergehen, waren, wie es uns schien, keine so geeignet, einen Wink über die Natur dieser Substanz zu geben, als die Versuche über das Verhalten derselben bei der trockenen Destillation[1]). Auf diesem Wege der Zersetzung entsteht eine bedeutende Menge sowohl von Cyanursäure, als von Harnstoff. Beide werden sublimirt erhalten, obgleich sie nicht flüchtig sind, woraus hervorgeht, daß sie nicht directe Zersetzungsproducte, sondern aus solchen regenerirte Verbindungen sind. Der Harnstoff kann aus Cyanursäure durch Einwirkung der höheren Temperatur auf Cyanursäure und Ammoniak entstanden seyn; die Cyanursäure kann sich aber ursprünglich durch Zersetzung von Harnstoff gebildet haben. Man konnte also annehmen, die Harnsäure wäre eine Harnstoffverbindung, deren Harnstoffgehalt sich bei [244] einer gewissen Temperatur in Cyanursäure und Ammoniak verwandelte, welche, wenn bei weiterer Temperaturerhöhung erstere in wasserhaltige Cyansäure metamorphosirt wird, zusammen Harnstoff regenerirten.

Diese Betrachtungen und die physiologische Verwandtschaft zwischen Harnstoff und Harnsäure führten uns zu dem Vorurtheile, wie wir es vorläufig nennen wollen, in der Harnsäure Harnstoff präexistirend anzunehmen, in demselben, freilich noch nicht klaren Sinne, wie man z.B das Amygdalin als eine Bittermandelöl-Verbindung betrachten kann. Diese Vorstellung führte zu dem Versuche, eine oder mehrere der in der Zusammensetzung der Harnsäure supponirten Verbindungen durch Einwirkung oxydirender Substanzen zu zerstören, und dadurch die andern unzersetzt aus der Verbindung frei zu machen. –

Verhalten der Harnsäure gegen Bleisuperoxyd.

Wir wählten als oxydirende Substanz das braune Bleisuperoxyd, da wir von seiner Anwendung schon darum Vorzüge erwarten zu dürfen glaubten, weil das Blei durch einfache Mittel wieder aus der Untersuchung zu entfernen ist. Die Harnsäure war vollkommen rein und aus Schlangenexcrementen bereitet.

Wir vermischten dieselbe mit Wasser zu einem dünnen Brei, erhitzten bis fast zum Sieden, und fügten nun nach und nach fein geriebenes Bleisuperoxyd hinzu. Es findet sogleich eine wechselseitige Reaction statt, unter Aufschäumen wird Kohlensäuregas entwickelt, die Masse verdickt sich bedeutend, wenn nicht Wasser genug vorhanden ist, und die Farbe des Superoxyds verschwindet. Man mischt von diesem, unter fortwährendem Erhitzen und öfterer Erneuerung des Wassers, so lange hinzu, bis eine bleibende helle Chocoladefarbe der Masse zeigt, daß ein kleiner Ueberschuß vorhanden ist. Nun wird die Masse siedendheiß filtrirt und auf dem Filtrum noch einige Male mit siedendem Wasser ausgewaschen. [245]

Aus der filtrirten, farblosen Flüssigkeit setzen sich beim Erkalten farblose oder höchstens schwach gelblich gefärbte, glänzende, harte Krystalle in Menge ab. Sie sind *Allantoïs-*

---

[1]) Poggendorff's Annal. Bd. XV. S. 619.

säure oder dieselbe Substanz, die man in der Allantoïsflüssigkeit der Kühe gefunden hat, wir werden sie von nun an *Allantoïn* nennen. Durch weitere Concentration der davon abgegossenen Flüssigkeit erhält man eine neue Quantität derselben.

Dampft man diese letzte Flüssigkeit, aus der sich das Allantoïn ausgeschieden hat, im Wasserbade bis zur Syrupconsistenz ein, so schießt sie beim Erkalten in langen, prismatischen Krystallen an, und diese sind *Harnstoff*. Gewöhnlich ist er etwas gelblich und enthält noch Ueberreste von Allantoïn einkrystallisirt, wovon er indessen durch Alkohol, oder selbst schon durch kaltes Wasser leicht zu trennen ist.

Die weiße Masse endlich, in welche das Bleisuperoxyd verwandelt worden ist, besteht aus *oxalsaurem Bleioxyd*. Es ist leicht, daraus vollkommen reine Oxalsäure abzuscheiden. Man wäscht die Masse vollständig aus, vermischt sie mit Wasser und leitet einen Strom von Schwefelwasserstoffgas hindurch.

Die Producte dieser Zersetzung der Harnsäure sind also: *Allantoïn, Harnstoff, Oxalsäure und Kohlensäure*. Wir haben uns überzeugt, daß sie die einzigen sind. Bei Anwendung von Mangansuperoxyd entstehen verwickeltere Verhältnisse, auf die wir später zurückkommen.

Ehe wir zur Beantwortung der Frage gehen, in wie weit diese Zersetzungsweise mit der bekannten Elementar-Zusammensetzung der Harnsäure im Einklang stehe, und wie sie daraus zu entwickeln sey, müssen wir das Verhalten und die Zusammensetzung des Allantoïns näher betrachten.

Es wäre nicht wohl möglich gewesen, die Identität des aus der Harnsäure erzeugten Allantoïns mit dem in der Allantoïsflüssigkeit vorkommenden zu ahnen, wenn uns nicht glücklicherweise noch eine kleine Quantität desselben Allan-[246]-toïns zur Vergleichung zu Gebote gestanden hätte, welches als Material zu der früheren Elementaranalyse gedient hatte. Die Identität zu erkennen, wäre um so weniger möglich gewesen, da diese frühere Analyse, aus Gründen, von denen wir uns jetzt sehr wohl Rechenschaft geben können, ein unrichtiges Resultat gegeben hätte. Abgesehen von der Uebereinstimung in den äußeren Characteren, bekamen wir bei Wiederholung der Analyse dieses Allantoïns ganz dieselbe Zusammensetzung, die wir nun für den aus der Harnsäure gebildeten Körper erhalten hatten, und diese Berichtigung der früheren Analyse war uns um so erwünschter, da ohne dieselbe der Körper aus der Harnsäure ohne Zweifel lange Zeit als eine eigenthümliche Substanz in der Wissenschaft figurirt hätte.

Das Allantoïn bildet farblose, vollkommen klare, prismatische Krystalle, deren Grundform ein Rhomboëder ist. Sie sind hart und ihre Flächen sehr glänzend. Wir bekamen sie von 3 Linien Länge und ½ bis 1 Linie Dicke. Es ist geschmaklos und ohne Reaction auf Lackmus. Es bedarf, nach unseren Versuchen, 160 Th. Wassers von 20° zu seiner Auflösung. In siedendem Wasser ist es ungleich viel löslicher und schießt daraus beim Erkalten an. Indem wir auf sein chemisches Verhalten später ausführlich zurückzukommen gedenken, wollen wir hier nur noch seines Verhaltens zu Basen erwähnen. Wie schon C. G. G m e l i n bemerkt hatte*), geht es mit denselben keine solche Verbindungen ein, daß es den Namen einer Säure verdiente, was uns auch zu der Aenderung seines bisherigen Namens Veranlassung gegeben hat. Nur das Silberoxyd macht hiervon eine Ausnahme. Mit diesem bildet es eine weiße, pulverförmige Verbindung, die entsteht, wenn man eine heiße Auflösung von Allantoïn mit salpetersaurem

---

*) Gilbert's Annalen, Bd. LXIV. S. 350.

Silber-[247]-oxyd vermischt, und alsdann tropfenweise so lange Ammoniak zusetzt, als noch ein Niederschlag entsteht. Von allen verdünnten Säuren wird diese Verbindung unter Zurücklassung von Allantoïn zersetzt.

Durch die kaustischen Alkalien wird das Allantoïn bei höherer Temperatur in Ammoniak und Oxalsäure verwandelt. Am einfachsten ist diese Zersetzung mit Barytwasser zu beobachten. Löst man Allantoïn in siedendem Barytwasser auf, so wird Ammoniak entwickelt und ein weißes Pulver gefällt, welches oxalsaure Baryterde ist. Bei fortgesetztem Erhitzen wird auf diese Weise alles Allantoïn zersetzt. Ganz so verhält es sich beim Erhitzen mit concentrirter Schwefelsäure, nur daß hier, statt der Oxalsäure, Kohlenoxyd- und Kohlensäuregas gebildet und entwickelt werden, und das entstandene Ammoniak mit der Säure verbunden bleibt.

Die Analyse des Allantoïns gab folgende Resultate:

I. 0,768 Grm. Allantoïn lieferten 0,265 Wasser = 2,83 Proc. Wasserstoff. 0,768 Grm. Allantoïn lieferten 0,860 Kohlensäure = 30,60 Proc. Kohlenstoff

II. 0,4905 Grm. Allantoïn lieferten 0,194 Wasser = 4,30 Proc. Wasserstoff. 0,4905 Grm. Allantoïn lieferten 0,542 Kohlensäure = 30,55 Proc. Kohlenstoff.

III. 0,461 All. aus All.-Flüssigkeit lieferten 0,163 Wasser = 3,92 Proc. Wasserstoff.- 0,401 All. aus All.-Flüssigkeit lieferten 0,506 Kohlensäure = 30,35 Proc. Kohlenstoff.

Aus 22 Proben mit dem bei der Verbrennung erhaltenen Gemenge von Stickgas und Kohlensäuregas ging ferner hervor, daß dabei diese Gase in dem relativen Volumverhältnis = 1 : 2 erhalten werden. Hiernach ergibt sich für das Allantoïn folgende Zusammensetzung: [248]

	Beobachtet		
	I.	II.	III.
Kohlenstoff	80,60	80,55	30,35
Stickstoff	35,45	35,40	35,16
Wasserstoff	3,83	4,39	3,92
Sauerstoff	30,12	29,66	30,57

entsprechend der folgenden theoretischen Zusammensetzung:

		In 100 Theilen
4 At. Kohlenstoff	305,74	30,66
4 - Stickstoff	354,08	35,50
6 - Wasserstoff	37,44	3,75
3 - Sauerstoff	300,00	30,09
1 At. Allantoïn	997,26	100,00

Seine Zusammensetzung kann also durch die Formel $C_4 N_4 H_6 O_3$ ausgedrückt werden. Man könnte es betrachten als eine Verbindung von 4 Atomen Cyan mit 3 Atom Wasser. Um oxalsaures Ammoniak zu werden, fehlen ihm die Elemente von 3 Atomen Wasser. Bei der eben erwähnten Zersetzung durch Alkalien oder Schwefelsäure werden diese 3 Wasseratome assimilirt. Auch könnte man es betrachten als ein oxalsaures Ammoniak, welches an der Stelle des Wasseratoms ein Aequivalent Cyan enthält, = $N_2 H_6 C_2 O_3 + N_2 C_2$.

Um das Aequivalent des Allantoïns näher zu bestimmen, wurde noch die Silberoxyd Verbindung einer Analyse unterworfen:

0,409 Allantoïn-Silberoxyd hinterließen 0,166 Silber. Darnach ist das Atomgewicht

= 1889,....

0,427 dito hinterließen 0,173 Silber; 0,850 Grm. hinterliessen 0,348 Silber; darnach Atomgewicht = 1882. Nach der Formel $C_4 N_4 H_6 O_3$ wiegt 1 At. Allantoïn 997,189, also 2 Atome: 1994,378.

Das Allantoïn in der Silberverbindung enthält demnach:

2 Atome Allantoïn	= 1.994,378
Minus 1 Atom Wasser	= 112,4
Atomgewicht des Allantoïns im Silbersalz	1.882,....

[249] 100 Theile Allantoïnsilberoxyd enthalten demnach 43,44 Silberoxyd und 1 At. Wasser ist dann ersetzt durch 1 Aeq. Silberoxyd.

Zur Bestätigung dieser Zusammensetzung wurden 1,287 Gr. Allantoïnsilberoxyd mit Kupferoxyd verbrannt und daraus 0,231 Gr. Wasser und 0,843 Kohlensäure erhalten.

1,000 Grm. lieferten in einer zweiten Analyse 0,660 Kohlensäure und 0,170 Wasser. Die theoretische Zusammensetzung ist hiernach:

			Berechnet	Gefunden	
8	At.	Kohlenstoff	611,48	18,34	18,111 – 18,249
8	–	Stickstoff	708,16	21,24	20,973 – 21,102
10	–	Wasserstoff	62,40	1,88	1,993 – 1,888
5	–	Sauerstoff	500,00	15,00	35,483 – 15,321
1	–	Silberoxyd	1.451,61	43,54	43,440 – 43,440
1	–	Allantoïnsilberoxyd	3.333,65	100,00	100,000 – 100,000

Nachdem die Zusammensetzung des Allantoïns festgestellt war, bot die Erklärung seiner Bildung aus der Harnsäure, so wie deren ganze Zersetzungsweise durch Bleisuperoxyd, keine Schwierigkeit mehr dar. Nimmt man an, daß unter diesen Zersetzungsproducten der Harnstoff dasjenige sey, welches schon gebildet in der Harnsäure enthalten ist, und zieht von der Zusammensetzung:

von 1 Aeq. Harnsäure =	$C_{10} N_8 H_8 O_6$ ab [*)]	
1 Aeq. Harnstoff =	$C_2 N_4 H_8 O_2$	
so bleiben	$C_6 N_4 O_4$.	

Dieß aber sind die Elemente von 4 Atomen Cyan und 4 Atomen Kohlenoxyd.

Hiernach also könnte man sich die Harnsäure als eine Verbindung von Harnstoff mit einem aus Cyan und Kohlenoxyd [250] zusammengesetzten Körper denken, der bei der Einwirkung des Bleisuperoxyds zerstört, und in Oxalsäure und Allantoïn umgewandelt wird. Von dem Bleisuperoxyd werden an die 4 At. Kohlenoxyd 2 At. Sauerstoff abgetreten, wodurch 2 At. Oxalsäure (= 4 C + 6 O) entstehen, welche mit den 2 At. Bleioxyd aus dem Superoxyd in Verbindung treten. Die 4 At. Cyan aber assimiliren sich hierbei 3 At. Wasser (= $C_4 H_4 + H_6 O_3$) und bilden damit 1 At Allantoïn $C_4 N_4 H_6 O_3$. Die wirkliche Existenz eines solchen Cyan-Kohlenoxyds gewinnt durch die Vergleichung mit dem Chlorkohlenoxyd (Phosgen) an

---

[*)] Wir nehmen als entschieden an, daß diese Formel das wahre Atomgewicht der Harnsäure ausdrückt, und daß die bis jetzt als Biurate betrachteten harnsauren Salze die neutralen sind.

Wahrscheinlichkeit. Es würde in der That eine diesem analoge Zusammensetzung haben, nur daß darin das Chlor durch ½ Aequivalent Cyan vertreten wäre. Einige Versuche, die wir zur Bildung und Isolirung dieses hypothetischen Cyankohlenoxyds anstellten, haben kein befriedigendes Resultat gegeben.

Was die bei dieser Zersetzung, hauptsächlich bei der ersten Einwirkung, stattfindende Entwicklung von Kohlensäure betrifft, so ist sie offenbar nur ein secundäres Product, und entsteht aus der Einwirkung des Bleisuperoxyds auf das oxalsaure Bleioxyd, und Zersetzung des sich bildenden kohlensauren Bleioxyds durch die noch überschüssig vorhandene Harnsäure.

Wenn auch für jetzt noch kein deutlicher Zusammenhang zwischen Allantoïn-Bildung aus Harnsäure und dem Vorkommen des Allantoïns der mit den Harnorganen des Fötus in Verbindung stehenden Allantoïs eingesehen werden kann, so ist ein solcher doch zu ahnen, so wie wir auch vermuthen dürfen, daß die bei krankhaftem Zustande der Harnwerkzeuge bisweilen stattfindende Oxalsäure-Bildung (in den Concretionen aus oxalsaurer Kalkerde) aus einer ähnlichen Zersetzungsweise der Harnsäure zu erklären seyn werde.

Von den Producten, welche in dem so eben beschriebenen Zersetzungsproceß hervorgehen, der *Oxalsäure*, dem *Allantoïn* [251] und *Harnstoff*, sind, wie sich mit Gewißheit nachweisen läßt, die beiden ersteren nicht fertig gebildet in der Harnsäure vorhanden. Was die Präexistenz des Harnstoffs in der Harnsäure betrifft, so glauben wir, daß die Versuche, die wir zu beschreiben haben, als neue und gegründete Belege für diese Meinung dienen können.

Man kann sich also die Harnsäure als eine dem salpetersauren und oxalsauren Harnstoff ähnliche, obwohl innigere, Verbindung denken, in welcher eine bis jetzt noch nicht dargestellte, wahrscheinlich nicht darstellbare Säure enthalten ist, deren Zusammensetzung durch die Formel $C_8 N_4 O_4$ oder durch $Cy_4 + C_4 O_4$ auszudrücken wäre.

Die Abscheidung des Harnstoffs wurde in dem Zersetzungs- und Oxydationsprozeß durch Bleisuperoxyd offenbar bedingt durch die neue Form, welche die eigenthümliche Säure, die wir uns in der Harnsäure vorhanden denken, beim Hinzutreten von 2 Atomen Sauerstoff annahm, allein man sieht leicht ein, daß, welches auch diese neue Form seyn mochte, die Gegenwart des Bleioxyds und Bleihyperoxyds nicht ohne Einfluß auf die weitere Zersetzung derselben seyn konnte, es war im Gegentheil mit Gewißheit zu vermuthen, daß diese starke Basis wesentlichen Antheil hatte an der Bildung der Kleesäure.

Lassen wir zu 1 Atom Harnsäure 3 Atome Wasser und 2 Atome Sauerstoff treten und abstrahiren wir gänzlich von der Wirkung, die so eben dem Bleioxyd zugeschrieben wurde, so haben wir es stets, den Elementen nach, mit den genannten drei Verbindungen zu thun.

Harnstoff	$C_2 N_4 H_8 O_2$	⎫	1 At. Harnsäure	$C_{10} N_8 H_8 O_6$
Kleesäure	$C_4 O_4$	⎬ =	3 − Wasser	$H_6 O_3$
Allantoïn	$\underline{C_4 N_4 H_6 O_3}$	⎭	2 − Sauerstoff	$\underline{O_2}$
	$C_{10} N_8 H_{14} O_{11}$	=		$C_{10} N_8 H_{14} O_{11}$

[252] In dieser Voraussetzung sind unter andern zwei Fälle von Verbindungen möglich, es wird Harnstoff frei und eine Verbindung gebildet

$$\begin{array}{ll}\text{von Kleesäure} & C_4 \quad\ O_6 \\ \text{mit Allantoïn} & \underline{C_4\ N_4\ H_6\ O_3} \\ & C_8\ N_4\ H_6\ O_9\end{array}$$

oder es wird Allantoïn frei und es bildet sich eine Verbindung

$$\begin{array}{ll}\text{von Kleesäure} & C_4 \quad\ O_6 \\ \text{mit Harnstoff} & \underline{C_2\ N_4\ H_8\ O_2} \\ & C_6\ N_4\ H_8\ O_8\end{array}$$

Diese beiden Fälle sind der Schlüssel zu der bis jetzt durchaus räthselhaft gewesenen Einwirkung der Salpetersäure auf Harnsäure, es entstehen hierbei entweder nur eine oder zwei Verbindungen; die eine enthält die Elemente von zwei Atomen Kleesäure mit 1 Atom Harnstoff, die andere die Elemente von zwei Atomen Kleesäure 1 Atom Allantoïn $C_4\ N_4\ H_6\ O_3$ und 1 At. Wasser. Wie sich aus dem Verhalten vieler Körper ergeben wird, so ist in keinem von diesen Körpern, Kleesäure, Allantoïn oder Harnstoff vorhanden, sondern ihre Elemente haben sich in einer neuen ganz eigenthümlichen Form miteinander vereinigt, so daß sie sich wohl in manchen Fällen zu zwei von diesen Producten gestalten, ohne daß sich aber nur mit einiger Wahrscheinlichkeit ein Rückschluß auf ihre Präexistenz begründen ließe. Wir nennen den einen Körper, der die Elemente von Oxalsäure und Harnstoff enthält, *Oxalursäure,* den andern, in dem die Elemente von Allantoïn und Oxalsäure vorhanden sind, *Alloxan.*

Verhalten der Harnsäure gegen Salpetersäure.

In der folgenden Untersuchung haben wir den begränzten Zweck die Veränderungen auszumitteln, welche die Harnsäure erfährt, wenn sie mit Salpetersäure zusammengebracht wird; [253] sie umfaßt demnach die Entwicklung der Zersetzungserscheinungen und der Producte, welche dabei auftreten.

Ein näheres Studium der Natur und des Verhaltens dieser Producte muß einer neuen Arbeit vorbehalten bleiben.

Die Producte, welche bei der Zersetzung der Harnsäure vermittelst Salpetersäure entstehen, wechseln mit der Temperatur und der Concentration der Säure. Bei Anwendung von verdünnter Salpetersäure sind sie sehr mannigfaltig, bei einem gewissen Grad der Concentration derselben erzeugt sich nur ein einziges krystallinisches Product.

Allgemeine Zersetzungserscheinungen der Harnsäure mit Salpetersäure.

Trägt man in erwärmte sehr verdünnte Salpetersäure trockne Harnsäure ein, so entsteht bald ein lebhaftes Aufbrausen, es entwickelt sich ein farbloses Gas, welchem nur Spuren von Stickstoffoxydgas beigemischt sind, das farblose Gas besteht aus *gleichen Raumtheilen* Stickgas und Kohlensäure. Wird der Zusatz der Harnsäure so lange fortgesetzt, bis die Säure nicht mehr darauf wirkt, so erhält man eine farblose oder schwach gelbliche Flüssigkeit, in welcher man bei gelindem Abdampfen, ein schwaches stellenweises Aufbrausen bemerkt; bei diesem Abdampfen nimmt sie nach und nach eine zwiebelrothe Farbe an und läßt man sie bei diesem Zeitpunkte erkalten, so setzen sich harte durchsichtige Krystalle ab, welche im kalten Wasser sehr schwer löslich sind. Wird nach Absonderung dieser Krystalle mit dem Abdampfen fortgefahren, so nimmt die Röthung in der Flüssigkeit zu; ihre saure Reaction nahm bis zur Bildung der oben erwähnten Krystalle ab, sie nimmt jetzt ebenfalls wieder zu, bis man zuletzt einen Syrup bekommt, aus dem sich Krystalle von salpetersaurem und kleesaurem Ammoniak und salpetersaurem Harnstoff absetzen.

[254] Das Verhalten des freien Ammoniaks zu dieser Auflösung ist vor allem merkwürdig; die erste Kenntniß desselben verdankt man den ausgezeichneten Forschungen des Herrn Dr. P r o u t in London.

Wird derselben sogleich nachher, nachdem die Auflösung der Harnsäure vollendet und erkaltet ist, Ammoniak im Ueberschuß zugesetzt, so bleibt die Flüssigkeit farblos, nach dem Erhalten setzt sie dann oft gelatinöse Flocken oder auch gelbliche oder röthliche concentrisch gruppirte Nadeln ab; wenn sie noch heiß neutralisirt wird, so nimmt sie eine purpurrothe Farbe an, die nach einiger Zeit wieder verschwindet. Wird sie erst dann mit Ammoniak versetzt, nachdem sie beim Abdampfen zwiebelfarbig geworden ist, so entsteht eine tief purpurrothe Flüssigkeit, ist die Flüssigkeit genau neutral, oder enthält sie nur einen schwachen Ueberschuß an Ammoniak, so setzt sie cantharidengrüne, glänzende farrenkrautartig gruppirte Krystalle der von P r o u t entdeckten und von ihm purpursaures Ammoniak genannten Verbindung ab. Meistens ist diesem Körper ein röthlichgelbes Pulver beigemischt; hat man einen Ueberschuß von Ammoniak genommen, und ist die Flüssigkeit sehr heiß, so verschwindet die rothe Farbe wieder, man erhält keine grüne Krystalle, sondern es scheidet sich nach dem Erkalten entweder ein fleischrothes Pulver oder ein eben so gefärbter körniger Niederschlag ab.

Eine Auflösung von Harnsäure in verdünnter Salpetersäure, die man mit Ammoniak neutralisirt hat, wird beim Abdampfen wieder sauer, man bemerkt bei diesem Zeitpunkt eine Gasentwickelung in der Flüssigkeit, welche von der Entbindung reiner Kohlensäure herrührt; bis zu einiger Concentration abgedampft und erkaltet, erhält man unter allen Umständen ein in concentrisch gruppirten gelben Nadeln krystallisirtes Ammoniaksalz. Dieses Salz ist oxalursaures Ammoniak.

[255] Trägt man in der Kälte in Salpetersäure von 1,425 spec. Gewicht, trockne Harnsäure, so entsteht nach einiger Zeit ein starkes Aufbrausen, man beobachtet wie bei der verdünnten Salpetersäure eine starke Entwickelung von Kohlensäure, man bemerkt ferner salpetrige Säure und wenn alles Aufbrausen nachgelassen hat, so erstarrt das Ganze zu einem Brei von kleinen durchsichtigen Krystallen. Die Mutterlauge, mit der sie umgeben sind, enthält Ammoniak. Beim gelinden Erhitzen entsteht unter Aufbrausen eine Entwickelung von reinem Stickgas. Ausser Ammoniak und den erwähnten Krystallen bleibt kein anderes Product in dieser Masse zurück. Die Krystalle bestehen gänzlich aus *Alloxan*.

Nimmt man zu diesem Versuche einen großen Ueberschuß von Salpetersäure und kocht die Krystalle damit, so bilden sich nach dem Erkalten lange, schmale, prismatische oder schuppige Krystalle, welche die größte Aehnlichkeit mit Kleesäure haben.

Bei Anwendung von Salpetersäure von 1,55 spec. Gewicht entsteht ebenfalls Alloxan, allein ein Theil der Harnsäure erleidet eine andere Art von Zerlegung, zusammengeballte Stückchen derselben werden braun oder schwarz, wie verkohlt, und diese färbende Substanz, die sich hierbei erzeugt, läßt sich nur mit Schwierigkeit wieder den Krystallen entziehen.

Das sog. purpursaure Ammoniak löst sich mit prächtig rother Farbe im Wasser, bei Zusatz von Kali wird die Auflösung veilchenblau, beim Kochen farblos unter Ammoniakentbindung. Säuren fällen aus dieser alkalischen Flüssigkeit weiße oder gelblichweiße glänzende Schuppen, bekannt unter dem Namen *Purpursäure*.

Die Purpursäure löst sich bei Abschluß der Luft ohne Farbe in ätzendem Ammoniak auf, beim Zutritt des Sauer-[256]-stoffs wird die Flüssigkeit purpurroth und beim Verdampfen setzen sich wieder goldgrün glänzende Krystalle ab.

Die Entwickelung und Erläuterung der so eben beschriebenen Erscheinungen umfaßt die Aufgabe, die zu lösen wir uns vorgesetzt haben.

Alloxan.

Zur Darstellung dieses Körpers bereitet man sich durch Mischung der stärksten rauchenden Salpetersäure mit gewöhnlicher, eine Säure von 1,45 bis 1,5 spec. Gewicht, man bringt sie in eine flache Porzellanschaale und trägt nach und nach in kleinen Portionen das halbe Gewicht der Säure an trockner reiner Harnsäure hinein, die man aufs sorgfältigste mit der Säure mischt. Nach jedesmaligem Zusatz wartet man das Aufbrausen ab, und läßt die Flüssigkeit erkalten, ehe neue Harnsäure hineingebracht wird.

Auf diese Weise erhält man nach dem völligen Erkalten einen beinahe festen, weißen Brei von glänzenden, durchsichtigen Krystallen.

Man bringt diesen Krystallbrei auf einen porösen Ziegelstein, oder selbst auch auf zusammengelegtes Papier, wo er nach 24 Stunden ein vollkommen trocknes weißes Pulver darstellt, welches man durch mehrmalige Krystallisation vollkommen reinigt. Zu diesem Zweck übergießt man die Krystalle in einer Porzellanschaale mit ihrem gleichen Gewichte Wasser und erhitzt sie damit bis zur völligen Auflösung, nach der Filtration läßt man die Flüssigkeit an einem warmen Orte stehen, wo sich nach und nach farblose, durchsichtige, diamant-glänzende Krystalle von bedeutendem Volumen absetzen.

Das Alloxan krystallisirt aus Wasser in zweierlei Formen, beim Abkühlen einer warm gesättigten Auflösung sind die Krystalle sehr voluminös und leicht verwitternd, sie enthalten in diesem Fall eine große Menge Krystallwasser, diejenigen [257] Krystalle, die sich in einer warmen Auflösung bilden, sind stets wasserfrei und verwittern nicht. Es ist bei der Darstellung dieses Körpers, der größeren Reinheit wegen, bei der ersten Krystallisation ein Vortheil ihn in seinem wasserfreien Zustande zu erhalten.

Das Krystallisationssystem des wasserhaltigen Alloxans ist trimetrisch (zwei- und eingliedrig), nach Art des Schwerspaths, mit einem Rhombenoctaëder zur Grundform. Die Krystalle zeigen, namentlich nach längerer Aufbewahrung, einen starken Perlmutterglanz, und können leicht in zollgroßen Dimensionen erhalten werden.

Das wasserfreie Alloxan krystallisirt nach Art des Augits dihemoedrisch (zwei- und eingliedrig), seine Grundform ist ein schiefes und geschobenes mehrseitiges Prisma, die Krystalle erscheinen als an den Enden abgestumpfte Rhomboïdal-Octaëder.*) Sie sind glasglänzend, durchsichtig und können bei weitem nicht so groß erhalten werden, wie die wasserhaltige Verbindung.

Das Alloxan ist sehr löslich im Wasser, die Auflösung ertheilt der Haut nach einiger Zeit eine Purpurfarbe und einen eigenthümlichen eckelhaften Geruch; sie röthet Lacmuspapier, welche Eigenschaft beim Zusammenbringen mit Basen verschwindet, aber in diesem Falle bilden sich keine Salze. Kohlensaurer Kalk und Baryt werden davon nicht zersetzt, Bleioxyd mit der Auflösung gekocht, erleidet keine Veränderung; in dem Sinn, den wir mit den

---

*) Nach Berechnungen des Hrn. Hofr. Hausmann.

Eigenschaften einer Säure verbinden, ist das Alloxan keine Säure.

Wird eine Auflösung von Alloxan mit Baryt- oder Kalkwasser vermischt, so bleibt sie bei Ueberschuß des erstern klar und farblos, nach einigen Stunden setzen sich aber daraus glänzend weiße Krystalle ab, die sich in warmem Wasser lösen und wieder daraus krystallisirt erhalten werden können; bei [258] einem Ueberschuß von Baryt- oder Kalkwasser entsteht sogleich ein weißer krystallinischer Niederschlag, der sich in einer größeren Quantität Wasser vollkommen auflöst.

Mit Eisenoxydulsalzen vermischt, bewirkt das Alloxan anfänglich keine Fällung, aber die Mischung färbt sich tief indigblau. Nach diesem Verhalten kann man an der Identität des Alloxans mit der von B r u g n a t e l l i unter dem Namen *erythrische Säure* beschriebenen Substanz keinen Zweifel hegen. Die Darstellung dieser Materie war gewissermaßen verloren gegangen, keinem Chemiker gelang sie nach ihm, weil er vergessen hatte, den Concentrationsgrad seiner Säure zu bemerken. Eine mehr oder weniger concentrirte Säure hat zwar auf die Bildung selbst keinen nachtheiligen Einfluß, allein ihre Abscheidung wird bei einer verdünnten unmöglich gemacht durch gleichzeitige Erzeugung anderer Produkte, deren Scheidung von einander nicht gelingt. Der Name erythrische Säure gibt eine falsche Vorstellung von der Natur dieser Substanz, dieß ist der Grund gewesen, ihn durch einen passenderen zu ersetzen.

Von vorn herein ließ sich vermuthen, daß Produkte, welche sich durch die Einwirkung der Salpetersäure auf die Harnsäure erzeugen, auf zweierlei Weise entstehen können, sie sind entweder lediglich durch die Hinzutretung von Sauerstoff aus der Salpetersäure gebildet, in der Art, daß der Stickstoff der Salpetersäure oder eine niedere Oxydationsstufe desselben keinen Antheil daran nimmt, oder in die neuen Produkte gehen als Bestandtheile, Oxydationstufen des Stickstoffs über. Dieß ließ sich namentlich bei dem Alloxan vermuthen, allein directe Versuche widersprechen auf das bestimmteste dieser Voraussetzung.

Alloxan mit concentrirter Schwefelsäure und metallischem Kupfer erwärmt, entwickelt keine Spur Stickstoffoxyd oder salpetrige Säure, und einen zuverlässigen Beweis finden wir in einer [259] eigenthümlichen Zersetzung, es die bei der Behandlung mit Bleisuperoxyd erleidet.

Bei gelinder Erwärmung einer Auflösung von Alloxan mit Bleisuperoxyd entwickelt sich reine Kohlensäure, nach Beendigung der Zersetzung hat man einen weißen Brei von kohlensaurem Bleioxyd, dem nur unbedeutende Spuren von Kleesäure beigemischt sind, und die davon abfiltrirte Flüssigkeit enthält keine Spur von Blei, sondern liefert nach dem Abdampfen krystallisirten Harnstoff, dem eine kaum wägbare Spur eines weißen Pulvers beigemischt zu seyn pflegt, welches jedenfalls nichts Wesentliches, sondern etwas Zufälliges ist.

Bei der Zerlegung des Alloxans mit Bleisuperoxyd sind hiernach die Hauptprodukte Kohlensäure und Harnstoff.

Wir haben die Zusammensetzung des Alloxans auf dem gewöhnlichen Wege ausgemittelt. Mit Kupferoxyd verbrannt, lieferte es in 3 Versuchen Stickstoff und Kohlensäure im Verhältniß wie 1 : 4; um über den Stickstoffgehalt die vollkommene Gewißheit zu haben, controllirten wir die qualitative Analyse des durch die Verbrennung erhaltenen Gasgemenges, durch die directe Bestimmung des Harnstoffs, in dem, wie wir oben erwähnten, aller in der Materie enthaltene Stickstoff zurückbleibt, wenn man das Alloxan mit Bleisuperoxyd zerlegt.

Von 1,523 Grm. Alloxan erhielten wir 0,585 reinen Harnstoff, 100 Theile liefern mithin 38,41 Harnstoff und enthalten hiernach 17,96 Stickstoff.

I. 0,6535 Alloxan (durchsichtige, wasserfreie Krystalle) lieferten 0,151 Wasser und 0,717 Kohlensäure.
II. 0,611 desselben Alloxans gaben 0,674 Kohlensäure und 0,145 Wasser.
III. 0,650 getrocknetes Alloxan (von den wasserhaltigen Krystallen) gaben 0,733 Kohlensäure und 0,137 Wasser.
IV. 0,6455 desselben Alloxans lieferten 0,150 Wasser und 0,711 Kohlensäure. [260]
V. 0,720 desselben Alloxans lieferten 0,166 Wasser und 0,799 Kohlensäure.

Dieß gibt für 100 Theile:

	I.	II.	III.	IV.a	V.b
Kohlenstoff	30,38	30,18	30,636	30,415	30,439
Stickstoff	17,96	17,96	17,960	17,960	17,960
Wasserstoff	2,57	2,48	2,636	2,560	2,550
Sauerstoff	49,09	49,38	48,768	49,065	49,051
	100,00	100,00	100,000	100,000	100,000

Die theoretische Zusammensetzung dieses Körpers ist hiernach:

		in 100
8 At. Kohlenstoff	611,480	30,34
4 – Stickstoff	354,080	17,55
8 – Wasserstoff	49,918	2,47
10 – Sauerstoff	1.000,000	49,64
	2.015,478	100,00

Die wasserhaltigen Krystalle des Alloxans zeigen beim gelinden Erwärmen dieselbe Erscheinung, wie das schwefelsaure Zinkoxyd. Sie verwandeln sich unter Abscheidung des Wassers in Afterkrystalle, bestehend aus einem Aggregat von Krystallen des wasserfreien Alloxans.

An einem warmen Ort oder unter der Luftpumpe verwittern sie sehr leicht, die Krystalle werden undurchsichtig und weiß, ohne zu Pulver zu zerfallen.

3,230 verloren bei 100° 0,840 Wasser = 25,9 p. c.
2,00 –   – über Schwefelsäure im luftleeren Raum 0,54 = 27 p.c.
1,25 Grm. verloren beim Erwärmen im luftleeren Raum 0,340 = 27,2 p.c.
10 Grm. verloren beim Erwärmen im luftleeren Raum 2,600 Wasser = 26 p.c.

Hieraus geht hervor, daß das wasserhaltige Alloxan besteht aus: [261]

1 At.	Alloxan	2.015,478	74,95
6 –	Wasser	674,880	25,05
		2.690,358	100,00

Beim Erwärmen röthen sich die Krystalle des Alloxans schwach, selbst schon bei 100°, dieß scheint eine Veränderung in dem Körper anzudeuten, obwohl sich dieß in der Analyse nicht zu erkennen gibt, wiewohl es vielleicht den größeren Gewichtsverlust erklärt, der sich in zwei Wasserbestimmungen ergeben hat. Enthielte es 7 Atome Wasser, so würde man 28 p. c. erhalten haben.

Die Erzeugung des Alloxans aus der Harnsäure erklärt sich, wie wir glauben, auf eine höchst einfache Weise. Ziehen wir die Bestandtheile eines At. Wasser von seiner Formel ab, so haben wir $C_8\ N_4\ H_6\ O_3$. Dieß sind, wie wir bemerkten, die Elemente von zwei Atomen Kleesäure 2 C_2O_3 und 1 Atom Allantoïn $C_4\ N_4\ H_6\ O_3$. Zu einem Atom Harnsäure sind 2 Atome Sauerstoff aus der Salpetersäure getreten, auf der einen Seite ist Harnstoff, auf der andern die Säure $C_8\ N_4\ O_4$ frei geworden,

diese Säure	$C_8\ N_4\quad O_4$
2 At. Sauerstoff	O_2
4 – Wasser	$H_8\ O_4$
bilden Alloxan	$C_8\ N_4\ H_8\ O_{10}$

die Salpetersäure ist in salpetrige Säure $N_2\ O_3$ übergegangen. Harnstoff und salpetrige Säure zerlegen sich, dieß ist eine Erfahrung, die man schon längst gemacht hat, augenblicklich in salpetrigsaures Ammoniak, und in freie Cyansäure, das salpetrigsaure Ammoniak zerfällt bei schwacher Erwärmung in Wasser und reines Stickgas, die Cyansäure zerlegt sich mit den Bestandtheilen des Wassers in Ammoniak und in Kohlensäure. Das salpetrigsaure Ammoniak liefert 2 Aeq. Stickgas, die Cyansäure 2 Aeq. Kohlensäuregas, von diesen [262] beiden Gasen müssen sich gleiche Volumina entwickeln, es muß in der Auflösung noch eine gewisse Menge Ammoniak, nemlich diejenige Portion, die sich durch die Zersetzung der Cyansäure gebildet hat, zurückbleiben. Alle Erscheinungen bei dieser Zersetzung beweisen auf eine unwidersprechliche Weise die Richtigkeit dieser Entwickelung. Wir glauben, daß sie mit gleicher Kraft die Wahrheit der Voraussetzung der Präexistenz des Harnstoffs in der Harnsäure darthun, eben weil die Entwickelung des reinen Stickstoffs und der Kohlensäure in dem bestimmten Volumenverhältniß und das Zurückbleiben von Ammoniak in der Auflösung sonst auf keine andere Weise erklärt werden können.

Wenn bei dieser Zersetzung die Salpetersäure in großem Ueberschuß verwendet wird, so wird gleichzeitig mit der Zerlegung des salpetrigsauren Ammoniaks in Stickgas und Wasser, eine andere Portion zerlegt in salpetrige Säure, die in dunkel-rothen Blasen sich entwickelt und in Ammoniak, welches sich mit der Salpetersäure verbindet.

Alloxantin.

Wir haben erwähnt, daß die Auflösung der Harnsäure in verdünnter Salpetersäure unter ähnlichen Erscheinungen vor sich geht, wie bei Anwendung von concentrirter Säure, daß aber die Auflösung nach gelindem Abdampfen einen krystallisirten Körper in harten, durchsichtigen, farblosen oder schwachgelblich gefärbten Krystallen absetzt. Wir nennen ihn *Alloxantin.*

Das Alloxantin ist in kaltem Wasser sehr schwer, in heissem reichlicher, obwohl sehr langsam löslich, und daraus fast vollständig krystallisirend, es röthet deutlich, selbst nachdem es 5 bis 6 mal umkrystallisirt ist, die blauen Pflanzenfarben, es gehen ihm aber nichts destoweniger alle Eigenschaften der Säuren ab, indem es mit den Basen nicht zusammengebracht werden kann, ohne eine Zersetzung zu erleiden. [263] Eine Auflösung des Alloxantins mit Barytwasser vermischt giebt einen dicken schön veilchenblauen Niederschlag, welcher beim Kochen weiß wird und wieder verschwindet; bei einem Ueberschuß von Baryt entsteht ein bleibender weisser Niederschlag. Einen anderen ebenso ausgezeichneten Character bietet sein Verhalten, zum salpetersauren Silberoxyd dar: es entsteht nemlich, wenn man es damit zusammen bringt, sogleich ein schwarzer Niederschlag von metallischem Silber, ohne daß neben demselben etwas anderes gefällt oder ein Gas entwickelt wird; versetzt man die davon abfiltrirte Flüssigkeit mit Barytwasser, so entsteht ein weißer Niederschlag. Uebereinstimmend mit dieser Reaction auf das Silbersalz ist sein Verhalten zur selenigen Säure, welche mit einer warmen Auflösung von Alloxanthin sogleich einen rothen Niederschlag von reduzirtem Selen giebt.

Das Alloxantin röthet sich an ammoniakgashaltiger Luft, die Krystalle werden undurchsichtig, bei 100° erleiden sie keinen Gewichtsverlust, in einer höheren Temperatur bemerkt man das Entweichen von Wasser. Zur Analyse verwendete man Alloxantin, welches aus der salpetersauren Auflösung der Harnsäure dargestellt worden war. Das in der ersten Analyse war einmal, in der zweiten und dritten zwei und dreimal durch Auflösung in Wasser umkrystallisirt. Durch die Verbrennung dieses Körpers mit Kupferoxyd erhielten wir Stickgas und Kohlensäure im Volumen-Verhältniß wie 1: 4.[*)]

    I. 0,506 Grm. Alloxant. lief. 0,142 Wasser u. 0,565 Kohlensäure
   II. 0,7975   –   –   – 0,230   –   – 0,872   –   –
  III. 0,819   –   –   – 0,234   –   – 0,904   –   –
 IV. 0,812   –   –   – 0,228   –   – 0,893   –   –

Diese Analysen geben in 100 Theilen folgendes Verhältnis:

	I.	II.	III.	IV.a)
Kohlenstoff	30,858	80,339	30,46	30,41
Stickstoff	17,669	17,669	17,66	17,66
Wasserstoff	3,111	3,200	3,18	3,10
Sauerstoff	48,362	48,798	48,70	48,83
	100,000	100,000	100,00	100,00

Entsprechend folgender theoretischen Zusammensetzung

8 At. Kohlenstoff	611,48	30,16
4 – Stickstoff	354,08	17,46
10 – Wasserstoff	62,39	3,06
10 – Sauerstoff	1.000,00	49,32
	2.027,95	100,00

Bei der Entstehung des Alloxantins aus Harnsäure und verdünnter Salpetersäure ist nur 1 At. Sauerstoff, anstatt zwei Atomen, zu den Elementen der Säure $C_8 N_2 O_4$ getreten, welche mit Harnstoff verbunden die Harnsäure constituirt, es entstand neben demselben sogenannte Untersalpetersäure N_2O_4, welche in Berührung mit Wasser sich in salpetrige Säure und Salpetersäure zerlegt, so daß in Beziehung auf die Erzeugung von Stickgas und Kohlensäuregas

---

[*)] Auf 8 Atome Kohlenstoff enthält es mithin 4 Atome Stickstoff.

durchaus die nemliche Zersetzung in der Flüssigkeit vor sich geht, die wir bei der Bildung des Alloxans auseinandergesetzt haben, mit dem einzigen Unterschied jedoch, daß bei dem letzteren salpetrige Säure und Harnstoff in gleichen Atomen zusammen kommen, so daß sie sich gerade auf gegenseitig zersetzen, in der Art, daß kein Harnstoff zurückbleibt. Bei der Einwirkung der verdünnten Salpetersäure wird Untersalpetersäure gebildet, weil die Salpetersäure nur 1 At. Sauerstoff abgibt, und demzufolge muß in der Flüssigkeit eine gewisse Quantität unzerlegter Harnstoff zurückbleiben. Man kann sich von dessen Vorhandenseyn leicht überzeugen, wenn man die Flüssigkeit zu einem schwachen Syrup abdampft, und nun mit [265] Salpetersäure vermischt, worauf sich eine Menge Krystalle von salpetersaurem Harnstoff daraus absetzen.

Vergleichen wir die Zusammensetzung des Alloxans mit der des Alloxantins, so finden wir eine außerordentliche Aehnlichkeit; beide enthalten, bis auf den Wasserstoff, einerlei Mengen der nemlichen Bestandtheile, der Unterschied in dem Wasserstoffgehalt beträgt 1 Aequivalent, was das Alloxan weniger enthält als das Alloxantin. Die ganze Bildungsweise beider Körper machte es höchstwahrscheinlich, daß diese Beziehung noch weiter geht.

Wir haben in der That gefunden, daß man das Alloxan in Alloxantin und umgekehrt das letztere in das erstere mit größter Leichtigkeit verwandeln kann, wenn man das Alloxan mit reduzirenden Materien, oder das Alloxantin mit oxydirenden zusammenbringt.

Leitet man z. B. durch eine mäßig concentrirte Auflösung von Alloxan Schwefelwasserstoffgas, so wird die Flüssigkeit sogleich durch einen gelben Niederschlag getrübt, welcher reiner Schwefel ist, der sich nach einiger Zeit in dicken Massen ansammelt, bald darauf setzt sich ein weißer Körper als ein krystallinisches Pulver ab, und wenn die Alloxanauflösung einigermaßen concentrirt ist, so gerinnt sie nach mehrstündigem Stehen zu einem dicken Brei von diesen Krystallen.

Bringt man diesen Niederschlag, nach einigem Auswaschen, in siedendes Wasser, so löst er sich bis auf den Schwefel auf, und nach dem Filtriren setzt sich daraus eine reichliche Krystallisation von Alloxantin in weißen, durchsichtigen, sehr reinen Krystallen ab. Wir haben uns nicht allein durch das bekannte Verhalten, von der Identität dieses mit dem aus Harnsäure direct erhaltenen Alloxantins überzeugt, sondern auch jeden Zweifel durch die Analyse desselben zu heben gesucht, die unter den vorstehenden mit a) [266] bezeichnete Analyse war mit dem aus Alloxan gebildeten angestellt.

Man erhält ferner dieselbe Substanz, wenn man eine Auflösung von Alloxan mit etwas Salzsäure versetzt und metallisches Zink hineinlegt. Nach einigen Stunden setzt sich eine reichliche Menge Alloxantin in krystallinischen Rinden ab, welche einmal umkrystallisirt, keine Spur von Zinkoxyd enthalten.

Ebenso fällt Zinnchlorür aus einer Auflösung von Alloxan augenblicklich einen Niederschlag von Alloxantin.

Wenn man auf der andern Seite Alloxantin in kochendem Wasser löst und zu dieser Auflösung einige Tropfen Salpetersäure bringt, so beobachtet man ein gelindes Aufbraussen [!] und Entwickelung von Zersetzungsproducten der Salpeteräure, nach dem Abdampfen bis zur schwachen Syrupconsistenz erstarrt das ganze zu einer weißen krystallinischen Masse, die nach dem Wiederauflösen in Wasser beim Verdampfen an der Luft sehr regelmäßige und durchsichtige farblose Krystalle von Alloxan liefert. Auch bei diesem zeigt das Verhalten und die 4te und 5te von den Analysen, die wir angeführt haben, die völlige Identität mit dem direct aus der Harnsäure erhaltenen.

Neben Alloxan wird hiebei aus dem Alloxantin kein anderes Product gebildet, in der Flüssigkeit bemerkt man kein Ammoniak, kurz keine andere fremde Materie.

Bei diesem Uebergang des Alloxantins in Alloxan beobachtet man eine Reaction, auf die wir vorläufig aufmerksam machen wollen, weil sie den Schlüssel zur Erklärung der Bildung eines der merkwürdigsten der Harnsäureproducten liefert.

Versetzt man nemlich eine heiße Alloxantinlösung mit Ammoniak, so wird die Flüssigkeit purpurroth, allein die [267] Farbe verschwindet wieder beim Erhitzen oder einige Zeit nach dem Erkalten.

Wenn Alloxan mit Ammoniak versetzt wird, so wird kaum eine bemerkbare Röthung hervorgebracht.

Wenn bei der Ueberführung des Alloxantins in Alloxan der Zusatz der Salpetersäure tropfenweise nach und nach geschieht, so bemerkt man, wenn ein Theil davon von Zeit zu Zeit mit Ammoniak gesättigt und gelinde erwärmt wird, daß diese Flüssigkeit sich immer dunkler roth färbt, so daß sie, nachdem eine gewisse Quantität Salpetersäure verbraucht worden war, nach dem Zusatz von Ammoniak ganz undurchsichtig purpurroth wird, welche Eigenschaft die nemliche Flüssigkeit aber nicht mehr zeigt, wenn der Zusatz der Salpetersäure eine gewisse Grenze erreicht hat.

Wir haben erwähnt, daß die Auflösung der Harnsäure in verdünnter Salpetersäure, wenn man sie unmittelbar, nachdem sie vollendet ist, mit Ammoniak versetzt, entweder keine Röthung hervorbringt oder eine Purpurfarbe, welche von selbst wieder verschwindet, daß aber die nemliche Auflösung einige Minuten gekocht oder gelinde erwärmt, alsdann erst mit Ammoniak eine tief purpurrothe Flüssigkeit bildet, aus der sich reichlich die schönen cantharidengrün glänzenden Krystalle von Prout's purpursaurem Ammoniak absetzen, über einen gewissen Punct hinaus erwärmt, erhält man sie aber nicht mehr, die Flüssigkeit verliert selbst die Fähigkeit mit Ammoniak sich purpurroth zu färben. Diese Erscheinung rührt, wie man leicht sieht, von einerlei Ursache her; die Auflösung des Alloxantins gibt bei einem gewissen Zusatz von Salpetersäure und Ammoniak die nemlichen grünen Krystalle in reichlicher Menge, ihre Bildung bleibt aber aus, wenn durch vermehrten Zusatz von Salpetersäure alles Alloxantin in Alloxan übergegangen ist.

[268] Eine Alloxantinlösung färbt, wie wir erwähnten, eine Silberauflösung schwarz, der Niederschlag ist metallisches Silber, was den Sauerstoff, mit dem es verbunden war, an das Alloxantin abgab, indem es in Alloxan übergieng.

Bei den verschiedenen Krystallisationen des Alloxantins, namentlich desjenigen, welches aus der Harnsäurelösung in verdünnter Salpetersäure erhalten wird, behält man zuletzt eine Mutterlauge übrig, in welcher eine in langen, der Kleesäure sehr ähnlichen Nadeln krystallisirende Säure enthalten ist, die wir später näher beschreiben wollen.

Thionursäure.

Wenn man eine kalte gesättigte Auflösung von Alloxan in Wasser mit schwefliger Säure vermischt, so verliert diese nach einigen Augenblicken ihren Geruch, setzt man einen kleinen Ueberschuß zu und dampft im Wasserbade ab, so krystallisirt aus der concentrirten Flüssigkeit ein neuer Körper in ausgezeichnet großen durchsichtigen Tafeln, welche an der Luft verwittern. Wir kommen nachher darauf zurück.

Wird die Mischung von Alloxan mit schwefliger Säure, ohne sie vorher abzudampfen und zu erhitzen, mit Ammoniak übersättigt und kurze Zeit im Sieden erhalten, so krystallisirt beim Erkalten, ein Körper in glänzenden 4seitigen Tafeln in großer Menge heraus; eine concentrirte Auflösung erstarrt zu einer blättrigen Masse. Man erhält diesen Körper am besten und in größter Menge, wenn schwefligsaures Ammoniak mit überschüssigem kohlensauren Ammoniak zuerst gemischt, alsdann Alloxanlösung hinzugefügt, das Ganze langsam zum Sieden erhitzt und ½ Stunde darin erhalten wird. Dieser Körper ist eine Verbindung von Ammoniak mit einer neuen Säure von sehr merkwürdigen Eigenschaften. Getrocknet stellt dieses Salz eine höchst perlmutterglänzende Masse von dünnen Krystall-Schuppen dar, die sich [269] im Wasser umkrystalisiren und wieder erhalten lassen, ohne daß man eine andere Veränderung bemerkt, als daß sie rosenroth werden. Bei 100° verliert dieses Salz Wasser und nimmt eine reine rosenrothe Farbe an.

Die Säure dieses Salzes, welche wir *Thionursäure* nennen wollen, enthält Schwefelsäure, allein in einer ganz eigenthümlichen Art von Verbindung; sie kann durch keines der bekannten Reagenzien nachgewiesen werden, Barytsalze werden z. B. von dem erwähnten Ammoniaksalz zwar in dicken, durchsichtig gelatinösen Flocken gefällt, welche sich aber in Salzsäure vollkommen klar wieder auflösen; dasselbe Verhalten zeigt sie mit Bleisalzen.

Wird eine Auflösung des Ammoniaksalzes mit Salzsäure, verdünnter Schwefelsäure oder Salpetersäure vermischt, so zeigt sich bei gewöhnlicher Temperatur nicht die geringste Veränderung, wird diese Mischung aber zum Sieden erhitzt, so sieht man sie plötzlich trüb werden und in einigen Augenblicken erstarrt das Ganze zu einem blendend weissen krystallinischen Brei, der aus unendlich feinen atlasglänzenden Nadeln besteht. Dieser Niederschlag ist frei von Schwefelsäure und ist wieder ein neuer Körper, den wir *Uramil* nennen wollen. In der von diesem Niederschlag ablaufenden Flüssigkeit kann nun freie Schwefelsäure auf gewöhnliche Weise leicht nachgewiesen werden.

0,804 Grm. krystallis. Ammoniaksalz verl. 0,055 Wasser $\Big\}$ = 6 p.c.

1,241 –   –   –   0,080   –

1,274 Grm. lieferten auf die beschriebene Weise mit Salpetersäure zersetzt 1,030 schwefelsauren Baryt = 28,4 reinen Baryt.

1,917 desselben Salzes gaben durch Zersetzung mit Salzsäure 1,559 schwefelsauren Baryt = 28,0 reinen Baryt.

1,0 Grm. unter der Luftpumpe getrocknetes Salz mit Salpeter und kohlensaurem Natron verbrannt, lieferte 0,85 [270] Grm. schwefelsauren Baryt = 29,2 p.c. Im Mittel also 28,53 Baryt.

Derselbe Körper lieferte Stickgas und Kohlensäure im Verhältniß wie 8:5, im Atomverhältniß enthält er demnach auf 8 At. Kohlenstoff 10 At. Stickstoff.

Die ersten Verbrennungen dieses Körpers wurden ungenau, indem sich eine Menge schwefliger Säure dabei entwickelte, deren Vorhandenseyn in dieser Materie, seinen Reactionen nach, nicht vermuthet werden konnte. Wir erhielten in zwei Versuchen eine Gewichtszunahme des Kaliapparates, welche 21 und 19 p.c. Kohlenstoff entsprach. Bei den späteren Verbrennungen wurde zwischen der Chlorcalciumröhre und dem Kaliapparate eine Röhre mit Bleisuperoxyd angebracht, dessen weiße Färbung hiebei die Aufnahme von schwefliger Säure sehr bestimmt zu erkennen gab.

    I.   Von 0,834 Grm. erhielten wir 0,368 Wasser und 0,523 Kohlensäure.
    II. Von 0,708 Grm. mit chromsaurem Bleioxyd verbrannt, 0,309 Wasser und 0,472 Kohlensäure.
    III. Von 1,012 Grm. mit Kupferoxyd verbrannt 0,447 Wasser und 0,676 Kohlensäure.

Dieß giebt in 100 Theilen:

	I.	II.	III.
Kohlenstoff	17,80	18,482	18,24
Stickstoff	25,17	26,682	26,44
Wasserstoff	4,00	4,848	4,90
Sauerstoff	24,01	21,508	21,89
Schwefelsäure	28,53	28,530	28,53
	100,00	100,000	100,00

entsprechend der folgenden theoretischen Zusammensetzung:

8 At.	Kohlenstoff	611,480	17,40
10 –	Stickstoff	885,200	25,19
26 –	Wasserstoff	162,233	4,68
8 –	Sauerstoff	800,000	23,78
2 –	Schwefelsäure	1.002,320	28,95
		3.461,233	100,00

[271]   Ueber die Constitution der in diesem Ammoniaksalz enthaltenen Säure geben die folgenden Versuche hinreichenden Aufschluß. Wenn man mit einer heißen Auflösung des Ammoniaksalzes eine Bleizuckerlösung mischt, so entsteht ein dicker gelatinöser Niederschlag der sich beim Erkalten zu feinen, concentrisch gruppirten, weißen oder rosenrothen Nadeln vereinigt; es ist das der Ammoniakverbindung correspondirende Bleisalz.

Wird dieses Salz in heißer Salpetersäure gelöst, so zersetzt sich die darin enthaltene, organische Substanz unter Aufbrausen, Bleioxyd und Schwefelsäure werden frei, sie vereinigen sich mit einander. Dampft man die ganze Masse im Wasserbade ab und übergießt den Rückstand mit Wasser, so läßt sich in diesem weder Blei noch Schwefelsäure entdecken, dieß ist ein strenger Beweis für die Annahme, daß Schwefelsäure und Bleioxyd in dem Verhältniß, wie im neutralen schwefelsauren Bleioxyd darin vorhanden sind.

Bei der Darstellung dieses Salzes bleibt in der Flüssigkeit essigsaures Ammoniak. Durch die Bestimmung des relativen Verhältnisses des Stickstoffs zum Kohlenstoff in dem Bleisalze erfährt man leicht, wieviel Stickstoff, mithin wieviel Ammoniak, vertreten worden ist durch Bleioxyd.

Bei der Verbrennung mit Kupferoxyd liefert das Bleisalz Stickstoff und Kohlensäure in dem Verhältniß wie 1: 2,67, im Atomverhältniß also wie 8 At. Kohlenstoff auf 6 At. Stickstoff; das Ammoniaksalz gab beide im Verhältniß wie 8 : 10, es sind mithin 4 At. Stickstoff oder 2 Aequivalente Ammoniumoxyd vertreten worden durch 2 At. Bleioxyd, es sind ferner durch Verbrennung des Bleisalzes erhalten worden von 1,2445 Grm. – 0,494 Grm. Kohlensäure und

0,117 Wasser; die Zusammensetzung des wasserfreien Bleisalzes ist: [272]

			berechnet	gefunden
8 At.	Kohlenstoff	611,480	10,92	10,95
6 –	Stickstoff	531,126	9,49	9,51
10 –	Wasserstoff	62,397	1,11	1,04
6 –	Sauerstoff	600,000	10,74	
2 –	Schwefelsäure	1.002,320	17,91	
2 –	Bleioxyd	2.789,000	49,83	
		5.596,317	100,00	

und die der Säure:

				in 100 Theilen
8 At.	Kohlenstoff		611,480	21,78
6 –	Stickstoff		531,120	18,93
10 –	Wasserstoff		62,397	2,22
6 –	Sauerstoff		600,000	21,37
2 –	Schwefelsäure		1.002,320	35,70
1 At.	wasserfreie Thionursäure	=	2.807,317	100,00
2 –	Wasser		224,960	7,42
Wasserhaltige Säure		=	3.032,277	

Uebereinstimmend mit diesem Atomgewicht ist die Zusammensetzung des *thionursauren Kalks*, den man durch Vermischen einer warmen Auflösung von thionursaurem Ammoniak mit salpetersaurem Kalk, in Gestalt feiner kurzer seidenglänzender Prismen erhält. 1 Grm. dieses Kalksalzes gaben 46,94 Gyps. Hiernach besteht also dieses Salz aus:

			berechnet	gefunden
1 At.	Thionursäure	2.807,317	79,8	80,5
2 –	Kalk	712,040	20,2	19,5
		3.519,357	100,0	100,0

Das *Zinksalz* bildet kleine warzenförmige, citrongelbe, Krystallaggregate. Es ist sehr schwer löslich und scheidet sich bald nach dem Vermischen einer Auflösung des Ammoniaksalzes mit einem Zinksalz ab.

[273] Mit *schwefelsaurem Kupferoxyd* bildet die heiße Auflösung des Ammoniaksalzes einen hell bräunlich gelben Niederschlag, der offenbar ein Oxydulsalz ist. Beim Erwärmen löst er sich zu einer bräunlichgelben Flüssigkeit vollständig auf, und scheidet sich beim Erkalten wieder ganz unkrystallinisch ab.

Die Auflösung des Ammoniaksalzes, mit salpetersaurem Silberoxyd vermischt, bewirkt bald eine Reduction zu Metall, welches sich als ein Spiegel auf das Glas absetzt.

Die Thionursäure läßt sich mit Leichtigkeit aus dem Bleisalze mittelst Schwefelwasserstoff darstellen, man erhält sie bei gelindem Abdampfen in Gestalt einer weißen krystallinischen Masse, ohne deutliche Form; sie erhält sich vollkommen trocken an der Luft, die Auflösung röthet stark die Pflanzenfarben, ihr Geschmack ist stark sauer. Die kalt bereitete

Auflösung mit Ammoniak gesättigt, erstarrt zu atlasglänzenden Blättern, identisch mit dem Ammoniaksalz, woraus sie dargestellt worden; in mit Säuren versetzten Blei- und Barytsalzen bringt sie keine Niederschläge hervor.

Im freien Zustande besitzt sie für sich die merkwürdige Eigenschaft, in der siedenden Auflösung zerlegt zu werden in Schwefelsäure und in Uramil. Sobald diese Auflösung erhitzt wird, so trübt sie sich und erstarrt während des Kochens zu einer seidenglänzenden Masse von Uramil, während die Schwefelsäure frei wird.

Das Barytsalz dieser Säure ist frisch niedergeschlagen, selbst aus ziemlich verdünnten Auflösungen, eine gallertartige Masse, die nach einiger Zeit undurchsichtig und krystallinisch wird, auch dieses Salz gibt mit Salpetersäure gekocht, schwefelsauren Baryt, ohne daß freie Schwefelsäure nach der Zersetzung in der Flüssigkeit zurückbleibt, zum Beweis, daß seine Zusammensetzung dem Ammoniak- und Bleisalze correspondirt.

[274]   Die Bildung dieser Säure aus Alloxan und schwefliger Säure erklärt sich leicht.

$$\begin{array}{ll} \text{Die Formel des Alloxans ist} & C_8 \, N_4 \, H_8 \, O_{10} \\ \text{Wenn hierzu treten 1 Aeq. Ammoniak} & N_2 \, H_6 \\ \text{und 2 Aeq. schweflige Säure} & \underline{ 2 \, SO_2} \\ \text{so hat man} & C_8 \, N_6 \, H_{14} \, O_{10} \, + \, 2 \, SO_2 \end{array}$$

Dieß sind aber die Elemente von 1 At. Thionursäure und 2 At. Wasser.

$$\begin{array}{lll} \text{Wasserfreie Thionursäure} & C_8 \, N_6 \, H_{10} \, O_{12} \, S_2 & = \; C_8 \, N_6 \, H_{10} \, O_6 \, +2 \, SO_3 \\ \text{2 At. Wasser} & \underline{ H_4 \, O_2 } & \underline{ + \, 2 \, aq.} \\ & C_8 \, N_6 \, H_{14} \, O_{14} \, S_2 & = \; C_8 \, N_6 \, H_{10} \, O_6 \, +2 \, SO_3 \, + \, 2 \, aq. \end{array}$$

Wir haben oben erwähnt, daß die Auflösung des Alloxans, mit schwefliger Säure gesättigt, bei gelindem Abdampfen einen im Wasser sehr löslichen Körper in großen, durchsichtigen, verwitternden Tafeln liefert. Diese Substanz ist, wie sein Verhalten beweist, keine Thionursäure; mit Ammoniak vermischt gibt sie nicht die schönen Krystalle des thionursauren Ammoniaks, sondern sie erstarrt damit zu einer gelatinösen, durchsichtigen, röthlichen, kleisterähnlichen Masse, die im Wasser schwer löslich ist.

Wird die Alloxanlösung mit überschüssiger schwefliger Säure gekocht, so schlagen sich nach dem Erkalten Krystalle von Alloxantin nieder, was sich schon dadurch in der Auflösung zu erkennen gibt, daß sie anfangs von Barytwasser in weißen Flocken niedergeschlagen, beim längeren Kochen einen stets dunkler violett werdenden Niederschlag gibt, welche Eigenschaft sie übrigens bei fortdauerndem Erhitzen wieder verliert.

Uramil.

Man erhält diese Substanz im Zustande der größten Reinheit, wenn man das Ammoniaksalz der vorhergehenden Säure mit Salz- oder verdünnter Schwefelsäure, oder die Thionursäure für sich, einige Minuten im Sieden erhält. Selbst bei [275] mäßig verdünnten Auflösungen erstarrt sie bei dieser Temperatur zu einem blendend weißen Brei, unendlich feiner, glänzender Krystallnadeln, der sich mit Leichtigkeit auswaschen läßt und beim Trocknen außerordentlich zusammenschrumpft.

Von ausgezeichneter Schönheit erhält man sie, wenn man eine kalt gesättigte Auflösung des Ammoniaksalzes zum Sieden erhitzt, alsdann eine angemessene Quantität Salzsäure zusetzt, die Mischung einige Augenblicke am Siedpunkte erhält und erkalten läßt; sie scheidet sich in diesem Fall sehr langsam ab und krystallisirt in harten, glänzenden, federartig vereinigten, langen Nadeln.

Trocken ist diese Substanz weiß atlasglänzend, im kalten Wasser unlöslich, etwas löslich in kochendem und daraus sich wieder nach dem Erkalten absetzend; sie ist löslich in Ammoniak und wird durch Säuren daraus unverändert niedergeschlagen, durch Kochen mit Ammoniak wird sie zerlegt, die Flüssigkeit wird gelblich und erlangt dadurch die Fähigkeit, sich tiefpurpurroth zu färben, und grüne Krystallnadeln abzusetzen; sie enthält keine Schwefelsäure, wird von Salpetersäure unter Aufbrausen zersetzt, diese Flüssigkeit abgedampft und mit Ammoniak versetzt, färbt sich gerade wie die Lösung der Harnsäure in Salpetersäure, tiefpurpurroth. Löst sich in Kali und Schwefelsäure, wird aus letzterer durch Wasser, aus ersterm durch verdünnte Säuren unverändert gefällt.

Mit Kupferoxyd verbrannt liefert sie Stickstoff und Kohlensäure im Volumenverhältniß wie 8 : 3, sie enthält mithin auf 8 Kohlenstoff 6 At. Stickstoff.

Beim Trocknen m der Wärme nimmt sie eine schwache Rosenfarbe an.

I.	0,276	Grm. lieferten	0,101	Wasser u.	0,239	Kohlensäure
II.	0,4765	–	–	0,1625	–	0,563	–
III.	0,572	–	–	0,194	–	0,689	–
IV.	0,6645	–	–	0,220	–	0,8015	–
V.	0,4725	–	–	0,161	–	0,577	–

[276] Dieß gibt in 100 Theilen:

	I.	II.	III.	IV.a	IVb
Kohlenstoff	32,95	33,23	33,40	33,51	33,34
Stickstoff	28,91	28,91	28,91	28,91	28,91
Wasserstoff	4,06	3,69	3,67	3,78	3,67
Sauerstoff	34,08	34,17	34,02	33,80	34,08
	100,00	100,00	100,00	100,00	100,00

entsprechend folgender theoretischen Zusammensetzung:

8 At.	Kohlenstoff	611,480	33,87
6 –	Stickstoff	531,120	29,43
10 –	Wasserstoff	62,398	3,45
6 –	Sauerstoff	600,000	33,25
1 At. Uramil =		1.804,998	100,00.

Bei der ersten der oben angeführten Analysen wurde die Substanz bei gewöhnlicher Temperatur getrocknet angewendet, was die größere Wasserstoff- und geringere Kohlenstoffmenge erklärt. Bei der Bildung dieses Körpers und der vorhergehenden Substanz trennen sich demnach ganz einfach 2 At. schwefelsaures Ammoniumoxyd von den Bestandtheilen der Thionursäure.

Von 1,917 Grm. thionursaurem Ammoniak erhielten wir 0,902 Uramil, der Rechnung nach hätte man nahe 1,000 Grm. erhalten sollen, es blieben demnach in der sauren Flüssigkeit und dem Waschwasser 1/10 aufgelöst, was sich beim Verdampfen auf einem Platinblech leicht nachweisen ließ.

Dialursäure.

Wir haben erwähnt, daß Alloxan, mit Schwefelwasserstoff in Berührung, sich in Alloxantin verwandelt; das letztere erleidet eine neue Veränderung, wenn man es in kochendem Wasser löst und fortfährt Schwefelwasserstoff hineinzuleiten, in diesem Fall wird eine neue Quantität Schwefel niederge-[277]-schlagen und die Flüssigkeit nimmt eine *deutlich* saure Reaction an.

Sättigt man sie, nach vollendeter Zersetzung, mit kohlensaurem Ammoniak, so entsteht ein Aufbrausen, und aus der klaren Flüssigkeit schlägt sich eine große Menge eines weissen krystallinischen Körpers nieder, ähnlich dem vorherbeschriebenen, allein von ihm sehr verschieden durch seine Löslichkeit im Wasser.

Man erhält die nemliche Verbindung in großer Menge, wenn man Harnsäure in verdünnter Salpetersäure löst und diese Auflösung mit Schwefelammonium versetzt, mit der Vorsicht, daß noch eine schwachsaure Reaction bleibt. Wird der niedergefallene schwefelhaltige Brei, nach dem Auswaschen, in siedendem Wasser gelöst und diese Auflösung mit kohlensaurem Ammoniak versetzt, so gerinnt sie nach dem Erkalten zu einer blendend weißen krystallinischen Masse.

Hat man Alloxan mit Zink und Salzsäure reducirt und versetzt die von den Krystallen getrennte Flüssigkeit mit kohlensaurem Ammoniak so lange, bis das niedergefallene Zinkoxyd wieder aufgelöst ist, so schlägt sich daraus nach einiger Zeit der nemliche Körper nieder.

Der weiße Niederschlag wird beim Trocknen bei gewöhnlicher Temperatur rosenroth, bei 100° wird er blutroth ohne Ammoniak zu verlieren, in heißem Wässer ist er leicht löslich, er setzt sich nach dem Erkalten daraus wieder in Menge ab, namentlich wenn der Auflösung kohlensaures Ammoniak zugesetzt wird. Seine Auflösung fällt Barytsalze weiß, Bleisalze in gelben Flocken, der Niederschlag wird violett an der Luft, Silbersalze werden davon augenblicklich reducirt.

Bei der Verbrennung mit Kupferoxyd lieferte er Stickgas und Kohlensäure in dem Verhältniß wie 8 : 3 (eigentlich 428 Stickgas auf 1054 Kohlensäure).

I. 0,5095 aus der Harnsäurelösung mit Schwefelammonium [278] dargestellt, nach zweimaliger Krystallisation, lieferten 0,215 Wasser und 0,542 Kohlensäure.

II. 0,430 aus der Mutterlauge der Alloxantinbereitung aus Alloxan mit Schwefelwasserstoff gaben 0,163 Wasser und 0,5635 Kohlensäure.

III. 0,377 lieferten 0,455 Wasser und 0,404 Kohlensäure.

Diese Analysen geben in 100 Theilen:

	I.	II.	III.
Kohlenstoff	29,392	30,470	20,640
Stickstoff	25,913	25,913	25,913
Wasserstoff	4,677	4,366	4,580
Sauerstoff	40,018	39,251	39,867
	100,000	100,000	100,000

entsprechend der Formel:

8	At. Kohlenstoff	611,480	30,12
9	– Stickstoff	531,120	26,11
14	– Wasserstoff	87,356	4,40
8	– Sauerstoff	800,000	39,37
1	At. dialurs.Ammoniak =	2.029,956	100,00

Wenn man von dieser Formel 1 Aeq. Ammoniak abzieht, so bleibt $C_8\ N_4\ H_8\ O_8$, wonach dieser Körper als Alloxan betrachtet werden kann, welches 2 At. Sauerstoff verloren hat oder als Alloxantin minus 1 At. Sauerstoff und 1 At. Wasser.

Dieser Körper entwickelt mit Kali Ammoniak, indem er sich auflöst, aus der Auflösung wird durch Säuren nichts niedergeschlagen.

Wir haben versucht, die eigenthümliche Materie darzustellen, welche in dieser Substanz mit Ammoniak verbunden ist; allein unsere Versuche zeigen, daß sie im freien Zustande ausnehmend leicht in eine große Anzahl von Produkten zerlegt wird, die wir aus Mangel an Material nicht weiter verfolgen konnten; wir wollen übrigens mittheilen, was sich uns hierbei darbot.

[279]   Leitet man durch eine kochende Auflösung von Alloxan so lange Schwefelwasserstoffgas, bis man keine Einwirkung mehr bemerkt, so enthält die Flüssigkeit kein Alloxantin mehr, es scheidet sich wenigstens beim Erkalten nichts ab, und Barytwasser bringt bei Abhaltung der Luft einen weißen und keinen blauen Niederschlag hervor, wie beim Alloxantin; ein Theil dieser Flüssigkeit mit kohlensaurem Ammoniak versetzt, gibt die obenerwähnte Verbindung in bedeutender Menge. Vermischt man eine andere Portion derselben mit Alloxanlösung, so scheiden sich nach kurzer Zeit Krystalle von Alloxantin ab. Es ist hiernach klar, daß der in der Auflösung vorhandene Körper sich in den Sauerstoff des Alloxans theilt, wodurch beide zu Alloxantin werden. Von diesem Verhalten kann man sich z. B. sehr leicht überzeugen, wenn man die Mutterlauge von der Alloxantinbereitung mit Alloxanlösung vermischt. Man habe Alloxan z. B durch Schwefelwasserstoff in Alloxantin verwandelt, ein Theil des letzteren geht hierbei in den neuen Körper über, und dieser bleibt in der Auflösung, wenn nach mehrtägigem Stehen alles Alloxantin herauskrystallisirt. In dieser Flüssigkeit nun bildet sich in einigen Minuten eine neue Krystallisation von Alloxantin, wenn man einige Tropfen Alloxanlösung damit vermischt.

Wenn man die obenerwähnte Ammoniakverbindung trocken mit verdünnter Schwefelsäure übergießt, so nimmt diese Ammoniak auf, es bleibt ein Rückstand von kaum bemerkbar krystallinischer Beschaffenheit, beim Auswaschen löst er sich auf und er verschwindet zuletzt, ohne daß ihm alle Schwefelsäure entzogen worden wäre. Aus dem Wasser, was zum Waschen desselben gedient hatte, setzen sich nach einigen Stunden durchsichtige glänzende Krystalle von Alloxantin ab.

Die Flüssigkeit nach der Absonderung derselben durch Kochen mit kohlensaurem Baryt von der Schwefelsäure befreit und abgedampft, lieferte eine Mutterlauge aus der [280] sich einige Stunden nach der Vermischung mit Salpetersäure kein salpetersaurer Harnstoff abgesetzt hatte, an der Luft verdampft, erstarrte sie zu durchsichtigen, der Kleesäure ähnlichen, Prismen.

Es geht also hier eine Zersetzung vor sich, bei der sich noch andere Produkte bilden müssen.

Löst man die Ammoniakverbindung in warmer Salzsäure, so bilden sich auch hier nach dem Erkalten eine Menge Krystalle, sehr ähnlich dem Alloxantin, allein in der Form sehr bestimmt von ihm verschieden. Wir wagen keine bestimmte Meinung über seine Zusammensetzung auszusprechen, obwohl wir in einigen Analysen bemerkbare Differenzen in dem Wasserstoffgehalte gefunden haben.

In der Salzsäure konnten wir nur Harnstoff mit Bestimmtheit nachweisen.

Ein anderer Versuch, die Säure, die in der obigen Verbindung mit Ammoniak enthalten ist, und die wir *Dialursäure* nennen wollen, direct zu erhalten, lieferte ebenfalls kein günstiges Resultat.

Nachdem eine kochende Auflösung von Alloxan mit Schwefelwasserstoff vollkommen gesättigt worden war, und wir uns überzeugt hatten, daß alles in den neuen Körper verwandelt seyn mußte, concentrirten wir diese Flüssigkeit in einer Retorte, um die Luft abzuhalten; nach dem Erkalten setzte sich daraus eine dichte, weiße, undurchsichtige Rinde von kleinen Wärzchen ab, auf der man im Sonnenscheine kleine glänzende Flächen bemerkte, beim Trocknen wurde diese Substanz roth. Sie ist in kaltem Wasser sehr schwer löslich, reagirt und schmeckt sauer, reducirt Silber, gibt mit Baryt einen violetten Niederschlag und mit kohlensaurem Ammoniak erst nach längerer Zeit und eine geringe Menge Ammoniaksalz; alles dieß beweist, daß der Körper sich schon theilweise zersetzt hatte. Löst man ihn in heißem Wasser oder in Salzsäure, so erhält [281] man aus diesen Lösungen nach dem Erkalten den dem Alloxantin ähnlichen Körper in klaren Krystallen; die Mutterlauge reducirt nicht mehr oder nur sehr schwach die Silberlösung, und mit Ammoniak und salpetersaurem Silberoxyd vermischt, gibt sie einen weißen Niederschlag, der beim Erhitzen dunkelpurpur farbig wird, ohne sich zu reduciren. Mit Barytwasser gibt diese Mutterlauge einen weißen Niederschlag.

Wird die erste Mutterlauge, aus der sich in der Retorte die warzenförmigen Krystalle abgesetzt hatten, für sich weiter abgedampft, so erhält man daraus eine neue Krystallisation von gelblichen, undurchsichtigen, harten Krystallen und später klar durchsichtigen Prismen, die sich wie Oxalsäure verhielten; sie enthält ferner Ammoniak. Man sieht hieraus, daß die Zersetzungsprodukte dieses Körpers ausnehmend zahlreich sind. Die Entstehung von Oxalsäure und Ammoniak scheint auf eine Bildung von Allantoïn zu deuten, wir konnten es aber nicht isoliren.

Der durch Fällung des oben analysirten Bleisalzes mit Chlorbarium erhaltene Niederschlag gab in einer approximativen Analyse 34 p. c. Baryt. Wenn das Ammoniak grade auf ersetzt worden wäre durch Baryt, so müßte die Verbindung 36 p. c. Baryt enthalten, dieß scheint anzudeuten, daß auch hier schon eine Veränderung vorgegangen ist.

Constitution der in dem Vorstehenden beschriebenen Körper.

Es ist ausnehmend schwierig, eine feste Grundlage für eine Ansicht über die Natur des Alloxans, Alloxantins etc. schon jetzt zu geben, ohne sich der Gefahr großer Irrthümer auszusetzen, allein wir können nicht umhin, einige allgemeine und constante Beziehungen aus dem Verhalten derselben hervorzuheben.

In dem Alloxan haben wir einen Körper kennen gelernt, welcher, mit Schwefelwasserstoff und reduzirenden Mitteln zusammengebracht, in einen andern, nemlich in Alloxantin, [282] verwandelt wird, in dem sich der Wasserstoff des Schwefelwasserstoffs wieder findet.

Die Verwandlung kann vor sich gegangen seyn durch eine partielle Desoxydation des Alloxans, in dem der Wasserstoff mit einem Theil des Sauerstoffs desselben Wasser bildete, was damit verbunden blieb, oder das Alloxantin ist eine Verbindung von Alloxan mit Wasserstoff. Wenn man aber nicht diese beiden Erscheinungen allein, sondern das Verhalten aller Produkte in's Auge faßt, so läßt sich kaum die letztere Ansicht festhalten, so vieles Licht sie auch über andere organische Substanzen, über Indigo etc. verbreiten würde, wenn sie sich begründen ließe.

In allen diesen Verbindungen läßt sich nur eine einzige unveränderlich verfolgen, und dieß ist der hypothetische Körper, den wir mit Harnstoff verbunden in der Harnsäure voraussetzen. Es ist dieß die Verbindung $C_8 N_4 O_4$, wir wollen sie *Uril* nennen.

Der Zusammenhang dieses Körpers mit den beschriebenen ist nun folgender:

Die Harnsäure ist $C_8 N_4 O_4$ + Harnstoff.

Bei der Verwandlung der Harnsäure in Alloxan treten 2 At. Sauerstoff an das Uril, die neue Oxydationsstufe verbindet sich mit 4 At. Wasser.

$$\left. \begin{array}{c} C_8 N_4 O_4 \\ \\ O_2 \end{array} \right\} + 4 \text{ aq.} = \text{Alloxan } C_8 N_4 H_8 O_{10}$$

Bei der Verwandlung des Alloxans in Alloxantin wird die Hälfte des neu hinzugetretenen Sauerstoffs entzogen durch reduzirende Mittel, das Alloxantin ist

$$\left. \begin{array}{c} C_8 N_4 O_4 \\ \\ O \end{array} \right\} + 5 \text{ aq.} = \text{Alloxantin } C_8 N_4 H_{10} O_{10}$$

Durch weitere Behandlung des Alloxantins mit Schwefelwasserstoff wird ihm aller neu aufgenommene Sauerstoff entzogen. Das dialursaure Ammoniak ist

$$\left. \begin{array}{c} C_8 N_4 O_4 \\ \\ O_4 H_8 \end{array} \right\} + N_2 H_6$$

[283] Wir bemerken übrigens ausdrücklich, daß wir uns in den eben aufgestellten Formeln alles Wasser nicht in der Form von Wasser vorhanden denken, das Alloxantin verliert z. B. bei der Siedhitze der Schwefelsäure 15,4 p. c. Wasser, was ziemlich genau 3 Atomen entspricht, allein mehr läßt sich ohne Zersetzung daraus nicht entfernen, wir haben diese Formeln nur deßhalb gewählt, um die Entstehung derselben entwickeln zu können.

Wir beabsichtigen, und dieß ist vorzugsweise festzuhalten, in dem gegenwärtigen Augenblick nur darzuthun, daß Alloxantin und Dialursäure keine Wasserstoffverbindungen sind und die Wahrheit dieser Voraussetzung scheint uns durch das Verhalten des Alloxans zur schwefligen Säure bewiesen zu werden.

Die neue Säure, die hier entsteht, enthält als Hydrat die Elemente von Alloxan, schwefliger Säure und Ammoniak.

$$\left.\begin{array}{l} C_8\,N_4\,O_4 \\ \quad\ O_2 \\ \quad\ O_4\,H_8 \\ N_2\quad H_6 = 1\ \text{Aeq. Ammoniak} \end{array}\right\} \text{Alloxan} + 2\,SO_2 \left.\begin{array}{l} = \text{Thionursäure} \\ C_8\,N_6\,H_{14}\,O_{10} + 2\,SO_2 = \\ C_8\,N_6\,H_{10}\,O_8 + 2\,SO_2 + 2\,aq. \end{array}\right.$$

Wir erwähnten, daß diese Säure, für sich gekocht, sich zerlegt in freie Schwefelsäure, in Wasser und in einen neuen Körper, und wir sind nicht zweifelhaft darüber, daß die Schwefelsäure erst gebildet wird, in dem Moment der Zersetzung, daß also das Uril die aufgenommenen 2 At. Sauerstoff erst dann verliert. Wenn man nemlich die Ammoniakverbindung mit Kalihydrat schmilzt, so enthält der Rückstand keine Schwefelsäure, sondern schweflige Säure und selenige Säure wird von einer Auflösung des Ammoniaksalzes zu Selen reducirt, zum Beweis, daß die schweflige Säure als solche und nicht als Schwefelsäure darin vorhanden war.

Die Zersetzung der neuen Säure beim Kochen beruht also darauf, daß die Reduction der Verbindung $C_8\,N_4\,O_6$ [284] zum Körper $C_8\,N_4\,O_4$ plötzlich vor sich geht, die reduzirte Säure schlägt sich in Verbindung mit Ammoniak und Wasser krystallinisch nieder.

$$\left.\begin{array}{ll} C_8\,N_4\,O_4 & \text{Uril} \\ N_2\quad H_6 & \text{Ammoniak} \\ O_2\quad H_4 & \text{Wasser} \end{array}\right\} \text{Uramil} = C_8\,N_6\,H_{10}\,O_6$$

Dieser Körper ist ohnstreitig eins der merkwürdigsten Produkte. Denn wie man leicht sieht, repräsentirt er Harnsäure, worin der Harnstoff ersetzt ist durch Ammoniak und Wasser, sein ganzes Verhalten entspricht dieser Ansicht.

Bringt man diesen Körper trocken in concentrirte Salpetersäure, so wird er augenblicklich zersetzt, es entwickelt sich hierbei keine Kohlensäure, sondern lediglich Salpetergas gemengt mit salpetriger Säure. Die Flüssigkeit erstarrt zu einem glänzend krystallinischen Brei von reinem Alloxan, die Mutterlauge enthält salpetersaures Ammoniak. Wir haben diese wichtige Thatsache, welche eine strenge Controle für die Zusammensetzung abgibt, mit aller Sorgfalt bestätigt; das Produkt der Einwirkung der Salpetersäure gibt mit Schwefelwasserstoff Alloxantin, es zerlegt sich mit Bleisuperoxyd in Harnstoff und Kohlensäure, liefert mit Schwefelammonium dialursaures Ammoniak, kurz in seinem ganzen Verhalten zeigte es sich als das reinste Alloxan.

Es ist klar, daß man daraus wieder Harnsäure darstellen wird, wenn es gelingt, das darin enthaltene Ammoniak in cyansaures Ammoniak, nemlich in Harnstoff, zu verwandeln. Versuche, die wir anstellten, diesen Körper in dem Gase der Cyansäure in Harnsäure zurückzuführen, haben kein Resultat gegeben.

Die beschriebenen Produkte besitzen, wie man leicht bemerkt, einen durchaus eigenthümlichen Charakter, sie können mit keinem bekannten verglichen werden, sie sind Typen einer besonderen Klasse, ausgezeichnet durch die mannigfalti-[285]-gen Metamorphosen, die sie durch Berührung mit Basen erfahren.

Es sind dieß aber nicht die einzigen Produkte, welche die Harnsäure bei ihrer Zersetzung mit Salpetersäure liefert, sondern es werden hierbei noch zwei andere gebildet, die wir jetzt beschreiben wollen.

Parabansäure.

Wenn man Harnsäure in der Wärme in 8 Theilen mäßig concentrirter Salpetersäure auflöst und nach vollendeter Gasentwickelung abdampft, so erhält man bei einem gewissen Punkte der Concentration, aus dieser Flüssigkeit, farblose, blättrige Krystalle, zu denen zuweilen die ganze Flüssigkeit erstarrt, zuweilen bilden sie sich erst nach langem Stehen. Diese Krystalle gehören einer neuen und eigenthümlichen Säure an, die wir *Parabansäure* nennen.

Versäumt man bei der Darstellung des Alloxans die Mischung der Harnsäure mit Salpetersäure kalt zu erhalten, so erhält man keine Spur Alloxan, sondern an dessen Stelle eine Krystallisation von Parabansäure. Läßt man die Krystalle auf einem porösen Ziegelstein trocken werden und kryställisirt sie ein oder zweimal um, so hat man die Säure vollkommen rein.

Die Parabansäure bildet farblose, durchsichtige, sechsseitige dünne Prismen, von sehr saurem, der Kleesäure äußerst ähnlichen Geschmack; sie löst sich im Wasser leichter wie Kleesäure, die Krystalle verwittern an der Luft nicht, selbst bei 100° behalten sie ihre Form und Durchsichtigkeit, nehmen aber eine röthliche Farbe an; sie schmelzen beim Erhitzen, ein Theil sublimirt, ein anderer zersetzt sich unter Entwickelung von Blausäure. Die Auflösung dieser Säure gibt in der Kälte mit salpetersaurem Silberoxyd einen weißen pulverigen Niederschlag, der sich bedeutend vermehrt, wenn man [286] vorsichtig Ammoniak zusetzt; der letztere ist gallertartig. Beim Verbrennen mit Kupferoxyd lieferte die Parabansäure Stickgas und Kohlensäure im Verhältniß wie 1: 3.

I. 0,631 lieferten 0,119 Wasser und 0,729 Kohlensäure.
II. 0,4735 – 0,080 – – 0,547 –
III. 0,4785 – 0,0785 – – 0,551 –

Diese Analysen geben in 100 Theilen:

	I.	II.	III.
Kohlenstoff	31,95	31,940	31,84
Stickstoff	24,06	24,650	24,54
Wasserstoff	2,09	1,876	1,82
Sauerstoff	41,30	41,534	41,80
	100,00	100,000	100,00

entsprechend folgender theoretischen Zusammensetzung:

		in 100 Th.
6 At. Kohlenstoff	458,61	31,91
4 – Stickstoff	354,08	24,62
4 – Wasserstoff	24,91	1,73
6 – Sauerstoff	600,00	41,74
1 At. Parabansäure =	1.437,60	100,00

Das Silbersalz, welches man durch Fällung dieser Säure mittelst salpetersaurem Silberoxyd in der Kälte erhält, löst sich in kochendem Wasser nicht auf, ist übrigens, wie die meisten Silbersalze, leicht löslich in Ammoniak und Salpetersäure.

Wir erhielten aus 0,555 des ohne Ammoniak gefällten Niederschlags 0,365 Silber = 70,62 Silberoxyd; hiernach ist das Atomgewicht der Säure, auf 2 At. Silberoxyd berechnet, 1207,8, das heißt, es ist das Atomgewicht der krystallisirten Säure minus 2 At. Wasser, welche ersetzt wurden durch 2 At. Silberoxyd.

Aus 0,6115 Grm. des mittelst Ammoniak gefällten, gelatinösen Niederschlags wurden 0,399 Silber = 70,064 Oxyd [287] erhalten; dieß gibt das Atomgewicht 1240,6 und beweist, daß beide Silberniederschläge identisch in ihrer Zusammensetzung sind.

Es scheint hieraus hervorzugehen, daß diese Säure im wasserfreien Zustande keinen Wasserstoff enthält, und daß ihre Zusammensetzung durch folgende Formel ausgedrückt werden muß:

		in 100 Th.
6 – Kohlenstoff	458,64	37,81
4 – Stickstoff	354,08	29,20
4 – Sauerstoff	400,00	32,99
1 At. wasserfreie Parabansäure	1.212,72	100,00

Die Existenz einer solchen Verbindung ist ohne Zweifel sehr merkwürdig, allein ihr Verhalten bietet ein noch viel größeres Interesse dar.

Außer der Silberverbindung können wir nemlich keine Salze dieser Säure beschreiben, und zwar aus dem Grunde, weil sie in Berührung mit löslichen Basen, beim gelindesten Erwärmen der Verbindungen augenblicklich in eine neue Säure übergeht, die wir als *Oxalursäure* schon mehrmals erwähnt haben.

Durch Kochen der Parabansäure mit andern Säuren schien sie nicht die geringste Veränderung zu erleiden, eben so wenig beim Kochen ihrer wässrigen Auflösung.

Oxalursäure.

Parabansäure löst sich in der Kälte mit Leichtigkeit und in großer Menge in Aetzammoniak zu einer vollkommen neutralen Flüssigkeit auf, wird diese Auflösung zum Sieden erhitzt, so erstarrt sie, nach dem Erkalten, zu einem krystallinischen blendend weißen Brei von kleinen Krystallnadeln; dieß ist das Ammoniaksalz der Oxalursäure. Es bildet sich auch ohne Anwendung von Wärme, wiewohl dann erst nach einiger Zeit.

Erhitzt man kohlensauren Kalk mit wäßriger Parabansäure, so löst er sich mit Aufbrausen auf; die Auflösung enthält ebenfals [!] *oxalursauren Kalk*.

[288]   Wir haben im Eingang dieser Abhandlung erwähnt, daß die Auflösung der Harnsäure in Salpetersäure, wenn sie, mit Ammoniak übersättigt, abgedampft wird, bei einer gewissen Concentration eine beträchtliche Menge eines sternförmig krystallisirten, gelben Ammoniaksalzes nach dem Erkalten der Flüssigkeit liefert, was ebenfalls oxalursaures Ammoniak ist. Man kann es durch Blutkohle weiß und farblos erhalten.

Die Oxalursäure erzeugt sich ferner durch Berührung des Alloxantins mit Ammoniak bei Gegenwart von Luft, und bei einer Menge von anderen Processen, die wir später ausführlicher erwähnen worden.

Man erhält sie im Zustande der Reinheit, wenn die concentrirte, warme Auflösung ihres Ammoniaksalzes mit Salpeter-, Salz- oder Schwefelsäure gemischt und möglichst schnell abgekühlt wird; sie setzt sich aus der Auflösung in Gestalt eines weißen, lockern Krystallpulvers ab, was man durch Auswaschen reinigt. Diese Säure ist im Wasser so schwer löslich, daß sie aus der kalt gesättigten Auflösung des an sich schon schwer löslichen Ammoniaksalzes durch andere Säuren als weißes Pulver gefällt wird. Die Auflösung besitzt einen deutlich sauren Geschmack, sie röthet die Pflanzenfarben und neutralisirt die Basen vollkommen.

Eine ihrer am meisten in die Augen fallenden Charactere ist die Eigenschaft ihrer löslichen neutralen Salze, salpetersaures Silberoxyd in dicken weißen Flocken zu fällen, die sich in heißem Wasser ohne Veränderung lösen, und daraus, nach dem Erkalten, in seidenartigen, feinen, langen Nadeln krystallisiren.

In verdünnten Kalksalzen bringt die Säure oder ihr Ammoniaksalz keinen Niederschlag hervor. Setzt man aber einen Ueberschuß von Ammoniak zu, so entsteht ein dicker gelatinöser Niederschlag, der sich in vielem Wasser vollkommen wieder löst.

[289] Kocht man die Säure für sich mit Wasser solange, bis nach dem Erkalten nichts mehr herauskrystallisirt, so ist sie vollkommen zersetzt; die Flüssigkeit ist sehr sauer und nach dem Abdampfen erhält man daraus zuerst reinen oxalsauren Harnstoff, alsdann eben so reine Krystalle von Kleesäure.

Mit Kupferoxyd verbrannt, lieferte sie Stickgas und Kohlensäure im Volumverhältniß wie 1 : 3.

    I.   0,580 Grm. Säure gaben ferner 0,579 Kohlensäure und 0,163 Wasser
    II. 0,839 Grm. Säure gaben ferner 0,829 Kohlensäure und 0,229 Wasser.

Hiernach enthält die Oxalursäure in 100 Theilen:

	I.	II.
Kohlenstoff	27,600	27,318
Stickstoff	21,218	21,218
Wasserstoff	3,122	3,072
Sauerstoff	48,060	48,392
	100,000	100,000

entsprechend folgender theoretischen Zusammensetzung:

				in 100 Theilen
6 At.	Kohlenstoff	458,61	27,59
4 –	Stickstoff	354,08	21,29
8 –	Wasserstoff	49,92	3,00
8 –	Sauerstoff	800,00	48,12
1 At.	Oxalursäure	1.662,61	100,00

Nach dieser Zusammensetzung erklärt sich die obenerwähnte Zersetzung beim Kochen der reinen Säure mit Wasser sehr leicht, denn sie enthält im krystallisirten Zustande die Elemente von 2 At. Kleesäure und 1 At. Harnstoff.

    2 At. Kleesäure   = $C_4 \ O_6$
    1 – Harnstoff   = $C_2 \ N_4 \ H_8 \ O_2$
    1 At. Oxalursäure   = $C_6 \ N_4 \ H_8 \ O_8$

[290] Aus der Analyse des Silbersalzes geht hervor, daß die krystallisirte Säure 1 At. Wasser enthält, was sie bei ihrer Verbindung mit Basen abgibt.

Das *oxalursaure Silberoxyd,* erhalten durch Vermischen einer siedenden Auflösung des Ammoniaksalzes mit salpetersaurem Silberoxyd, Erkalten und Auswaschen der gebildeten Krystalle, hinterläßt beim Erhitzen, ohne zu verpuffen, metallisches Silber; es enthält kein gebundenes Wasser.

0,820 Silbersalz lieferte 0,373 Silber = 45,48 p.c.
0,801 – – 0,364 – = 45,44 p.c.
1,000 – – 0,452 – = 45,20 p.c.

Hiernach enthalten 100 Theile Silbersalz 48,52 Silberoxyd, und das Atomgewicht der wasserfreien Säure ist = 1550,0.

Mit Kupferoxyd verbrannt, lieferte es Stickgas und Kohlensäure in demselben Volumverhältniß wie die Säure für sich.

I. 1,220 Grm. lieferten ferner 0,669 Kohlensäure und 0,1435 Wasser.
II. 1,0275 Grm. lieferten ferner 0,572 Kohlensäure und 0,1225 Wasser.

Hiernach besteht das Silbersalz aus:

				berechnet	gefunden	
6	At.	Kohlenstoff	458,61	15,20	15,18	15,39
4	–	Stickstoff	354,08	11,80	11,74	11,74
6	–	Wasserstoff	37,44	1,24	1,30	1,28
7	–	Sauerstoff	700,00	23,41	23,26	23,07
1	–	Silberoxyd	1.451,61	48,35	48,52	48,52
1	At.	Silbersalz	3.001,74	100,00	100,00	100,00

Die Zusammensetzung der Oxalursäure im wasserfreien Zustande ist hiernach:

6 At. Kohlenstoff		458,61	29,59
4 – Stickstoff		354,08	22,84
6 – Wasserstoff		37,44	2,41
7 – Sauerstoff		700,00	45,16
1 At. wasserfr. Oxalurs.	=	1.550,13	100,00

[291] Das *oxalursaure Ammoniak* krystallisirt in seidenglänzenden Nadeln, ist in heissem Wasser leicht, in kaltem schwer löslich, es verliert bei 120° nichts an seinem Gewichte.

Dieses Salz liefert durch Verbrennung Kohlensäure und Stickgas im Volumverhältniß wie 1 : 2.

0,678 Grm. lieferten 0,301 Wasser und 0,597 Kohlensäure.
0,651 – – 0,279 – – 0,576 –

Dieß gibt für 100 Theile:

	I.	II.
Kohlenstoff	24,334	24,462
Stickstoff	28,255	28,255
Wasserstoff	4,932	4,750
Sauerstoff	42,479	42,533
	100,000	100,000

entsprechend folgender theoretischen Zusammensetzung:

		in 100 Th.
6 At. Kohlenstoff	458,610	24,44
6 – Stickstoff	531,120	28,29
14 – Wasserstoff	87,356	4,65
8 – Sauerstoff	800,000	42,62
1 At. Ammoniaksalz =	1.877,086	100,00

oder

1 At. wasserfreier Oxalursäure	=	1.550,13
1 Aeq. Ammoniak	=	214,47
1 – Wasser	=	112,48
1 At. Ammoniaksalz	=	1.877,08.

Concentrirte Auflösungen von oxalursaurem Ammoniak und Chlorcalcium setzen, mit einander vermischt, nach einiger Zeit glänzende, durchsichtige Krystalle von schwerlöslichem oxalursaurem Kalk ab, mit einem Ueberschuß von Kalk bildet sie ein noch schwieriger lösliches Salz, was als körnig gelatinöser Niederschlag zu Boden fällt, wenn man die Säure für sich mit [292] Kalkwasser übersättigt oder das Kalksalz mit Aetzammoniak vermischt. Der Niederschlag löst sich in viel Wasser und besonders leicht in verdünnten Säuren, selbst Essigsäure.

Die Oxalur- und Paraban-Säure können aus Harnsäure direct oder aus Alloxan entstehen. Wenn zu einem Atom Harnsäure 4 At. Sauerstoff treten, so kann sie sich zerlegen in Harnstoff, Kohlensäure und Parabansäure.

$$\left.\begin{array}{l} 1 \text{ At. Harns. } C_{10} N_8 H_8 O_6 \\ \underline{\phantom{C_{10} N_8 H_8} O_4} \\ C_{10} N_8 H_8 O_{10} \end{array}\right\} = \begin{array}{l} 1 \text{ At. Harnstoff} \\ 2 \; – \; \text{Kohlens.} \\ 1 \; – \; \text{Parabans.} \end{array} \begin{array}{l} C_2 N_4 H_8 O_2 \\ C_2 O_4 \\ \underline{C_6 N_4 O_4} \\ C_{10} N_5 H_8 O_{10} \end{array}$$

Durch Erhitzen des Alloxans mit überschüssiger verdünnter Salpetersäure zerfällt es in Kohlensäure, Parabansäure und Wasser, indem 2 Atome Sauerstoff zu seinen Elementen treten.

$$\left.\begin{array}{l} 1 \text{ At. Alloxan } C_8 N_4 H_8 O_{10} \\ \underline{ O_2} \\ C_8 N_4 H_8 O_{12} \end{array}\right\} = \begin{array}{l} 2 \text{ At. Kohlens.} \\ 1 \; – \; \text{Parabans.} \\ 4 \; – \; \text{Wasser} \end{array} \begin{array}{l} C_2 O_4 \\ C_6 N_4 O_4 \\ \underline{ H_8 O_4} \\ C_8 N_4 H_8 O_{12} \end{array}$$

Die Oxalursäure ist demnach Harnsäure, worin Uril, $C_8 \, N_4 \, O_4$, ersetzt ist durch 2 At. Kleesäure.

Nachdem wir in dem Vorhergehenden die Produkte beschrieben haben, welche mit der Harnsäure in directer Beziehung stehen, wollen wir nun die Veränderungen beschreiben, welche diese Produkte in Berührung mit Basen und andern Materien erfahren. Das Verhalten, welches sie in dieser Beziehung zeigen, unterscheidet sie, noch mehr als wie die beschriebenen Eigenschaften, von allen bis jetzt bekannten Materien.

Metamorphosen und Zersetzungsprodukte des Alloxans und Alloxantins.
Alloxan mit fixen Alkalien. Wir haben erwähnt, daß eine warme Auflösung von Alloxan beim Zusatz von Barytwasser ei-[293]-nen Niederschlag gibt, der sich bei gelindem Erwärmen wieder löst; fährt man mit dem Zusatze des Barytwassers fort, so kommt ein Zeitpunkt, wo die ganze Flüssigkeit sich trübt; läßt man sie jetzt ruhig stehen, so schlägt sich eine große Menge eines schweren, in weißen glänzenden Blättchen krystallisirten Barytsalzes nieder, was zuweilen, namentlich beim Vorhandenseyn von Spuren, Alloxantin, rosenroth gefärbt ist.

Die Flüssigkeit, aus welcher sich dieser Niederschlag abgesetzt hat, ist eine Auflösung dieses Barytsalzes im Wasser; sie enthält sonst keine andere Materie.

Man erhält diesen Niederschlag ebenfalls, obwohl minder rein, wenn man eine Alloxanlösung mit Chlorbarium vermischt und nachher Ammoniak zusetzt; er fällt in diesem Fall in Gestalt eines dicken, gallertartigen Breies nieder, der sich bei Hinzufügung von mehr Wasser, oder verdünnten, selbst den schwächsten Säuren, vollkommen klar wieder auflöst.

Man erhält eine ganz ähnliche Verbindung, wenn man Alloxan mit Strontian- oder Kalk-Wasser, oder mit Chlorstrontium oder Chlorcalcium und Ammoniak, in der bezeichneten Weise behandelt. Die Strontianverbindung läßt sich von der Barytverbindung kaum dem Ansehen nach unterscheiden. Die Kalkverbindung stellt sich in kurzen, durchsichtigen Körnern oder Prismen dar. Alle diese Verbindungen enthalten Krystallwasser, welches sie beim Erhitzen bis 120° verlieren.

Eine Silberauflösung, mit Alloxan vermischt, wird nicht getrübt; setzt man aber dieser Mischung Aetzammoniak zu, so entsteht ein weißer Niederschlag, der beim Kochen sich gelblich färbt.

Diese verschiedenen Verbindungen enthalten eine neue und eigenthümliche Säure, welche bei Berührung des Alloxans mit Basen entsteht; man kann sie aus dem Barytsalz, bei vorsichtiger Zersetzung desselben mittelst Schwefelsäure leicht darstellen; wir nennen sie *Alloxansäure*. [294]

Alloxansäure.
Die Alloxansäure ist sehr sauer, sie zerlegt die kohlensauren und essigsauren Salze mit Leichtigkeit; bis zum Syrup abgedampft, krystallisirt sie in einigen Tagen zu einer strahlenförmigen harten Masse, welche sich an der Luft bei Abwesenheit aller Schwefelsäure vollkommen trocken erhält. Mit Baryt verbunden, erzeugt sie das Salz mit allen seinen Eigenschaften wieder, aus dem sie abgeschieden wurde, sie bildet mit Ammoniak, ohne eine Zersetzung zu erfahren, ein krystallisirbares Salz. Silberoxyd wird darin aufgelöst, sie trocknet

damit zu einem Gummi ein; mit Ammoniak vorher neutralisirt, bewirkt sie in Silbersalzen einen weißen Niederschlag. Zink löst sich in der Säure unter Gasentwickelung auf, sie wird durch Schwefelwasserstoffgas nicht verändert.

Diese Reactionen beweisen, daß man es mit einem neuen Körper zu thun hat, der weniger an und für sich, als durch den Umstand merkwürdig ist, daß er in freiem Zustande absolut die nemliche Zusammensetzung wie das Alloxan besitzt, wie aus den Analysen seiner Salzverbindungen hervorgeht, aus denen sich mit Gewißheit seine Zusammensetzung im freien Zustande erschließen läßt.

Alloxansaures Silberoxyd. Der weiße Niederschlag aus Alloxan, Ammoniak und salpetersaurem Silberoxyd färbt sich beim Trocknen grau. Beim Verbrennen mit Kupferoxyd liefert es Stickgas und Kohlensäure im Volumverhältniß wie 1:4.

0,3565 Grm. Silbersalz lieferten ferner 0,204 Silber.
0,3415 – – – 0,1955 –

Hiernach enthalten 100 Theile Salz 61,434 Silberoxyd.

I. 1,122 Grm. desselben Salzes lieferten 0,0725 Wasser und 0,5325 Kohlensäure.
II. 0,729 Grm. desselben Salzes lieferten 0,0405 Wasser und 0,344 Kohlensäure.

Das Salz besteht mithin in 100 Theilen aus: [295]

	I.	II.
Kohlenstoff	13,122	13,010
Stickstoff	7,566	7,566
Wasserstoff	0,711	0,611
Sauerstoff	17,167	17,379
Silberoxyd	61,434	61,434
	100,000	100,000

entsprechend folgender theoretischen Zusammensetzung:

		in 100 Theilen
8 At. Kohlenstoff	611,48	13,02
4 – Stickstoff	354,08	7,55
4 – Wasserstoff	24,96	0,53
8 – Sauerstoff	800,00	17,05
2 – Silberoxyd	2.903,22	61,85
2 At alloxans. Silberoxyd	4.693,74	100,00

Beim Erhitzen für sich verpufft dieses Salz schwach, es geschieht lange vor dem Glühen und scheint eine besondere Art von Zersetzung zu seyn, die sich durch die ganze Masse des Salzes fortpflanzt; nach derselben entwickelt sich aus dem Rückstand eine reichliche Menge Cyansäure.

Der Niederschlag den man direct aus einer Mischung von Alloxan mit salpeters. Silberoxyd erhält, ist in seinem Verhalten verschieden von dem, welcher vermittelst eines löslichen alloxansauren Salzes gebildet wird. Der erstere ist weiß, er läßt sich mit Wasser zum Sieden erhitzen, wobei er keine andere Veränderung erleidet, als daß er gelb wird. Der andere ist ebenfalls weiß, wird aber beim Erhitzen grau, und wenn er in der heißen Flüssigkeit ruhig stehen gelassen wird, so bemerkt man nach einiger Zeit ein lebhaftes Aufbrausen, wobei seine Farbe schwarz wird, indem er in metallisches Silber übergeht.

Alloxansaurer Baryt. Dieses Salz erhält man auf die beschriebene Weise in durchsichtigen, kurzen Prismen, oder in [296] Gestalt eines glänzend krystallinischen schuppigen Niederschlags; es verliert bei 100° Wasser, die Krystalle werden hierbei milchweiß. Beim Glühen hinterläßt es kohlensauren Baryt, gemengt mit Cyanbarium. Mit Kupferoxyd geglüht, erhält man Kohlensäure und Stickgas im Verhältniß = 1 : 3.

1,740 Grm. krystallisirtes Salz verloren bei 120° 0,353 Grm. = 20 p.c. Wasser.

10,00 Grm. krystallisirtes Salz verloren bei 120° 2,04 Grm. = 20,4 p.c.

1,283 Grm. von dem bei 120° getrockneten Barytsalz lieferten 0,815 kohlensauren Baryt = 49,18 p. c. Baryt.

1,00 Grm. von dem bei 120° getrockneten Barytsalz lieferten 0,755 schwefelsauren Baryt = 49,55 p. c. Baryt.

0,694 Grm. von dem bei 120° getrockneten Barytsalz lieferten 0,525 schwefelsauren Baryt = 49,56 p. c. Baryt.

0,739 Grm. von dem bei 120° getrockneten Barytsalz lieferten 0.475 kohlensauren Baryt = 49,12 p. c. Baryt.

 I. 1,389 getrocknetes Salz lieferten ferner 0,650 Kohlensäure und 0,145 Wasser.
 II. 1,536 getrocknetes Salz lieferten, mit chromsaurem Bleioxyd verbrannt, 0.873 Kohlensäure und 0,1625 Wasser.

Hiernach enthalten 100 Theile:

	I.	II.
Kohlenstoff	16,313	15,713
Stickstoff	9,206	9,206
Wasserstoff	1,158	1,174
Sauerstoff	23,973	24,557
Baryt	49,350	49,350
	100,000	100,000

entsprechend der folgenden theoretischen Zusammensetzung:
[297]

		in 100 Th.
8 At. Kohlenstoff	611,48	16,02
4 – Stickstoff	354,08	9,27
6 – Wasserstoff	37,44	0,98
9 – Sauerstoff	900,00	23,58
2 – Baryt	1.913,76	50,15
2 At. alloxans.Baryt =	3.816,76	100,00

Wir fanden erst später, daß dieses Salz bei 150° noch 2 p.c. Wasser verliert was genau einem Atom entspricht, das mithin, um die Zusammensetzung des wasserfreien Salzes zu haben, von der gegebenen Formel abgezogen werden muß.

Das wasserfreie Salz besteht mithin aus:

2 At. wasserfreier Alloxansäure	1.790,52	48,35
2 – Baryt	1.913,76	51,65
	3.704,28	100,00

Alloxansaurer Strontian. Dieses Salz wurde auf, die nemliche Weise, wie das Barytsalz, dargestellt; man erhält es in feinen, durchsichtigen, nadelförmigen Krystallen, welche ebenfalls Krystallwasser enthalten, welches sie leichter verlieren als das Barytsalz. Auch diese Verbindung liefert durch Verbrennung Stickgas und Kohlensäure im Verhältniß wie 1 : 3.

0,516 Grm. Salz verloren bei 120° 0,118 Wasser = 22,8 p.c.
0,959   –   –   –   –   0,202   –   = 22,2 p.c.
0,642 krystallisirtes Salz lieferten 0,2915 kohlensauren Strontian = 32,6 p.c. Strontian.
0,639 krystallisirtes Salz lieferten 0,2870 kohlensauren Strontian = 32,6 p.c Strontian.

Das Atomgewicht des krystallisirten Salzes ist hiernach 2044,0.

Da nun 100 Theile im Mittel 22,5 p.c. Krystallwasser verlieren, so enthält mithin 1 Atom krystallisirtes Salz 4 At. Wasser. 1,092 krystallisirtes Strontiansalz lieferten 0,354 Wasser und 0,4785 Kohlensäure.

[298]   Die Zusammensetzung desselben ist hiernach:

			berechnet	gefunden
8 At.	Kohlenstoff	611,48	15,34	15,14
4 –	Stickstoff	354,08	8,88	8,76
4 –	Wasserstoff	24,96	0,62	0,90
8 –	Sauerstoff	800,00	20,07	20,10
2 –	Strontian	1.294,58	32,49	32,60
8 –	Krystallwasser	899,84	22,60	22,50
2 At. krystallisirtes Salz		3.984,94	100,00	100,00

Alloxansaurer Kalk. Wenn man Alloxan mit einer Auflösung von Chlorcalcium vermischt, so entsteht keine Trübung; bei Zusatz von Aetzammoniak bildet sich hingegen ein dicker gelatinöser Niederschlag, der sich leicht in Essigsäure löst und beim Stehen für sich körnig krystallinisch wird.

Aus der Untersuchung dieser Salze geht hervor, daß die Säure, welche darin enthalten ist, im krystallisirten Zustande nach der Formel $C_8 N_4 H_4 O_8 + 2$ aq. oder $C_8 N_4 H_8 O_{10}$ zusammengesetzt seyn muß, diese letztere Formel drückt aber genau das Gewicht eines Atoms Alloxan aus.

Durch die Berührung mit einer Basis haben also die Elemente des Alloxans eine neue Form angenommen; es haben sich zwei Atome Wasser abgeschieden, welche durch die Basis ersetzt wurden, in der Weise, daß dieses Wasser, wenn es der Säure wieder dargeboten wird, nicht wie früher als integrirender Bestandtheil in die Zusammensetzung des Alloxans wieder eingeht, sondern jetzt die Stelle eines Metalloxyds vertritt.

Zersetzungsprodukte der alloxansauren Salze.
Mesoxalsäure.

Wenn man alloxansauren Baryt in warmem Wasser löst und erkalten läßt, so erhält man daraus das Salz unverändert in allen seinen Eigenschaften wieder, wird aber die gesättigte Auflösung zum Sieden erhitzt, so trübt sie sich plötzlich, es [299] bildet sich ein reichlicher weißer Niederschlag, unter Entwickelung von etwas kohlensaurem Gas. Die Flüssigkeit wird bei weiterem Kochen gelb und setzt krystallinische Rinden ab; eingetrocknet und mit Alkohol behandelt, löst sich daraus eine bedeutende Menge von reinem Harnstoff auf.

Gießt man in eine kochende Auflösung von essigsaurem Bleioxyd tropfenweise eine Alloxanauflösung, so bildet sich im Anfang ein voluminöser, weißer Niederschlag, der beim Kochen zu einem feinen, schweren, krystallinischen Pulver wird, was sich sehr leicht aus der Flüssigkeit absetzt. Befreit man die überstehende Flüssigkeit von Blei durch Schwefelwasserstoff, und dampft zur Entfernung der Essigsäure ab, so erhält man ebenfalls im Rückstand reinen Harnstoff; sie entwickelt ferner mit Kalk Ammoniak. Das Bleisalz mit Essigsäure in Berührung, entwickelt keine Kohlensäure. Beim Erhitzen im trocknen Zustande zerlegt sich dieses Salz, die Zersetzung pflanzt sich von selbst durch die ganze Masse fort und es bleibt bei gelindem Glühen reines gelbes Bleioxyd, was sich ohne Rückstand in Essigsäure löst, man beobachtet hierbei sehr schwachen Ammoniakgeruch.

$$
\begin{aligned}
1{,}005 \text{ Grm. lieferten } 0{,}813 \quad &\text{Bleioxyd} = 80{,}8 \text{ p. c.} \\
0{,}415 \quad - \qquad - \quad 0{,}3605 \quad &\phantom{\text{Bleioxyd}} - \; = 80{,}92 \text{ p. c.} \\
1{,}554 \quad - \qquad - \quad 1{,}251 \quad &\phantom{\text{Bleioxyd}} - \; = 80{,}50 \text{ p. c.}
\end{aligned}
$$

I. 1,2375 Grm. lieferten 0,3125 Kohlensäure und 0,0205 Wasser.
II. 1,520 Grm. lieferten 0,380 Kohlensäure und 0,030 Wasser.
Hiernach besteht dieses Salz aus:

	I.	II.
Kohlenstoff	6,960	6,820
Wasserstoff	0,197	0,182
Sauerstoff	12,067	12,222
Bleioxyd	80,776	80,776
	100,00	100,00

[300] Wenn man annimmt, daß diese Analysen mit dem bei den Wasserstoffbestimmungen gewöhnlichen Fehler behaftet sind, so müßte man von der Quantität des erhaltenen Wassers 6 Milligramme abziehen, in diesem Fall würde der Wasserstoff nur 0,00072 des Salzes betragen; auf 2 At. Bleioxyd berechnet, macht dieß noch nicht 1 At. Wasserstoff aus; nimmt man den gefundenen als richtig an, so enthält das Salz auf 4 Atome Bleioxyd 1 Aequivalent Wasserstoff und die theoretische Zusammensetzung desselben würde seyn:

6 At. Kohlenstoff	458,610	6,600
2 – Wasserstoff	12,479	0,179
9 – Sauerstoff	900,000	12,791
4 – Bleioxyd	5.578,000	80,430
	6.949,089	100,000

Wir halten es aber für außerordentlich wahrscheinlich, um nicht zu sagen für gewiß, daß dieses Salz keinen Wasserstoff enthält, sondern daß seine wahre Zusammensetzung auf folgende Weise ausgedrückt werden muß:

6 At. Kohlenstoff	229,305	6,71
4 – Sauerstoff	400,000	11,682
2 – Bleioxyd	2.799,000	81,61
	3.028,305	100,00

Was uns diese Formel wahrscheinlicher macht, ist die Gewißheit, daß das erhaltene Salz eine sehr geringe Quantität einer stickstoffhaltigen Materie beigemischt enthält, und zwar um so mehr, je weniger heiß die Flüssigkeiten mit einander gemischt werden. Der Bleioxydgehalt wechselte in unsern ersten Versuchen von 71,5 bis 80 p. c., und nur auf dem angezeigten Wege erhält man es von einer vollkommen homogenen Beschaffenheit. Diese stickstoffhaltige Substanz kann nichts anders als cyanursaures Bleioxyd seyn, was sich durch Wechselzersetzung des essigsauren Bleioxyds mit dem gleichzeitig gebilde-[301]-ten Harnstoff, im Moment seiner Bildung, in der siedenden Flüssigkeit erzeugt; die entweichende Kohlensäure und das neben dem Harnstoff vorhandene Ammoniak, kann von nichts anderm herkommen, als von dem nemlichen cyansauren Bleioxyd, was theilweise durch die Essigsäure zerlegt wird; allein bei der Zersetzung eines cyansauren Salzes durch eine schwache Säure wird stets etwas Cyanursäure gebildet, die mit dem Bleioxyd eine unlösliche Verbindung eingeht.

Der Stickstoffgehalt war so klein, daß er nicht bestimmbar war.

Wir haben uns durch directe Versuche überzeugt, daß der Harnstoff in Berührung mit Basen weit zersetzbarer ist, als man gewöhnlich annimmt. Mit essigsaurem Bleioxyd abgedampft, schlägt sich kohlensaures Bleioxyd in glänzenden Schuppen nieder, und die Flüssigkeit wird ammoniakhaltig; dieses kohlensaure Bleioxyd wurde durch die, bei der Darstellung des Bleisalzes freigewordene, Essigsäure zerlegt. Wir bemerkten ebenfalls, daß Harnstoff, mit salpetersaurem Silberoxyd gelinde abgedampft, vollkommen zerlegt wird in salpetersaures Ammoniak und in cyansaures Silberoxyd, was sich in mehreren Linien langen, sehr regelmäßigen Säulen, meistens an der Oberfläche der Flüssigkeit absetzte.

Ein Gehalt von cyansaurem Bleioxyd muß die Kohlenstoffmenge aber vermehren und den Bleioxydgehalt vermindern, genau wie es sich aus der Analyse herausgestellt hat.

Gießt man Alloxansäure in eine kochende Auflösung von Bleizucker, so erhält man unter denselben Erscheinungen ein mit dem ebenbeschriebenen identisches Bleisalz.

Wird umgekehrt in eine kochende Auflösung von Alloxan die Bleizuckerlösung gegossen, so färbt sich die Flüssigkeit roth, es entsteht ein schwacher, krystallinischer, rosenrother Niederschlag, der sich beim Abdampfen vermehrt; vermischt man die Flüssigkeit mit Weingeist, so gerinnt das Ganze zu [302] einer breiartigen, rosenrothen Masse; dieser Niederschlag mit Schwefelwasserstoffsäure zersetzt, gibt eine Flüssigkeit, in welcher Alloxantin und Oxalsäure nachgewiesen werden können.

Wir haben erwähnt, daß der alloxansaure Baryt, wenn seine heiß gesättigte Auflösung gekocht wird, sich ebenfalls zerlegt, es entsteht ein weißer Niederschlag, welcher ein Gemenge von mesoxalsaurem Baryt, kohlensauren Baryt und alloxansaurem Baryt ist; er gibt beim Glühen für sich wie der letztere eine Menge Blausäure, und braust mit Säuren schwach auf. Wir erhielten, nach mehrmaligem Befeuchten und Eintrocknen des geglühten Salzes mit kohlensaurem Ammoniak, von 100 Theilen 79,76, – 80,1, – 79,54 kohlensauren Baryt, entsprechend 61 – 62 reinem Baryt.

Wird die Flüssigkeit, nachdem der erste Niederschlag abfiltrirt ist, weiter abgedampft, so setzt sich reiner mesoxalsaurer Baryt in gelben, blättrigen Massen ab, den man durch Waschen mit Alkohol rein erhält. Dieses Salz entwickelt beim Glühen keine stickstoffhaltigen Produkte, und lieferte in zwei Versuchen 72 und 72,2 kohlensauren Baryt, entsprechend 55,86 und 56,00 reinem Baryt.

Die Zusammensetzung dieses Salzes ist hiernach:

	berechnet		gefunden
3 At. Kohlenstoff	229,305	13,50	
4 – Sauerstoff	400,000	33,54	
1 – Baryt	956,880	56,33	55,86 – 56,0
1 – Wasser	112,480	6,63	
1 At. mesoxals. Baryt =	1.698,665	100,00	

Die Mesoxalsäure entsteht aus der Alloxansäure auf eine sehr einfache Weise; von zwei At. Alloxansäure trennen sich die Bestandtheile eines Atoms Harnstoff und es bleibt Mesoxalsäure.

$C_8\ N_4\ H_8\ O_{10}$ Alloxansäurehydrat
$\underline{C_2\ N_4\ H_8\ O_2}$ Harnstoff
$C_6\quad\quad O_8\ =$ 2 At. Mesoxalsäure.

[303] Wir haben leider nicht Material genug gehabt, um alle Verhältnisse dieser merkwürdigen Säure noch fester stellen zu können. Sie kann mit Leichtigkeit aus dem Bleisalz durch Schwefelwasserstoffsäure oder Schwefelsäure abgeschieden werden; sie ist sehr sauer, leicht löslich, krystallisirbar; mit Kalk und Barytsalzen gibt sie erst bei Zusatz von Ammoniak weiße Niederschläge, selbst nach dem Kochen und Abdampfen an der Luft, enthält sie keine Kleesäure.

Ihre characteristischste Eigenschaft ist mit Silbersalzen, bei Zusatz von Ammoniak, einen gelben Niederschlag zugeben, der bei gelindem Erwärmen, unter heftiger Entwicklung von Kohlensäure, zu metallischem Silber wird, ohne daß neben salpetersaurem Ammoniak ein anderes Produkt in der Flüssigkeit nachgewiesen werden kann. Es ist klar, daß dieses Silbersalz dem Bleisalz analog zusammengesetzt seyn muß, aber in diesem Fall enthält es die Elemente von 3 At. Kohlensäure und 2 At. metallischem Silber $C_3\ O_4 + 2\ Ag = C_3\ O_6 + 2\ Ag$. Wird das Bleisalz mit etwas Salpetersäure erwärmt, so verwandelt es sich, unter Entwickelung von salpetriger Säure, in oxalsaures Bleioxyd.

Die Erscheinung, welche das mesoxalsaure Silberoxyd bei seiner Zersetzung darbietet, ist früher bei dem alloxansauren Salze ebenfalls erwähnt worden; das alloxansaure Silberoxyd kann für sich im Wasser zum Sieden erhitzt werden, ohne seine weiße Farbe zu ändern, wird aber ein kleiner Ueberschuß von Ammoniak zugesetzt, so wird es gelb und bei weiterem Erhitzen plötzlich unter Aufbrausen schwarz; hier zerlegt sich offenbar das alloxansaure Silberoxyd in mesoxalsaures, dem diese Zersetzungsweise eigenthümlich ist.

Die freie Mesoxalsäure bildet direct mit essigsaurem Bleioxyd zusammengebracht, ein Bleisalz, worin nur 1 Atom Bleioxyd enthalten ist, während das andere Atom ersetzt ist durch ein Aequivalent Wasser. [304]

Alloxan mit Ammoniak
Mykomelinsäure

Wenn man Alloxan mit Ammoniak vermischt, so färbt sich die Mischung bei gelindem Erwärmen gelb und erstarrt nach dem Erkalten oder beim Verdunsten zu einer durchsichtigen, gelblichen Gallerte. Dieser Körper ist die Ammoniakverbindung einer neuen Säure, die wir *Mykomelinsäure* nennen.

Wird die Alloxanlösung und das Ammoniak in concentrirtem Zustande angewandt, so scheidet sich meistens sogleich nach dem Erhitzen ein schweres braungelbes Pulver ab, was dieselbe Verbindung ist; färbt sich die Flüssigkeit hierbei gleich im Anfange roth, so zeigt dieß eine Einmischung von Alloxantin an.

Wird die Ammoniakverbindung in heißem Wasser gelöst, und ein Ueberschuß von verdünnter Schwefelsäure zugesetzt, so scheidet sich sogleich die Mykomelinsäure in Gestalt eines durchscheinenden, gallertartigen Niederschlags ab, der nach dem Auswaschen und Trocknen sich in ein gelbes, poröses Pulver verwandelt.

Man erhält das nemliche Produkt, wenn man die zum Kochen erhitzte Mischung von Alloxan mit Ammoniak gradezu mit verdünnter Schwefelsäure übersättigt und einige Minuten aufkocht.

Die Mykomelinsäure ist in kaltem Wasser schwer in heissem etwas leichter löslich; sie röthet deutlich die blauen Pflanzenfarben, löst sich in Ammoniak und Alkalien ohne krystallisirbare Salze zu bilden; ihre Verbindung mit Silberoxyd erhält man in Gestalt gelber Flocken, wenn eine Auflösung des Ammoniaksalzes mit salpetersaurem Silberoxyd vermischt wird; sie läßt sich in der Flüssigkeit zum Sieden erhitzen, ohne daß man eine Veränderung bemerkte.

Beim Verbrennen der bei 120° getrockneten Säure erhielten wir Stickgas und Kohlensäure in folgenden Verhältnissen: [305]

I. Stickgas : Kohlensäure = 518 : 1017
II. – – = 412 : 835
III. – – = 735 : 1432

Diese Zahlen geben genau das Verhältniß wie 1 Vol. Stickgas zu 2 Vol. Kohlensäure. Wir erhielten ferner aus:

I. 0,563 Grm. Mykomelinsäure 0,180 Wasser und 0,679 Kohlensäure.
II. 0,488 Grm. Mykomelinsäure 0,158 Wasser und 0,488 Kohlensäure.
III. 0,603 Grm. Mykomelinsäure 0,193 Wasser und 0,717 Kohlensäure.

Diese Analysen geben in 100 Theilen:

Kohlenstoff	33,347	33,153	32,877
Stickstoff	38,363	38,363	38,363
Wasserstoff	3,552	3,593	3,555
Sauerstoff	24,738	24,891	25,205
	100,000	100,000	100,000

Auf diese Zahlen läßt sich nur die folgende Formel berechnen:

8 At	Kohlenstoff	611,480	32,49
8 –	Stickstoff	708,160	37,62
10 –	Wasserstoff	62,397	3,31
5 –	Sauerstoff	500,000	26,58
1 At.	Mykomelins. =	1.882,037	100,00

Der Unterschied in dem Kohlenstoffgehalt zwischen dem berechneten und gefundenen Resultat beruht ohnstreitig auf der Beimengung einer geringen Menge Uramil, was, wie man sogleich sehen wird, ein Produkt der Zerlegung des Alloxantins mit Ammoniak ist. Wir bemerkten erst später, daß die wieder verschwindende Röthe der Flüssigkeit, welche sich bei der [306] Darstellung der analysirten Mykomelinsäure zeigte, dem reinen Alloxan nicht angehört.

Die Entstehung der Mykomelinsäure erklärt sich leicht. Beim Zusammenkommen von 1 At. Alloxan mit 2 Aeq. Ammoniak entstehen 1 At. Mykomelinsäure und 5 At. Wasser.

$$\begin{array}{l} C_8 N_4 H_8 O_{10} \\ \underline{N_4 H_{12}} \\ C_8 N_8 H_{20} O_{10} \end{array} = \begin{array}{l} \text{1 At. Alloxan} \\ \text{2 Aeq. Ammonak} \\ \end{array}$$

$$= \left\{ \begin{array}{l} \text{1 At. Mykomelinsäure } C_8 N_8 H_{10} O_5 \\ \text{5 − Wasser} \quad \underline{H_{10} O_5} \\ \quad\quad\quad\quad\quad\quad C_8 N_8 H_{20} O_{10} \end{array} \right.$$

Man wird leicht bemerken, daß die getrocknete Mykomelinsäure genau dieselbe Zusammensetzung besitzt, wie das Allantoïn in seiner Silberverbindung.

Wir haben versucht, das Atomgewicht dieser Materie aus seiner Verbindung mit Silberoxyd auszumitteln, wir haben aber Ursache, diese Bestimmung für nicht ganz zuverlässig zu halten, da der gelbe, schleimige Niederschlag, den wir mit salpetersaurem Silberoxyd und mykomelinsaurem Ammoniak erhielten, beim Auswaschen, selbst im Dunklen, seine Farbe änderte; er wurde gelbbraun und stellte nach dem Trocknen im Wasserbade harte, grüne Stücke dar, die ein olivengrünes Pulver gaben, was sich nicht mehr vollständig in Ammoniak löste. Wir erhielten durch Glühen desselben:

Von 1,657 Silbersalz 0,293 Silber
− 0,489 − 0,216 −   } Mittel 44,39 p. c.

Hieraus berechnet sich für das Atomgewicht der wasserfreien Säure die Zahl 1592,..., welche für ihr Hydrat zu der Zahl 1704,... führt. Die Differenz dieser und der direct aus der Säure berechneten Zahl ist zu groß, als daß man nicht neue Beweise für die Richtigkeit der ersteren verlangen müßte.

[307] Das getrocknete Silbersalz gibt beim Erhitzen für sich eine Menge cyansaures Ammoniak, was beim Lösen im Wasser und Abdampfen in Harnstoff übergeht, es bildet sich dabei noch eine eigenthümlich riechende krystallinische Materie, welche durch eine andere roth gefärbt ist.

Alloxan mit Salzsäure.

Löst man die wasserfreien Krystalle des Alloxans in starker Salzsäure in der Wärme auf, so bemerkt man ein Aufbrausen, was so lange dauert, bis die Einwirkung beendigt ist; die Produkte, die man hier erhält, sind je nach der Art des Verfahrens verschieden. Erhitzt man die Auflösung nur einige Minuten lang, so sieht man sie plötzlich trübe werden und es scheiden sich alsdann beim Erkalten eine große Menge glänzender, durchsichtiger Krystalle von Alloxantin ab; sondert man sie von der Flüssigkeit und entfernt die freie Salzsäure durch Abdampfen, so krystallisirt daraus saures kleesaures Ammoniak.

Die Zersetzung geht hier ohnstreitig vor sich, indem sich 2 Atome Alloxan in Kleesäure, Oxalursäure und Alloxantin zerlegten.

$$2 \text{ At.Alloxan} = C_{16} N_8 H_{16} O_{20} = \left\{ \begin{array}{llll} 1 \text{ At.Kleesäure} & C & & O_3 \\ 1 \text{ − Oxalurs.} & C_6 & N_4 H_6 & O_7 \\ 1 \text{ − Alloxantin} & \underline{C_8 \ N_4 H_{10} \ O_{10}} \\ & C_{16} & N_8 H_{16} & O_{20} \end{array} \right.$$

Die Oxalursäure wird beim Kochen mit Salzsäure zerlegt in Kleesäure und cyansaures Ammoniak, dessen Säure bei Gegenwart der Salzsäure zerfällt in doppelt kohlensaures Ammoniak.

Zuweilen wird die Auflösung des Alloxans in Salzsäure beim Erwärmen nicht trüb, und es setzen sich keine Krystalle beim Erkalten ab; man erhält sie alsdann, wenn die Flüssigkeit, mit Wasser verdünnt, einige Zeit ruhig sich selbst über [308] lassen bleibt; das Fortschreiten der Zersetzung und die Bildung des Alloxantins kann man genau verfolgen, wenn man die Flüssigkeit von Zeit zu Zeit mit Barytwasser mischt; im Anfang ist der Niederschlag weiß, nach längerem Kochen wird er violett, stets dunkler werdend, bis zuletzt die Farbe des Niederschlags abnimmt und nicht wieder hervorgebracht werden kann.

Löst man Alloxan in verdünnter Schwefelsäure, so erhält man bei gleicher Behandlung ein durchaus ähnliches Resultat, dieß ist selbst eine bequeme Methode sich leicht und schnell Alloxantin darzustellen.

Bei anhaltendem langem Kochen verschwindet, wie wir erwähnten, das Alloxantin. wieder, statt dieses Körpers setzt sich eine neue gelbe, pulverige Substanz ab, welche in Wasser außerordentlich schwer löslich ist. Man erhält diese sehr oft bei der Verwandlung des Alloxans in Alloxantin durch Zink und Salzsäure, wenn die Flüssigkeit nicht verdünnt genug oder zu anhaltend stark erhitzt worden war.

In diesem Falle setzt sie sich in Gestalt einer gelben, krystallinischen Kruste ab, die man durch Auswaschen rein erhält. Sie löst sich in der Kälte leicht in Ammoniak, in der Auflösung bilden sich sehr bald gelbe, glänzende, körnige Krystalle, werden sie mit einem Ueberschuß von Ammoniak erwärmt, so verwandlen sie sich in einen gelblichen, gelatinösen Körper, der schwer löslich im Wasser und Ammoniak ist und viele Aehnlichkeit mit mykomelinsaurem Ammoniak besitzt.

Wird die Auflösung der gelben Krystalle in Ammoniak stark und anhaltend gekocht, so verliert sie die röthliche Farbe und nach einiger Concentration erhält man daraus weiße, harte, seifige, durchsichtige Nadeln, die sich im kochenden Wasser leicht lösen. Aus dieser Auflösung fällt Schwefelsäure eine neue Substanz in weißen Körnern oder krystallinischen Flocken.

[309]   Wir haben die ursprünglich aus Zink, Salzsäure und Alloxanlösung erhaltenen gelben Krystalle in Ammoniak gelöst und diese Flüssigkeit mit Essigsäure versetzt, wonach sich daraus in einigen Tagen der Körper wieder abschied. Eine Analyse desselben führt zu der Formel $C_6 N_4 H_6 O_5$.

Es wäre eine unmöglich zu lösende Aufgabe gewesen, den zahllosen, secundären Produkten eine gleiche Aufmerksamkeit zu schenken; wir behalten uns eine ausführlichere und gründlichere Untersuchung derselben vor.

Alloxantin und Ammoniak.

Wenn man Alloxantin in wäßrigem Ammoniak kalt löst und die Auflösung in mäßiger Wärme an der Luft verdunsten läßt, alsdann eine neue Quantität Aetzammoniak hinzufügt und dieses Abdampfen mehrmals wiederholt, so erhält man eine krystallinische Salzmasse, welche reines oxalursaures Ammoniak ist; durch eine neue Krystallisation erhält man es sehr weiß. Bei Abschluß der Luft wird es nicht gebildet.

Beim Hinzutreten von 7 At. Sauerstoff aus der Luft zu 3 At. Alloxantin kann es mit 6 Aeq. Ammoniak sich verwandlen in 4 At. oxalursaures Ammoniak und 5 At.-Wasser.

$$
\begin{array}{lll|ll}
3 \text{ At.} & \text{Alloxantin} & C_{24} N_{12} H_{30} O_{30} & 4 \text{ At. oxalursaur.Ammoniak} & C_{24} N_{24} H_{56} O_{32} \\
7\,- & \text{Sauerstoff} & O_7 & & \\
6 \text{ Aeq.} & \text{Ammoniak} & N_{12} H_{36} & 5 \text{ At. Wasser} & H_{10} O_5 \\
\hline
& & C_{24} N_{24} H_{66} O_{37} & & C_{24} N_{24} H_{66} O_{37}
\end{array}
$$

Dieses Salz kann übrigens auf den mannigfaltigsten Wegen noch entstehen, so daß man mehr wie eine Entwickelung auffinden wird, ohne daß man grade behaupten kann, daß die gegebene auch wirklich diejenige sey, wonach es gebildet wird.

Erhitzt man Wasser zum Sieden um alle Luft daraus zu entfernen, löst nun Alloxantin darin auf, übersättigt die Flüssigkeit mit Ammoniak und kocht so lange, bis alle Färbung [310] verschwunden ist, so setzen sich nach dem Erkalten chamoisfarbene, krystallinische Rinden ab. Die Mutterlauge ist gelb, färbt sich an der Luft purpurroth, setzt alsdann eine Menge schön grüner, rothdurchsichtiger Krystalle ab, später gerinnt sie zu einer gelatinösen Masse, Die Zersetzung, die hier vor sich geht, ist sehr complexer Natur, wie das Verhalten des Alloxantins zu Salmiak zu erkennen gibt.

Beide Materien zersetzen sich gegenseitig auf eine sehr interessante Weise. Die Auflösungen beider Substanzen, durch Kochen luftfrei gemacht, werden, mit einander gemischt, sogleich purpurroth, nach einigen Augenblicken wird die Farbe schwächer, es entsteht in der Flüssigkeit eine starke Trübung, und es scheiden sich röthliche, seidenartig glänzende Krystalle ab, welche im Wasser unlöslich und in ihrem ganzen Verhalten mit Uramil identisch sind; die bei der Beschreibung dieses Körpers erwähnten mit a und b bezeichneten Analysen sind mit dem auf diesem Wege gewonnenen Uramil angestellt worden.

Die von dem Uramil abfiltrirte Flüssigkeit enthält, neben Salmiak reines Alloxan und freie Salzsäure, leitet man Schwefelwasserstoff hindurch, so wird es unter Fällung von Schwefel in Alloxantin verwandelt; sie gibt mit Chlorcalcium und Ammoniak vermischt, weiße Niederschläge, die sich in vielem Wasser lösen. Vermischt man sie mit Barytwasser so lange, als der entstandene Niederschlag noch verschwindet, so erhält man alloxansauren Baryt in großer Menge.

2 At. Alloxantin zerlegen sich, mit 1 Aeq. Salmiak in gleiche Atomgewichte Uramil, Alloxan, 4 Atome Wasser und freie Salzsäure.

$$\left.\begin{array}{l} 2 \text{ At. Alloxantin } C_{16} N_8 H_{20} O_{20} \\ 1 \text{ Aeq. Salmiak } Cl_2 H_2 + N_2 H_6 \\ \hline C_{16} N_{10} H_{26} O_{20} \end{array}\right\} = \begin{array}{l} 1 \text{ At. Uramil} \quad C_8 N_6 H_{10} O_6 \\ - \text{ Alloxan} \quad C_8 N_4 H_8 O_{10} \\ 4 - \text{ Wasser} \quad \underline{H_8 O_4} \\ \quad\quad\quad\quad\quad\quad C_{16} N_{10} H_{26} O_{20} \end{array}$$

[311] Wir haben oben gesehen, daß das Alloxan durch Salzsäure ohne Reduktionsmittel theilweise in Alloxantin übergeführt werden kann; in dem eben beschriebenen Versuch geht die Verwandlung des Alloxantins rückwärts in Alloxan ohne Oxydationsmittel vor sich.

Die complexe Zersetzung des Alloxantins durch Ammoniak ist damit augenfällig, es entsteht ohnstreitig hierbei ebenfalls Uramil aber auch Alloxan, welche beide durch Ammoniak weitere Veränderung erfahren. Wenn beide mit Ammoniak zusammen in Auflösung sind, so bildet sich, wie wir später zeigen werden, sogenanntes purpursaures Ammoniak; Alloxan gibt ferner mit freiem Ammoniak mykomelinsaures Ammoniak. Wird die Flüssigkeit, vor der Zersetzung des Alloxantins vermittelst Salmiak, abgedampft, so geht eine neue Veränderung durch die Wirkung der vorhandenen freien Salzsäure auf das Alloxan vor sich, sie setzt eine weisse Substanz in krystallinischen Rinden ab, welche mit oxalursaurem Ammoniak Aehnlichkeit haben, sie sind aber sehr schwer löslich im kochenden Wasser und setzen sich daraus wieder in warzenförmigen Massen ab. Die Auflösung giebt mit Kalk- und Barytsalzen bei Zusatz von Ammoniak Niederschläge, welche löslich sind in vielem Wasser, mit Silbersalzen einen weissen Niederschlag, der sich beim Erhitzten auflöst und zu metallischem Silber reduzirt wird.

Die Mutterlauge, woraus sich das rindenförmige Ammoniaksalz abgesetzt hat, giebt bei weiterem Abdampfen Salmiak und Dämpfe von freier Salzsäure.

Erwärmt man Alloxantin mit essigsaurem, kleesaurem oder einem andern Ammoniaksalz, so tritt eine ähnliche Zersetzung ein wie bei Anwendung von Salmiak, der Niederschlag ist aber dunkler roth, dicker und weniger krystallinisch. [312]

Alloxantin mit Metalloxyden.

Löst man Alloxantin in luftfreiem Wasser bei Siedhitze auf, und gießt nun tropfenweise Barytwasser hinzu, so entsteht mit jedem Tropfen ein tief veilchenblauer Niederschlag, welcher unmittelbar darauf wieder verschwindet, ohne die Flüssigkeit zu färben.

Bei einem gewissen Punkte entsteht plötzlich eine Trübung und es schlägt sich ein röthlich weisses Pulver nieder, die Flüssigkeit liefert bei neuem Zusatz von Barytwasser noch etwas blauen Niederschlag, aber über eine bestimmte Grenze hinaus, fällt Baryt die Flüssigkcit weiß. Filtrirt man nun den zuerst erhaltenen, röthlich weissen Niederschlag ab, und fährt mit dem Zusatz von Baryt fort, so erhält man reinen alloxansauren Baryt, von dem man beim Abdampfen noch mehr gewinnt. Die letzte Mutterlauge enthält etwas Harnstoff, dem seinem Verhalten nach ganz entschieden cyansaures Ammoniak beigemischt ist. Alloxansaurer Baryt und das erst erwähnte röthlich weisse Pulver sind die einzigen Producte dieser Zersetzung.

Der zuerst erhaltene Niederschlag ist höchst leicht und locker, nach dem Verbrennen hinterließ er 34,3 p. c. Baryt, eine andere Probe, welchem übrigens etwas kohlensaurer und alloxansaurer Baryt beigemischt war, gab 39,88 p. c. Baryt; seinem sonstigen Verhalten nach halten wir ihn für identisch mit dem Barytsalz, welches man durch Fällung des dialursauren Ammoniaks mittelst Barytsalzen erhält.

Alloxantin verhält sich gegen Bleisuperoxyd genau wie Alloxan, auch hier bleibt dem Harnstoff eine sehr geringe Menge einer weissen im Wasser unlöslichen, aber in Ammoniak löslichen Materie beigemengt. Eine Auflösung von Alloxantin mit Silberoxyd erwärmt, verursacht sogleich Schwärzung und Reduction des Oxyds unter Entwickelung von Gas; die heiße Flüssigkeit enthält ein Silbersalz, was sich beim erkalten in feinen weissen Nadeln absetzt: wir haben uns [313] von der Identität dieses Salzes mit oxalursaurem Silberoxyd nicht blos durch seine Reactionen, sondern auch durch die Bestimmung des darin enthaltenen Silbers überzeugt; von 0,390 Grm. erhielten wir 0,177 Grm. Silber, was 45,3 p. c. Silberoxyd entspricht.

Es treten hier mithin 3 Atome Sauerstoff zu 1 At.Alloxantin, wodurch 1 At. Wasser, 2 At. Kohlensäure und 1 At. Oxalursäure gebildet werden, Quecksilberoxyd wird von Alloxantin ohne Gasentwickelung reduzirt. Die Auflösung scheint alloxansaures Quecksilberoxydul zu enthalten.

Verhalten und Zersetzungsproducte des Uramils.

Uramil wird von concentrirter Schwefelsäure kalt ohne Gasentwickelung aufgelöst, beim Zusatz von Wasser scheidet es sich wieder als weisses Pulver ab, die rückständige Flüssigkeit enthält sehr zweifelhafte Spuren von Ammoniak. Verdünnt man die Auflösung mit so viel Wasser, daß sie anfängt sich zu trüben, so löst sich beim Erhitzen der gebildete Niederschlag wieder auf und wenn man fortfährt Wasser zuzusetzen und zu kochen, so kommt zuletzt ein Zeitpunkt, wo zugesetztes Wasser keine Trübung mehr bewirkt.

Es löst sich in verdünnter kalter Kalilauge ohne Veränderung; bei Anwendung von concentrirter bemerkt man aber deutlich Ammoniakentwickelung, beim Kochen der verdünnten oder concentrirten ist sie sehr beträchtlich. Wenn man die verdünnte Auflösung längere Zeit gekocht hat, so schlägt Salzsäure daraus Uramil unverändert nieder, doch vermindert sich seine Menge mit der Dauer des Kochens, die von dem Niederschlag abfiltrirte Flüssigkeit, mit

Ammoniak übersättigt, fällt Chlorcalcium in weissen durchscheinenden Flocken, die sich in vielem Wasser vollkommen lösen; sie sind sehr ähnlich den Niederschlägen, welche die Oxalur- und Mesoxalsäure unter denselben Umständen hervorbringt.

[314] Das aus der alkalischen Lösung gefällte Uramil giebt mit concentrirter Salpetersäure Alloxan; sein Zusammensetzung ist unverändert die nemliche geblieben; wir erhielten bei der Verbrennung Stickgas und Kohlensäure im Volumenverhältniß wie 8:3.

Ferner von 0,4725 Grm. 0,161 Wasser und 0,577 Kohlensäure. Dieß giebt für 100 Theile

Kohlenstoff	33,513
Stickstoff	29,181
Wasserstoff	3,785
Sauerstoff	33,521
	100,000

Läßt man die lange gekochte Auflösung des Uramils in Kali längere Zeit stehen, so zeigt die Flüssigkeit, nachdem das Uramil durch Säure ausgefällt worden, die oben erwähnte Reaction nicht mehr, Chlorcalcium und Ammoniak bringen alsdann einen Niederschlag hervor, welcher dem kleesauren Kalke sehr ähnlich ist.

Beim anhaltendem Erhitzen des Uramils mit verdünnter Schwefelsäure verschwindet es vollkommen, indem es eine Zersetzung erfährt; die Flüssigkeit liefert nach dem Abdampfen durchsichtige, farblose, harte, 4seitige Prismen, die sich in kaltem Wasser schwierig, in heißem sehr leicht, lösen. Dieß ist ein neuer Körper, den wir *Uramilsäure* nennen wollen.

Uramilsäure.

Man erhält diese Materie am bequemsten, wenn man eine kalt gesättigte Auflösung von thionursaurem Ammoniak mit einer geringen Quantität Schwefelsäure vermischt und bei gelinder Wärme abdampft; in diesem Fall geschieht die Ausscheidung des Uramils allmählig und es wird alsdann von der freien Säure zersetzt. Die Flüssigkeit färbt sich bei [315] der Concentration gelb, und setzt nach 24 Stunden Krystalle von Uramilsäure ab.

Die sichere Darstellung der Uramilsäure ist ausschließlich abhängig von der Menge der Schwefelsaure, welche man dem thionursauren Ammoniak zugesetzt hat.

Hat man zu wenig genommen, so erhält man nach dem Abdampfen und Erkalten einen Brei von undeutlichen, weissen, flockenartigen Krystallen, welche nicht aus Uramilsäure, sondern aus saurem thionursauren Ammoniak bestehen. Es ist nun stets von Vortheil zuerst dieses Salz darzustellen, denn man gewinnt daraus unter allen Umständen eine beträchtliche Quantität Uramilsäure, wenn es zum zweitenmal aufgelöst, und nach einem neuen Zusatz von Schwefelsäure wieder abgedampft wird.

Ist die Quantität der Schwefelsäure zu groß gewesen, so erhält man keine Spur von Krystallen der Uramilsäure, sondern bei langem Stehen an der Luft setzen sich daraus harte durchsichtige Krystalle von der Form und dem Verhalten des dimorphen Alloxantins ab.

Wir bekamen bei dieser Gelegenheit eine hinreichende Menge dieses Körpers, um seine Form mit der des Alloxantins genauer vergleichen zu können. Das dimorphe Alloxantin krystallisirt in schiefen vierseitigen Säulen, wahrscheinlich dem zwei- und eingliedrigen System angehörend, sie sind gebildet durch die vier, bei G. Rose mit g bezeichneten Flächen und die gerade Endfläche c. Die Flächen g sind im Vergleich gegen die Basis c so klein, daß die Krystalle dadurch ein tafelförmiges Ansehen erhalten. Der stumpfe Winkel der vierseitigen vertikalen Säule beträgt ohngefähr 121°, das aus dem dialursauren Ammoniak erhaltene dimorphe Alloxantin besitzt dieselbe Form. Die Krystallform des Alloxantins ist ebenfalls eine schiefe [316] vierseitige Säule, demselben Krystallsystem angehörend. Der stumpfe Winkel der Basis c beträgt aber nur 105°.[*]

Wenn sich die Uramilsäure langsam aus einer mäßig concentrirten Flüssigkeit absetzt, erhält man sie in ziemlich starken, 4seitigen, durchsichtigen, farblosen Prismen von starkem Glasglanz; aus einer gesättigten heißen Auflösung krystallirt sie in feinen Nadeln von Seidenglanz. Beim Trocknen in der Wärme nehmen sie eine rosenrothe Farbe an, ohne merklich am Gewicht zu verlieren. Ihre wäßrige Lösung reagirt schwach sauer, sie verbindet sich mit Ammoniak und Alkalien zu krystallisirbaren Salzen. Kalksalze und Barytsalze werden von der freien Säure nicht gefällt, bei Zusatz von Ammoniak entstehen aber weisse dicke Niederschläge, welche in vielem Wasser wieder verschwinden. Silbersalze bringen in einer warmen Auflösung dieser Säure ebenfalls keine Veränderung hervor, nach vorhergegangener Neutralisation mit Ammoniak entsteht aber ein dicker, weisser, voluminöser Niederschlag.

Sie löst sich in concentrirter Schwefelsäure ohne Gasentwickelung und Schwärzung auf, mit verdünnter Schwefelsäure und Salzsäure sehr anhaltend gekocht, erleidet sie hingegen eine Veränderung, die Flüssigkeit erhält nemlich, nach einiger Zeit, die Eigenschaft, durch Barytwasser violett gefällt zu werden, während sie vorher damit einen weissen Niederschlag gab; aus dieser sauren Flüssigkeit setzen sich Krystalle des dimorphen Alloxantins ab. Das Verhalten der Uramilsäure gegen Salpetersäure ist besonders merkwürdig. Sie löst sich anfänglich darin ohne Gasentwickelung auf, beim Kochen mit concentrirter Säure entwickelt sich aber salpetrige Säure, beim Abdampfen wird die Flüssigkeit gelb und es setzen sich in der sehr sauren Flüssigkeit weisse krystallinische [317] Schuppen in Menge ab. Die letzteren sind in heißem Wasser löslich und krystallisiren daraus wieder beim Erkalten; in Kali sind sie mit gelber Farbe löslich, aus der Auflösung wird durch Essigsäure ein weisses Pulver niedergeschlagen. Aus Mangel an Materie konnten wir diese neue Metamorphose nicht weiter verfolgen, wie man leicht bemerkt, erinnert das Verhalten dieses neugebildeten Körpers an das des Xanthoxyds.

Wir haben durch Verbrennen der Uramilsäure mit Kupferoxyd Stickgas und Kohlensäure im Verhältniß wie 411 : 1271 erhalten. Dieß ist etwas mehr wie 1:8. Da wir nun überdieß noch beobachteten, daß dem erhaltenen Stickgas etwas Stickoxydgas beigemischt war, so muß jedenfalls die Materie auf 2 At. Stickstoff mehr wie 8 At. Kohlenstoff enthalten. Aus der Art ihrer Bildung ergiebt sich, daß die Säure auf 16 At. Kohlenstoff 10 At. Stickstoff enthalten muß. Dieß ist das Verhältniß dem Volumen nach wie 1 : 3,2.

Es wurden ferner erhalten von:
I.   0,5525 Grm.Uramilsäure, 0,177 Wasser u. 0,635 Kohlensäure.
II. 0,487   –   –   0,159   –   0,571   –

---

[*] Beide Bestimmungen sind von Hrn. Dr. Müller.

Diese Resultate geben in 100 Theilen:

	I.	II.
Kohlenstoff	31,77	32,40
Stickstoff	23,23	23,23
Wasserstoff	3,56	3,62
Sauerstoff	41,44	40,75
	100,00	100,00

entsprechend der theoretischen Zusammensetzung:

16 At. Kohlenstoff	1.222,960	32,76
10 – Stickstoff	885,200	23,23
20 – Wasserstoff	124,795	3,34
15 – Sauerstoff	1.500,000	40,19
1 At. Uramilsäure =	3.732,955	100,00

[318] Die Uramilsäure entsteht demnach aus dem Uramil, indem sich von 2 At. des letzten 1 Aeq. Ammoniak trennt, an dessen Stelle 3 At. Wasser treten.

2 At. Uramil	$C_{16} N_{12} H_{20} O_{12}$
minus 1 Aeq. Ammoniak	$N_2 H_6$
	$C_{16} N_{10} H_{14} O_{12}$
plus 3 At. Wasser	$H_6 O_3$
1 At. Uramilsäure =	$C_{16} N_{10} H_{20} O_{15}$

Wir haben versucht, das Atomgewicht der Uramilsäure durch die Analyse des Silbersalzes mit mehr Bestimmtheit festzusetzen; durch einen Zufall wurde aber das trockne Salz etwas über den Punkt hinaus erhitzt, bei dem es das hygroscopische Wasser verliert, es wurde schwarz und hatte bemerkbar am Gewicht verloren, die natürliche Folge davon war, daß der Silbergehalt zu hoch ausfiel.

Wir erhielten von 1,070 Silbersalz 0,684 metallisches Silber.

In einer zweiten Bestimmung von 1,150 Silbersalz 0,750 metallisches Silber.

Nach der ersten enthält dieses Salz 63,9, nach der andern 64,3 Silber.

Wenn man nun annimmt, daß in der Uramilsäure die drei Atome des hinzugetretenen Wassers, ferner 2 At. Wasser aus 2 At. Uramil, ersetzbar waren durch Silberoxyd, so müssen in dem uramilsauren Silberoxyd im Ganzen also 5 At. Wasser in der krystallisirten Säure ersetzt worden sein durch 5 Atome Silberoxyd. Hiernach müßen 100 Theile Salz 63,4 Silber geben, was sich wenig entfernt von dem, was wir in der That erhielten.

Wir haben mehrmals bei der ersten Krystallisation der Uramilsäure, gleich im Anfange beim Erkalten der heissen, concentrirten Lösung, weiße, körnige, sehr schwer lösliche [319] Krystalle eines andern Körpers erhalten, verschieden von der Uramilsäure in der Löslichkeit und dem Alloxantin durch seine Eigenschaft durch Barytwasser nicht violett, sondern weiß gefällt zu werden. Später setzten sich alsdann erst die Krystalle der Uramilsäure ab. Zu der

Analyse der letzteren sind, was sich von selbst versteht, nur Kristalle von den Darstellungen genommen worden, bei denen sich dieser neue Körper nicht zeigte.

Die Bildung des dimorphen Alloxantins steht im Zusammenhang mit der einer weitergehenden Zersetzung des Uramils. Zieht man von 1 At. Uramil 1 Aeq. Ammoniak ab und addirt 4 Atome Wasser hinzu, so hat man die Zusammensetzung der Dialursäure.

Uramil	$C_8\ N_6\ H_{10}\ O_6$
minus 1 Aeq. Ammoniak	$\underline{N_2\ H_6}$
	$C_8\ N_4\ H_4\ O_6$
plus 4 At. Wasser	$\underline{H_8\ O_4}$
1 At. Dialursäure =	$C_8\ N_4\ H_{12}O_{10}$

Wir haben nun bei Beschreibung des Verhaltens des dialursauren Ammoniaks angeführt, daß nach dem Hinwegnehmen des Ammoniaks die Flüssigkeit unter andern Krystalle von dimorphem Alloxantin liefert. Sicher hängt die Bildung des letztern, als Zersetzungsprodukt des Uramils und der Uramilsäure, von der Entstehung und Zersetzung der Dialursäure ab; auf welche Weise sie aber vor sich geht, muß noch ausgemittelt werden.

Aus dem Verhalten der Uramilsäure gegen Baryt- und Kalksalze geht hervor, daß sie ebenfalls ein Zersetzungsprodukt des Uramils durch Kali seyn muß.

Murexid

Wir haben jetzt eine Materie zu betrachten, welche ohnstreitig zu den merkwürdigsten Produkten gehört, die aus der [320] Harnsäure hervorgehen; es sind dieß nemlich die goldgrün glänzenden Krystalle, welche Prout zuerst aus der Harnsäurelösung in Salpetersäure beim Vermischen mit Ammoniak erhalten und als *purpursaures Ammoniak* beschrieben hat. Die Darstellung derselben direct aus Harnsäure ist so unsicher, und beruht auf so schwierig einzuhaltenden Bedingungen, daß sie nur Wenigen gelungen ist, und wenn auch jetzt der Weg sie zu erhalten, keine Schwierigkeiten mehr darbietet, so bleibt stets noch die Bildung dieses Körpers für einen Theil der zahllosen und mannigfaltigen Fälle, unter denen er hervorgebracht werden kann, ein Problem, was umfassendere Untersuchungen erst lösen werden. Wir müssen uns darauf beschränken, seine Erzeugung in mehreren gegebenen Fällen mit seiner Zusammensetzung in eine bestimmte Beziehung zu bringen.

Prout fand, daß dieser Körper, den wir *Murexid* nennen wollen, durch Alkalien unter Ammoniakentwickelung aufgelöst wird, und daß Säuren, aus dieser alkalischen Lösung, eine gelbliche oder weiße Materie in feinen, glänzenden Schuppen niederschlagen, die er für die Substanz hielt, welche mit Ammoniak verbunden, das Murexid constituirte, er nannte sie *Purpursäure*.

Aus den später von Vauquelin und Lasssaigne angestellten Versuchen kann man nur den Schluß ziehen, daß beide in dem sog. purpursauren Ammoniak noch eine andere Materie voraussetzten, zu deren Characterisirung Versuche mit positiven Resultaten fehlen.

Das zu unsern Versuchen angewandte Murexid war grossentheils aus der Auflösung der Harnsäure in Salpetersäure bereitet worden, wir sind aber dennoch nicht im Stande, eine bestimmte nie fehlschlagende Vorschrift zu seiner Darstellung auf diesem Wege zugeben.

[321] Nach dem gleich zu beschreibenden Verfahren, dasselbe unmittelbar aus der Auflö-

sung der Harnsäure darzustellen, erhielten wir zuweilen eine beträchtliche, zuweilen eine nur sehr geringe Menge, und manchmal blieb die Bildung ganz aus, welche Unsicherheit in der Verschiedenheit der Produkte begründet ist, die durch die Einwirkung der verdünnten Salpetersäure auf die Harnsäure, je nach Temperatur, Concentration etc. entstehen.

Man übergießt in einer Porzellanschale 1 Th. Harnsäure mit 32 Theilen Wasser, bringt die Mischung zum Sieden, gießt nach und nach in kleinen Quantitäten Salpetersäure von 1,425 hinzu, die mit ihrem doppelten Gewicht Wasser vorher verdünnt worden, und wartet jedesmal das Vorübergehen des heftigen Aufbrausens ab, was nach jedem Zusatz der Salpetersäure bemerkbar wird.

Man hört mit dem Zusatz der Salpetersäure auf, wenn nur noch ein kleiner Rest von Harnsäure zurückgeblieben ist, und erhitzt die Flüssigkeit mit diesem Reste zum Sieden; sie wird nun filtrirt und bei gelinder Wärme abgedampft, wobei man stets ein gelindes fortwährendes Aufbrausen in der Flüssigkeit wahrnimmt. Bei einem gewissen Zeitpunkte der Concentration färbt sich die Flüssigkeit; man hört mit dem Abdampfen auf, sobald sie eine Zwiebelfarbe angenommen hat; man läßt sie auf 70° abkühlen, und mischt sie nun mit Aetzammoniak, welches man vorher mit Wasser verdünnt hat.

Von dem Zusatz des Ammoniaks und der Temperatur hängt der Erfolg der Operation ab. Die Flüssigkeit muß einen sehr schwachen Ueberschuß von Ammoniak enthalten und darf nicht kalt und nicht über 70° heiß seyn, indem die Verbindung in dem einen Fall von dem freien Ammoniak wieder zerstört wird, während sie sich im andern nicht bildet. Es ist, der völlig undurchsichtigen Purpurfarbe der Flüssigkeit wegen, keine Reaction mit Pflanzenfarben möglich, der Geruch [322] entscheidet bei einiger Uebung am besten hinsichtlich des Ammoniaks.

Während und nach dem Erkalten scheiden sich nun die prächtigen, metallischgrün glänzenden Krystalle des Murexids ab, sie sind meistens gemengt mit einem rothen flockigen Pulver, von dem sie übrigens im krystallinischen Zustande durch Behandlung mit verdünntem Aetzammoniak, was die beigemengte rothe Substanz auflöst, leicht befreit werden können.

Wir haben zuweilen, wenn sich die Temperatur während des Ammoniakzusatzes zu sehr erniedrigte, nachdem eine hinreichende Menge Ammoniak zugesetzt worden war, es für sehr vortheilhaft gefunden, die Flüssigkeit mit ihrem gleichen Volumen kochendem Wasser zu verdünnen, in welcher Mischung sich alsdann die Krystalle langsamer, aber von ausgezeichneter Schönheit, bildeten.

Die Kristalle des Murexids sind stets klein, höchstens von 3 – 4 Linien Länge, es sind kurze, 4seitige Prismen, wovon zwei Flächen, wie die Flügeldecken der Goldkäfer, metallisch grünes Licht reflectiren, während die beiden andern Flächen eine Einmischung von Braun zeigen. Gegen das Sonnenlicht gehalten oder unter dem Mikroscop betrachtet, sind die Krystalle mit granatrother Farbe durchsichtig. Gegen das Licht verhält es sich also geradeso wie das schöne Kalium-Sulfomolybdat. In Masse betrachtet zeigt das Murexid stets eine Einmischung von braunroth. Zerrieben bildet es ein rothes Pulver, welches unter dem Polirstahl glänzend, metallisch grün wird.

In kaltem Wasser löst sich das Murexid schwierig, obwohl mit tief purpurrother Farbe, in heißem ist es leichter löslich, es löst sich nicht in Aether und Alkohol und ist ebenfalls kaum bemerkbar löslich in einer gesättigten Auflösung von kohlensaurem Ammoniak, was als Waschflüssigkeit, um es von löslichen Materien zu trennen, deßhalb mit Vortheil zu gebrau-

[323]-chen ist. In Aetzkalilauge löst es sich mit einer prachtvollen blauen Farbe.

Das Murexid entsteht aus der Harnsäurelösung durch die Einwirkung des Ammoniaks auf das darin enthaltene Alloxan und Alloxantin, beide müssen zusammen und das erstere im Ueberschuß vorhanden seyn. Daß seine Bildung unter diesen Umständen auf der Gegenwart beider beruht, beweisen directe Versuche, sie zeigen freilich auch, daß die Zersetzung, aus der es entspringt, sehr verwickelt ist.

Versetzt man eine kochende Auflösung von Alloxantin mit Aetzammoniak und kocht so lange, bis die entstandene Röthung wieder verschwunden ist, läßt die Flüssigkeit bis auf 70° abkühlen und vermischt sie nun mit einer Alloxanlösung, so nimmt mit jedem Tropfen, der hinzukommt, die Flüssigkeit eine immer dunkler werdende Purpurfarbe an, bis daß sie zuletzt undurchsichtig wird. Bald darauf sieht man auf der Oberfläche und am Boden glänzend grüne Krystalle des Murexids entstehen, dessen Menge aber niemals im Verhältniß zu den angewandten Materien steht. Zuweilen sind die Krystalle mit röthlichen Flocken von Uramil gemengt, die man leicht durch kalte Behandlung mit Aetzammoniak hinwegnehmen kann.

Aus dem Verhalten des Alloxantins gegen Ammoniak und Ammoniaksalze haben wir gesehen, daß durch die gegenseitige Einwirkung beider vorzugsweise Uramil gebildet wird, und die Vermuthung, daß die Bildung des Murexids von der Einwirkung des Alloxans auf Uramil bei Gegenwart von Ammoniak abhängig sey, lag sehr nahe.

Erhitzt man in der That eine Auflösung von Alloxantin mit Salmiak, oder noch besser mit neutralem kleesaurem Ammoniak, bis die Zersetzung und Bildung von Uramil erfolgt ist, setzt nun der warmen Flüssigkeit so viel Ammoniak zu, daß der entstandene Niederschlag sich wieder löst, und ver-[324]-mischt sie nun mit Alloxanlösung, so wird die Färbung eben so intensiv purpurroth und die Abscheidung des Murexids findet in beträchtlicher Menge statt.

Von besonderer Schönheit, obwohl in sehr geringer Menge, erhält man das Murexid, wenn nach der Zersetzung des Alloxantins mit Salmiak, das gebildete Uramil abfiltrirt und die rückständige Flüssigkeit kalt mit kohlensaurem Ammoniak gesättigt wird. Löst man das ausgewaschene Uramil in Ammoniak und vermischt die Auflösung mit Alloxan, so bleibt ebenfalls die Bildung des Murexids nie aus.

Die Mitwirkung des Alloxantins bei der Bildung des Murexids scheint sich demnach auf die Hervorbringung von Uramil zu beschränken, welchen Antheil aber das Alloxan daran nimmt, bleibt noch räthselhaft.

Wir beobachteten nun, daß auch das Uramil für sich in Ammoniak gelöst, wenn die Flüssigkeit in der Wärme abgedampft und eine Zeitlang gekocht wird, eine tiefpurpurrothe Farbe annimmt und beim Erkalten eine reichliche Menge Murexid gibt. Dieß findet nicht statt, wenn die Luft ausgeschlossen ist.

Das Murexid kann mithin ohne Alloxantin hervorgebracht und das Alloxan in seiner Wirkung vertreten werden durch den Sauerstoff der Luft. Hieraus schien hervorzugehen, daß das Alloxan nur durch einen Theil seines Sauerstoffgehaltes thätigen Antheil an der Bildung des Murexids nimmt und es lag wiederum sehr nahe, zu versuchen, ob nicht durch andere, Sauerstoff leicht abgebende, Substanzen des Alloxan ersetzt werden könne.

Wir fanden in der That, daß das Murexid mit der größten Leichtigkeit hervorgebracht werden kann, und zwar aus Uramil, ohne Mitwirkung von Ammoniak, wenn es mit Wasser zum Sieden erhitzt und dieser Auflösung nach und nach in kleinen Quantitäten Quecksilber- oder Silberoxyd zugesetzt wird.

[325] Die Flüssigkeit nimmt, indem die Oxyde zu Metall reducirt werden, sogleich eine satte Purpurfarbe an und aus der abfiltrirten heißen Auflösung scheiden sich Krystalle von Murexid in der größten Reinheit ab; hierbei bemerkt man keine Gasentwickelung.

Wenn man selbst nur den kleinsten Ueberschuß von Oxyd zugesetzt hat, so verschwindet die rothe Farbe in einigen Augenblicken wieder, die Flüssigkeit wird farblos und enthält nun ein Ammoniaksalz, was sich gegen Silbersalze und Aetzbaryt genau verhält, wie alloxansaures Ammoniak.

Beim Trocknen in der Wärme verlieren die Krystalle Wasser, der Gewichtsverlust beträgt 3 - 4 p.c. Wir haben zur Analyse des Murexids diesen Körper von den verschiedensten Darstellungsmethoden und in dem Zustande der größten Reinheit angewandt, den wir nur erreichen konnten.

Bei der Analyse desselben ist es ausnehmend schwierig, die Bildung von Stickoxydgas völlig zu verhüten. Kupferdrehspäne in der Gestalt von dünnen feinen Fäden, die man in Form von Pfropfen in den vorderen Theil der Röhre hineinschiebt, leisten hier vortreffliche Dienste; wir verdanken Herrn Akademiker H e s s in Petersburg diese, für Stickstoffbestimmungen sehr wichtige, Verbesserung.

Wir erhielten Stickgas und Kohlensäure im Volumenverhältniß von

   375 Stickgas auf   902 Kohlensäure, ferner von
   381   –   –   874   –
   817   –   –   1.954   –
   511   –   –   1.264   –
   2.084 Stickgas auf   4.994 Kohlensäure.

Das Mittel dieser Verbrennungen gibt das Verhältniß des Stickgases zur Kohlensäure wie 1 : 2,39.

Dem Atomverhältniß nach enthält mithin das Murexid auf 12 At. Kohlenstoff 10 At. Stickstoff. Dr. K o d w e i s erhielt [326] (Pogg. Annal. Bd. 19, S. 15) bei der Verbrennung mit Kupferoxyd das Volumverhältniß des Stickgases zur Kohlensäure wie 1 : 2,6 in den letzten Röhren wie 1 : 2,5.

I.	0,492	lieferten	0,138	Wasser und	0,612	Kohlensäure.
II.	0,5715	–	0,157	– –	0,701	–
III.	0,438	–	0,121	– –	0,546	–
IV.	0,7215	–	0,195	– –	0,890	–
V.	0,620	–	0,1575	– –	0,755	–

Diese Analysen geben in 100 Theilen:

	I.	II.	III.	IV.	V.
Kohlenstoff	34,425	33,900	34,453	34,093	33,507
Stickstoff	33,120	32,813	33,140	32,813	32,624
Wasserstoff	3,115	3,044	3,066	3,000	2,808
Sauerstoff	29,340	30,343	29,341	30,094	31,161
	100,000	100,000	100,000	100,000	100,000

Hieraus ergibt sich folgende theoretische Zusammensetzung:

12 At.	Kohlenstoff	917,220	34,26
10 −	Stickstoff	885,200	33,06
12 −	Wasserstoff	74,877	2,79
8 −	Sauerstoff	800,000	29,89
1 −	Murexid	2677,297	100,00

Wir sind in Betreff der theoretischen Zusammensetzung lange in Zweifel gewesen, welche Formel wir als die vorzugsweise annehmbare zu wählen hätten, denn es bieten sich in der That mehrere dar, welche das durchaus anomale Verhalten dieses Körpers bei seiner Zersetzung mit Säuren und Alkalien erklären. Wir haben diejenige vorgezogen, welche aus unsern Analysen unmittelbar entwickelt werden kann, und hoffen, unsere Ueberzeugung von ihrer Richtigkeit durch positive Thatsachen begründen zu können.

Wir bemerken zuvörderst, daß das Murexid kein Ammoniaksalz im gewöhnlichen Sinne ist, sondern daß es in die [327] Klasse der Amide gehört, aber eine Art repräsentirt, von der bis jetzt kein Analogon existirt. Die Frage über seine wahre Formel wäre mit der größten Leichtigkeit zu lösen, wenn es durch seine Zerlegung nur zwei Produkte, wie es bei den Amiden gewöhnlich ist, liefern würde, allein es gehen aus seiner Zersetzung nicht weniger wie fünf Producte hervor, welche selbst wieder durch die zur Zersetzung dienenden Körper eine Veränderung erleiden und Veranlassung zur Entstehung, von secundären Produkten geben.

Wir wollen diese Zersetzungen beschreiben, ehe wir die theoretische Zusammensetzung einer Discussion unterwerfen.

Wenn man Murexid in kochendem Wasser löst, und diese Auflösung mit Salz- oder Schwefelsäure vermischt, so scheiden sich sogleich oder nach einigen Augenblicken weiße, gelblichweiße oder röthliche, perlmutterglänzende Blättchen ab, welche P r o u t *Purpursäure* genannt hat; wir bezeichnen diesen Körper mit *Murexan*, da der Name Purpursäure eine falsche Vorstellung von seiner Natur gibt.

Murexan.

Man erhält das Murexan ebenfalls, wenn man Murexid in Aetzkalilauge löst, so lange kocht, bis die tief indigblaue Farbe verschwunden ist, und diese Flüssigkeit in verdünnte Schwefelsäure gießt.

Durch Wiederauflösung dieses Körpers in Kalilauge und Fällung mit einer Säure erhält man ihn rein; in diesem Zustande stellt er ein sehr leichtes, lockres, seidenglänzendes Pulver dar, was sich an ammoniakhaltiger Luft röthet; es ist im Wasser und verdünnten Säuren unlöslich, löslich in concentrirter Schwefelsäure ohne bemerkbare Veränderung und daraus fällbar durch Wasser, leichtlöslich in Alkalien und Ammoniak, ohne sie zu neutralisiren. Frisch gefällt hat das Murexan eine große Aehnlichkeit mit Uramil, allein es [328] unterscheidet sich davon völlig, sowohl durch sein Verhalten, als durch seine Zusammensetzung.

Durch Verbrennung mit Kupferoxyd erhielten wir Stickgas und Kohlensäure in folgenden Verhältnissen:

I. 328 Vol. Stickgas auf 1017 Vol. Kohlensäure.
II. 123 − − − 371 − −
III 293 − − − 933 − −

Die erste Analyse gibt das Verhältniß wie 1 : 3,1, die zweite genau wie 1 : 3, die dritte wie 1 : 3,1.

Dr. K o d w e i s erhielt (Pogg. a. a. O. S. 18) in den ersten Röhren das Verhältniß wie 1 : 8, in den letzten wie 1 : 2,8, Wir schließen aus diesen übereinstimmenden Resultaten, daß das Murexan Stickstoff und Kohlensäure im Atomverhältniß von 6 At. Kohlenstoff auf 4 At. Stickstoff enthält.

I.   0,496 Murexan lieferten 0,603 Kohlensäure u.   0,166 Wasser.
II. 0,243   –   –   0,298   –   0,083   –
III. 0,550   –   –   0,648   –   0,184   –
IV. 0,430   –   –   0,516   –   0,145   –

Das Murexan der vierten Analyse war aus Kali gefällt, trocken in concentrirter Schwefelsäure gelöst und daraus durch Wasser niedergeschlagen.

Diese Analysen geben in 100 Theilen:

	I.	II.	III.	IV.
Kohlenstoff	33,614	33,900	32,571	33,181
Stickstoff	25,723	25,723	25,723	25,723
Wasserstoff	3,711	3,795	3,716	3,670
Sauerstoff	37,052	36,582	37,990	37,426
	100,000	100,000	100,000	100,000

Die theoretische Zusammensetzung hieraus berechnet ist folgende:

6 At. Kohlenstoff	458,61	33,64
4 – Stickstoff	354,08	25,97
8 – Wasserstoff	49,91	3,66
5 – Sauerstoff	500,00	36,73
1 At. Murexan	1.362,60	100,00

[329] Das Murexan ist, wie erwähnt, nicht das einzige Produkt der Zersetzung des Murexids; mit den Säuren, mit denen man es zusammengebracht hat, findet sich als zweites Produkt Ammoniak verbunden, was ebenfalls direct durch Alkalien daraus entwickelt wird. Wenn nach der Zersetzung des Murexids durch verdünnte Schwefelsäure das abgeschiedene Murexan abfiltrirt wird, so hat man eine farblose Flüssigkeit, welche folgendes Verhalten zeigt:

Mit salpetersaurem Silberoxyd zusammengebracht, wird es schwärzlich gefärbt, und nach einiger Ruhe scheidet sich metallisches Silber ab, dieß ist genau das Verhalten einer Flüssigkeit, die eine geringe Menge Alloxantin enthält.

Nach der Abscheidung des Silbers bringt Ammoniak in der noch silberoxydhaltigen Flüssigkeit einen dicken, weißen Niederschlag hervor, der beim Kochen gelb wird, ohne sich aufzulösen, sie verhält sich in dieser Beziehung wie eine mit Ammoniak versetzte Alloxanlösung.

Zerlegt man Murexid mit Salzsäure und vermischt die saure Flüssigkeit, nach Abscheidung des Murexans, mit Barytwasser, so wird ein dicker Brei gefällt von hell violetter Farbe; auch hier zeigt diese Farbe die Gegenwart des Alloxantins an, sie ist nicht so dunkel wie von reinem Alloxantin, allein der Niederschlag ist, wie bemerkt, nicht farblos, so wie er sich bei reinem Alloxan zeigt. Leitet man durch eine concentrirte Auflösung von Murexid Schwefelwasserstoffgas, so wird sie augenblicklich entfärbt, es schlagen sich die seidenglänzenden Blättchen des Murexans nieder und die Flüssigkeit wird jetzt durch Barytwasser unter Ammoniakentwickelung tief violett gefällt; es ist klar, daß hier das freigewordene Alloxan durch den Schwefelwasserstoff in Alloxantin zurückgeführt wurde.

Kocht man Murexid mit Kalilauge bis die tief indigblaue Farbe verschwunden ist, schlägt durch Salzsäure das Murexan nieder, und neutralisirt nun die Flüssigkeit genau mit Ammo-[330]-niak, so werden Baryt- und Kalksalze damit vermischt nicht niedergeschlagen; setzt man aber zu dieser Mischung Ammoniak, so entstehen dicke, weiße Niederschläge, welche in vielem zugegossenem Wasser wieder verschwinden. Dieses Verhalten characterisirt den alloxansauren Baryt und Kalk.

Zerlegt man Murexid durch verdünnte Schwefelsäure und vermischt die Flüssigkeit kalt mit Barytwasser, so lange noch ein Niederschlag entsteht, so wird die Schwefelsäure sowohl als alles Alloxan und Alloxantin bis auf geringe Spuren gefällt. Filtrirt man die Flüssigkeit von dem Niederschlag ab, versetzt sie, um den freien Baryt zu entfernen, mit kohlensaurem Ammoniak, und dampft nun, nach der Abscheidung des kohlensauren Baryts, die Flüssigkeit bis zu einem geringen Volumen ein, so erhält man daraus mit Salpetersäure Krystalle von salpetereaurem Harnstoff.

Dampft man die Flüssigkeit, die man durch Zersetzung des Murexids mit Schwefelsäure erhalten hat, bei sehr gelinder Wärme ab, nachdem man sie vorher mit kohlensaurem Ammoniak genau neutralisirt hat, so verliert sich nach einiger Zeit die rothe Farbe welche sie angenommen hatte, und man erhält eine krystallinische Masse, welche sich als alloxansaures Ammoniak, gemengt mit schwefelsaurem, zu erkennen gibt. Mit Silberauflösung und Ammoniak vermischt, erhält man einen weißen Niederschlag, der bei gelindem Erwärmen unter Aufbrausen schwarz und zu metallischem Silber reducirt wird; die verdünnte Auflösung, mit Chlorcalcium vermischt, gibt erst nach Zusatz von Ammoniak einen weißen, schleimigen, in mehr Wasser löslichen, Niederschlag. Als das Resultat dieser Reactionen stellt sich heraus, daß das Murexid, bei seiner Zersetzung mit Säuren und Alkalien, 5 Produkte liefert: *Ammoniak, Murexan, Alloxan, Alloxantin* und *Harnstoff.*

Man kann sich, diesen Zersetzungsprodukten nach, kaum der Vermuthung enthalten, daß das Murexid kein einfacher [331] Körper, sondern eine Verbindung mehrerer Amide ist, allein wenn man die Zusammensetzung des thionursauren Ammoniaks und seine Zersetzungsweise durch Säuren beachtet, so sieht man, daß die Produkte, welche hierbei entstehen, noch zahlreicher sind, als die des Murexids. Lösen wir in der That thionursaures Ammoniak in Wasser und setzen eine Quantität Säure zu, die nicht hinreicht, um alles Ammoniak zu neutralisiren, dampfen wir die Flüssigkeit nahe beim Siedpunkte ab, so haben wir folgende Erscheinungen: ein Theil des Ammoniaksalzes wird gleich im Anfang zersetzt, es schlägt sich Uramil, correspondirend dem Murexan, nieder, die Flüssigkeit enthält Schwefelsäure und Ammoniak, bei gelindem Abdampfen geht die Zersetzung des übrigen Salzes, vor sich, es schlägt sich eine neue Quantität Uramil, es schlägt sich ferner saures thionursaures Ammoniak nieder, allein durch die Wirkung der freien Säure auf dasjenige Uramil, welches gelöst bleibt, entsteht Uramilsäure, durch die Zersetzung der Uramilsäure, Dialursäure, und durch die weitere Zersetzung dieses letzteren Körpers noch zwei andre Produkte, von denen wir das eine als dimorphes Alloxantin bezeichnet haben. Wir haben also hier nicht weniger als *sieben* Produkte aus einem Körper, von dem wir mit der größter Bestimmtheit wissen, daß er keine Schwefelsäure, sondern schweflige Säure, daß er demzufolge kein fertiggebildetes Uramil enthält. Mit gleichem Rechte kann man behaupten, daß keiner der Körper, die wir durch die Zersetzung des Murexids daraus erhielten, als solche darin vorhanden sind, daß also weder Harnstoff, noch Murexan noch Alloxan etc. darin angenommen werden können. Es ist ein Körper, ähnlich dem thionursauren Ammoniak, von dem man annehmen kann, daß er eine Säure enthält, die sich nicht isoliren läßt, wie die Thionursäure, sondern, die sich im freien Zustande augenblicklich zerlegt, in neue Produkte, die durch die Einwirkung des Kali's und der Säuren eine fortgehende [332] Veränderung erfahren. Wir werden sogleich einen Versuch anführen, welcher diese Meinung einigermaßen stützt, allein es ist unmöglich, eine rationelle Formel für die Säure in dieser Verbindung aufzustellen, wir müssen uns darauf beschränken, seine wahrscheinliche Bildung anschaulich zu machen. Wenn man die Zusammensetzung aller Produkte der Zerlegung des Murexids zusammenstellt und 2 Aeq. Ammoniak hinzutreten läßt, so hat man:

$$
\begin{array}{lll}
1 \text{ At.} & \text{Alloxan} & C_4 \ N_4 \ H_8 \ O_{10} \\
1 \text{ --} & \text{Alloxantin} & C_8 \ N_4 \ H_{10} \ O_{10} \\
1 \text{ --} & \text{Murexan} & C_6 \ N_4 \ H_8 \ O_5 \\
1 \text{ --} & \text{Harnstoff} & C_2 \ N_4 \ H_8 \ O_2 \\
\underline{4 \text{ --}} & \underline{\text{Ammoniak}} & \underline{ N_4 \ H_{12} } \ . \\
& & C_{24} \ N_{20} \ H_{46} \ O_{27}
\end{array}
$$

Dieß sind die Elemente von 2 Atomen Murexid und 11 At. Wasser:

$$
\begin{array}{ll}
2 \text{ At. Murexid} & C_{24} \ N_{20} \ H_{24} \ O_{16} \\
\underline{11 \text{ - Wasser}} & \underline{ H_{22} \ O_{11}} \\
& C_{24} \ N_{20} \ H_{46} \ O_{27}
\end{array}
$$

Hiernach kann das Murexid auf verschiedene Weise entstehen. Aus 1 At. Alloxan, 1 At. Alloxantin und 3 Aeq. Ammoniak kann entstehen 1 Atom Murexid, 1 Aeq. alloxansaures Ammoniak und 8 At. Wasser.

$$
\left.\begin{array}{l}
1 \text{ At.} \quad \text{Alloxan} \\
\qquad C_8 \ N_4 \ H_8 \ O_{10} \\
1 \text{ At.} \quad \text{Alloxantin} \\
\qquad C_8 \ N_4 \ H_{10} \ O_{10} \\
3 \text{ Aeq. Ammoniak} \\
\underline{\qquad\qquad N_6 \ H_{18} \qquad} \\
C_{16} \ N_{14} \ H_{36} \ O_{20}
\end{array}\right\} = \left\{\begin{array}{ll}
1 \text{ At.} & \text{Murexid} \\
& C_{12} \ N_{10} \ H_{12} \ O_8 \\
1 \text{ At.} & \text{Alloxansäure} \\
& C_4 \ N_2 \ H_2 \ O_4 \\
1 \text{ Aeq.} & \text{Amm.} \quad N_2 \ H_6 \\
\underline{8 \text{ At.}} & \underline{\text{Wasser.} \quad H_{16} \ O_8} \\
& C_{16} \ N_{14} \ H_{36} \ O_8
\end{array}\right.
$$

Wir wissen nun, daß das Murexid kein unmittelbares Produkt der Einwirkung des Ammoniaks auf Alloxan und Alloxantin [333] sein kann, sondern daß es in Folge einer secundären Zersetzung entsteht, man kann es direct aus Uramil und Silberoxyd hervorbringen und diese Thatsache muß als die Grundlage der Entwickelung seiner Bildungsweise in allen andern Fällen betrachtet werden.

Wenn zu 2 Atomen Uramil der Sauerstoff von 3 At. Silberoxyd tritt, so entsteht 1 At. Murexid und 1 At. Alloxansäure, oder, was sich hier nicht entscheiden läßt, ½ At. Alloxan.

$$\left.\begin{array}{l} 2\text{ At. Uramil} \\ C_{16}\,N_{12}\,H_{20}\,O_{12} \\ \underline{3\text{ At. Sauerstoff } O_3} \\ C_{16}\,N_{12}\,H_{20}\,O_{15} \end{array}\right\} = \left\{\begin{array}{lll} 1\text{ At. Murexid} & C_{12}\,N_{10}\,H_{12}\,O_8 \\ 1\ -\ \text{Alloxans.} & C_4\,N_2\,H_2\,O_4 \\ \underline{3\ -\ \text{Wasser}} & \underline{H_6\ O_3} \\ & C_{16}\,N_{12}\,H_{20}\,O_{15} \end{array}\right.$$

Die Flüssigkeit, welche man erhält, nachdem sich in diesem Versuche die Krystalle von Murexid abgesetzt haben, enthält in der That eine Materie, welche die Reactionen des Alloxans und der Alloxansäure zeigt. Es ist unmöglich zu entscheiden, ob nur einer von diesen Körpern oder beide zusammen darin vorhanden sind, denn die Flüssigkeit ist tiefroth, weil sie noch Murexid aufgelöst enthält und Zusatz einer Säure, um es zu zerlegen, bewirkt unter allen Umständen ein Freiwerden von Alloxan, denn dieß ist, wie wir erwähnt haben, ein Produkt der Zersetzung des Murexids. Ob das Alloxan eine Folge der Entstehung des Murexids ist, kann ebenfalls nicht mit Bestimmtheit entschieden werden, weil das Silberoxyd auf das Uramil eine ähnliche Wirkung haben muß, wie die Salpetersäure, die es, wie man weiß, in Alloxan verwandelt. So viel ist gewiß, daß diese Mutterlauge durch Barytsalze nicht gefällt wird, daß eine Fällung in Gestalt eines durschscheinenden [!], gallertartigen Niederschlags beim Zusatz von Ammoniak hervorgebracht wird, daß die Flüssigkeit in Silbersalzen nach Zusatz von Ammoniak einen weißen Niederschlag hervorbringt, der sich wie die Verbindung verhält, die man unter denselben Umständen aus einer Alloxanlösung erhält; sie wird ferner durch Schwefelwasser-[334]-stoff unter Fällung von Schwefel farblos und enthält alsdann Alloxantin.

Geht man also nach den vorliegenden Thatsachen von dem Gesichtspunkt aus, daß der Wasserstoff des Uramils es ist, der von dem Sauerstoff des Silberoxyds hinweggenommen wird, so muß die Wirkung des Alloxans die nemliche seyn. Wir haben gesehen, daß Alloxan und Ammoniak sich gegenseitig zerlegen in Wasser und in eine gelbe, im Wasser kaum lösliche, Säure, daß diese Zersetzung jedenfalls auf einer Reduction des Wasserstoffs des Ammoniaks, auf Kosten des Sauerstoffs des Alloxans, beruht.

Durch die Einwirkung des Ammoniaks und der Ammoniaksalze auf Alloxantin wird Uramil, als das Produkt, was allein hier ins Auge gefaßt werden muß, hervorgebracht, bei Gegenwart von Ammoniak löst sich dieses Uramil auf, die Flüssigkeit ist farblos, seine Verwandlung in Murexid erfolgt durch den Sauerstoff des Alloxans, was man hinzubringt, für sich würde das Alloxan mit Ammoniak mykomelinsaures Ammoniak hervorbringen, in der Auflösung des Uramils gibt es seinen Sauerstoff an dieses ab, und geht ohne Zweifel in Oxalursäure über.

Wenn diese Schlüsse sich der Wahrheit nähern, so erscheint das Freiwerden des Alloxans oder der Alloxansäure, bei der Einwirkung des Silberoxyds auf Uramil, hindernd auf die Entstehung des Murexids; bei einer gewissen Concentration muß das gebildete Murexid durch die freie Säure wieder zerstört werden, dieß ist in der That der Fall. Es folgt ferner aus dieser Ansicht, daß die Menge des Murexids in einem sehr bemerkbaren Verhältniß wachsen muß, wenn man der Flüssigkeit, nemlich der Mischung von Wasser, Silberoxyd und Uramil, von Zeit zu Zeit etwas Ammoniak zusetzt. Auch dieser Schluß hat sich vollkommen bestätigt, und dieß führte uns nun zu einer Bereitungsmethode dieses merkwürdigen Produkts, welches an

Schönheit alles übertrifft, was die Chemie darbietet, [335] zu einem Verfahren, was unter allen Umständer gelingt und die reichlichste Ausbeute liefert.

Man vertheilt gleiche Theile Uramil und gewöhnliches rothes Qnecksilberoxyd in 24 bis 30 Th. Wasser, setzt dieser Mischung etwas Aetzammoniak zu und erhitzt sie nun langsam zum Sieden, hat man z. B. von jedem 2 Grammen genommen, so sind einige Tropfen Ammoniak hinreichend. Die Flüssigkeit nimmt nach und nach eine intense Purpurfarbe an, beim Siedpunkte ist sie undurchsichtig und erhält eine dickliche Beschaffenheit, man filtrirt, nachdem sie einige Minuten im Sieden erhalten worden war. Gewöhnlich schwimmen in der Flüssigkeit noch unzerlegte Flocken von Uramil, welche auf dem Filter bleiben, man spült sie mit Wasser in das Gefäß zurück, und erhitzt sie aufs neue mit etwas Quecksilberoxyd, unter Zusatz von Ammoniak, wo man eine etwas weniger stark gefärbte Flüssigkeit erhält, die aber, wie die erste, nach dem vollständigen Erkalten, eine Menge Krystalle von Murexid absetzt. Ein Zusatz von kohlensaurem Ammoniak zu der nahe kalt gewordenen Flüssigkeit befördert meistens die reichlichere Bildung der Krystalle.

Zu den Beweisen, welche uns bestimmten, die gegebene Formel des Murexids für den wahren Ausdruck seiner Zusammensetzung zu halten, können wir noch einige andere fügen, auf die wir weniger Werth legen, weil sie eine mehr hypothetische Grundlage haben; es ist dieß nämlich das Verhalten des Murexans zum Sauerstoff der Luft bei Gegenwart von Ammoniak und das einer Auflösung von Uramil in Kalilauge, ebenfalls zum Sauerstoff der Luft. Murexan löst sich, namentlich in frisch gefälltem noch feuchtem Zustande, mit grosser Leichtigkeit in wässrigem Ammoniak, die Auflösung ist vollkommen farblos; wird aber sogleich roth, wenn sie der Luft ausgesetzt wird, die Röthung nimmt von oben nach unten zu, zuletzt wird die Flüssigkeit tief purpurroth und beim [336] Verdampfen an der Luft bei gewöhnlicher Temperatur setzt sie eine Menge wohlausgebildeter Krystalle von Murexid ab, ohne daß man sonst ein anderes Produkt bemerkt.

Wenn man die Formel des Murexans doppelt nimmt und 1 Aeq. Ammoniak und 3 At. Sauerstoff hinzuaddirt, so hat man folgende Verhältnisse:

$$\begin{array}{l} C_{12}\ N_8\ H_{16}\ O_{10} \\ \underline{\ \ \ N_2\ H_6\ O_3\ \ \ } \\ C_{12}\ N_{10}\ H_{22}\ O_{13} \end{array}$$

Man hat darin die Elemente eines Atoms Murexid und 5 At. Wasser.

$$\begin{array}{ll} C_{12}\ N_{10}\ H_{12}\ O_8 & \text{1 At. Murexid} \\ \underline{\ \ \ \ \ \ H_{10}\ O_5\ \ \ \ \ \ } & \text{5 - Wasser} \\ C_{12}\ N_{10}\ H_{22}\ O_{13} & \end{array}$$

Wir haben uns durch directe Versuche überzeugt, daß die Auflösung des Murexans in Ammoniak mit großer Begierde Sauerstoff absorbirt, 20 Kubikcentimeter einer solchen Auflösung verschluckten in zwei Stunden über 179 Kubikcentimeter Sauerstoff; es ist nun merkwürdig, daß in reinem Sauerstoffgas die Färbung nach kurzer Zeit wieder verschwindet, daß man demnach kein Murexid aus dieser Auflösung erhält, an seiner Stelle findet sich ein Ammoniaksalz, was alle Eigenschaften des oxalursauren Ammoniaks besitzt, dessen Bildung sich mit der größten Leichtigkeit erklärt, da die Oxalursäure sich von dem Murexan nur dadurch unterscheidet, daß sie 3 At. Sauerstoff mehr, alle übrigen Elemente aber in gleicher

Menge enthält.

Der Entstehung des Murexans bei der Zersetzung des Murexids läßt sich vielleicht in sofern eine Erklärung unterlegen, als die Elemente von 1 At. Alloxantin und 2 Aeq. Ammoniak zur Bildung von 1 At. Murexan, 1 At. Harnstoff und 3 At. Wasser Veranlassung geben können. [337]

$$
\left.\begin{array}{l}
\text{1 At. Alloxantin } C_8 N_4 H_{10} O_{10} \\
\text{4 - Ammoniak } \underline{N_4 H_{12}} \\
\hphantom{\text{4 - Ammoniak }} C_8 N_8 H_{22} O_{10}
\end{array}\right\} = \left\{\begin{array}{l}
\text{1 At. Murexan } \quad C_6 N_4 H_8 O_5 \\
\text{1 - Harnstoff } \quad C_2 N_4 H_8 \\
\text{3 - Wasser } \quad \underline{\hphantom{xx} H_6 \; O_3} \\
\hphantom{\text{3 - Wasser }} \quad C_8 N_8 H_{22} O_{10}
\end{array}\right.
$$

Das Uramil enthält ferner die Elemente von Murexan, Cyan und Wasser. Wir führen diese Verbindungen nur deßhalb hier an, weil wir gefunden haben, daß das nach dem Kochen des Uramils mit Silberoxyd zurückbleibende schwarze Silber-Pulver, selbst nach dem längsten Auswaschen, nach dem Trocknen und Erhitzen verpufft, genau wie cyansaures Silberoxyd und dabei den starken durchdringenden Geruch der Cyansäure entwickelt. Wir haben aber gesehen, daß bei Zerlegungen dieser so wandelbaren Stoffe, zwei und mehr Erklärungen eines und desselben Vorgangs richtig seyn können, ohne daß dadurch das Endresultat ein anderes wird. Im Grunde wird dadurch der Vorgang nicht deutlicher, als er sich aus der obigen Auseinandersetzung von selbst ergibt.

Das Murexan ist ein Zersetzungsprodukt des Murexids, ob es darin fertig gebildet vorhanden ist, oder erst in dem Moment der Zersetzung entsteht, sind beides Voraussetzungen, von denen kein Beweis geführt werden kann.

Der andere Versuch, den wir erwähnen wollten, ist folgender: Löst man Uramil in verdünnter heißer Kalilauge bis zur Sättigung auf, so erhält man unter etwas Ammoniakentwickelung eine klare, schwach gelblich gefärbte Flüssigkeit, die schneller noch wie eine Indigküpe Sauerstoff aus der Luft anzieht und sich tief purpurroth, beinahe violett färbt.

Läßt man diese Flüssigkeit über Nacht an der Luft stehen, so findet man sie mit einer großen Menge goldgrünglänzender Prismen angefüllt, welche dem Murexid ausnehmend ähnlich sind. Die Krystalle sind aber härter und durchscheinender, wie die des Murexids, sie hinterlassen nach dem Erhitzen einen alkalischen Rückstand, so daß es demnach scheint, [338] als ob Kalium dem Ammonium des Murexids substituirt worden wäre; dieß ist der einzige Beweis für die Meinung, daß das Murexid ein Ammoniaksalz seyn könnte, obwohl es in allen übrigen Fällen nur mit den Amiden verglichen werden kann. Die Kalilauge, aus der sich die Krystalle absetzen, ist neutral, sie enthält dem ganzen Verhalten nach mesoxal- oder alloxansaures Kali.

Wir haben uns Mühe gegeben, das wahre Atomgewicht des Murexids aus der Menge des Murexans festzusetzen, was man daraus bei der Zerlegung des ersteren durch Säuren erhält, allein jeder Versuch gab so große Differenzen, daß wir sie als die Hauptstützen der Meinung ansehen, nach welcher das Murexan erst in dem Augenblick entsteht wo das Murexid mit einer Säure oder einem Alkali zusammenkommt, wo dann die Concentration der Säure, Verdünnung und Temperatur der Flüssigkeit auf die Menge des abgeschiedenen Murexans von Einfluß seyn muß.

Von 0,801 trocknem Murexid, durch verdünnte Schwefelsäure zersetzt, erhielten wir 0,246 Murexan.

Ferner von 0,670 trocknem Murexid, durch verdünnte Schwefelsäure zersetzt, erhielten wir 0,315 Murexan.

Nach dem ersten Versuch erhielten wir von 100 Theilen Murexid 30, nach dem andern 40 Theile Murexan, es ist unmöglich, beide mit einander in Einklang zu bringen. Die Auflöslichkeit des Murexans in der sauren Flüssigkeit kann die Ursache der Abweichung nicht seyn, denn nach dem Kochen in 180 Theilen einer verdünnten Schwefelsäure von gleicher Concentration wie die, welche zur Zersetzung diente, verloren 0,792 Grm. Murexan nur 0,027 Grm.

Bei der trocknen Destillation des thionursauren Bleis, des Alloxans und Alloxantins entstehen neben Harnstoff noch [339] einige neue krystallinische Produkte; wir haben ferner beim Kochen der Harnsäure mit Manganoxyd, eine eigenthümliche krystallinische Substanz erhalten, deren genaueres Studium wir uns in der Fortsetzung dieser Versuche vorbehalten. Diese Fortsetzung wird überdieß die Beschreibung des Verhalten der Harnsäure zum Chlor zum Gegenstande haben; wir bemerken vorläufig, daß als Hauptprodukte der hierbei vorgehenden Zersetzung unter andern ebenfalls Alloxan, Alloxantin, Parabansäure und Kleesäure wieder auftreten.

Die vorhergehenden Versuche scheinen uns in Beziehung auf die Zersetzung, welche die Harnsäure durch Salpetersäure erfährt, keine Frage ungelöst zu lassen. Die Harnsäure löst sich in verdünnter Salpetersäure auf, durch gegenseitige Zersetzung von Harnstoff mit salpetriger Säure entsteht Kohlensäuregas und Stickgas, die sich entwickeln, auf der andern Seite bleibt eine gewisse Quantität Ammoniak, verbunden mit Salpetersäure, in der Flüssigkeit. Die Auflösung enthält neben diesem Ammoniak, Alloxantin, Harnstoff und freie Salpetersäure.

Wird die Flüssigkeit weiter erwärmt, so verwandelt sich das Alloxantin in Alloxan, auf Kosten des Sauerstoffs der freien Salpetersäure.

Ein Theil des gebildeten Alloxans zerlegt sich, ebenfalls auf Kosten des Sauerstoffs der Salpetersäure, in 2 At. Kohlensäure und Parabansäure.

Ein anderer Theil desselben verwandelt sich in Oxalursäure. Eine Portion Oxalursäure zerlegt sich in Kleesäure und Harnstoff.

Neutralisirt man die Flüssigkeit mit Ammoniak, so beobachtet man folgende Erscheinungen:

Wenn Alloxantin in der Flüssigkeit vorherrschend zugegen ist, so entsteht durch die Reaction des salpetersauren Ammoniaks auf einen Theil desselben, Uramil was niederfällt, eine [340] andere Portion zerlegt sich bei Gegenwart von Ammoniak und Alloxan in Murexid, was sich gemengt mit Uramil in Krystallen absetzt. Ist Alloxan in der Flüssigkeit in überwiegender Menge zugegen, so entsteht auf der einen Seite ebenfalls Murexid, auf der andern wird durch die Einwirkung des Ammoniaks auf das freie Alloxan, mykomelinsaures Ammoniak gebildet, was als gelatinöser Niederschlag den Krystallen des Murexids beigemischt ist. Bei der Neutralisation der Auflösung mit Ammoniak geht die Parabansäure in Oxalursäure über, man erhält bei fortgesetztem Abdampfen oxalursaures, kleesaures, salpetersaures Ammoniak und Harnstoff. Bei dem Abdampfen der Harnsäurelösung für sich wird die saure Flüssigkeit neutral, es entwickelt sich zuletzt Ammoniak. Durch die Oxydation eines Theils des Alloxans auf Kosten des Sauerstoffs der Salpetersäure wird auf der einen Seite salpetrige Säure, auf der andern Kohlensäure frei, die salpetrige Säure zerlegt sich fortwährend mit dem freien Harnstoff in der Auflösung in Stickgas und kohlensaures Ammoniak, welches letztere nach und nach die freie Salpetersäure vollkommen sättigt.*⁾

---

*) Wir halten es für unsere Pflicht, zu erwähnen, daß uns in dieser langen und mühevollen Untersuchung Herr Will, ein junger Chemiker, dessen Sorgfalt und Genauigkeit in allen chemischen Arbeiten, namentlich aber in analytischen, ich schon mehrmals in den Annalen anzuerkennen Gelegenheit hatte, sehr nützliche und wesentliche Dienste geleistet hat, wofür wir ihm öffentlich unseren Dank ausdrücken wollen.   J. L.

Die

Thier-Chemie

oder die

organische Chemie

in

ihrer Anwendung

auf

Physiologie und Pathologie.

Von

Justus Liebig.

Dritte umgearbeitete und sehr vermehrte Auflage.

Braunschweig,
Verlag von Friedrich Vieweg und Sohn.
1846.

Titelblatt der 3. Auflage der „Thier-Chemie" von Justus Liebig.
In diesem Buch erschien Liebigs Artikel über seine wissenschaftliche Methode, die nachfolgend abgedruckt ist, als Zweiter Theil.

Vorbemerkung zum Abdruck von Liebigs Arbeit „Das Verhältniß der Physiologie und Pathologie zu Chemie und Physik, und die Methode der Forschung in diesen Wissenschaften"

Von Johannes Büttner

Justus Liebig hatte mit der Publikation seiner Bücher über „Agriculturchemie"[1] und „Thier-Chemie"[2] Neuland betreten, indem er Chemie und chemische Methoden auf Agrikultur, Physiologie und Medizin anwendete. Die Bücher riefen Zustimmung aber auch Kritik hervor. Liebig nahm dies zum Anlaß, sich grundsätzlicher mit der in der Forschung anzuwendenden wissenschaftlichen Methode zu beschäftigen. Im Zusammenhang mit der 3. Auflage der Thier-Chemie entstand eine umfangreichere Ausarbeitung zu dieser Frage,[3] die bei Liebigs Biographen bisher wenig Beachtung gefunden hat.[4] Da der Text heute relativ schwer zugänglich ist, wird er in dem vorliegenden Band, in welchem Materialien zum Thema der Tierchemie gesammelt sind, wieder abgedruckt.

Zur Entstehungsgeschichte

Aus dem Briefwechsel Liebigs mit seinem Verleger Hans Heinrich Eduard Vieweg (1896–1869),[5] wissen wir, daß Liebig Ende 1845, d.h. etwa drei Jahre nach der Erstauflage der „Thier-Chemie",[6] mit der Überarbeitung für eine Neuauflage begann. Seinem Freund Friedrich Wöhler (1800–1882) teilte er am 20. November 1845 mit: „Ich schreibe an einem Aufsatze, der die Methode der Pathologie und Physiologie ins Licht setzen soll; er ist für die neue Auflage der Thierchemie bestimmt; es ist keine Polemik".[7] Und in einem Brief an seinen Verleger heißt es:

> „Ich bin nämlich durch unablässiges Forschen auf den Grund gekommen, warum sich die Physiologen und Chemiker nicht verstehen konnten. Es liegt nämlich darin, daß die Physiologen gewohnt sind, ihre Schlüsse zu <u>sehen</u>, während die Chemiker die Schlüsse oder einen Schluß gerade für etwas halten, was man mit den Augen nicht sehen kann, z. B. aus zwei und mehr Dingen, die man gesehen oder beobachtet hat, etwas zu folgern, was man nicht gesehen und nicht beobachtet hat."[8]

Im März 1846 sandte Liebig den Anfang zum zweiten Teil des Buches, überschrieben „Die Methode", an Vieweg. Er erläuterte, der Artikel bestehe

> „aus einer Auseinandersetzung der in physiologischen und pathologischen Untersuchungen zu folgenden Methode. Der Inhalt derselben hat mit Tierchemie keinen Zusammenhang, allein wenn der Chemie ein Anteil gestattet werden soll an der Erklärung der vitalen Prozesse, so ist es doch unerläßlich darzulegen, auf welche Weise dies möglich ist. Es sind die falschen und irrigen Vorstellungen zu berichten, welche sich die Physiologen vom Nutzen der Chemie machen, der in dem Sinn, den sie feststellten, sehr klein und dem eigentlichen Begriff nach viel größer ist als wie sich

diese Leute denken. Dieser Aufsatz wird mit einem Schlage die Opposition beseitigen und ein Verständnis vorbereiten, was jetzt noch nicht besteht. Alles was Henle,[9] Kohlrausch,[10] Wunderlich[11] gesagt haben, wird ihnen, ohne daß ich sie im mindesten angreife, als Unsinn vorkommen. Von diesem Aufsatze an, an dem ich über 18 Monate gearbeitet habe, wird sich eine neue Methode datieren."[12]

Die Bemerkungen deuten darauf hin, daß Liebig zu seinen Überlegungen durch die Kritik von Jöns Jacob Berzelius (1779–1848),[13] vor allem aber von Physiologen und Medizinern an seiner „Thier-Chemie" veranlaßt worden ist.[14] Er hatte 1844 eine Verteidigungsschrift publiziert, in der er versuchte, die Kritikpunkte zurückzuweisen.[15]

Ein anderer Grund für Liebigs Nachdenken über die richtige „wissenschaftliche Methode" liegt in seiner Beschäftigung mit der Philosophie von John Stuart Mill (1806–1873). Liebig weist im Vorwort der 3. Auflage der „Thierchemie" ausdrücklich darauf hin:

„...in einem neu hinzugekommenen Abschnitt hat er [der Verfasser] den Versuch gemacht, das gegenseitige Verhältniß der Chemie und Physik zur Physiologie und Pathologie näher zu erörtern. Derselbe kann hierbei nicht verschweigen, wie groß der Nutzen gewesen ist, den ihm für diesen Zweck das Studium von John Stuart Mill's *A System of Logik [!], ratiocinative and inductive, being a connected view of the principles of evidence and the methods of scientific investigation.* London, John W. Parker, West Strand, 1843 gewährt hat, ja, er glaubt, daß ihm kein anderes Verdienst hierbei zukommt, als daß er einzelne von diesem eminenten Philosophen aufgestellte Grundsätze der Naturforschung weiter ausgeführt und auf einige specielle Vorgänge angewendet hat."[16]

Pat Munday hat dargestellt,[17] daß Liebig möglicherweise von einem seiner englischen Schüler, Alexander William Williamson (1824–1904), auf Mills „A System of Logic"[18] aufmerksam gemacht worden ist. Williamson kam im Sommer 1844 nach Gießen, wo er bei Liebig studierte und 1845 den Dr. philosophiae erwarb. Er war durch seinen Vater mit Mill bekannt. Liebig, der sich mehrfach gegen die in Deutschland vorherrschende „Naturphilosophie" gewandt hatte, fühlte sich angezogen von Mills „Logik der Naturforschung", seiner „Philosophy of Science".[19] Hinzu kam, daß Mill in seinem Buch an mehreren Stellen Liebigs Forschungsergebnisse als Beispiele einführte, um an ihnen die induktive Methode ausführlich darzustellen. Ein anderer Schüler Liebigs, der Chemiker Jacob Heinrich Wilhelm Schiel (1813–1889), gab 1849 – mit Unterstützung Liebigs – die erste deutsche Übersetzung von Mills „A System of Logic" heraus.[20]

Zur Publikationsgeschichte

Liebigs „Methode" hat eine komplizierte Publikationsgeschichte, bedingt zum einen durch Vorabdrucke, zum anderen durch parallele englische Publikationen. Das nicht ganz vollständige Manuskript ist erhalten.[21] Es zeigt stellenweise erhebliche Änderungen und Ergänzungen. Abbildung 13 zeigt ein Blatt des Autographen (Seiten [173-174] des Abdrucks).

Kurz vor dem Erscheinen der dritten Auflage der „Thier-Chemie" überraschte Liebig seinen Verleger Vieweg mit der Ankündigung eines Vorabdruckes der „Methode" im Verlag von Johann Georg von Cotta (1796–1863):

> „Ich habe die Absicht, den Teil unserer Tierphysiologie, welcher neu hinzugekommen ist, "Die Methode der Naturforschung", in einer der Cotta'schen Zeitschriften erscheinen zu lassen, vielleicht in den Monatsblättern der Allgemeinen Zeitung oder in der Cotta'schen Vierteljahresschrift, und frage hiermit an, ob Du Gründe hast, welche dies nicht wünschenswert oder ratsam machen. Bis jetzt hat dies uns Cotta sehr zum Freunde gemacht und Dir im Absatz noch niemals geschadet. Beiläufig bemerke ich, daß mir Cotta pro Bogen die große Summe von fl. 150 bezahlt. In einigen Tagen kommen die Bogen alle zusammen zurück, Fuchs in Göttingen[22] hat auch seinen Segen darüber gesprochen."[23]

Liebig hatte 1841 auf Anregung von Cotta begonnen, „Chemische Briefe" in der Augsburger Allgemeinen Zeitung des Verlages J. G. Cotta zu publizieren.[24] Der Vorabdruck erschien im Sommer 1846 in der *Deutschen Vierteljahrs Schrift* des Verlages J. G. Cotta unter dem Titel „Das Verhältniß der Physiologie und Pathologie zu Chemie und Physik, und die Methode der Forschung in diesen Wissenschaften."[25] Der Vorabdruck unterscheidet sich von dem Druck in der 3. Auflage der „Thier-Chemie" nur geringfügig. Abgesehen von dem geänderten Titel findet sich stellenweise eine etwas modernere Orthographie, auch sind die Randtitel als Kapitelüberschriften gesetzt. Dieser Vorabdruck ist die Vorlage für den nachfolgend abgedruckten Text.

Liebig hatte schon bei der ersten Auflage der „Thier-Chemie" Wert darauf gelegt, daß zeitgleich mit der deutschen Ausgabe eine englische Übersetzung im Verlag Taylor and Walton in London vorbereitet wurde. Die Übersetzung erfolgte anhand der Druckfahnen durch William Gregory (1803–1858).[26] Das gleiche Verfahren wurde auch bei der dritten Auflage angewendet. Von der englischen Übersetzung wurden mehrere Vorabdrucke des Abschnittes „Die Methode" auf den Markt gebracht. Zunächst zwei Abdrucke mit unterschiedlichen Titeln in wissenschaftlichen Zeitschriften. Das Londoner Monthly Journal of Medical Science begann mit einem Abdruck,[27] der aber eingestellt wurde, weil Lancet schneller war. Diese Zeitschrift publizierte den vollständigen Text in 7 Teilen.[28]

Von der deutschen[29] wie der englischen[30] Buchausgabe der „Thier-Chemie" erschien nur die 1. Hälfte mit den Kapiteln: "Der chemische Proceß der Respiration und Ernährung" und "Die Metamorphosen der Gebilde". Das letztgenannte Kapitel besteht nur aus dem Abschnitt "Die Methode". Damit endet das Buch. Eine Fortsetzung ist auch zu einem späteren Zeitpunkt nicht erschienen. Liebig hatte die Weiterführung der „Thier-Chemie" eingestellt. Stattdessen zog er es vor, seine Gedanken in den „Chemischen Briefen" vorzutragen, die er bis 1859 besonders hinsichtlich tierchemischer Themen mehrfach erweiterte. Noch im Jahre 1846 brachte der englische Verlag H. Bailliere eine Sonderausgabe der „Methode" als Buch unter dem Titel „Chemistry and physics in its relation to physiology and pathology" heraus.[31]

Abbildung

Abb. 13: Seite aus dem Originalmanuskript Liebigs. Siehe Bildtafel.

Literatur und Anmerkungen

1. Justus Liebig: Die organische Chemie in ihrer Anwendung auf Agricultur und Physiologie. 1. Auflage. Braunschweig: Friedrich Vieweg und Sohn, 1840.
2. Justus Liebig: Die organische Chemie in ihrer Anwendung auf Physiologie und Pathologie. 1. Auflage. Braunschweig : Friedrich Vieweg und Sohn, 1842.
3. Justus von Liebig: Die Thier-Chemie oder die organische Chemie in ihrer Anwendung auf Physiologie und Pathologie. 3. umgearbeitete und sehr vermehrte Auflage. Braunschweig : F Vieweg & Sohn, 1846. 1. Hälfte.
4. Jacob Volhard referiert die „Methode" in seiner Liebig-Biographie. Siehe: J. Volhard: Justus von Liebig. Leipzig: J. A. Barth, 1909, Band 2, S. 140–147. William Brock erwähnt die „Methode" kurz in einer Fußnote als „lehrhaften Essay". Siehe: W. H. Brock: Justus von Liebig : Eine Biographie des großen Naturwissenschaftlers und Europäers. 1. deutsche Auflage. Braunschweig und Wiesbaden : Vieweg, 1999, S. 197.
5. Justus von Liebig: Briefe an Vieweg. Margarete Schneider u. Wolfgang Schneider [Hrsg.]. Braunschweig, Wiesbaden : F. Vieweg u. Sohn, 1986, Brief vom 3. Juni 1845.
6. Die 1843 erschienene 2. Auflage war ein unveränderter Nachdruck der 1. Auflage.
7. Siehe: Aus Justus Liebig's und Friedrich Wöhler's Briefwechsel in den Jahren 1829–1873. Herausgegeben von A. W. Hofmann und Emilie Woehler. Braunschweig : Friedrich Vieweg, 1888, Band 1, S., Brief vom 20. November 1845.
8. Liebig, Briefe an Vieweg, wie Anm. (5), Brief vom 3. Juni 1845.
9. Friedrich Gustav Jakob Henle (1809–1885), Professor der Anatomie und Physiologie in Zürich, später in Heidelberg und Göttingen. Siehe: J. Henle: Bericht über die Arbeiten im Gebiet der rationellen Pathologie seit Anfang des Jahres 1839. Zeitschrift für rationelle Medicin 2 (1844), S.1–411, besonders S. 131–156.
10. Otto Ludwig Bernhard Kohlrausch (1811–1854), Prosektor und Lehrer an der Chirurgischen Schule in Hannover. Siehe: O. Kohlrausch: Physiologie und Chemie in ihrer gegenwärtigen Stellung beleuchtet durch eine Kritik von Liebigs Thierchemie. Göttingen: Dieterich, 1844.
11. Carl August Wunderlich (1815–1877), Professor der Medizin an der Universität Tübingen. Siehe: C. A. Wunderlich: Versuch einer pathologischen Physiologie des Blutes. Stuttgart: Ebner & Seubert, 1845.
12. Liebig, Briefe an Vieweg, wie Anm. (5), Brief vom 1. März 1846.
13. Jöns Jacob Berzelius: Thierchemie. In: Jahresbericht über die Fortschritte der physischen Wissenschaften, 22 (1843), 535–585.
14. Zu dieser Kritik siehe: Frederick L. Holmes: Einführung in Liebigs „Thier-Chemie", in diesem Band.
15. J. Liebig: Bemerkungen über das Verhältniss der Thier-Chemie zur Thier-Physiologie. Heidelberg: C. F. Winter, 1844.
16. Liebig, Thier-Chemie, wie Anm. (3), Zitat S. XVI. Brock erwähnt in seiner Liebig-Biographie, daß die 3. Deutsche Auflage 1847 erschienen sei. Dieses Datum ist nicht korrekt, vielmehr erschien der Band im Oktober 1846 gleichzeitig mit der englischen Ausgabe. Vgl.: Brock, Liebig, wie Anm. (4), S. 285.
17. Pat Munday: Politics by other means : Justus von Liebig and the German translation of John Stuart Mill's Logic. British Journal for the History of Science 31 (1998), S.403–418.
18. John Stuart Mill: A System of Logic, Ratiocinative and Inductive; Beeing a Connected View of the Principles of Evidence and the Methods of Scientific Investigation. 1. Amerikanische Ausgabe. New York : Harper & Brothers, 1846 (im Jahre der englischen Erstausgabe).
19. Siehe dazu: Munday, Politics, wie Anm. (17).
20. John Stuart Mill: Die induktive Logik. Eine Darlegung der philosophischen Principien wissenschaftlicher Forschung, insbesondere der Naturforschung. Übersetzt v. Jacob Schiel. 1. deutsche Ausgabe. Braunschweig: F. Vieweg & Sohn, 1849.
21. J. Büttner, Liebigiana Nr. 1737. 8vo. 60 Bl., von Liebigs Hand, teils doppelblattgroß, teils doppelseitig beschrieben. Manuskript auf der Rückseite eines Blattes mit der Angabe "Gießen 11. Febr. 1846".

22 Der Göttinger Polikliniker Conrad Heinrich Fuchs (1803–1855), von 1803–1855 Direktor der Poliklinik.
23 Liebig, Briefe an Vieweg, wie Anm. (5), Brief vom 23. Mai 1846.
24 Siehe dazu: (a) Justus von Liebig "Hochwohlgeborner Freyherr". Die Briefe an Georg von Cotta und die anonymen Beiträge zur Augsburger Allgemeinen Zeitung. Herausgegeben von Andreas Kleinert. Mannheim, Heidelberg, Wien: Bionomica-Verlag, 1979; (b) Brock, Liebig, wie Anm. (4), Kap. 10.
25 J. v. Liebig: Das Verhältniß der Physiologie und Pathologie zu Chemie und Physik, und die Methode der Forschung in diesen Wissenschaften. Deutsche Vierteljahrs Schrift [Stuttgart u. Tübingen : J. G. Cotta] Nr. 35 (1846) Nr. 3, S.169–243.
26 William Gregory hatte Medizin studiert und arbeitete 1835 und 1841 bei Liebig in Gießen. Er wurde Professor der Chemie in Glasgow, Aberdeen und Edinburgh. Gregory übersetzte Liebigs „Thier-Chemie" ins Englische.
27 J. Liebig: On the relations which physiology and pathology bear to chemistry and physics, and the mode of investigation to be pursued in these sciences. Monthly Journal of Medical Science [London] 7 (1846–1847) 4 (October 1846), 5 (November 1846), 12 (June 1847), S.262–270, 337–346, 905–911.
28 J. Liebig: On the mutual relations existing between physiology and pathology, chemistry and physics, and the methods of research pursued in these sciences. Lancet 1846 II, S.352–354, 395–397, 420–421, 441–443, 470–472, 493–496, 549–552 .In 7 parts.
29 Liebig, Thier-Chemie, wie Anm. (3), S. 141–231.
30 Baron Liebig: Animal Chemistry, or Chemistry in its Applications to Physiology and Pathology. William Gregory [Übers.]. 3rd edition, revised and greatly enlarged. London: Taylor & Walton, 1846. Part I. Chapter „The metamorphosis of animal tissues.", § 1. Method to be pursued in the investigation. Kopie Bibliothek Lewicki: P 454 (Slg. Heuser)
31 Baron J. Liebig: Chemistry and physics in its relation to physiology and pathology. London: H. Baillière, 1846. Translation of Theil II of Abtheilung 1 of Die Thier-Chemie (Bolton). Paoloni 455.

Justus Liebig
Lithographie von H. Monath nach einem Gemälde von Carl Engel [1817–1870]
aus dem Jahre 1839. Im Bild unten rechts Liebigs „Fünf-Kugel-Apparat".
Aus der Sammlung J. Büttner

Das Verhältnis der Physiologie und Pathologie zur Chemie und Physik, und die Methode der Forschung in diesen Wissenschaften*)

Von J. von Liebig

Die Entwicklung der Naturwissenschaften.

Die Geschichte der Wissenschaften lehrt, daß ein jeder Zweig der Physik in seinem Ursprunge nichts anderes umfaßte, als eine Reihe von Beobachtungen und Erfahrungen, die mit einander in seinem erweisbaren Zusammenhange standen.

Spezielle Naturgesetze.

Durch die Entdeckung neuer Thatsachen, durch welche zwei oder mehrere der früher gemachten Erfahrungen mit einander in Verbindung gebracht wurden, waren alle Fortschritte bedingt; man gelangte erst zu speziellen Gesetzen, die den Zusammenhang einer gewissen Anzahl von Naturerscheinungen in sich schlossen, dann zu allgemeinen, oder, was das Nämliche ist, zu gewissen Ausbrüchen der Abhängigkeit oder des Zusammenhanges einer großen oder einer größern Reihe von Erfahrungen.

Allgemeine Naturgesetze.

Viele Zweige der Physik, wie die Mechanik, Hydrostatik, Optik, Akustik, Wärmelehre, erheben sich zu dem Range abstrakter Wissenschaften, indem man dahin gelangte, durch eine Reihe von Vernunftschlüssen alle bekannten Fälle von Bewegungs- oder von Luft-, Schall- und Wärmeerscheinungen auf gewisse Wahrheiten oder auf eine sehr kleine Anzahl von zweifelhaften Thatsachen zurückzuführen, durch welche nicht allein alle bereits entdeckten mit einander verknüpft wurden, sondern die auch alle [170] entdeckbaren in sich schlossen, so daß zur Erklärung der neuen Erscheinungen oder Erfahrungen, wie dies in den Erfahrungswissenschaften nöthig ist, eine neue isolirt stehende Reihe von Schlüssen und Versuchen nicht erforderlich ist.

Wenn man als eine zweifellose Wahrheit annehmen kann, daß nicht nur die Erscheinungen der sogenannten unbelebten Natur, sondern auch diejenigen, welche dem Pflanzen- und Thierleben eigenthümlich sind, in gewissen Beziehungen zu einander stehen und durch gewisse Ursachen bedingt werden, wenn es wahr ist, daß wir nur durch die Erkenntniß dieser Ursachen oder Bedingungen zu einer klaren Einsicht in das Wesen der organischen Vorgänge gelangen können, so muß die Aufsuchung des gegenseitigen Verhältnisses der Abhängigkeit als die wichtigste Aufgabe der Physiologie angesehen werden.

---

*) Abgedruckt aus: Deutsche Vierteljahrs Schrift. Stuttgart u. Tübingen : J. G Cotta, Nr. 35 (1846) Heft 3, S. 169–243. Die Seitenzahlen des Originals sind im Text in eckigen Klammern [ ] angegeben.

Die Erklärung sehr vieler Naturerscheinungen bedarf in den meisten Fällen nichts weiter, als die Bekanntschaft des Verhältnisses der Abhängigkeit, in dem sie zu einander stehen. Diese Verhältnisse sind in jedem Zweige der Naturforschung durch Erweiterung unserer Erfahrungen, durch richtige Versuche und Beobachtungen ermittelbar, und es kann keine Frage seyn, daß, ähnlich wie die Chemie den Charakter der Experimentierkunst dereinst verliert, auch die Physiologie den Rang einer deduktiven Wissenschaft anzunehmen fähig ist.

Gang der Forschung.

Wenn dem Gange der Naturforschung gemäß die speziellen Gesetze den allgemeinen vorangehen müssen, wenn es zu einer richtigen Auffassung des Lebens nothwendig erscheint, den Organismus nicht bloß in allen seinen Theilen der Form nach zu kennen, wenn dazu gehört, daß die Funktionen der einzelnen Organe für sich und das Verhältniß ihrer gegenseitigen Abhängigkeit von einander, daß die Beziehungen der Form zu dem Stoffe, aus dem sie besteht, und das Abhängigkeitsverhältniß der Form von der Materie, die sie umgibt, auf das Genaueste ermittelt seyn müssen, so ist freilich nicht zu leugnen, daß wir noch unendlich weit von dem allgemeinen und letzten Gesamtausdrucke entfernt sind, der den Begriff des Lebens oder die Erkenntniß der Ursache und des Zusammenhanges aller Lebenserscheinungen [171] in sich einschließt. Wir sind noch so weit davon entfernt, daß vielen die Vorstellung der Wahrscheinlichkeit oder der Möglichkeit der Ermittlung solcher allgemeinen Gesetze in der Physiologie ein unfaßbarer Gedanke ist; den Meisten ist es schon nicht möglich, die psychischen von den körperlichen Lebenserscheinungen oder den Begriff der Lebenskraft von der Form der lebendigen Körpertheile zu trennen.

Hindernisse der Forschung durch vorgefaßte Meinungen.

Der Mensch mit dem geübtesten Verstande kann sich den Gesetzen nicht entziehen, von welchen sein Begriffsvermögen abhängig ist. Wenn tägliche Wahrnehmung während einer langen Periode ihm zwei Phänomene oder Thatsachen in engster Verbindung mit einander erscheinen ließ, wenn er erfuhr, daß die Jahrhunderte vor ihm stets als untrennbar von einander gedacht worden sind, wenn er zu keiner Zeit, weder durch Zufall noch Absicht dahin geführt wurde, jede für sich zu betrachten, so wird er allmählig unfähig, auch mit der größten Anstrengung, sie zu trennen, und die Voraussetzung, daß die beiden Thatsachen ihrer Natur nach trennbar sind, wird für seinen Verstand zuletzt unfaßbar und unbegreiflich werden können.

Unzählige Beispiele be[s]thätigen, daß die Scharfsinnigsten und weisesten Menschen Thatsachen oder Vorstellungen für unmöglich ansahen, weil sie für ihr Fassungsvermögen unbegreiflich waren, während ihre Nachkommen sie nicht allein begreiflich fanden, sondern, was noch weit mehr ist, sie Jedermann jetzt als ausgemachte, unwidersprechliche Wahrheiten kennt.

Männer von der höchsten Einsicht und über die gewöhnlichen Vorstellungen erhaben, waren unfähig zu begreifen, daß die Schwerkraft aufwärts statt niederwärts wirke, daß die Sonne in so großen Entfernungen eine Wirkung auf die Erde, die Erde auf den Mond ausüben könne. Der große Leibnitz [!] selbst verwarf die Newton'schen Vorstellungen, weil ihm ohne einen fortwirkenden Mechanismus oder nachschiebenden Engel die Bewegung der Weltkörper in einer krummen Linie um einen gemeinschaftlichen Mittelpunkt unmöglich erschien, denn naturgemäß, so meinte er, müßte sich ohne Nachhülfe der Körper von seiner Bahn in der Richtung der Tangente entfernen.

Auf einen allgemeinen Satz hin, daß ein Körper seinen [172] Effekt an einem Orte hervorbringen könne, wo er selbst nicht ist, verwarf man die Newton'sche Lehre von der Gravitation, und die jetzt einem Knaben geläufige Vorstellung von der Wirkung der Schwere auf unendliche Entfernungen hin ohne ein vermittelndes materielles Agens schien den ausgezeichneten Menschen einen so großen Widerspruch in sich einzuschließen, daß sie die seltsamsten und unbegründetsten Schöpfungen ihrer Phantasie für weit wahrscheinlicher hielten.

Eine Menge Lehren der Mechanik und Physik, von denen wir wissen, daß sie Entdeckungen der Zeit, daß sie Früchte der größten Geduld und der anstrengtesten Untersuchungen und Arbeiten sind, erscheinen uns jetzt in sich so wahr und einleuchtend, daß ohne ihre geschichtliche Entwicklung ins Auge zu fassen, es uns begreiflich ist, daß ihre Wahrheit zu irgend einer Zeit oder von irgend einer Person hat bezweifelt werden können. Der einzige Satz, daß ein Körper, einmal in Bewegung gesetzt, ins Unendliche hindurch, ohne jemals aufzuhören, fortfahren könne in unveränderlicher Geschwindigkeit die nämliche Richtung beizubehalten, schien so sehr den gewöhnlichsten und evidentesten Erfahrungen zu widersprechen, daß die Anerkennung und Feststellung seiner Wahrheit lange Zeit hindurch den größten Widerstand fand.

Daß zwei chemisch-aktive Körper durch ihre Vereinigung in unbestimmten oder unbegrenzten Gewichtsverhältnissen eine Verbindung von bestimmten, unveränderlichen Eigenschaften bilden können, scheint uns jetzt mit einem gesunden Vorstellungsvermögen nicht vereinbar zu seyn.

Das Begreifliche hat, wie man sieht, mit der Erscheinung nicht das Geringste zu thun, es ist abhängig von dem Zustande der Geistesentwicklung. Wenn dem Menschen das vermittelnde Glied fehlt, das eine Thatsache mit dem gewohnten Ideengange verknüpft, so entbehrt sie in seiner Vorstellung der Wahrheit oder der Begreiflichkeit. Dies ist eines der größten Hindernisse, das der Anwendung der Chemie auf die Physiologie, das der einfachen Beachtung der chemischen Entdeckungen von Seiten mancher Physiologen im Wege steht; wenn sich nun hierzu noch, wie in der Pathologie, das für Wahrhalten von Erfahrungen gesellt, deren Richtigkeit nichts anderes für sich hat, als daß sie seit [173] einem Jahrtausend für wahr gehalten worden sind, wenn sich in tiefen Zweigen des Wissens die Methoden der Beweisführung und Prüfung nicht ändern, so ist keine Hoffnung vorhanden, daß mit allen Fortschritten die Chemie jemals fähig werden wird, der Physiologie und Pathologie wesentliche Vortheile zu gewähren, und doch ist es unmöglich, daß diese Fächer jemals zu einer wissenschaftlichen Grundlage gelangen können ohne Mitwirkung der Chemie und Physik. Jedermann fühlt die Nothwendigkeit, nur über die Anwendung derselben ist man nicht klar.

Die Physiologie als deduktive Wissenschaft.

Wenn es keiner näheren Begründung der Meinung, daß eine jede empirische Wissenschaft, so auch die Physiologie, im Verlaufe der Zeit den Charakter einer deduktiven erlangen kann, bedarf, so muß es ganz gleichgültig erscheinen, ob oder was sie aus andern Wissenschaften entlehnt, um diesen Rang zu gewinnen; wir wissen, daß die Astronomie jetzt nur ein Theil der allgemeinen Bewegungslehre geworden ist, und daß sie gerade diesem Umstande ihre wissenschaftliche Begründung verdankt.

Die Forschung nach physiologischen Gesetzen.

Wenn man im Auge behält, daß wie kein Ereigniß in der Welt, so auch keine Erscheinung in der Natur, in der Pflanze, im Thiere vor sich geht, ohne in Beziehung zu stehen oder die unmittelbare Folge zu seyn von einem anderen, was vorhergegangen ist, daß der gegenwärtige Zustand einer Pflanze oder des Thieres an gewisse ihm vorangegangene Bedingungen geknüpft ist, so ist klar, daß wenn alle Ursachen, ihre Wirkung in der Zeit oder im Raume und ihre Eigenschaften bekannt sind, welche den einen Zustand bedingt haben, wir vorhersagen können, welcher Zustand darauf folgen würde. Der Ausdruck dieser Bedingungen oder Beziehungen, dies ist was ein Naturgesetz heißt.

Unterschied der heutigen Chemie von der früheren.

Es dürfte wohl niemand, welcher historisch mit der Entwicklung der Chemie und mehrerer Theile der Physik bekannt ist, verkennen, daß der Hauptgrund des Voranschreitens dieser Wissenschaften auf der allmählig gewonnenen Ueberzeugung beruht, daß eine jede Naturerscheinung, ein jeder Zustand mehr als eine Bedingung, ein jeder Effekt mehrere Ursachen hat, und es ist die einfache Forschung nach der Wahrheit der Bedingungen, es [174] ist die Sonderung der Effekte, welche die heutige Chemie von der früheren unterscheidet. Durch die Annahme eines Prinzips der Trockenheit und Feuchtigkeit, der Hitze und Kälte, der Brennbarkeit, Metallität, Sauerheit, Flüchtigkeit, der Farbe u. s. w. wurde in der That in der phlogistischen Periode der eigentlichen Forschung ein rasches Ziel gesetzt, für jede Eigenschaft hatte man eine besondere Essenz, die alles erklärte, die einfache Beschreibung der Erscheinung schloß die Erklärung in sich ein.

Die Veränderlichkeit des Gewichts, welche die Körper zeigen, wenn sie chemischen Prozessen unterworfen wurden, galt für eine Eigenschaft der Materie, ähnlich wie das Brausen des Kalksteins mit Säure. Für die Erscheinungen der Verbrennung und Verkalkung besaßen die Chemiker ihre Theorie; die Gewichtsverhältnisse, welche dabei vorkommen, zu untersuchen, wurde als ihrem Gebiete nicht angehörig betrachtet. Man überließ es den Physikern, eine Erklärung dafür zu geben, wie ein Körper ein größeres Gewicht zeigen könne, wenn er einen Bestandtheil verloren hat, wie ein Körper überhaupt ein wechselndes Gewicht zeigen könne. Die Gewichtszunahme in der Verkalkung war eine zufällige Eigenschaft; den Metallen kann, so meinte man, unter andern Körpern diese Eigenschaft zu.

Standpunkt vieler Physiologen der heutigen Zeit.

Eine Anzahl von Physiologen und Pathologen steht in Beziehung auf die Auffassung der vitalen Vorgänge und Erscheinungen auf der Stufe der alten Phlogistiker; sie schreiben die Effekte des Nervensystems einer Nervenkraft zu, die Vegetation, die Irritabilität, Sensibilität, die sogenannte Aktion und Reaktion, ganz einfache Effekte der Bewegung oder des Widerstandes, Ursachen der Bildung und des Wechsels der Form, die man in dem Ausdrucke der typischen Kräfte zusammenfaßt, gelten als Wesen für sich oder nehmen zum wenigsten in den Erklärungen die Stelle der alten Essenzen ein.

Verwechslung von Wirkung und Ursache.

Die gewöhnlichsten Erscheinungen verkörpern sich noch jetzt in dem Geiste vieler Physiologen zu eigenthümlichen Fähigkeiten, durch Eigenschaften, die durch besondere, von andern bekannten verschiedenen Ursachen zu erklären verführt sind; so hat die Wiederherstellung eines Gleichgewichtszustandes zwischen zwei ihrer Natur [175] nach verschiedenen Flüssigkeiten oder zwei ungleichartigen gelösten Substanzen, die von einander durch eine thierische Membran getrennt sind, den Namen Endosmose oder Exosmose erhalten, und mit diesen Namen geht man um, wie wenn sie Dinge für sich wären, die eine Erklärung des Vorganges in sich schlößen, während doch die Erscheinung nichts anderes ist als eine Filtration, von der gewöhnlichen insofern verschieden, als der Durchgang, anstatt durch Druck, durch eine Anziehung (durch einen Zug, eine Verwandtschaft) bedingt wird.

Zu dieser Anschauungsweise gesellte sich der nicht minder große Irrthum, daß die Ursachen ihren Effekten ähnlich seyen, daß Gleiches von Gleichem hervorgebracht werden müsse. Die Ursache der Brennbarkeit hielt man für etwas Brennbares, der Sauerheit für etwas an sich Saueres, die kaustische Beschaffenheit des gebrannten Kalkes rührte von einem Causticum her, das sich von einem Körper auf den andern, von dem Kalk z. B. auf die sogenannten milden Alkalien übertragen ließ; in den Alkalien setzte man die Existenz eines Primitivalkalis, in den Säuren ein acidum universale, in den Salzen ein Ursalz voraus, die analogen Körper waren Varietäten einer Substanz.

Falsche Erklärung physikalischer Eigenschaften.

Viele physikalische Eigenschaften eines Körpers wurden erklärt durch die physikalische Beschaffenheit seiner kleinsten Theilchen, der scharfe Geschmack wurde scharfen Partikeln zugeschrieben. Lemery's Ansicht, daß die kleinsten Theilchen einer Säure die Form von Lanzenspitzen und Widerhaken hätten, daß die Atome der Alkalien porös wie ein Badeschwamm seyen, fand ungetheilten Beifall, denn die Abstumpfung der Säure durch das Alkali, ihr gegenseitiges Neutralisationsvermögen erklärte sich damit vortrefflich, und wenn das Ammoniak das Gold aus seinen Auflösungen niederschlug, so war dies seinen Zeitgenossen einleuchtend, da sie dem Ammoniak die Fähigkeiten zuerkannten, die Lanzenspitzen von den Stielen abzubrechen; es wirkt, sagt Lemery, wie ein Prügel, den ein Knabe nach einem mit Früchten beladenen Nußbaum wirft. So wurde denn gewissen Substanzen, die einen zusammenziehenden oder fühlenden Geschmack besitzen, eine zusammenziehende oder fühlende Wirkung im lebendigen Körper zugeschrieben, und ein an Alkohol reiches Getränk, das [176] der gewöhnliche Sprachgebrauch mit „stark" bezeichnet, wurde als Stärkungsmittel in die Medicin eingeführt.

Es ist ein Irrthum zu glauben, daß diese Art der Auffassungsweise der Naturerscheinungen einer längst vergangenen Zeit angehört; in einem „Versuche einer allgemeinen physiologischen Chemie" (Braunschweig bei Vieweg 1844, S. 7. der ersten Lieferung), beweisen die folgenden Stellen, daß sie sich bei vielen Aerzten unserer Zeit in jedem Augenblicke geltend macht. „Wir schließen also richtig," so sagt Mulder, „daß im Schwefel, Selen, Chrom,

Mangan gleichartige Kräfte vorhanden sind und werden von selbst darauf hingewiesen, daß das chemische Verhalten von der materiellen Beschaffenheit der Elemente unabhängig ist, aber abhängig von den Kräften, welche die Moleküle vom Schwefel, Selen etc. beherrschen. So kommt also zur Vorstellung des Schwefels etwas von einem Begriff von Kraft, und zwar derselben Kraft, die auch im Selen thätig ist, thätig, nicht blos Verbindungen hervorzubringen, sondern auch den Hauptcharakter derselben bedingen zu helfen. Auch noch in den entfernteren Verbindungen zeigt sich die Schwefel- und Selenkraft wirksam etc."

Die schönen Untersuchungen von Mitscherlich und Kopp über die Isomorphie sind, wie man sieht, nicht vermögend gewesen, die Eindrücke jener Anschauungsweise zu verwischen.

Eine jede Naturerscheinung ist bedingt durch mehr als eine Ursache.

Es läßt sich die Wahrheit einer Menge Meinungen oder Ansichten, ob mit Recht oder Unrecht, dies ist hier gleichgültig, in Zweifel stellen, allein eine Erscheinung, ein Effekt an sich, der durch gesunde Sinne von den verschiedenen Personen überall und zu allen Zeiten wahrnehmbar ist, kann nicht geläugnet werden, nur über die Ursachen, durch die der Effekt bedingt wird, können Zweifel herrschen, sie können völlig unbekannt seyn; niemals kann aber diese Ursache durch die Einbildungskraft in dem Gebiete der Naturforschung ermittelt werden, denn wir wissen, daß ein und derselbe Effekt, z. B. eine mechanische Bewegung, eine Blase auf der Haut, eine Contraktion eines Muskels, von verschiedenen Ursachen hervorgebracht, daß eine und dieselbe Ursache eine Mannichfaltigkeit von Effekten hervorbringen kann.

Chemische Verbindung.

Wir wissen, daß der einfache Vorgang der chemischen [177] Verbindung von mindestens drei Ursachen oder Bedingungen abhängig ist, welche zu einander in einem gewissen Verhältnisse stehen müssen, wenn die Verbindung vor sich gehen soll, daß an dem Vorgange die Affinität; Cohäsionskraft und Wärme einen gleichen Antheil haben.

Verschiedene Effekte der Wärme.

Wir wissen ferner, wenn eine gegebene Quantität Wärme den festen Körper ausdehnt, seine kleinsten Theilchen zwingt, sich von einander zu entfernen, daß eine doppelte oder dreifache Menge die Eigenschaften des Körpers völlig ändert, daß eine neue Aenderung in diesen Eigenschaften vor sich geht, wenn die Menge der zugeführten Wärme eine gewisse Größe erreicht.

Es ist vollkommen gewiß, daß die Ausdehnung, das Flüssigwerden und der Uebergang in den Gaszustand von einerlei Ursache bedingt worden ist, daß aber die hervorgebrachten Effekte durchaus nicht proportional der Ursache waren, und den Grund davon haben wir mit dem größten Rechte in der Gegenwirkung oder dem Widerstande einer andern Ursache gesucht, und es hat hierdurch unsere Vorstellung über das Wesen der Cohäsionskraft eine wissenschaftliche Begründung erlangt.

Die nämliche Wärme, welche eine Bedingung der Vereinigung des Sauerstoffs der Luft mit dem Quecksilber ist, sie bringt den entgegengesetzten Effekt, das Zerfallen des

Quecksilberoxydes in Quecksilber und Sauerstoffgas hervor, wenn die Temperatur um einige Grade gesteigert wird.

Durch einen einfachen Oxydationsprozeß erhalten wir aus dem Alkohol Essigsäure, wir erhalten diese Säure durch die Oxydation des salicyligsauren Kalis, wir können sie darstellen aus Holz, Zucker und Amylon durch die bloße Anwendung der Hitze, bei Abschluß alles atmosphärischen Sauerstoffs; in allen diesen Fällen ist das hervorgebrachte Produkt das nämliche, aber die Bedingungen seiner Bildung sind außerordentlich verschieden.

Sonderung der Lebenseffekte, Hauptbedingung des Fortschritts.

Wenn es wahr ist, daß die wissenschaftliche Begründung der Physiologie nur durch die Erforschung der Mehrheit der Bedingungen erzielt werden kann, von denen die Lebenserscheinungen abhängig sind, daß die erste Aufgabe des heutigen Physiologen in einer Sonderung der Lebenseffekte und der [178] Bedingungen, durch die sie hervorgebracht werden, zu suchen ist, so bleibt es gewiß, da eine Menge Ursachen an diesen Effekten Antheil haben oder Antheil haben können, daß dem Physiologen die genaue Bekanntschaft mit allen den Kräften und Ursachen, welche überhaupt in der Natur Bewegung und eine Form- und Beschaffenheitsänderung der Materie hervorzubringen vermögen, geläufig seyn muß; wie wäre es ihm sonst möglich, die Effekte, welche diesen Ursachen angehören, von jenen zu sondern, die einer Ursache zugeschrieben werden müssen, welche in ihren Aeußerungen mit der Schwere, Affinität etc. nichts gemein hat.

Nicht mit aller Schärfe der Anwendung.

Niemand kann zweifeln, daß diese Grundsätze der Forschung auch in der heutigen Pathologie sich geltend machen. In der That ist der Unterschied der jetzt beherrschenden von der Anschauungsweise der vorangegangenen naturphilosophischen Methode außerordentlich groß, aber der Einfluß der letzteren ist in Deutschland wenigstens noch lange nicht verwischt. Mit aller Anerkennung der Grundsätze der exakten Naturforschung streift man nur zu gern ihre Bande ab, und überall, wo man den Weg nicht sieht, pflanzen die fessellosen Gedanken einen Wald von Irrthümern vor die Thore der Erkenntniß. Die früher so beliebten Antithesen und Paraphrasen spielen nach wie vor in allen Erklärungen eine Hauptrolle und rauben der Beschreibung ganz gewöhnlicher Thatsachen und Zustände der Einfachheit und Klarheit, deren sie fähig sind. Nicht in den Grundsätzen, wohl aber in ihrer strengen Durchführung liegt der Mangel.

Beispiele.

Einige Belege aus den Schriften eines ausgezeichneten Pathologen der jüngsten Zeit dürften vermögend seyn, diese Behauptungen zu rechtfertigen und den Einfluß ins Licht setzen, den die frühere Behandlungsweise der Wissenschaft auf die gegenwärtig herrschende stets ausübt; sie werden darthun, wie wenig es glückt, von unbestimmten Begriffen ausgehend, zu richtigen Folgerungen zu gelangen, und wie gering selbst bei den geistreichen Männern bei Verzichtung auf chemische und physikalische Kenntnisse der wissenschaftliche Erwerb ist.

Unbestimmter Begriff von Reiz und Reizen.

So bringen z. B. eine Menge äußerer Ursachen, wie Luft, [179] Wärme, Elektricität, Magnetismus, chemische Agentien, mechanischer Druck, Reibung etc. auf den Organismus oder auf gewisse Theile desselben gewisse Effekte hervor, die sich in vielen Fällen einander ähnlich, in andern verschieden sind. Wie ein jeder Effekt, so sind auch diese bedingt einestheils durch eine gewisse Quantität der einwirkenden äußeren und anderntheils der in dem Organismus thätigen Ursachen, welche der Wirkung der äußeren Ursache einen Widerstand (d. h. eine Kraft) entgegensetzen; das Wesen dieser in dem Organismus thätigen Ursachen ist bestimmbar und meßbar durch die qualitative oder quantitative Verschiedenheit der durch die äußeren Ursachen hervorgebrachten Effekte, welche Merkzeichen eines veränderten Zustandes sind. Die in dem Organismus thätigen Kräfte sind demnach ermittelbar durch die Erforschung derjenigen Effekte, die durch jede einzelne äußere Ursache für sich betrachtet qualitativ oder quantitativ bedingt worden sind. Die Methode der heutigen Pathologie ist, wie einige Stellen aus dem berühmten Werke von Henle (Pathologische Untersuchungen, Berlin 1840) darthun, der gerade Gegensatz zu der eben erwähnten Untersuchungsweise. „Reiz ist (nach Henle) Alles, was, auf die organische Materie wirkend, ihre Form und Mischung und damit ihre Funktion verändert" (S. 223). Weit entfernt, die Sonderung der Ursachen und ihrer Effekte als die unentbehrlichen Hülfsmittel der Erkenntniß anzusehen, werden hier, wie man sieht, alle denkbaren Ursachen der From und Beschaffenheitsänderung des organischen Körpers in dem Worte Reiz zusammengebunden, und in den Erläuterungen von Zuständen spielt nun jetzt dieses Wort die Rolle eines Dinges für sich, obwohl damit weder die Wirkungsweise der Elektricität, noch die der Wärme oder des Lichtes, der chemischen Kräfte, des Magnetismus, sondern nur ein kleines Stück der Wirkung von jedem einzelnen dieser Agentien gemeint ist. Man substituire z. B. in dem Folgenden dem Worte „Reiz" die oben von dem Autor gegebene Definition, um sogleich gewahr zu werden, welcher Gewinn der Wissenschaft durch diese Methode erwuchs. „Der Reiz alterirt die Nervenfaser und ihr Verhältnis zum Blute, aber wenn er sie nicht ganz zerstört, so dauert der Stoffwechsel fort; ja er wird vielleicht durch die Reizung lebhafter etc." [180]

Falsche Analogien.

Niemand wird sich hiernach wundern, auf S. 221 desselben Werkes eine Hypothese über die Wirkungsart der Reize zu finden, in welcher aber von der Wirkungsart irgend eines Dinges oder einer Ursache, welche, auf die organische Materie wirkend, ihre Form und Mischung ändert, nicht die Rede ist.

Die folgende Erläuterung der Beziehungen des Organismus zu den Reizen ist charakteristisch. „Was der organischen Materie eigenthümlich ist, ist das Bestehen im Wechsel, das Fortschreiten nach einem bestimmten Ziele und bis zu demselben. Nicht die Reaktion ist das Charakteristische, sondern das Aufhören der Reaktion, nicht dadurch zeichnet sie sich aus, daß sie reizbar oder veränderlich ist, sondern dadurch, daß die Veränderungen ausgeglichen werden und durch alle Veränderungen hindurch der Organismus nach ihm innewohnenden Gesetzen sich entwickelt; denn die Saite, deren Ton durch den Reiz eines mechanischen Druckes erhöht war, tönt so lange höher, als der Druck währt, und das Metall, wenn es einmal durch Legirung elastischer geworden ist, bleibt legirt und elastisch. Aber der organische Körper hört zu reagiren auf, wenn auch die Reizung fortdauert, und nachdem ein chemischer Einfluß seine

Materie verändert und seine Thätigkeit erhöht oder geschwächt hat, so kehrt nach längerer oder kürzerer Zeit die normale Mischung und der normale Grad von Thätigkeit zurück. Wie dieß geschehe, will ich in einem Bilde anschaulich machen. Man denke sich ein Gefäß mit Wasser, welchem an einer Seite so viel frisches Wasser zugeleitet wird, als von der andern abfließt. Dieses Wasser reize man chemisch, man werfe z. B. eine handvoll Salz hinein. Auf diesen Reiz reagirt das Wasser durch einen salzigen Geschmack, anfangs heftig, dann immer schwächer, und wenn zuletzt das Wasser ganz erneuert ist, wird sich keine Spur des Salzes mehr in dem Gefäße finden. Dies Bild, so roh es ist, paßt vollkommen auf unsern Fall etc." (Henle a. a. O. S. 219.)

Der Verfasser verfährt, wie man leicht bemerkt, in seinen Erklärungen und Auseinandersetzungen der Form nach wie der Physiker. Er erklärt das Verhalten des organischen Körpers, indem er sich bemüht, seine Aehnlichkeit oder Unähnlichkeit mit andern bekannten darzuthun; über die Eigenthümlichkeit einer [181] Erscheinung sucht er Aufschlüsse zu erhalten durch die Aufsuchung und Vergleichung ähnlicher Erscheinungen, welche durch bekannte Ursachen hervorgebracht werden. Diese Methode hat auch die Naturphilosophie des Alterthums wie der Neuzeit niemals verschmäht. Man beging nur darin Fehler, daß man die Erscheinungen, welche erklärt werden sollten, mit solchen verglich und in Zusammenhang zu bringen suchte, mit denen sie in seiner wirklichen Beziehung standen, und daß man die Ursachen ähnlicher Erscheinungen, namentlich solcher, die sehr häufig wahrgenommen werden, als bekannt voraussetzte, weil sie der Wahrheit so geläufig sind, ohne sie wirklich zu kennen. Durch scheinbare Analogien, d.h. durch Bilder, läßt sich keine Einsicht erwerben.

Beispiele falscher Vergleichungen.

Den Druck auf die Saite, welcher den Ton erhöht, nennt Henle einen Reiz, wie überhaupt nach ihm alle denkbaren Form-, Beschaffenheits- und Mischungsänderungen von Reizen herrühren. Nun hat aber der Druck gar keine direkte Beziehung zur Beschaffenheit des Tones, indem er nur dient, um die Saite, momentan zu verkürzen. So werden denn auch die Metalle durch Legirung nicht elastischer, weil diese Eigenschaft unabhängig ist von der Zusammensetzung. Zwischen einer tönende Saite, einer Metalllegirung und Wasser, dem man Salz zugesetzt hat, und einem organischen Körper bestehen keine Beziehungen der Aehnlichkeit oder Unähnlichkeit. Das Wasser, dessen Bestandtheile Sauerstoff und Wasserstoff sind, wird in seiner Form und Mischung nicht verändert, es wird nicht gereizt und reagirt nicht durch einen salzigen Geschmack, eben weil das Wasser nicht schmeckt.

Der organische Körper kann nicht als Ausnahme eines großen Naturgesetzes angesehen werden, er kann nicht aufhören zu reagiren, wenn die Ursache fortwirkt, welche seine Form und Mischung und damit seine Funktion verändert, und wenn durch einen chemischen Einfluß seine Materie verändert worden ist, so kehrt in ihr oder in der Substanz, welche die Veränderung erlitten hat, die normale Mischung nicht zurück. In der Sprache des Physikers würde das von Henle gewählte Bild in folgender Weise zu interpretiren seyn. Gleichwie das Wasser aus einem [182] sich immer wieder füllenden Gefäße ohne Ausnahme des Niveaus ausströmen kann, so dauern die Lebensäußerungen des thierischen Körpers fort, so lange derselbe die Mittel besitzt, Verluste nach Außen stets wieder zu ersetzen. Ein äußerer Einfluß kann vorübergehend die Lebensäußerungen verändern, gleichwie Salz, in fließendes Wasser geworfen, den Geschmack der Flüssigkeit. Aber sowie allmählig der Geschmack sich verliert, wenn man kein Salz mehr zusetzt, so erlöschen jene veränderten Aeußerung der Lebensthätigkeit, wenn die Ursachen nicht fortdauern, die sie hervorriefen, und die normalen Funktionen sich wieder geltend machen können. In dieser Form ausgedrückt sieht man leicht ein, daß die Aktion des Körpers mit dem Reize nichts zu thun hat. Unter den gegebenen Bedingungen würde sich das Niveau des Wassers im Gefäße erhalten haben auch ohne Salzzusatz, das ursprünglich in dem Gefäße enthaltene Wasser würde erneuert und durch anderes Wasser ersetzt worden seyn. Ganz so ist es mit dem organischen Körper; wenn der Zufluß von außen fehlt, so nimmt eines der Mittel seiner Erneuerung und Erhaltung ab, wie das Niveau des Wassers in dem Gefäße abnimmt, wenn man Wasser ausfließen läßt, ohne es zu ersetzen. Die durch ein glühendes Eisen oder durch Schwefelsäure zerstörte Stelle der Haut erneuert sich nicht in Folge einer Reaktion, sondern weil unterhalb derselben eine Ursache der Erneuerung wirkt, deren Thätigkeit durch das Eisen oder die Schwefelsäure nicht hervorgegangen ist; sie würde gewirkt haben, auch wenn das Eisen und die Schwefelsäure niemals mit der Haut in Berührung gekommen wären; an ihrer Beschleunigung haben beide nicht den geringsten Antheil, sie hängt wieder von andern Ursachen ab.

Typische Kraft ein unbestimmter Begriff.

Es kann gewiß nicht als eine richtige Auffassung gewisser Lebensäußerungen, wie z. B. die Entwicklung des Organismus aus dem Ei oder Keime, die Wiederherstellung der ursprünglichen Gestalt etc., angesehen werden, wenn man ihnen als Ursache eine in dem Organismus wirkende, sich fortbildende Idee, eine typische Kraft unterlegt, eben weil diese Ausdrücke nichts anderes sind, als wie Bezeichnungsweisen der Erscheinungen, und warum „der Salamander ganze Gliedmaßen wieder erzeugt, während die Regeneration beim verwandten Frosche, wie bei [183] höheren Thieren auf wenige Gewebe beschränkt ist," dies läßt sich, wie Henle meint (Rationelle Pathologie, S. 129), aus den nach ihm bestehenden wenigen körperlichen Gesetzen nicht erklären, denn diese Ausdrucksform sagt doch gewiß nichts anderes, als daß diese Dinge so und nicht anders vor sich gehen, weil sie so und nicht anders vor sich gehen. Der Begriff von Erklärung schließt die Bekanntschaft mit dem Gesetze in sich ein, und der Begriff von dem Gesetz ist untrennbar von der Kenntnis quantitativer oder qualitativer Verhältnisse.

Mit einem rohen Bild verglichen verhält sich der Organismus in vielen seiner Beziehungen wie die großen überseeischen Dampfschiffe; die letzteren verbrauchen in jedem Zeitmomente ihrer Reise Sauerstoff und Brennmaterial, die in der Form von Kohlensäure, Wasser und Ruß oder Rauch wieder austreten, in ihnen existirt eine Quelle von Wärme und eine Quelle von Kraft, welche Bewegungseffekte hervorbringt und die Speisen der Mannschaft zum Genusse vorbereitet, und wenn ein Segel zerreißt, so ist ein Mann vorhanden, der es flickt, ein Loch wird von dem Zimmermann ausgebessert, Schlosser, Schmiede, eine Menge Hände sind thätig, und die Aufgabe ist, sie selbst und ihr gegenseitiges Verhältnis kennen zu lernen.

Licht als Reiz betrachtet.

Wenn zuletzt, wie von manchen Pathologen, unter einem Worte, wie z. B. in dem Worte Reiz, Thätigkeiten zusammengefaßt werden, welche die Form und Mischung des organischen Körpers wirklich ändern, und solche, welche wie das Licht, der Schall etc., diese Fähigkeit nicht besitzen, so ist ein Verständniß nicht mehr möglich. Das Licht an sich ist eine

Bewegungserscheinung und es wird als solches im Auge wahrgenommen, weil es eine Bewegung in dem Sehnerven hervorruft, welche dem Sensorium sich mittheilt; die eingetretene Bewegung wird fortgepflanzt, so wie der Ton einer Flöte, durch die Luft fortgepflanzt, eine Saite im Klavier zum Tönen bringt. Der Eindruck von Licht ist die Bewegung selbst. Aber diese Bewegung an sich bringt in dem Auge oder dem Gehirn keine Aenderung [184] der Form und Mischung hervor, wenn nicht neue Ursachen hinzukommen, und zu diesen Ursachen gehört die Gedankenarbeit, durch die der Eindruck zur bewußten Erfindung wird, welche Begriffe und Vorstellungen erweckt.

Daß ein Stück weißes Papier durch das von demselben reflektirte Licht eine Veränderung in der Form und Mischung des Gehirns hervorbringe, dürfte wohl Niemand im Ernst behaupten, denn in diesem Falle würde einem Stück schwarzen Papier, was kein Licht ausstrahlt, ebenfalls eine, obwohl entgegengesetzte Wirkung zugeschrieben werden müssen; aber das nämliche Schwarz und Weiß in der Form von Buchstaben in einem Buche erregen die mannichfaltigsten Gefühle, Begriffe und Vorstellungen und üben durch diese, und nicht durch das Licht, einen Einfluß auf die Beschaffenheit des Gehirns aus.

Schall als Reiz.

In ganz gleicher Weise verhält es sich beim Schall; die Vibration der Luftwellen pflanzt sich durch die Gehörorgane fort und theilt sich dem Gehörnerven mit; die Bewegung des Trommelfells ändert weder seine Form noch Zusammensetzung, so wenig wie die Form und Zusammensetzung der Theilchen, die durch dasselbe eine gleiche Bewegung empfangen. Dasselbe Auge wird in einer Bildergallerie ermüdet, obwohl es darin weit weniger Licht empfängt, wie in derselben Zeit im Freien; ganz ähnlich ist es mit dem Schalle.

Falscher Begriff von Reaktion.

Falsche Begriffe, die allmählig in ein Wort mit aufgenommen wurden, sind stete Veranlassungen wiederkehrenden Mißverständnisses oder der Unmöglichkeit einander zu verstehen; dies ist z. B. der Fall mit dem Worte Reaktion, was Gegenwirkung heißt, aber in der Physiologie in einer ganz andern Bedeutung gebraucht wird. Man sagt, die Drüse reagirt gegen einen Reiz, wenn das Sekretionsvermögen derselben durch eine äußere Ursache gesteigert wird, wie dies wahrnehmbar in der größeren Menge des Sekrets zur Zeit des Reizes ist. Eine Eigenthümlichkeit des organischen Körpers bestehe nun darin, daß die erhöhte Thätigkeit der Drüse nicht fortdaure, wenn auch der Reiz fortdaure, obwohl es doch in der Natur der Sache liegt, daß die Sekretion aufhören muß, wenn keine der Sekretion fähige Materie mehr [185] vorhanden ist, daß sie wieder beginnt, sobald neue Zufuhr erfolgt. Die Wirkung des Reizes ist hier nicht Wirkung auf die Drüse, sondern es ist Wirkung auf die Ursache, welche die Sekretion gleichförmig macht, so daß sie in Folge des Reizes in der einen Zeit mehr als in der andern secernirt.

So geht in dem Schwanze einer Eidechse in jedem Zeitmomente eine Umsetzung und Erneuerung seiner Theilchen vor sich, und wenn der Schwanz abgeschnitten und damit der Zusammenhang der beiden Schnittflächen aufgehoben wird, so wirkten die Kräfte, welche ihn bedingten, der Trennung der Schnittflächen durch das Messer entgegen, aber eine Gegenwirkung der Lebenskraft durch das Messer findet nicht statt. Die Schnittfläche des abgeschnittenen

Schwanzstückes erneuert sich nicht, wohl aber die andere, welche mit dem Organismus in Verbindung steht, nicht in Folge einer Reaktion, sondern weil die Ursachen ihrer Erneuerung unausgesetzt darin fortdauern. Der Körper der Eidechse integrirt sich nicht, wenn die Nahrung fehlt. Wenn der Schwanz wieder gewachsen ist, so haben andere Theile in dem nämlichen Verhältnisse an Gewicht und Volumen in diesem Falle abgenommen. Der organische Körper verhält sich in allen seinen Beziehungen wie die andern Körper. Eine Menge Effekte, welche durch äußere Ursachen in ihm hervorgebracht werden, bleiben, selbst wenn die Ursache nicht fortwirkt, die sie hervorbringt, andere werden ausgeglichen, wenn die fortwirkende Ursache der Störung fehlt, weil in ihm selbst Kräfte oder Ursachen des Widerstandes thätig sind, die sich unausgesetzt geltend machen.

Worterklärungen kein Fortschritt.

Der geringe Erwerb in der naturphilosophischen Periode der Physiologie gibt hinreichend zu erkennen, daß die ideenreiche Beschreibung einer Funktion des organischen Körpers, des Atmungsprocesses z. B., oder der Verdauung, oder eines Krankheitszustandes, zu seiner Erkenntniß nicht hinreicht, und daß die scharfsinnigsten Combinationen zum Fortschritte nichts beitragen, wenn sie nicht auf eine genauere und schärfere Ermittelung der vorhandenen oder auf neu hinzukommende Thatsachen gestützt sind. Das Vorstellungsvermögen allein befähigt uns nicht, den ursprünglichen Standpunkt zu verlassen, und eine [186] bloße Aufeinanderfolge von Ansichten und Meinungen ist nicht ein Fortschritt zu nennen, sondern dem Verfahren eines Mannes zu vergleichen, der, im Kreise sich drehend, die mannichfaltigsten Gesichtspunkte zu gewinnen sucht. Auch diese Gesichtspunkte sind nothwendig, weil wir durch sie die Richtung erfahren, in welcher wir unsere Kräfte verwenden müssen, aber die Beschreibung eines Zustandes, z. B. des Schnupfens, einer Entzündung der Schleimhaut der Nase, darf niemals als eine Erklärung, sie darf nicht als Endziel der Forschung angesehen werden. Ein neuer Ausdruck für Erkältung als eine auf die Hautnerven wirkende Schädlichkeit ist kein wirklicher, sondern nur ein idealer Gewinn.

Uebung des Wahrnehmungsvermögens eine Bedingung zur Beobachtung.

Der richtige Gebrauch unserer Sinne, die Beurtheilung einer Entfernung, die Schätzung der Höhe oder des Umfangs eines Gegenstandes wird durch Erfahrung und Nachdenken erworben; so ist denn auch die richtige Auffassung einer Naturerscheinung und ihr Wiedergeben in ihrer Reinheit, ungetrübt durch die während ihrer Wahrnehmung erweckten Vorstellungen, nur das Attribut eines wohlgeübten und erfahrenen Geistes.

Der Botaniker erkennt durch den bloßen Überblick das Vorhandenseyn oder die Verschiedenheit der einzeln ihn umgebenen Pflanzen, das Auge des Malers bringt ihm eine Menge Einzelheiten zum Bewußtseyn, welche der Ungeübte in vielen Fällen selbst mit Anstrengung nicht wahrnimmt. In keiner unter den Erfahrungswissenschaften ist diese Schärfung und Uebung des Wahrnehmungsvermögens nützlicher und nothwendiger, wie in der Physiologie und Pathologie, in keiner ist die Meisterschaft seltener, wie in der Medicin. Daher kommen denn die vielen Widersprüche in der Auffassung der einfachsten Zustände, daher die Aufeinanderfolge der entgegengesetztesten Heilmethoden, das Auftauchen und spurlose Untergehen einer Menge von Schriften über die Ungesundheit einer Gegend, über die Natur des gelben Fiebers, der Pest, der Cholera, verfaßt von Personen, denen die Oertlichkeit der ungesunden Gegend ganz unbekannt ist, die nie einen gelben Fieber-, Pest- oder Cholerakranken zu sehen Gelegenheit hatten. Um in der Chemie und Physik einer theoretischen Ansicht Geltung zu verschaffen, ist es unumgänglich nöthig, [187] daß derjenige, der sie aufstellt, durch vorangegangene praktische Untersuchungen eine hinlängliche Bürgschaft seines Wahrnehmung- und Combinationsvermögens gegeben hat. Wenn diese Bürgschaft fehlt, so bleibt die Ansicht, selbst wenn sie ein der Wahrheit vollkommen entsprechender Ausdruck ist, unbeachtet, so wie der Widerspruch von Seiten sogenannter Theoretiker nicht die geringste Aufmerksamkeit erweckt. Es gehörte ein Berzelius dazu mit seinem scharfen Wahrnehmungsvermögen, um die Richter'schen Vorstellungen über die chemischen Proportionen vom Untergange zu retten, um ihre innere Wahrheit und die Existenz eines allgemeinen Verbindungsgesetzes unter einer Masse falscher Thatsachen zu erkennen, von denen eine einzige, die nicht existirende kohlensaure Thonerde, welche zum Ausgangspunkte der ersten Aequivalententafel diente, hinreichte, um allen Glauben an die andern richtigern zu vernichten.

Irrthum beruht auf falschen Beobachtungen und Combinationen.

Von dem Standpunkte der Naturforschung aus beruht eine jede irrige Anschauungs- und Betrachtungsweise stets auf dem Mangel an richtigen Beobachtungen und auf dem falschen Begriffe, den man von dem Wesen einer Beobachtung hat; sie gründet sich ferner darauf, daß man das stete Zusammenvorkommen zweier Dinge oder das gleichzeitig stetige Auftreten zweier Erscheinungen für einen nothwendigen Zusammenhang nimmt, daß man beide als gegenseitig einander bedingend betrachtet. In der Natur kommen eine Menge Erscheinungen neben einander vor, von denen die eine nicht wahrnehmbar ist, wenn die andere fehlt, aber zahllose andere gehen neben einander vor sich, ohne daß sie mit einander in irgend einer Verbindung stehen. Die Voraussetzung eines in dieser Weise irrigen Zusammenhanges oder Causalnexus rührt in allen Fällen von einer falschen Beobachtungsweise her. So ist denn zuletzt die Verknüpfung zweier Erscheinungen, welche nur in einer einzigen Beziehung einander ähnlich sind, stets die Folge mangelhafter Beobachtungen.

Beobachtung.

Etwas sehen oder sinnlich wahrnehmen, ist eine Bedingung des Beobachtens, das Sehen und Wahrnehmen charakterisirt die Beobachtungen nicht. [188]
Die Aufgabe des Beobachters ist nicht bloß das Ding zu sehen, sondern auch die Theile, aus denen das Ding besteht; ein guter Beobachter muß wahrzunehmen und sich bewußt zu werden suchen, in welchem Zusammenhange die Theile des Dinges zu einander und zu dem Ganzen stehen.

Beispiele irriger Beobachtungen. Einfluß des Mondes auf die Thaubildung.

Eines der bekanntesten Beispiele irriger Beobachtung ist der Einfluß, den man dem Monde in Beziehung auf die Kälte der mondhellen Nächte, auf die Bildung des Thaues und Reifes zugeschrieben hat, während der Mond nur Zuschauer ist, wenn sich Thau oder Reif bildet.

In einem sonst vortrefflichen Vortrage über den Einfluß des Mondes auf die Erde, der im vorigen Jahre in Dresden gehalten wurde, wird gesagt:

Der Atmosphäre auf die Verdunstung.

„Ohne Atmosphäre läßt sich aber auch nicht das Bestehen von Wasser oder einer ihm ähnlichen Flüssigkeit in tropfbarer Form denken. Könnte unsere Erde plötzlich der Luft entkleidet werden, so müßten ihre Flüsse und Meere verdunsten und die ganze Erde würde in Kurzem austrocknen, in gleicher Weise wie wir dieses Experiment im Kleinen unter der Luftpumpe bewirken."

Hier ist, wie man sieht, ein Zusammenhang der Verdunstung mit der Atmosphäre vorausgesetzt und angenommen, der in der Natur nicht besteht. Ohne die Atmosphäre würden sich keine Wolken bilden, das flüssige Wasser würde in der Form der Dampfbläschen nicht getragen werden, der Wasserdampf würde sich nicht zu einer so großen Höhe erheben können, aber auf die Verdunstung hat die Atmosphäre keinen Einfluß, und unter dem Recipienten der Luftpumpe erzeugt sich eine gleiche Menge Wasserdampf, gleichgültig, ob derselbe luftleer oder mit Luft erfüllt ist.

Die Verdünnung des Sauerstoffgases der Atmosphäre durch Stickgas.

In wie vielen physiologischen Schriften ist nicht die Ansicht ausgesprochen worden, daß das Stickgas der Atmosphäre zur Verdünnung des Sauerstoffs, zur Verlangsamung und Mäßigung seiner Wirkung auf den Organismus beitrage, während die Sauerstoffmenge in dem gegebenen Raume sich in keiner Weise ändert, wenn wir uns denken, daß das Stickgas plötzlich von der Erde hinweggenommen werde. Zwei ihrer Natur nach [189] verschiedene Gase üben auf den menschlichen Körper oder auf die Unterlage einen gewissen Druck aus, aber die Theilchen des einen Gases pressen die des andern nicht zusammen. Bringen wir zwei Flaschen, wovon die eine Stickgas enthält, während die andere luftleer ist, mit einander durch ein Glasrohr in Verbindung, so verbreitet sich das Stickgas in beiden Flaschen. Sind beide Flaschen von gleichem Rauminhalte, so enthält die eine soviel davon wie die andere. Ganz dasselbe tritt ein, wenn die eine Flasche, anstatt luftleer zu seyn, mit Sauerstoffgas bei gleichem Drucke angefüllt ist; das Stickgas verbreitet sich in der Flasche mit Sauerstoffgas, wie wenn kein Sauerstoffgas vorhanden wäre; das Sauerstoffgas verhält sich auf ganz gleiche Weise gegen das Stickgas.

Die Wasser anziehende Kraft der Sonnenstrahlen.

Die Erfahrung, daß viele Bergwerke in hohem Sommer der Wasser wegen, womit sich die Gänge füllen, nicht baubar sind, hat manche Naturforscher bewogen, den Sonnenstrahlen eine wasseranziehende Kraft zuzuschreiben, die sich dadurch, so sagen sie, natürlich erklärt, insofern durch die Wirkung der Sonne der Boden austrocknet und leere Räume entstehen, welche durch Capillarwirkung von unten auf wieder ausgefüllt werden. Wir wissen, daß ein Zusammenhang zwischen der Sonne und dem Wasser in den Gruben statt hat, der aber ganz einfach darauf beruht, daß im Sommer die Bäche austrocknen, durch welche die Pumpen in Bewegung gesetzt werden, die dazu bestimmt sind, um das täglich in gleicher Menge zudringende Wasser herauszuschaffen.

In einer ähnlichen Beziehung mag das Branntweintrinken mit dem Selbstverbrennen stehen, da es sich nur bei Betrunkenen ereignen mag, daß sie in das Feuer fallen und davon verzehrt werden.

Ursprung des Alkaligehaltes in den Pflanzen nach Boerhave.
Der falsche Begriff von lebend und todt oder lebendigen und todten Kräften, der in diesem Augenblicke das Gebiet der Physiologie von dem der Chemie wie durch einen unermeßlichen Abgrund trennt, beruht lediglich auf dem Mangel an wirklichen und dem Vorhandenseyn ganz irriger Beobachtungen; es verhält sich damit, wie mit den Ansichten, die man noch im achtzehnten [190] Jahrhunderte über das Vorkommen der Alkalien in den Pflanzen hatte und die man heutzutage in der Pathologie über das Wachsthum eines Krystalls und über die Ernährung eines organischen Wesens hegt. Weder dem Safte noch den Pflanzentheilchen gehörte das Alkali an, es war ein Produkt des Verbrennungsprocesses; seinen Zuhörern stellte Boerhave [!] vor, daß gefaulte Hölzer kein Alkali gäben, und eben so wenig wie das Glas, was manche Pflanzen beim Verbrennen liefern, eben so wenig sey auch das Alkali ein Bestandtheil der Pflanzen gewesen.

Falsche Vergleichung der Cohäsionskraft in der
Krystallisation mit der organischen Kraft.
„Für Krystalle wie für Zellen gibt es", so sagt Henle (rationelle Pathologie 1. Thl. S. 101) „selbst unter den günstigsten Bedingungen ein Extrem des Wachsthums, wenn es bei jenen auch innerhalb breiterer Grenzen schwankt, als bei diesen. Krystalle fügen sich wie Zellen zu Aggregaten zusammen, welche sogar durch ihre meist baumförmige Anordnung an die Anordnung der Elementartheile in höheren Pflanzen erinnern. Todte und lebende Körper setzen den äußeren Einflüssen einen gewissen meßbaren Widerstand entgegen, accomodiren sich unter Umständen oder geben ihre Form auf. Die bedeutsamste Übereinstimmung zwischen Krystallen und Individuen der organischen Welt zeigt sich in dem Verhalten beider nach Verletzungen durch äußere Einflüsse. Krystalle haben wie organische Körper das Vermögen, verloren gegangene Theile mehr oder minder vollständig zu regeneriren. Dort wirkt wie hier die Kraft, welche die Körper bildete, in den gebildeten Körpern fort, unabhängig von der Materie, deren Verlust sie überlebt oder ersetzt. Wird ein verstümmelter Krystall in eine Flüssigkeit, aus welcher er gleichartige Substanz anziehen kann, gelegt, so wächst er zwar im Ganzen, vorzugsweise und rascher aber nach der Seite hin, wo er zerstört worden, so daß vor allen Dingen die regelmäßige Gestalt wieder hergestellt wird; ganz so wie ein verstümmeltes Thier aus der Nahrung, die es zu sich nimmt, zuerst, so weit es nach typischen Gesetzen möglich ist, die verloren gegangenen Theile wieder erzeugt."

So wahr es auch ist, daß in dem organischen Körper die Zunahme an Masse durch eine Kraft der Anziehung bewirkt wird, [191] so findet dennoch selbst in der äußeren Erscheinung seine Aehnlichkeit zwischen dem Wachsen eines Krystalls und der Gestaltung eines Organismus statt. Die Gestalt der Membran ist nicht durch die physikalische Form der Atome der Leimsubstanz bedingt, so wie dies stattfindet bei einem Alaunkrystall, der aus einem Aggregat von Alauntheilchen besteht, welche jedes für sich eine dem großen Krystall völlig gleiche Form besitzen. Die Zelle ist ein Ganzes für sich und nicht ein Aggregat von kleinern Zellen.

Erklärung.

Für Krystalle gibt es nicht wie für Zellen eine Grenze des Wachsthums; die Vergrößerung des Kristalls wird nicht, wie bei den Organismen, durch eine von Innen nach Außen wirkende Ursache, sondern durch eine Flächenanziehung bewirkt. In allen Punkten seiner Oberfläche wirkt die Kraft, die Theilchen unterhalb der Oberfläche nehmen keinen Theil an seinem Wachsen, sie können entfernt werden, ohne daß damit die Oberfläche ihre Fähigkeit der Zunahme verliert. Die durch Verstümmelung eines Krystalls neu entstandenen Flächen üben auf die Theilchen des umgebenden Mediums keine stärkere Anziehung aus wie die andern Flächen, sie ergänzen sich nicht vorzugsweise. Durch das Abschlagen der Ecke eines Octaeders erhält man eine Würfelfläche des Krystalls, begrenzt durch vier convergirende Octaederflächen; in der krystallisirenden Flüssigkeit nimmt der Körper nach drei Dimensionen zu: die vier Flächen werden länger und breiter, und lediglich in Folge ihrer Verlängerung und Convergenz wird die Spitze wieder hergestellt, und dies geschieht selbst dann, wenn die Würfelfläche mit einem Firniß überzogen wird. Wenn aber von einem Würfel cubischen Alauns die eine Seite abgeschlagen, der Krystall also verstümmelt wird, so nimmt derselbe in der Mutterlauge nach der abgeschlagenen Seite hin nicht im größern Verhältniß wie nach den andern zu, die ursprüngliche Würfelform wird nicht wieder hergestellt, eben weil die Anziehung einer einzelnen Stelle der einen Würfelfläche nicht größer ist wie die anziehende Kraft einer gleich großen Stelle von einer andern der sechs Würfeloberflächen.

Ein Krystall, der in einer gesättigten Lösung wächst, nimmt stets nur an einer Seite vorzugsweise zu, und dies ist die dem Boden zugekehrte Fläche, welche der Natur der Sache nach stets [192] mit der specifisch schwersten und an krystallisirenden Theilchen reichsten Salzlauge umgeben ist. Es gibt Fälle, wo in Folge der Temperaturdifferenz der Oberfläche und des Bodens ein Krystall sich nach unten hin vergrößert, während der obere Theil des Stückes seine Form verliert.

Vergleichung der Parasitentheorie mit der chemischen Theorie über Contagien, Miasmen und Fäulniß.

Die größten Fehler und Irrthümer entspringen daraus, daß in Beurtheilung von Krankheitszuständen Dinge, welche häufig neben einander vorkommen, als gegenseitig einander bedingend, das eine Ding als die Ursache des andern angesehen wird. So gibt es z. B. in der That für die Auffassung von Krankheitszuständen und für die richtige Wahl der Mittel, um sie zu heben, keine Ansicht, welche einer wissenschaftlichen Begründung mehr ermangelt, als die, daß Miasmen und Contagien belebte Wesen sind, Parasiten, Pilze und Infusorien, die sich in dem gesunden Leibe entwickeln, fortpflanzen und vermehren und dadurch die Krankheitszustände und den Tod bewirken.

Ein Blick auf die Grundlage der Parasitentheorie und der andern, die man die chemische genannt hat, dürfte genügen, um den Werth beider zu beurtheilen.

Wenn ich in dem Folgenden versuche durch eine Reihe von Thatsachen gewisse Vorgänge im lebendigen Organismus in Beziehung zu bringen mit Erscheinungen, die in der unbelebten Natur wahrgenommen werden, so geschieht dies weit weniger zu dem Zwecke, um eine neue Ansicht über die Natur und das Wesen der Contagien und Miasmen oder über Gährung und Fäulniß geltend zu machen, als die Aufmerksamkeit der Naturforscher einer bis dahin wenig beachteten ganz allgemeinen Ursache zuzulenken, welche überall mitwirkt, wo eine Form- und Beschaffenheitsveränderung in der Materie, wo Verbindung und Zersetzung vor sich geht. Und wenn der Beweis geführt ist, daß diese Ursache auf die Aeußerung und Richtung der Cohäsionskraft und Affinität einen ganz bestimmten und nachweisbaren Einfluß ausübt, so wird ihr unleugbarer Antheil an den Wirkungen der Lebenskraft um so weniger in Frage gestellt werden können, da die Lebenskraft mit den chemischen Kräften in einerlei [193] Klasse gehört, insofern sie wie diese erst bei Berührung oder in unmeßbar kleinen Entfernungen sich thätig zeigt.

Einfluß der mechanischen Bewegung auf die Krystallisation.

Jedermann weiß, daß das Wasser bei allen Temperaturen unter 0° gefriert; demungeachtet läßt sich Wasser bis auf 15 Grade unter dem Gefrierpunkt des Wassers abkühlen, ohne fest zu werden, und dies geschieht, wenn es in völliger Ruhe erkaltet. Die kleinste Erschütterung reicht aber alsdann hin, um die Eisbildung zu bewirken.

Aufkrystallisirende Salzlösungen.

Ganz ähnlich verhalten sich eine Menge in der Hitze gesättigter Salzlösungen; in völliger Ruhe erkaltet setzen sie keine Krystalle ab, es tritt keine Scheidung des Wassers von dem aufgelösten Salze ein; die mindeste Bewegung, ein Stäubchen, ein Sandkorn in die Flüssigkeit geworfen, bewirkt in diesen Fällen, daß der bewegte Theil krystallisirt, und hat die Krystallisation einmal begonnen, so setzt sie sich durch die ganze Masse fort.

Auf Schwefelquecksilber, Jodquecksilber und Eisen.

Durch anhaltendes Schütteln und Reiben wird das schwarze amorphe Schwefelquecksilber zu rothem krystallinischen Zinnober, das Schmiedeeisen, dessen Theilchen regellos lagern, wird durch das bloße Hämmern krystallinisch. Durch das Reiben einer Stelle des citrongelben Jodquecksilbers geht es in eine neue Krystallform über und wird scharlachrot. Aus diesen Thatsachen ergibt sich, daß eine mechanische Bewegung auf die Aeußerung der Kraft, welche den Zustand der Körper bedingt, einen Einfluß ausübt, diese Bewegung pflanzt sich auf die kleinsten Theilchen der Körper fort; um Krystalle zu bilden, müssen sie sich gewisse Seiten zukehren, in denen ihre Anziehung am stärksten ist; es ist klar, daß in Flüssigkeit sowohl wie in festen Körpern die Atome in Bewegung gesetzt werden können durch einen Stoß oder Schlag, durch Reibung oder überhaupt durch mechanische Ursachen. Aber nicht bloß auf die Aeußerung der Cohäsionskraft üben diese Ursachen einen gewissen Einfluß aus, sondern auch auf die chemische Verwandtschaft. [194]

Einfluß mechanischer Bewegung auf die Aeußerung chemischer Verwandtschaft.

In einer verdünnten Auflösung von Chlorkalium bringt Weinsäure keinen Niederschlag hervor, das bloße Schütteln, die Reibung der innern Gefäßwand mit einem Glasstab macht, daß sich augenblicklich Krystalle von saurem weinsaurem Kali absetzen. Knallsaures Silberoxyd und Quecksilberoxydul explodiren mit der größten Heftigkeit durch einen Stoß oder eine schwache Reibung, ganz so verhält sich das Berthollet'sche Knallsilber, das picoinsalpetersaure Bleioxyd und viele andere. Es ist klar, daß sich in vielen Fällen der Stoß, die Reibung oder überhaupt die Bewegung den Atomen dieser Verbindungen mittheilt, daß die Richtung ihrer Anziehung dadurch geändert wird; sie ziehen sich jetzt in andern Richtungen wie vorher an und in Folge davon entstehen neue Produkte. Das knallsaure Silberoxyd enthält die Elemente der Cyansäure. Durch den Stoß oder die Reibung wurde eine neue Ordnungsweise derselben herbeigeführt; ein Theil des Kohlenstoffs entwickelt sich mit allem Sauerstoff in Verbindung, als Kohlensäure, mit der Kohlensäure entwickelt sich Stickgas, von diesem plötzlichen Übergang in Gasform rührt die Explosion her. Durch den Einfluß einer rein mechanischen Bewegung wird das farblose, leichtflüssige Styrol fest und hart. (Sullivan.)

Die Wärme ähnlich den Wirkungen einer mechanischen Kraft.

Durch die Wärme werden eine Menge Körper zersetzt und ihre Wirkung ist in beiden Fällen vollkommen ähnlich der Wirkung einer mechanischen Kraft. Die Wärme wirkt wie ein Keil, der zwischen die Atome getrieben wird. Ist zwischen zwei Atomen der Widerstand, den die chemische Kraft, die sie zusammenhält, dem Eindringen des Keils entgegengesetzt, kleiner als die der Kraft, welche sie auseinander treibt, so fallen sie auseinander, es erfolgt Zersetzung. Quecksilberoxyd zerfällt in Sauerstoffgas und in Metall. In Körpern, welche mehr wie zwei Elemente enthalten, wirkt die Wärme auf ganz gleiche Weise. Bei einem gewissen Temperaturgrad explodirt das knallsaure Silber und Quecksilber, das Bertholletsche Knallsilber, das picoinsalpetersaure Bleioxyd etc. Die Wärme hebt die ursprüngliche Ordnungsweise der Atome und damit das Gleichgewicht ihrer gegenseitigen Anziehung auf, sie lagern sich jetzt in andern Richtungen, in welchen [195] ihre Anziehung stärker ist. Die Bildung neuer Produkte beruht auf der Herstellung eines neuen Gleichgewichtszustandes; demselben Wärmegrad ausgesetzt erleiden sie keine weitere Veränderung mehr; wird die Temperatur gesteigert, so tritt eine neue Gährung und in Folge derselben ein neuer Gleichgewichtszustand, eine neue Ordnungsweise der Elemente ein. Durch den Einfluß einer schwachen Glühhitze zerfällt die Essigsäure in Kohlensäure und Aceton, die Kohlensäure enthält 2/3 von dem Sauerstoff, das Aceton enthält allen Wasserstoff der Essigsäure, in höherer Temperatur zerfällt das Aceton in eine Kohlenstoffverbindung, welche den Sauerstoff enthält und in einen ölartigen Kohlenwasserstoff. Einer Temperatur von 200 Graden ausgesetzt, wird das Styrol fest und hart, es verliert keine Flüssigkeit und geht in einen dem schönsten Krystallglase ähnlichen Körper über.

Einfluß des Zustandes chemischer Thätigkeit.

Man hat beobachtet, daß Platin die Salpetersäure nicht zersetzt, daß es durch diese Säure nicht oxydirt und nicht aufgelöst wird. Eine Legirung von Platin mit Silber löst sich hingegen leicht in Salpetersäure.

auf die Fähigkeit der Körper, Verbindungen einzugehen.

Metallisches Kupfer zerlegt das Wasser nicht beim Sieden mit verdünnter Schwefelsäure, gewisse Legirungen von Zink, Kupfer und Nickel lösen sich hingegen leicht und unter Wasserstoffgasentwicklung in verdünnter Schwefelsäure. Es gibt von diesen drei Metallen in gewissen Verhältnissen Legirungen, die von verdünnter Schwefelsäure nicht gelöst werden; wird aber der Säure in diesem Fall eine Spur Salpetersäure zugesetzt, so beginnt eine Oxydation, welche einmal eingetreten auch ohne weitere Mitwirkung der Salpetersäure sich fortsetzt. Die Lösung des Platins und Kupfers erfolgt in beiden Fällen gegen die elektrischen Gesetze; Wärme oder andere Ursachen, welche die Affinität zu steigern vermögen, haben an diesem Vorgang keinen Antheil.

oder Zersetzung zu erleiden.

Bringt man ferner Wasserstoffhyperoxyd mit Bleihyperoxyd oder Silberoxyd in Berührung, so wird die Zersetzung des ersteren wie durch viele feste Körper beschleunigt, es zerfällt unter Aufbrausen in Sauerstoffgas und Wasser, aber die Theilchen der beiden genannten Metalloxyde erleiden in Berührung mit den sich [196] zersetzenden Theilchen des Wasserstoffhyperoxyds eine gleiche Zersetzung, das Silberoxyd zerfällt in Sauerstoffgas und Metall, das Bleihyperoxyd in Sauerstoffgas und Bleioxyd. Diese beiden Metalloxyde verhalten sich unter diesen Umständen genau so wie wenn sie einer schwachen Glühhitze ausgesetzt worden wären.

Es geht aus diesen Erscheinungen hervor, daß der Zustand der Verbindung oder Zersetzung eines Körpers, der Zustand des Ortswechsels oder der Bewegung, in welchem sich seine Theilchen befinden, auf die sie berührenden Theilchen vieler andern Verbindungen einen Einfluß ausübt, sie gehen in denselben Zustand über, ihre Elemente spalten sich in gleicher Weise und erhalten das Vermögen eine Verbindung einzugehen, was sie für sich nicht besaßen. Die Zersetzung des zweiten Körpers setzt natürlich voraus, daß der Widerstand der Kraft, welche seine Atome in der ursprünglichen Ordnung zusammenzuhalten strebt, kleiner ist als die auf sie einwirkende Thätigkeit.

Bei organischen Substanzen.

Die Eigenschaft einer in Verbindung oder Zersetzung begriffenen Substanz, in andern sie berührenden gleichartigen oder ungleichartigen den nämlichen Zustand der Form und Beschaffenheitsveränderung hervorzurufen, gehört den organischen Körpern in noch höherem Grade an wie den unorganischen.

Faules Holz.

Faules Holz, in Berührung mit frischem Holz, verwandelt allmählig unter denselben Bedingungen das frische Holz in faules Holz.

Verhalten des Harnstoffes und der Hippursäure im Harn.

In frischem Harn geht bei vollkommenem Abschluß des Sauerstoffs keine Veränderung des Harnstoffes und der darin enthaltenen Hippursäure vor sich; der Luft ausgesetzt, erleidet eine andere im Harn vorhandene Substanz in Folge einer Sauerstoffaufnahme eine Form- und Beschaffenheitsveränderung, die sich auf den Harnstoff und die Hippursäure überträgt; der Harnstoff zerfällt in Kohlensäure und Ammoniak, die Hippursäure verschwindet, an ihrer Stelle findet sich Benzoesäure.

Einfluß der Verwesung des Holzes auf die Oxydation des Wasserstoffgases.

Faules Holz nimmt aus der Luft Sauerstoff auf und gibt an die Luft eine gleiches Volumen Kohlensäure zurück. Wird der [197] Luft Wasserstoffgas zugesetzt, so oxydirt sich mit dem Holz der zugesetzte Wasserstoff, er erhält die Fähigkeit, sich bei gewöhnlicher Temperatur mit dem Sauerstoff der Luft zu verbinden, die ihm sonst völlig abgeht. Unter denselben Umständen absorbirt der Weingeistdampf Sauerstoffgas und verwandelt sich in Essigsäure.

Blutfibrin und Bierhefe verhalten sich gegen Wasserstoffhyperoxyd gleich.

Das frische Blutfibrin verhält sich gegen die Luft wie frisches Holz, es geht in Verwesung über; bringt man es in diesem Zustand der Zersetzung mit Wasserstoffhyperoxyd zusammen, so zerfällt letzteres augenblicklich unter Aufschäumen in Wasser- und Sauerstoffgas. Wird das Blutfibrin mit Wasser zum Sieden erhitzt, so hört diese beschleunigende Wirkung völlig auf. In gleicher Weise verhält sich die Bierhefe, sie bewirkt in dem Wasserstoffhyperoxyd augenblicklich ein Zerfallen seiner Bestandtheile, wird sie vorher zum Sieden erhitzt, so hört bei ihr auch die Wirkung auf (Schloßberger).

Verhalten der zusammengesetzteren organischen Körper.

In ganz besonders hohem Grade sind diese Eigenschaften wahrnehmbar an den complexen organischen Atomen. Je größer in der That die Anzahl der einzelnen Elemente und Atome ist, die sich zu einer Gruppe von Atomen von bestimmten Eigenschaften vereinigt haben, je mannichfaltiger die Richtungen ihrer Anziehungen sind, in demselben Verhältniß kleiner muß die Kraft seyn, welche je zwei oder drei der kleinsten Theilchen der Gruppe zu einander haben; sie setzen den auf sie einwirkenden Ursachen ihrer Form- und Beschaffenheitsveränderung, wie der Wärme oder chemischen Affinitäten, einen viel geringern Widerstand entgegen, sie sind leichter veränderlich und zersetzbar wie Materien von einfacherer Zusammensetzung.

Fäulniß.

Die schwefel- und stickstoffhaltigen Bestandtheile der Pflanzen und Thiere gehören zu den zusammengesetztesten organischen Atomen; von dem Augenblick an, wo sie von dem Organismus getrennt mit der Luft in Berührung kommen, gehen sie in einen Zustand der Zersetzung über, welcher einmal angetreten fortdauert, auch wenn die Luft ausgeschlossen wird. Die farblosen Schnittflächen einer Kartoffel, einer Rübe, eines Apfels färben sich an der Luft [198] sehr bald braun. Bei allen diesen Substanzen ist die Gegenwart einer gewissen Menge Wasser, durch welches ihre kleinsten Theilchen Beweglichkeit empfangen, eine nothwendige Bedingung, um bei vorübergehender Berührung mit Luft eine Form- und Beschaffenheitsveränderung, eine Spaltung in neue Produkte hervorzurufen, welche unausgesetzt fortdauert, bis kein Theil des ursprünglichen Körpers mehr übrig ist. Diesen Vorgang hat man bekanntlich mit dem Namen Fäulniß bezeichnet.

Verwandtschaft nicht die Ursache der Fäulniß.

Die Erfahrung zeigt ferner, daß eine Menge von Substanzen, in Berührung mit diesen im Zustande der Zersetzung begriffenen, d.h. faulenden schwefel- und stickstoffhaltigen Stoffen, ihre Eigenschaften ebenfalls ändern; sie spalten sich, so wie sich diese spalten, und ihre Elemente gruppiren sich zu neuen Produkten, in deren Zusammensetzung in den meisten Fällen keines der Elemente des faulenden Stoffes aufgenommen wird. Aus allen diesen Erscheinungen ist klar, daß die Zersetzung des zweiten Körpers nicht bewirkt wird in Folge einer Verwandtschaftsäußerung, eben weil der Begriff von Affinität nicht trennbar ist von dem Begriff von Verbindung.

Zersetzung des Amygdalins und Asparagins durch faulende Substanzen.

In Berührung mit dem stickstoffhaltigen Bestandtheil der gekeimten Gerste zersetzt sich das Asparagin in Bernsteinsäure und Ammoniak, das Amygdalin zerfällt mit dem stickstoffhaltigen Bestandtheil der süßen Mandeln in Blausäure, Bittermandelöl und Zucker, das bittere Salicin in Saligenin und Zucker.

Überführung des Amylon in Zucker.

Die Kartoffeln, das Mehl der Getreidearten enthalten keinen Zucker. Die bloße Berührung mit Wasser reicht hin, um in Folge der hierdurch im schwefel- und stickstoffhaltigen Bestandtheile eingetretenen Veränderung eine Ueberführung des Amylons in Zucker zu bewirken.

Durch thierische Haut.

Die mit Wasser befeuchtete thierische Haut bewirkt eine Umwandlung des Milch- und Traubenzuckers in Milchsäure; ganz dieselbe Eigenschaft besitzt der Kleber der Getreidearten, der thierische Käse und ein Malzauszug. [199]

Gährung und Gährungsfähigkeit.

Die Eigenschaft eines organischen Körpers, in Berührung mit einem faulenden in denselben Zustand der Zersetzung überzugehen, heißt bekanntlich „Gährungsfähigkeit", der Vorgang seiner Zersetzung „Gährung".

Verschiedene Stadien der Fäulniß, ihr Einfluß auf die Gährung.

Wenn es nun wahr ist, daß die Form- und Beschaffenheitsveränderung des gährenden Körpers abhängig ist von der Form- und Beschaffenheitsveränderung, die in dem faulenden Körper oder dem Gährungsmittel vor sich geht, wenn die neue Lagerungsweise der Atome des einen Körpers bedingt ist durch die Richtung, in welcher sich die Theilchen des andern ordnen, wenn also der gährende Körper sich verhält, wie wenn er einen Theil oder Bestandtheil des Gährungsmittels ausmachte, so ist klar, daß sich die Spaltungsweise des einen ändern muß mit der Spaltungsweise des andern; der gährende Körper muß andere Produkte liefern, wenn sich die Spaltung oder der chemische Bewegungszustand, das Gährungsmittel, ändert. Unzählige Erfahrungen beweisen die Richtigkeit dieses Schlusses.

Mandelmilch und Zucker.

Wenn die Mandelmilch z. B., welche frisch auf Zucker keine Wirkung äußert, eine Zeitlang sich selbst überlassen bleibt, so verliert sie ihre Wirkung auf das Amygdalin völlig, setzt man derselben in diesem Zustande Zucker hinzu, so fängt der Zucker an zu gähren, er spaltet sich in Alkohol und Kohlensäure. Bleibt die Mandelmilch noch länger sich selbst überlassen, so bringt sie jetzt die Umwandlung des Zuckers in Milchsäure hervor. Ganz ähnliche Eigenschaften erhält der Malzauszug, frisch bereitet führt er Amylon in Zucker über, nach acht Tagen verliert sich diese Wirkung, aber er bringt jetzt Zucker in Gährung.

Käsestoff und Zucker.

In der ersten Periode seiner Fäulniß bewirkt der Käsestoff der Milch eine Umwandlung des Milch- und Traubenzuckers in Milchsäure, in höherer Temperatur eine Ueberführung des Traubenzuckers in Alkohol und Kohlensäure, und wenn die Bildung freier Säure durch Zusatz einer alkalischen Base verhütet wird, so bewirkt der Käse in dem letzten Stadium seines Stoffwechsels [200] ein Zerfallen des Zuckeratoms in Kohlensäure, Buttersäure und Wasserstoffgas.

Thierische Membran und Zucker.

Die thierische Membran verhält sich in ganz gleicher Weise, im Anfang bewirkt sie die Umwandlung des Amylons in Zucker, dann die des Zuckers in Milchsäure, später bewirkt sie die Umwandlung des Zuckers in Kohlensäure und Alkohol.

Höhere Temperatur; Einfluß derselben bei der Gährung.

Derselbe Zucker, der im Runkelrübensaft, bei gewöhnlicher Temperatur gährend, in Alkohol und Kohlensäure zerfällt, er liefert, wenn die Temperatur des Saftes erhöht wird, ohne daß sonst dem Saft etwas zugesetzt wird, Mannit, Milchsäure, Gummi, Kohlensäure und Wasserstoffgas.

Fuselöl aus Zucker.

Der nämliche Zucker liefert, wenn die Bedingungen seiner Gährung sich wieder ändern, Buttersäure, derselbe Zucker zerfällt in der gährenden Melasse des Rübenzuckers in Wasser, Kohlensäure und Amyloxydhydrat (Fuselöl).

Spaltung des Zuckers, ähnlich der der Essigsäure durch die Wirkung der Wärme.

Milch und Traubenzucker enthalten dieselben Elemente, und in den nämlichen Gewichtsverhältnissen wie die Milchsäure. Die bei der Gährung des Traubenzuckers auftretenden Produkte enthalten genau die Elemente des Zuckeratoms. Die Zersetzung desselben ist eine einfache Spaltung oder Umlegung seiner Atome, ganz wie dies bei der Essigsäure durch den

Einfluß einer höheren Temperatur geschieht. Die Kohlensäure enthält 2/3 des Sauerstoffs, der Alkohol allen Wasserstoff des Zuckeratoms.

Allen sehr zusammengesetzten organischen Atomen kommt die Eigenschaft zu, Gährung zu erregen.

Wenn man in Betrachtung zieht, daß die Fähigkeit Fäulniß oder Gährung zu erregen, Körpern von der allerverschiedensten Zusammensetzung zukommt, daß Blut, Fleisch, Käse, Membranen, Zellen, Speichel, ein Malzaufguß, Mandelmilch etc. diese Eigenschaft erlangen, sobald durch die chemische Aktion des Sauerstoffs eine Störung des Gleichgewichtszustandes in der Anziehung ihrer Elemente eingetreten ist, so scheint jeder Zweifel über die wahre Ursache, wodurch alle dies Erscheinungen bedingt werden, zu schwinden. [201]

Ursachen der Form und Beschaffenheits-Aenderung in der Materie.

Der Wechsel des Ortes oder der Lage der kleinsten Theilchen einer Menge zusammengesetzter Materien, ihr Zerfallen oder ihr Umsetzen in neue Produkte, kann durch chemische Aktionen, durch Wärme, durch Elektricität, er kann aber auch hervorgerufen werden durch Uebertragung eine Bewegungszustandes oder, wenn man will, durch Berührung mit einem Körper, dessen Theilchen sich im Zustande des Ortswechsels befinden.

Fortpflanzung der eingetretenen Zersetzung.

Wenn durch irgend eine äußere Ursache, durch Berührung mit Sauerstoff z. B., der Gleichgewichtszustand in der Anziehung der Elemente eines dieser zusammengesetzten Atome aufgehoben wird, so ist die Folge davon die Herstellung eines neuen Gleichgewichtszustandes. Die in dem ersten Theilchen eingetretene Bewegung pflanzt sich fort auf das zweite, dritte etc. gleichartige Theilchen, sie pflanzt sich fort auf alle ungleichartigen Theilchen, auf alle andern Substanzen, wenn die Kraft, welche ihre Elemente in der ursprünglichen Form und Beschaffenheit zusammenhält, kleiner ist, als die auf sie einwirkende Thätigkeit, welche sie zu ändern strebt. Mangel an dem Vermögen, in dem ursprünglichen Zustande zu beharren, ist Mangel an Widerstand. Ein jeder Körper, welcher diesen Widerstand zu erhöhen fähig ist, hindert die Fäulniß und Gährung in den gewöhnlichsten Fällen dadurch, daß er mit dem der Fäulniß oder der Gährung fähigen Körper eine chemische Verbindung eingeht; das Beharren in der ursprünglichen Lagerungsweise wird durch jede neu hinzugekomme Anziehung verstärkt. Zu der Kraft, welche das Fortbestehen des einen Körpers bedingte, kommt in dem zweiten Körper, mit dem er sich verbindet, eine neue Anziehung, welche überwunden werden muß, wenn die Elemente des ersten ihren Ort oder ihre Länge ändern sollen.

Fäulnißwidrige Substanzen.

Zu diesen die Fäulniß und Gährung aufhebenden Materien gehört vor allem die schweflige Säure, arsenige Säure, ferner Mineralsäuren, viele Metallsalze, brenzliche Substanzen, flüchtige Oele, Alkohol und Kochsalz. Diese Substanzen üben auf faulende Substanzen eine sehr ungleiche Wirkung aus. Alkohol und Kochsalz in gewissen Menge hemmen alle Fäulniß und in Folge [202] davon alle Gährungsprocesse, insofern durch sie dem faulenden Körper eine Hauptbedingung seiner Umsetzung, nämlich eine gewisse Quantität Wasser entzogen wird. Schweflige Säure, die mit allen organischen Materien überhaupt und damit auch mit allen der Fäulniß fähigen Materien eine Verbindung einzugehen fähig ist, hindert dadurch die Umsetzung.

Verhalten der arsenigen Säure zu Membranen.

Die arsenige Säure übt nicht den geringsten Einfluß auf die Gährung des Zuckers in Pflanzensäften oder auf die Wirkung der Hefe auf den Zucker (Schloßberger) aus, auch die Fäulniß des Blutes wird dadurch nicht aufgehalten, aber ihre Wirkung auf die Membranen und membranartigen Gebilde ist unzweifelhaft. Während eine Blase, ein Stück Haut mit Wasser bedeckt in etwa sechs Wochen unter furchtbarem Gestank vollkommen zersetzt und zerflossen sich darstellt, bleibt ein zweites Stück Haut oder Blase in Berührung mit Wasser, welches arsenige Säure enthält, völlig unverändert und geruchlos. Der Grund dieser Verschiedenheit liegt darin, daß die leimgebenden Gewebe eine chemische Verbindung mit der arsenigen Säure eingehen, welche ähnliche Eigenschaften besitzt wie die mit Gerbsäure verbundene Haut.

Durch die Erkenntnis der Ursache der Entstehung und Fortpflanzung der Fäulniß in organischen Atomen ist die Frage über die Natur vieler Contagien und Miasmen einer einfachen Lösung fähig; sie reducirt sich auf folgendes.

Fortpflanzung der Fäulniß oder Gährungsprocesse im lebendigen Thierkörper.

Gibt es Thatsachen, welche beweisen, daß der Zustand der Umsetzung oder Fäulniß einer Materie sich ebenfalls auf Theile oder Bestandtheile des lebendigen Thierkörpers fortpflanzt, daß durch die Berührung mit dem faulenden Körper in diesen Theilen ein gleicher Zustand herbeigeführt wird, wie der ist, in welchem sich die Theilchen des faulenden Körpers selbst befinden? Diese Frage muß entschieden bejaht werden.

Thatsachen.

Es ist Thatsache, daß Leichen auf anatomischen Theatern häufig in einen Zustand der Zersetzung übergehen, der sich dem Blute im lebenden Körper mittheilt; die kleinste Verwundung mit [203] Messern, die zur Sektion gedient haben, bringen einen oft lebensgefährlichen Zustand hervor.

Der von Magendie beobachteten Thatsache, daß in Fäulniß begriffenes Blut, Gehirnsubstanz, Galle, faulender Eiter u.s.w., auf frische Wunden gelegt, Erbrechen, Mattigkeit und nach längerer oder kürzerer Zeit den Tod bewirken, ist bis jetzt nicht widersprochen worden.

Es ist Thatsache, daß der Genuß mancher Nahrungsmittel, wie Fleisch, Schinken, Würste, in gewissen Zuständen der Zersetzung, in dem Leibe gesunder Menschen die gefährlichsten Krankheitszustände, ja den Tod nach sich ziehen.

Krankheitsprodukte, was darunter zu verstehen ist.

Diese Thatsachen beweisen, daß eine im Zustand der Zersetzung begriffene thierische Substanz einen Krankheitsproceß im Körper gesunder Individuen hervorzubringen vermag, daß ihr Zustand auf Theile oder Bestandtheile derselben übertragbar ist. Da nun unter Krankheitsprodukten nichts anderes zu verstehen ist, als Theile oder Bestandtheile des lebendigen Körpers, die sich in einem Zustand der Form- und Beschaffenheitsveränderung befinden, so ist klar, daß durch sie, so lange sich dieser Zustand noch nicht vollendet hat, die Krankheit auf ein zweites, drittes u.s.w. Individuum wird übertragen werden können.

Fäulnißwidrige Substanzen hindern die Fortpflanzung von Contagien und Miasmen.

Wenn man nun überdies in Betracht zieht, daß alle diejenigen Substanzen oder Ursachen, welche die Fortpflanzungsfähigkeit der Contagien oder Miasmen vernichten, gleichzeitig Bedingungen sind zur Aufhebung aller Fäulniß- und Gährungsprocesse, wenn tägliche Erfahrung ergibt, daß unter dem Einflusse empyreumatischer Substanzen, wie Holzessig z. B., welche der Fäulniß aufs kräftigste entgegenwirken, der Krankheitsproceß in bösartig eiternden Wunden gänzlich geändert wird, wenn in einer Menge contagiöser Krankheiten, namentlich im Typhus, ein beinahe nie fehlendes Produkt von Fäulnißprocessen, nämlich freies oder gebundenes Ammoniak, in der Luft, im Harn und in den Faeces (als phosphorsaures Bittererdeammoniak) wahrgenommen wird, so scheint es unmöglich, über die Ursache der [204] Entstehung und Fortpflanzung einer Menge von contagiösen Krankheiten irgend einen Zweifel hegen zu können.

Fäulnißprocesse als Ursache contagiöser Krankheiten.

Es ist zuletzt eine allgemeine Erfahrung, daß sich „der Ursprung epidemischer Krankheiten häufig von Fäulniß großer Mengen thierischer und pflanzlicher Stoffe herleiten läßt, daß miasmatische Krankheiten da epidemisch sind, wo beständig Zersetzung organischer Wesen stattfindet, in sumpfigen und feuchten Gegenden, sie entwickeln sich epidemisch unter denselben Umständen nach Überschwemmungen; ferner an andern Orten, wo eine große Menschenzahl bei geringem Luftwechsel zusammengedrängt ist, auf Schiffen, in Kerkern und belagerten Orten u.s.w." (Henle, Untersuchungen S. 52) Ferner S. 57: „Niemals aber kann man mit solcher Sicherheit die Entstehung epidemischer Krankheiten voraussagen, als wenn eine sumpfige Fläche durch anhaltende Hitze ausgetrocknet worden ist, wenn auf ausgebreitete Ueberschwemmung starke Hitze folgt."

Schlüsse.

Hiernach ist nach den Regeln der Naturforschung der Schluß vollkommen gerechtfertigt, daß in allen Fällen, wo ein Fäulnißproceß der Entstehung einer Krankheit vorausgeht, oder wo durch feste, flüssige oder luftförmige Krankheitsprodukte die Krankheit fortgepflanzt werden kann, und wo keine näher liegende Ursache der Krankheit ermittelbar ist, daß die im Zustande der Umsetzung begriffene Stoffe oder Materien in Folge ihres Zustandes als die nächsten Ursachen der Krankheit angesehen werden müssen.

Ansteckungsfähigkeit, worauf sie beruht.

Die Bedingung der Ansteckungsfähigkeit eines zweiten Individuums ist Gegenwart eines Stoffes in seinem Körper, welcher der auf ihn einwirkenden Ursache der Form- und Beschaffenheitsveränderung keinen Widerstand in sich selbst oder durch die im Organismus thätige Lebenskraft entgegensetzt. Ist dieser Stoff ein nothwendiger Bestandtheil des Körpers, so muß die Krankheit auf alle Individuen übertragbar seyn, ist es ein zufälliger Bestandtheil, so werden nur diejenigen Individuen davon ergriffen werden, in welchen er in der geeigneten

Menge und Beschaffenheit vorhanden ist. Der Verlauf der Krankheit ist [205] Zerstörung und Entfernung dieses Stoffes, es ist Herstellung eines Gleichgewichtszustandes der im Organismus thätigen Ursache, welche seine normale Funktion bedingt, und einer ihm fremden Thätigkeit, durch deren Einfluß sie geändert werden.

Aufforderung zur Prüfung.

Die praktische Medicin wird bald entscheiden, ob diese Ansicht richtig ist oder ob sie verworfen werden muß, es wird sich zeigen, ob wirkliche Beziehungen bestehen zwischen dem Verhalten der arsenigen Säure zu thierischen Membranen außerhalb des Körpers und ihrer Wirkung in gewissen Fiebern, zwischen dem Verhalten von Quecksilberpräparaten zu thierischen Substanzen außerhalb und ihrer Wirkung in contagiösen Krankheiten. Wenn diese sogenannte chemische Ansicht durch sorgfältiges Studium der Fäulnißprocesse einzelner und gemischter Substanzen und aller Materien und Ursachen, die sie ändern, hindern oder beschleunigen, sowie durch ihre Vergleichung mit analogen Vorgängen im Organismus dem Arzte nicht zum Führer und Wegweiser wird, durch den er zum Besitz neuer Erfahrungen gelangt; wenn dieser Erwerb seine Einsicht in die Krankheitsprocesse nicht zu erhöhen fähig ist; wenn die Wahl der Mittel, um sie zu verhüten und zu heben, keine festere Grundlage damit erhält, als wie sie in diesem Augenblick besitzt, dann ist es nicht der Mühe werth sie aufrecht zu erhalten. Was dieser Ansicht entgegensteht, ist ihre Einfachheit. Während jeder Arzt oder Physiolog schlechte Nahrungsmittel, Mangel an frischer Luft, den anhaltenden Genuß gesalzener Speisen u.s.w. als Ursachen der auffallendsten Aenderungen des Lebensprocesses gelten läßt, während Niemand Bedenken trägt, einen schwachen, in manchen Fällen kaum durch einen Thermometer bestimmbaren Temperaturwechsel als Ursache von Entzündung, Fieber und Tod anzusehen, wird einer der mächtigsten Ursachen von Form- und Bechaffenheitsveränderungen jede Mitwirkung an dem organischen Lebensproceß abgesprochen. Einer Ansicht, die auf einen festgegliederten Zusammenhang einer großen Anzahl der evidentesten Thatsachen gegründet ist, wird die Prüfung versagt, obwohl sie nichts gegen sich hat als ihre Begreiflichkeit. Darin liegt eben der Unterschied in den Resultaten der physikalischen Untersuchungsmethode. Obwohl ein jeder Patholog und Physiolog völlig darüber im Klaren ist, daß [206] ohne Zuhülfenahme der chemischen und physikalischen Kräfte kein organischer Proceß erklärt werden kann, so hat dennoch bis jetzt eine jede Erklärung, in welcher den chemischen und physikalischen Kräften eine Rolle zuerkannt worden ist, das Schicksal gehabt, von den Aerzten bezweifelt und verworfen zu werden.[1]

Vergleicht man die sogenannte chemische Theorie mit der Grundlage der Parasitentheorie, so läßt sich kaum begreifen, wie geistreiche Männer, Forscher des ersten Ranges, einer Ansicht huldigen und die vertheidigen können, welche die Erfahrung eines jeden Tages widerlegt.

---

[1] Eine vom Standpunkte der Chemie aus gewonnene Ansicht über die Wirkung der Arzneimittel brachte einem sonst einsichtsvollem Arzte in Hannover folgende Anekdote ins Gedächtniß. (Physiologie und Chemie in ihrer gegenseitigen Stellung von Dr. O. Kohlrausch, Göttingen 1841, S.117.) „Mir brachte diese Classifikation eine andere ins Gedächtniß, welche ein Bergmann von seinen Vorgesetzten gemacht haben soll. Es sind die Herren von der Feder, die Herren vom Leder und die Chemici. Die Herren von der Feder verstehen's, können's aber nicht, die vom Leder können's machen, verstehen's aber nicht; die Herren Chemici, die verstehen's nicht und können's nicht."

Parasitentheorie.
Die Grundlage der Parasitentheorie läßt sich auf zwei Thatsachen zurückführen, die eine ist die Fortpflanzung der Krätze, die andere eine bei Seidenraupen vorkommende Krankheit, die Muscardine.

Krätze.
Die Krätze ist eine Hautentzündung, veranlaßt durch den Reiz einer Milbenart (Acarus Scabiei, Sarcoptes humanus), welche auf der Haut, richtiger gesprochen, in Gängen derselben lebt; zur Mittheilung der Krätze bedarf es einer dauernden Annäherung, besonders zur Nachtzeit, weil die Krätzmilbe ein nächtliches Raubthier ist. Daß die Krätzmilbe wirklich das Contagium der Krätze sey, wird durch folgende Thatsachen erwiesen.
a) Einimpfung des Eiters aus Krätzpusteln erzeugt nicht Krätze, ebensowenig das Tragen der Krusten scabioser Pusteln auf dem Arm.
b) Die Krätze wird geheilt durch Abreiben der Milben mittelst Ziegelmehl, sie kann nicht übertragen werden durch männliche, [207] sondern nur durch befruchtete weibliche Krätzmilben. Zur allgemeinen Krankheit wird die Krätze durch Fortpflanzung, welche in's Unendliche gehen kann; die Krankheit ist chronisch und heilt nicht von selbst. (Henle).

Krätze ein durch Thiere fortgepflanztes Contagium.
Das Contagium der Krätze ist hiernach ein Thier mit Freßwerkzeugen, welches Eier legt, es heißt fixes Contagium, weil es nicht fliegen kann und weil keine Eier durch die Luft verschleppt werden.

Wenn es erwiesen ist, daß die Krätze durch Thiere fortgepflanzt wird, so bedarf es weder der chemischen noch irgend einer andern Theorie, um die Mittheilung der Krankheit zu erklären, und es versteht sich ganz von selbst, daß alle Zustände, welche der Krätze ähnlich sind, zu derselben Klasse gehören, wenn durch die Beobachtung gleiche oder ähnliche Ursachen der Mittheilung und Fortpflanzung nachgewiesen werden.

Contagiöse Krankheiten, die nicht durch Thiere fortgepflanzt werden.
Wenn man nun fragt, welche Resultate die Forschung nach gleichen oder ähnlichen Ursachen bei andern ansteckenden Krankheiten geliefert hat, so erhält man zur Antwort, daß in dem Contagium der Pocken – der Pest – der Syphilis – des Scharlachs – der Masern – der Typhus – des gelben Fiebers – der Ruhr – des Milzbrandes – der Wasserscheu, die gewissenhafteste Beobachtung nicht im Stande gewesen ist, Thiere oder überhaupt nur organische Wesen, denen das Fortpflanzungsvermögen zugeschrieben werden könnte, nachzuweisen.

Parasiten im Leibe höherer Thierklassen.
Auf der andern Seite hat man wahrgenommen, daß eine Menge von Insekten nur in dem Leibe oder unter der Haut höherer Thiere sich entwickeln und fortpflanzen, und daß durch sie in vielen Fällen Krankheit und Tod des höheren Thieres herbeigeführt wird; es ist vollkommen einleuchtend, daß die Krätze zu dieser Klasse von Krankheiten gehört, da die Größe oder Kleinheit des Thieres für die Erklärung keinen Unterschied ausmachen kann.

Es gibt demnach Krankheiten, welche durch Thiere verursacht werden, durch Parasiten, die sich in dem Leibe anderer [208] Thiere entwickeln und auf Kosten ihrer Bestandtheile leben; sie können mit andern Krankheiten nicht verwechselt werden, wo diese Ursachen völlig fehlen, so viel Aehnlichkeiten sie auch in ihren äußeren Erscheinungen mit ihnen haben mögen. Es ist möglich, daß für eine oder die andere contagiöse Krankheit weitere Untersuchungen den Beweis liefern, daß sie zu der Klasse der durch Parasiten bedingten Krankheiten gehören; so lange dieser Beweis aber noch nicht geführt ist, müssen sie nach den Regeln der Naturforschung davon ausgeschlossen bleiben. Die Aufgabe der Wissenschaft ist es, für diese andern Krankheiten die besondern Ursachen, durch die sie hervorgebracht werden, zu ermitteln; die einfache Frage darnach führt auf den Weg sie zu finden.

Daß die Ansteckung in den contagiösen Krankheiten durch belebte Wesen bedingt und die Krätze als Typhus contagiöser Krankheiten anzusehen sey, suchte man vorzüglich durch den Schluß zu begründen, daß gleiche Wirkungen gleiche Ursachen voraussetzen (Henle, Zeitschrift II. Bd. S. 305, Z. 10 v.u.). Es ist dies derselbe Schluß, der Jahrhunderte lang die Fortschritte des Naturwissenschaften hemmte, der zu so vielen Irrthümern noch heutigen Tages führt.

Die rein miasmatischen Krankheiten und deren sogenanntes Miasma sind ihrem Ursprung nach, sowie in Beziehung auf die Art ihrer Fortpflanzung der Untersuchung bis jetzt nicht zugänglich, und es hat deshalb weder die Parasitentheorie noch die chemische Theorie eine Erklärung derselben versucht.

Was die miasmatisch-contagiösen Krankheiten betrifft, welche sowohl durch eine der Luft beigemischte, wie auch durch eine dem kranken Körper entnommene Materie entstehen, so hat die Parasitentheorie die Muscardine als den Typhus derselben bezeichnet.

Muscardine.

Die Muscardine ist eine Krankheit der Seidenraupe, welche von einem Pilz verursacht wird. Die Keime des Pilzes, in den Körper der Raupe eingeführt, wachsen auf Kosten derselben nach Innen, erst nach dem Tode der Raupe durchbohren sie die Haut, und auf ihrer Oberfläche erscheint ein Wald von Pilzen, welche allmählig vertrocknen und sich in ein Pulver verwandeln, welches durch die leichteste Bewegung sich von dem Körper, auf dem es [209] lagert, erhebt und in der Luft zerstreut. Gute Nahrung, vollkommene Gesundheit und Kraft erhöhen die Ansteckungsfähigkeit, in einer Kolonie von Seidenwürmern sind die kranken Raupen die besten.

Parasiten in Thieren und Pflanzen.

Man hat ähnliche Parasiten an kranken Fischen, an Infusorien, in Hühnereiern etc. wahrgenommen, und es ist demnach klar, daß diese Beobachtungen eine Reihe von Thatsachen für den Thierorganismus feststellen, welche in der Pflanzenwelt sehr häufig wahrgenommen werden, nämlich Krankheit und Absterben durch Parasiten, die ausschließlich nur auf Kosten der Bestandtheile anderer Pflanzen leben; aber zwischen diesen Thatsachen und der Entstehung und Fortpflanzung miasmatisch-contagiöser Krankheiten fehlt jede Art von Verbindung, und wenn es zulässig ist, einen Pilz oder die Sporen eines Pilzes mit dem Namen Contagium zu bezeichnen, so ist klar, da die Größe oder die Kleinheit des Pilzes keinen Unterschied in der Anschauungsweise machen kann, daß es sechs bis acht Zoll lange Contagien gibt, denn der Pilz

Sphaeria Robertii, welcher sich in dem Leibe der neuseeländischen Raupe entwickelt und ihren Tode bewirkt, erreicht diese Größe.

Falsche Ansicht über die Ursache der Fäulniß ist die Grundlage der Parasitentheorie.

Eine in ihren Grundlagen durchaus falsche Ansicht über die Ursache der Gährung und Fäulniß hat bis jetzt die Hauptstütze der Parasitentheorie abgegeben. Die Anhänger derselben betrachten die Fäulniß als eine Zersetzung organischer Wesen durch Infusorien und Pilze, und jeden faulenden Körper gleichsam als eine Infusorienhecke oder Pilzplantage, und wo organische Körper auf weiten Strecken in Fäulniß gerathen, müßte die ganze Atmosphäre mit Keimen derselben angefüllt seyn. Die Keime dieser organischen Wesen sind nach ihnen die Keime der Krankheitsursachen.

Pilze und Infusorien bewirken keine Fäulniß.

Daß zwischen Fäulniß, Contagien und Miasmen ein enger Zusammenhang bestehe, ist, wie man sieht, den Vertheidigern der Parasitentheorie nicht entgangen, nur in der Auffassungsweise des Zusammenhanges dieser Erscheinungen und ihrer [210] gegenseitigen Abhängigkeit weichen die Erklärungen ab. Dieser Zusammenhang würde hergestellt seyn, wenn erwiesen wäre, daß in der That Infusorien oder Pilze Fäulniß oder Gährung bewirken, daß durch sie, durch ihren Ernährungs- und Atmungsprozeß der Zucker in ein Volumen Kohlensäuregas und in ein gleiches Volumen Alkoholdampf zerfällt, daß der Harnstoff dadurch in kohlensaures Ammoniak, das Salicin in Zucker und Saligenin, das schwefelsaure Eisenoxydul in krystallisirten Schwefelkies, der Gyps in Schwefelcalcium, das Glaubersalz in Schwefelnatrium, der blaue Indigo in weißen Indigo, das Amylon in Zucker, der Zucker in Milchsäure, Mannit, Gummi in Fuselöl, in Essigsäure, in Buttersäure und Wasserstoffgas, das Amygdalin in Blausäure, Bittermandelöl und Zucker überführt werden könnten. Die folgenden Betrachtungen dürften genügen, um die völlige Haltlosigkeit dieser Ansicht darzuthun.

Gegensatz der Fäulniß und des Lebensprocesses.

Die Bestandtheile der Pflanzen- und Thiergebilde sind unter der Herrschaft einer in den Organismen thätigen Ursache der Form- und Beschaffenheitsveränderung entstanden, es ist die Lebenskraft, welche die Richtung der Anziehung bestimmte, welche der Cohäsionskraft, der Wärme, der elektrischen Kraft, kurz allen Ursachen, welche das Zusammentreten der Atome zu Verbindungen höherer Ordnung außerhalb des Organismus hinderten, entgegentritt und ihren störenden Einfluß vernichtet. In Verbindungen so zusammengesetzter Art, wie die organischen Atome, veranlassen gerade diese andern Kräfte eine Form- und Zustandsänderung, wenn sich ihrer Wirkung nach dem Tode die Lebenskraft nicht mehr entgegensetzt. Dasselbe Blatt, die nämliche Weintraube, welche die Fähigkeit besaßen, reines Sauerstoffgas an die Atmosphäre abzugeben, sie unterliegen der chemischen Aktion des Sauerstoffs von dem Augenblick an, wo sie, von dem Organismus getrennt, mit der Luft in Berührung gebracht werden.

Kein Organismus, kein Theil des Thieres oder der Pflanze ist fähig, nach dem Verlöschen der Lebensthätigkeit der chemischen Aktion, welche Luft und Feuchtigkeit auf sie ausüben, zu widerstehen, ihre Elemente fallen der unbeschränkten Herrschaft der chemischen Kraft anheim. Gährung und Fäulniß sind Stadien [211] ihres Rückganges in minder zusammengesetzte Verbindungen, zuletzt nehmen die Elemente der organischen Wesen, in Folge der auf sie unausgesetzt einwirkenden unorganischen Kräfte, die ursprünglich einfachsten Formen wieder an, in denen sie neuen Generationen zur Entwicklung und Ernährung dienen können.

Pilze und Infusorien sind der Fäulniß, Gährung und Verwesung unterworfen.

Die Pilze und Infusorien sind organische Wesen, ihre Bestandtheile ebenso zusammengesetzter Natur, wie die der höheren Pflanzen und Thiergattungen, nach ihrem Tode beobachten wir an ihren Leichen ganz dieselben Erscheinungen, welche das Verschwinden aller Organismen begleiten, wie beobachten an ihnen Fäulniß, Gährung und Verwesung; wie ist es möglich, Pilze und Infusorien als Ursache dieser Processe anzusehen, wenn sie selbst, diese Ursachen, faulen, gähren und verwesen, so daß von ihnen nichts übrig bleibt als ihre unorganischen Skelette!

Pilze und Infusorien sind Begleiter der Fäulnißprocesse, nicht Bedinger.

Niemand kann läugnen, daß die Pilze und Infusorien in einer Menge von faulenden und verwesenden Substanzen wahrgenommen werden, aber die Häufigkeit ihres Vorkommens kann unmöglich als ein Grund gelten, die Begleiter von Zuständen als die Ursache derselben anzusehen. Die Pilze und Infusorien sind von der Natur in Beziehung auf ihre Ernährung und Entwicklung auf organische Atome angewiesen, welche aufgehört haben Theile oder Bestandtheile lebendiger Organismen zu seyn, sie erscheinen in den meisten Fällen erst dann, wenn die eigentliche Fäulniß begonnen hat oder vollendet ist und der Verwesungsproceß seinen Anfang nimmt; daß durch ihre Gegenwart alle Vorgänge und damit die Produkte geändert werden, ist unzweifelhaft, denn sie sind durch ihren Ernährungs- und Athmungsproceß die Beschleuniger des Auflösungsprocesses, durch sie wird seine schädliche Wirkung auf die Umgebungen auf die kürzeste Zeit beschränkt.

Pilze und Infusorien beschleunigen den Fäulniß- und Verwesungsproceß.

Wenn mit der Zurückführung der Elemente organischer Wesen in Kohlensäure und kohlensaures Ammoniak alle Fäulniß- [212] processe zu Ende sind, so ist einleuchtend, daß die Zeit, welche hiezu gehört, ausnehmend verkürzt werden muß, wenn der faulende Körper zu einer Infusorienhecke wird und einige Millionen Infusorien auf's eifrigste bemüht sind, seine Bestandtheile durch ihren Athmungs- und Verdauungsproceß in diese letzten Produkte zerfallen zu machen.

Und werden dadurch zu Feinden des Fäulnißprocesses.

Die wichtige Rolle, welche von der Natur den Infusorien angewiesen ist, die sie zu den Feinden und Gegnern aller Contagien und Miasmen macht, kann nicht mehr verkannt werden, seitdem die unzweifelhaftesten Thatsachen bewiesen haben, daß die grünen und rothen Arten während ihres Lebens- und Fortpflanzungsprocesses Quellen sind des reinsten Sauerstoffgases.

In ganz ähnlicher Weise verhalten sich die Pilze, indem sie die eigentlichen Fäulnißerreger, die schwefel- und stickstoffhaltigen Bestandtheile der Vegetabilien zu ihrer Ernährung verbrauchen, hemmen sie die Fäulniß und vermitteln den allmähligen Uebergang in die Endprodukte der Verwesung.

Natur der Wein- und Bierhefe.

Die Ansichten über die Ursache der Fäulniß, welche die Anhänger der Parasitentheorie sich gebildet haben, beruhen hauptsächlich auf Beobachtungen, welche über die Bildung der Hefe in der Wein- und Biergährung gemacht worden sind, aber die Untersuchungen über die Natur der Hefe sind noch nicht geschlossen. Es ist denkbar, daß sich zu den vorhandenen mikroskopischen Beobachtungen noch andere gesellen, durch welche jeder Zweifel über die pflanzliche Natur der Hefe beseitigt wird, aber selbst in diesem Fall würde der Erklärung der Spaltung des Zuckers in Alkohol und Kohlensäure keine anderer Ausdruck unterlegt werden können, wie der, zu welchem die chemische Theorie gelangt ist.

Verhalten derselben in Zuckerlösung, in Traubensaft und Bierwürze.

Es ist eine vollkommen erwiesene Thatsache, daß in der geistigen Gährung die Elemente des Traubenzuckers ohne Gewichtsverminderung, die des Rohrzuckers mit einer Gewichtsvermehrung, in der Form von Kohlensäure und Alkohol wieder erhalten werden. Von einer Verwendung der Zuckertheilchen [213] zum Ernährungs- und Athmungsproceß eines organischen Wesens kann demnach nach unsern gewöhnlichen Begriffen nicht die Rede seyn. In der Gährung des Traubensaftes und der Bierwürze nimmt das Gewicht der Hefe zu; setzt man aber Hefe zu reinem Zuckerwasser, so wird die Gährung ebenfalls hervorgebracht, aber in diesem Fall nimmt die Hefe nicht zu, sondern ihr Gewicht nimmt ab; durch fortgesetztes Zusammenbringen derselben Hefe mit frischem Zuckerwasser verliert sie unter beständiger Gewichtsabnahme ihr Vermögen Gährung zu erregen gänzlich. Ein und dieselbe Wirkung müßte, wie man sieht, zwei direkt einander entgegenstehenden Ursachen, von denen die eine die Fähigkeit einer Zunahme, die andere das Gegentheil von Fortpflanzung ist, zugeschrieben werden. Nimmt man an, daß der Ernährungs- und Athmungsproceß des Pilzes abhängig sey von einer schwefel- und stickstoffhaltigen Substanz, die keine Elemente enthält, daß die Gährung des Zuckers eine zufällige, den Entwicklungsproceß eines organischen Wesens begleitende Erscheinung sey, so bleibt es völlig unbegreiflich, woher es kommt, daß der Pilz in einer Flüssigkeit, worin diese Hautbedingung zu seiner Fortpflanzung vorhanden ist, sich dennoch nicht reproducirt, während er an Masse zunimmt, wenn der zufällige Begleiter seines Lebensprocesses, der Zucker, zugesetzt wird. Wenn z. B. im Traubensafte der Zucker zersetzt ist und die Luft ausgeschlossen bleibt, so erhält sich der Rest der im Safte aufgelösten schwefel- und stickstoffhaltigen Substanz Jahre lang ohne alle Veränderung; wird dem Safte Zucker zugesetzt, so fängt die Gährung wieder an, es scheidet sich wieder Hefe ab; ist der Zucker zersetzt, so hört diese Abscheidung auf und beginnt wieder bei neuem Zuckerzusatz, und dies dauert so lange fort, bis die Flüssigkeit einen Ueberschuß von Zucker enthält.

Die Bildung der Hefe, des Alkohols und der Kohlensäure sind gegenseitig von einander abhängig.

Aus diesen Thatsachen ergibt sich augenscheinlich ein gegenseitiges Abhängigkeitsverhältniß, sowie die chemische Theorie es verlangt, zwischen der Form und Beschaffenheit des schwefel- und stickstoffhaltigen Körpers, der zu Hefe wird, und den neuen Formen und Beschaffenheiten, welche das Zuckeratom erhält, und es ist klar, daß der Zustand, in welchem sich die Elemente des [214] ersteren während ihres Zusammentretens zur Hefe und ihres Auscinanderfallens zu anderen Produkten befinden, die Ursache ist der Spaltungsweise des Zukkers. In keiner andern Spaltungsweise des Zuckers, z. B. bei seinem Uebergange in Milchsäure durch eine thierische Membran, oder bei seinem Uebergange in Mannit, Gummi, Buttersäure, Essigsäure etc. sind den Pilzen ähnliche organische Wesen oder Thiere, noch sind jemals in irgend einem andern Fäulniß- oder Gährungsprocesse organische Wesen wahrgenommen worden, welche, in ihren Formen unveränderlich wiederkehrend, die Natur der Produkte bedingen.

Vibrionen im Harn

In vielerlei Harn läßt sich während seiner Fäulniß die Gegenwart von Vibrionen wahrnehmen, aber in unzähligen andern Fällen, wo Harn fault, ist es unmöglich, irgend ein organisirtes Wesen darin zu erkennen, und wenn nur in einem einzigen Falle, wo frischer Harn durch den in faulem gebildeten weißen Absatz in Fäulniß versetzt worden ist, die Abwesenheit vegetabilischer oder thierischer Organismen erweisbar ist, so reicht dies eine Faktum vollkommen hin, um über die wahre Ursache der Fäulniß desselben jeden Zweifel zu entfernen.

Pilze enthalten Zucker.

Wenn man zuletzt in Erwägung zieht, daß in allen bis jetzt untersuchten Pilzen die Analyse einen Gehalt von Zucker nachgewiesen hat, der während ihres Lebensprocesses nicht in Alkohol und Kohlensäure zerfällt, daß aber in denselben Pilzen sogleich nach ihrem Absterben von dem Augenblicke an, wo man in ihrer Farbe und Beschaffenheit eine Veränderung wahrnimmt, die geistige Gährung eintritt, so fehlt die Analogie, welche berechtigen könnte, den Lebensproceß dieser Pflanzen als Ursache der Gährung anzusehen. Es ist der Gegensatz des Lebensprocesses, dem die Wirkung zugeschrieben werden muß (Schloßberger, Annalen der Pharmacie, Bd. LII S. 117).

Aenderung der Fäulnißprocesse.

Man kann es durch die schönsten Versuche als erwiesen betrachten, daß der Fäulnißproceß von Fleisch und von vielen thierischen Substanzen eine ganz andere Form annimmt, wenn sie in Gefäßen aufbewahrt werden, welche ausgeglühte Luft enthalten, wenn demnach die Mitwirkung von Infusorien [215] ausgeschlossen ist; aber diese thierischen Substanzen behaupten unter diesen Umständen keineswegs ihre ursprüngliche Beschaffenheit, ihre Farbe und ihr Zusammenhang ändern sich, und wenn z. B. das zur völligen Zersetzung des Fleisches nöthige Wasser vorhanden ist, so zerfließt es nach kürzerer oder längerer Zeit zu einer stinkenden Masse.[1] Man darf sich nur an das Verhalten des frischen Harns erinnern, um einzusehen, daß für viele dieser Thiersubstanzen ein unausgesetzt sich erneuernder Sauerstoffzutritt eine Bedingung zu ihrer Fäulniß ist, daß beim Ausschlusse des Sauerstoffs der Harnstoff nicht in kohlensaures Ammoniak übergeht, daß sie, im Gefäße eingeschlossen, den darin enthaltenen Sauerstoff in Kohlensäure überführen und mit der Hinwegnahme dieses Sauerstoffs der ganze Proceß gehemmt wird und jedenfalls sich ändert.

Die Anhänger der Parasitentheorie nehmen an, daß durch die vorübergehende Berührung des Traubensaftes mit der Luft, ohne welche die Gährung desselben nicht beginnt, die in der Luft allgegenwärtigen Keime der Hefenpilze Zutritt erlangen, die sich, nachdem sie den zu ihrem Lebensprocesse nöthigen fruchtbaren Boden gefunden haben, jetzt auf's üppigste entwickeln; aber sie erklären nicht, woher es kommt, daß der Bierbrauer Hefe zusetzen muß, um seine Bierwürze in Gährung zu versetzen, daß die nämlichen Keime, wären sie wirklich in der Luft, sich in diesem Boden nicht entwickeln, obwohl in ihm alle Bedingungen ihres Lebens und ihrer Fortpflanzung vorhanden sind. Sie vergessen ganz, daß die Gährung des Traubensaftes mit einer chemischen Aktion beginnt, daß eine meßbare Menge Sauerstoff aus der Luft aufgenommen wird, daß der Saft sich trübt [216] und färbt und erst mit dem entstehenden Niederschlage die Gährung ihren Anfang nimmt; sie berücksichtigen nicht, daß mit der Menge des hinzutretenden Sauerstoffs die Gährung ab- statt zunimmt, daß bei einem gewissen Verhältnisse an Sauerstoff, wenn die der Sauerstoffaufnahme fähige Materie unlöslich geworden ist, in dem nämlichen Safte die Gährung nicht mehr eintritt.[2]

Ehe alle diese Verhältnisse auf das gründlichste erörtert sind, ist es aller nüchternen Forschung entgegen, den Lebensproceß eines Thieres oder einer Pflanze als die Ursache irgend eines Gährungs- oder Fäulnißprocesses anzusehen, und in allen den Fällen, wo in dem Contagium einer miasmatisch-contagiösen Krankheit durch die Untersuchung die Gegenwart von organischen Wesen nicht erweisbar ist, muß die Ansicht, daß sie überhaupt Antheil an dem Krankheitsprocesse genommen haben oder nehmen, als eine jede Stütze entbehrende Hypothese verworfen werden.

Zwei gleichzeitige Erscheinungen werden häufig für Ursache und Effekt gehalten.

Ein anderer nicht minder großer Fehler in der Anschauungs- und Schlußweise wird häufig darin begangen, wenn zwei der Aeußerung nach verschiedene Erscheinungen, welche Effekte einer und derselben Ursache sind, als sich gegenseitig einander bedingend angesehen, wenn die Beschreibung der einen Erscheinung als eine Erklärung oder Definition der andern betrachtet wird.

---

[1] In den schönen Versuchen de Saussure's beobachtete er die auffallende Thatsache, daß Wasserstoffgas, welches in der Glühhitze durch Zersetzung von Wasserdämpfen mittelst Eisen erhalten worden war, in Berührung mit faulenden oder verwesenden Thierstoffen keine Verbindung mit Sauerstoffgas einging, während das bei gewöhnlicher Temperatur erhaltene reine Wasserstoffgas mit Leichtigkeit unter diesen Umständen verdichtet wird. Es dürfte dies in einer Untersuchung über den Einfluß der geglühten Luft auf den Fäulnißproceß Beachtung verdienen. Möglicherweise ist die Zerstörung der Infusorien und Pilzkeime nicht die einzige Ursache der Aenderung dieses Processes.
[2] 2 Cubikcentimeter Most, 3 Millimeter dick und 30 Millim. im Durchmesser, mit 20 Cubikc. Sauerstoff in Berührung, kommen nicht in Gährung, während eine ähnliche Schicht ohne Zusatz von Sauerstoff eine bedeutende Entwicklung von Kohlensäure bewirkte (de Saussüre [!] im Jahrbuch für Chemie, LXIV. 47–51).

Beispiele.

Dies ist z. B. der Fall mit der Erklärung, welche vom Fieber, den Krisen etc. gegeben wird. Einige Beispiele von ähnlichen falschen Verbindungen, die täglich im Leben vorkommen, dürften das, was hier gemeint ist, am besten versinnlichen.

Sturm als Ursache der ungewöhnlichen Aenderungen des Barometerstandes.

Nichts ist häufiger z. B. als der Glaube, daß Stürme ein Fallen des Quecksilbers im Barometer bewirken, daß mithin die [217] Stürme einen Einfluß ausübten auf den Stand des Quecksilbers in diesem Instrumente.

Stürme sind Effekte eines durch Temperaturdifferenz oder andere Ursachen aufgehobenen Gleichgewichtszustandes des Druckes der Atmosphäre; eine Aenderung des Druckes der Atmosphäre zeigt sich unter anderem auch in dem Fallen oder Steigen einer Quecksilbersäule, die mit einer Luftsäule von gleichem Durchmesser im Gleichgewichte steht. Beide, Barometerstand und Sturm, stehen miteinander in keiner unmittelbaren Verbindung. Der Sturm übt keine Wirkung auf das Barometer aus, beide stehen nur durch die Ursache, die sie bedingt, um Zusammenhange. Ganz so verhält es sich mit der irrigen Verknüpfung des Fallens des Barometers mit der Entstehung von Regen.

Merkzeichen des Fiebers dürfen nicht als Ursachen desselben angesehen werden.

Die Vorstellungen, welche manche Pathologen über die Ursache des Fiebers sich gebildet haben, gehören in diese Klasse falscher Auffassungen der causa efficiens und der Verwechslung der Begriffe von Effekt und Ursache.

Henle's Erklärung des Fiebers.

„Ich bin weit entfernt," sagt Henle (Untersuchungen S. 240), „diese Controverse, den Streit über die Frage, ob es essentielle Fieber gebe oder nicht, schlichten zu wollen, aber ich glaube, etwas dazu beitragen zu können, damit sich die beiden streitenden Parteien erstens jede für sich und dann auch die andere besser verstehe. Es ergab sich, daß die Fiebersymptome Folge einer Alteration des Centralorgans sind. Diese Alteration ist die nächste Ursache der Fiebersymptome, und da das Fieber eben in den Symptomen, in der Complikation von veränderter Temperatur, veränderter Blutbewegung, Durst, Mattigkeit beruht, so ist diese Alteration der Centralorgane nächste Ursache des Fiebers – sie ist das Fieber selbst."

Ganz abgesehen davon, daß diese drei Sätze nicht Glieder eines Schlusses sind, da jeder dasselbe sagt, so dürfen – den Regeln der Naturforschung gemäß – so lange der ursächliche Zusammenhang der Fiebersymptome und der Alteration des Rückenmarks nicht nachgewiesen ist, die Fiebersymptome nur als Merkzeichen des veränderten Zustandes im Rückenmark angesehen [218] werden. Zu den Merkzeichen des Fiebers, die nach Außen wahrgenommen werden, fügt damit die wissenschaftliche Untersuchung ein neues Merkzeichen. Die Alteration des Centralorgans ist eine durch die Sinne wahrnehmbare oder wahrgenommene Thatsache, nicht Ursache.

Welcher Gang zur Erforschung der Ursache des Fiebers eingeschlagen werden muß.

Angenommen, daß diese Alteration stets und unwandelbar begleitet ist von den Fiebersymptomen, so umfaßt die Erkenntniß der Ursache des Fiebers oder seine Erklärung den Nachweis des Zusammenhanges der drei stets wiederkehrenden Merkzeichen des Fiebers, d.h. die subjektiven Gefühle des Unwohlseyns, veränderte Blut- und Athembewegungen und veränderte Wärmeerscheinungen, welche den Fieberzustand charakterisiren, sowie die Ermittelung des Verhältnisses ihrer gegenseitigen Abhängigkeit. Schließen wir die subjektiven Merkzeichen, die Gefühle des Unwohlseyns, der Kälte und Hitze, als ihren letzten Gründen nach bis jetzt nicht erforschbar, von der Untersuchung aus, so ist also zu ermitteln, in welchem Zusammenhange die Alteration des Rückenmarks mit den beschleunigten Blut- und Athembewegungen und den veränderten Wärmeerscheinungen steht. Ehe von einer Erklärung die Rede seyn kann, muß der Begriff von Bewegung festgestellt, die Quelle der bewegenden Kraft und Wärme im Thierkörper muß aufgesucht werden. Wenn wir nun nach der Methode der Physik die Ursache des Fiebers erforschen wollten und uns denken, daß sich in dem Herzen selbst, durch das Zusammenwirken mehrerer, sagen wir zweier Ursachen eine gewisses Maß von Kraft erzeugt, wodurch der Blutumlauf bedingt wird, so ist die Bewegung gleichförmig oder normal, wenn die Anzahl der Herzschläge in jeder Sekunde gleich ist, wenn sich also die Kraft in gleiche Zeiten vertheilt.

Gesichtspunkte der Forschung.

Wenn das nämliche Quantum von Kraft in Folge eines gestörten Verhältnisses der zwei Ursachen, die im Herz ihren Sitz haben sollen, in der einen Zeit steigt und in der andern kleiner ist, so sind die Pulsationen des Herzens in der einen Zeit schneller, in der andern langsamer. Die erzeugte Kraft ist in diesem Falle der Zeit ihres Verbrauches nicht proportional. [219] Es ist klar, daß in dieser Voraussetzung (wenn also die Kraft im Herzen erzeugt wird) die Alteration des Rückenmarks keinen andern Einfluß auf den Wechsel der Bewegungserscheinung, auf die Beschleunigung oder Verlangsamung des Herzschlages ausüben kann, als daß es in Folge seines Zustandes, der Bewegung in der einen Zeit in irgend einer Weise einen geringern Widerstand als in der andern entgegengesetzt. Die Ursachen von Bewegungseffekten sind aber nicht allein im Herzen, sie sind überall in jedem Theile des Organismus, im Rückenmark sowohl wie in jeder einzelnen Muskelfaser.

Ermittlung des Zusammenhangs des Rückenmarks mit den Bewegungseffekten.

Wir können uns aber denken, daß die Bewegung des Herzens sowohl wie die aller andern Theile des Organismus, die Bewegungen der Eingeweide, die willkürlichen Bewegungen von dem Rückenmark ausgehen oder vermittelt werden, und es ist sodann klar, daß eine Aenderung in dem Zustande oder der Beschaffenheit des Rückenmarks eine Aenderung aller Bewegungserscheinungen zur Folge haben muß. Dasselbe muß stattfinden, wenn irgend ein Theil der mit dem Rückenmark und mit den Apparaten der Blut-, Eingeweide- etc. Bewegung in Verbindung stehenden Nerven eine Zustands- und Beschaffenheitsveränderung erleidet, die in diesem vorgehende veränderte Thätigkeit muß rückwärts einen Einfluß auf das Rückenmark und auf den Bewegungsapparat ausüben. Die Gesetze der Fortpflanzung oder der Mittheilung einer Bewegung sind überall dieselben, durch welche Ursachen sie auch hervorgebracht seyn mögen.

Die Ursache der Bewegung in einer Mühle, die rotirende Bewegung des Steins, des Beutelns des Mehls etc. ist nicht das Mühlrad, denn das Mühlrad ist ein Theil der Mühle. Es ist vollkommen gewiß, daß die Ungleichförmigkeit des Ganges der Mühle verursacht werden kann durch das Hinwegnehmen mehrerer Wasserschaufeln von dem Mühlrade, was zur Folge hat, daß der Druck des Wassers an diesen Stellen zu wirken aufhört, allein sie kann auch verursacht werden durch das Ausbrechen der Zähne irgend eines andern Rades der Mühle; stets wird dies in der hierdurch ungleichförmig gewordenen Bewegung des [220] Mühlrades so gut wie in den andern Theilen der Mühle wahrnehmbar seyn.

Gleichförmige und ungleichförmige Bewegungen.

Wenn nun der Organismus in einer gegebenen Zeit ein gewisses Maß von Kraft erzeugt, so sind, sobald diese Kraft von dem Rückenmark aus zur Verwendung gelangt, die Bewegungen gleichförmig, wenn die Kraft in gleichen Zeiten für alle Apparate der Bewegung zur Verwendung kommt, sie sind ungleichförmig, wenn der eine Apparat mehr Kraft als der andere empfängt. Wenn hiernach die Athem- und Blutbewegungen beschleunigt erscheinen, so würden Schwäche in den Gliedern oder eine Störung der Verdauung Folgen davon seyn.
Nach der Feststellung des Zusammenhanges zwischen dem Rückenmark und den Bewegungseffekten wären die Beziehungen der letzteren zu den Wärmeerscheinungen zu erörtern.

Beziehung der Wärmeerscheinungen zu den Bewegungserscheinungen.

Die Wahrnehmung ergibt, daß die Ungleichförmigkeit der Bewegungserscheinungen begleitet ist von einem Wechsel in den Wärmeerscheinungen; in manchen Fällen steigen und fallen die subjektiven und objektiven Wärmeerscheinungen mit der Beschleunigung und Verlangsamung der Bewegungserscheinungen, in andern wieder stellen sich beide nicht in dem nämlichen Verhältnisse gleichzeitig ein. Aber mit dem Gleichförmigwerden der Wärmesymptome werden auch die Bewegungserscheinungen gleichförmig, und sind diese letzteren normal geworden, so sind auch die Wärmeerscheinungen diesen Bewegungen proportional. Wenn nun dargethan werden kann, daß der Bewegungseffekt (die Geschwindigkeit) an sich die Wärme (z. B. durch Reibung) nicht hervorbringt, so folgt von selbst, daß Wärme und Bewegungserscheinungen in keinem näheren Zusammenhange mit einander stehen, als wie der Sturm mit dem abnormen Steigen oder Fallen des Quecksilbers in dem Barometer, daß also die Ursachen, welche die eine Reihe von Erscheinungen bedingt haben, gleichzeitige Bedingungen der andern Reihe sind. Wenn sich nun herausstellt, daß die Anzahl der in einer gegebenen Zeit [221] freigewordenen Wärmegrade in einem bestimmbaren Verhältnisse steht zu der Anzahl von Blutkörperchen, welche in der nämlichen Zeit durch die Capillarien gegangen sind, so würde in einer gewissen Beschaffenheit der Blutkörperchen oder des Blutes und der Capillarien die Wärmequelle gesucht werden müssen.

Beziehung der Wärmeerscheinungen zu dem Sauerstoff der Luft.

Da nun durch die Untersuchungen erwiesen ist, daß die Beschaffenheit des Blutes, wodurch es zu einer Wärmequelle werden kann, in dem Vermögen, Sauerstoff aufzunehmen, besteht, da die Sauerstoffaufnahme in einer gegebenen Zeit in einem bestimmten Verhältnisse zu der Anzahl der Athemzüge in eben dieser Zeit steht, so sind die ungleichen Wärmeeffekte abhängig von den Athembewegungen, den Contraktionen des Herzens und überdies von einer äußeren Ursache, und diese ist die chemische Aktion des Sauerstoffs. Sowie sich das Verhältniß dieser drei Faktoren zu einander ändert, so müssen sich in gleicher Weise die Wärmephänomene ändern, und wenn in gewissen Theilen des Organismus die Fähigkeit, mit dem Sauerstoff eine Verbindung einzugehen, durch irgend eine neue hinzugekommene Ursache zunimmt, so wird in diesem Theile mehr Wärme frei werden, als in den andern Theilen. Wenn demnach die Blutbewegung und Athembewegung eine gleichzeitige Beschleunigung erfahren, so wird dem von Vierordt ermittelten schönen Gesetze gemäß auch die Sauerstoffaufnahme und damit die Menge der freigewordenen Wärmegrade steigen; sind die Blutbewegung und Athembewegungen nicht in gleichem, sondern in ungleichem Verhältnisse beschleunigt, so ändert sich damit auch das subjektive oder objektive Wärmegefühl. Wenn alle diese Verhältnisse erforscht und ermittelt sind, so vermögen wir nicht nur die einzelnen Symptome und damit das Fieber zu erklären, sondern wir sind auch im Stande, sie alle zusammen auf eine einzige und letzte Ursache (die Krankheitsursache) zurückzuführen. Dies ist der Weg der Naturforschung.

Irrige Schlüsse, herbeigeführt durch Hervorhebung einer einzelnen Ursache.

Irrige Verbindungen von Sätzen oder Thatsachen anderer Art werden dadurch hervorgerufen, daß man bei der Erklärung einer Naturerscheinung, die von mehreren Ursachen bedingt wird, [222] nur eine dieser Ursachen in's Auge faßt und ihr einen Wirkungswerth beilegt, den sie an und für sich nicht besitzt, sondern nur durch das Vorhandenseyn der andern Ursachen erhält. So z. B. beruht nach Schleiden (Grundzüge der wissenschaftlichen Botanik, 1845, S. 282) die Ansicht, „daß die Gährung und Fäulniß Effekte der Mittheilung einer Bewegung seyen," theils auf der unhaltbaren Atomistik, theils sey sie mechanisch falsch aufgefaßt. „Die Größe der Bewegung werde gemessen durch das Produkt der Masse in die Geschwindigkeit. Ein Theil Diastase erstrecke aber seine zersetzende Kraft auf 1000 Theile Stärke (was ein Irrthum ist, da nach Guerrin Varry [korrekt: Guérin-Varry] ein Theil Diastase auf 60 Stärke wirkend nur 10,3 Theile Zucker liefert. Das Verhältniß 16 Stärke auf 1 Diastase lieferte nur 14 Zucker). Man müsse also im Atome der Diastase eine Geschwindigkeit annehmen tausendmal so groß, als zur Zersetzung eines gleichen Gewichtes Stärke nothwendig wäre. Es sey leicht einzusehen, daß man auf der schwächsten Basis hier ein Riesengebäude der kühnsten Hypothesen auf einander thürmen müsse, um zum Ziele zu gelangen. Auf der andern Seite sey der Einwurf, daß es ohne Beispiel sey, daß ein ruhender Körper einen andern in Bewegung setze, auch von der atomistischen Erklärungsweise entlehnt und ebenfalls physikalisch falsch. Die Gravitation, der Magnetismus, die elektrische Anziehung seyen lauter Beispiele der Bewegung eines Körpers durch einen ruhenden." (Schleiden).

Berichtigung von Schleidens Ansicht.

Was die Diastase und ihre Wirkung auf die Stärke betrifft, so hat Schleiden vergessen, die Zeit mit in Rechnung zu nehmen, welche nöthig ist, um die Ueberführung in Zucker zu bewirken. Die Ansicht, welche er bestreitet, setzt nicht voraus, daß die Theilchen der Diastase eine größere Geschwindigkeit besäßen, sondern daß die Umlagerung eines Stärkemoleculs vor sich gegangen ist, während in dem Diastasemolecul die Bewegung noch fortdauert, der Gleichgewichtszustand in diesem also noch nicht eingetreten ist. Unter Mittheilung einer Bewegung ist nichts anderes zu verstehen, als daß sich die Stärketheilchen in Berührung mit den Diastasetheilchen verhalten wie wenn sie Theile oder Bestandtheile davon wären. Die Wirkung der Diastase in einer begrenzten Zeit hängt ab von der Anzahl der [223] Stärkemolecule, die mit den Diastasemoleculen in eben dieser Zeit in Berührung kommen können; je nach der Menge der Diastase richtet sich die Zeit, der Proceß der Umwandlung in Zucker; die Wirkung der Diastase hört auf, wenn sie selbst verschwunden ist, durch eine doppelte oder dreifache Menge Diastase wird die Zeit verkürzt oder es wird eine größere Menge Stärke in Zucker überführt.

Wodurch Bewegung eintritt.

Was die Ansicht betrifft, daß die Schwere, die Elektricität Beispiele seyen von Bewegung eines Körpers durch einen ruhenden, so muß in Betrachtung gezogen werden, daß ein ruhender Körper auf zwei wesentlich verschiedene Arten in den Zustand der Bewegung übergehen kann.

Durch Mittheilung der Bewegungsgröße.

1) Durch Mittheilung der Bewegungsgröße eines schon bewegten Körpers, also durch Stoß, wie des Hammers auf den Nagel, des Wassers auf das Mühlrad, oder des Windes auf das Segel.

Durch eine attraktive oder repulsive Kraft.

2) Durch Einwirkung einer attraktiven oder repulsiven Kraft, welche zwischen jenem und einem zweiten Körper thätig ist. Hierbei ist die Wirkung allemal gegenseitig und die erlangten Geschwindigkeiten den bewegten Massen umgekehrt proportional.

Chemische Processe als Bewegungserscheinungen gehören zu der zweiten Art,

Da man die chemischen Processe als Bewegungserscheinungen auffassen muß, so ist vorerst nicht zu bezweifeln, daß alle solche Processe, welche in der Bildung neuer Verbindungen ihre Erklärung finden, zu der zweiten Art der Bewegungserscheinungen gehören, indem die anziehende Kraft der Bestandtheile oder die chemische Verwandtschaft die eintretende Ort- und Beschaffenheitsveränderung (d.h. die Bewegung) der Materie hervorruft. Nach der Herstellung der Verbindung hört die Bewegung ebenso auf, wie wenn der fallende Stein auf den Boden, die Eisenfeilspäne am Pole des Magneten angekommen sind.

Fäulniß und Gährung der ersten Art von Bewegungserscheinungen.

Wenn aber ein Körper, welcher selbst in Zersetzung sich befindet, d. i. dessen Theile im Zustande des Ortswechsels, der [224] Bewegung begriffen sind, einen andern Körper in einen ähnlichen Zustand versetzt und die Beobachtung alle andern bekannten Ursachen der Veränderung oder Umsetzung dieses zweiten Körpers ausgeschlossen hat bis auf eine, wenn nachgewiesen ist, daß diese eine Ursache (Mittheilung der Bewegung, Reibung, Stoß etc.) an der Bildung und Zersetzung einer Menge von Verbindungen einen bestimmten Antheil hat, so muß diese letztere als die wirkende Ursache angesehen werden, wenn überhaupt die in der Lehre von der Bewegung gewonnenen Begriffe auf die chemischen Einwirkungen anwendbar sind. Der Nachweis dieser letzten und einzigen Ursache ist demnach nicht ein bloßes Wort, was man dem Ausdruck „katalytische Kraft" substituirt hat, sondern es ist der Ausdruck eines Begriffes, der genau der entgegengesetzte von dem eines katalytischen Körpers ist. Aus dem mit 2) bezeichnetem Satze ergibt sich von selbst der irrige Schluß, das die Gravitation, der Magnetismus etc. Beispiele seyen der Bewegung eines Körpers durch einen ruhenden.

Die Schwerkraft für sich bringt keine Bewegung hervor.

Eine Uhr wird durch das Gewicht in Bewegung erhalten, allein sie zieht sich von selbst nicht auf, und an der Bewegung eines Mühlrades hat die Sonnenwärme ebenso viel Antheil als die Schwere. Das Wasser, was das Mühlrad treibt, war früher Dampf, der Dampf flüssiges Wasser. Das Wasser verdunstete, der Dampf wurde durch Wärmeentziehung wieder tropfbar flüssig und dieses flüssige Wasser fällt durch die Wirkung der Schwere und fährt fort zu fallen bis, wie bei der Uhr, ein Widerstand seine Bewegung aufhebt.

Mangel an Schärfe im Ausdruck Grund zu irrigen Schlüssen und zu Mißverständnissen.

Zu den irrigen Schlüssen und Anschauungsweisen, welche in der Methode liegen, gesellt sich bei vielen Physiologen noch ein individueller Fehler, der als Nachlässigkeit im Ausdruck seine Erklärung findet. Dieser Fehler ist, daß sie Dinge oder Erscheinungen, welche sie durch ihre Sinne wahrgenommen haben, als Folgerungen ihres Geistes darstellen, was durch Gewohnheit den großen Nachtheil im Verständniß nach sich zieht, daß sie zuletzt wirkliche Schlüsse, Folgerungen einer unbekannten Größe aus zwei und mehr bekannten, die sich natürlich durch die Sinne [225] nicht wahrnehmen lassen, mit ihren körperlichen Augen zu sehen verlangen, um sie für wahr zu halten. Daher mag es denn kommen, daß die Chemiker mit aller Häufung der evidentesten Beweise viele Aerzte von den einfachsten Wahrheiten häufig nicht überzeugen können.

Beispiele.

Beispiele für diese Behauptung finden sich in jedem physiologischem Werke, ich will einige aus einem der neuesten hier folgen lassen. Valentin sagt (S. 6 seines Lehrbuches der Physiologie, Braunschweig bei Vieweg 1844): „Wir durchschneiden die Antlitznerven und sehen, daß dann die Gesichtsmuskeln der entsprechenden Seitenhälfte für den Einfluß des Willens gelähmt sind. Wir schließen daraus mit Recht (wir haben daraus ersehen), daß durch den N. facialis die Effekte unseres Willens auf die genannten mimischen Muskeln vermittelt werden."

„Wir finden nach Verletzung des Stammes oder des Augenastes dreigetheilten Nerven sekundäre Entzündung, Vereiterung und selbst fernere Zerstörung des Augapfels und folgern alsdann (haben wahrgenommen), daß für den Normalzustand des Auges die Integrität des genannten Nerven nothwendig sey."

Ferner S. 3: „Weiß ich z. B., daß die Wandungen der Schlagadern elastisch sind, so kann ich ohne alles Fernere daraus folgern, daß sich die Arterien, sobald sie mit Blut stärker gefüllt werden, bis zu einem gewissen Grade ausdehnen und bei dem Nachlassen des Druckes zu ihrem alten Umfange wieder zurückkehren" (d.h. daß sie elastisch sind).

Berührungspunkte der Physiologie und Chemie.

Ich habe in dem Vorhergehenden hervorgehoben, in welcher Weise die Verschiedenheit der Anschauungsweise und Methode das Verständniß zwischen den Physiologen und den Chemikern erschwert, und will jetzt die Punkte näher zu bezeichnen suchen, wo sich die Physiologie und Chemie begegnen müssen, um sich gegenseitig nützliche Dienste zu leisten.

Abweichung der Gesetze, welche die Lebenserscheinungen regieren, von chemischen und mechanischen Gesetzen.

Wenn man die aus der Kenntniß der sogenannten mechanischen Kräfte geschöpften Vorstellungen zur Ermittlung der [226] vitalen oder chemischen Erscheinungen anzuwenden versucht, so sieht man sogleich, daß die Gesetze, welche die ersteren regieren, in einer Menge von Beziehungen von denen abweichen, von welchen die Eigenthümlichkeiten chemischer oder vitaler Verbindungen abhängig sind.

Beziehung der Eigenschaften der Elemente zu den Eigenschaften der Verbindungen.

Eine chemische Verbindung zweier Körper besitzt Eigenschaften, welche durchaus verschieden sind von denen ihrer Bestandtheile. Die chemische Kraft des neuen Körpers, das Vermögen, neue Verbindungen einzugehen oder Zersetzungen zu bewirken, ist nicht die Summe der chemischen Kräfte seiner Elemente. Wir können eben so wenig rückwärts aus den Eigenschaften einer Muskelfaser in irgend einer Weise die des Kohlenstoffs, Wasserstoffs, Stickstoffs, und ihrer anderen Elemente erschließen, und doch kann nichts gewisser seyn, als daß zwischen den Eigenschaften der Elemente und denen der Verbindung gewisse Beziehungen bleibend sind.

Der Zinnober ist ein Schwefelmetall, welches ganz andere Eigenschaften besitzt, als der Bleiglanz, die Zinkblende. Es kann nicht bezweifelt werden, daß ihre Verschiedenheit davon abhängig ist, daß in dem ersteren Quecksilber, in dem andern Blei, in dem dritten Zink mit dem Schwefel verbunden ist, und daß die Eigenschaften des Quecksilbers, Bleis und Zinks einen ganz bestimmten und bestimmbaren Antheil an der Verschiedenheit der Eigenschaften ihrer Verbindungen haben müssen, denn die letzteren sind offenbar davon bedingt worden. Am unverkennbarsten sehen wie dies an den isomorphen Substanzen; das Schwefelblei ist im Ansehen kaum zu unterscheiden von dem Selenblei, der Ammoniakalaun von dem Kalialaun, das selensaure Natron von dem Glaubersalz. Die Beziehungen, welche zwischen den chemischen und physikalischen Eigenschaften der Elemente bestehen, sind in vielen dieser Verbindungen constant geblieben, und bei denen, wo eine Abweichung in der Farbe, Löslichkeit etc. stattfindet, ist noch immer eine Eigenschaft, die physikalische Form constant geblieben. Dasselbe oder ein ähnliches Verhältniß ist zweifellos ermittelbar zwischen den Eigenschaften aller Elemente und ihrer Verbindungen, und alle Anstrengungen in der Chemie [227] sind, wer könnte es läugnen? der Auffindung dieser constanten Beziehungen zugewendet. Es ist dies der einzige Weg, auf welchem die Chemie zu Naturgesetzen gelangen kann, und nur auf diesem Wege kann auch die Physiologie, wenn sie sich zu einem Zweige der Naturforschung erheben soll, eine wissenschaftliche Grundlage erwerben.

Die chemischen Kräfte der Elemente haben Antheil an den vitalen Eigenschaften.

Wir können, dies ist gewiß, bis jetzt noch keine physiologische Eigenschaft folgern aus den Gesetzen oder Eigenschaften der Elemente, allein es ist keine Frage, daß sie erschließbar sind aus Gesetzen, welche beginnen, wenn sich diese Elemente in einer gewissen Weise geordnet haben. Wenn die Elemente zu einer Thier- und Pflanzensubstanz zusammengetreten sind wenn sie physiologische oder vitale Eigenschaften erlangt haben, so sind die chemischen Kräfte, die ihnen die ursprünglichen Eigenschaften gegeben haben, in keiner Weise vernichtet oder aufgehoben, so wenig wie die Cohäsionskraft der Schwefeltheilchen vernichtet ist, wenn wir ein Stück Schwefel schmelzen. Es ist nur eine andere Ursache hinzugetreten (die Wärme z. B.), welche den Effekt der Cohäsionskraft (den Zusammenhang) aufgehoben hat und die Wirkung dieser nicht mehr wahrnehmen läßt. Der neue Zustand (die Flüssigkeit) ist ein Gleichgewichtszustand zweier entgegenwirkender Ursachen, es ist ein Effekt, an dem sie beide gleichen Antheil haben.

In den Pflanzen- und Thiersubstanzen gehorchen die Elemente wie sonst mechanischen und chemischen Gesetzen, wenn die Wirkung derselben nicht durch Widerstände aufgehoben wird, die als die Anzeichen neuer Gesetze betrachtet werden müssen, welche die Theile des Organismus regieren.

Die Beziehungen zwischen den chemischen und vitalen Effekten müssen ermittelt werden.

Wenn demnach durch das Zusammenwirken mehrerer Ursachen neue Gesetze, neue Erscheinungen hervorgebracht werden, die keine Aehnlichkeit mit den Wirkungen der einzelnen Ursachen für sich haben, so stehen die Effekte der letzteren mit denen der neuen Erscheinungen zu einander in einer ermittelbaren Beziehung, und diese Verhältnisse sind es, welche ausgesucht und [228] bestimmt werden müssen. Wenn wir diese Beziehungen kennen gelernt haben, so werden wir wie bei den isomorphen Substanzen, ohne daß dazu weitere Beobachtungen nöthig sind, eine Menge unbekannter Thatsachen oder Erscheinungen erschließen können.

Die Beziehung des Gewichtes der Elemente zu den chemischen Eigenschaften der Verbindungen.

Daß die Eigenschaft des Gewichtes in allen chemischen Verbindungen constant ist, daß, in welcher Weise die Elemente auch zusammentreten mögen, das Gewicht der Verbindung gleich ist der Summe der Gewichte ihrer Elemente, die Erwerbung dieser Wahrheit, von welcher kaum Jemand denkt, daß sie so große Mühe und Arbeit gekostet hat, hat einem Theil der Chemie eine rein wissenschaftliche Beschaffenheit gegeben. Die Kenntniß der chemischen Proportionen hat dahin geführt, alle möglichen Verbindungen eines Körpers im Voraus zu bestimmen, aber sie konnte für sich die scheinbaren Ausnahmen nicht erklären, wo sich Körper der Erfahrung gemäß nicht in constanten, sondern in allen denkbaren Verhältnissen mit einander verbanden. Durch die Berücksichtigung einer andern Eigenschaft, der Beziehung nämlich der äußeren Form zur Zusammensetzung, ist die Erklärung dieser Abweichungen nicht allein möglich geworden, sondern man hat auch damit eine weit klarere Vorstellung über die Ursache der constanten Verbindungsverhältnisse überhaupt gewonnen.

Ueberall bestehen Gesetze der gegenseitigen Abhängigkeit in den Naturerscheinungen.

Die Fortschritte in allen Zweigen der Naturforschung, in den physikalischen Wissenschaften sowohl wie in der Physiologie, beruhen auf der Ueberzeugung, daß dergleichen Gesetze gegenseitiger und von einander abhängiger Beziehungen in den Eigenschaften der Körper bestehen und daß sie ermittelbar sind.

Weg, um zur Kenntniß der Abhängigkeitsverhältnisse zu gelangen.

Es gibt in der Naturforschung keine andere Methode, um zur Erkenntniß der Beziehungen zu gelangen, in welchen die Eigenschaften der Körper zu einander stehen, als daß wir zuerst diese Eigenschaften kennen zu lernen suchen und dann die Fälle ermitteln, wo sie wechseln. Es ist ein Naturgesetz, was keine Ausnahmen hat, daß die Abweichungen in einer Eigenschaft stets und unwandelbar begleitet sind von gleichförmig entsprechenden [229] Abweichungen in einer andern Eigenschaft, und es ist vollkommen einleuchtend, daß, wenn wir die Gesetze dieser Abweichungen kennen, wie in den Stand gesetzt sind, aus der einen Eigenschaft ohne weitere Beobachtung die der andern zu erschließen. Wenn wir das eine kennen, vorherzusagen, was in dem andern vor sich geht, das Unbekannte also aus dem Bekannten zu erschließen, dies ist was wir nöthig haben.

Einige Beispiele dürften vermögend seyn die Wahrheit dieser Sätze einleuchtend zu machen.

Beispiele von Abhängigkeitsgesetzen. Druck und Siedepunkt.

Es ist bekannt, daß eine jede Flüssigkeit unter denselben Bedingungen bei einem unveränderlichen Temperaturgrade ins Sieden geräth; dies ist so constant, daß wir den Siedepunkt als eine charakteristische Eigenschaft derselben bezeichnen.

Eine der Bedingungen der constanten Temperatur, bei welcher sich im Innern der Flüssigkeiten Dampfblasen bilden, ist der äußere Druck; mit diesem Drucke wechselt bei allen Flüssigkeiten, bei einer jeden nach einem besonderen Gesetze, der Siedepunkt, er nimmt zu oder ab, wenn der Druck wächst oder kleiner wird. Einer jeden Siedetemperatur entspricht ein bestimmter Druck, einem jeden Drucke eine bestimmte Temperatur. Es ist bekannt, daß die Kenntniß des Gesetzes der gegenseitigen Abhängigkeit des Siedepunktes des Wassers und des Druckes der Atmosphäre dahin geführt hat, durch das Thermometer festzusetzen in welcher

Höhe man sich über dem Meere befindet, durch die Abweichungen in der einen Eigenschaft eine andere zu messen.

Siedepunkt und Zusammensetzung.

Minder bekannt dürften die Beziehungen seyn, in welchen die Siedepunkte der Flüssigkeiten zu ihrer Zusammensetzung stehen. Der Holzgeist, Weingeist und das Fuselöl des Kartoffelbranntweins sind drei Flüssigkeiten, deren Siedepunkt sehr verschieden ist. Der Holzgeist siedet bei 59°, der Weingeist bei 78°, das Fuselöl bei 135°C. Die Vergleichung dieser drei Siedepunkte ergibt, daß der Siedepunkt des Weingeistes 19° höher als der des Holzgeistes ist (59° + 19° = 78°), der des Fuselöls ist viermal neunzehn Grad höher (59 + 4×19 = 135°).

Jede dieser drei Flüssigkeiten liefert durch Oxydation unter [230] gleichen Umständen eine Säure; aus dem Holzgeist entsteht Ameisensäure, aus dem Weingeist Essigsäure, aus dem Fuselöl Baldriansäure. Von diesen drei Säuren hat jede wieder ihren constanten Siedepunkt. Die Ameisensäure siedet bei 99°, die Essigsäure bei 118°, die Baldriansäure bei 175° C. Wenn man diese drei Siedepunkte mit einander vergleicht, so ergibt sich sogleich, daß sie in einem ganz ähnlichen Verhältnisse zu einander stehen, wie die der Flüssigkeiten, aus denen die Säuren entstanden sind. Der Siedepunkt der Essigsäure ist um 19° höher als der der Ameisensäure, der Siedepunkt der Baldriansäure ist viermal neunzehn Grad höher.

Einer gleichförmigen Abweichung in der einen Eigenschaft entsprach, wie man sieht, eine gleichförmige Abweichung in einer andern Eigenschaft. Die eine Eigenschaft ist hier die Zusammensetzung.

Vergleicht man die Zusammensetzung der sechs Körper der drei Säuren und der drei Flüssigkeiten, aus denen sie durch den Einfluß des Sauerstoffs entstehen, so ergibt sich Folgendes. Die Zusammensetzung des Holzgeistes wird durch die Formel $C_2H_4O_2$, die des Weingeistes durch $C_4H_6O_2$, die des Fuselöls durch die Formel $C_{10}H_{12}O_2$ bezeichnet.

Wenn wir nun eine Gewichtsmenge Kohlenstoff und Wasserstoff, welcher der Formel CH (gleichen Aequivalenten) entspricht, mit R bezeichnen, so sieht man sogleich, daß dies des Weingeistes ausdrückbar ist durch die des Holzgeistes + 2 R.

$$\begin{array}{cc} \text{Holzgeist} & \text{Weingeist} \\ C_2H_4O_2 + C_2H_2 & = C_4H_6O_2 \end{array}$$

Die des Fuselöls ist ausdrückbar durch die des Holzgeistes + 8 R.

$$\begin{array}{cc} \text{Holzgeist} & \text{Fuselöl} \\ C_2H_4O_2 + C_8H_8 & = C_{12}H_{12}O_2 \end{array}$$

Die Formel der Ameisensäure ist $C_2H_2O_4$; die der Essigsäure $C_4H_4O_4$; die der Baldriansäure ist $C_{10}H_{10}O_4$. Man beobachtet leicht, daß die Formel der Essigsäure ausdrückbar ist durch die Ameisensäure + 2 R, die Formel der Baldriansäure ist ausdrückbar durch die Ameisensäure + 8 R. Diesen Erfahrungen gemäß entspricht dem Eintreten oder dem Mehrgehalt von 2 Aeq. Kohlenstoff und 2 Aeq. Wasserstoff oder von [231] 2 R, ein um 19° höherer Siedepunkt. Es läßt sich zeigen, daß die Beziehung zwischen dieser Gruppe ganz constant ist und daß aus der Kenntniß des Siedepunktes in der That ein Rückschluß auf die Zusammensetzung machen läßt. Der Siedepunkt des ameisensauren Methyloxyds ist 36°, der des ameisensauren Aethyloxyds

55°, der Unterschied zwischen beiden beträgt 19°. Hieraus sollte geschlossen werden können, daß die Zusammensetzung der letzteren von der ersteren um C_2H_2 oder 2R abweicht. Dies ist in der That der Fall. Die Formel des ameisensauren Methyloxyds ist $C_4H_4O_4$, die der entsprechenden Aethylverbindung $C_6H_6O_4$, also genau um C_2H_2 höher. So siedet die Buttersäure bei 156°, ihr Siedepunkt ist genau um dreimal neunzehn Grade höher, als der der Ameisensäure. Die Vergleichung ihrer Formeln sagt, daß die Buttersäure angesehen werden kann als Ameisensäure + 6 R. Das Toluidin und Anilin sind zwei organische Basen, beide durch ihre Zusammensetzung insofern verschieden, daß das Anilin C_2H_2 oder 2 R mehr enthält als das Toluidin. Die Vergleichung ihrer Siedepunkte zeigt, daß der Siedepunkt des Anilins um 19° höher ist.

Das Gesetz des Abhängigkeitsverhältnisses ist unabhängig von den Ursachen, wodurch die Erscheinungen bewirkt werden.

Niemand wird in diesen Beispielen für diese Gruppe die Existenz des Naturgesetzes verkennen und zu zweifeln vermögen, daß die Qualitäten eines Körpers in einer bestimmten Beziehung zu seiner Zusammensetzung stehen, daß einer Aenderung in einer Qualität eine gleichförmige Abweichung in etwas Quantitativem entspricht. Es verdient hier ganz besonders hervorgehoben zu werden, daß die Kenntniß des Naturgesetzes ganz unabhängig ist von der eigentlichen Ursache oder von den Bedingungen, welche zusammengenommen den constanten Siedepunkt bewirken, denn was der Siedepunkt an und für sich ist, ist uns so unbekannt, wie der Begriff des Lebens.

Siedepunkt, Zusammensetzung und specifisches Gewicht stehen in einem Abhängigkeitsverhältniß zu einander.

Es ist in dem obigen Beispiele nur eine der Beziehungen der Qualität der Körper und ihrer Zusammensetzung hervorgehoben worden; allein dieser Beziehungen gibt es ebenso viele, als wie der Körper besondere Eigenschaften besitzt. Für eine [232] große Gruppe von organisch-chemischen Verbindungen hat man ein Gesetz ermittelt, wonach sich aus der Kenntniß des Siedepunktes und der Zusammensetzung festsetzen läßt, wie viel Pfunde ein Cubikfuß der Verbindung wiegt, daß also auch die Eigenschaft des specifischen Gewichtes, des Druckes also, den die Körper bei gleichem Rauminhalte auf eine Unterlage äußern, in einer ganz bestimmten Beziehung zu zwei andern steht, die sich ändert, so wie sich diese beiden ändern.

Specifische Wärme und Atomgewicht.

Ein ähnliches Abhängigkeitsverhältniß hat sich in Beziehung auf die Wärmemenge. welche verschiedene Körper bedürfen, um sich auf einerlei Temperatur zu erheben, und die Gewichtsverhältnisse herausgestellt, in denen sie sich unter einander befinden. Es ist eine bekannte Thatsache, daß verschiedene Körper bei einerlei Temperatur verschiedene Wärmemengen enthalten. Gleiche Gewichte Schwefel, Eisen und Blei, die man auf den Siedepunkt des Wassers erwärmt hat, bringen mit Eis in Berührung eine gewisse Menge davon zum Schmelzen, und zwar ist die Menge flüssiges Wasser, welches unter diesen Umständen entsteht, sehr verschieden.

Wäre das Wärmequantum in den drei Körpern gleich, so müßte jede Menge des geschmolzenen Eises bei allen gleich viel betragen, und der ungleiche Effekt, der hier hervorgebracht wird, zeigt an und für sich schon auf die Ungleichheit der wirkenden Ursache. Der Schwefel schmilzt sechs und ein halb mal, das Eisen viermal so viel Eis als das Blei. Es ist vollkommen einleuchtend, daß wenn wir Schwefel, Eisen und Blei auf einerlei Temperaturdifferenz, von 15° auf 200° z. B. mit derselben Spirituslampe zu erhitzen haben, so würden wir für Blei z. B. 1 Loth, für dieselbe Menge Schwefel 6 ½ Loth und für das gleiche Gewicht Eisen fast 4 Loth Spiritus zu verbrennen haben.

Diese verschiedenen Wärmemengen, welche gleiche Gewichte verschiedener Körper brauchen, um auf eine gegebene Temperaturdifferenz erwärmt zu werden, die jedem derselben eigenthümlich sind, heißen gerade deshalb die eigenthümlichen oder specifischen Wärmen. Aus der Kenntniß der ungleichen Wärmemengen, welche die Körper bei gleichem Gewichte und einerlei Temperatur enthalten, gestattet ein einfaches Regeldetriexempel, die ungleichen [233] Gewichte vom Schwefel, Blei und Eisen zu berechnen, welche ein gleiches Wärmequantum enthalten, und es ergibt sich aus dieser Berechnung, daß z. B. 16 Schwefel so viel Eis schmelzen, wie 28 Eisen und 104 Blei von gleicher Temperatur. Diese Zahlen sind die nämlichen, wie die Mischungsgewichte (Aequivalentzahlen). Gleiche Aequivalente dieser und vieler andern Körper enthalten oder nehmen, um sich auf einerlei Temperatur zu erheben, einerlei Wärmemengen auf, und wenn wir uns die Aequivalente als die relativen Gewichte der Atomen denken, so ist klar, daß die Wärmemenge, die je ein Atom unter gleichen Bedingungen aufnimmt oder abgibt, für je ein Atom gleich ist, und sich, in Zahlen ausgedrückt, umgekehrt verhält, wie die Gewichte der Atome.

Es ist gewiß ein seltsames Resultat, daß die Menge Eis, die ein Körper schmilzt, dazu gedient hat, um in manchen Fällen die Gewichtsverhältnisse zu berichtigen und festzusetzen, in denen sich dieser Körper mit andern verbindet.

Specifische Wärme und Ton bei den Gasen.

Noch viel sonderbarer mag es vielen erscheinen, daß diese Eigenschaft (Wärme aufzunehmen oder abzugeben) bei den luftförmigen Körpern in einer ganz bestimmten Beziehung steht zu dem Tone einer Pfeife oder Flöte, welcher durch Einblasen des Gases hervorgebracht wird, so zwar, daß ein berühmter Naturforscher (Dulong) aus dem ungleichen Tone die Menge der Wärme beziehungsweise festzusetzen vermochte, welche bei constantem Volumen die Gase beim Zusammenpressen entlassen oder bei ihrer Ausdehnung verschlucken. Um eine klare Einsicht in diesen merkwürdigen Zusammenhang zu haben, muß man sich an einen der schönsten Gedanken von La Place, hinsichtlich des Zusammenhanges der specifischen Wärme der Gase mit ihrem Fortpflanzungsvermögen des Schalles, erinnern. Es ist bekannt, daß Newton und viele auf ihn folgende Mathematiker vergebens versuchten, ein der Beobachtung entsprechende Formel für die Geschwindigkeit des Schalles aufzustellen. Das Berechnete war dem Resultate der Beobachtung nahe; allein es zeigte sich stets ein unerklärlicher Unterschied. Da nun die Verbreitung des Schalles durch das Vibriren der elastischen Lufttheilchen, in Folge also eines Zusammenpressens und einer darauf folgenden [234] Ausdehnung derselben geschieht, und bei dem Zusammenpressen der Luft Wärme frei und bei der Wiederausdehnung Wärme verschluckt wird, so vermuthete La Place, daß dieses Wärmephänomen einen Einfluß auf die Fortleitung des Schalles haben müsse, und es zeigte sich in der That, daß nach in

Rechnungstellung der specifischen Wärme der Luft die Formel des Mathematikers frei von allen Fehlern und ein genauer Ausdruck für die beobachtete Geschwindigkeit war.

Wenn man die Geschwindigkeit des Schalles nach der Newton'schen Formel (also ohne Rücksicht auf die specifische Wärme der Luft) berechnet und sie mit der Formel von La Place vergleicht, so ergibt sich zwischen beiden ein Unterschied in der Länge des Raumes, den eine Schallwelle in einer Sekunde in beiden Fällen zurücklegt. Dieser Unterschied rührt von der specifischen Wärme der Luft, von der Wärmemenge her, die bei der Fortpflanzung des Schalles aus den in Bewegung gesetzten Lufttheilchen frei wird. Es ist nun klar, daß dieser Unterschied in der Fortpflanzungsgeschwindigkeit des Schalles in andern Gasen, die bei gleichem Volumen mehr oder weniger Wärme als die Luft enthalten und durch Druck entlassen, größer oder kleiner ausfallen wird, als für die Luft, und es ist somit leicht ersichtlich, wie die Zahlen, welche diese ungleiche Fortpflanzungsgeschwindigkeit des Schalles in verschiedenen Gasen ausdrücken, zu gleicher Zeit ein Maß abgeben für die ungleichen Wärmemengen, die sie enthalten.

Da nun die Höhe oder Tiefe des Tones von der Anzahl der Vibrationen einer Schallwelle in einer Sekunde, also von der Geschwindigkeit abhängig ist, mit welcher sich die eingetretene Bewegung fortpflanzt, und man weiß, daß in allen Gasen die Fortpflanzungsgeschwindigkeit einer Schallwelle direkt proportional ist der Anzahl der Vibrationen der Töne, die dadurch hervorgebracht werden, so erklärt sich hieraus, wie durch die ungleiche Höhe des Tones, welcher durch verschiedene Gase mittelst einer Pfeife hervorgebracht wird, die specifische Wärme der Gase (wie viel das eine Gas mehr als das andere Gas enthält) ermittelt werden kann. Die große Entdeckung, daß die musikalische Harmonie, ein jeder Ton, der das Herz rührt, zur Freude stimmt, für Tapferkeit begeistert, das Merkzeichen einer bestimmten und [235] bestimmbaren Anzahl von Schwingungen der Theile des fortpflanzenden Mediums ist und damit ein Zeichen von Allem, was den Gesetzen der Wellenlehre erschließbar ist aus dieser Bewegung, hat die Akustik zu dem Range erhoben, den sie gegenwärtig einnimmt. Eine Menge die Töne betreffender Wahrheiten wurden aus der Wellenlehre erschließbar, während empirische Wahrheiten zu einer entsprechenden Kenntniß der Eigenschaften vibrirender Körper führten, welche früher ganz unbekannt waren.

Man unterlegt dem berühmten Wiener Violinenverfertiger, daß er sich das Holz zu seinen Violinen im Walde mit dem Hammer ausgesucht, daß er diejenigen Bäume gewählt habe, die beim Anklopfen einen gewissen ihm allein bekannten Ton gegeben hatten. Dies ist sicher eine Fabel; daß er aber wußte, daß das obere und untere Brett einer guten Violine in einer Sekunde eine gewisse Anzahl Schwingungen machen, einen bestimmten Ton geben, und daß die Dicke des Brettes hiernach eingerichtet werden müssen, darüber kann man nicht den geringsten Zweifel hegen.

Elektricität und Magnetismus, Magnetismus und Wärme, Magnetismus und chemische Kraft.

Wenn man zuletzt erwägt, daß der durch einen Metalldraht gehende elektrische Strom in einem ganz bestimmten Verhältnisse steht zu den magnetischen Eigenschaften, welche dieser Draht hierdurch empfängt, wenn man sich erinnert, daß durch die Magnetnadel die feinsten Unterschiede der strahlenden Wärme gemessen werden können, daß die Quantität der in Bewegung gesetzten Elektricität in Zahlen ausdrückbar ist durch die nämliche Magnetnadel, daß sie gemessen werden kann in Cubikzollen Wasserstoffgas und in Gewichtstheilen von Metallen; wenn wir also sehen, daß die Ursachen oder Kräfte, von welchen die Eigenschaften der Körper, ihre Fähigkeit, auf unsere Sinne einen Eindruck zu machen oder überhaupt einen Effekt auszuüben, in einem ermittelbaren Abhängigkeitsverhältnisse zu einander stehen, wer könnte gegenwärtig daran zweifeln, daß die vitalen Eigenschaften diesen Gesetzen der Abhängigkeit gleich allen andern Eigenschaften folgen, daß die chemischen und physikalischen Eigenschaften der Elemente, ihre Form- und Ordnungsweise, eine [236] ganz bestimmte und bestimmbare Rolle in den Lebenserscheinungen spielen?

Vitale Eigenschaften sind keine Ausnahmen eines Naturgesetzes.

Es liegt lediglich in ihrer Methode, welche viele Physiologen und Pathologen dahin geführt hat, die vitalen Eigenschaften gewissermaßen als Ausnahmen eines großen Naturgesetzes anzusehen; wie ließe es sich sonst erklären, daß sie die Anzahl und Gruppirung der Elemente, woraus die Theile des Organismus zusammengesetzt sind, nicht als eine physiologische Eigenschaft betrachten, welche als ein ganz unentbehrliches Hülfsmittel zur Einsicht in die vitalen Erscheinungen dienen muß; wie ließe sich erklären, daß man in der Heilung und Hebung von Krankheitszuständen die Elementarzusammensetzung der Heilmittel und ihre davon abhängigen Eigenschaften, durch welche ihre Wirkung ausgeübt wird, nicht in Rechnung nimmt? Die bloße Kenntniß der Formeln reicht natürlich hierzu nicht aus, sondern es ist nothwendig, die Gesetze der Beziehungen zu ermitteln, in welchen die Zusammensetzung und Form der Nahrung oder der Secrete zu dem Ernährungsprocesse oder die Zusammensetzung der Heilmittel zu den Wirkungen, die sie auf den Organismus ausüben stehen.

Anatomie vor allem nothwendig.

Es ist gewiß, daß alle Fortschritte der Physiologie der Pflanzen und Thiere von Aristoteles bis aus unsere Zeiten nur durch die Fortschritte der Anatomie möglich gemacht worden sind. Sowie derjenige über die Destillation im Dunkeln bleiben wird, der nichts mehr davon gesehen hat, als die Maische, das Feuer und den Hahn, aus welchem der Spiritus tropft, so ist in der That ohne Kenntniß des Apparates die Einsicht in den Vorgang unmöglich. Nun ist aber der Organismus ein viel zusammengesetzterer Apparat, der vor allem Andern eine ganz genaue Kenntniß der Struktur aller einzelnen Theile erfordert, ehe man ihre Bedeutung und die Funktion für das Ganze beurtheilen kann (Schleiden.)

Man darf aber nicht vergessen, daß seit Aristoteles bis auf Leuvenhoeks [!] Zeiten die Anatomie für sich über die Gesetze der Lebenserscheinungen nur theilweise Licht verbreitet hat, daß uns die Kenntniß des Destillationsapparates allein über seinen Zweck nicht unterrichtet, daß für viele organische Processe dasselbe [237] behauptet werden kann, wie für die Destillation, wo der, welcher die Natur des Feuers, die Gesetze der Verbreitung der Wärme, die Gesetze der Verdampfung, die Zusammensetzung der Maische und die des Produktes der Destillation kennt, unendlich mehr von der Destillation weiß, nicht allein der, welcher den Apparat in seinen kleinsten Theilchen kennt, sondern auch unendlich mehr, als der Kupferschmied, der den Apparat gemacht hat.

Mit jeder Entdeckung in der Anatomie haben die Beschreibungen an Schärfe, Genauigkeit und Umfang zugenommen, die rastlose Forschung ist bis zur Zelle angelangt, von diesem Höhepunkt an muß eine neue Forschung beginnen.

Anatomie allein nicht ausreichend.

Wenn aber, wie viele meinen, jetzt und in der Zukunft die weiteren Fortschritte der Physiologie nur von der Vervollkommnung unserer Kenntniß des anatomischen Baues und der Struktur der Organismen abhängig sind, dann wird die Chemie der Physiologie, insofern durch sie die anatomischen Kenntnisse nicht vermehrt werden können, in keiner Weise Dienste leisten, denn die Aufgabe der Chemie ist ja nicht die Form, sondern die Feststellung der Beziehungen der Form zu den Elementen und ihrer Ordnungsweise, durch die sie hervorgebracht ist.

Durch die Kentniß des anatomischen Baues und der Strukturverhältnisse allein wird eben nur die Anatomie gefördert, und mit der genauesten Erforschung der Bewegungserscheinungen im Körper erfahren wir nie etwas über die Ursachen und die Gesetze, die sie regiren, nur die Art und Weise der Richtung der Bewegung gelangt dadurch zu unserer Kenntniß.

Was hinzugezogen werden muß.

Wenn die anatomische Kenntniß zur Lösung einer physiologischen Frage dienen soll, so muß nothwendig noch Etwas mit hinzugezogen werden, und das Nächste ist doch offenbar der Stoff, aus dem die Form besteht, die Kräfte und die Eigenschaften, die ihm neben den vitalen zukommen, die Kenntniß des Ursprunges des Stoffes und der Veränderungen, die er erfährt, um vitale Eigenschaften zu erlangen; es ist zuletzt unerläßlich, die Beziehungen zu kennen, in welchen alle Bestandtheile des Organismus, die flüssigen sowohl wie die festen, ganz abgesehen von der Form, zu einander stehen. Mit dem, was die [238] Chemie über diese hochwichtigen Fragen zu Tage gefördert hat, scheint vielen Physiologen nur die Chemie bereichert worden zu seyn, obwohl alle diese Resultate in der Chemie einen ebenso untergeordneten Platz einnehmen, wie die, welche durch die Mineralien- und Mineralwasseranalysen erworben worden sind.

Die Chemie allein nicht ausreichend.

Ein anderer Grundirrthum, welcher von andern Physiologen gehegt wird, ist der, daß man mit den chemischen und physikalischen Kräften allein oder in Verbindung mit Anatomie ausreichen könne, um die Lebenserscheinungen zu erklären; es ist in der That schwer zu begreifen, daß der Chemiker, der mit den chemischen Kräften genau bekannt ist, in dem lebendigen Körper die Existenz von neuen Gesetzen, von neuen Ursachen erkennt, während der Physiologe, dem die Kenntniß der Wirkung und des Wesens der chemischen und physikalischen Kräfte ferne steht oder abgeht, die nämlichen Vorgänge mit Hülfe der Gesetze der anorganischen Natur erklären will.

Ihrer wahren Bedeutung nach ist die letztere Ansicht die extreme Folge einer Reaktion gegen eine vorhergegangene. In dem noch nicht lange vergangenen Zeitalter der philosophischen Physiologie erklärte man Alles durch die Lebenskraft. Die Reaktion verwirft gänzlich die Lebenskraft und glaubt an die Möglichkeit, alle vitalen Vorgänge auf physikalische und chemische Ursachen zurückführen zu können. In dem lebendigen Thierkörper herrschen – so sagte man vor vierzig Jahren – andere Gesetze als in der anorganischen Natur, alle Vorgänge sind anderer Art. Manche der heutigen Physiologen dagegen halten sie für gleicher Art. Das Gewinnlose für uns in beiden Ansichten liegt darin, daß man weder damals, noch jetzt die Abweichungen in den Effekten der Lebenskraft und den Wirkungen der unorganischen Kräfte oder ihre Aehnlichkeit oder Gleichheit festzusetzen oder zu ermitteln versucht hat. die Schlüsse, zu denen man kam, waren nicht auf die Bekanntschaft der Aehnlichkeit oder Unähnlichkeit in ihren gegenseitigen Beziehungen, sondern auf die Unbekanntschaft mit denselben begründet.

Was heißt chemische Kräfte?

Diejenigen Physiologen, welche die vitalen Vorgänge als Effekte der unorganischen Kräfte betrachten, vergessen ganz, daß [239] der Ausdruck chemische Kräfte nichts Anderes heißt, als das Quantitative in den verschiedenen Lebensäußerungen und die Qualitäten, welche durch diese Quantitäten bedingt werden. Von der falschen Vorstellung, die man sich von dem Einflusse der Chemie auf die Erklärung der vitalen Erscheinungen macht, rührt es her, daß man von der einen Seite diesen Einfluß zu gering anschlägt, während die Erwartungen und Anforderungen der andern zu hoch gespannt sind.

Durch Zahlen wird kein Abhängigkeitsverhältniß hergestellt.

Wenn zwischen zwei Thatsachen ein ganz bestimmter Zusammenhang besteht oder aufgefunden wird, so ist es die Aufgabe der Chemie keineswegs, diesen Zusammenhang zu erweisen, sondern lediglich nur denselben in Quantitäten, in Zahlen auszudrücken. Durch die Zahlen allein kann zwischen zwei Thatsachen keine Beziehung hergestellt werden, wenn diese Beziehung an sich nicht besteht.

Zahlen sind nur Ausdrücke von bestehenden Abhängigkeitsverhältnissen.

Bittermandelöl und Benzoesäure sind ihrem Vorkommen und ihren Eigenschaften nach durchaus verschiedene organische Verbindungen. Von einer gegenseitigen Beziehung zwischen beiden war vor einigen Jahren noch keine Rede. Man entdeckte nun, daß das Bittermandelöl an der Luft fest und krystallinisch wurde, und daß der entstandene Körper identisch mit seinen Eigenschaften und seiner Zusammensetzung mit Benzoesäure ist. Eine Beziehung zwischen beiden war nach dieser Erfahrung unverkennbar. Die Beobachtung erwies, daß bei dem Uebergange des Bittermandelöls in Benzoesäure Sauerstoff aus der Luft aufgenommen wird und die Analyse beider setzte die vorgegangene Umwandlung in Zahlen fest, und so weit sie erklärbar war, erklärte sie sie damit.

In einer ähnlichen Weise wurde durch das Studium der Veränderungen, welche das Kartoffelfuselöl durch den Einfluß des Sauerstoffs erfährt, eine bestimmte Beziehung zwischen diesem Körper und der Baldriansäure entdeckt und durch den Zahlenausdruck dargethan, daß sich beide zu einander wie der gewöhnliche Weinalkohol zu der Essigsäure verhalten.

Chemische Beziehung zwischen Harnstoff, Harnsäure, Allantoin, Oxalsäure.

Der Harn des Menschen enthält Harnstoff, häufig Harnsäure, in dem Harne gewisser Thierklassen fehlt die Harnsäure, [240] in dem Harne anderer der Harnstoff. Mit der Zunahme der Harnsäure nimmt der Harnstoffgehalt des Harnes ab, der Harn des Fötus der Kuh enthält Allantoin, in dem Menschenharne macht die Oxalsäure einen selten fehlenden Bestandtheil aus. Der Wechsel in gewissen vitalen Vorgängen im Organismus ist begleitet von einem entsprechenden Wechsel in der Natur, Menge und Beschaffenheit der Verbindungen, welche durch die Nieren secerniert werden. Es ist die Aufgabe des Chemikers, die beobachteten Beziehungen quantitativ auszudrücken, in welchen diese Körper zu einander und zu den Vorgängen im Organismus stehen.

Wie die Chemie verfährt, um die Beziehungen auszudrücken.

Die Chemie unterlegt zuvörderst durch die Analyse den Wörtern Harnstoff, Harnsäure, Allantoin, Oxalsäure ihre quantitative Bedeutung; durch diese Formeln wird noch keine Beziehung zwischen ihnen gegenseitig hergestellt, indem sie aber ihr Verhalten und die Aenderungen untersucht, welche diese Verbindungen unter dem Einflusse des Sauerstoffs und des Wassers, derjenigen Körper also erleiden, die an ihrer Bildung oder Veränderung im Organismus Antheil haben, so gelangt sie zu Ausdrücken eines bestimmten und unverkennbaren Zusammenhanges. Durch die Hinzuführung von Sauerstoff zu Harnsäure spaltet sie sich in drei Produkte, in Allantoin, Harnstoff und Oxalsäure. Durch eine größere Zufuhr von Sauerstoff geht die Harnsäure gerade auf in Harnstoff und Kohlensäure. Das Allantoin stellt sich dar als harnsaurer Harnstoff. Die Vergleichung der von dem Chemiker entdeckten Bedingungen des Uebergangs der Harnsäure in Harnstoff mit denjenigen, die den Vorgang im Organismus begleiten, führt zu dem Schlusse, daß die Bedingungen (in dem erwähnten Falle Zufuhr von Sauerstoff) in beiden Fällen die nämlichen sind oder daß sie von einander abweichen. Diese Abweichungen geben jetzt neue Anhaltspunkte zu Untersuchungen ab, mit ihrer Ermittelung ist der Vorgang erklärt.

Der Harnstoff und die Harnsäure sind Produkte der Veränderungen, welche die stickstoffhaltigen Bestandtheile des Blutes unter dem Einflusse des Wassers und des Sauerstoffs erleiden; die stickstoffhaltigen Bestandtheile des Blutes sind identisch in ihrer Zusammensetzung mit den stickstoffhaltigen Bestandtheilen [241] der Nahrung. Die Beziehung zwischen der letzteren und der Harnsäure, dem Harnstoffe mit dem Sauerstoffe der Luft und den Elementen des Wassers, die quantitativen Bedingungen ihrer Bildung drückt die Chemie in Formeln aus, und so weit ihr Gebiet reicht, erklärt sie sie damit.

Was die Formeln bedeuten.

Es ist auch dem Unkundigen einleuchtend, daß die Verschiedenheit der Eigenschaften in zwei Körpern entweder abhängig ist von einer verschiedenen Ordnungsweise der Elemente, woraus sie bestehen, oder von einem quantitativen Unterschiede in der Zusammensetzung. Die Formeln des Chemikers sind Ausdrücke der verschiedenen Ordnungsweise oder der quantitativen Verschiedenheiten, welche die qualitativen begleiten. Die heutige Chemie kann selbst durch die sorgfältigste Analyse die Zusammensetzung eines organischen Körpers nicht mit Sicherheit feststellen, wenn die quantitative Beziehung desselben zu einem zweiten nicht ermittelt ist, über dessen Formel kein Zweifel besteht; nur in dieser Weise konnte z. B. die Formel des Bittermandelöls und Fuselöls festgesetzt werden, und wenn ein Abhängigkeitsverhältniß zwischen zwei Körpern durch unmittelbare Beobachtung nicht wahrgenommen werden kann, so ist der Chemiker genöthigt, sich durch die Experimentirkunst die Beziehungen zu schaffen; er sucht den Körper in zwei oder mehrere Produkte zu spalten, er untersucht die Produkte, die er durch den Einfluß des Sauerstoffs oder des Chlors, der Alkalien und Säuren daraus erhält, und durch diese Mittel gelingt es ihm zuletzt, eins oder mehrere Produkte zu erhalten, deren Zusammensetzung vollständig ermittelt ist, deren Formel er kennt. An die Formel dieser Produkte knüpft er jetzt die Formel des Körpers an, die er sucht. Die Summe des Ganzen, er erschließt sie mit Hülfe der Kenntniß eines, mehrerer oder aller Theile aus denen das Ganze besteht. So ist die Anzahl der Aequivalente Kohlenstoff, Wasserstoff und Sauerstoff, die zu einem Zuckertheilchen gehören, durch die Analyse nicht bestimmbar; die Geschicklichkeit eines Chemikers gibt keinen Beweis ab für die Richtigkeit seiner Analyse des Salicins, des Amygdalins; der Zucker verbindet sich aber mit Bleioxyd, er zerlegt sich durch die Gährung in Kohlensäure und Alkohol in zwei Verbindungen, deren Formeln genau [242] bekannt sind; das Amygdalin zerfällt in Blausäure, in Bittermandelöl und Zucker, das Salicin in Zucker und in Saligenin.

Werth der Formeln.

Es ist klar, wenn das Gewicht des Körpers und des von einem oder zwei oder allen aus demselben hervorgehenden Produkten und ihre Formel bekannt ist, so kann die Anzahl und das Verhältniß von einem oder zwei oder von allen seinen Elementen, d.h. seine Formel, erschlossen, das Resultat der Analyse kann dadurch bewahrheitet oder berichtigt werden.

Warum der Chemiker die Zersetzungsprodukte eines Körpers studirt.

Die Bedeutung der Formeln des Chemikers ist hiernach klar. Die richtige Formel eines Körpers drückt die quantitativen Beziehungen aus, in welchen der Körper zu einem, zwei oder mehreren andern steht. Die Formel des Zuckers drückt die ganze Summe seiner Elemente aus, die sich mit einem Aequivalent Bleioxyd vereinigen oder die Menge Kohlensäure und Alkohol, in welche er durch Gährung zerfällt. Man wird hiernach verstehen, warum der Chemiker häufig gezwungen ist, den Stoff, dessen Zusammensetzung er feststellen will, in zahlreiche Produkte zu spalten, warum er seine Verbindungen studirt. Alles dies sind Controlen für seine Analyse. Keine Formel verdient volles Vertrauen, wenn der Körper, dessen Zusammensetzung sie ausdrücken soll, diesen Operationen nicht unterworfen worden sind.

Mißbrauch der Formeln.

Indem einige neuere Physiologen vergaßen, daß die Kenntniß der Beziehungen zweier Erscheinungen ihrem Ausdrucke in Zahlen vorangehen müsse, arteten die Formeln des Chemikers in ihren Händen zu einer sinnlosen Spielerei aus. Anstatt eines Ausdrucks für ein wirklich vorhandenes Abhängigkeitsverhältniß suchten sie durch Zahlen Beziehungen herzustellen, die in der Natur nicht bestehen oder niemals beobachtet worden sind. Diese Eigenschaft kommt aber den Zahlen nicht zu.[1] [243]

Hoffnungen.

Die Zeit wird aber kommen, obwohl sie die gegenwärtige Generation schwerlich erleben wird, wo man einen Zahlenausdruck in chemischen Formeln für alle normalen Thätigkeiten des Organismus ermittelt haben wird, wo man die Abweichungen in den Funktionen seiner einzelnen Theile messen wird durch entsprechende Abweichungen in der Zusammensetzung des Stoffs, woraus diese Theile bestehen, oder der Produkte, die er hervorbringt; wo die Effekte, welche durch Krankheitsursachen oder durch Arzneimittel hervorgebracht werden, quantitativ ermittelt, wo eine bessere Methode Erkenntniß aller Bedingungen der Lebenserscheinungen, Klarheit und Sicherheit in die Erklärungen bringen wird; man wird alsdann für unbegreiflich halten, daß eine Zeit bestand, wo man den Antheil, den die Chemie an diesen Erwerbungen zu nehmen bestimmt ist, bestritt, wo man über die Art und Weise ihrer Hülfe zweifelhaft seyn konnte.

J. v. Liebig.

---

[1] „Die mikroskopische Anatomie zeigt, daß in dem Gehirn und Rückenmark eine Mischung von grauen und weißen Substanzen existirt, und daß sich in diesem Organ Eiweiß und Oel vereinigen. Statt diese Notiz der Anatomie bei ihren Untersuchungen zu benutzen, analysirten die Chemiker das Fett als Ganzes, d.h. eine unbekannte Mischung von Eiweiß und Fett. Man kam dabei auf eine eigenthümliche, angeblich stickstoffhaltige Fettsäure, die Cerebrinsäure, und suchte die Anomalie eines Fettes, das Stickstoff führte, durch theoretische Gründe zu stützen. Allein durch eine chemische Deduktion, bei welcher die Proteinformel von Mulder zu Grunde zu legen ist, läßt sich zeigen, daß man eben nur das, was sich vom anatomischen Standpunkte aus erwarten ließ, nämlich eine Mischung von Eiweiß, Fett und Phosphor, vor sich hatte.

Denn 1 At. Cerebrinsäure..P $C_{178} H_{340} N_5 O_{38}$

$\left\{ \begin{array}{l} \text{½ At. Protein} - \quad C_{20} \quad H_{31} \quad N_5 \quad O_6 \\ 14{,}3636 \text{ At. Fett} \quad C_{158} \quad H_{273} \quad\quad O_{14{,}3636} \\ 18 \text{ At. Wasser} \quad\quad\quad H_{36} \quad\quad O_{18} \end{array} \right.$

$\quad\quad$ 1 At. Phosphor P

P $C_{178} H_{340} N_5 O_{38{,}3636}$

Dadurch tritt aber die scheinbare Anomalie, welche sonst die Gehirnsubstanz darbieten würde, wieder in die Regel ein." (Valentin in seinem Lehrbuch I. S. 174.)

[Anmerkung des Herausgebers: Die Zahlen in den Formeln enthalten im Vorabdruck offensichtliche Druckfehler. Sie wurden entsprechend der Buchausgabe korrigiert. J.B.]

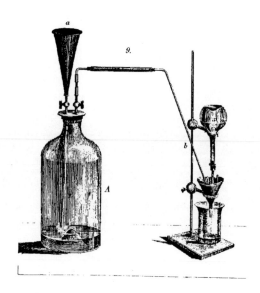

Apparat von Figuier und Dumas zur Zerlegung von Blut in Serum und Zellen.

Die Blutkörperchen einer frischen Blutprobe bleiben auf einem Filter zurück, wenn das Blut mit konzentrierter Glaubersalz-Lösung (Na_2SO_4) versetzt wird.

Aus: E. C. F. v. Gorup-Besanez: Anleitung zur qualitativen und quantitativen zoochemischen Analyse. Nürnberg: Schrag, 1850, Tafel 2, Nr. 9.

Justus von Liebig.
Plakette I „Justus von Liebig" von Gerhard Marcks 1957.
[Bronze, 9 x 9 cm, Rückseite Antoniter-Kreuz, Werkverz. 677a]
Von der Justus Liebig-Universität Gießen als Ehrung auf dem Gebiete der Wissenschaft verliehen.
[Gerhard Marcks-Haus, Bremen]

Innere Ansicht des analytischen Laboratoriums zu Gießen: Die dargestellten Personen*)

Von Otto Krätz

Im Jahre 1842 ließ Johann Philipp Hofmann, Großherzoglich Hessischer Hofkammerrath und Universitätsbaumeister in Gießen, eine kleine Beschreibung des Gießener chemischen Universitätslaboratoriums im Druck erscheinen.[1] Dieser Schrift gab er die Reproduktion einer Zeichnung des Universitätszeichenlehrers Wilhelm Trautschold bei, die den Hauptarbeitssaal mit den darin arbeitenden Schülern Liebigs darstellte.[2] (Siehe Abbildungen 17 u. 18). Die Originalzeichnung befand sich bis zum Beginn unseres Jahrhunderts im Besitz der Familie Liebig in München und wurde dann dem Deutschen Museum zum Geschenk gemacht.

Nach dem Tode von August Wilhelm von Hofmann beauftragte die Deutsche Chemische Gesellschaft die beiden Chemiker Jacob Volhard und Emil Fischer mit der Abfassung eines Nachrufes, der 1902 im Druck erschien.[3] Diesem Nachruf wollte man ebenfalls eine Reproduktion der Trautscholdschen Zeichnung beigeben und man bemühte sich auch herauszufinden, wer alles auf dem Bilde dargestellt sei. Von den vierzehn gezeigten Personen erkannte Volhard selbst nur vier wieder. Er fragte nun bei allen damals noch lebenden alten Liebigschülern nach, doch keiner konnte sich genau erinnern. Da stellte Volhard zu seiner Überraschung fest, daß diese oft gedruckte Darstellung unter anderem auch 1875 in Westermanns Monatsheften erschienen war, wo sie als Illustration zu einem Artikel von Friedrich Schoedler gedient hatte.[4] Friedrich Schoedler war selbst ein Schüler Liebigs gewesen und kannte das Laboratorium in Gießen gut. Schoedler hatte in seiner Veröffentlichung elf der vierzehn dargestellten Personen identifiziert.

Zunächst sei hier Schoedlers Leben in der Beschreibung von Volhard dargestellt:

> „Schoedler aus Dieburg bei Darmstadt gebürtig, lernte als Apotheker, studierte in Giessen und war von 1835 ab Assistent Liebig's, man verdankt ihm den Nachweis der Identität der durch Erhitzen von Aepfelsäure erhaltenen, schwerlöslichen Paramaleinsäure mit der Säure aus dem Erdrauch. Als Lehrer am Gymnasium zu Worms verfasste er die vielverbreitete Uebersicht über sämtliche Naturwissenschaften, die unter dem Namen „Buch der Natur" etliche zwanzig Auflagen erlebte. Er ist 1884 in Mainz gestorben, wo er Direktor der Realschule war."

---

*) Abgedruckt aus: Die BASF. Aus der Arbeit der Badischen Anilin & Soda Fabrik AG [Ludwigshafen] 24 (1974) Oktober, S. 84–86. Die als Bildtafel, S. 16 wiedergegebene Abbildung wurde nach dem Original angefertigt. Die in der Arbeit von Krätz enthaltenen Teilskizzen der Trautscholdschen Zeichnung werden hier nicht mit abgedruckt. Die Literaturstellen wurden vom Herausgeber eingefügt.

Nun zu den dargestellten Personen. (Jeweils als Überschrift ist der Text der Personenliste wiedergegeben, die der Trautscholdschen Zeichnung im Deutschen Museum beiliegt, die wahrscheinlich ebenfalls nach dem Schoedlerschen Text entstanden ist.)

(1) *Ortigosa, ein Mexicaner*
Volhard bemerkt hierzu: „Danach steht also auf der linken Seite der stattliche Mexicaner Ortigosa, er hält einen Kaliapparat in der Hand und mag wohl gerade mit der Vorbereitung einer der Elementaranalysen beschäftigt sein, durch die er die Zusammensetzung des Nicotins und des Coniins feststellte."

Die beiden Nachbarn Ortigosas wurden von Schoedler und Volhard nicht identifiziert. Auch der Gehilfe, der gerade Brennholz herein trägt, wurde nicht mit Namen genannt.

Am Kopfende des linken Tisches stehen zwei Herren. Der linke der beiden:

(2) *Wilhelm Keller, später Arzt in Philadelphia.*
Zu Keller gibt nun Volhard folgende Erläuterung: „Keller war wie Schoedler ein Hesse, aus Griesheim, einem Dorf in der Rheinebene, das der benachbarten Hauptstadt Darmstadt ausgezeichnete Zwiebeln und Kartoffeln liefert. Er studirte Medicin in Giessen und hat dann bei Wöhler constatirt, daß die Benzoesäure im menschlichen Organismus in Hippursäure verwandelt wird. Nachmals wirkte er als praktischer Arzt in Philadelphia."

Der Herr, der sich mit Keller unterhält, ist:

(3) *Heinrich Will, später Liebigs Nachfolger in Giessen*
Zu Heinrich Will schreibt Volhard: „Will in der Mitte des Bildes, sucht dem vor ihm stehenden Wilhelm Keller einen chemischen Vorgang zu erklären." Heinrich Will (Weinheim 1812 – Giessen 1890) hatte 1839 in Gießen seinen Doktorgrad erworben, und wurde dann Liebigs Assistent. Zuvor war er Gmelins Assistent in Heidelberg gewesen. 1843 übertrug ihm Liebig die Leitung seines Filial-Laboratoriums am Seltersberg, das der Ausbildung von Anfängern gewidmet war. 1844 habilitierte er sich, um dann 1845 zum Extraordinarius aufzurücken. Bei Liebigs Weggang nach München (1852) wurde er dessen Nachfolger und behielt den Gießener Lehrstuhl für Chemie dreißig Jahre lang. Wie es sich für einen rechten Liebigschüler gehört, verfaßte er bedeutende chemieliterarische Schriften, unter denen besonders hervorzuheben ist: „Anleitung zur qualitativen chemischen Analyse", die zahlreiche Auflagen erlebte und ins Englische, Französische, Holländische und Spanische übersetzt wurde. Zur Zeit der Entstehung der vorliegenden Zeichnung dürfte er zusammen mit dem ebenfalls dargestellten Varrentrapp an der Entwicklung einer organisch chemischen Bestimmungsmethode für Stickstoff gearbeitet haben.

Verhältnismäßig unbekannt ist der lockige Herr, der aus der Durchreiche zum Hörsaal blickt:

(4) *Anton Louis aus Eselsbach, später Architekt.*
Dieser wird von Volhard so geschildert: „von mehreren Seiten wird mir die in dem Digestorium zwischen Laboratorium und Hörsaal erscheinende Gestalt als die des Bauch-Louis bezeichnet, das heißt des Anton Louis, Sohn des Oberförsters Louis in Eselsbach, von dem die Rede ging, dass er regelmässig am Montag Morgen seine sämmtlichen Buben im Vorschuss gründlich durchprügelte, worauf er dann die Woche über um ihre Lumpenstreiche sich nicht mehr kümmern zu müssen glaubte. Warum dem Betreffenden das Epitheton ornans Bauch- vor den Namen gesetzt wurde, kann ich nicht angeben. Soviel ich weiss, ist Bauch-Louis nicht bei der Chemie geblieben, sondern Architekt geworden."

(5) *der dicke Aubel*
Liebevoll schildert Volhard Aubel so: „In der Mitte des Bildes sitzt Aubel, der Famulus, vor einem großen Mörser, in dem er Knochen zerstößt. Aubel war ein auáerordentlich geschickter und kluger Diener, ausser der Bedienung des Laboratorium lag ihm ob, ein kleines Lager von Utensilien zu halten, aus dem die Practicanten ihren Bedarf an Glaswaaren sowie an theuren Apparaten und Chemikalien bezogen. Diesen Handel trieb er mit großer Sachkenntnis und, wie es scheint, mit ziemlichem Gewinn. Er erwarb sich dadurch mit der Zeit einiges Vermögen und gelangte zu solchem Ansehen, dass man ihn in seiner Heimath, dem Dörfchen Wieseck bei Giessen zum Bürgermeister wählte. Das Geschäft nährte ihn offenbar zu gut, denn er nahm an Leibesumfang gewaltig zu. Als ich in Giessen studirte, war er unmäßig dick und einer unheimlichen Schlafsucht verfallen.... Stieg er auf die Leiter, um aus den oberen Fächern des Repositoriums den gewünschten Kaliapparat heraus zu holen, so stellte er plötzlich die Bewegung ein, und von der Leiter herab ertönte ein furchtbares Schnarchen."

(6) *Wydler, ein Schweizer Student aus Aarau*
Über ihn scheint wenig bekannt zu sein. Volhard teilt lediglich mit, daß er zusammen mit Dr. Bolley eine Arbeit über den Farbstoff der Ancbusa tinctoria veröffentlicht habe.

(7) *Franz Varrentrapp, später braunschweigischer Münzwardein*
Franz Varrentrapp (Frankfurt 1815 – Braunschweig 1877) lernte als Apotheker 1832 bis 1835 in Lausanne, und war dann Apothekengehilfe in Rastatt, studierte dann bei Struve in Dresden (1836–1837). Nun folgte ein Studium der Chemie in Berlin (1839), anschließend arbeitete er bis 1841 in Liebigs Laboratorium in Gießen. Aus dieser Zeit stammt eine gemeinsame Veröffentlichung mit Will: Viele organische Stickstoffverbindungen entwickeln Ammoniak, wenn sie mit Natriumhydroxyd erhitzt werden. Das Ammoniak wurde dann mit Salzsäure aufgefangen und als Ammoniumdichloroplatinat zur Wägung gebracht. Varrentrapp wurde Münzwardein in Braunschweig und trat 1868 als Teilhaber in die Viewegsche Buchhandlung ein, die zahlreiche Werke Liebigs herausbrachte.

(8) *A. F. L. Strecker, später Professor der Chemie in Würzburg*
Diese Zuschreibung ist besonders lustig, da die dargestellte Person von hinten gezeigt wird. Offensichtlich war die Zipfelmütze ein besonderes Kennzeichen des Studenten Strecker. Adolph Friedrich Ludwig Strecker (Darmstadt 1822 – Würzburg 1871) hatte in Gießen Naturwissenschaft studiert. Als Student sehen wir ihn auch auf der vorliegenden Zeichnung. 1842 wurde er

Realschullehrer in Darmstadt. 1846 kehrte er zu Liebig zurück. 1849 habilitierte er sich in Gießen und wurde 1851 als Professor der Chemie nach Christiania, dem heutigen Oslo, berufen, wo er bis 1860 blieb. Es folgte eine Professur in Tübingen. Die letzte Station war 1870 Würzburg. Zur Zeit unseres Bildes scheint aus seinen Arbeiten keine Veröffentlichung hervorgegangen zu sein. Neben seinen anorganischen Untersuchungen sind seine Arbeiten über die Inhaltsstoffe der Galle besonders wichtig. Er entdeckte Cholin und verschiedene Cholsäuren in der Galle. Außerdem veröffentlichte er wichtige Untersuchungen über mehrere Vertreter der Puringruppe. Besonders berühmt wurde er durch die 1850 von ihm entwickelte Cyanhydrinsynthese und durch die Darstellung der Milchsäure durch Behandlung von Alanin mit salpetriger Säure.

(9) *Joh. Jos. Scherer, Professor der Medizin in Würzburg*
Johann Josef von Scherer (Aschaffenburg 1814 – Würzburg 1869) hatte Medizin studiert und sich in den Jahren 1839 bis 1841 als praktischer Arzt und Badearzt in Wipfeld in Unterfranken niedergelassen. Von 1839 bis 1841 ging er auf wissenschaftliche Reisen und verbrachte unter anderem eineinhalb Jahre in Liebigs Laboratorium. 1842 wurde er an die Universität Würzburg berufen, begleitet von einer glänzenden Beurteilung durch Liebig. In Würzburg führte er die in Gießen begonnenen Untersuchungen über die Bestandteile von Milz, Fleisch und Blut fort. Er trennte als erster mit Hilfe von Schwefelsäure das Eisen aus dem Blutfarbstoff ab und gewann die damals für einheitlich gehaltenen Gallenfarbstoffe. Scherers Proteinuntersuchungen galten lange Zeit als unübertroffen.

(10) *E. Boeckmann, Ultramarinfabrikant*
Über Emil Boeckmann scheint relativ wenig bekannt zu sein. Angeblich wurde er um 1811 geboren und stammte aus Erbach im Odenwald. Er veröffentlichte einige Arbeiten über Doppelverbindung des Quecksilbers, über Platinoxydulammoniumsulfit und über Nelkensäure. Er wurde später Leiter der Friesschen Ultramarinfabrik in Heidelberg.

(11) *A. W. Hofmann*
August Wilhelm Hofmann (Gießen 1818 – Berlin 1892) war der Sohn des eingangs erwähnten Universitätsbaumeisters Hofmann, in dessen Veröffentlichung die vorliegende Zeichnung zum ersten Mal erschien. A. W. Hofmann hatte sein Studium 1836 in Gießen begonnen, er konnte sich aber zunächst nicht für eine bestimmte Studienrichtung entscheiden. Erst gegen Ende der dreißiger Jahre trat er als Praktikant in das Laboratorium Liebigs ein und wurde von Friedrich Schoedler in die Geheimnisse der chemischen Analyse eingeführt. 1841 legte er die Doktorprüfung ab. Zur Zeit der Entstehung unserer Zeichnung dürfte er sich schon mit Steinkohlenteer und Anilin beschäftigt haben. Die ersten Veröffentlichungen über diese Arbeiten erschienen 1843 und sollten alsbald seinen großen Ruhm begründen.

Die Zeichnung zeigt sein Gesicht noch ohne jenen gewaltigen Bart, den er sich bald darauf beilegte und der ihm zusammen mit seiner Teerarbeit zu dem Spitznamen "Anilinjupiter" verhalf. Stets *comme il faut* gekleidet, auch auf unserer Zeichnung ist er die weitaus eleganteste Erscheinung, war er zu jedermann von gewinnender Höflichkeit und wurde von Freunden und Schülern heiß geliebt.

Er zeigte später eine erstaunliche Begabung, wissenschaftliche, literarische und wirtschaftliche Betätigungen mit in jeder Hinsicht optimalem Erfolg nutzbringend zu vereinen, was öfters den Neid seiner Gegner erregen sollte. Sein unbestrittener Erfolg bei Frauen und die Tatsache, daß er sich viermal verheiratete, gab Anlaß zu mancherlei Klatsch.

Zwei Jahre nach Entstehung dieses Bildes verlobte er sich mit Helene Moldenhauer, einer Nichte von Liebigs Frau. Zu diesem Zweck nutzte er die Abwesenheit Liebigs aus, der sich gerade auf einer Reise nach England befand. Liebig hat dies zunächst sehr verübelt. Es scheint dies aber der einzige Schatten gewesen zu sein, der auf das gegenseitige Verhältnis der beiden je fiel. Nachdem Will das Filial-Labor am Seltersberg übernommen hatte, wurde Hofmann Liebigs Assistent und half auch bei der Redaktion der Annalen der Chemie. 1845 ging er als Extraordinarius nach Bonn. In der Zwischenzeit war Liebig in England so berühmt geworden, daß man eine chemische Forschungsstätte nach Gießener Muster zu errichten wünschte.

Abbildungen

Abb. 14: Aeussere Ansicht von Liebigs Laboratorium in Gießen, siehe Bildtafeln
Abb. 15: Analytisches Laboratorium in Liebigs Laboratorium in Gießen, siehe Bildtafeln

Anmerkungen des Herausgebers

1   J[ohann] P[hilipp] Hofmann: Das Chemische Laboratorium der Ludwigs-Universität zu Gießen. Heidelberg: Winter, 1842, Tafelband.
2   Die Lithographie „Innere Ansicht des Analytischen Laboratoriums zu Giessen", die in dem Tafelband von Hofmann enthalten ist, trägt die Angabe „Gezeichnet von Trautschold und v. Ritgen. Lith. v. P. Wagner in Carlsruhe". Nach Auskunft von Dr. G. K. Judel, Liebig-Museum Gießen, „hat von Ritgen alles Architektonische gezeichnet und Trautschold alle Personendarstellungen". Carl Friedrich Wilhelm Trautschold (1815–1877), der 1840 Liebig portraitierte, wurde 1843 zum Universitätszeichenlehrer in Gießen ernannt. Josef Maria Hugo von Ritgen (1811–1889) war der Sohn des Gießener Gynäkologen Ferdinand August Franz von Ritgen. Er wurde 1838 a.o. Professor und 1843 o. Professor der Baukunst an der Gießener Universität. Zur Entstehungszeit der Zeichnung läßt sich sagen, daß sowohl Scherer als auch Keller von 1840 (Scherer Frühjahr 1840) bis Herbst 1841 (Scherer setzte seine Studienreise fort, Keller ging zum Herbst 1841 nach Göttingen) gemeinsam in Gießen waren. In dieser Zeit könnte die Zeichnung entstanden sein.
3   Jacob Volhard u. Emil Fischer: August Wilhelm von Hofmann. Ein Lebensbild, im Auftrage der Deutschen Chemischen Gesellschaft. Berlin: R. Friedländer u. Sohn, 1902, hier S. 15–20.
4   Friedrich Schödler: Das chemische Laboratorium unserer Zeit. Westermanns illustrierte deutsche Monatshefte 38 (1875) April – September, S. 21–47.

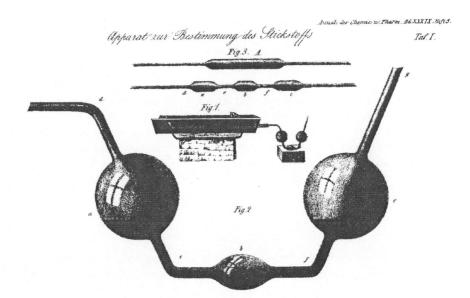

Gerät zur Bestimmung des Stickstoffs nach Varrentrap und Will.
Im Verbrennungsrohr wird Stickstoff in Ammoniak verwandelt, welches in dem Kugel-Glasrohr mit Salzsäure aufgefangen und dann als Ammoniumplatinchlorid gravimetrisch bestimmt.
(Aus der Publikation von Varrentrapp und Will, Annalen 39 (1841) 257-291)

THE LIEBIG RESEARCH GROUP AND SELECTED OTHER LIEBIG PUPILS

By Joseph S. Fruton*⁾

In this and the subsequent appendix, the names in capital letters denote individuals who achieved a measure of scientific distinction in their later careers. The nationality is only indicated for persons from countries other than the German and Austrian states. Universities are usually denoted in terms of the cities of their location, and Technische Hochschulen as TH. The dates and period of association with the respective research group are approximate, especially when only one date is given. The nature of the work done as a member of the research group is mentioned briefly, only to indicate the subjects under investigation. The statement that „no further publications" appeared only means that no references were found in the Standard bibliographical sources.

THE LIEBIG RESEARCH GROUP

Allan, James [1825–1866] (UK). Giessen mat. 1844 chem.; Dr.phil. 1846 (worked on zinc salts and uric acid). Later conducted analytical practice in Manchester (1849–54), then in Sheffield, where he taught chemistry at several schools.

ANDERSON, THOMAS [1819–1874] *(UK)*. Edinburgh M.D. 1841; Giessen mat. 1843 chem. (also studied with Berzelius in Stockholm). Regius Prof. chem. Glasgow 1852–74. Published many important chemical articles, especially on the destructive distillation of bone oil (discovered picoline, etc.) and on alkaloids; also wrote extensively on agricultural chemistry.

BABO, LAMBERT von [1818-1899]. Heidelberg Dr.med. 1842; Giessen mat. 1843 chem. (worked on arsenic analysis with Fresenius). Freiburg i.B. Pv.Dz.; ao.Prof. 1854–59; o.Prof. chem. 1859–83. Published extensively on many topics: vapor pressure of salt solutions, plant chemistry, photography. *[278]*

BAUMERT, FRIEDRICH MORITZ [1818–1865]. Berlin Dr.med. 1842; medical practice 1842–47; Giessen mat. 1847 chem. (worked on gentianine and brucine). Also studied

---

*) Abgedruckt aus: Joseph S. Fruton: Contrast in Scientific Style : Research Groups in the Chemical and Biochemical Sciences. Philadelphia: American Philosophical Society, 1990 (Memoirs Series ; 191), S. 277–307. Fruton hat die bisher vollständigste Liste der Liebig-Schüler zusammengestellt. Er unterscheidet in 2 Listen die Mitglieder von Liebigs Forschungsgruppen und ausgewählte andere Schüler Liebigs. Die aufgeführten Personen machen nur etwa die Hälfte der in Gießen von 1830 bis 1850 für Pharmazie und Chemie immatrikulierten Personen dar. Die Listen werden hier unverändert abgedruckt. Da die Namen alphabetisch geordnet sind, wurden sie nicht in das Personenregister dieses Buches aufgenommen. Die Seitenzahlen des Originals werden kursiv in eckigen Klammern [ ] angegeben. Für einige Ergänzungen, besonders bezüglich der englischen Schüler sei auf die Liste der Liebig-Schüler hingewiesen, welche W. Brock kürzlich veröffentlicht hat: William H. Brock: Justus von Liebig : The Chemical Gatekeeper. Cambridge: Cambridge University Press, 1997, Appendix 2, S. 342–351.

with Bunsen and Redtenbacher. Breslau Pv.Dz. 1853; Bonn ao.Prof. chem. 1855–. Wrote on various chemical topics (ozone, etc).

Bensch, Friedrich August [1817–?]. Giessen mat. 1844 pharm.; Dr.phil. 1845 chem. (worked on uric acid, sulfur content of bile). Later joined chemical factory in Ringkühl (near Kassel).

Bernays, Albert James [1823–1892] *(UK)*. Giessen mat. 1841 chem.; Dr.phil. 1853. London private laboratory 1845–55; Lecturer chem. St. Mary's Hosp. 1855–60, St. Thomas's Hosp. 1860–92. Published papers on plant chemistry, water and food analysis, hygiene.

Blanchet, Rodolphe [1807–1864] *(SWITZ)*. Giessen mat. 1832 pharm. (worked on analysis of oils, camphor, solanin). Later publications dealt largely with natural history of Vevey region.

Bleibtreu, Hermann [1821–1881]. Giessen mat. 1845 chem.; Dr.phil. 1846 (worked on coumarin). In 1853 founded near Stettin the first German factory for the manufacture of Portland cement.

Blyth, John [1814–1871] *(UK)*. Edinburgh M.D. 1839; Giessen mat. 1843 chem. (worked on narcotine). Also studied in London (Graham), Paris and Berlin (Rose, Magnus). At Royal Coll. Chem. London 1845–47; Royal Agric. Coll. Cirencester 1847–49; Prof. chem. Queen's Coll. Cork 1849–72. After 1845 paper on styrol, devoted his efforts largely to teaching.

Böckmann, Emil [1811–?]. Giessen mat. 1836 chem. (worked on double salts, eugenol). Later chemist in Fries factory in Heidelberg.

Bopp, Friedrich [1824–1849]. Giessen mat. 1844 chem. Asst. of Liebig (worked on hydrolysis of proteins; isolated tyrosine). Died after participation in the uprising in Baden.

BRODIE, BENJAMIN COLLINS.Jr. [1817–1880]. *(UK)*. Giessen mat. 1844 chem.; Dr.phil. 1850 (worked on analysis of beeswax). Research in private laboratory London 1847–55; Waynfleete Prof. chem. Oxford 1855–73. Apart from his experimental work on waxes and other chemical subjects, he is best known for his unsuccessful attempt to introduce a new chemical „calculus of operations".

Bromeis, Johann Conrad [1820–1862]. Giessen mat. 1839 chem. (worked on action of nitric acid on fatty acids); Marburg Dr.phil. 1841. Teacher chem. and physics Realschule Hanau 1842–51. Marburg Pv.Dz. chem. and technol. 1851–57; ao.Prof. 1857–62. His later writings dealt with mineralogy and thermal springs.

BUCHNER, LUDWIG ANDREAS [1813–1897]. Paris studied pharm. and chem. 1834–?; Munich Dr.phil. 1839; Dr.med. 1842. Giessen ca. 1843 (not in mat. list; not evident what experimental work he did). Munich ao.Prof. physiol. and pathol. chem. 1847–52; o.Prof. phar-*[279]*-macy and toxicology 1852–. Made many contributions in plant chemistry and in physiological chemistry.

BUCHNER, PHILIPP THEODOR [1821–1890]. Giessen mat. 1841 pharm.; Dr.phil. 1842 chem. (worked on maleic acid, tannins, etc.). Chem. teacher Realschule Mainz 1845–55; Darmstadt 1855–63. Darmstadt Polytechnicum ao.Prof. chem. 1863–69; o.Prof. 1869–80. Published many papers on the chemistry of natural products.

Buff, Heinrich [1805–1878]. Giessen mat. 1826 math.; Dr.phil. 1827 chem. (worked on indigo). Chemist in Kestner's factory in Alsace; studied in Paris (Gay-Lussac). Teacher of physics and technol. Kassel 1834 (worked with Bunsen). Giessen o.Prof. physics 1838–. After his initial chemical publications, he only reported on researches in physics.

Buff, Heinrich Ludwig [1828–1872]. Giessen mat. 1851 chem. (worked on analysis of iron compounds). London asst. of Stenhouse (1853) and Hofmann (1854). Started chem. factory Osnabrück 1859–61; Göttingen Dr.phil. 1863. Prof. chem. German Polytechnicum Prague 1869–72.

Campbell, Robert Corbett [1817–1840] *(UK)*. Giessen mat. 1838 chem. (worked on ferrocyanides).

Clemm-Lennig, Karl [1817–1887]. Giessen mat. 1839 pharm.; Dr.phil. 1845 chem. (worked on fatty acids). In 1854 established in Mannheim the first sizable German factory for the manufacture of artificial fertilizers. From 1853 he was a U.S. citizen.

Crasso, Gustav Ludwig [1810–?]. Giessen mat. 1840 chem. (worked on citric acid). Later chem. inspector Royal Porcelain Works in Meissen.

Demarçay, Horace Marc [1813–1866]. *(FR)*. Giessen mat. 1832 philosophy; worked in Liebig's laboratory on fumaric acid, bile. Later became politician.

Döpping, Otto [1814–1863]. Giessen mat. 1842 pharm.; Dr.phil. 1844 (worked on analysis of plant materials). Later chemist Royal Porcelain Factory in St. Petersburg and then (1857) chemist in Nevsky stearin factory.

Dollfus, Charles [1828–1907]. *(FR)*. Giessen mat. 1846 chem.; Dr.phil. 1846 (worked on alkaloids, hippuric acid in blood). Entered family chemical firm. After 1870 went to France, opened hotels in Cannes and Switzerland. In 1881 founded Dollfusville near Oran, Algeria.

Enderlin, Karl Friedrich [1819–1893]. Giessen mat. 1842 chem. (worked on gastric acids, bile). Later established silk dyeing factory in Basle.

Engelhardt, Heinrich Hermann. Giessen mat. 1846 philosophy (worked on muscle lactic acid). Later entered chemical industry.

ERLENMEYER, EMIL [1825–1909]. Giessen mat. 1845 med.; 1847 chem.; Dr.phil. 1851 (worked on lead cyanide with Will). Heidelberg *[280]* Pv.Dz. 1857; ao.Prof. 1863–68. Munich Polytechnicum o.Prof chem. 1868–83. One of the leading experimental and theoretical organic chemists of his time.

Ettling, Karl Jakob [1806–1856]. Giessen mat. 1831 pharm.; Dr.phil. 1846; asst. of Liebig, principally in the program of laboratory instruction (worked on creosote, beeswax). In 1846 became Pv.Dz. mineralogy Giessen; ao.Prof. 1849–56.

FEHLING, HERMANN [1811–1885]. Heidelberg 1835–37 pharm.; Dr.phil. 1837; Giessen mat. 1837 chem. (worked on fulminic acid, aldehydes and hippuric acid). In Paris with Dumas 1838. Prof. chem. and technol. Stuttgart Polytechnicum 1839–85. Apart from his many valuable contributions to organic chemistry he invented the „Fehling solution" for sugar analysis.

Fellenberg-Rivier, Ludwig Rudolf von [1809–1878]. *(SWITZ)*. Giessen Dr.phil. 1841 (not in mat. list; thesis on mineral analysis). Director of family paper factory 1835–36; Prof. chem. and mineralogy Lausanne 1841–46; private laboratory in Berne 1846–. Wrote many papers on mineralogy, archeology and chemistry.

Fleitmann, Theodor [1828–1904]. Giessen mat. 1845 chem.; Dr.phil. 1850; asst. of Liebig 1849–51 (worked on ash analysis of plants, sulfur in proteins, pyrophosphate). In 1851 entered industry and later developed an important method of nickel manufacture.

FOWNES, GEORGE [1815–1849]. *(UK)*. Giessen mat. 1838 chem.; Dr.phil. 1841 (on the equivalence of carbon). Became Prof. chem. Birkbeck Laboratory, University Coll. London. A very promising chemist who made valuable contributions before his untimely death.

Francis, William [1817–1904]. *(UK)*. Giessen mat. 1841 chem.; Dr.phil. 1842 (worked on cocculus indicus). Later principally an editor of chemical journals and book publisher.

FRANKLAND, EDWARD [1825–1899]. *(UK)*. London laboratory of Playfair 1845–47; collaborated with Kolbe. Teacher at Queenswood Coll. 1847 (began work on alcohol radicals). Marburg Dr.phil. 1849 (with Bunsen); Giessen autumn 1849 (not in mat. list). Prof. chem. Owens Coll. Manchester 1851–57; Lecturer chem. St. Bartholomew's Hosp. London 1856–64; Prof. Royal Coll. of Mines 1865–. Made many important contributions, notably on metal-alkyl compounds.

FRESENIUS, KARL REMIGIUS [1818–1897]. After training in pharmacy, in 1840 was in private laboratory of L.C. Marquart in Bonn, and wrote book on qualitative chemical analysis. Giessen mat. 1841 chem.; Dr.phil. 1842; Pv.Dz. 1843; asst. of Liebig. Prof. analytical chem. Agricultural Institute Wiesbaden 1845–48. In 1848 he established his own laboratory. The leading German analytical chemist of his time; his books went through many editions and were translated into many languages. *[281]*

Gay-Lussac, Jules [1810–?]. *(FR)*. Giessen mat. 1831 chem. (worked on paraffin). Later worked on salicin and lactic acid with Pelouze. Subsequent activity not determined; in 1886 he appears to have resided in Cairo.

GENTH, FRIEDRICH AUGUST (FREDERICK AUGUSTUS) [1820–1893]. Heidelberg 1839–41; Giessen mat. 1841 philosophy (worked in Liebig laboratory on masopine); Marburg mat. 1844 chem.; Dr.phil. 1845; asst. of Bunsen 1845–48. Went to U.S. in 1848; established an analytical laboratory in Philadelphia; for a time (1872–88) Prof. chem. and mineralogy U. of Pennsylvania. Published (with O. W. Gibbs) valuable papers on cobalt-ammonia compounds, but most of his numerous publications dealt with mineralogy and analytical chemistry.

GERHARDT, CHARLES [1816–1856] *(FR)*. Schoolmate of Wurtz; Karlsruhe Polytechnicum 1831; after brief service in French cavalry went to Leipzig to study chemistry; first paper (1835) on silicates. Giessen mat. 1836 chem. (stayed about 6 months; did analysis of picric acid; no publication; Liebig asked him to translate Berzelius and Liebig writings into French). Went to Paris 1838 (collaborated with Laurent; Ph.D. 1841). Montpellier Chargé des Cours chem. 1841–44; Prof. 1844–48. Private laboratory in Paris 1848–55. Prof. chem. Strasbourg 1855–56. His experimental and theoretical contributions had a profound influence on the mid-nineteenth-century development of organic chemistry.

GLADSTONE, JOHN HALL [1827–1902]. *(UK)*. Studied in London with Graham; Giessen mat. 1847 chem.; Dr.phil. 1848 (worked on formation of urea from fulminic acid). London Lecturer St. Thomas's Hosp. 1848–50; Fullerian Prof. chem. Royal Institution 1874–77; had private laboratory. Best known for experimental work on chemical equilibria and on refractivity of solutions, and for his efforts to improve British technical education.

GREGORY, WILLIAM [1803–1858]. *(UK)*. Edinburgh M.D. 1828; Giessen 1835, 1841 (not in mat. list; worked on manganates and uric acid). Prof. chem. Anderson Institution Glasgow 1837–38; Aberdeen 1839–44; Edinburgh 1844–58. Published many chemical papers of secondary importance; best known for his English translations of Liebig's most popular books.

GRIEPENKERL, FRIEDRICH [1826–1900]. Giessen mat. 1847 philosophy; Dr. phil. chem. 1848 (worked on role of minerals in potato disease). Also studied with Wöhler. Göttingen ao.Prof. agriculture 1850–57; o.Prof. 1857–. Continued to publish papers in agricultural chemistry.

Guckelberger, Carl Gustav [1820–1902]. Giessen mat. 1845 chem.; Dr.phil. 1848; asst. of Liebig 1847–49 (worked on volatile decomposition products of albumin). Became technical director first of a pa-*[282]*- per factory, then of a soda factory (retired 1867). Made important improvements in soda manufacture.

Heldt, Wilhelm [1823–1865]. Giessen mat. 1842 chem. (worked on citric acid, santonin); Berlin Dr.phil. 1846. Later papers dealt with bleaching, cement, metallurgy, etc.

Hempel, Karl Wilhelm [1820–1898]. Giessen mat. 1844 chem.; Dr.phil. 1848 (worked on oxidation of fennel oil). Became pharmacist in Giessen; introduced new analytical methods.

HENNEBERG, WILHELM [1825–1890]. Giessen mat. 1846 chem. (worked on ash analysis of blood and on phosphates); Jena Dr.phil. 1849. Director of agricultural station near Göttingen; published mainly on animal nutrition.

Hodges, John Frederick [1815–1899]. *(UK)*. Dublin M.D.; medical practice in Newcastle and Downpatrick; Giessen Dr.phil. 1843 (thesis on Peruvian matico). Prof. chem. Belfast 1845–99; wrote on agricultural subjects.

Hoffmann, (Gustav) Reinhold [1831–1919]. Giessen mat. 1849 philosophy, then chem. (worked on leucine and tyrosine). London 1854 (asst. of Williamson); Heidelberg Dr.phil. 1856 (studied with Kekulé). Became director of ultramarine factory Marienberg, then of Kalle chem. factory Wiesbaden. Wrote papers on chemical technology.

HOFMANN, AUGUST WILHELM [1818–1892]. Giessen mat. 1836 law; Dr.phil. 1841 chem.; asst. of Liebig 1843–45 (worked on aniline, indole). Bonn Pv.Dz., ao.Prof. chem. 1845. Director Royal College of Chemistry London 1845–65. o.Prof. chem. Berlin 1865–92. Made outstanding contributions in organic chemistry, notably on aniline, amines and dyes.

HORSFORD, EBEN NORTON [1818–1893] *(US)*. Giessen mat. 1844 chem. (worked on glycine, nitrogen content of foods). Rumford Prof. Harvard 1847–63; founded Rumford Chem. Co. (baking powder). Many diverse publications.

Hruschauer, Franz [1807–1858]. Vienna M.D. 1831; Giessen 1843 (not in mat. list; worked on albumin). Graz Prof. chem. 1851–58; published papers on agricultural chem.

Ilienkov, Pavel Antonovich [1821–1877] *(RUSS)*. Giessen mat. 1844 chem. (worked on casein, volatile acids in cheese). St. Petersburg ao.Prof. technology 1850–60; director sugar factory 1860–65. Moscow Prof. organic and agronomic chem. Agricultural Acad. 1865–75. Minor publications on various chemical and technical subjects.

Ilisch, Friedrich [1822–1867] *(RUSS)*. Giessen mat. 1841 chem.; Dr.phil. 1844 (worked on acid in potatoes). Also studied in Kharkov and Moscow. Chemist in govt. service 1849–63; wrote on manufacture of vinegar and on food preservation. *[283]*

JONES, HENRY BENCE [1813–1873] *(UK)*. Studied with Graham and Fownes 1839–40; London M.D. 1841. Giessen mat. 1841 chem.; Dr.phil. 1843 (worked on analysis of plant proteins). London physician St. George's Hosp. 1842–. Many publications on urine analysis (e.g., Bence-Jones protein) and other aspects of medical chemistry.

KANE, ROBERT JOHN [1809–1890] *(UK)*. Lecturer (then Prof.) natural philosophy Royal Dublin Soc. 1834–47. Giessen 1836 (not in mat. list; worked on sulfomethylic acid). Cork President Queen's Coll. 1847–. In 1833 suggested that alcohol, ether and some esters contain the same radical (Liebig named it „ethyl"); in 1837 discovered mesitylene. Also published on other chemical topics and was an active educator.

KEKULÉ, AUGUST [1829–1896]. Giessen mat. 1847 architecture; Dr.phil. chem. 1852 (worked on amyloxysulfates with Will). Studied in Paris 1851; asst. of Planta (1852–53) and of Stenhouse (1853–54). Heidelberg Pv.Dz. chem. 1856–58. o.Prof. Ghent 1858–67; Bonn 1867–92. The most important nineteenth-century German organic chemist.

Keller, Wilhelm [1818-?]. Giessen mat. 1840 chem. (worked on hippuric acid); also studied with Wöhler. Became physician, moved to Philadelphia ca. 1848.

Kerndt, (Carl Huldreich) Theodor [1821–?]. Giessen Dr.phil. 1846 (thesis on analysis of geochronite). Chemist Kuhnheim factory Berlin 1846–47. Leipzig Pv.Dz. 1849–52; teacher at agricultural institute. Published several papers on mineralogy.

Kersting, Richard Georg [1821–1875]. Giessen mat. 1848 chem.; Dr.phil. 1850 (worked on analysis of wines). Also studied in Leipzig and Munich. Became head of a mineral water plant in Riga.

KHODNEV, ALEKSEI IVANOVICH [1818–1883] *(RUSS)*. Giessen mat. 1843 chem. (worked on pectin); also studied in Leipzig. Kharkov Prof. chem. 1848–; wrote on thermochemistry and physiological chemistry; one of the first Russian supporters of Laurent and Gerhardt.

Kleinschmidt, Johann Ludwig. Giessen mat. 1843 pharm. (worked on ash analysis). Later wrote geological papers.

KNAPP, FRIEDRICH LUDWIG [1814–1904]. Giessen mat. 1835 chem.; Dr.phil. 1837 (worked on formation of cyanuric acid from melam). Studied in Paris 1837–38; married Liebig's sister 1841. Giessen ao.Prof. technology 1841–47; o.Prof. 1847–53. o.Prof. technical chem. Munich (also Royal Porcelain Works Nymphenburg) 1854–63; Braunschweig 1863–89. Published many papers, mostly in technical chemistry.

Kodweiss, Friedrich [1803–1866]. Giessen Dr.phil. 1830 (not in mat. list; worked on uric acid). Entered sugar industry; published on manufacture of beet sugar. *[284]*

KOPP, HERMANN [1817–1892]. Heidelberg mat. 1836 philology; Marburg mat. 1838 chem.; Dr.phil. 1838. Giessen mat. 1839 (worked on decomposition of mercaptans by nitric acid); Pv.Dz. 1841; ao.Prof. 1843–52; o.Prof. 1852–63. Heidelberg o.Prof. chem. 1863–90. Except for one paper (1844) in organic chemistry, his many publications dealt with the physical properties (specific gravity, specifie heat, etc.) of chemical substances. He also wrote an important history of chemistry (1843–47).

Kosmann, Constant Philippe [1810–1881] *(FR)*. Giessen mat. 1835 chem.; Dr.phil. 1854 (thesis on Bonleu resin). Published many papers on pharmaceutical chemistry.

Kremers, Peter [1827–?]. Giessen mat. 1848 chem. (worked on sulfurous chloride); Dr.phil. Berlin 1851. Had private laboratory first in Bonn, then in Cologne; published many papers on various aspects of organic chemistry.

KROCKER, EUGEN OTTO FRANZ [1818–1891]. Giessen mat. 1845 chem.; Dr.phil. 1845 (worked on ammonia content of soils, starch, bile). Prof. chem., physics and technol. at Agricultural Academy in Proskau (Silesia) 1847–. Wrote extensively on agriculture.

Laskowski (Lyaskovsky), Nikolai Erastovich [1816–1871] *(RUSS)*. Giessen mat. 1844 chem. (worked on sulfur in proteins); also studied in Berlin and Paris 1843–46. Moscow M.D. 1849; adjunct prof. chem. 1855–. Published several papers on chemical elements.

Lehmann, Julius Alexander [1825–1894]. Giessen mat. 1849 chem.; Dr.phil. 1851 (worked on coffee). Became chief chemist at Agricultural Experiment Station Weidlitz. Wrote extensively on agricultural chemistry and on nutrition.

Lenoir, Georg [1824–1909]. Giessen mat. 1846 chem. (worked on pentathionic acid). Became owner of a chemical firm in Vienna.

Löwe, Julius [1823–1909]. Giessen mat. 1847 chem.; Dr.phil. 1852 (worked on hippuric acid). Established commercial analytical laboratory in Frankfurt a. M.; published many papers in analytical chemistry.

Luck, Eduard [1819–1889]. Giessen mat. 1842 pharm.; Dr.phil. 1845 (worked on acids of Artemesia). Became analytical chemist in Hoechst; published many papers in analytical chemistry.

Macadam, Stevenson [1829–1901] *(UK)*. Giessen Dr.phil. 1853 (not in mat. list; worked on iodine in plants). Edinburgh chemical consultant, lecturer at medical school, active in chemical societies. Published papers on water supply and geology.

MARIGNAC, JEAN CHARLES GALLISARD de [1817–1894] *(SWITZ)*. Giessen mat. 1840 chem. (worked on nitric acid oxidation of naphthalene). Geneva Prof. chem. 1841–78; private laboratory 1878–84. Except for the one organic chemical paper from Giessen *[285]* all of his publications dealt with important problems in inorganic chemistry, especially the rare earths, and in physical chemistry.

Marsson, Theodor Friedrich [1816–1892]. Giessen mat. 1841 chem. (worked on laurel fat; discovered lauric acid). Took over father's pharmacy, which he gave up in 1870 to pursue full-time work in botany (he had obtained a Dr.phil. in botany at Greifswald in 1856).

MATTHIESSEN, AUGUSTUS [1831–1870] *(UK)*. Giessen mat. 1852 chem.; Dr.phil. 1853 (no publications?). Heidelberg 1853–57 (Bunsen). London private laboratory 1857–61; Lecturer chem. St. Mary's Hosp. 1862–68; St. Bartholomew's Hosp. 1869–70. Published important papers on the organic chemistry of alkaloids and on the electrical conductivity of metals.

Mayer, Wilhelm [1827–1891]. Giessen mat. 1851 chem.; Dr.phil. 1852; asst. of Liebig (worked on Jalappa resin). Munich Pv.Dz. 1856–57; published many organic-chemical papers before 1858. Then became director of chemical factory in Heufeld.

MELSENS, LOUIS HENRI [1814–1886] *(BELG)*. Giessen Dr.phil. 1841 (not in mat. list; thesis on action of chlorine on stagnant water). Asst. of Dumas (showed that trichloroacetic acid is converted to acetic acid by nascent hydrogen). Brussels Prof. physics and chem. school of veterinary medicine. Wrote on various topics in organic and physiological chemistry and in technology.

Merck, Georg Franz [1825–1873]. Studied chem. in London (Hofmann) 1845. Giessen mat. 1847 chem.; Dr.phil. 1848 (worked on opium; discovered papaverine). After his father's death (1855) he and his brothers assumed management of the family chemical firm.

Meyer, (Hermann Christian) Wilhelm. Giessen mat. 1845 chem. (worked on volatile acids in Angelica). Later activity not determined.

MUSPRATT, JAMES SHERIDAN [1821–1871] *(UK)*. Giessen mat. 1843 chem.; Dr.phil. 1844 (worked on indigo and sulfites). With A. W. Hofmann in London 1845–48. In 1848 he founded Liverpool College of Chemistry. In addition to his chemical papers, he wrote books.

Namur, Joseph François Pierre [1823–1892] *(LUXEMBOURG)*. Giessen mat. 1845 chem. (worked on ash analysis of leaves). Became pharmacist and teacher at Echternach Progymnasium; wrote on mineralogical and agricultural subjects.

NICKLÈS, (FRANÇOIS JOSEPH) JÉRÔME [1820–1869] *(FR)*. Giessen mat. 1845 chem. (worked on tartaric acid fermentation). Prof. chem. Nancy 1854–69; wrote many papers on various chemical topics (fluorine, crystallography, etc.).

Noad, Henry Minchin [1815–1877] *(UK)*. After publishing articles on electricity, studied chemistry with Hofmann in London 1845–47. Prof. chem. St. George's Hosp. London 1847–77. Giessen Dr.phil. *[286]* 1851 (no evidence of what, if anything, he did in Liebig laboratory). Later wrote extensively on chemistry and electricity.

Nöllner, Carl [1808–1877]. Giessen mat. 1836 pharm. (worked on tartaric acid fermentation). Partner in chemical factory Zoeppritz & Co. Freudenstadt 1840–48; director nitrate factory in Harburg 1854–. Wrote extensively on technical chemistry.

OPPERMANN, CHARLES FRÉDÉRIC [1805–1872] *(FR)*. Giessen mat. 1829 chem.; Dr.phil. 1830 (worked on analysis of waxes, turpentine and naphthalene). Prof. (1835) and Director (1848) of École Supérieure de Pharmacie Strasbourg. Published many papers on organic and pharmaceutical chemistry.

Ortigosa, Vicente [1817–1877] *(MEXICO)*. Giessen mat. 1842 chem.; Dr.phil. 1842 (worked on nicotine and coniine). Later wrote on various subjects, especially nutrition.

OTTO, FRIEDRICH JULIUS [1809–1870]. Jena Dr. phil. 1832; Giessen 1838 (not in mat. list; worked on solanin). Prof. chem. and pharm. (1842) and Director (1866) Braunschweig Polytechnicum. Many publications in toxicology and technical chem. (described gun-cotton in 1846). Especially well known for the Graham-Otto textbook of chemistry.

Paul, Benjamin Horatio [1827–1917] *(UK)*. Giessen mat. chem. 1847; Dr.phil. 1848 (worked on alkaloids). Editor of *Pharmaceutical Journal* 1870–1912.

PENNY, FREDERICK [1816–1869] *(UK)*. Giessen Dr.phil. 1842 (not in mat. list; thesis on action of nitric acid on salts). Prof. chem. Anderson's Coll. Glasgow 1839–69. His most important chemical contribution was his 1839 paper on the combining weights of several elements; later papers dealt with analytical topics.

PETTENKOFER, MAX JOSEF von [1818–1901]. Munich Dr.med. & pharm. 1843; Würzburg mat. 1843 chem. (with Scherer; isolated creatinine from urine). Giessen mat. 1844 chem. (worked on meat extract). Munich ao.Prof. med. chem. 1847–52; o.Prof. 1852–65; o.Prof. hygiene 1865–94. A versatile physiologist and chemist; best known for his work with Voit on respiration and for his writings on public health, but also published valuable papers in pure and applied chemistry. Played a significant role in bringing Liebig to Munich in 1852.

Peyrone, Michele [1814–1885] *(ITAL)*. Turin Dr.med. 1835; hospital physician. Giessen mat. 1842 chem. (worked on action of ammonia on platinum chloride). Turin ao.Prof. chem.; published a few chemical and agricultural papers.

PLANTA, ADOLF von [1820–1895] *(SWITZ)*. Heidelberg mat. 1843 chem.; Dr.phil. 1845. Giessen mat. 1846 chem. (worked on alkaloids). In 1851 setup private laboratory in Reichenau (Kekulé was his as-[287]-sistant 1852–53); published a few papers on alkaloids, but largely wrote about agricultural chem., mineral springs and especially agiculture.

PLANTAMOUR, PHILIPPE [1816–1898] *(SWITZ)*.Giessen mat. 1838 chem.; Dr.phil. 1839 (worked on Peru balsam, acetone, nitration of benzene); also studied with Berzelius in Stockholm. Did research in private laboratory; wrote papers on chemical topics and on limnology, mineralogy and meteorology.

PLAYFAIR, LYON [1818–1898] *(UK)*. Giessen mat. 1839 chem.; Dr.phil. 1840 (worked on myristic acid and caryophyllene). During 1842–58, he held various academic and government posts, including that of adviser to Prince Albert on the 1851 Exhibition. Edinburgh Prof. chem. 1858–68; elected M.P. and spent the rest of his life in politics. Published many chemical papers; the most important later ones dealt with the characterization of nitroprussides.

Poleck, Theodor [1821–1906]. Giessen mat. 1843 chem. (worked on analysis of seeds); Halle Dr.phil. 1849. Managed family pharmacy in Neisse and taught chem. in Realschule 1853–67. Breslau o.Prof. pharm. chem. 1867–1902. Wrote many papers on toxicology, water analysis and public health.

Posselt, Louis [1817–1880]. Heidelberg Dr.phil. 1840; Giessen mat. 1841 chem. (worked on ferrocyanide compounds, analysis of seeds). Heidelberg Pv.Dz. pharm. 1842; ao.Prof. 1847–49; then went to Mexico and California. His later publications (until 1849) dealt with analytical chemistry.

Ragsky, Franz. Vienna Dr.med.; Giessen mat. 1844 chem. (worked on urea analysis). Later published several analytical papers.

REDTENBACHER, JOSEPH [1810–1870]. Vienna Dr. med. 1834; Giessen 1840 (not in mat. list; worked on fatty acids). o.Prof. chem. Prague 1840–49; Vienna 1849–70. Continued to do significant work on fatty acids; also wrote on analysis of mineral waters and on mineralogy.

REGNAULT, HENRI VICTOR [1810–1878] *(FR)*. Giessen 1835 (not in mat. list; worked on action of alkali on ethylene chloride). Paris Prof. chem. École Polytechnique 1840–41; Prof. physics Collège de France 1841–54; Director Sèvres Porcelain Factory 1854–70. After his meticulous work in organic chemistry (1835–39) he conducted equally outstanding studies on specific heats, the physical properties of gases and, with Reiset, on animal respiration.

Richardson, Thomas [1816–1867] *(UK)*. Giessen mat. 1836 chem. (worked on composition of coal, use of lead chromate in organic analysis); also studied in Paris (Pelouze). Became important industrial chemist in Newcastle; among his enterprises was the manufacture of superphosphates. Also published some papers on other chemical subjects, such as the one with R. D. Thomson on emulsin. *[288]*

Rieckher, Theodor [1818–1888]. Giessen mat. 1842 chem.; Dr.phil. 1844 (worked on fumaric acid). Owner of pharmacy Marbach am Neckar 1845–86.

Riegel, Emil [1817–1873]. Giessen 1840 (not in mat. list; worked on oil of Madia sativa); Karlsruhe Dr.phil. 1845. Opened Pharmazeutisches Institut Carlsruhe at which he taught pharmacists (lectures and laboratory). Published many papers on pharmaceutical chemistry.

ROCHLEDER, FRIEDRICH [1819–1874]. Vienna Dr.med. 1842; Giessen mat. 1842 chem. (worked on camphor, casein, legumin). o.Prof. chem. Lemberg 1845–49; Prague 1849–70; Vienna 1870–74. Made important contributions in theoretical organic chemistry and in the study of the constitution of plant substances.

Ronalds, Edmund [1819–1889] *(UK)*. Giessen mat. 1842 chem.; Dr.phil. 1842 (worked on nitric acid oxidation of wax); also studied in Jena, Berlin, Heidelberg, Zürich and Paris. Prof. chem. Queen's College Galway 1849–56; then moved to Edinburgh, where he had a private laboratory and was associated with the Bonnington Chemical Works.

ROWNEY, THOMAS HENRY [1817–1894] *(UK)*. Giessen Dr.phil. 1852 (not in mat. list; worked on sebacic acid). Prof. chem. Queen's College Galway 1856–. Wrote papers on fats and oils, and on topics in analytical chemistry.

SACC, FRÉDÉRIC [1819–1890] *(SWITZ)*. Giessen mat. 1843 chem.; Dr.phil. 1844 (worked on linseed oil). Prof. chem. Neuchâtel 1845–48, 1866–75; during 1848–66 chemist in factory of Gros et al. in Wesserlingen. Prof. chem. Santiago, Chile 1875–90. Wrote many papers on agricultural chemistry and nutrition.

SANDBERGER, FRIDOLIN [1826–1898]. Giessen mat. 1845 philosophy; Dr.phil. 1846 chem. (thesis on lake minerals). Director Natural History Museum Wiesbaden 1849–55; o.Prof. geology Karlsruhe Polytechnicum 1855–63; o.Prof. mineralogy Würzburg 1863–96. Published many important papers in geology and mineralogy.

SCHERER, JOHANN JOSEPH von [1814–1869]. Würzburg Dr.med. 1836; medical practice 1836–38. Munich mat. 1838 chem.; Giessen 1840–41 (not in mat. list; worked on analysis of proteins). Würzburg ao. Prof. chem. medical faculty 1842–47; o.Prof. 1847–69. Published many important papers in clinical chemistry; discovered inositol and hypoxanthine; led a productive research group at Würzburg.

Schiel, Jakob Heinrich Wilhelm [1813–1889]. Heidelberg Dr.phil. 1842; Giessen mat. 1842 chem. (worked on sanguinain). Heidelberg Pv.Dz. 1845–49, 1859–? (in U.S. 1849–

58); moved to Baden-Baden. Wrote on organic chemistry, electricity, geology and philosophy.

Schlieper, Adolf [1825–1887]. Giessen mat. 1844 chem. (worked on decomposition products of uric acid, nitric acid oxidation of cholic *[289]* acid). After stay in U.S. (1848–51), joined textile firm Schlieper & Baum, founded by his father, and later developed valuable new dyeing methods.

SCHLOSSBERGER, JULIUS EUGEN [1819–1860]. Tübingen Dr.med. 1840; Giessen mat. 1843 chem. (worked on analysis of muscle). Edinburgh 1845–46 (asst. of Gregory). Tübingen Prof. chem. 1847–60. In addition to a valuable textbook of organic chemistry, he published many papers in physiological and analytical chemistry.

Schnedermann, Georg Heinrich Eberhard [1818–1881]. Giessen Dr.phil. 1845 (not in mat. list; worked on cetrarin, ash analysis of oats). Science teacher commerce school Leipzig 1845–47; Prof. chem. (1847–50) and Director (1850–66) technical school Chemnitz.

Schoedler, Friedrich [1813–1884]. Giessen mat. 1834 pharm.; Dr.phil. 1835; asst. of Liebig (worked on fumaric acid, combustion of wood). Science teacher Realschule Worms (1842–54); Rector Realschule Mainz (1854–83). Wrote books and general articles on science.

SCHMIDT, CARL [1822–1894]. Giessen mat. 1843 philosophy; Dr.phil. chem. 1844 (worked on plant mucins, introduced term *Kohlenhydrat*); also studied in Berlin (Rose) and Göttingen (Wöhler). Göttingen Dr.med. 1845. Dorpat Pv.Dz. 1847–50; o.Prof. pharm. 1850–52; o.Prof. chem. 1852–85. Made many valuable contributions in physiol. chem.; also published papers on geochemistry. Created an important research school at Dorpat (one of his students was Wilhelm Ostwald).

SCHUNCK, (HENRY) EDWARD [1820–1903] *(UK)*. Giessen mat. 1840 chem.; Dr.phil. 1841 (worked on nitric acid oxidation of aloe and on lichens); also studied in Berlin (Rose, Magnus). In 1842 became chemical manager of the family textile firm in Belfield, but continued research in his private laboratory. Did important research on plant dyes, especially alizarin, indigo and Chlorophyll.

Sell, Ernst [1808–1854]. Pharmacist; Giessen mat. 1832 chem.; Dr.phil. 1834 (worked on analysis of oils). In 1837 partner in chemical firm; in 1842 set up in Offenbach important factory for distillation of tar.

SMITH, JOHN LAWRENCE [1818–1883] *(US)*. South Carolina M.D. 1840; Giessen mat. 1841 chem. (worked on products of distillation of spermaceti); also studied in Paris (Dumas, Orfila). After return to U.S. in 1843, briefly practiced medicine, then became gold assayer, and worked on agricultural chemistry in U.S. and in Turkey. Prof. chem. Louisiana Univ. 1850–52; Univ. Virginia 1852–54. Prof. med. chem. and toxicol. Univ. Louisville 1854–66. Later papers dealt largely with meteorites and mineralogy.

SOBRERO, ASCANIO [1812–1888] *(ITAL)*. Turin Dr.med. 1840; studied in Paris (Pelouze) 1840–43; Giessen mat. 1843 chem. (worked on dry distillation of guaiac resin). Turin Technical Institute Lecturer *[290]* chem. (1845–49); Prof. (1849–). In 1846 discovered nitroglycerine, which he did not patent; in 1863 Nobel began its manufacture, and in 1867 invented dynamite. Sobrero also published extensively on the chemistry of plant products.

SOKOLOV, NIKOLAI NIKOLAEVICH [1826–1877] *(RUSS)*. Giessen mat. 1850 chem. (worked on occurrence of creatinine in urine); also studied in Paris (Gerhardt, Regnault). Successively Prof. chem. Novosibirisk, St. Petersburg, Odessa. Wrote on various organic-chemical topics; discovered glyceric acid.

Souchay, August. Giessen mat. 1842 chem. (worked on ash analysis of seeds). Later published papers on analytical chemistry.

Spirgatis, (Johann Julius) Hermann [1822–1899]. Jena Dr.phil. 1849; Giessen mat. 1850 chem. (no publication?). Königsberg Pv.Dz. pharm. chem. 1855–61; ao.Prof. 1861–68; o.Prof. 1868–96. Published papers on various topics in pharmaceutical chemistry.

Stähelin, Christoph [1804–1870] *(SWITZ)*. Giessen mat. 1842 chem. (worked on analysis of plant rinds). Basle Dr.phil. physics 1848; Prof. physics 1853–. Later papers only in physics.

Stammer, Karl [1828–1893] *(LUXEMBOURG)*. Giessen mat. 1848 chem. (worked on ash analysis of cabbage); Berlin Dr.phil. 1850. Teacher industrial school Münster 1857; then head of a sugar factory near Breslau. Wrote mostly on technical subjects, especially sugar manufacture.

Stein, (Heinrich) Wilhelm [1811–1889]. Giessen mat. 1839 pharm. (worked on action of acids on sugars; was Liebig's secretary). Prof. techn. and pract. chem. Dresden Polytechnicum 1850–79. Published many papers on assorted chemical topics.

STENHOUSE, JOHN [1809–1880] *(UK)*. Giessen mat. 1839 chem.; Dr.phil. 1840 (worked on hippuric acid, plant oils). Lecturer chem. St. Bartholomew's Hosp. Med. School 1851–57; worked in private laboratory 1860–. Wrote extensively on chemistry of plant products, as well as on technical subjects, notably the use of charcoal filters for disinfecting and deodorizing purposes.

Stoelzel, Carl [1826–1896]. Heidelberg Dr.phil. 1849; Giessen mat. 1850 philosophy (worked in Liebig's laboratory on analysis of inorganic components of ox blood and meat). Teacher at industrial schools in Kaiserslautern and Nürnberg; after 1868 successively ao.Prof. and o.Prof. techn. chem. in Munich. Wrote many papers, mostly on technical subjects.

STRECKER, ADOLPH [1822–1871]. Giessen mat. 1840 chem.; Dr.phil. 1842. After teaching at Realschule Darmstadt 1842–45, returned to Giessen as asst. to Liebig 1846–48 (worked on atomic weight of silver and carbon, and on fibrin and glycoholic acid). o.Prof. chem. Christiania 1851–60; Tübingen 1860–70; Würzburg 1870–71. A gifted experimenter; made important contributions to *[291]* the study of amino acids and uric acid derivatives, as well as to the development of the periodic table.

Sullivan, William Kirby [1821–1893] *(UK)*. Giessen mat. 1842 chem. (no publication?). At Museum for Irish Industry 1847–73 (Prof. 1854–73); President Queen's College Cork 1873–93. Published on various topics in chemistry, mineralogy and agriculture (beet sugar manufacture).

Thaulow, (Moritz Christian) Julius [1812–1850] *(NOR)*. Giessen mat. 1837 chem. (worked on analysis of rhodizonic acid, cystine, citric acid). Became Prof. chem. Christiania.

Thiel, Karl Eugen [1830–1915]. Giessen mat. 1849 chem.; Dr.phil. 1852 (worked on ash analysis of meat). Darmstadt Lecturer techn. chem. and mineral. 1864–71; ao.Prof. 1871–75; o.Prof. 1875–. Wrote extensively on food production.

THOMSON, ROBERT DUNDAS [1810–1864] *(UK)*. Glasgow M.D. 1831; studied chem. with Thomas Thomson (his uncle). After voyage to India, had medical practice in London. Giessen mat. 1842 chem. (worked on lichens, pine resin, digestion). Glasgow Deputy Prof. and asst. to Thomson 1842–52. London Lecturer chem. St. Thomas's Hosp. 1852–56; later active in public health affairs. Wrote many papers on nutrition and other aspects of physiological chemistry.

Thomson, Thomas, Jr. [1817–1878] *(UK)*. Glasgow M.D. 1839; Giessen 1839 (not in mat. list; worked on pectic acid in carrots). Went to India as a physician and became Prof. botany Calcutta Med. School. 1854-61. Wrote many botanical papers.

Tilley, Thomas George [?–1849] *(UK)*. Giessen mat. 1840 chem.; Dr.phil. 1841 (worked on berberine, nitric acid oxidation of castor oil); also studied in Edinburgh, Paris, Berlin. Prof. chem. Queen's College Birmingham 1845–49. Published papers on chemistry of plant materials (in 1848 with Redtenbacher in Prague).

Unger, Julius Bodo [1819–1885]. Giessen mat. 1845 chem. (worked on uric acid, xanthine, guanine, fibrin). Became owner of soap factory in Hannover.

Varrentrapp, Franz [1818–1877]. Studied pharmacy Lausanne 1832–35; chemistry Berlin 1837–39. Giessen mat. 1839 chem.; Dr. phil. 1840 (worked on fatty acids and, with Will, on new method of nitrogen analysis). Prof. chem. Braunschweig med. school 1844–68; Director Aachen Polytechnicum 1868–77. He was also partner in the Vieweg publishing firm in Braunschweig.

Verdeil, François [1826–1865] *(SWITZ)*. Giessen mat. 1845 med.; Dr.phil. chem. 1848 (worked on sulfur determination of organic compounds, ash analysis of blood, bile). In Paris after 1850; with Robin wrote treatise on anatomical and physiological chemistry (1852–53). *(Todesdatum vom Herausgeber eingefügt)* [292]

Vogel, Julius [1814–1880]. Munich Dr.med. 1838; Giessen mat. 1838 chem. (wrote on theoretical chemistry). Göttingen Pv.Dz. pathology 1839–42; ao.Prof. 1842–46; o.Prof. 1846– Published extensively on general pathology.

Vohl, Hermann [1823–1878]. Giessen 1845 chem. (worked on chromium analysis). Established private technical chem. laboratory in Bonn (then in Cologne) and gave practical instruction to students. Published many papers on technical subjects, especially fossil fuels and gas lighting.

Voskressensky, Aleksandr Abramovich [1809–1880] *(RUSS)*. Giessen mat. 1837 chem. (worked on analysis of naphthalene, quinic acid). St. Petersburg ao.Prof. chem. 1843–48; o.Prof. 1848–73. Published valuable paper on theobromine (1841).

Wallace, William [1832–1888] *(UK)*. Giessen mat. 1849 chem.; Dr.phil. 1857 (thesis on chloroarsenious acid). Became analytical and consulting chemist in Glasgow, where he served as City Analyst. Published largely on technical and public health problems such as sugar refining, gas manufacture and sewage disposal.

Weidenbusch, Valentin. Giessen mat. 1845 chem.; Dr.phil. 1847 (worked on analysis of albumin, action of acids and alkalis on aldehydes, ash analysis of bile). Established a chemical factory in Odenwald.

WETHERILL, CHARLES MAYER [1825–1871] *(US)*. Giessen mat. 1847 chem.; Dr.phil. 1848 (worked on organic sulfur compounds); also studied in Paris (Pelouze). Set up in Philadelphia a chemical laboratory for commercial analysis and private instruction

1851–53. Chemist Dept. of Agriculture and Smithsonian Institution 1862–65. Prof. chem. Lehigh Univ. 1866–71. Published extensively on technical topics, mineralogy and nutrition.

Whitney, Josiah Dwight [1819–1896] *(US)*. Giessen mat. 1846 chem. (no publication?). Geologist in Michigan, Iowa, California 1847–74. Prof. geol. and mineral. Harvard 1875–. Published many important geological papers and reports.

WILL, HEINRICH [1812–1890]. Giessen 1837 chem.; Dr.phil. 1839 (worked on composition of chelidonin and jervine); asst. of Liebig in research, teaching and editorial work; Pv.Dz. 1844; ao.Prof. 1845–52; o.Prof. 1852–82. Published many papers on analytical chemistry (ash analysis, nitrogen analysis) and on the chemistry of plant products.

WILLIAMSON, ALEXANDER WILLIAM [1824–1904] *(UK)*. Giessen mat. 1844 chem.; Dr.phil. 1845 (worked on bleaching salts, ozone, oenanthol, Prussian blue). Private laboratory in Paris 1846–49 (studied mathematics with Comte, associated with Dumas, Gerhardt, Laurent). Prof. chem. Univ. College London 1849–87. His theory of *[293]* etherification (1850) was an important component in the nineteenth-century development of organic chemistry.

Winkelblech, Karl Georg [1810–1865]. Giessen mat. 1832 chem. (worked on cobalt oxides); Marburg Dr.phil. 1835; ao. Prof. chem. 1836–38. Prof. chem. Kassel 1839–53, 1861–65 (tried for treason after 1848 revolution).

Wolff, Julius August [1830–1898]. Giessen mat. 1848 chem.; Dr.phil. 1850 (worked on aspartic acid, styracine, madder). Became partner in family dye works in Barmen.

WURTZ, CHARLES ADOLPHE [1817–1884] *(FR)*. Strasbourg M.D. 1843 (thesis on fibrin and albumin); Giessen mat. 1842 chem. (worked on hypophosphorous acid). Paris asst. of Dumas 1844–48; School of Med. Lecturer organic chem. 1849–53; Prof. 1853–66; Sorbonne Prof. chem. 1874–84. Made many important contributions to organic chemistry, and developed valuable synthetic methods.

ZININ, NIKOLAI NIKOLAEVICH [1812–1880] *(RUSS)*. After completing studies in Kazan (1836), worked with Mitscherlich and Rose in Berlin (1837–38). Giessen 1838–39 (not in mat. list; worked on benzoyl compounds, decomposition products of oil of almonds). St. Petersburg Med. Acad. Prof. chem. 1847–74. Published many important papers in organic chemistry, some of them continuations of his work at Giessen.

SELECTED OTHER LIEBIG PUPILS

Amend, Bernard Gottwald [1820–1911]. Stated to have been Student and asst. of Liebig ca. 1845 (not in mat. list; no publication). Went to U.S. 1847; set up chemical firm in New York (it later became Eimer & Amend).

Archinard, Jean Jacques François [1819–1890] *(SWITZ)*. Giessen mat. 1844 chem. (no publication). Later activity not determined.

Baist, Ludwig [1825–1899]. Giessen mat. 1848 chem. (no publication); was asst. of Will. Worked in several factories; in 1856 set up large plant to manufacture sulfuric acid, soda, artificial fertilizer, etc. (it later became Chemische Fabrik Griesheim-Elektron in Frankfurt a.M.).

Bailey, Henry, born Wolverhampton; Giessen mat. 1848. Later carreer not known.

Baldamus, Alfred Ferdinand [1820–1886]. Giessen mat. 1841 chem. (no publication). Became Kommerzienrat, landowner in Gerlebogk and member of the Reichstag.

Bastick, William [1818–1903] *(UK)*. Giessen mat. 1842 philosophy (no publications before 1848). Later pharmaceutical chemist in Buckingham; published on pharmaceutical and chemical subjects.

Beauclair, Louis Theodor de [1813–1846]. Giessen mat. 1832 pharm. (no publication). Became pharmacist in Usingen.

Benckiser, Edmund [1818–1836]. Giessen mat. 1835 chem. (no publication). From chemical manufacturing family.

BERLIN, WILLEM [1825–1902] *(NETH)*. Giessen mat. 1844 chem.; Heidelberg mat. 1846 med.; Leiden Dr.med. (no publications before *[295]* 1853). Became Prof. anatomy Amsterdam; published valuable papers on hemoglobin crystals.

Bernouilli, Friedrich [1824–1913] *(SWITZ)*. Giessen mat. 1844 chem. (no publication). Became pharmacist.

Bichon, Gerhard Wilhelm *(NETH)*. Giessen mat. 1843 chem.; Dr.phil. 1844 (worked on ash analysis of cereals; translated *Chemische Briefe* into French). Later activity not determined.

Binder, August [1818–?]. Giessen mat. 1837 chem. (no publication). Became pharmacist in Worms.

Bindewald, Hugo [1820–?]. Giessen mat. 1841 pharm. (no publication). Died while pharmacist's apprentice in Worms.

Blank, Hugo [1824–1898]. Giessen mat. 1843 chem. (no publication). Later activity not determined.

Böttinger, (Wilhelm) Heinrich [1820–1874]. Giessen mat. 1843 chem.; Dr.phil. 1844 (worked on ash analysis of wood). Went to England 1847; became factory director in Boston.

Breed, Daniel *(US)*. Dr.; Giessen ca. 1850 (not in mat. list; worked on ash analysis of human brain, phosphate in urine). Translated books by Löwig and Will.

Breidenbach zu Breidenstein, Eberhard [1803–1872]. Giessen mat. 1845 chem. (no publication). Became landowner.

Brill, Louis [1814–1876]. Giessen mat. 1838 pharm. (no publication). Became pharmacist in König.

Brommer, Paul. Giessen mat. 1850 chem.; Dr.phil. 1851 (no publication?). In 1857 published two papers on chemistry of wine.

Buch, Friedrich. Giessen mat. 1843 pharm. (worked on ash analysis of herbs). No further publications found; became pharmacist in König 1850–.

Buchka, Franz Anton [1828–1896]. Giessen mat. 1850 pharm. (no publication). Became owner of Kopfapotheke in Frankfurt a.M..

BUCKLAND, FRANCIS TREVELYAN [1826-1880] *(UK)*. Giessen mat. 1845 chem. (does not appear to have done advanced laboratory work). Later many publications in natural history.

Büchner, Louis Wilhelm [1816–1892]. Giessen mat. 1837 pharm. (no publication). Became pharmacist.
Bujard, Benjamin Louis [1824–1862] *(SWITZ)*. Giessen mat. 1848 chem. (no publication). Became pharmacist in Yverdon.
Bull, Buckland W. *(US)*. Giessen mat. 1848 chem. (worked on emulsin). No further publications found; later activity not determined.
Bullock, John Lloyd [1812–1905] *(UK)*. Giessen mat. 1837 chem. (no publication). Became pharmacist and chemical manufacturer in London; made business arrangement with Liebig and Hofmann to produce quinine. *[296]*
Caesar, Karl [?–1891]. Giessen mat. 1841 pharm. (no publication). Became pharmacist in Katzen-Elnbogen.
Cameron, William [1822–1855] *(UK)*. Giessen mat. 1838 nat. sci. (no publication). Became medical officer in British army; died on service in India.
Clemm, Gustav [1814–1866]. Giessen ca. 1840 (not in mat. list; worked on analysis of sea water). Joined his brother Karl (see Appendix l) in their chemical firm.
Cohen, Jacob [1822–?]. Giessen mat. 1850 chem. (worked on ash analysis of seeds); Heidelberg mat. 1852 chem. Later activity not determined.
Conn, Franz Karl Friedrich. Giessen mat. 1847 chem. (no publication). In 1859 bought Elephantenapotheke in Hamburg.
Conrad, Friedrich Ferdinand [1826–1857]. Giessen mat. 1850 pharm. (no publication). Became pharmacist in Gernsheim.
Crichton, James [?–1868] *(UK)*. Edinburgh M.D. 1835; Giessen mat. 1846 chem. (no publication). Became physician in Glasgow.
Crum, Alexander [1828–1893] *(UK)*. Giessen mat. 1844 chem. (worked on solubility of calcium phosphate in acid). No further scientific publications; became merchant in Glasgow and was M.P. 1880–85. Son of Walter Crum [1796–1867].
Curtze, Philipp Heinrich [1809–?]. Giessen mat. 1832 pharm. (no publication). Became pharmacist in Worms.
Darby, Stephen [1825–1911] *(UK)*. Giessen mat. 1847 chem. (worked on analysis of ammonium chromate and mustard oil). Later wrote on diastases and on the history of Cookham.
Denecke, Ferdinand. Giessen mat. 1846 chem.; Dr.phil. 1851 (worked on analysis of mineral waters). No further scientific publications; later activity not determined.
Dieffenbach, Ernst Johann [1811–1855]. Giessen mat. 1828 med. (no publication from Liebig laboratory); Zürich Dr.med. 1835. Explored New Zealand 1839–41; in England 1845–46 as Liebig's agent to promote his artificial fertilizer. Giessen Pv.Dz. mineralogy 1849–50; ao.Prof. 1850–55. Published papers on geological subjects.
Drevermann, August. Giessen mat. 1846 chem.; Dr.phil. 1857 (worked on crystallization of minerals). Later activity not determined.
Dunlop, Charles J. *(UK)*. Giessen mat. 1842 chem. (no publication). Later held patents for a chlorine process and for the recovery of manganese by bleachers.
Eatwell, William [1819–1899] *(UK)*. Giessen mat. 1837 chem. (no publication). Glasgow M.D. 1840. Surgeon in India 1841–57; Principal Calcutta Medical College 1857–61. *[297]*

Ehrhardt, Wilhelm [1825–?]. Giessen mat. 1847 pharm. (no publication). Became pharmacist in Darmstadt.

Elbers, (Johann) Christian [1824–1911]. Giessen mat. 1850 chem.; Dr.phil. 1852 (worked on molybdic acid). No further scientific publications; joined family textile factory.

Engelmann, Christian Gotthold [1819–1884]. Giessen mat. 1844 chem. (worked on ash analysis of plant materials). Became pharmacist in Basle.

Ettling, Friedrich Karl [?–1889]. Giessen mat. 1841 chem. (no publication). Became pharmacist in Kirchheimbolanden.

Faber, Karl [1822–?]. Giessen mat. 1843 pharm. (no publication). Became pharmacist in Crumstadt.

Faber, William Leonard *(US)*. Giessen mat. 1850 chem. (no publication). In 1852 was metallurgist and mining engineer.

FEILITZSCH, FABIAN KARL OTTOKAR von [1817–1885]. Bonn Dr.phil. 1841; Giessen mat. 1842 chem. (no publication). Greifswald ao.Prof. physics 1848–54; o.Prof. 1854–. Later papers dealt solely with magnetism.

Feyen, Franz. Giessen mat. 1848 pharm. (no publication). Became pharmacist in Lorsch.

Fink, Alexander. Giessen mat. 1848 pharm. (no publication). In 1855 wrote a botanical paper; in 1862 became pharmacist in Lorsch.

Fleck, Wilhelm Hugo [1828–1896]. Giessen mat. 1850 pharm. (no publication); Dresden Dr.phil. 1857. o.Prof. chem. and physics Dresden TH 1862–71; Director Center of Public Health Dresden 1871–94. Wrote on technical subjects and on sanitation.

Gaedechens, Julius Heinrich [1820–1862]. Giessen mat. 1844 chem. (no publication). Later activity not determined.

Gail, Georg [1819–1882]. Giessen mat. 1843 pharm. (no publication). Later joined family textile firm.

Gardner, John [1804–1880] *(UK)*. Giessen Dr.med. 1843 (not in mat. list; does not appear to have worked in Liebig's laboratory). London Prof. chem. and materia medica Apothecaries Co. Translated Liebig writings; played role in foundation of Royal College of Chemistry.

Geiger, Gustav [1819–1900]. Giessen mat. 1843 pharm. (worked on analysis of lymph). Became manufacturer of dyes, then malt extract, in Stuttgart.

Geromont, Karl. Giessen mat. 1830 pharm; 1835 med. (worked on alcohol content of wine from Bingen). No further scientific publications; became physician.

GIBBS, OLIVER WOLCOTT [1822–1908] *(US)*. M.D. 1845 Coll. Phys. and Surg. N.Y.; studied in Berlin (Rose, Rammelsberg); Giessen mat. 1846 chem. (does not appear to have done research in Liebig's labo-*[298]*-ratory). New York Free Academy Prof. physics and chem. 1849–63; then Rumford Prof. Harvard 1871–87. Published extensively on topics in inorganic and analytical chemistry, notably on cobalt-ammonia compounds (with Genth).

GILBERT, JOSEPH HENRY [1817–1901] *(UK)*. Giessen mat. 1840 chem. (no publication). In 1843 joined Lawes at Rothamsted, where they conducted important agricultural research; by 1851 they had shown that some of Liebig's views on soil nutrition were incorrect.

Gindroz, Théophile [1813–1872] *(SWITZ)*. Giessen mat. 1838 chem. (no publication). Became pharmacist in Morges.

Giulini, Lorenz [1824–1898]. Giessen mat. 1842 chem. (no publication); Heidelberg Dr.phil. 1845. Became head of chemical factory in Ludwigshafen.

Glasson, Karl Eduard *(RUSS?)*. Giessen mat. 1846 chem.; Dr.phil. 1847 (worked on theobromine, ash analysis). No further publications found; later activity not determined.

Glogau, Henrik Moritz [1821–1877] *(NOR)*. Schooling in Germany; Giessen mat. 1844 chem. (no publication). After medical studies at Jena turned to geography and economics. Secretary Chamber of Commerce Frankfurt a.M. 1863–77.

Gravelius, Georg [1808–?]. Giessen mat. 1837 pharm. (no publication). Became pharmacist in Babenhausen.

Groll, Karl. Giessen mat. 1848 pharm. (no publication). Later activity not determined; in 1863 published paper in analytical chemistry.

Gros, James [1817–?]. Giessen mat. 1837 chem. (worked on platinum salts). No further scientific publications; joined family textile factory in Wesserlingen.

Gundelach, Karl [1821–1878]. Giessen mat. 1838 chem; Dr. phil. 1846 (worked on bile with Strecker). No further chemical publications; became owner of chemical factory in Luisenthal.

Haeffely, Edouard *(FR)*. Giessen mat. 1848 chem. (worked on pigment from sandalwood). Became dye chemist in Mulhouse.

Haidlen, (Paul) Julius [1818–1883]. Giessen mat. 1842 pharm.; Dr.phil. 1843 (worked on analysis of milk). No further chemical publications; took over family pharmacy in Stuttgart.

Hardy, Edmund [1816–1878]. Giessen mat. 1835 pharm. (no publication). Became pharmacist.

Hartmann, Jules Albert [1823–1905] *(FR)*. Giessen mat. 1841 chem. (no publication). Worked in several textile dyeing factories in Mulhouse and elsewhere.

Hautz, (Friedrich) Oswald. Giessen mat. 1845 chem. (worked on double salts). No further chemical publications; later activity not determined. *[299]*

Hegmann, Friedrich [1813–1860]. Giessen mat. 1837 pharm. (no publication). Went to U.S.; became pharmacist in New York City.

Helmolt, August von [1829–?]. Giessen mat. 1849 chem. (no publication). Became physician.

Helmolt, Otto von [1829–1901]. Giessen mat. 1847 chem. (no publication). Became physician.

Henry, William Charles [1804–1892] *(UK)*. Edinburgh M.D. 1827; studied chem. in Berlin (Rose, Mitscherlich); Giessen 1836 (not in mat. list; does not appear to have done research). Became landowner in Surrey.

Hering, Edouard [1814–1893] *(FR)*. Giessen mat. 1838 chem. (worked on reactions of sulfurous acid). Became pharmacist in Barr.

Hertwig, Carl [1820–1896]. Giessen mat. 1842 chem. (worked on ash analysis of plants). Became cigar manufacturer in Mühlhausen.

Hess, Isidor. Giessen mat. 1850 chem.; Dr.phil. 1853 (no publication). Later activity not determined.

Heydenreich, Eduard [?–1885]. Giessen mat. 1845 chem. (no publication). Became pharmacist in Strassburg.

Heyl, Adolph. Giessen mat. 1846 pharm.; Dr.phil. 1847 (worked on analysis of bell metal and coal). No further publications; later activity not determined.

Hofstetter, Johann Josef *(SWITZ)*. Giessen mat. 1842 chem. (worked on analysis of fruit rinds and nitrate from Peru). No further publications; later activity not determined.

Jacobi, Bernhard. Giessen Dr.phil. 1843 (not in mat. list; thesis on effect of soil nutrition on plant growth). Later wrote botanical papers.

Jamieson, Alexander John *(UK)*. Giessen mat. 1845 chem. (worked on sulfur cyanide compounds). No further chemical publications; later activity not determined.

Janosi, Ferenc [1819–1879]. Giessen mat. 1846 chem. (no publication). Became teacher, journalist and writer on popular science in Hungary.

Jobst, Karl [1816–1896]. Giessen mat. 1836 chem. (worked on analysis of sarsparilla). Entered family chemical firm in Stuttgart.

Johnson, Carl *(US)*. Giessen mat. 1848 chem.; Dr.phil. 1851 (worked on ash analysis of cheese). No further scientific publications; later activity not determined.

Kayser, Gustav Adolf [1817–1878]. Giessen mat. 1843 chem.; Dr.phil. 1844 (worked on double salts, jalap resin). A further paper (1864) on meteorology; became pharmacist in Hermannstadt.

Keller, Franz. Dr.phil.; Giessen mat. 1848 chem. (worked on analysis of plant materials, ash analysis of meat). Later activity not determined. *[300]*

Kessler, Georg [1828–1873]. Giessen mat. 1848 chem.; Dr.phil. 1849 (worked on tartrates). No further chemical publications; later activity not determined.

Koch, Karl Jakob Wilhelm [1827–1882]. Giessen mat. 1849 chem. (no publication.) In 1853 became head of iron works in Dillenberg; in 1873 member of Geological Institute Wiesbaden. Wrote papers on mineralogy.

Kocher, Rudolph Friedrich [1811–1875] *(SWITZ)*. Giessen mat. 1838 chem. (no publication). Became pharmacist.

Koechlin, Jean Albert [1818–1889] *(FR)*. Giessen mat. 1844 chem. (worked on ash analysis of wood). No further scientific publications; joined the family textile firm in Mulhouse.

Krüger, Rudolf [1815–1846]. Giessen mat. 1838 pharm. (no publication). Became pharmacist in Korbach.

Kühnert, Ernst [1818–?]. Giessen mat. 1838 chem. (worked on analysis of coal). No further scientific publications; later activity not determined.

Kugler, Ludwig [1827–1894]. Giessen mat. 1845 chem. (worked on analysis of lead cyanide). Became pharmacist in Gnesen.

Kyd, John *(UK)*. Giessen mat. 1848 chem. (worked on nitroprusside compounds). No further scientific publications; later activity not determined.

Lade, Friedrich Gustav [1821–1856]. Giessen mat. 1844 chem. (worked on water analysis, glycyrrhizin). No further scientific publications; later activity not determined.

Langsdorff, Wilhelm [1827–1898]. Giessen mat. 1846 public affairs; Dr.phil. chem. 1852 (thesis on silver as unit in measurement of electrical resistance). No further chemical publications; became geologist and botanist in Clausthal.

Leers, Heinrich Gustav. Giessen mat. 1850 chem.; Dr.phil. 1852 (worked on composition of quinidine). Became pharmacist.

Leers, Ludwig [1812–1860]. Giessen mat. 1832 pharm. (no publication). Became pharmacist.

Lehmann, Johann [1823–1899]. Giessen mat. 1847 chem. (no publication). Became pharmacist in Rensburg.

Lehr, Gustav [?–1892]. Giessen mat. 1843 pharm. (no publication). Became pharmacist in Bensheim; then Dr.med. and director of sanatorium in Wiesbaden. *[301]*

Lengerke, Ernst August Karl von [1823–1870]. Giessen mat. 1842 chem. (no publication). Became pharmacist.

Lenz, August. Giessen mat. 1840 chem. (worked on double salts). No further scientific publications; later activity not determined

Leuchtweiss, Alexander. Giessen mat. 1843 pharm. (worked on ash analysis of seeds, manna). No further scientific publications; later activity not determined.

Leverkus, Carl Friedrich Wilhelm [1804–1889]. Studied in Paris 1827–28; Berlin 1829; Giessen Dr.phil. 1830 (thesis on silver; not in mat. list and probably did not work in Liebig's laboratory). Partner in soda factory in Barmen 1830–33. Obtained patent (1838) for production of ultramarine; in 1860 established first large dye factory in Prussia. It was bought by the Bayer Co. in 1890, and later (1925) incorporated into the I.G. Farbenindustrie.

Liebig, (Georg) Karl [1818–1870]. Brother of Justus Liebig. Giessen mat. 1842 pharm. (no publication). Became pharmacist in Darmstadt.

Liesching, Franz [1818–1903]. Giessen mat. 1843 pharm. (no publication). Later with Chamber of Commerce and Industry Stuttgart.

Linck, Christian. Giessen mat. 1842 chem.; Dr.phil. 1845 (no publication). Went to U.S. and published on various chemical topics there.

Lindsay, Thomas *(UK)*. Giessen mat. 1847 chem. (no publication). Later wrote popular science articles.

Loew, Wilhelm Christian [1818–1908]. Giessen 1841 pharm. (no publication). Became pharmacist in Markt-Redwitz. Father of Oscar Loew [1844–1941].

Mackenzie, Kenneth Smith [1832–1900] *(UK)*. Giessen mat. 1850 chem. (no publication). Landed gentry in Rossshire, Scotland.

Maddrell, Robert *(UK)*. Giessen mat. 1845 chem. (worked on phosphates, lactic acid). No further chemical publications; later activity not determined.

Mallinckrodt, Gustav [1829–1904]. Giessen mat. 1847 chem. (no publication). Joined family chemical firm.

Mangold, Friedrich Wilhelm [1827–1898]. Giessen mat. 1849 pharm. (no publication). Became pharmacist in Darmstadt.

Marty, Rudolph [1829–1909] *(SWITZ)*. Giessen mat. 1849 chem. (no publication). Became pharmacist.

Mayer, Ferdinand [?–1869]. Giessen mat. 1850 chem. (no publication). Went to U.S.; became pharmacist in New York City.

Meidinger, Johann Hermann [1831–1905]. Giessen mat. 1849 chem. and physics; Dr.phil. 1853; also studied Heidelberg 1853–55, Paris and London 1855–56. Heidelberg Pv.Dz. technology 1857–69; Karlsruhe Polytechnicum o.Prof. technical physics 1869– . All his publications were on physics and on technical subjects.

Mertzdorff, Charles [1818–1883] *(FR)*. Giessen mat. 1836 chem. (no publication). Became important Alsatian industrialist. *[302]*

Meyer, Hermann. Giessen mat. 1839 chem.; Dr.phil. 1840 (worked on elaidic acid). Became pharmacist.
Meyer, Johann Ludwig [1819–1894] *(SWITZ)*. Giessen mat. 1843 pharm. (no publication). Became pharmacist.
MILLER, WILLIAM ALLEN [1817–1870] *(UK)*. Giessen mat. 1840 chem. (no publication). London King's College M.D. 1842; Prof. chem. 1845–. Made important contributions to spectroscopy.
Mitchell, Alexander [1822–1874] *(UK)*. Giessen mat. 1839 chem. (no publication). Became partner in coal firm in Glasgow.
Möricke, Emil [1822–1897]. Giessen mat. 1845 pharm.; Dr.phil. 1846 (no publication). Became pharmacist in Wimpfen.
Möricke, Martin [1824–1881]. Giessen mat. 1849 pharm. (no publication). Became pharmacist in Winnenden.
Mohr, Philipp [?–1885]. Giessen mat. 1850 chem.; Dr.phil. 1853 (no publication). Became pharmacist in Würzburg.
Müller, Christian [1816–?]. Giessen mat. 1836 pharm. (no publication). Became pharmacist in Berne.
Muspratt, Edmund Knowles [1833–1923] *(UK)*. Giessen mat. 1850 chem. (no publication). Joined family chemical firm.
Muspratt, Frederick [1825–1872] *(UK)*. Giessen mat. 1843 chem. (no publication). Joined family chemical firm.
Muspratt, Richard [1822–1885] *(UK)*. Giessen 1840 (not in mat. list; no publication). After initial partnership in alkali company (1841–52), set up a new such Company with two of his brothers; entered politics.
Papon, Jakob [1827–1860] *(SWITZ)*. Giessen mat. 1846 (no publication). Later wrote articles on geological subjects.
Parkinson, Robert [1831–1913] *(UK)*. Giessen Dr.phil. 1853 (not in mat. list; worked on valeraldehyde). Became partner in chemical firm in Bradford.
Petersen, (Daniel) Christian. Giessen mat. 1834 pharm. (worked on analysis of several drugs). No further chemical publications; became pharmacist in Apenrade.
Petry, Philipp [?–1896]. Giessen mat. 1850 pharm. (no publication). Became pharmacist in Frankfurt a.M.
Pistor, Hermann [1822–1883]. Giessen mat. 1846 chem. (no publication). Became pharmacist in Mainz.
Polunin, Aleksei Ivanovich [1820–1888] *(RUSS)*. Giessen mat. 1845 chem. (no publication). Moscow Dr.med. 1848; Prof. pathol. anat. and physiol. 1849–.
Porter, John Addison [1822–1866] *(US)*. Giessen mat. 1847 chem. (worked on ash analysis of feces, action of nitric acid on wood fibers). Yale Univ. Prof. analytical and agricultural chem. 1852–56; Prof. organic chem. 1856–64; Dean Sheffield Scientific School *[303]* 1861–64. In 1855 married Josephine Sheffield, daughter of donor after whom the school was named in 1861. Porter published several textbooks but few experimental papers.

Price, David Simpson [1823–1888] *(UK)*. Giessen mat. 1846 (no publication). Later became Superintendent of the Technological Museum at the Crystal Palace; wrote papers on topics in technical chemistry.

Quentel, Eduard [1823–1865]. Giessen mat. 1839 chem. (no publication). Became agriculturist; emigrated to Parana, Brazil.

Radcliff, William *(UK)*. Giessen mat. 1841 chem. (worked on nitric acid oxidation of spermaceti). No further chemical publications; became physician.

Rehe, Johann August [?–1892]. Giessen mat. 1843 chem. (no publication). Became pharmacist in Cologne.

Reissig, Wilhelm [1829–1901]. Giessen mat. 1850 pharm. (no publication). Later wrote papers on topics in analytical chemistry.

Reuling, Ludwig [1811–1879]. Giessen mat. 1836 pharm. (worked on chelidonic acid). Became physician in Wöllstein.

Reuling, Robert [1808–1852]. Giessen mat. 1830 pharm. (no publication). Became pharmacist in Darmstadt.

Reynier, Henri Frédéric [1824–1902] *(SWITZ)*. Giessen mat. 1842 chem. (no publication). Later activity not determined.

Ricker, Albin Heinrich [1811–1852]. Giessen mat. 1835 pharm. (no publication). Became pharmacist in Kaiserslautern.

Rittershausen, Friedrich [?–1875]. Giessen mat. 1839 pharm. (no publication). Became pharmacist in Herborn.

Römheld, Julius [1827–1901]. Giessen mat. 1849 chem. (no publication). Went to U.S.; became pharmacist in Chicago.

Rogers, John Robinson *(UK)*. Giessen mat. 1846 chem.; Dr.phil. 1848 (worked on ash analysis of feces). No further scientific publications; became a pharmacist at Honiton, Devonshire, England.

Rosengarten, Samuel George [1827–1908] *(US)*. Giessen mat. 1847 chem. (worked on nitric acid oxidation of benzene). No further scientific publications; joined family chemical firm in Philadelphia.

Roser, Gustav [1823–1860]. Giessen mat. 1848 chem. (worked on ash analysis of blood, phloridzin). No further scientific publications; later pharmacist in Schwäbisch Hall.

Rubach, Wilhelm. Giessen mat. 1849 chem.; Dr.phil. 1850 (worked on analysis of bar iron). No further scientific publications; later activity not determined.

Rübsamen, Karl [1826–1902]. Giessen mat. 1848 pharm. (no publication). Became pharmacist in Frankfurt a. M. *[304]*

Rüling, Eduard [1811–1875]. Giessen mat. 1845 chem.; Dr.phil. 1846 (worked on sulfur analysis of plant and animal materials; ash analysis of plants). No further scientific publications; later activity not determined.

Saalmüller, Louis Eduard. Giessen mat. 1845 chem. (worked on fatty acids of castor oil). No further scientific publications; later activity not determined.

Sander, Wilhelm [1812–1881]. Giessen mat. 1832 pharm. (no publication). Became pharmacist and botanist; wrote on flora of Hamburg region.

Sandmann, Friedrich [1818–1876]. Giessen mat. 1850 pharm.; Dr.phil. 1853 (worked on analysis of galena). No further scientific publications; later activity not determined.

Schaffner, Ludwig Friedrich Carl. Giessen mat. 1843 pharm. (worked on magnesium phosphate, composition of hydrates). No further scientific publications; later activity not determined.

Schedel, Henry Edward [1804–1856] *(UK)*. Giessen mat. 1847 chem. (no publication). Published books on various non-chemical topics.

Schild (Schilt), Josef [1824–1866] *(SWITZ)*. Giessen mat. 1846 chem. (no publication). Chemistry teacher in several cantonal schools 1854–66. Founder and first President Swiss Alpine Society; published on agricultural chemistry, as well as on Alpine geology and meteorology.

Schlenther, Emil [?–1892]. Giessen mat. 1842 chem. (no publication). Became pharmacist in Insterburg.

Schlienkamp, Christian. Giessen mat. 1849 chem.; Dr.phil. 1849 (worked on ash analysis of cabbage and asparagus). No further scientific publications; later activity not determined.

Schlosser, Theodor [1822–1907]. Giessen mat. 1843 chem. (worked on bile). Vienna Dr.phil. 1848 (thesis on history of chemistry). Later activity not determined.

Schmid, Wilhelm. Giessen mat. 1847 pharm.; Dr.phil. 1854 (worked on mangosteen). No further chemical publications; later activity not determined.

Schulthess, Edmund [1826–1906] *(SWITZ)*. Giessen mat. 1846 chem. (no publication). Became landowner in Aargau.

Schwarzenberg, Adolf Emil. Giessen mat. 1846 chem. (worked on pyrophosphates, bismuth salts). No further scientific publications; later activity not determined.

Scriba, Emil [1814–1886]. Giessen mat. 1836 pharm. (no publication). Became pharmacist; later published on identification of blood spots.

Scriba, Theodor [?–1886]. Giessen mat. 1844 pharm. (no publication). Became pharmacist in Schotten. *[305]*

Siebold, Georg von [1812–1873]. Giessen mat. 1831 pharm. (no publication). Became pharmacist in Mainz.

Silber, Gustav [1826–1904]. Giessen mat. 1850 (no publication). Later chemist in Stuttgart.

SMITH, ROBERT ANGUS [1817–1884] *(UK)*. Giessen mat. 1840 chem.; Dr.phil. 1841 (studied German language and philosophy; apparently no chemical publications). Manchester Royal Institution (asst. of Playfair) 1842–45; consulting chemist 1845–. Became a leading authority on sanitary chem.; wrote important papers and reports on urban air and water.

Soldan, Friedrich [1817–1881]. Giessen mat. 1846 chem. (no publication). Became pharmacist.

Stein, James *(UK)*. Giessen mat. 1848 chem. (worked on arsenious acid salts). No further scientific publications; later activity not determined.

Steiner, Cäsar Heinrich [1813–?] *(SWITZ)*. Giessen mat. 1837 chem.; Dr.phil. 1838 (no publication). Became pharmacist.

Sthamer. (Johann Georg) Bernhard [1817–1903]. Giessen mat. 1842 chem. (worked on analysis of wax); Rostock Dr.phil. 1845. Head of chemical pathology laboratory in Rostock hospital; then set up chemical factory in Hamburg.

Strecker, Hermann. Giessen mat. 1850 chem. (no publication). Asst. of his brother Adolph in Christiania; later head of analytical laboratory of Meister Lucius & Brüning in Hoechst; published several chemical papers.

Summer, Thomas Jefferson *(US)*. Giessen mat. 1846 chem. (worked on analysis of cotton plant and seed; results published posthumously in 1852 by Wetherill).

Tenner, Alfons [1829–1898]. Giessen mat. 1850 pharm. (no publication). Became pharmacist in Darmstadt.

Theyer, Joseph. Giessen mat. 1843 chem. (worked on bile). No further scientific papers; later activity not determined.

THUDICHUM, LUDWIG [1829–1901]. Giessen mat. 1847 med.; Dr.med. 1851 (no publications from Liebig's laboratory). London physician 1853–; Prof. chem. St. George's Hosp. medical school 1858–65; Director pathol.-chem. laboratory St. Thomas's Hosp. 1865–71. Made important discoveries on brain lipids and on animal pigments.

Thurn, Georg Wilhelm [1813–?]. Giessen mat. 1830 pharm.; Dr.med. 1835 (no publication). Became physician in Babenheim.

Tillmanns, Heinrich [1831–1907]. Giessen mat. 1850 chem. (worked on mineral water analysis). No further chemical publications; became a chemical manufacturer in Krefeld. *[306]*

TRAUBE, MORITZ [1826–1894]. Giessen mat. 1844 philosophy; Berlin Dr.phil. 1847 (thesis on chromium compounds). Managed family wine concern in Ratibor; set up private laboratory. Made outstanding contributions, notably in the study of biological oxidation and semipermeable membranes.

TRAUTSCHOLD, HERMANN von [1817–1902]. Giessen mat. 1844 chem.; asst. of Liebig 1845–46; Dr.phil. 1847 (no publication). Went to Russia, was teacher in Moscow, and became a mineralogist (Dorpat Dr.phil. 1871). Moscow Prof. mineralogy and geology at Agricultural School 1868–88. Wrote important articles on the geology and paleontology of Russia.

Treupel, Ernst Wilhelm [1828–1871]. Giessen mat. 1847 chem. (no publication). Later activity not determined.

Tribolet, Georges de [1830–1873] *(SWITZ)*. Giessen mat. 1850 chem. (no publication); Heidelberg Dr.phil. 1853. A wealthy man; traveled extensively; later wrote mostly on geological and paleontological topics.

Tschudi, Joachim [1822–1893] *(SWITZ)*. Giessen mat. 1842 chem. (no publication). Entered family dye firm.

Vogel, August [1817–1889]. Munich Dr.med. 1839; Giessen 1840 (not in mat. list; no publication); Erlangen Dr.phil. 1848. Munich ao.Prof. agric. chem. 1848–69; wrote articles on many subjects, especially plant chem.

VOGT, KARL [1817–1895]. Giessen mat. 1833 med. (worked in Liebig's laboratory; no publication); Berne Dr.med 1839. Giessen Prof. zoology 1872-95. Became well-known zoologist and also wrote on anthropology and philosophy.

Wernher, Karl Christian [1830–1889]. Giessen mat. 1849 pharm. (no publication). Became pharmacist.

WILHELMY, LUDWIG FERDINAND [1812–1864]. Heidelberg Dr.phil. 1846; Giessen mat. 1846 philosophy (studied with Liebig; no publication). Heidelberg Pv.Dz. 1849–54; then private life in Berlin. Best known for his 1850 paper on chemical kinetics.

Wilkens, Hermann [1816–1886]. Giessen mat. 1838 pharm.; Dr.phil. 1842 (no publication). Became director of ultramarine factory in Kaiserslautern.

Wimmer, Johannes [?–1890]. Giessen mat. 1838 pharm. (no publication). Became pharmacist in Kraiburg.

Winkler von Mohrenfels, Wolf Karl Rudolf [1820–1888]. Giessen mat. 1843 chem. (no publication). Became forester.

Wrightson, Francis Trippe *(UK)*. Giessen mat. 1843 (worked on ash analysis of wood); Marburg Dr.phil. 1853 (Kolbe). Later activity not determined. *[307]*

Wydler, Ferdinand [1821–1873] *(SWITZ)*. Giessen mat. 1840 chem. (no publication); Heidelberg mat. 1846 med.; also studied in Berlin and Würzburg. Became physician in Aarau.

Wydler, Franz Wilhelm [1818–1877] *(SWITZ)*. Giessen mat. 1840 chem. (no publication). Later activity not determined.

Wydler, Rudolf *(SWITZ)*. Giessen mat. 1840 chem. (no publication). Later activity not determined; in 1847 published paper (with Bolley) on pigment of *Anchusa tinctoria*.

Zedeler, Adolf Johann *(DEN)*. Giessen Dr.phil. 1851 (not in mat. list; worked on ash analysis of cocoa beans). Later activity not determined.

Zoeppritz, Johann Friedrich [1814–1861]. Giessen mat. 1835 pharm. (no publication). Acquired chemical factory in Freudenstadt; in 1850 went to U.S. and established harmacy in New York City.

Zwenger, Constantin [1814–1884]. Giessen mat. 1835 med.; Marburg Dr.phil. chem. (worked on catechin); Pv.Dz. pharm. chem. 1841–44; ao.Prof. 1844–52; o.Prof. 1852–84. Published papers on the chemistry of natural products.

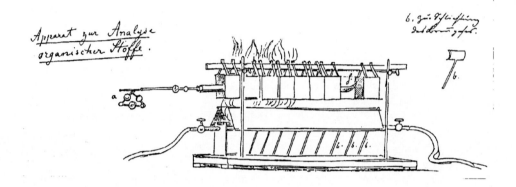

Apparat zur Analyse organischer Stoffe.
Zeichnung von Ludwig Thiersch. Nachschrift der Vorlesung „Anorganische Chemie" von Justus von Liebig im Wintersemester 1856/57 in München. Manuskript S. 64

Dissertationen unter Friedrich Wöhler an der Universität Göttingen

Von Günther Beer

Die folgende Liste stellt einen Auszug aus der Bibliographie der chemischen Dissertationen der Göttinger Universität dar. *) Es wurden alle chemischen Disserationen ausgewählt, bei denen Friedrich Wöhler als „Doktorvater" auf Grund der Arbeit bzw. der Promotionsakte eindeutig erkennbar war.

Zur Titelaufnahme

Die Eintragung enthält den Verfassernamen, eventuell eine Berufsbezeichnung, einen Herkunftsort des Promovierten, das Geburtsdatum, den Geburtsort, den Titel der Arbeit, den Druckert und das Erscheinungsjahr. Die Zahl der Druckseiten, die Angabe des Doktorvaters und eventuell das Laboratoriums in dem die Arbeit ausgeführt wurde, ergänzen die Daten.

Die Namen:
Bei manchen Dissertationen ist der Vorname des Autors nur durch den Anfangsbuchstaben gegeben. Um die Identifizierung der Person zu erleichtern wurden diese Abkürzungen aufgelöst. Hierbei ist zu beachten, daß es häufiger vorkommt, daß eine Person ihren Rufnamen ändert oder bei mehreren Vornamen deren Reihenfolge und Zahl variiert wird. Die Schreibweise der Nachnamen ist nicht so gleichbleibend wie heute. Ganz offensichtlich ist dies, wenn zum Beispiel ein Deutscher wie Anton Gössmann seinen Namen als Staatsbürger der Vereinigten Staaten von Amerika "Charles Anthony Goessmann" schreibt.

Berufsbezeichnung:
Eine entsprechende Berufs-Angabe auf dem Titelblatt, wie zum Beispiel eine Assistentur wird übernommen. Für schon im Beruf stehende Promovenden werden entsprechende Informationen auch aus den Akten entnommen und verwendet. Die Bezeichnung "Apotheker" steht für Dissertanden, welche den Beruf ausübten oder ein pharmazeutisches Staatsexamen abgelegt haben. Aus dem Fehlen einer solchen Bezeichnung darf aber nicht geschlossen werden, daß es sich nicht um einen Pharmazeuten handelt.

Herkunftsort:
Bei den meisten Dissertationstiteln findet sich eine Herkunftsangabe des Verfassers, die bei den lateinischen Titeln nach Möglichkeit in deutscher Form wiedergegeben wird. Diese Angaben beziehen sich nicht grundsätzlich auf den Geburtsort, sondern konnten vom Promovenden offensichtlich frei gewählt werden und bezeichnen eigentlich nur einen bedeutenden Ort im Lebenslauf. Die Angabe "aus Göttingen" wird auch von Promovenden gewählt, welche nur zum

---

*) Günther Beer: Die chemischen Dissertationen der Universität Göttingen 1734 – 1900: Eine Bibliographie. Göttingen: Verlag Museum der Chemie Dr. Günther Beer, 1998.

Studium in Göttingen wohnten. Die Bezeichnung "Hannover" kann entweder Stadt-, Kurfürstentum-, Königreich- oder preußische Provinz Hannover bedeuten.

Geburtsdatum:
Das Geburtsdatum mußte fast immer der lateinischen vita der Akte entnommen werden. Die Daten sind dort nach dem römischen Kalender angegeben. Die Berechnung auf unsere Zeitangabe erfolgte grundsätzlich nach der Form "ante diem". Die lateinische Form ist zur Kontrolle ebenfalls aufgeführt. Es wird in der Literatur allgemein gesagt, daß Geburtsdaten in Dissertationen oder selbst in den Bewerbungsunterlagen nicht immer zuverlässig sind. Einzelne Lebensläufe enthalten kein Geburtsdatum.

Geburtsort:
Hinter dein Geburtsdatum wird in Klammer die nach Quellenlage möglichst genaue Bezeichnung des Geburtsortes eingefügt.

Druckort und Erscheinungsjahr, Seitenzahl:
Der Druckort und das Erscheinungsjahr der Dissertation sind aus dem Titel übernommen. Wenn die Dissertation erst mit zeitlicher Verzögerung eingereicht wurde oder die Promotion erst wesentlich später vollzogen wurde, wird dies gesondert vermerkt und die Arbeit wird dann zeitlich entsprechend später eingeordnet. Die Seitenzahlenangabe erfolgt nicht streng nach bibliothekarischen Regeln und soll auch dazu dienen, bei einer Bestellung eines Fotoauftrages den Umfang abschätzen zu können.

Doktorvater:
Der Betreuer der Doktorarbeit wird mit dem Kürzel „DV" für Doktorvater angezeigt. Wenn diese aus der Dissertation oder der Promotionsakte entnommene Zuordnung nicht eindeutig ist, wird der Referent genannt.

Standort und Signaturen:
Die Dissertationen befinden sich in der Niedersächsischen Staats- und Universitätsbibliothek Göttingen (SUB) in Sammelbänden Göttinger Hochschulschriften „Academica Gottingensia" unter der Signatur 8°Historia literaris particularis IV, 26/6 oder als Einzelbände unter 8° Chem. II.

Bibliographie

AMMON, Bernhard von
    aus Köln am Rhein, geb. 5.11.1838 (Köln)
    Über einige Silikate der Alkalien und Erden. Köln 1862; 42 + 1 S. DV: F. Wöhler Gö. und M. Baumert Bonn, 12.08.1862 promotio in absentia. Begonnen wurde die Arbeit im Laboratorium von Prof. Wöhler, "dem ich auch vorzugsweise die Anregung ...

verdanke", und vollendet im Privatlaboratorium des Prof. M. Baumert in Bonn. SUB:8Hlp.IV,26/6 Acadgö 1862.

BAUCK, Ernst Gustav
aus Colberg, geb.30.08.1831 (Polzin Pommern)
Analyse der Salzsoolen von Colberg. Gö. 1860; 67 S. DV: F. Wöhler, Examen 16.04.1860. SUB:8Hlp.IV,26/6 Acadgö 1860.

BEILSTEIN, Friedrich Conrad
aus St. Petersburg, geb. 17.02.1838 (St. Petersburg)
Über das Murexid. Gö. 1858; 59 S. DV: F. Wöhler, Examen 12.03.1858. SUB:8Hlp.IV,26/6 Acadgö 1858.

BENDER, Rudolph
aus Coblenz, geb. 10.07.1827 (Coblenz)
Versuche über die Gewinnung des Tellurs aus den Siebenbürgischen Golderzen. Gö. 1852; 36 S. DV: F. Wöhler, Examen 16.08.1852. SUB:8Hlp.IV,26/6 Acadgö 1852.

BERLIEN, Emil
aus Altona, geb. 12.09.1842 (Altona)
Über die Trennung der Cerit-Oxyde. Gö. 1864; 35 S. DV: F. Wöhler, Examen 22.03.1864. SUB:8Hlp.IV,26/6 Acadgö 1864.

BIGOT, Carl
aus Ancona, geb. 24.07.1841 (Ancona)
Über einige neue durch Synthese dargestellte Kohlenwasserstoffe. Gö. 1866; 33 S. DV: W. Wöhler, Examen 19.03.1866. SUB:8Hlp.IV,26/6 Acadgö Supplement 1863-1880.

BIRNBAUM, Carl
aus Braunschweig, geb. 1839 (Helmstedt)
Über die Bromverbindungen des Iridiums. Gö. 1864; 38 S. DV: F. Wöhler Gö. und K. Weltzien Polytechnikum Karlsruhe, Examen 12.08.1864. Die Arbeit wurde veranlaßt durch einen Regulus von Iridium von meinem Onkel Hofr. Marx in Braunschweig, welcher ihn früher durch den Staatsrath v. Struve aus der Petersburger Münze erhalten hatte. Auch Wöhlersches Iridium. Den Schluß der Arbeit machte ich im Laboratorium der polytechnischen Schule zu Carlsruhe. SUB:8Hlp.IV,26/6 Acadgö 1864.

BÖCKING, Max
aus Bonn, geb. 1833 (Bonn)
Analysen einiger Mineralien.[I. Meteoreisen von Ruffs-Mountains, Süd-Carolina; II. Meteoreisen vom Cap der Guten Hoffnung; III. Platinerz von Borneo; IV. Buntkupfererz von Coquimbo in Chili]. Gö. 1855; 29 S. DV: F. Wöhler, Examen 8.08.1855. SUB:8Hlp.IV,26/6 Acadgö 1855.

BOEDEKER, Carl
Apotheker, aus Hannover, geb. 20.09.1815 (Hannover)
Ueber die Verbreitung der Pflanzenstoffe im Allgemeinen nebst einer speciellen Betrachtung einiger Stoffe aus der Familiengruppe der Cocculinen Bartlg. Gö. 1848: 69 S. DV: F. Wöhler, Examen 12.04.1848. SUB:8Hlp.IV,26/6. Acadgö 1848-1850.

BOLTON, H. Carrington
of New York, geb. 28.01.1843 (a.d.V.Cal.Feb. 1843, New York USA)

On the fluorine compounds of uranium. Berlin 1866; 40 S. DV: F. Wöhler Gö. und A. W. Hofmann Berlin. 26.02.1866 promotio in absentia. Completed in the University Laboratory at Berlin under Prof. Hofman. SUB:8Hlp.IV,26/6 Acadgö 1866.

CALDWELL, George C.
aus Lunenburg Mass. USA, geb. 1834 (Framingham Mass.)
The fatty acids contained in the oil of the arachis hypogaea and the oleic acid series. Gö. 1856; 47 S. DV: F. Wöhler und C.A. Goessmann, Examen 9.08.1856. SUB:8Hlp.IV,26/6 Acadgö 1856.

CHANDLER, Charles F.
aus New Bedford USA, geb. 6.12.1836 (Lancaster Mass.) Miscellaneous chemical researches [Mineralanalysen von Zircon, Saussurit, Stassfurtit, Rock resembling Talcose Slate, Columbit, Tantalit, Yttrotantalit, Samarskit, Analyse von Cermetallen, künstlicher Schwerspat]. Gö. 1856; 50 S. DV: H. Rose Berlin und F. Wöhler. Promotion in absentia wegen sehr guter Zeugnisse 9.08.1856. Die Analysen wurden im Laboratorium von Rose in Berlin und die nachfolgenden Untersuchungen in Wöhlers Laboratorium in Göttingen ausgeführt. SUB:8Hlp.IV,26/6 Acadgö 1856.

CHRISTOPHLE, Paul
aus Paris, geb. 8.11.1838 (Paris)
Recherches sur les combinaisons de l'antimoine avec les différents métaux. Gö. 1863; 36 S + 1 Spectraltafel. DV:F. Wöhler, Examen 27.02.1863. SUB:8Hlp.IV,26/6 Acadgö Supplement 1863-1880.

CLARK, William Smith
aus Ashfield Mass. USA, geb. 31.07.1826 (Ashfield Mass. USA)
On Metallic Meteorites. Gö. 1852; 14 S. DV: F. Wöhler, Examen 7.05.1852. SUB:8Hlp.IV,26/6 Acadgö 1852.

CROOK, Frank
aus Baltimore Mich. USA, geb. 15.04.1845 (Baltimore)
On the chemical constitution of the Ensisheim, Mauerkirchen, Shergotty and Muddoor meteoric stones. Gö. 1868; 36 S. DV: F. Wöhler ?, 23.03.1868 promotio in absentia. SUB:8Hlp.IV,26/6 Acadgö 1868.

DARMSTADT, Mathias
aus Ebersheim bei Mainz, geb. 25.07.1843 (Ebersheim)
Ueber das Stickstoffbor. Gö. 1869; 32 S. DV: F. Wöhler, Examen 15.05.1869. SUB:8Hlp.IV,26/6 Acadgö 1869.

de WITT, Wilhelm
aus Emmerich Prov. Rheinpreußen, geb. 16.08.1833 (a.d.XVII.Cal.Sept. 1833, Emmerich). Über das Kobalt und seine Darstellung in reinem Zustande. Gö. 1857; 40 S. DV: F. Wöhler, Examen11.03.1857. SUB:8Hlp.IV,26/6 Acadgö 1857.

DEAN, John
aus Boston USA, geb. 21.12.1831 (Salem Mass. USA)
The organic compounds of tellurium and selenium belonging to the alcohol series. Gö. 1855; 51 S. DV: F. Wöhler (Mit Einschränkung auf einen Teil 2) Promotion in absentia 13.10.1855. SUB:8Hlp.IV,26/6 Acadgö 1855.

DREHER, Eugen
 aus Stettin, geb. 21.02.1841 (Stettin)
 Über Bibromsalicylsäure. Gö. 1867; 31 S. DV: Wöhler? Examen 9.08.1867.

EATON, James H.
 aus Andover, Massachusetts USA, geb. 21.06.1842 (Andover)
 Über die Cyanverbindungen des Mangans. Gö. 1867 30 S. DV: F. Wöhler, Examen 20.07.1867. SUB:8Hlp.IV,26/6 Acadgö 1867.

EBERHARD, Wilhelm
 aus Gotha, geb. 30.10.1832 (Reinhardsbrunn)
 Analysen einiger Thüringer Mineralien. Gö. 1855; 32 S. DV: F. Wöhler, Examen 14.08.1855. SUB:8Hlp.IV,26/6 Acadgö 1855.

EBERMAYER, Eduard
 aus Nürnberg, geb. 16.05.1834 (d.XVII.Cal.Jun. 1834, Nürnberg)
 Über die Nickelgewinnung auf der Aurorahütte bei Gladenbach. Gö. 1855; 35 S. DV: F. Wöhler, Examen 8.05.1855. SUB:8Hlp.IV,26/6 Acadgö 1855.

ELLIOTT, Robert John
 aus Norfolk England, geb. 25.01.1837 (a.d.VIII.Cal.Feb. 1837, Catton Norfolk)
 On the magnetic combinations with some observations on the action of selenic acid on methyl-alkohol. Gö. 1862; 44 S. DV: F. Wöhler. Promotion in absentia 25.03.1862. SUB:8Hlp.IV,26/6 Acadgö 1862.

ERDMANN, Carl
 aus Harzgerode, geb. 21.06.1831 (Harzgerode)
 Die unorganischen Bestandtheile in den Pflanzen. Gö. 1855; 30 S. DV: F. Wöhler, Examen 12.03.1855. SUB:8Hlp.IV,26/6 Acadgö 1855.

ESPENSCHIED, Richard
 aus Elberfeld, geb. 18.09.1835 (Elberfeld)
 Über das Stickstoffselen. Gö; 1859. 36 S. DV: F. Wöhler, Examen 1.11.1859. SUB:8Hlp.IV,26/6 Acadgö 1859.

FABIAN, Christian
 Assistent am chemischen Laboratorium des Polytechnischen Instituts in Augsburg, Apotheker, aus Adelebsen, geb. 18.05.1834 (XV.Cal.Jun. 1834, Adelebsen b. Göttingen)
 Ueber das Verhalten der Selensäure zum Aethylalkohol, die Aetherselensäure und einige ihrer Salze etc. etc. Augsburg 1860; 44 S. DV: F. Wöhler. Promotio in absentia 12.08.1860. SUB:8Hlp.IV,26/6 Acadgö 1860.

GARRIGUES, Samuel, S.
 Apotheker, aus Philadelphia (geb. Philadelphia)
 Chemical investigations on radix ginseng americana, oleum chenopodii anthelmintici and oleum menthae viridis. Gö. 1854; 25 S. DV: F. Wöhler. Promotion in absentia 27.03.1854 weil er sich auf der Reise über Paris nach Philadelphia befindet. SUB:8Hlp.IV,26/6 Acadgö 1854.

GEITNER, Curt
 aus Schneeberg in Sachsen, geb. 1849 (Schneeberg)
 Verhalten des Schwefels und der Schwefligen Säure zu Wasser bei hohem Druck und

hoher Temperatur. Gö. 1863; 47 S. DV: F. Wöhler, Examen 22.06.1863. SUB:8Hlp.IV,26/6 Acadgö 1863.

GEUTHER, Anton
aus Neustadt bei Coburg, geb. 23.04.1833 (Neustadt)
Ueber die Natur und Destillationsproducte des Torbanehill-Minerals. Gö. 1855; 35 S. + 1 Tafel. DV: F. Wöhler ? Examen 3.08.1855. SUB:8Hlp.IV,26/6 Acadgö 1855.

GIESECKE, Bruno Th.
aus Leipzig, geb. 14.09.1835 (Leipzig)
Analysen des Bohnerzes von Mardorf und des daraus gewonnenen Roheisens. Leipzig 1858; 30 S. DV: F. Wöhler, Examen 10.05.1858. SUB:8Hlp.IV,26/6 Acadgö 1858.

GOESSMANN, Karl Anton (später: Charles Anthony)
aus Fritzlar, geb. 13.06.1827 (Id.Jun. 1827, Naumburg Hessen)
Ueber die Bestandtheile der Canthariden. Gö. 1853; 38 S. DV: Wöhler, Examen 27.12.1852. SUB:8Hlp.IV,26/6 Acadgö 1853.

HALLWACHS, Wilhelm
aus Darmstadt, geb. 15.07.1834 (Id.Jul. 1834, Darmstadt)
Diss: Die von der med. Fakultät am 13.06.1857 gekrönte PREISSCHRIFT "Ueber den Ursprung der Hippursäure im Harn der Pflanzenfresser". Gö. 1857; 4to 46 S. . Mit einem Gutachten von F. Wöhler, Examen 8.08.1857. SUB:8Chem.II,6441.

HAMPE, Wilhelm
aus Osterode, geb. 15.10.1841 (XVIII.Cal.Nov. 1841, Osterode)
Untersuchungen über die salpetrigsauren Salze und die Einwirkung der Untersalpetersäure auf Zinn- und Titanchlorid. Gö. 1862; 55 S. DV: F. Wöhler, Examen 7.11.1862, SUB: 8Hlp.IV,26/6 Acadgö Supplement 1832-1862.

HARMENING, Adolph
aus Stadthagen Schaumburg-Lippe, geb. 31.09.1832 (Stadthagen)
Chemische Untersuchung der Mineralwasser zu Germete bei Warburg. Gö. 1857; 32 S. DV: F. Wöhler, Examen 10.03.1857. Die Arbeit wurde auf Wunsch des Sanitätsraths Dr. Dammann zu Warburg vorgenommen. SUB:8Hlp.IV,26/6 Acadgö 1857.

HARRIS, Elijah P.
aus Le Roy, N.Y. USA, geb. 3.04.1831 (a.d.III.Non.Apr. 1831, Le Roy). The chemical constitution and chronological arrangement of meteorites. Gö. 1859; 131 S. DV: F. Wöhler, Examen 1.04.1859. SUB:8Hlp.IV,26/6 Acadgö 1859.

HEEREN, Max
aus Hannover, geb. 1839 (Hannover)
Über Telluraethyl- und Tellurmethyl-Verbindungen. Gö. 1861; 32 S. DV: F. Wöhler, Examen 8.08.1861. SUB:8Hlp.IV,26/6 Acadgö 1861.

HERMANN, Hans (August Johann Ferdinand)
aus Schönebeck, geb. 14.08.1837 (Schönebeck Sachsen)
Über einige Uran-Verbindungen. Gö. 1861; 38 S. DV: H. Rose Berlin und F. Wöhler, Examen 15.08.1861. Die Untersuchung erfolgte auf Veranlassung von Prof. Heinrich Rose zu Berlin und ist in seinem Laboratorium vorgenommen und später in dem Laboratorium zu Göttingen beendet worden. SUB:8Hlp.IV,26/6 Acadgö 1861.

HINÜBER, Georg
    Apotheker, aus Hameln, geb. 13.11.1815 (Id.Nov. 1815, Hameln)
    Analysis chemica aquae salsae luneburgensis et materiarum quorundam, quas illa praebet. Gö. 1841[!]; 32 S. DV: F. Wöhler, Promotion 18.09.1844. SUB:8Hlp.IV,26/6. Acadgö 1843-1844.

HIPP, Friedrich
    aus Hamburg, geb. 21.05.1829 (Hamburg)
    Ueber das Verhalten von Sauerstoff-Verbindungen bei hoher Temperatur in Schwefelkohlenstoffdampf. Gö. 1856; 30 S. DV: F. Wöhler, Examen 15.08.1856. SUB:8Hlp.IV,26/6 Acadgö 1856.

HOFACKER, Gustav
    aus Stuttgart, geb. 6.12.1833 (pr.Non.Dec. 1833, Stuttgart)
    Ein Beitrag zur Lehre vom Isomorphismus [Darstellung und Analyse einiger Selenverbindungen]. Gö. 1858; 32 S. DV: F. Wöhler, Examen 12.03.1858. SUB:8Hlp.IV,26/6 Acadgö 1858.

HÜBNER, Hans
    aus Düsseldorf, geb. 8.10.1837 (Düsseldorf)
    Ueber das Acrolein. Gö. 1859; 29 S. DV: F. Wöhler und A. Geuther, Examen 1.11.1859. SUB:8Hlp.IV,26/6 Acadgö 1859.

HULL, John
    aus Ilminster in England, geb. 11.04.1826 (Dowlisch Wake Somersetshire Britanniae)
    Beiträge zur Kenntnis der Rhodan-Verbindungen. Gö. 1850; 31 S. DV: F. Wöhler, Examen 12.08.1850. SUB:8Hlp.IV,26/6 Acadgö 1850.

HURTZIG, Leopold
    aus Hannover, geb. 7.09.1837 (a.d.VII.Id.Sept. 1837, Hannover)
    Einige Beiträge zur näheren Kenntnis der Säuren des Phosphors und Arseniks. Gö. 1859; 30 S. DV: F. Wöhler und A. Geuther, Examen 25.03.1859, SUB:8Hlp.IV,26/6 Acadgö Supplement 1832-1862.

HVOSLEF, Hans Henrik
    aus Drammen in Norwegen, (geb. a.d.IX.Cal.Nov. in der Akte ohne Jahr, Drafniae Norwegen)
    Beiträge zur Kenntniss der Phosphormetalle. Gö. 1856; 31 S. DV: F. Wöhler. Promotio in absentia weil er durch besondere Verhältnisse genötigt war, vor dem Schlusse des Semesters Göttingen zu verlassen. SUB:8Hlp.IV,26/6 Acadgö 1856.

JOY, Charles A.
    of Boston USA, geb. 8.10.1823 (Ludlowville New York)
    Miscellaneous chemical Researches [Properties of Selenethyle; Analyses of meteoric iron from Cosby's Creek, Tennessee; Chemical constitution of shells and corals; Analysis of polybasite; Analyses from lava from Etna; Analyses of the imbedded crystals of feldspar in phonolite and of the insoluble portion of phonolite; Analysis of apatite from Faldigl in Tyrol; Analysis of polyhalite]. Gö. 1853; 49 S. DV: H. Rose Berlin und F. Wöhler, Examen 14.04.1853. SUB:8Hlp.IV,26/6 Acadgö 1853.

KAISER, Albrecht
    aus Herzberg, geb. 6.10.1840 (Herzberg Harz)

Über Chromcyanverbindungen. Gö. 1864; 42 S. DV: F. Wöhler, Examen 20.04.1864. SUB:8Hlp.IV,26/6 Acadgö 1864.

KARMROTH, Carl
aus Mühlhausen, Thüringen, geb. 22.01.1826 (Mühlhausen)
Ueber die Salze der Mellithsäure. Gö. 1851; 30 S. DV: F. Wöhler, Examen 9.08.1851. SUB:8Hlp.IV,26/6 Acadgö 1851.

KEMPER, Rudolf
aus Osnabrück, geb. 1828 (Osnabrück)
Analysen einiger in der Umgegend von Osnabrück gefundenen Eisensteine. Gö. 1854; 35 S. DV: F. Wöhler ? Die Arbeit wurde nach Abgang von der Universität Gö. in Osnabrück vollendet. Promotio in absentia 21.12.1854 weil er in Geschäften seines Vaters unabkömmlich tätig ist. SUB:8Hlp.IV,26/6 Acadgö 1854.

KNOTHE, Emil
aus Salzungen, im Htm Sachsen-Meiningen, geb. 2.02.1833 (a.d.IV.Non.Feb 1833, Salzungen)
Über die Soolen Salzungens. Gö. 1858; 32 S. DV: F. Wöhler, Examen 11.08.1858. SUB:8Hlp.IV,26/6 Acadgö 1858.

KUNHEIM, Hugo
aus Berlin, geb. 17.06.1838 (a.d.XV.Cal.Quint. 1838, Berlin)
Über die Einwirkung des Wasserdampfes auf Chlormetalle bei hoher Temperatur. Gö. 1861; 30 S. DV: F. Wöhler ? Danksagung an Wöhler, A. Geuther und F. Beilstein. Promotion in absentia wegen Erkrankung und nachfolgendem Militärdienst. 18.05.1861. SUB:8Hlp.IV,26/6 Acadgö 1861.

LIMPRICHT, Heinrich
Assistent am chemischen Laboratorium zu Göttingen, aus Eutin, geb. 21.04.1827 (Eutin). Über die aus Cyanursäure und Äther entstehenden Verbindungen. Gö. 1850; 31 S. DV: F. Wöhler, Examen 20.03.1850. SUB:8Hlp.IV,26/6 Acadgö 1850.

LIST, Carl
aus Göttingen, geb. 11.07.1824 (Göttingen)
Über das sogenannte Terpentinölhydrat. Gö. 1848; 44 S. DV: F. Wöhler, Jusjurandum 4.12.1847, SUB:8Chem.II,6402; 8Hlp.IV,26/6. Acadgö 1848-1850.

LITTLE, George
aus Alabama USA, geb. 13.03.1838 (a.d.III.Id.Mart 1838, Tuscaloosa Alabama)
On selenium and some of the metallic selenites. Gö. 1859; 40 S. DV: F. Wöhler, Examen 25.03.1859. SUB:8Hlp.IV,26/6 Acadgö 1859.

LOSSEN, Wilhelm
aus Kreuznach, Assistent an dem Laboratorium der polytechnischen Schule zu Carlsruhe, geb. 8.05.1838 (Kreuznach)
Über das Cocain. Gö. 1862; 32 S. DV: F. Wöhler, Examen 12.08.1862. SUB:8Hlp.IV,26/6 Acadgö 1862.

MAACK, August
aus Bodenteich, geb. 23.07.1840 (a.d.X.Cal.Sext 1840, Bodenteich Hannover)
Untersuchungen über das Verhalten des Magnesiums und des Aluminiums zu den

Salzlösungen verschiedener Metalle. Gö. 1862; 39 S. DV: F. Wöhler, Examen 28.06.1862.

MADELUNG, Albert
aus Gotha, geb. 26.01.1838 (Gotha)
Über das Vorkommen des gediegenen Arsens in der Natur nebst den Analysen einiger neuerer Meteoriten. Gö. 1862; 47 S. DV: W. Sartorius von Waltershausen Mineraloge, und F. Wöhler, Examen 30.01.1862. Meteoritanalysen auf Wunsch Wöhlers, Arsenanalysen im hiesigen Laboratorium ausgeführt. (MINERALOGIE). SUB:8Hlp.IV,26/6 Acadgö 1862.

MAHLA, F. Friedrich
aus Edenkoben in Rheinbayern, 2.11.1829 (pr.Cal.Nov. 1829, Edenkoben). Ueber das Silbersuperoxyd und über die Bildung von Schwefelsäure aus schwefliger Säure und Sauerstoffgas. Gö. 1852; 25 S. DV: F. Wöhler, Examen 18.03.1852. SUB:8Hlp.IV,26/6 Acadgö 1852.

MALLET, John William
aus Dublin Irland, 10.10.1832 (Dublin)
Account of a chemical examination of the Celtic antiquities in the collection of the Royal Irish Academy. Dublin 1852; 46 S., DV: F. Wöhler ?, Examen 7.05.1852. SUB:8Hlp.IV,26/6 Acadgö 1852.

MANROSS, Newton Spaulding
aus Bristol Connecticut, USA, geb. 20.06.1825 (Bristol)
Experiments on the artificial production of crystallized minerals. Gö. 1852; 32 S. DV: F. Wöhler, Examen 7.05.1852. SUB:8Hlp.IV,26/6 Acadgö 1852.

MARSH, Ebenezer
aus Alton Illinois USA, geb. 1833 (Alton)
Pimelic acid and some of its compounds. Gö. 1857; 31 S. DV: F. Wöhler und C. A. Goessmann, Examen 21.03.1857. SUB:8Hlp.IV,26/6 Acadgö 1857.

MARTIUS, Carl Alexander
aus München, geb. 19.01.1838 (München)
Über die Cyanverbindungen der Platinmetalle. Gö. 1860; 75 S. DV: F. Wöhler. Examen 19.05.1860. SUB:8Hlp.IV,26/6 Acadgö 1860.

MELISS, D. Ernest
aus New York USA, geb. 11.03.1846 (Republik New York)
Contributions to the chemistry of Zirconium. Gö. 1870; 31 S. DV: F. Wöhler, Ref: R. Fittig. Promotion in absentia weil der deutschen Sprache nicht mächtig 12.03.1870. SUB:8Hlp.IV,26/6 Acadgö 1870.

MICHEL, Ferdinand Reinh.
aus Mainz, geb. 16.05.1838 (pr.Id.Mai. 1838, Mainz)
Ueber krystallisirte Verbindungen des Aluminiums mit Metallen. Gö. 1860; 35 S. + Taf. DV: F. Wöhler. Examen 16.04.1860. SUB:8Hlp.IV,26/6 Acadgö 1860.

MÜLLER, Alexander
aus Wülfel bei Hannover, geb. 24.07.1828 (Wülfel)
Analysen der auf der Carlshütte geschmolzenen Eisensteine, des daraus gewonnenen

Eisens und der Schlacken. Gö. 1852; 40 S. DV: F. Wöhler, Examen 16.08.1852. SUB:8Hlp.IV,26/6 Acadgö 1852.

MÜLLER, Hugo
aus Tischenreuth Bayern, geb. 1830 (Tischenreuth)
Ueber die Palladamine. Gö. 1853; 40 S. DV: F. Wöhler, Examen 21.03.1853. SUB:8Hlp.IV,26/6 Acadgö 1853.

NASON, Henry B.
aus Worcester USA, geb. 22.06.1831 (Foxboro Massachusetts)
On the formation of ether. Gö. 1857; 32 S. DV: F. Wöhler, Examen 15.03.1857. SUB:8Hlp.IV,26/6 Acadgö 1857.

NEGER, Johannes
aus Wöhrd bei Nürnberg, geb. 5.04.1838 (Non.Apr. 1838)
Ueber einige neue Selencyan-Verbindungen. Gö. 1860; 32 S. DV: F. Wöhler. Examen 30.04.1860. SUB:8Hlp.IV,26/6 Acadgö 1860.

NIEMANN, Albert
aus Goslar, geb. 20.05.1834 (Goslar)
Über eine neue organische Base in den Cocablättern. Gö. 1860; 52 S. + 1 Taf. DV: F. Wöhler, Examen 18.06.1860. SUB:8Hlp.IV,26/6 Acadgö 1860.

OETTINGER, Philip Jos.
of New York, geb. 26.06.1844 (New York)
On the combinations of thallium. Berlin 1864; 36 S. DV: F. Wöhler. Promotion in absentia wegen mangelnder Sprachkenntnisse. 22.10.1864. SUB:8Hlp.IV,26/6 Acadgö 1864.

OPPENHEIM, Alphons
aus Hamburg, geb. 14.02.1833 (Hamburg)
Beobachtungen über das Tellur und einige seiner Verbindungen. Gö. 1857; 36 S. DV: F. Wöhler ? Examen 3.03.1857. SUB:8Hlp.IV,26/6 Acadgö 1857.

OPPLER, Theodor
aus Breslau, geb. 22.05.1835 (Oels)
Über die Jodverbindungen des Iridiums. Gö. 1857; 42 S. DV: F. Wöhler, Examen 28.05.1857. SUB:8Hlp.IV,26/6 Acadgö 1857.

PARKMAN, Theodore
aus New York, geb. 22.01.1837 (Paris)
On a new methode of forming compounds of metals with the sulphur and phosphorus groups. Gö. 1860; 29 S. DV: F. Wöhler. Promotion in Absentia. SUB:8Hlp.IV,26/6 Acadgö 1860.

PETERSEN, Carl Theodor
aus Hamburg, geb. 1836 (Hamburg)
Ueber einige neue Produkte aus den Verbindungen von Aldehyden mit saurem schwefligsauren Ammoniak. Gö. 1857 32 S. DV: F. Wöhler und C.A. Goessmann, Examen 20.02.1857. SUB:8Hlp.IV,26/6 Acadgö 1857.

PFLUGHAUPT, Alvin
aus Berlin, geb. 13.11.1848 (Berlin)

Analysen der Salzsoolen von Lüneburg und Göttingen. Gö. 1863; 43 S. DV: F. Wöhler, Examen 13.08.1863. SUB:8Hlp.IV,26/6 Acadgö 1863.

POPP, Otto
aus Schippenbeil, geb. 10.08.1830 (Schippenbeil Preussen)
Über die Yttererde. Gö. 1864; 55 S. DV: F. Wöhler, Examen 26.03.1864. SUB:8Hlp.IV,26/6 Acadgö 1864.

PUGH, Evan
aus Chester County, Pennsylvania USA, geb. 29.02.1828 (pr.Cal.Mart. 1828, Chester County b. Philadelphia)
Miscellaneous chemical analyses [Meteoreisen, Blei und Bleioxyd, Silberofenschlacke, Tetrahedrit, Zinnphosphat]. Gö. 1856; 46 S. DV: F. Wöhler, Examen 13.03.1856. SUB:8Hlp.IV,26/6 Acadgö 1856.

RIECKEN, Hermann
aus Ostfriesland, geb. 14.06.1827 (pr.Id.Jun. 1827, Wittmund)
Versuche über die Entstehung des Cyans. Gö. 1851; 30 S. DV: F. Wöhler, Examen 9.08.1851. SUB:8Hlp.IV,26/6 Acadgö 1851.

RIETH, Reiner
aus Bonn, geb. 1836 (Bonn)
Das Aribin eine neue organische Base. Gö. 1861; 42 S. DV: F. Wöhler, Examen 12.08.1861, SUB:8Hlp.IV,26/6 Acadgö Supplement 1832-1862.

RÖSSLER, Heinrich
aus Frankfurt a.M; geb. 9.01.1845 (Frankfurt a. M.)
Über die Doppelcyanüre des Palladiums. Gö. 1866; 31 S. DV: F. Wöhler, Examen 1866. SUB:8Hlp.IV,26/6 Acadgö 1866.

RUNDSPADEN, August
aus Grohnde a. Weser, geb. 6.06.1844 Grohnde)
Über die Electrolyse des Wassers in Berührung mit Silber. Gö. 1869; 43 S. DV: F. Wöhler, Examen 12.03.1869. SUB:8Hlp.IV,26/6 Acadgö 1869.

SADTLER, Samuel P.
aus Baltimore MD. USA, geb. 18.07.1847 (Pennsylvania)
On the Iridium Compounds, analogous to the Aethylen and Protochlorid of Platinum Salts. Gö. 1781; 29 S. DV: F. Wöhler, Promotion 14.04.1871. SUB:8Hlp.IV,26/6 Acadgö 1871.

SCHILLING, Oscar
aus Zorge, geb. 11.02.1843 (Zorge Harz)
Die chemisch-mineralogische Constitution der Grünstein genannten Gesteine des Südharzes. Gö. o.J. (1867), 65 S. Die chemischen Analysen wurden in Wöhlers Laboratorium durchgeführt. SUB:8Hlp.IV,26/6 Acadgö 1869.

SCHRADER, Carl
aus Memel, geb. 1837 (Memel)
Über die höheren Oxydationsstufen des Wismuths. Gö. 1861; 38 S. DV: F. Wöhler, Examen 8.09.1861. SUB:8Hlp.IV,26/6 Acadgö 1861.

SCHUCH, Leo
aus Regensburg, geb. 5.05.1839 (Regensburg)

Versuche über das chemische Verhalten des Kryoliths. Gö. 1862; 37 S. DV: F. Wöhler ? Examen 1.08.1862. SUB:8Hlp.IV,26/6 Acadgö 1862.

SCHÜLER, C. L. Edmund
aus Wesel, geb. 10.07.1827 (Düsseldorf)
Ueber die künstliche Darstellung des Greenockits und einige andere Kadmium-Verbindungen. Gö. 1853; 38 S. DV: F. Wöhler, Examen 21.03.1853. SUB:8Hlp.IV,26/6 Acadgö 1853.

SCHULZ, Heinrich
aus Abbendorf Amt Bodenteich, geb. 3.07.1828 (d.III.Jul. 1828, Abbendorf). Über eine dem Goldpurpur analoge Silberverbindung. Gö. 1857; 31 S. DV: F. Wöhler, Examen 26.05.1857. SUB:8Hlp.IV,26/6 Acadgö 1857.

SCHULZ, Oscar Heinrich
aus Braunschweig, geb. 11.10.1831 (a.d.V.Id.Oct. 1831, Abbendorf)
Untersuchungen über einige Cyan-Verbindungen. Gö. 1856; 41 S. DV: F. Wöhler. SUB:8Hlp.IV,26/6 Acadgö 1856.

SEELHEIM, Ferdinand
aus Uelzen, geb. 3.02.1836 (Uelzen)
Über das Saligenin oder den Alkohol der Salicylreihe. Gö. 1860; 47 S. DV: F. Wöhler und F. Beilstein, Examen 10.08.1860. SUB:8Hlp.IV,26/6 Acadgö 1860.

SEYFERTH, August
aus Langensalza (geb. Langensalza)
Die Verbindungen der Metalle mit Stickstoff. Gö. 1854; 32 S. DV: F. Wöhler? Examen 20.03.1854. SUB:8Hlp.IV,26/6 Acadgö 1854.

STAEDELER, Georg
Assistent im hiesigen Laboratorium, Apotheker, aus Hannover, geb. 25.03.1821 (Hannover)
Untersuchungen über das Chloral. Gö. 1846; 48 S. DV: F. Wöhler, Examen 26.08.1846. SUB:8Hlp.IV,26/6. Acadgö 1845-1847.

STEINACKER, Eduard
aus Holzminden, geb. 25.03.1839 (a.d.VIII.Cal.Apr. 1839, Holzminden)
Über einige Molybdän-Verbindungen. Gö. 1861; 32 S. DV: F. Wöhler. Promotion in absentia 12.08.1861. SUB:8Hlp.IV,26/6 Acadgö 1861.

TOSH, Edmund G.
Maryport England, geb. 1847 (Maryport)
On the haematite pig irons of West Cumberland. Gö. 1866; 38S. DV: F. Wöhler und R. Fittig ? 7.08.1866 promotio in absentia. SUB:8Hlp.IV,26/6 Acadgö 1866.

TOUSSAINT, Joseph Franz
aus Nürnberg, geb. 9.03.1837 (a.d.VII.Id.Mart. 1837, Nürnberg)
Über die Oxaminsäure. Gö. 1861; 36 S. DV: F. Wöhler, Examen 11.06.1861. SUB:8Hlp.IV,26/6 Acadgö 1861.

TRAUN, Heinrich
aus Hamburg, geb. 8.05.1838 (Hamburg)
Versuch einer Monographie des Kautschuks. Gö. 1859; 69 S. DV: F. Wöhler und H. Limpricht, Examen 1.11.1859, SUB:8Chem.II,6453.

TUTTLE, David K.
: aus Hanover New Jersey, geb. 1835 (Hanover N. J. USA)
: Miscellaneous chemical researches [Formation of nitrous acid from ammonia. Amid coumpound of molybdenum. Quantitative determination of molybdenum. Preparation of ethylamin. The action of cyanic acid upon phenylic alcohol (carbolic acid). On the formation of phosphorinic acid in the preparation of iodide of ethyl]. Gö. 1857; 31 S. DV: F. Wöhler, Examen 15.03.1857. SUB:8Hlp.IV,26/6 Acadgö 1857.

UFER, Carl E.
: aus Berghausen in Rheinpreussen, geb.2.12.1833 (pr.Cal.Dec. 1833, Berghausen b. Köln)
: Über das Stickstoffchrom. Gö. 1859; 32 S. DV: F. Wöhler, Examen 24.03.1859. SUB:8Hlp.IV,26/6 Acadgö Supplement 1832-1862).

ÜLSMANN, Hermann
: aus Berlin, geb. 20.10.1838 (Berlin)
: Über einige den Sulfiden und Schwefelbasen analoge Selen-Verbindungen. Gö. 1860; 9 S. DV: F. Wöhler, Examen 8.08.1860. SUB:8Hlp.IV,26/6 Acadgö 1860.

URICOECHEA, Ezequiel
: aus Bogota Neu Granada (=Columbien), geb. 10.04.1834 (Bogotà)
: Über das Iridium und seine Verbindungen. Gö. 1854; 38 S. DV: F. Wöhler, Examen 27.03.1854. SUB:8Hlp.IV,26/6 Acadgö 1854.

USLAR, Ludwig (Louis) von
: aus Lautenthal i. Harz, geb. 4.06.1828 (Lautenthal)
: Beiträge zur Kenntniss des Wolframs und Molybdäns. Gö. 1855; 34 S. DV: F. Wöhler, Examen 17.03.1855. SUB:8Hlp.IV,26/6 Acadgö 1855.

VOELCKEL, Carl Friedrich
: aus Grünstadt Bayern, geb. 31.12.1819 (a.d.VI.Non.Jan. 1819, Lich Ghtm Hessen)
: Disquisitiones quaedam chemicae. [I. de terra guano, II. De natura corporum, quae cyanogenio sulphido hydrico junctis nascuntur, III. De oleis aethereis quibusdam]. Gö. 1841; 52 S., DV: F.Wöhler, Promotion 18.09.1841. SUB:8Hlp.IV,26/6. Acadgö 1840-1841.

WEDEMEYER, Justus Friedrich
: Apotheker, aus Göttingen geb. 26.04.1814 (Göttingen)
: Eine handschriftliche botanisch-chemische Abhandlung de carahageen wurde vorgelegt. Die gedruckte Arbeit konnte nicht gefunden werden. DV: F. Wöhler und A.L. Wiggers (?), Ref. L. Hausmann. Examen (phil) 12.03.1838.

WEYMANN, George
: aus Pittsburgh USA, geb. 22.03.1832 (Pittsburgh Pa.)
: Lithium and its known compounds. Gö. 1855; 42 S. DV: F. Wöhler, Examen 14.08.1855. SUB:8Hlp.IV,26/6 Acadgö 1855.

WICKE, Wilhelm
: aus Oldenburg, geb. 13.02.1822 (Oldenburg)
: Ueber das Amygdalin und seine Verwandlungsprodukte. Gö. 1852; 29 S. DV: F. Wöhler, Examen 9.08.1851, SUB:8Chem.II,6417.

WOHLWILL, Emil
    aus Hamburg, geb. 24.11.1835 (Hamburg)
    Über isomorphe Mischungen der selensauren Salze. Gö. 1860; 53 S. DV: F. Wöhler, Examen 16.01.1860. SUB:8Hlp.IV,26/6 Acadgö 1860.

WOOD, Thomas
    aus Woodhouse Leicestershire
    The action of carbon on palladium. Leicester 1859; 52 S. (eingereicht 1868) DV: F. Wöhler Gö. und R. Bunsen Heidelberg. Examen 24.04.1868. Die Arbeit wurde bei Wöhler WS 57/58 begonnen und in Heidelberg bei Bunsen beendet. SUB:8Hlp.IV,26/6 Acadgö 1868.

ZINCKE, Theodor
    aus Uelzen, geb. 23.05.1844 (a.d.X.Cal.Jun. 1844, Uelzen)
    Untersuchung des flüchtigen Öles in den Früchten von heracleum sphondylium L. Gö. 1869; 45 S. DV: F. Wöhler und R. Fittig, Examen 20.05.1869. Die Arbeit erfolgte auf Vorschlag Wöhlers und unter Leitung von Fittig. SUB:8° Hlp.IV,26/6 Acadgö 1869.

Kurzbiographien der Autoren

Justus von Liebig, Prof. Dr. chem.

Geboren am 12. Mai 1803 als Sohn eines Materialwarenhändlers in Darmstadt. 1811–1817 Besuch des Gymnasiums („Paedagog") in Darmstadt. Beginn einer Apothekerlehre in Heppenheim, nach deren Abbruch er zunächst im väterlichen Geschäft mithilft. 1820 Beginn des Chemiestudiums in Bonn bei Kastner, ab 1821 in Erlangen. 1822 Reise nach Paris und bis 1824 Studium bei Gay-Lussac und Thénard. 1824 als außerordentlicher Professor an die Universität Gießen berufen, 1825 ordentlicher Professor. Aufbau eines chemischen Laboratoriums auf dem Seltersberg. Ende 1828 Bekanntschaft mit Friedrich Wöhler, gemeinsame Forschungsarbeiten. 1831 Übernahme des Magazins für Pharmacie, das Liebig als „Annalen der Pharmacie" bzw. „Annalen der Chemie und Pharmacie" bis zu seinem Tode herausgibt. 1837 erste Reise nach Großbritannien. 1840 „Die organische Chemie in ihrer Anwendung auf Agricultur und Physiologie", 1842 „Die organische Chemie in ihrer Anwendung auf Physiologie und Pathologie". 1844 erste Buchausgabe von „Chemische Briefe". 1852 Berufung an die Münchener Universität. 1859 Präsident der Kgl. Bayerischen Akademie der Wissenschaften. Am 18. April 1873 in München gestorben.

Friedrich Wöhler, Prof. Dr. med.

Geboren am 31. Juli 1800 in Eschershausen bei Frankfurt am Main als Sohn eines Tierarztes und Stallmeisters. Schulbesuch in Frankfurt, ab 1814 des Gymnasiums. 1820 Beginn des Medizinstudiums in Marburg, das er ab 1821 in Heidelberg fortsetzt. 1823 medizinisches Fakultätsexamen und Promotion zum Dr. med. in Heidelberg. Anschließend bis 1824 im Laboratorium von Berzelius in Stockholm. Nach seiner Rückkehr erhielt er eine Stelle als Lehrer der Chemie an der neugegründeten Städtischen Gewerbeschule in Berlin, wo er sich ein eigenes Laboratorium einrichtete. Hier gelang ihm die Darstellung von Aluminium und 1828 die Synthese des Harnstoffs aus Ammoniumcyanat. Im gleichen Jahr wurde er zum Professor ernannt. 1832 erhält er eine Lehrerstelle für Chemie an der neugegründeten Höheren Gewerbeschule zu Kassel. 1836 wird Wöhler als Professor der Chemie und Pharmazie und

Generalinspekteur des Apothekenwesens im Königreich Hannover an die Universität Göttingen berufen. 1842 kann Wöhler ein neuerbautes Laboratorium beziehen. Seit 1860 Ständiger Sekretär der Göttinger Königlichen Gesellschaft der Wissenschaften. Wöhler stirbt am 23. September 1882 in Göttingen.

Günther Beer, Dr. techn.

Geboren am 10. Oktober 1939 in Dornbirn, Voralberg (Österreich). Studium der Chemie und Technischen Chemie an der Universität Innsbruck und der Technischen Hochschule Wien. 1973 Promotion zum Dr. techn. mit einer anorganischen Arbeit an der Technischen Hochschule Wien. Ab 1973 Universitätsassistent und Akademischer Rat an der Universität Göttingen. Arbeiten zur Bor-Stickstoff- und Silicium-Schwefel-Chemie. Derzeit Akademischer Oberrat. Seit 1979 selbständiger Aufbau des „Museum der Göttinger Chemie". 1980 Forschungsaufenthalt an der Edgar Fath Smith Memorial Collection for the History of Chemistry an der University of Pennsylvania in Philadelphia. 1983 Forschungsaufenthalt am Deutschen Museum in München als Kerschensteiner Stipendiat der Stiftung Volkswagenwerk. 1983 Mitgründer und derzeitiger Geschäftsführer des Museumsfördervereins „Göttinger Chemische Gesellschaft Museum der Chemie e.V." Lehrauftrag einer Vorlesung „Geschichte der Chemie" in der Fakultät für Chemie der Universität.

Johannes Büttner, Prof. (em.) Dr. med, Dr. rer. nat.

Geboren am 11. März 1931 in Gießen. Schulbesuch in Görlitz (Volksschule und Humanistisches "Gymnasium Augustum" in Görlitz (1941–1945) und Bremen („Altes Gymnasium", 1945–1950). Abitur in Bremen 1950. Studium der Chemie in Kiel und Tübingen 1950–1956. Diplomexamen als Chemiker an der Universität Kiel 1956, Promotion zum Dr. rer. nat. in Kiel bei Prof. Dr. Rudolf Grewe 1958. Studium der Medizin in Tübingen und Kiel 1954–1962. Medizinisches Staatsexamen in Kiel 1962, Promotion zum Dr. med. an der Universität Kiel 1962. 1956–1969 Leiter des Hauptlaboratoriums der 1. Medizinischen Universitätsklinik in Kiel. 1963 Anerkennung als Klinischer Chemiker durch die Gesellschaft für Physiologische Chemie. 1964 Habilitation für das Fach Physiologische und Klinische Chemie an der Medizinischen Fakultät der Universität Kiel. 1969 Berufung auf den neugeschaffenen Lehrstuhl für Klinische Chemie an der Medizinischen Hochschule Hannover und Bestellung als Direktor des Instituts für Klinische Chemie I. 1978–1991 Mitglied des Arbeitskreises „Geschichte der Naturwissenschaften" der Abteilung für Geschichte der Pharmazie und der Naturwissenschaften der Technischen Universität Braunschweig (Prof. Dr. Erika Hickel).

1964–1969 Schriftführer, 1972–1976 Präsident der Deutschen Gesellschaft für Klinische Chemie. Wissenschaftshistorische Arbeitsgebiete: Geschichte der Biochemie und der Klinischen Chemie. Geschichte der Wechselbeziehungen zwischen Medizin und Chemie.

Joseph S. Fruton, Prof. (em.), Ph.D. D.Sc.

Geboren 1912. Studium an der Columbia University in New York wo er 1931 den B.A. erwarb und 1934 mit einer biochemischen Arbeit zum Ph.D. promoviert wurde. 1934 bis 1945 Tätigkeit am Rockefeller Institute for Medical Research im Laboratorium von Max Bergmann. 1945 ging er an die Yale University in New Haven CT, wo er 1951–1967 Chairman des Department of Biochemistry, und 1959–1962 Director of the Division of Science war. Sein wissenschaftliches Arbeitsgebiet war die Proteinchemie, besonders die Untersuchung der katalytischen Wirkung proteinspaltender Enzyme. Er erhielt 1944 den Eli Lilly Award für Biological Chemistry der American Chemical Society. 1952 Mitglied der National Academy of Sciences U.S.A, 1967 Mitglied der American Philosophical Society. 1976 wurde er mit dem D. Sc. der Rockefeller University geehrt. Fruton ist Autor und Coautor wichtiger wissenschaftshistorischer Bücher.

Frederic Lawrence Holmes, Prof., Ph.D.

Schulbesuch in Cincinnati, Ohio. Studium der Biologie, Geschichte und Wissenschaftsgeschichte am Massachusetts Institute of Technology (M.I.T.) und an der Harvard University in Boston. M.A. Harvard 1958, Ph.D. Harvard 1962. 1962–1964 Assistant Professor am Department of Humanities am M.I.T., 1964–1968 Assistant Professor, 1968–1972 Associate Professor am Department of History of Science and Medicine der Yale University, New Haven CT. 1972–1979 Professor und Department Chairman an der University of Western Ontario. Seit 1979 Avalon Professor of the History of Medicine und Chairman der Section of the History of Medicine an der Yale University School of Medicine. Seine wissenschaftlichen Arbeiten betreffen die Geschichte der Naturwissenschaften, der Biologie, der Physiologie und der Biochemie. Er hat sich besonders mit der Feinstruktur kreativer wissenschaftlicher Aktivität beschäftigt.

Otto Paul Krätz, Prof. Dr. rer. nat.

Geboren 1937 in München. Besuch der Oberrealschule in Starnberg. Studium der Chemie an der Universität München. Promotion Ende 1968 mit einer organisch-chemischen Arbeit bei Prof. Dr. Rüchardt. Anschließend Liebig-Stipendiat bzw. Assistent am Forschungsinstitut für die Geschichte der Naturwissenschaften und der Technik des Deutschen Museums München. 1971–1994 zunächst Abteilungsleiter der Abteilung Chemie, dann Leiter der Abteilung Bildung und des Kerschensteiner Kollegs im Deutschen Museum München. Lehrbeauftragter für „Geschichte der Chemie" an der Ludwig-Maximilians-Universität in München und an der Universität Stuttgart. 1987 Preis der Gesellschaft Deutscher Chemiker für Journalisten und Schriftsteller. 1993 Honorarprofessor an der Universität Stuttgart. 1995 verantwortlicher Leiter der wissenschaftlichen Abteilungen des Deutschen Museums München. Seit April 2000 im Ruhestand.

Wilhelm Lewicki

Geboren am 21. September 1935 in Erfurt als Ur-ur-ur-Enkel Justus von Liebig aus der Linie Johanna Liebig - Carl Thiersch. Schulzeit in Leipzig, Neustadt a. d. Weinstraße und Saarbrücken (Abitur 1955), Studium der Soziologie, Romanistik und Anglistik an der Universität des Saarlandes sowie Betriebs- und Volkswirtschaft an der Universität Hamburg (bis 1959). Ab 1960 Chemikalien- und Rohstoffeinkauf bei Johann A. Benckiser, chemische Fabrik Ludwigshafen. Ab 1969 Gründer, Prokurist, Geschäftsführer, dann allein-gesellschaftender Geschäftsführer nach M.B.O. der Firma B.V. Prohama Ludwigshafen/Haarlem und Epandage-Vinasse-Ausbringungs-GmbH (E.V.A.), die sich auf wissenschaftliche Anwendungsforschung und Vermarktung der Zuckerrübenvinasse als organische Nährlösung für Bodenmikroorganismen und Pflanzen spezialisiert hat. 1997 Auszeichnung mit dem Bundesverdienstkreuz am Bande für sein Engagement in der Landwirtschaft, in der Geschichte der Chemie, Technologie und des Handels und für seine Publikationen, insbesondere Liebig-Reprints und Korrespondenz. Vorstandsmitglied in vielen landwirtschaftlichen Warenbörsen, Präsident der GAFTA – London (2000), Vorstandsmitglied als Vertreter der Liebig-Familie in der Justus-Liebig-Gesellschaft zu Gießen e.V., Kuratoriumsmitglied des LTA Mannheim und der Göttinger Chemischen Gesellschaft Museum der Chemie e.V., Gründungsmitglied der Tschechischen Liebig-Gesellschaft zu Prag; Gründer der Historischen Präsenz-Bibliothek der Chemie und Naturwissenschaften und des entsprechenden Internationalen Freundes-, Förderer- und Arbeitskreises. Herausgeber von Liebigs berühmten Werken als Reprint mit Supplementbänden: "Thierchemie" von 1842 (1990) und "Agriculturchemie" von 1876 (1992). Autor und Mitherausgeber zahlreicher fachorientierter Publikationen und Vinasse-Forschungsberichte. Initiator der Justus von Liebig-Wanderausstellung „Alles ist Chemie". Gründung der Edition Lewicki – Büttner (2000).

Nikolaus Mani, Prof. Dr. med.

Geboren am 19. März 1920 in Andeer (Schweiz). Matura an der Kantonsschule in Chur 1940. Studium der Medizin an den Universitäten Zürich und Genf. Medizinisches Staatsexamen Universität Genf 1947. Dr. med. Universität Basel 1951. Studium der Gechichte der Medizin (bei Prof. Buess, Universität Basel). 1954–1955 Stipendiat der Alexander von Humboldt-Stiftung (bei Prof. J. Steudel, Universität Bonn, Prof. W. Artelt, Universität Frankfurt a. M.). 1957–1964 Bibliothekar der medizinischen Abteilung der Universitätsbibliothek Basel. 1964–1971 Professor of the History of Medicine, Medical School, University of Wisconsin, Madison. 1971–1987 Professor für Geschichte der Medizin, Medizinische Fakultät der Universität Bonn, Direktor des Medizinhistorischen Instituts Bonn. Forschungsgebiete: Antike Medizin, Humanismus und Heilkunde, Medizin im 17. Jahrhundert, Naturwissenschaften und Medizin. Hauptwerk: *Die historischen Grundlagen der Leberforschung.* 1. Teil. 1959, 2. Teil. 1967 Basel u. Stuttgart: Benno Schwabe.

Hans-Werner Schütt, Prof. Dr. rer. nat.

1937 in Berlin geboren, Studium der Chemie in Kiel, 1966 Promotion in Physikalischer Chemie zum Dr. rer. nat. Nach einem Forschungsaufenthalt am Institut Pasteur in Paris ging er zunächst in die Industrie und trat dann in das Institut für Geschichte der Naturwissenschaften der Universität Hamburg ein, wo er sich habilitierte und 1977 Professor wurde. Nach einem halbjährigen Gastaufenthalt in den USA wurde er 1979 Professor für die Geschichte der exakten Wissenschaften und der Technik an der TU Berlin. Forschungsaufenthalte und Gastprofessuren in den USA, Costa Rica und China. Forschungsschwerpunkte u.a. Chemie des 19. Jahrhunderts, Alchemie.

Othmar P. Walz, Prof. Dr. agr.

Geboren am 18.11.1940 in Oberndorf bei Bad Orb. Abitur 1961 am humanistischen Gymnasium Hadamar bei Limburg. Nach Wehrdienst 1962–1963 Landwirtschaftslehre und Gehilfenprüfung in Memmingen. 1963–1967 Studium der Agrarwissenschaften, Tierproduktion an den Universitäten Gießen und Göttingen. 1967 bis 1968 MSc-Studium „Biochemistry and Physiology" an den Universitäten Reading und Cambridge in England. Research fellow am NIRD, Nutrition Department in Reading, England. 1968 bis 1971 Promotion und wissenschaftlicher Assistent am Institut für Tierernährung der Justus-Liebig-Universität

Gießen. 1979 Ernennung zum Akademischen Rat und Habilitation am Fachbereich Ernährungswissenschaften der Justus-Liebig-Universität Gießen (Ernährungsphysiologie, Tierernährung), 1980 Privatdozent und Akademischer Oberrat an der Universität Gießen. Forschungs- und Lehrtätigkeit auf. o.g. Gebieten, insbesondere Protein-, Aminosäurenstoffwechsel, Mineralstoffbedarf, Tiermodell, biotechnologische Enzyme, Umweltentlastung. 1988 DAAD-Dozentur an der Ege-Universität in Izmir, Türkei. 1989 Ernennung zum Professor, Fachbereich Ernährungswissenschaften der Justus-Liebig-Universität Gießen, Institut für Tierernährung und Ernährungsphysiologie (Aufgabengebiet s.o). Seit 1992 als Schatzmeister im Vorstand der Justus-Liebig-Gesellschaft zu Gießen. Seit 1999 Stellvertretender Vorsitzender im Verband Deutsch-Türkischer Agrar- und Naturwissenschaftler, Deutsche Sektion.

Anschriften der Autoren

Dr. Günter Beer: Göttinger Chemische Gesellschaft Museum der Chemie e.V. Tammannstraße 4, D-37077 Göttingen. Telefon: +49 551 393326, 393002, Telefax: +49 551 393373, E-mail: hwoeske@gwdg.de.

Prof.Dr.Dr.Johannes Büttner: Wilhelm-Dusche-Weg 12, D-30916 Isernhagen. Telefon: +49 511 736173, Telefax: +49 511 7240648, E-mail: joh.buettner@t-online.de.

Prof. Dr. Joseph. Fruton 123 York Street, Apt. 19A, New Haven, CT 06511, USA.

Prof. Dr. Frederick L. Holmes: School of Medicine, Section of the History of Medicine, L 130 SHM, P.O. Box 208015, New Haven, Connecticut 06520-8015, USA. Telefon: +1 203 785 4338, Telefax: +1 203 737 4130. E-mail: frederic.holmes@yale.edu

Prof. Dr. Otto Krätz: Alter Berg 9, D-82319 Starnberg.

Wilhelm Lewicki: Prohama u. E.V.A. GmbH, Edinburger Weg 10, D-67069 Ludwigshafen. Telefon: +49 621 66943-10, Telefax: +49 621 66943 11. E-mail: prohama.eva@t-online.de.

Prof. Dr. med. Nikolaus Mani: Rheinische Friedrich-Wilhelms-Universität Bonn / Medizinhistorisches Institut. Sigmund-Freud-Straße 25, D-53105 Bonn. Telefon: +49 228 287 5000, Telefax: +49 228 287 5007, E-mail schott@mailer.meb.uni-bonn.de.

Prof. Dr. Hans-Werner Schütt: Technische Universität Berlin / Institut für Philosophie, Wissenschaftstheorie, Wissenschafts-und Technikgeschichte TEL 12-1, Ernst-Reuter-Platz 7, D-10587 Berlin. Telefon: +49 30 314 24841, Telefax: +49 30 314 25962, E-mail: reitnida@mailszrz.zrz.tu-berlin.de.

Prof. Dr. Othmar Philipp Walz: Justus-Liebig-Universität Gießen / Institut für Tierernährung und Ernährungsphysiologie, Heinrich-Buff-Ring 26-32, 1. OG, D-35392 Gießen.Telefon: +49 641 99 39231, Telefax: +49 641 99 39239, E-mail: Othmar.P.Walz@ernaehrung.uni.giessen.de.

Personenregister

Ackermann, Jacob Fidelis (1765–1815) 69, 71
Albinus, Friedrich Bernhard (1715–1778) 68
Allen, William (1770–1843) 14, 28
Anderson, Thomas (1819–1874)
    Besuch Hennebergs 162
Aristoteles (384–322 v. Chr.) 63, 68, 359
Aselli, Gaspare (1581–1926)
    Milchvenen (Lymphgefäße) 219
Atwater, Wilbur Olin (1844–1907) 146
Aubel, Famulus in Liebigs Laboratorium 369
Baeyer, Adolf [von] (1835–1917)
    Arbeiten über Harnsäure 239
Bamberger, Heinrich (1822–1888) 183, 184
Bamberger, Joseph Heinrich [von] (1822–1888) 209
Barthez, Paul Joseph (1734–1806) 68
Bartling, Friedrich Gottlieb (1798–1875)
    Botaniker in Göttingen 224
Baumann, Eugen (1846–1896) 227
    Synthesen im Tierkörper 229
Baumes, Jean-Baptiste-Thimotée (1756–1828) 67, 69
Beer, Günther
    Kurzbiographie 414
Beilstein, Friedrich Konrad (1838–1906)
    Dissertation bei Wöhler 239
    Murexan als Uramil identifiziert 238
Benedict, Francis Gano (1870–1957) 146
Bernard, Claude (1813–1878) 1, 40, 45, 183
    Spaltung von Fett durch Bauchspeichel 112
    Zuckerstoffwechsel, Glykogen 112
Bernoulli, Johann (1667–1748) 64, 66
Berthold, Arnold Adolph (1803–1861) 74
    Physiologe in Göttingen 224
Berthollet, Claude Louis (1748–1822) 3, 65, 69

Berzelius, Jöns Jacob (1779–1848) 3, 4, 5, 6, 33, 67, 95, 177, 226
    Bericht über Scherers Arbeiten 178
    Beurteilung der Harnsäure-Arbeit v. Wöhler u. Liebig 236
    Brief an Wöhler zur Harnstoffsynthese 98
    Katalytische Prozesse 111
    Kritik an Liebigs „Thier-Chemie" 23, 308
    Lehrbuch 223
    Wöhler in Berzelius Laboratorium 219
Bezold, Albert von (1836–1868) 183, 209
Bibra, Ernst von (1806–1878) 178
Bidder, Friedrich Heinrich (1810–1894) 37, 79
Bing, Franklin C. 61
Bischoff, Theodor Ludwig Wilhelm (1807–1882) 19, 38, 40, 44, 80, 182, 226
    Einschätzung von Liebigs „Thier-Chemie" 28, 158
    Harnstoff als Maß des Stoffwechsels 126, 159
    Weggefährte Liebigs 159
Bödeker, Carl H. Detlev (1815–1895)
    Leiter d. Physiologisch-chemischen Laboratoriums in Göttingen 228
Boeckmann, Emil (1811–?) 370
Boerhaave, Hermann (1668–1738) 327
Bouchardat, Apollinaire (1806–1886)
    Stärkespaltendes Prinzip im Bauchspeichel 112
Boussingault, Jean Baptiste (1802–1887) 3, 9, 10, 11, 13, 37, 46, 110, 115
    Ernährungslehre 115–16
    Stickstoffgehalt als Maß des Nährwertes 141
    Stickstoffhaushalt der Taube 128
    Stoffwechselforschung 110
    Umwandlung Fett in Kohlenhydrat 112
Brandis, Joachim Dietrich (1762–1846) 68

Brock, William 77
Brodie, Benjamin (1783–1862) 14, 33
Brücke, Ernst (1819–1892) 1
Brugnatelli, Gaspare (1795–1852)
  Erythrische Säure (Alloxan) 256
Büchner, Ludwig (1824–1899) 82
Bunge, Gustav (1844–1920) 228
Burdach, Karl Friedrich (1776–1847) 75
Büttner, Johannes
  Kurzbiographie 414
Carpenter, William (1813–1885) 17
Charleton, Walter (1620–1707)
  Oeconomia animalis 63
Chevreul, Michel Eugène (1786–1889) 4
  Fette 111, 112
Chossat, Charles (1796–1875)
  Harnstoffbildung aus Eiweiß 124
Chrysippus (280–210 v. Chr.) 68, 70
Cicero (106–43 v.Chr) 68
Clemm, Christian Gustav (1814–?) 210
Cloetta, Arnold Leonhard (1828–1890) 210
Cook, James (1728–1779) 72
Cotta, Johann Georg von (1796–1863) 81
  Vorabdruck von Liebigs "Methode" 309
Demokritos von Abdera (ca. 460-370 v.Chr.) 66
Denis, Prosper Sylvain (1799–1863) 178, 193
Descartes, René (1596–1650) 63, 68, 70
Despretz, César (1792–1863) 12, 14, 15, 16, 17, 30, 110
  Tierische Wärme und Respiration 144–45
Dessaignes, Victor (1800–1885)
  Konstitution u. Synthese von Hippursäure 227
Döllinger, Ignaz (1770–1841)
  Stoffwechselbegriff 74
Donders, Frans Cornelis (1818–1889)
  Stoffwechselbegriff 82
Driesch, Hans (1867–1941) 97

du Bois-Reymond, Emil (1818–1896) 1, 41, 99
Dulong, Pierre Louis (1785–1838) 12, 14, 15, 17, 30, 110, 144–45, 357
Dumas, Jean Baptiste (1800–1884) 6, 10, 11, 13, 17, 22, 46, 78
  Harnstoffanstieg im Blut nach Ausschaltung der Nieren 222
  Harnstoffbildung 124
Erasistratos (ca 320–250 v. Chr.) 62, 64
Faraday, Michael (1791–1867) 102
Fick, Adolf (1829–1901) 22, 41, 42, 45
  Besteigung des Faulhorns 138
Fischer, Emil (1852–1919) 185, 367
  Beurteilung der Harnsäure-Arbeit v. Wöhler u. Liebig 236
  Beweis der Harnsäureformel 239
  Erforschung der Proteine 147
  Erforschung der Zucker 112
Forster, Georg (1754–1794) 72
Forster, Johann Reinhold (1729–1798) 72
Foster, Michael (1836–1907) 47
Fourcroy, Antoine François (1755–1809) 3, 4, 20, 67
  Eiweißstoff 111
  Harnstoff 124
Fox, Wilson (?) (1831–1887) 210
Frankland, Edward (1825–1899) 42
  Verbrennungswärmen von Nährstoffen 140–41
Frerichs, Friedrich Theodor [von] (1819–1885) 37, 110, 226
  Gemeinsame Arbeit mit Wöhler 227
  Maß des "reinen Stoffwechsels" 37–38, 125
Fries, Emil (1844–?) 210
Fritzsche, Carl Julius (1808–1871)
  Kontroverse über Purpursäure und Murexid 238
Fruton, Joseph Stewart
  Kurzbiographie 415
Fuchs, Johann Nepomuk von (1774–1856) 178, 195
Galilei, Galileo (1564–1642) 62

Garrod, Archibald E.(1857–1936)
    Inborn errors of metabolism 228
Gay-Lussac, Joseph Louis (1778–1850) 3, 5, 65, 101, 177
    Elementaranalyse 111
Gerhardt, Carl (1833–1902) 211
Gmelin, Christian Gottlob (1792–1860) 249
Gmelin, Leopold (1788–1853) 3, 4
    Fütterungsversuche 113–14
    Lehrer Wöhlers in Heidelberg 219
    Stoffwechselforschung 110
    Verzuckerung v. Stärke im Darm 112
Gorup-Besanez, Eugen Franz von (1817–1878) 181
Gregory, William (1803–1858)
    Übersetzer von Liebigs "Thier-Chemie" 309
Gruithuisen, Franz von Paula (1774–1852) 74
Guckelberger, Carl Gustav (1820–1902)
    Schüler Liebigs 161
Guérin-Varry, R. T. 349
Hallé, Jean-Noel (1754–1822) 3, 20
Haller, Albrecht von (1708–1777) 70
Hallwachs, Wilhelm (1834–1881) 228
Harless, Emil (1820–1862) 183, 211
Harley, George (1829–1896) 183, 211
Heller, Johann Florian (1813–1871) 184
Helmholtz, Hermann [von] (1821–1894) 1, 29, 79, 103
    Arbeiten über tierische Kraft und Wärme 79
    Deutung der Versuche von Dulong und Despretz 31
    Stoffverbrauch bei Muskelaktion 30
Helmont, Johann Baptist van (1579–1644) 64
Henle, Jacob (1809–1885) 340
    Pathologische Untersuchungen 320, 321, 337, 339, 346
    Rationelle Pathologie 322, 327
Henneberg, Wilhelm (1825–1890) 160
    Anstellung in Celle 163

Briefe an Liebig 157, 163, 165, 167, 168, 169, 171
    Englandreise 162
    o. Professor an der Weender Akademie 169
    Studium 160
Hensen, Victor (1835–1924) 183, 211
Hermbstädt, Sigismund Friedrich (1760–1833) 69, 74
Hess, Germain Henri (1802–1850) 16
    Stickstoffbestimmung 296
Hilger, Albert (1839–1905) 212
Hofmann, August Wilhelm (1818–1892)
    Besuch Hennebergs 162
Hofmann, August Wilhelm [von] (1818–1892) 370
    Beurteilung v. Wöhlers Arbeit über Harnausscheidung 222
    Nachruf auf Wöhler 96
Hofmann, Johann Philipp (1776–1842), Architekt v. Liebigs Laboratorium 367
Hogelande, Cornelis van (1590–1662) 63
Hohenheim, Theophrastus von, genannt Paracelsus (1493/94–1541), 64
Holmes, Frederic L. 80
Holmes, Frederic Lawrence
    Kurzbiographie 415
Hufeland, Wilhelm (1762–1836) 71
Humboldt, Alexander von (1769–1859) 68, 71, 78
Hünefeld, Friedrich Ludwig (1799–1882) 224
Jones, Henry Bence (1813–1873) 26
Kant, Immanuel (1724–1804) 66
Keill, James (1663–1719) 66
Keller, Wilhelm (1818–?) 368
    Arbeit über Hippursäurebildung 225
Kieser, Dietrich Georg (1779–1862) 73
King, Lester 47
Knop, Wilhelm (1817–1891) 81
Kobell, Franz von (1803–1882) 178, 195
Kodweiss, Friedrich (1803–1866)
    Analyse Murexan 298
    Analyse Murexid 296

Koelliker, Albert Ritter von (1817–1905) 180, 183
Kohlrausch, Otto (1811–1854) 17, 28, 33, 34, 338
   Kritik an Liebigs „Thier-Chemie" 28–29
Kolbe, Hermann (1816–1884) 103
Kopp, Hermann (1817–1892) 318
Krätz, Otto
   Kurzbiographie 416
Kühn, Gustav (1840–1892) 172
Kuhn, Thomas 17
Kühne, Wilhelm (1837–1900) 228
La Mettrie, Julien Offray de (1709–1751) 63
   Maschinentheorie des Lebendigen 97
Laplace, Pierre Simon (1749–1827) 2, 14, 15, 357
Laskowski, Nikolai Erastrovich (1818–1871) 35
Lassaigne, Jean Louis (1800–1859) 293
Lavoisier, Antoine Laurent (1743–1794) 1, 2, 3, 13, 15, 16, 17, 18, 61, 65, 66, 72, 77, 109, 177
   Atmung als Oxidationsprozeß 14
Leeuwenhoek, Antoni van (1632–1723) 359
Lehmann, Carl Gotthelf (1812–1863) 34, 75, 182, 184
Leibniz, Gottfried Wilhelm (1646–1716) 314
Lemery, Nicolas (1645–1715) 317
Lewicki, Wilhelm
   Kurzbiographie 416
Liebig, Justus [von] (1803–1873) 61, 65, 74, 75, 99, 177, 178, 179, 181, 195, 226
   "Thier-Chemie" 1–2, 178
   "Agriculturchemie" 8, 61
   "Thier-Chemie" 158
   "Thier-Chemie", 3. Auflage, Methode der Forschung 307
   Analysen von Blut, Muskelfasern und Albumin 10
   Anwendung der Chemie auf Physiologie u. Medizin 8–9
   Arbeit über Harnsäure mit Wöhler 76, 235
   Arbeiten zur Physiologische Chemie 4
   Beziehung der Chemie zur Physiologie 7
   Brief an Henneberg 162
   Chemische Erklärungen in der Physiologie 8
   Deutung der Resultate von Despretz 16
   Elementaranalyse 3
   Entstehungsgeschichte seiner "Methode" 307–8
   Ernährungslehre 110, 117–19
   Experimentelle Arbeiten zur Tierchemie 9
   Harnstoff als Maß des Stoffwechsels 80
   Harnstoffbildung beim Abbau von Proteinen 22
   Hippursäure, Entdeckung 221
   Hippursäurebildung 225
   Kalorische Äquivalente 142
   Kritik an Dulong und Despretz 30–31
   Laboratorium in Gießen 5
   Methode zur Harnstoffbestimmung 38
   Monographie "Thier-Chemie" 177
   Organische Chemie als Physiologische Chemie 6
   Prout als Vorläufer 21
   Publikationsgeschichte seiner "Methode" 308–9
   Quantitative Proportionalität der Kraft 18
   Report für die British Association 7
   Respirationsprozess 33–34
   Stellungnahme zu neueren Forschungen 43
   Stickstoffhaltige Nahrungsmittel 10
   Stoffwechselforschung 110
   Streit mit Mulder 35–36
   Substitutionstheorie 6
   Synopsis der physiologischen Prozesse 21

These vom Harnstoff als
    Stoffwechselmaß 41
Tierische Wärme 145
Umwandlung Fett in Kohlenhydrat 112
Wechsel zur Physiologischen Chemie 6
Zeugnis für Scherer 178, 193
Zur Methode der Forschung in
    Physiologie und Medizin 307–9
Liebig, Justus von
    Kurzbiographie 413
Liebig-Medaille
    an Henneberg verliehen 172
Lotze, Rudolf Hermann (1817–1881) 80
Louis, Anton 369
Ludwig, Carl (1816–1895) 1, 40
Magendie, François (1783–1855) 4, 110
    Fütterungsversuche 113–14
    Stickstoffhaltige u. stickstofflose
        Nahrungsmittel 111
    Stickstoffquelle für tierischen
        Organismus 113
    Stoffwechselforschung 110
Magnus, Gustav (1802–1870) 16
Marchand, Richard Felix (1813–1850) 22
    Hungerversuch 124
Marcks, Gerhard (1889–1981) 186
Marcus, Carl Friedrich von (1802–1862)
    177, 179, 183, 184
Mayer, Julius Robert (1814–1878) 78,
    103
    Erhaltung der Energie 119
Medicus, Friedrich Casimir (1736-1808)
    Lebenskraft 68
Medicus, Ludwig (1847–1915)
    Spekulative Harnsäureformel 239
Mill, John Stuart (1806–1873)
    "System of Logic" 308
    "System of Logic", Übersetzung durch
        Schiel 308
Mitscherlich, Eilhard (1794–1863) 24,
    198, 318
Mohr, Karl Friedrich (1806–1879)
    Eintreten für Liebigs „Thier-Chemie"
        27

Liebigs Welt im Glase (Aquarium) 81
Moldenhauer, Helene, Nichte von Liebigs
    Frau 371
Moleschott, Jacob (1822–1893) 82
    Ernährungslehre, Stoffwechsel 122–23
Mulder, Gerrit Jan (1802–1880) 10, 101,
    110, 178, 184
    Arbeiten über Proteine 5
    Ernährungslehre 35–36
    Monographie zur Physiologischen
        Chemie 317
    Protein 111
    Proteinformel 364
    Proteinhypothese 35
    Stoffwechselforschung 110
    Streit mit Liebig 35–36
Müller, Johannes (1801–1858) 8, 9, 13,
    15, 21, 22, 158
    Einschätzung von Liebigs „Thier-
        Chemie" 28
    Harnstoffbildung aus vitalem Gewebe
        124
Munday, Pat
    Liebig und Mill 308
Newton, Isaac (1642–1727) 314, 315, 357
Oertel = Oertling, Johann August Daniel
    (1803–1866)
    Mechaniker in Berlin 198
Ortigosa, Vicente (1817–1877) 368
Outrepont, Joseph Servatius de (1776–
    1845) 71
    Wechsel der Materie 71
Payen, Anselme (1795–1871)
    Diastase 111
Pecquet, Jean (1622–1674)
    Ductus thoracicus 219
Pepys, William Hasledine (1775–1856)
    14, 28
Persoz, Jean François (1805–1868)
    Diastase 111
Pettenkofer, Max [von] (1818-1901)
    Respirationsapparat 159
Pettenkofer, Max [von] (1818-1901) 37,
    46, 183

Respirationsapparat 129, 167
Pflüger, Eduard (1829–1910) 46
Playfair, Lyon (1818–1898) 26, 43
Plessner, Helmuth 96
Prévost, Jean Louis (1790–1850)
   Harnstoffanstieg im Blut nach
      Ausschaltung der Nieren 22, 222
   Harnstoffbildung 124
Prout, William (1785–1850) 3, 4, 28, 65, 75, 110
   Ammoniumsalz der Purpursäure 293
   Ernährung als chemische Reaktionen 20
   Harnstoff (elementare Zusammensetzung) 124
   Nährstoffe (zuckrige, ölige, eiweißartige) 111
   Purpursäure 238, 254, 261, 293
   Stoffwechselforschung 110
Regnault, Henri Vicor (1810–1878) 110
Reich, Gottfried Christian (1769–1848) 71
Reil, Johann Christian (1759–1813) 69
   "Mischung und Form" 71
Reiset, Jules (1818–1896) 110
Reuning, Theodor (1807–1876)
   Liebig-Medaille an Reuning verliehen 171
Ritgen, Josef Maria Hugo von (1811–1889) 371
Rose, Gustav (1798–1873), Mineraloge in Berlin 291
Rose, Heinrich (1795–1864)
   Besuch Scherers 198
Rosen, George 61
Rouelle, Hilaire Martin (1718–1779)
   Harnstoffentdeckung 124
Rubner, Max (1854–1932) 47, 109
   Isodynamie 142
   Stoffwechselforschung 144
Rumpf, Ludwig (1793–1862) 184
Sandras, Claude Marie (1802–1856)
   Stärkespaltendes Prinzip im Bauchspeichel 112
Santorio, Santorio (1561–1636) 63, 66, 70
Saussure, Nicolas Théodore de (1767–1845) 124, 345
Scheele, Carl Wilhelm (1742–1786) 3
   Entdeckung der Harnsäure 236
Schelling, Friedrich Wilhelm Joseph (1775–1854) 73, 98
Scherer, Johann Joseph [von] (1814–1869) 177, 179, 180, 183, 195, 370
   akademische Ämter 184
   akademische Schüler 183
   Arbeiten über Proteine 178
   Ausbildung bei Liebig 178
   Badearzt in Wipfeld 177
   Bedeutung für die Organische Chemie 185
   Chemie in Landwirtschaft und Gewerbe 185
   Ehrungen 186
   Ernennung zum Professor 179
   Herausgabe von Cannstatts Jahresberichten 207
   Lehrerstelle für Chemie 179
   Lehrtätigkeit 182
   Monographie 180
   Nachweisproben (Inosit, Leucin, Tyrosin) 182
   Reisebericht 178, 195
   Schüler 183
   Studienreise 179
   Studium 177–78
   Veröffentlichungen 201–7
   Vorlesungen und Übungen 182
   wissenschaftshistorische Bedeutung 184
   Wissenschaftliche Arbeiten 180–82
   Zeugnis von Liebig 193
Schiel, Jacob Heinrich Wilhelm (1813–1889)
   Schüler Liebigs, Übersetzer Mills 308
Schleiden, Matthias Jacob (1804–1881)
   Wissenschaftliche Botanik 349, 350, 359
Schlieper, Adolph (1825–1887)
   Arbeiten über Harnsäure 239

Schloßberger, Julius Eugen (1819–1860) 332, 336, 344
Schlosser, Friedrich Christoph (1776–1861) 226
Schmidt, Carl (1822–1894) 37, 79
Schmiedeberg, Oswald (1838–1921) 228
Schoedler, Friedrich (1813–1884) 367
Schönlein, Johann Lukas (1793–1864) 8, 179
Schultz, Carl Heinrich (1798–1871)
   Stellung zu Liebigs „Thier-Chemie" 27
Schütt, Hans-Werner
   Kurzbiographie 417
Schwann, Theodor (1810–1882) 8, 75
Seguin, Armand (1767–1835) 18, 67
Sigwart, Georg Carl Ludwig (1784–1864) 74
Simon, Johann Franz (1807–1843) 182, 184
Smith, Edward (1818?–1874)
   Kohlensäurebildung und Muskelarbeit 138
Sobrero, Ascanio (1812–1888) 161
Städeler, Georg (1821–1871) 228
   Assistent Wöhlers 227
Steffens, Henrik (1773–1845) 98
Stohmann, Friedrich (1832–1897)
   Mitarbeiter Hennebergs 164
Strecker, Adolph Friedrich Ludwig (1822–1871) 184, 185, 369
Sylvius, François de le Boë (1614–1672) 64
Thaer, Albrecht Daniel (1752–1828) 110
   Heuwert 141, 164
Thenard, Louis Jacques (1777–1857)
   Elementaranalyse 111
Tiedemann, Friedrich (1781–1861) 4, 8, 9, 110, 158
   Fütterungsversuche 113–14
   Lehrer Wöhlers in Heidelberg 219
   Stoffwechselforschung 110
   Verzuckerung v. Stärke im Darm 112
Traube, Moritz (1826–1894) 45
   Muskelenergie nicht nur aus Stickstoffverbindungen 41
Trautschold, Wilhelm (1815–1877)
   Universitätszeichenlehrer in Gießen 367
Ure, Alexander (?–1866) 226
   Bildung von Hippursäure aus Benzoësäure 225
Valentin, Gabriel Gustav (1810–1883) 8
   Lehrbuch der Physiologie 351, 364
   Stellung zu Liebigs „Thier-Chemie" 27
Varrentrapp, Franz (1815–1877) 369
Vauquelin, Nicolas Louis (1763–1829) 67, 293
   Entdeckung von Allantoin 237
   Harnstoff 124
Vieweg, Hans Heinrich Eduard (1896–1869)
   Verleger Liebigs 307
Virchow, Rudolf (1821–1902) 180, 183
Vogel, Heinrich August (1778–1867) 178, 195
Vogt, Carl (1817–1895)
   Schüler Liebigs 161
Voit, Carl (1831–1908) 39, 40, 42, 46, 80, 159
   Ernährungswissenschaft 110
   Kritik an Liebigs Arbeiten 44
   Stoffwechsellehre 126–37
   Stoffwechselmethodik 129–30
   Streit mit Liebig 45
Volhard, Jacob (1834–1910), Biograph Liebigs 367
Wagner, Rudolph (1805–1864) 8, 9, 226
Walz, Othmar P.
   Kurzbiographie 417
Warington, Robert (1807–1867) 81
Weismann, August (1834–1914) 228
Wilbrand, Johann Bernhard (1779–1846) 73
Will, Heinrich (1812–1890) 368
   Beteiligung an Harnsäurearbeit v. Wöhler u. Liebig 305
Williamson, Alexander William (1824–1904)

Schüler Liebigs 308
Wislicenus, Johannes (1835–1902) 22, 41, 42, 45, 185
   Besteigung des Faulhorns 138
Wöhler, Friedrich
   Kurzbiographie 413
Wöhler, Friedrich (1800–1882) 5, 7, 10, 95, 226, 228
   Anregung der Harnsäurearbeit mit Liebig 235
   Arbeit über Harnsäure mit Liebig 76, 235
   Arbeiten zum tierischen Stoffwechsel 219–29
   Ausscheidung von Stoffen im Harn 220–22
   Beobachtung der Hippursäurebildung aus Benzoësäure 223
   Besuch Scherers 197
   Brief an Berzelius (Harnstoffsynthese) 95
   Briefwechsel mit Liebig zur "Thier-Chemie" 307
   Gemeinsame Arbeit mit Frerichs 227
   Haltung in Liebigs Streit mit Berzelius 24
   Synthetische Reaktionen im Tierkörper 228–29
Wolff, Emil (1818–1896)
   Versuchsstation in Möckern 164
Wydler, Rudolf
   Schüler Liebigs 369
Zuntz, Nathan (1847–1920) 46

Sachregister

Abnutzung als Ursache für Stoffverbrauch 63, 70
Affinität
    Kräfte zwischen Atomen 68
Affinitätslehre (Berthollet) 69
Albumin 178
    Untersuchungen von Mulder u. Denis 195
    Untersuchungen von Scherer 193, 196
Allantoin
    Als Abbauprodukt der Harnsäure 236
Alloxan
    Abbau mit Salzsäure 286–87
    Bildung aus Harnsäure 255–58
    Chemische Reaktionen 238
    Oxidationsprodukt der Harnsäure 237
Alloxansäure 277–81
Alloxantin
    Aus Alloxan durch Reduktion 238
    Zersetzungsprodukt aus Harnsäure 258–61
Analogien, falsche 320–21
Analysenmethoden für
    Futteruntersuchungen 166
Anatomie, Notwendigkeit für die
    Physiologie 359–60
Animalisation 20, 67
Ansteckungsfähigkeit *siehe* Kontagiosität
Anthropochemie 182
Aquarium
    Liebigs Welt im Glase 81
Archeus ("Innerer Alchemist" bei
    Paracelsus) 64
Assimilation 20, 62, 67
    Primäre und sekundäre (Prout) 75
Ätherschwefelsäuren (Baumann) 227
Atmung, chemische Vorgänge 66–67, 77
Azotisation 67
Benzoesäure
    Ausscheidung im Harn 221
Beobachtungen, falsche
    Beispiele 325–27

Berlin 177, 179
    Johann Franz Simon, Assistent bei
        Schönlein 184
    Reiseaufenthalt Scherers 195, 196, 198
Beschreibungen (Erklärungen durch
    Worte)
    Ohne Erkenntnisgewinn 324
Bewegung, mechanische
    Und chemische Verwandtschaft 330
Bewegungserscheinungen
    Erster Art (Bewegungsimpuls)–Fäulnis
        und Gärung 351
    Zweiter Art (Attraktion oder
        Repulsion)–chemische Prozesse 350
Bewegungserscheinungen im Organismus
    347–48
    Einfluß der Wärme 348
Biennium practicale 177
Bleiglanz
    Verhüttung im Harz 197
Blutanalyse, quantitative 180
Canstatt's Jahresberichte 182
Charité (Berlin) 184
Chemie
    Klinische 182, 185, 186
    Pathologische 182
Chemie, Anwendung auf Medizin 177
Chemie, Anwendung auf Physiologie 177
Chemie, Entwicklung der 177
Chemische Prozesse
    Durch Zersetzung oder Bewegung
        ausgelöst 330–31
    In lebenden Organismen 3
Chemische Stoffe im Organismus 3–4
Chemische Substanzen
    Spezifische Reaktionsbereitschaft 95
Chemische Theorie *siehe* Fäulnis bzw.
    Gärung
Chemische Untersuchungen in der Klinik
    179
Chemische Verbindungen
    Beziehungen untereinander 361–63

Beispiel Harnstoff und Harnsäure 361–62
Chemische Vorgänge im Organismus
 Parallelitäten zu chemische Reaktionen im Reagensglas 239–40
Chlorid 182
Choleinsäure 9
Deutsche Gesellschaft für Klinische Chemie 186
Deutsche Vierteljahrs Schrift
 Zeitschrift im Verlag J. G. Cotta 309
Dialursäure
 Bildung aus Alloxan u. Alloxantion d. Reduktion 238
 Bildung aus Alloxantin, Harnsäure oder Alloxan 267–69
Diastasewirkung
 Durch "Chemische Theorie" erklärt 349–50
Dorpat 179
Dresden 179
Eiweiß
 Erforschung der Chemie 113
Eiweißstoffe 178
 Pflanzliche, tierische 178
Eiweißumsatz
 Untersuchung im Hunger und Stickstoffgleichgewicht (Voit) 137
Elementaranalyse 3, 65
Energie („Kraft"), Erhaltung
 Arbeiten von Helmholtz 79
 Arbeiten von Mayer 78
 In der Tierchemie 29–32
 Liebigs Stellung 17
Ernährung als Abfolge chemischer Umsetzungen
 Ältere Vorstellungen 20
Ernährungslehre
 Epoche nach Liebig 120–23
 Voit 131–37
Ernährungsphysiologie
 Giessener u. Münchener Schule 158–60
 Weender Schule 160–72
Extraktivstoffe
 Bestimmung im Blut 180
 In organischen Flüssigkeiten 181
Färberröthe, Farbstoff aus Rubia tinctorum L. 70
Fäulnis 332–33
 Einfluß auf kontagiöse Erkrankungen 337
 Fäulniswidrige Substanzen 336, 337
 Und Lebensprozess 341–42
Fermentatio (Gärung) 64
Fette
 Erforschung der Chemie 112
Fibrin 178
 Untersuchungen von Mulder u. Denis 195
 Untersuchungen von Scherer 196
Fieber, Ursache 346–47
Flamma vitalis 67
Fleischextrakt
 Lösliche Bestandteile des Muskels 43, 135
Formeln chemischer Verbindungen 237
 Aufstellung erfordert Beziehung zu einer bekannten Verbindung 363
Formeln organischer Verbindungen
 rationelle (Strecker) 239
 Unsicherheit 237
Futterbewertungsverfahren
 Heuwert (Thaer) 164
 Stickstoffgehalt (Boussingault) 164
Fütterungsversuche 110, 122
 (Magendie, Tiedemann, Gmelin) 113–14
Galle 19
 Rückresorption in das Blut 9
Gallensäuren 183
Gärung 333–35
 Alkoholische 343–44
Gärungsprozesse
 Alkoholische Gärung (Lavoisier) 65
 Rolle im Stoffhaushalt bei van Helmont 64
Gelatine 114–15
Gelatine-Kommsission 115

Gepaarte Schwefelsäuren (Baumann) 227
Gesetze in der Physiologie 316
Gewerbschule in Würzburg 179, 185
Gicht, Zusammenhang mit Harnsäure 236
Gießen 178
    Aufenthalt Scherers 193, 195
    Laboratorium, analytisches 178
Glykogen
    Bernard 112
    Hensen 183
Göttingen 179
Harn, Ausscheidung von Stoffen
    Arbeit von Wöhler u. Frerichs 226–27
Harn, quantitative Ausscheidung von Stoffen 182
Harnausscheidung von Fremdstoffen
    Versuche von Wöhler 222
Harnsäure 9
    Abbaureaktionen
        Oxidation mit Bleidioxid 237
        Oxidation mit Salpetersäure 237
    Gemeinsame Untersuchungen von Wöhler und Liebig 5, 100, 235–40
    Oxidation durch Bleisuperoxyd (Bleidioxid) 248–53
    Oxidation durch Salpetersäure 253–55
    Oxidationsprodukte Allantoin und Harnstoff (Wöhler) 237
    Summenformel (Liebig) 236
    Zersetzungsprodukte
    Konstitution 269–71
Harnsäure, Arbeit von Wöhler und Liebig
    Erste Veröffentlichungen 236
Harnsäure, Untersuchungen über die Natur der (Wöhler, Liebig) 235
    Bedeutung für Liebigs „Thier-Chemie" 235
Harnstoff 9, 182
    Bestimmung im Urin (Liebig) 159
    Bildung aus Harnsäure (Wöhler) 236
    Bildungsort im Körper 22, 222
    Harnstoffausscheidung u. Muskelarbeit 40–42
    Maß des Stoffwechsels 118, 126
    Methode zur Bestimmung (Liebig) 38
Harnstoffsynthese
    Als erste Synthese einer organischen Verbindung gefeiert (Hofmann) 96
    Naturphilosophische Sicht 98–99
    Von zeitgenössischen Chemikern nicht als Widerlegung des Vitalismus verstanden 99
Haushalt des lebenden Organismus
    Gleichgewicht aufgenommener u. abgegebener Stoffe 62
Heilquellen, Analyse von 182
Heuwert (Thaer) 141, 164
Hippursäure
    Synthese (Dessaignes) 227
Hydurilsäure (Schlieper) 239
Hygiene 184
Hypoxanthin 181
Inosit 181
Irrtümer durch falsche Beobachtungen u. Kombinationen 325
Isodynamie 118, 141–44
Isomerie 102
    und Lebenskrafthypothese 103
Juliusspital 179, 180, 185
Kassel 179
Katalytische Kraft 351
Klassifikation der Nährstoffe durch Prout 21
Klausthal im Harz 179
Klinische Chemie 177, 181
    Übungen durch Scherer 183
Knochenleim
    Fehlen von Tyrosin 147
Knochenleim (Gelatine) 114–15
Kohlenhydrate
    Erforschung der Chemie 112
Kontagiöse Krankheiten
    Parasitentheorie und chemische Theorie 338
Kontagiosität, stoffliche Ursachen 338
Kostmaß 122
Kraft
    Organische und Kohäsionskraft 327–28

Typische, unbestimmter Begriff 322
Kraft *siehe auch* Energie
Krankheitsprodukte 336
Krätze (Scabies) 339
Kreatinin 183
Kreislauf der Stoffe 72, 81
   Kreislauf des Lebens (Moleschott) 82
Kristallisation
   Einfluß mechanischer Bewegung 329–30
Laboratorium für organische Chemie 185
Laboratorium Liebigs in Gießen 161–62
Laboratorium, Klinisch-chemisches 179
Lancet
   Londoner Zeitschrift, Vorabdruck von Liebigs "Methode" 309
Landwirtschaftliches Institut an der Göttinger Universität
   Gründung 172
Landwirtschaftliches Zentralblatt 163
Lebenseffekte und Bedingungen
   Unterscheidung wichtig 319
Lebenskraft 360
   Einfluß auf chemische Affinität 68–70
   Liebigs Vorstellungen 19, 77
   Und Erhaltung der Energie 104
Leipzig 179
Leucin
   Auftreten bei Leberkrankheiten 227
Liebig's Fleischextrakt 181
Luxusconsumtion 38, 125
Materie, Erhaltung 18
   Bei Kant 66
   Experimenteller Nachweis durch Lavoisier 66
   Quantitative Betrachtungen 66
Mechanimus–Vitalismus 96–97
Mechanistische Auffassung des Organismus 62–63
Medicinisches Institut für Chemie und Hygiene (Würzburg) 184
Medizinische Fakultät Würzburg 179, 185
Membranen, tierische
   Einstellung von Gleichgewichten 317

Mensch als Maschine 63
Mesoxalsäure
   Aus Alloxan oder Alloxansäure 238
   Bildung aus alloxansauren Salzen 281–84
Metabolismus *siehe* Stoffwechsel
Metamorphose *siehe auch* Stoffwechsel
Metamorphose als Bezeichnung für chemische Veränderungen 61
Metamorphose der Gebilde, Umsetzungen im Tierkörper 19–23
Methode der Forschung in Physiologie und Medizin 307–9
Mischung und Form der Materie
   Ursache organischer Erscheinungen (Reil) 69
Möckern
   Landwirtschaftliche Versuchsstation 164
Monthly Journal of Medical Science
   Londoner Zeitschrift, Vorabdruck von Liebigs "Methode" 309
München 178, 183, 195
Murexan 238, 297–304
Murexid 238, 293–97
Murexid-Probe auf Harnsäure (Prout) 238
Muscardine, Krankheit der Seidenraupen 340
Muskelarbeit und Eiweißverbrauch
   Faulhornbesteigung von Fick und Wislicenus 42, 138–40
Muskelkraft, Quelle 137–41
Mykomelinsäure
   Aus Alloxan mit Ammoniak 238
   Aus Alloxan und Ammoniak 284–86
Nährstoffe 110–13
   Organische 19
   Verbrennungswärmen (Frankland) 140–41
   Verbrennungswärmen (Rubner) 143
   zuckrige, ölige, eiweißartige (Prout) 111
Naturgesetze
   Allgemeine u. spezielle 313–14

Naturgesetze, gegenseitige Abhängigkeiten 354–59
   Druck und Siedepunkt 355
   Siedepunkt u. Zusammensetzung 356
   Siedepunkt, Zusammensetzung u. spezifisches Gewicht 356
   Spezifische Wärme u. Atomgewicht 357
   Spezifische Wärme u. Tonhöhe 358
Naturphilosophie 73
Niere als Bildungsort der Hippursäure (Bunge u. Schmiedeberg) 228
Oeconomia animalis 61
   Begriff 62
   Quantitative Betrachtungen 64
   Stoffhaushalt im Organismus 63
   Verdauungsvorgänge 63
Organische Chemie 185
Organische Stoffe
   Elementaranalyse 65
   Zusammensetzung aus wenigen Elementen 65
Organische Verbindungen, Charakteristika
   Komplexität 100
   Labilität 101
Organische/unorganische Stoffe 99
Organismus als *machina* 63
Oxalursäure
   Oxidationsprodukt der Harnsäure 237
   Produkt aus Harnsäure 273–77
Paarungsreaktion (chemisch) 227
Panum, Peter Ludwig (1820–1885) 183
Parabansäure
   Aus Harnsäure oder Alloxan durch Oxidation 238
   Produkt aus Harnsäure 271–73
Parasiten in Tieren u. Pflanzen 340
Parasitentheorie 339–41
   Beispiele Krätze und Muscardine 339–40
Parasitentheorie und chemische Theorie
   Contagien, Miasmen, Fäulnis 339–41
Perspiratio insensibilis 64, 67
Physikalische Erscheinungen

   Falsche Erklärungen 317
Physikalische u. chemische Prozesse in der Natur
   Liebigs Grundregeln 13
Physikalisch-Medicinische Gesellschaft (Würzburg) 182
Physikalisch-Medicinischen Gesellschaft (Würzburg) 183, 184
Pilze und Infusorien
   Begleiter, aber nicht Ursache von Fäulnis u. Gärung 342–43
Plagiatsstreit mit Dumas und Boussingault 10–11
Polytechnischer Verein (Würzburg) 185
Prag 179
Preisaufgaben, akademische
   Göttingen, Physiologie des Blutes 224
   Hippursäure, Einfluß der Nahrung 227–28
Principe vital *Siehe* Lebenskraft
Prinzip von der Erhaltung der Materie (Lavoisier) 18
Proteine 178 *siehe auch* Eiweiß
   Aus Pflanzen als Nahrungsmittel 78
   Keine Oxidation im Blut 23
   Kritik Liebigs an Mulders Hypothese 35
   Untersuchungen von Mulder und Liebig 6
   Weitere Untersuchungen Liebigs 35
Protein-Hypothese 184
Protein-Radikal (Mulder) 10
Proximale Teilchen Grundbausteine der organischen Materie? 101
Purpursäure 238
Qualitative Ernährungslehre 146–49
   Proteine 146–47
   Vitamine 147–49
Quelle der tierischen Wärme 15
Reaktionssequenzen
   Untersuchung (Liebig) 235
Regulatoren der économie animale (Lavoisier)
   Atmung, Verdauung, Transpiration 67

Reize, physiologische 322–24
  Unbestimmter Begriff 320
Respiration
  Liebigs Forschungsmethode 34
  Oxidation von Wasserstoff 33
  Rolle der verschiedenen
    Nährstoffklassen 33
Respirationsapparat
  Pettenkofer 129
Respirationsapparat nach Pettenkofer 160, 167, 169
  Versuche an Schafen in Weende 170
Respirations-Kalorimeter (Atwater, Benedict) 146
Respirations-Quotient (respiratorischer Q.) 46
Röstprozeß
  Zur Entfernung von Schwefel 197
Scherer, Johann Joseph [von] (1814–1869)
  Reisebericht 195–98
Scherer-Medaille 186
Scherer-Proben
  Inosit, Leucin, Tyrosin 182
Schlangen-Exkremente
  Quelle für Harnsäure 236
Schlich, gebrochenes Erz 197
Schliegschmelzen = Schlichschmelzen
  Entfernung des Schwefels aus Bleiglanz 197
Schlüsse, irrtümliche
  Durch Hervorhebung einer Ursache 349
Schulausbildung, realienbezogene 185
Schwebheim, Schloß 178
Schweinfurt 178
Soziale Ernährungslehre
  Mulder, Moleschott, Bidder, Schmidt 123
Stein, schwefelhaltiges Zwischenprodukt der Bleiglanzverhüttung 197
Stickstoffanalyse, volumetrische
  Fehleranfälligkeit 237
Stickstoffbilanz
  Negative 116, 126
  Untersuchung der 126

Stickstoffgleichgewicht 126–28
Stickstoffhaltige Substanzen von Pflanzen und Tieren identisch 10
Stoffwechsel *siehe auch* Metamorphose, Umsetzung der Gebilde
  Als Folge von Oxidationsprozessen 45
  Als theoretisches System (Lotze) 80
  Auch Metamorphose, Umsetzung der Gebilde 61
  Ausgangspunkt für Energieerhaltungssatz bei Helmholtz 79
  Ausgangspunkt für Energieerhaltungssatz bei Mayer 78
  Äusserer und innerer (Burdach) 75
  Begriffsprägung 74–76
  Bezeichnung "Metabolismus" (Schwann) 76
  Chemische Forschungsstrategie (Liebig) 76
  Erstes Auftreten der Bezeichnung 74
  Experimentalkritik (Bidder u. Schmidt) 80
  Experimentelle Studien von Frerichs, Bischoff und Voit 40
  Fließgleichgewicht in offenem System 80
  Geschichte des Begriffes 61
  Harnstoff als Maß 23, 38, 182
  Intake-output method of research 80
  Intermediärer (Lehmann) 75
  Liebigs „Thier-Chemie" 178
  Maß des "reinen" St. (Frerichs) 37–38
  Münchener Schule der experimentellen Forschung 80
  Popularisierung 80–82
  Primäre und sekundäre Assimilation (Prout) 75
  Quelle mechanischer Kraft und tierischer Wärme (Liebig) 77
  Regelungsvorgänge (Lavoisier) 67
  Rolle des Harnstoffs 22
  Synthetische Reaktionen im Tierkörper 228–29

Universeller Begriff bei Donders 82
Unterschiede bei Pflanzen und Tieren
  (Dumas) 78
Untersuchungen Scherers 182
Verwendung des Begriffes bei Liebig
  61
Stoffwechselgleichungen
  In Hennebergs Arbeiten 170
Substitutionstheorie, Streit um die 6
Thier-Chemie, Monographie von J. Liebig
  61
  Erweiterte (3.) Auflage 32, 33, 34–35
  Fakten und Argumente 12
  Fortlassung der chemischen
    Gleichungen in der 3. Auflage 34
  Grundsätzliche Beiträge 13–23
  Kritik von Berzelius 12, 23–26
  Reaktion Liebigs auf die Kritik 13
  Rezeption des Buches 23–29
Thionursäure
  Aus Alloxan mit schwefliger Säure 238
  Bildung aus Alloxan 261–65
Tierchemie
  Bleibender Einfluß 45–47
  Erhaltung der Energie 29–32
  Fortschritte und Rückschläge 32–37
  Grundsätzliche Beiträge Liebigs 13–23
  Krise und Zurückweisung 40–45
  Nachfolger Liebigs 37–40
  Vorläufer Liebigs 2–4
  Zur Entstehung 4–13
Tiere als Oxidations-Mechanismen
  (Dumas)
  Kritik Liebigs 46
Tierische Wärme 144–46
  Durch Oxidation 13–18
Totalsynthese der Essigsäure (Kolbe) 103
Transpiration siehe Perspiratio insensibilis
Transpiration, Wasserdampfabgabe durch
  die Haut (Lavoisier) 67
Tyrosin
  Auftreten bei Leberkrankheiten
    (Frerichs u. Städeler) 227

Umsetzung der Gebilde als Bezeichnung
  für chemische Veränderungen 61
Umsetzungsprozesse im tierischen
  Organismus
  Vorstellungen Liebigs 13
Uramil 238, 289–90
  Bildung aus Thionursäure 265–67
Uramilsäure 290–93
  Bildung aus Uramil 238
Urheb = Ferment (van Helmont) 64
Uril
  hypothetischer Grundkörper der
    Harnsäure (Liebig u. Wöhler) 270
Ursache und Wirkung, Verwechselung in
  der Physiologie 317
Ursachen von Naturerscheinungen
  Meist mehrere Ursachen 316, 318
Verbrennungswärme von Nährstoffen
  Rubner 145
Verdauung
  Abbau von Fett, Stärke, Protein 46
  Chemische Vorgänge 67–68
  Vorstellungen in der Antike 62
Vergleiche, falsche 321–22
Verhüttung von Blei- und Kupfererz im
  Harz
  Schilderung Scherers 197–98
Vitalismus 97
  und Physiologische Chemie 103
Vorgefaßte Meinungen, Hindernisse der
  Forschung 314–15
Wärme
  und chemische Zersetzung 330
  Verschiedene Effekte 13–18
Wärmeökonomie beim Tier 144
Wechsel des Stoffes als Charakteristikum
  des Lebens 70–72
Weende bei Göttingen
  Landwirtschaftliche Versuchsstation
    164
Weender Methode
  Futtermitteluntersuchung 166
Wien 184
Wipfeld

Scherer als Badearzt 177
Wirkung und Ursache, Verwechselung in
 der Physiologie 317
Würzburg 177, 179, 180, 184

Vorlesungen Scherers 183
Zersetzung
 Fortpflanzung auf andere Körper 335
Zersetzung.Organische Stoffe 331–36

Vorstellung der
Internationalen Präsenz-Bibliothek
zur Geschichte der Naturwissenschaften
(Bücher und Dokumente aus 300 Jahren)

Ca. 30.000 Bände und Publikationen: Monographien, Periodika, Diplomarbeiten, Dissertationen, Enzyklopädien, Briefkopien, Bilder sowie Videos, Mikrofilme und Dias, davon:
- Fachzeitschriften (5 000)
- Liebigs Annalen (von 1863 - 1989)
- Chemisches Zentralblatt (komplett 1896 - 1969)
- Berichte der Chemischen Gesellschaft (1872 - 1980)
- British Museum General Catalogue of Printed Books (275 Bände mit ca. 3 Mio. Titeln nach Autoren)
- Auktionskataloge Naturwissenschaften (ca. 1250)
- Firmenschriften (ca. 1000)
- Medaillensammlung Naturwissenschaften mit Schwerpunkt Chemie
- Liebig-Fleischextrakt-Bilder (4500)
- Augsburger Allgemeine Zeitungen (Liebig-Zeit)

Eröffnung der Bibliothek am 4. Dezember 1996:

Stud. Dir. i.R. Erwin Glaum (Original Liebig-Experimente, Gießen), Dr. Hans von Zerssen (Kustos des Liebig-Museums zu Gießen) mit Wilhelm Lewicki, Gründer der Bibliothek und Gesellschafter der B.V. Prohama und E.V.A. GmbH Ludwigshafen am Rhein.

Anhang S. 2

Adresse:

Internationale Historische Präsenz-Bibliothek und Freundeskreis zur Geschichte der Chemie (...) und Bücher-Service
c/o E.V.A. GmbH, Edinburger Weg 10
D-67069 Ludwigshafen am Rhein
Tel.: (49)-0621-66943-33, Fax: (49)-0621-66943-11
e-mail: prohama.eva@t-online.de
Internet-Adresse: http://www.vinasse.de

Nutzung der Präsenz-Bibliothek: ist allen wissenschaftlich arbeitenden, sowie allen an der Chemiegeschichte und deren Bekanntmachungen interessierten Personen und Institutionen nach Voranmeldung und Referenznachweis kostenlos möglich. Weiteres Informationsmaterial, Terminvereinbarungen und Auskunftsanfragen bei:

Myriam Billam (Diplom-Bibliothekarin)
Tel.: 0049- (0)621-66943-33

Förderung und Erforschung von historischen Chemie-, Pharmazie-, Agrikultur-, Technologie- und internationalen Handelsthemen und Publikationen.

- Liebig-Wöhler-Gedächtnis-Bibliothek (1850 - 2000), 5000 Bücher
- Pharmazie- und Medizin-Bibliothek ca. 3000 Bände, inklusive Zeitschriften
- Historische Chemiebibliothek W. Lewicki, 3000 Bände
- Aktuelle Fachzeitschriften ab 1970 bis 2000: Zuckerindustrie, Mischfutter-, Fermentations- und chemische Industrie, Landwirtschaft und Bio-Chemie, Welthandel, Weltwirtschaft, Alkohol, Hefe und Naturwissensch sowie organischer Landbau
- Publikationskataloge nach Jahren und Bibliothekskataloge

Anhang S. 3

Liebig-Bibliograph und Forscher **Dr. Emil Heuser**
(✝ 31.12.95) mit Wilhelm Lewicki in Leverkusen im
November 1995

Integrierte private Sammlungen (teilweise Spenden):

- **Ahlhausiana** (Spende Prof. Dr. Ahlhaus, Heidelberg): ca. 500 Tit. zum Thema Warenkunde und Technolgie
- **Erhartiana:** 100 chemische Zeitschriften, davon Beilstein komplett und 100 Chemiebücher
- **Heuseriana**: Dr. Emil Heuser **Liebigiana**: über 8 500 Titel, inklusive 750 Bücher, 4 000 Mikrofilmseiten (Briefe), Videos, Dias und Bilder
- **Kick-Werner-Sammlung** aus dem agrikulturchemischen Institut Bonn, ca. 1000 Bücher und Zeitschriften, Kick-Sonderdruckkollektion (1929-1983: 6750 Titel)
- **Olbrichiana** (Spende von Prof. Dr. Hubert Olbrich, Berlin): Zucker- und Melassetechnologie, ca. 1000 Publikationen
- **Riediana** (Spende von Prof. Dr. Walter Ried, Frankfurt): 300 Dissertationen und Diplomarbeiten, 250 gebundene Chemiezeitschriften, ca. 250 Chemiebücher
- **Teuberiana** (Schenkung Prof. Dr. Teuber, Kronberg): ca. 1000 chemische Zeitschriftenbände und Bücher
- **Weltiana**: klassische Bibliothek der Organischen Chemie von Dr. E.A. Welti, Bern 1850-1969 (1500 Bände) inklusive chemisches Zentralblatt

(Stand 15. August 2000)

Liebig–Wöhler–Freundschafts–Preis
der Wilhelm Lewicki Stiftung:
1994–2000

Zur Förderung chemiehistorischer Forschungen über Liebig, Wöhler und deren wissenschaftliches Umfeld, sowie deren Wirkungsgeschichte wurde von Wilhelm Lewicki und seiner Unternehmensgruppe B.V. Prohama und E.V.A. GmbH, Ludwigshafen a. Rh. ein mit DM 2000,- dotierter Preis gestiftet, der erstmals am 20. Oktober 1994 vergeben wurde:

1994: Die ersten beiden Preisträger (20. Oktober) waren **Dr. Emil Heuser**, Leverkusen, und **Dr. Pat Munday**, Butte Montana, USA.

1995: Anläßlich einer GDCh-Veranstaltung der Universität Göttingen (am 4. Mai) wurden als Preisträger: **Professor William H. Brock**, Leicester University, UK, und **Dr. Mark Russell Finlay**, Armstrong State College, Savannah Georgia, USA, ausgezeichnet.

1996: Preisträger waren: **Frau Dr. Regine Zott**, Berlin, und **Professor Frederic L. Holmes**, Yale University, New Haven/USA (23. Mai).

1997: Preisträgerinnen waren: **Frau Dr. Ursula Schling-Brodersen**, Schriesheim/Mannheim für ihre Dissertation „Liebig und die landwirtschaftlichen Versuchsstationen" und **Frau Dr. Elisabeth Chr. Vaupel** vom Deutschen Museum, München für ihre chemiegeschichtlichen Arbeiten über Liebigs Glasversilberung sowie ihre Beiträge zu Wöhler und Sainte-Claire Deville ausgezeichnet.

1998: Zum fünfjährigen Jubiläum wurde am 11. Juni 1998 in Göttingen der Liebig-Wöhler-Freundschaftspreis an **Frau Dr. Ulrike Thomas**, Mutterstadt, für ihre auch als Buch veröffentlichte Dissertation „Die Pharmazie im Spannungsfeld der Neuorientierung: Philipp Lorenz Geiger (1785-1836), Leben, Werk und Wirken - Eine Biographie" vergeben. Dem Liebig-Forscher **Dipl.-Ing. Carlo Paoloni**, Mailand, wurde die Medaille (posthum) für die einzige, existierende Justus von Liebig Bio-Bibliographie und für weitere bibliographische Arbeiten aus den Veröffentlichungen Liebigs und Wöhlers vom Göttinger Preisgremium verliehen.

1999: Anläßlich der Hauptversammlung der Göttinger Chemischen Gesellschaft, Museum der Chemie und anschließender GDCh-Sitzung wurden am 24. Juni als sechste Preisverleihung folgende Preisträger geehrt: **Prof. Dr. Dr. Johannes Büttner**, Isernhagen für seine Untersuchungen zur Geschichte der klinischen Chemie, speziell im Zusammenhang mit Justus von Liebig und seinem Schüler von Scherer als wesentlicher Beitrag zur Forschung im Sinne der Statuten der Preis-Stiftung und **Dr. Viktor A. Kritsman**, Deutsches Museum München für seine Forschungen zur Geschichte der russischen Chemiker des 19. Jahrhunderts und des Einflusses Justus von Liebigs auf seine russischen Schüler („Liebig, der Urgroßvater der russischen Chemiker"). Beiden Preisträgern wurde vom Stifter die speziell für den

Liebig-Wöhler-Freundschaftspreis geprägte Medaille (vergoldet) mit eingraviertem Namen und Datum überreicht.

2000: Geehrt wurden am 11. Mai: **Dr. Martin Kirschke,** Meine für seines chemiehistorischen Arbeiten über Karl Willhelm Gottlob Kastner, den Lehrer Justus von Liebig und **Dr. Walter Botsch,** Schwäbisch Gmünd für seine Untersuchungen über den Begriff der Lebenskraft bei Justus von Liebig.

Wilhelm Lewicki ist Ur-Ur-Ur-Enkel von Justus von Liebig und fördert durch seine Internationale Präsenz-Bibliothek zur Geschichte der Naturwissenschaften und seinen Internationalen Freundeskreis zur Geschichte der Naturwissenschaften mit der Justus Liebig-Gesellschaft zu Gießen e.V. Forschung und Präsenz der Geschichte der Chemie, insbesondere die der Liebig-Zeit. Der Stiftungszweck besteht darin, die epochalen naturwissenschaftlichen Leistungen der meist gemeinsam durchgeführten Forschungen (1829–1873) der lebenslang durch Freundschaft verbundenen Chemiker Justus von Liebig und Friedrich Wöhler zu würdigen und durch die Anerkennung von chemiehistorischen Arbeiten zu diesem Themenkomplex auszuzeichnen. Zu den weiteren Aufgaben des Freundeskreises zählt die Erstellung und Logistik von Wanderausstellungen wie zur Zeit die Liebig-Wanderausstellung, auch in französischer und englischer Version und der Antoine Laurent Lavoisier-Wanderausstellung in französisch und in deutscher Übersetzung.

Der Preis wird von der „Göttinger Chemischen Gesellschaft, Museum der Chemie e.V." verwaltet.

Informationen sind erhältlich bei:
Prof. Dr. Dr. h.c. Herbert W. Roesky, Tammannstraße 4, D-37077 Göttingen, Tel. 0551-393326 (393002), Fax: 0551-393373
Stifter: **Internationaler Freundes-, Förderer- und Arbeitskreis zur Geschichte der Naturwissenschaften und Bibliothek** c/o B.V. Prohama und E.V.A. GmbH, Edinburger Weg 10, 67069 Ludwigshafen, Tel.: 0621/66943-33, Fax: 0621/66943-11, Email: prohama.eva@t-online.de, Internet: http://www.vinasse.de

Bewerbungen für das Jahr 2001 bitte bis 15-12-2000 bei Prof. Roesky in Göttingen einreichen **mit der Bitte um je eine Kopie an den Stifter nach Ludwigshafen/Rh.**
Stand: November 2000

Liebig-Wanderausstellung „Alles ist Chemie" 1998-2003

Begleitend bis zum 200. Geburtstag Liebigs im Jahre 2003 wurde anläßlich des 125. Todestages (18.04.1998) eine Liebig-Gedenkausstellung als Wanderausstellung mit dem Thema „Alles ist Chemie" auf über 30 Tafeln zusammengestellt als Initiative der Liebig-Familie, der Justus Liebig-Gesellschaft e.V. zu Gießen und in Federführung und finanzieller Verantwortung des Internationalen Freundes-, Förderer- und Arbeitskreises zur Geschichte der Chemie, der Pharmazie, der Agrikultur, der Technologie und des Handels, Ludwigshafen am Rhein.

Nach der Eröffnung in **Ludwigshafen am Rhein** am 28. März 1998 wurde unsere Liebig-Ausstellung in der hiesigen Stadtbibliothek von ca. 6.000 Besuchern besichtigt.

Im Hauptgebäude der Justus Liebig Universität **Gießen** als zweite Station wurde die Liebig-Wanderausstellung von Anfang Mai bis Mitte Juli von ca. 10.000 bis 12.000 Besuchern und anschließend in der renovierten Liebig Wohnung im ersten Stock des Liebig-Museums bis 7. November von ca. 3.000 Besuchern besichtigt.

Die feierliche Eröffnung der dritten Station der Liebig-Wanderausstellung fand am 13. November im Ehrensaal des Deutschen Museums zu **München** statt.

Die vierte Station war die Universität **Hohenheim**. Die feierliche Eröffnung fand am 5. März 1999 im Katharinensaal der Universität statt und die Ausstellung war dort bis 5. Mai 1999 zu sehen. Die Federführung hatte Professor Peter Menzel, Direktor des Institutes für Didaktik der Naturwissenschaften und Informatik, die Organisation und arbeitet eng zusammen mit dem Präsidenten der Universität und dem Institut Dr. Flad, Stuttgart.

Am 11. Mai 1999 wurde die Liebig-Wanderausstellung im Foyer der Christian-Albrechts-Universität **Kiel** gezeigt anläßlich der 50-Jahrfeier des Liebig-Preises der A.C. Toepfer Stiftung - Freiherr von Stein Stiftung, Hamburg.

Am 3. Juni 1999 wurde die Liebig-Ausstellung im Deutschen Landwirtschaftsmuseum zu **Markkleeberg** vom Ministerpräsidenten Biedenkopff und dem Landwirtschaftsminister des Freistaates Sachsen eröffnet und begleitete die am gleichen Tag beginnende sächsischen Landwirtschaftsausstellung AGRA 99. Die Ausstellung konnte bis Ende September besichtigt werden. Am 29. und 30. September wurde von Herrn StD. i.R. Erwin Glaum Gießen zwei Liebig-Exeprimentalvorlesungen bei vollem Haus vorgeführt.

Am 15. Oktober 1999 wurde die Liebig-Wanderausstellung als 7. Station Landwirtschaftsmuseum zu **Prag** in Zusammenarbeit mit der Tschechischen Justus Liebig-Gesellschaft und dem Tschechischen Technischen Nationalmuseum zu Prag eröffnet und war dort bis Anfang Januar 2000 zu sehen.

Anhang S. 7

Vom 10. März bis Juli 2000 wurde die Ausstellung dann als 8. Station in der Föderation der Technischen und Naturwissenschaftlichen Vereine der Stadt **Budapest** sowie im Museum für Technik gezeigt. In der ersten Augusthälfte wurde sie in der Universität Budapest anläßlich des Weltkongresses der Chemielehrer ausgestellt und ist ab 5. September im Industriepark zu Györ mit freundlicher Unterstützung der Distillery und Raffinerie Györ zu sehen. Bisher haben ca. 105.000 Besucher die Ausstellung gesehen.

Wir laden Sie herzlich zu einem Besuch dieser Ausstellung und zum Weitersagen ein und bitten um Ihre Anregungen zur Erweiterung der Ausstellung und Vorschläge für weitere Ausstellungsplätze für die Jahre 2001 und 2002. Informationen und Liebig-Publikationen können Sie in unserem Bücher-Service anfordern.

Zur 200-Jahrfeier Liebigs, zum Liebig-Bicentennial am 12. Mai 2003 wird die erweiterte Ausstellung voraussichtlich von Mai bis Dezember in Liebigs Geburtsstadt Darmstadt, im alten Pädagog zu sehen sein.

Die nun auf 32 Tafeln erweiterte Ausstellung beinhaltet ab der 6. Station ab 03. Juni 1999 in Markkleeberg:

Teil eins:
1. Liebig - ein Überblick
2. Liebig - ein Überblick
3. Liebigs "Agriculturchemie"
4. Liebigs "Thierchemie"
5. Liebig und der Physiologe Bischoff
6. Liebigs Fleischextrakt
7. Liebig und die Silberspiegelfabrikation
8. Das Liebig Museum zu Gießen (Teil I)
9. Das Liebig Museum zu Gießen (Teil II)

Teil zwei:
10. Liebig - Wöhler: Eine lebenslange Freund-schaft
11. Liebig-Wöhler-Freundschaftspreis
12. Liebigs Assistent Carl Remigius Fresenius
13. Liebig, Merck und die Pharmazie
14. Liebig, Geiger und die "Annalen"
15. Berzelius und Liebig
16. Graham, Liebig und die Dialyse

Teil drei:
17. Liebig und die Franzosen
18. Liebig, Pasteur und die Fermentation
19. Liebig and the British (Teil I)
20. Liebig and the British (Teil II)
21. Liebig und die Russen

Teil vier:
22. Liebig im Revolutionsjahr 1847/48
23. Liebig und sein Wirken in München von 1852 –1873
24. Liebig: Vordenker des biologischen Landbaus
25. Justus von Liebig und die Süd-Chemie
26. Liebigs Jahre der Reife und Vollendung
27. Die Liebig-Familie

Teil fünf: Liebig und Hohenheim
28. Der fachliche Dissens
29. Die Angriffe auf die Akademien
30. Die Auffassungen von Natur–Wissenschaft
31. ...und die Konsequenzen für Hohenheim?
32. Leipzig - Möckern- Die erste landwirtschaftliche Versuchsstation in Deutschland

Ludwigshafen, den 15. August 2000

Liebigs „Agriculturchemie" und „Thier-Chemie" als Reprint wieder erhältlich

Liebigs Thierchemie

Nur noch wenige Exemplare weltweit gibt es von der Erstausgabe des Werkes, das die neuzeitliche Tierernährung einleitete und begründete. Exemplare der Erstausgabe sind heute gesuchte Sammlerobjekte für Freunde der Wissenschaftsgeschichte ebenso wie für Historiker der Medizin und der Agrarwissenschaft.

Nun steht Liebigs „Die organische Chemie in ihrer Anwendung auf Physiologie und Pathologie" (Paoloni Bio-Bibliographie Nr. 348) in der Erstausgabe von 1842 als unveränderter Reprint wieder zur Verfügung. Liebig schreibt im Vorwort zu diesem, seinem der Agriculturchemie zweiten Hauptwerk: „Unsere Fragen und Versuche durchschneiden in unzähligen krummen Linien die gerade Linie, die zur Wahrheit führt, es sind die Kreuzungspunkte, die uns die wahre Richtung erkennen lassen."

Solche Kreuzungspunkte der Physiologie und der Chemie hervorzuheben und die Stellen herauszuarbeiten, in denen sie ineinandergreifen, war für die damalige Zeit eine wahrhaft revolutionäre Idee. Eine ganzheitliche Sicht, wie Liebig sie vermittelt, könnte auch heute wieder zur Lösung vieler Probleme beitragen!

Das Werk befaßt sich in drei Teilen mit der Respiration und Ernährung, der Metamorphose der Gebilde und den Bewegungserscheinungen im Tierorganismus. Hinter den zunächst etwas obskur klingenden Begriffen verbirgt sich eine bahnbrechende naturwissenschaftlich orientierte Beschreibung der Lebensprozesse. Wenn auch viel Spektakuläres darunter zu finden ist, so ist der Leser doch immer wieder erstaunt, wie Zusammenhänge erkannt werden, die in strenger Allgemeinheit erst später bewiesen werden konnten.

Um das Werk in den heutigen Zusammenhang zu stellen, hat der Herausgeber in einem Ergänzungsband Beiträge internationaler Autoren aus Wissenschaft und Futtermittelindustrie zusammengestellt. Beide Buchteile sollen in der Summe Anregungen geben zur Wiederentdeckung der Wurzeln und Spurensicherung in der allgemeinen und speziellen Tierernährung. „Liebigs großartige intellektuelle Leistung, die Chemie und die naturwissenschaftliche Denkweise in die Ernährung einzuführen und an der Wende zur exakten Naturforschung die entscheidenden Ansätze zu erkennen und in die praktische Forschung umzusetzen, ist zu einem bleibenden Erbe geworden. Insofern spielt es keine Rolle, wie oft er in seinem Werk im Detail doch irrte, es bildet auch für den heutigen Leser eine Quelle für interdisziplinäre Denkweise und ganzheitliche Betrachtung biologisch-chemischer Phänomene in Pflanze und Tier..." (Dr. H. Müller, Institut für Ernährungsphysiologie in Weihenstephan)

Liebigs Agriculturchemie

Nach 50 Jahren agrikulturchemischen Forschens und heftigen wissenschaftlichen Auseinandersetzungen erschien 1876 die heute fast vergessene 9. Auflage von Liebigs Werk, das die Welt veränderte: „Die Chemie in ihrer Anwendung auf Agricultur und Physiologie" (Paoloni Bio-Bibliographie Nr. 771).

Die Auflage erschien von letzter Hand drei Jahre nach dem Tode Liebigs und im Auftrag des Verfassers, herausgegeben von Prof. Dr. Philipp Zöller (Erlangen, Göttingen, Wien) im Friedrich Vieweg & Sohn-Verlag, Braunschweig.

Die besondere Bedeutung der 9. Auflage liegt darin, daß sie sich durch wesentliche Veränderungen von den vorhergegangenen Auflagen unterscheidet. Diese Änderungen geschahen auf Anregung Liebigs selbst, wurden von ihm kontrolliert und teilweise auch redigiert. „Wie das Werk jetzt vorliegt, besitzt es in seiner Anwendung auf Agrikultur und Physiologie dauernden Wert" (Liebig-Biograph Adolph Kohut). Das Werk ist bereinigt um teils polemische Passagen aus der Zeit des wissenschaftlichen Streits und offenbart die ganze wissenschaftsliterarische Meisterschaft Liebigs: *„ Die chemie kauderwelscht in latein und deutsch, aber in Liebigs munde wird sie sprachgewaltig "* (Jacob Grimm).

In diesem Werk trägt Liebig nicht nur seine drei großen agrikulturchemischen Entdeckungen vor, nämlich das Gesetz vom Ersatz der Nährstoffe, das Minimum-Gesetz und die Entdeckung der Stoffkreisläufe. Er schildert auch die geschichtlichen, ökologischen sowie volks- und betriebswirtschaftlichen Grundlagen neuzeitlicher Landwirtschaft und übergibt damit der Welt sein agrikulturchemisches Vermächtnis. Der führende französische Agrarwissenschaftler, Prof. Jean Boulaine (Académie de l' Agriculture de France), sagt in seinem Beitrag zum Ergänzungsband: „Liebig ist einer der überzeugendsten Vorläufer der heutigen Ökologie."

Zum Reprint hat der Herausgeber einen 380 Seiten umfassenden Ergänzungsband zusammengestellt, der in 40 Beiträgen aus 155 Jahren die Wirkungsgeschichte der Agriculturchemie nachweist. Ein Bildteil mit zum Teil bislang unveröffentlichtem Material zeigt eine Justus von Liebig aus bisher unbekannter Sicht.

Die Thierchemie

Die organische Chemie in ihrer Anwendung auf Physiologie und Pathologie, Reprint der 1.Auflage 1842, mit Ergänzungsband, 1992.
Das dem Reprint zugrundeliegende Originalexemplar – eines der letzten weltweit – ist in Frakturschrift gesetzt.

Anhang S. 10

Autoren des Ergänzungsbandes:
Jean Boulaine (f) – Heinrich Brune – Günter Flessner – E. Glas (e) – Hubert Grote – Klaus-Dietrich Günther – Theodor Heuss – Paul E. Howe (e) – Albert Kariger – Ignaz Kiechle – Walter Kohler – Wilhelm Lewicki – Helmut Meyer – Rolf Möhler – Agneta Naber – André Paul Namur – Carlo Paoloni – Otmar Weinreich

Reprint der Erstauflage 1842 mit 348 S., und Ergänzungsband (177 S.), 1992, Herausgeber: Wilhelm Lewicki, broschiert, ISBN 3-87036-14-6

Beide Bände zusammen (Sonderpreis bei Direktbezug)
gebunden statt DM 118,-- DM 95,--
broschiert statt DM 78,-- DM 55,--

Anmerkung:
(e) – Beitrag in englischer Sprache
(f) – Beitrag in französischer Sprache

Die Agriculturchemie

Die Chemie in ihrer Anwendung auf Agrikultur und Physiologie. Reprint der 9. Auflage von 1876, mit Ergänzungsband, 1995
Die dem Reprint zugrundeliegende Ausgabe ist in einer Antiqua gesetzt, also einer Schrift, die der heutige Leser gewohnt ist! Der Reprint und die Beiträge des Ergänzungsbandes sind durch ein System von Querverweisen vernetzt.

Autoren des Ergänzungsbandes: Erwin Bahn – Jakob Baxa – Karlheinz Beer – Otto Behaghel – Wolfgang Böhm – Jochen Borchert – Jean Boulaine – William H. Brock (e) – Charles A. Browne (e) – Wolfgang Caesar – Willi Conrad – Jürgen Debruck – Mark R. Finlay (e) – Günter Flessner – A.E. Johnston (e) – Henry A. Kraybill (e) – Richard Kuhn – Jürgen Lange – Wilhelm Lewicki – Konrad Mengel – Pat Munday (e) – Carlo Paoloni – Dietmar Richter – Rudolf Sachtleben – Uschi Schling-Brodersen – Rudolf Schreiber – Georg E. Siebeneicher – Susanne Stark (e) – Hans Stahl – Lothar Suntheim – Selma A. Waksman (e) – Wilfried Werner – Philipp Zöller – Regine Zott (e)

Reprint der Auflage letzter Hand (9. Auflage von 1876) mit 832 S. und Ergänzungsband mit Bildteil 384 S. (davon ca. 120 S. in englischer Sprache), 1995, Herausgeber: Wilhelm Lewicki, fadengeheftet und broschiert,
ISBN 3-86037-030-8

Beide Bände zusammen (Bei Direktbezug)
broschiert statt DM 98,-- DM 75,--
Sonderausführung im limitierter Teilauflage:
Reprint und Ergänzungsband in einem Band, in Ganzleinen gebunden, weinrot mit Rücken-Goldprägung

ISBN 3-86037-042-1
statt DM 148,-- DM 110,--

Direkt zu beziehen bei:
Bücherservice der Historischen Präsenz-Bibliothek der Chemie (...)
c/o E.V.A. GmbH
Edinburger Weg 10
67069 Ludwigshafen
Tel.: (+49)-(0)621-66943-33, Fax: (+49)-(0)621-66943-11

Vorstellung des Liebig-Museums zu Gießen
und Einladung zum Besuch des Lesers:

Justus Liebig

wurde im Jahre 1803 in Darmstadt als Sohn eines Drogisten und Farbenhändlers geboren. Schon früh experimentierte er mit Materialien, die er in der Werkstatt seines Vaters vorfand. Sein Interesse galt bereits in jungen Jahren einzig der Chemie, in der er sich im Selbststudium fortbildete. Nach dem Chemiestudium bei Professor Kastner in Bonn und Erlangen sowie bei den französischen Wissenschaftlern Gay-Lussac, Thénard, Dulong, Clément und Biot in Paris wurde Liebig mit 21 Jahren als Professor an die Landes-Universität nach Gießen berufen. Hier richtete er ein chemischen Laboratorium ein, das nach seiner Erweiterung im Jahre 1839 weltweit Vorbildcharakter hatte. Seit 1920 befindet sich in diesen Räumen das Liebig-Museum.

Altes Labor

Im „Alten Labor" arbeitete Liebig gemeinsam zunächst mit neun, später mit zwölf Studenten. In der Mitte des Raumes steht der gemauerte Herd, der mit Holzkohle befeuert wurde.

Privates Schreibzimmer

Von dem hier vorhandenen Mobiliar entstammen Schreibtisch, Zeitschriftenständer und Sitzgelegenheiten dem Münchner Arbeitszimmer Liebigs. Auf den Bildern sind vorwiegend die engsten Familienmitglieder und seines wissenschaftlichen Freunde und Schüler zu sehen.

Pharmazeutisches Labor

Es diente der Ausbildung von Apothekern. In diesem Labor befindet sich auch der Liebig-Kühler, den Liebig in die Laborpraxis einführte. die weiteren Gerätschaften wie Retorten, Kolben, Siebe und die hydraulischen Pressen sind ebenfalls Originale.
Hier steht auch der „Talking Head Professor Liebig".

Analytisches Labor

Dieser Raum vermittelt uns den Laborzustand aus dem Jahre 1839/40. Vergleicht man dessen Ausstattung mit der des alten Labors des Jahres 1825, so erkennt man den innerhalb von rund 15 Jahren erarbeiteten labortechnischen Fortschritt: Abzüge wie in modernen Forschungslabors und Arbeitstische, die mit allen Gerätschaften und Chemikalien zum täglichen Experimentieren ausgerüstet sind. Das chemische Laboratorium gilt als Mutter der chemischen Laboratorien in der Welt.

Apparatur zur Elementaranalyse

Liebig verbesserte im Jahre 1831 die Apparatur zur Analyse der Naturstoffe. Sie hat sich als epochemachend für die Chemie herausgestellt. Die Bestimmung von Kohlenstoff, Wasserstoff und indirekt auch Sauerstoff wurde zur Routine. Kernstück ist der Fünf-Kugel-Apparat zur quantitativen Absorption von Kohlenstoffdioxid mit Kalilauge. Übrigens das Abzeichen der Gießener Schule weltweit für Chemie.

Gesetz vom Minimum

Wie die Tonne durch die ungleiche Höhe der Dauben nicht mit Wasser voll werden kann, so können auch die Pflanzen bei Mangel des Nährstoffs – zum Beispiel KALI – keine vollen Erträge bringen.

Wie kommen Sie zum Liebig-Museum?

- Sie reisen mit der Bahn an: Das Liebig-Museum liegt in der Nähe des Bahnhofs; Fußweg etwa 3 Minuten (Daneben im alten Zollamt soll ein Mathematikmuseum entstehen)
- Sie kommen mit dem Auto: Fahren Sie über den Gießener Ring bis zur Abfahrt Gießen-Kleinlinden, von dort Richtung Stadtmitte, nach dem Bahnübergang biegen Sie links ab in die Liebigstraße. Während der Besichtigung können Sie Ihr Autor auf dem Hof des Museums parken.

Öffnungszeiten:	Täglich von 10.00 bis 16.00 Uhr, montags geschlossen
Eintritt:	Erwachsene: 3,-- DM Schüler, Studenten, Auszubildende: 2,-- DM
Führungen und Liebig Experimentalvorlesungen:	Für Gruppen, nach Vereinbarung – (fast) zu jeder Zeit, auch außerhalb der Öffnungszeiten – möglich.

Justus-Liebig-Gesellschaft zu Gießen e.V. Liebigstraße 12 – 35390 Gießen – Telefon 0641-76392. Internet: http://www.uni-giessen.de/~gi04/homepage.html

**Werden Sie Mitglied in der Justus-Liebig-Gesellschaft zu Gießen e.V. und helfen Sie uns, dieses einzigartige Chemie-Museum im Original zu erhalten.
Jahresbeitrag: 30,-- DM**

Konto bei der Sparkasse in Gießen (BLZ 513 500 25) Nr. 200 581 350

Apparatur zur Elementaranalyse
Liebig fand im Jahre 1831 eine einfache aber sichere Apparatur zur Analyse der Naturstoffe. Sie hat sich als epochemachend für die Chemie herausgestellt. Die Bestimmung von Kohlenstoff, Wasserstoff und indirekt auch Sauerstoff wurde zur Routine. Kernstück ist der Fünf-Kugel-Apparat zur quantitativen Absorption von Kohlenstoffdioxid mit Kalilauge.

Anhang S. 15

Internationale Präsenz-Bibliothek
zur Geschichte der Naturwissenschaften
c/o E.V.A. GmbH

Edinburger Weg 10 ♦ D-67069 Ludwigshafen am Rhein
Telefon: (49)-0621-669 43-33 - Fax: (049) 0621-669 43-11
Handy: 0171/5746895 - e-mail-Adresse: prohama.eva@t-online.de - Internet: http://www.vinasse.de

---

Aktuelle Liste unseres Bücher-Service, Stand 01.08.2000. Solange der Vorrat reicht!

Nr	Titel	Preis inkl. MwSt. + Porto & Verpackung
1.	**Begleitdokumentation zur Liebig-Wanderausstellung**, herausgegeben von Prof. Dr. Peter Menzel von der Universität Hohenheim, Institut für Didaktik der Naturwissenschaften und Informatik, erweitert vom Internationalen Feundeskreis zur Geschichte der Chemie (...), Stand 1. August 2000	Schutzgebühr: Broschiert: 25,- DM
2.	**Berichte** der Justus Liebig-Gesellschaft zu Gießen e.V. Band 3: Vorträge des Symposiums: **"Von Liebig's Knallsilber zur modernen Nitriloxidchemie"**. – Gießen 1994. – 135 S.	Broschiert: 20,- DM
3.	**Berichte** der Justus Liebig-Gesellschaft zu Gießen e.V. Band 4: Vorträge des Symposiums: **"Das publizistische Wirken Justus von Liebigs"**. – Gießen, 1998. – 200 S. + Anhang	Broschiert: 25,- DM Leinenbindung mit Goldschnitt: 48,- DM
4.	**Berzelius und Liebig: Ihre Briefe 1831-1845**, mit gleichzeitigen Briefen von Liebig und Wöhler. - 3. Neuaufl.. - Hrsg. von Wilhelm Lewicki. - Göttingen : Wisomed-Verlag, 1991. - 16 S. versch. Vorwörter + Lebensdaten von Berzelius und Liebig; VII, 279 S.; enthält Personenregister	Gebundene Ausgabe: 48,- DM Leinen, weinrot Mit Goldbeschrift.
5.	**Briefe von Justus von Liebig nach neuen Funden**. Hrsg. von Prof. Dr. Ernst Berl. - Gießen: Selbstverl. der Gesellschaft. Liebig Museum, 1928. - 88 S. : Ill. (sehr selten)	Broschierte Ausgabe: 65,- DM
6.	William H. **Brock: Justus von Liebig: The Chemical Gatekeeper.** - Cambridge: Cambridge University Press, 1997. - XIV, 374 S.	Gebunden 158,- DM
7.	**Justus von Liebig: Eine Biographie des großen Naturwissenschaftlers und Europäers** / von William H. Brock, übersetzt aus dem Englischen von Georg E. Siebeneicher, Neu Ulm. – Wiesbaden: Vieweg/Springer-Verl., 1999. – XVIII, 334 S. ISBN 3-528-06995-3	Gebunden 98,- DM

8.	Siegfried **Heilenz: Das Liebig-Museum in Gießen.** – Museumsführer. – 2. Aufl. – Gießen: 1988. – 58 S. ISBN 3-922730-82-5 (in deutsch-englisch und deutsch-franz.)	Broschiert: 16,- DM
9.	Hans R. **Jenemann: Die langarmigen Präzisionswagen im Liebig-Museum zu Gießen**. - Gießen: Mettler Instrumente GmbH, 1988. - 72 S.: Ill.	Broschierte Ausgabe: 20,- DM
10.	Günther Klaus **Judel**: Die Geschichte des Liebig-Museums in Giessen. - Günther Klaus Judel. - Gießen: Selbstverlag der Justus Liebig-Gesellschaft, **1996**. - 27 S.	Broschiert: 5,- DM
11.	**Justus von Liebig "Hochwohlgeborener Freiherr"** Die Briefe an Georg von Cotta und die anonymen Beiträge zur Augsburger Allgemeinen Zeitung. Hrsg. von Andreas Kleinert. - Mannheim: Bionomica-Verl., 1979. - 61 S.	Broschierte Ausgabe: 19,50 DM Gebundene Ausgabe: 48,- DM
12.	**Justus von Liebig und August Wilhelm Hofmann in ihren Briefen. Nachträge 1845-1869.** Hrsg. von Emil Heuser und Regine Zott. **Justus von Liebig und Emil Erlenmeyer in ihren Briefen von 1861-1872.** Hrsg. von Emil Heuser. Mannheim: Bionomica-Verl., 1988. 31S.	Broschierte Ausgabe: 19,50 DM
13.	**Justus von Liebig und Hermann Kolbe in ihren Briefen, 1846-1873.** Bearb. von Alan J. Rocke und Emil Heuser. - Mannheim: Bionomica-Verl., 1994. – 147 S. Geschenkausgabe: leinen, rot, mit Goldbeschriftung	Broschierte Ausgabe: 45,- DM Gebundene Ausgabe: 78,- DM
14.	**Justus von Liebig und der Pharmazeut Friedrich Julius Otto in ihren Briefen von 1838-1840 und 1856-1867** Hrsg. von Emil Heuser. - Mannheim: Bionomica-Verl., 1989. - 44 S.	Broschierte Ausgabe: 19,50 DM
15.	**Justus von Liebig und Julius Eugen Schloßberger in ihren Briefen von 1844-1860** Hrsg. von Fritz Heße und Emil Heuser. - Mannheim: Bionomica-Verl., 1988. - 84 S.	Broschierte Ausgabe: 20,- DM
16.	**Justus von Liebig: Boden, Ernährung, Leben**: Texte aus vier Jahrzehnten. / Hrsg. von Wilhelm Lewicki und Georg E. Siebeneicher – Stuttgart: Pietsch-Verl., 1989. - 222 S. Geschenkausgabe: Leinen mit Goldbeschriftung	Broschierte Ausgabe: 39,- DM Gebundene Ausgabe: 60,- DM
17.	**Justus von Liebig: Die Chemie in ihrer Anwendung auf Agricultur und Physiologie**. Hrsg. von Dr. PH. Zöllner. Reprint der 9. Aufl. von 1876. - Agrimedia-Verl., 1995. – 698 S. + Ergänzungsband. – 377 S. Geschenkausgabe: Leinen, braun mit Goldschrift	Gebundene Ausgabe: statt 148,- DM nur noch 110,- DM Broschierte Ausgabe: statt 98,- DM nur noch 75,- DM
18.	Justus **Liebig: "Die organische Chemie in ihrer Anwendung auf Physiologie und Pathologie". Reprint der Erstausgabe von 1842 (ab der 2.Aufl. "Die Thierchemie")** Hrsg. von Wilhelm Lewicki. - Frankfurt am Main: Agrimedia-Verl., 1992. - 342 S. + 16 S. Literaturvorschläge + Ergänzungsband zu Liebig's Thierchemie. - 1992. – 177 S.	Broschierte Ausgabe: statt 78,-DM nur noch 55,- DM Gebundene Ausgabe: (2 Bände in 1 Band) statt 118,- DM nur noch 95,- DM

19.	**Justus von Liebig: Es ist ja dies die Spitze meines Lebens: Naturgesetze im Landbau.** / Vorwort von W. Lewicki – Bad Dürkheim: Stiftung Ökologischer Landbau, 1989. - 56 S. (SÖL-Sonderausgabe ; Nr. 23)	Broschierte Ausgabe: 5,80 DM
20.	Carlo **Paoloni: Justus von Liebig: eine Bibliographie sämtlicher Veröffentlichungen.** – Heidelberg: Winter Universitätsverlag, 1968. - 332 S.: Ill.	Gebundene Ausgabe: 275,- DM
21.	**Postkarten aus dem Liebig-Museum zu Gießen e.V.**, verschiedene Motive	je 1,50 DM
22.	Ernst F. Schwenk: **Sternstunden der frühen Chemie: von Johann Rudolph Glauber bis Justus von Liebig** / Ernst F. Schwenk. - Orig.-Ausg.. - München: Beck, 1998. - 288 S. ISBN 3-406-42052-4	Broschiert: 19,80 DM
23.	Dr. Georg **Spalt: Das Geschlecht Liebig**. - Groß-Bieberau : Eigenverlag, 1974.- 47 S. : zahlr. Ill. (Zusammenstellung der verschiedenen Liebig-Familien-Stämme von Schlesien, dem Rhein-Main-Gebiet, Fischbachtal und Darmstadt)	Broschierte Ausgabe: 28,- DM
24.	Ladislav **Skala: Ohlas Díla Justuse Liebiga V Ceských Zemích**. - Praha: Ministerstvo Zemedelstvi Ceské Republiky, 1994. - 73 S.: Ill., Graph. Darst. Geschenkausgabe: leinen, blau, mit Goldbeschriftung	Broschierte Ausgabe: 22,50 DM Gebundene Ausgabe: 45,- DM
25.	Wilhelm **Strube: Justus Liebig: eine Biographie** / von Wilhelm Strube. - 1. Aufl. - Beucha : Sax-Verl., **1998**. - 247 S. ISBN 3-930076-58-6	Gebunden: 39,80 DM
26.	**Studia Giessensia 3** Universität und Ministerium im Vormärz: **Justus Liebigs Briefwechsel mit Justin von Linde** Hrsg. von Peter Moraw und Heiner Schnelling. - Gießen : Verlag der Ferber'schen Universitätsbuchhandlung, 1992. - 378 S.: Ill./ Geschenkausg.: leinen, blau, Goldbeschriftung	Broschierte Ausgabe: 34,80 DM Gebundene Ausgabe: 64,80 DM
27.	VHS-Cassette **"Meilensteine der Naturwissenschaft und Technik, Folge 41: Chemie in der Landwirtschaft - Justus Liebig"** von Target (PAL) Spielzeit: 15 Min. a) deutsche Version in PAL b) englische Version in PAL und NTSC c) französische Version in SECAM und PAL	jeweils DM 15,-- oder **kostenlos** bei Bestellungen über 100,- DM
28.	Georg **Schwedt: Der Chemiker Friedrich Wöhler (1800 – 1882)** : Eine biographische Spurensuche in Frankfurt am Main, Marburg, Heidelberg, Stockholm, Berlin, Kassel und Göttingen. - Seesen: HisChymia Buchverlag, 2000. – 115 S. ISBN 3-935060-01-7	24,80 DM
29.	**Actes du colloque Gay-Lussac 11 – 13 décembre 1978**. – Ecole Polytechnique Palaiseau, 1980. – 290 S. ISBN 2-7302-0018-5	35,- DM

30.	Maurice **Crosland: Gay-Lussac 1778-1850 : Savant et Bourgeois** / traduit de l'anglais par J.-P. Bardos. – Belin: Paris, 1991. – 430 S. ISBN 2-7011-1216-8	45,- DM
31.	Louis-Joseph **Gay-Lussac**: **Cours de Chimie (1827-28)**. – Reprint der Ausgabe von 1828. – Paris: Éditions Ellipses, 1999. Band 1: ISBN 2-7298-9925-1 Band 2: ISBN 2-7298-9926-X	Band 1 & 2: 200,- DM
32.	Louis Joseph **Gay-Lussac: Cours de Physique.** – Reprint. – Paris: Phénix Éditions, 2000. – 562 S. ISBN 2-7458-0428-6	80,- DM
33.	Pierre **Saumande: Louis-Joseph Gay-Lussac (1778-1850)**: Un grand savant limousin (Zum 150. Todestag des französischen Chemikers und Physikers). – Lemouzi: Nr. 153 (März/April 2000) . – 46 S.	Broschiert: 20,- DM
34.	Jean **Adrian: Les Pionniers Francais de la Science Alimentaire** / Jean Adrian. - London [u.a.]: Technique et Documentation, 1994. - 323 S.	Gebunden: 85,- DM
35.	Spektrum der Wissenschaft Heft 3/1999 Biographie **Lavoisier „Die Revolution in der Chemie".** – 105 S. ISSN 1436-3054	Broschiert: 16,- DM
36.	Ausstellungskatalog: **Alexander von Humboldt – Netzwerke des Wissens** / Haus der Kulturen der Welt, Berlin 06. Juni – 15. August 1999. Kunst- und Ausstellungshalle der Bundesrepublik Deutschland, Bonn 15. September 1999 – 09. Januar 2000. Mit einem Vorwort von Roman Herzog. In Kooperation mit dem Goethe Institut. – 237 S.	35,- DM
37.	**Friedrich Liebegott Becher: Georgius Agricola (1494-1555) und Abraham Gottlob Werner (1749-1817): eine vergleichende Biographie aus dem Jahre 1819.** - Berlin: Verlag für Wissenschaft- und Regionalgeschichte Dr. Michael Engel, 1996. - VIII, 127 S.: Ill.	Broschierte Ausgabe: 22,- DM
38.	Wolfgang **Böhm: Biographisches Handbuch zur Geschichte des Pflanzenbaus (ca. 400 Lebensläufe).** - München: Saur, 1997. - IX; 398 S.	Gebunden: 180,- DM
39.	Wolfgang **Böhm: Ewald Wollny : Bahnbrecher für eine neue Sicht des Pflanzenbaus.** – Verlag Adelheid Böhm: Göttingen, 1996. – 80 S. ISBN 3-930354-05-5	32,- DM
40.	Jean **Boulaine: Histoire de l'Agronomie en France.** - 2. Édition / Jean Boulaine. - London [u.a.]: Technique et Documentation, 1996. - 437 S. ISBN 2-7430-0081-2	Gebunden: 138,50 DM

Anhang S. 19

41.	**Brückenschläge: 25 Jahre Lehrstuhl für Geschichte der exakten Wissenschaften und der Technik an der TU Berlin** Hrsg. von Hans-Werner Schütt und Burkhard Weiss. - Berlin: Verl. für Wissenschafts- und Regionalgeschichte, 1995. - 392 S.: Ill.	Broschierte Ausgabe: 48,- DM
42.	**Chemie und Chemiker in Berlin : Die Ära August Wilhelm von Hofmann 1865-1892**: Katalog und Lesebuch zur Ausstellung anläßlich des 100. Todestags August Wilhelm Hofmanns am 5. Mai 1992 / Bearbeitet von Michael Engel und Brita Engel. - Berlin: Verlag für Wissenschafts- ind Regionalgeschichte Dr. Michael Engel, 1992. - V, 270 S.: Ill.	Broschierte Ausgabe: 35,- DM Gebundene Ausgabe als Geschenkausgabe, Leinen, blau : 65,- DM
43.	Arnold **Finck: Nahrung für Europa - Die Aufgabe der Landwirtschaft**: Liebig-Preis und Thünen-Medaille: Eine Bilanz nach 50 Jahren 1949 – 1998. / von Arnold Finck. – Hamburg: Alfred Toepfer Stiftung F.V.S., 1999. – 245 S.	Broschiert: 20,- DM
44.	**Guide of European Museums with collections on History of Chemistry and of Pharmacy**/ Jan W. Spronsen. - Antwerpen: Federation of European Chemical Societies, 1998. - XI, 139 S.	Broschierte Ausgabe: 15,- DM
45.	Ralf **Hahn: Gold aus dem Meer**: Die Forschungen des Nobelpreisträgers Fritz Haber in den Jahren 1922-1927". – Berlin: Verlag für Geschichte der Naturwissenschaften und Technik, 1999. – 101 S. ISBN 3-928186-46-9	Broschiert: 35,- DM
46.	**Instrument – Experiment** : historische Studien / im Auftrag des Vorstandes der Deutschen Gesellschaft für Geschichte der Medizin, Naturwissenschaft und Technik hrsg. von Christoph Meinel. – Berlin: Verlag für Geschichte der Naturwissenschaften und Technik: 2000. – 423 S.	66,50 DM
47.	Anne D. **Janssens**/Arnould de Charette: **L'orfèvrerie et le sucre du XVIIe au XXe siècle en France et en Belgique**. - Bruxelles: 1995. - 198 S.: Ill.	Gebundene Ausgabe: 185,- DM
48.	Hans-Martin **Kirchner: Friedrich Thiersch: ein liberaler Kulturpolitiker und Philhellene in Bayern**. - München: Hieronymus, 1996. - 422 S.: Ill. (Veröffentlichungen des Instituts für Geschichte Osteuropas und Südosteuropas der Universität München ; Band 16)/ Geschenkausg.: leinen, braun mit Goldbeschr.	Broschierte Ausgabe: 48,50 DM Gebundene Ausgabe: 78,50 DM
49.	Otto **Krätz: Goethe und die Naturwissenschaften** / Otto Krätz. – 2. korrigierte Aufl., Sonderausgabe. – München: Callwey, 1998. – 236 S. (Bildband). ISBN 3-7667-1335-3	Gebunden: 39,95 DM
50.	Otto **Krätz: 7000 Jahre Chemie: Von den Anfängen im alten Orient bis zu den neuesten Entwicklungen im 20. Jahrhundert** / Otto Krätz. – Lizenzausgabe für Nikol Verlagsgesellschaft, 1999. 331 S. – ISBN 3-933203-20-1	Gebunden: 39,95 DM
51.	Hubert **Olbrich: Schlesien in der ersten Hälfte des 19. Jahrhundert unter Brücksichtigung der Bedeutung für Franz Carl Achard**. – Düsseldorf: 1998. – 232 S.	Broschiert: 30,- DM

52.	a) **Postkarten-Serie** vom Zucker-Museum Berlin, 25 verschiedene Postkarten b) **Museumsführer** Zucker-Museum / Hrsg. von Hubert Olbrich. - Berlin, 1989. - 228 S., zahlr. Ill. c) **Zuckergefäße und Zuckergeräte aus Silber im Zucker-Museum.** - Berlin, 1991. - 238 S., zahlr. Ill. d) **Zucker-Museum Report 1995**. - Berlin. - 460 S., zahlr. Ill. e) Sonderausstellung im Zucker-Museum: **Zuckermotive auf Briefmarken".** - Berlin, 1991. - 64 S., zahlr. Ill.	à 0,50 DM pro Karte Schutzgebühr: 20,- DM Schutzgebühr: 25,- DM Schutzgebühr: 50,- DM Schutzgebühr: 10,- DM
53.	Herbert W. **Roesky**, Klaus Möckel: **Chemical curiosities : spectacular experiments and inspired quotes** / Translated by T.N. Mitchell and W.E. Russey. – Weinhei,: VCH, 1996. ISBN 3-527-29414-7	68,- DM
54.	Herbert W. **Roesky**, Klaus Möckel: **Chemische Kabinettstücke : specktakuläre Experimente und geistreiche Zitate.** – 1., korrigierter Nachdruck. – Weinheim: VCH, 1996. – 314 S. ISBN 3-527-29426-0	68,- DM
55.	Die blaue Reihe: **Die Sachsengänger: Wanderarbeiter im Rübenanbau 1850 bis 1915** / von Manuela Obermeier. – Bartens: 1999. – 40 S.	Broschiert: 15,- DM
56.	Eberhard **Schulze: 7500 Jahre Landwirtschaft in Deutschland, von den Bandkeramikern bis zur Wiedervereinigung** (ein kurzer Abriß der Agrargeschichte) - Leipzig: Merkur Druck- und Kopierzentrum, 1995. - 266 S.	Broschierte Ausgabe: 38,- DM
57.	Helmut **Snoek: Das Buch vom biologischen Weinbau:** Rebbau und Weinbereitung mit naturgemäßen Methoden. - Stuttgart: Pietsch-Verlag, 1991. - 224.: Ill.	Gebundene Ausgabe: 36,- DM
58.	Johannes **Stark: Erinnerungen eines deutschen Naturforschers** / Hrsg. von Andreas Kleinert. - Mannheim: Bionomica-Verlag, 1987. - X, 153 S.: Ill.	Broschierte Ausgabe: 21,- DM
59.	Elisabeth **Ströker: Wissenschaftsgeschichtliche und wissenschaftstheoretische Studien zur Chemie.** - Berlin: Verlag für Wissenschafts- und Regionalgeschichte Dr. Michael Engel, 1996. - 150 S. (Studien und Quellen zur Geschichte der Chemie; Band 8).	Broschierte Ausgabe: 24,- DM
60.	Ulrike **Thomas: Die Pharmazie im Spannungsfeld der Neuorientierung: Philipp Lorenz Geiger (1785-1836), Leben, Werk und Wirken - eine Biographie.** - Stuttgart: Deutscher Apotheker Verlag, 1985. - 652 S.: Ill. (Quellen und Studien zur Geschichte der Pharmazie; 36)	Broschierte Ausgabe: 68,- DM Gebundene Ausgabe: 86,- DM
61.	**Wilhelm Ostwald und Walther Nernst in ihren Briefen sowie in denen einiger Zeitgenossen** / Hrsg. von Regine Zott. - Berlin: Verlag für Wisseschafts- und Regional-geschichte Dr. Michael Engel, 1996. - XXXVIII, 230 S.: Ill. (Studien und Quellen zur Geschichte der Chemie; Band 7)	Broschierte Ausgabe: 60,- DM
62.	**Wissenschaftsmagazin** der Johann Wolfgang Goethe-Universität Frankfurt am Main: **Forschung Fankfurt: Sonder-band zur Geschichte der Universität.** – Heft 3/2000. – 216 S.	13,- DM

Bildtafeln S. 1

Zur Arbeit von J. Büttner über den Stoffwechselbegriff

Abb. 1   **Santorios Waage zur fortlaufenden Kontrolle des Körpergewichtes.**
Aus Quincy's Ausgabe von Santorio 1728.[1]

---

[1] John Quincy: Medicina Statica: Being the Aphorisms of Sanctorius, Translated into English with large Explanations. Fourth edition. London: J. Osborne T. Longman and J. Newton, 1728, Frontispiz.

Bildtafeln S. 2

Abb. 2 Lavoisier in seinem Laboratorium. Untersuchungen über die Atmung des Menschen im Ruhezustand.

Ganz links Armand Seguin als Versuchsperson, an dem Quecksilbertrog in der Mitte Lavoisier, ganz rechts Mme. Lavoisier als Protokollantin.
Nach einer Zeichnung von Mme. Lavoisier (um 1790). Aus Grimaux.[2]

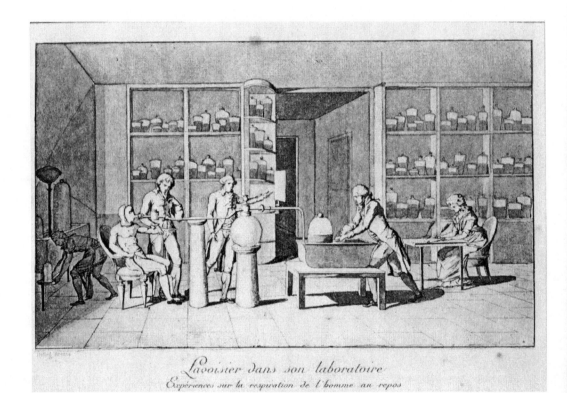

---

[2] Édouard Grimaux: Lavoisier 1743–1794 d'apres sa correspondance, ses manuscrits, ses papiers de famille et d'autres documents inédit. Paris: Ancienne Librairie Germer Baillière, 1888, Tafel neben S. 128.

Abb. 3 **Quantitatives Stoffwechselschema von F. Bidder und C. Schmidt.**
Links unten Stoffaufnahme (α: Sauerstoff, β: Wasser, γ: Albuminate und Fett), große Halbkreise Körpercontitution (A: Wasser in Blut u. Organen, B: wasserfreie Substanz von Blut u. Organen), kleine Halbkreise Intermediärer Darmkreislauf (Speichel, Magensaft, Galle, Pancreassaft, Darmsäfte), rechts unten Ausscheidungen (a: Kohlensäure, b: Wasserdampf bzw. Wasser, c: Harnstoff). Aus Bidder und Schmidt, Tafel 5.[3]

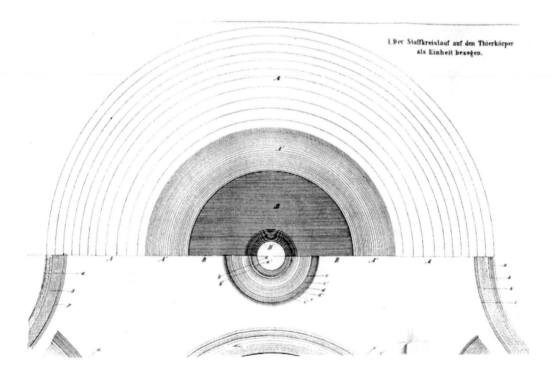

---

[3] F. Bidder, C. Schmidt: Die Verdauungssaefte und der Stoffwechsel. Eine physiologisch-chemische Untersuchung. Mitau, Leipzig: Reyher, 1852.

Bildtafeln S. 4

Abb. 4 Aquarium nach Warington („Liebigs Welt im Glase").
Abbildung „Mein Stubenaquarium". Aus Sachtleben.[4]

---

[4] R. Sachtleben: Liebigsche Welt im Glase: Vom Kreislauf des Lebens. Die BASF. Aus der Arbeit der Badischen Anilin & Soda Fabrik AG [Ludwigshafen] 8 (1958), 2, S. 47–51.

Bildtafeln S. 5

Zur Arbeit von J. Büttner über Scherer

Abb. 5 **Portrait Johann Joseph von Scherer.**
Photographie aus dem Bildarchiv der Östereichischen Nationalbibliothek in Wien. Undatiert, vermutlich um 1850.

Abb. 6 **Eigenhändiger Reisebericht von Johann Joseph Scherer 1840/1841.**
Fol. 1 (von 10) des Berichtes.[5] Erstveröffentlichung. Siehe den Abdruck in diesem Band.

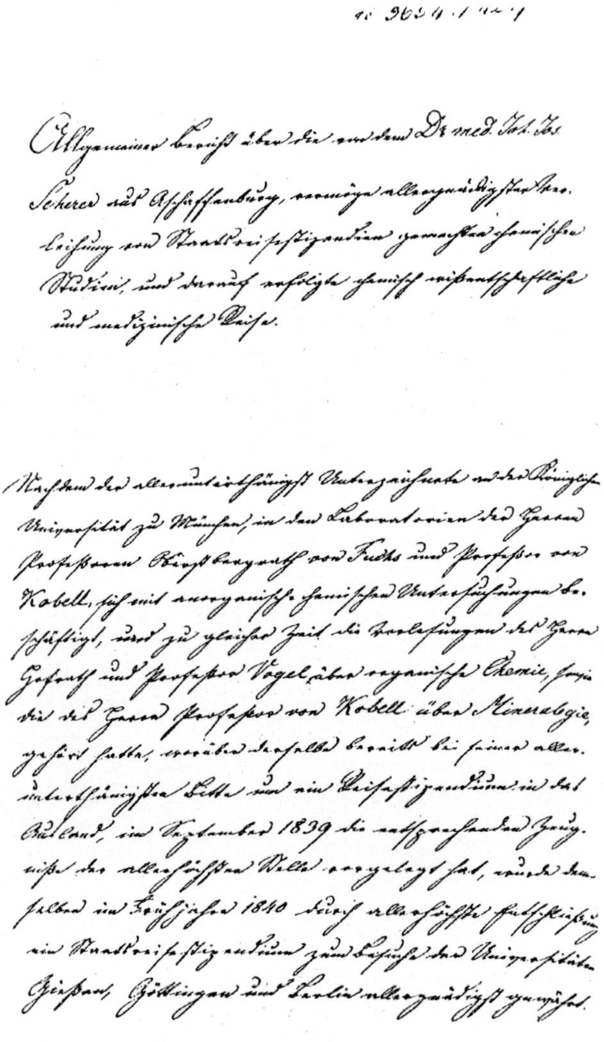
Allgemeiner Bericht über die von dem Dr med. Joh. Jos. Scherer aus Aschaffenburg, vermöge allergnädigster Verleihung von Staatsreiseunterstützung gemachten chemischen Studien, und darauf erfolgte chemisch wissenschaftliche und medizinische Reise.

Nachdem der allerunterthänigst Unterzeichnete an der Königlichen Universität zu München, in den Laboratorien der Herren Professoren Bergrath von Fuchs und Professor von Kobell, sich mit anorganisch chemischen Untersuchungen beschäftigt, und zu gleicher Zeit die Vorlesungen des Herrn Hofrath und Professor Vogel über organische Chemie, sowie die des Herrn Professor von Kobell über Mineralogie gehört hatte, worüber derselbe bereits bei seiner allerunterthänigsten Bitte um eine Reiseunterstützung in das Ausland, im September 1839 die entsprechenden Zeugnisse der allerhöchsten Stelle vorgelegt hat, wurde demselben im Frühjahre 1840 durch allerhöchste Entschließung eine Staatsreiseunterstützung zum Besuche der Universitäten Giessen, Göttingen und Berlin allergnädigst gewährt.

5 Akten des Rektorats und Senats Nr. 795, Universitätsbibliothek Würzburg.

Abb. 7a **Eigenhändiges Zeugnis Liebigs für Scherer.**
Datiert 8. December 1841. 2 Seiten folio. Aus der Personalakte Scherer.[6]
Siehe den Abdruck in diesem Band.

Seite 1 (recto)

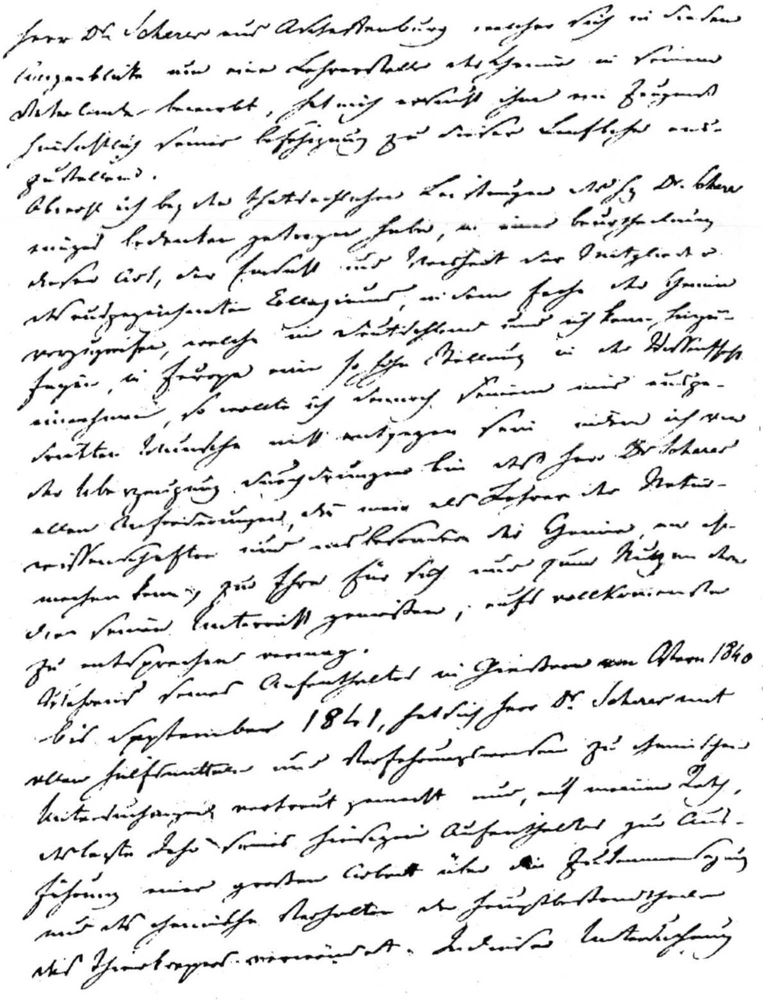
Herr Dr. Scherer aus Aschaffenburg welcher sich in diesem Augenblicke um eine Lehrerstelle der Chemie in seinem Vaterlande bewirbt, hat mich ersucht ihm ein Zeugniß hinsichtlich seiner Befähigung zu dieser Lehrstelle auszustellen.

[6] Akten des Rektorats und Senats Nr. 795, Universitätsbibliothek Würzburg.

Bildtafeln S. 8

Abb. 7b Eigenhändiges Zeugnis Liebigs für Scherer.
Datiert 8. December 1841. 2 Seiten folio. Aus der Personalakte Scherer.[7]
Siehe den Abdruck in diesem Band.

Seite 1 (verso)

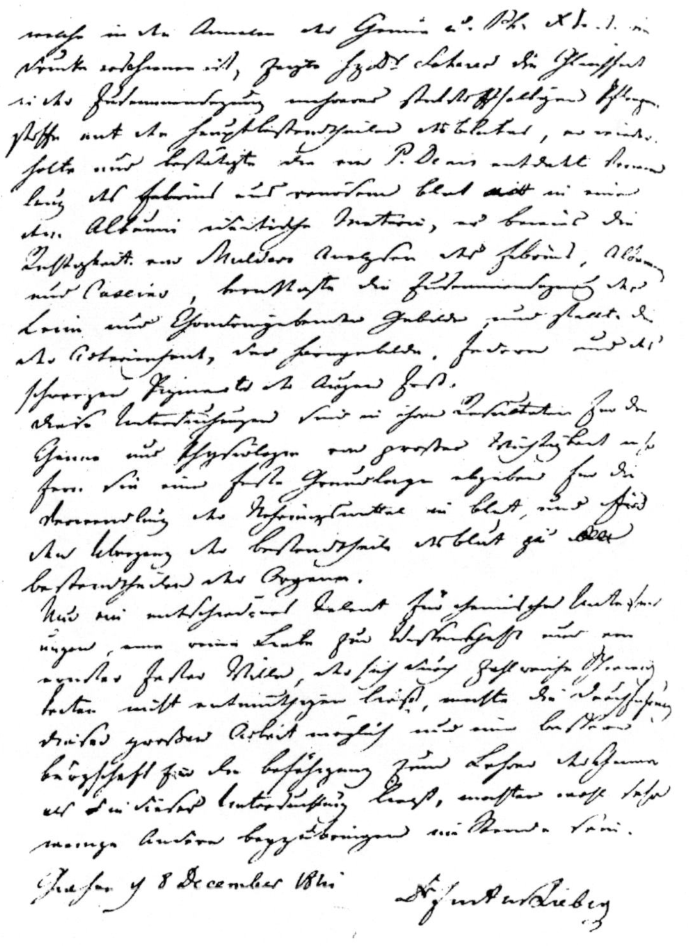

---

[7] Akten des Rektorats und Senats Nr. 795, Universitätsbibliothek Würzburg.

Bildtafeln S. 9

Abb. 8 Neues Anatomiegebäude der Universität Würzburg (späteres Medizinisches Kollegiengebäude).
Hier befand sich Scherers Laboratorium von 1853 bis 1866.[8]

Das neue Anatomiegebäude im botanischen Garten

---

[8] Aus: Carl Heffner: Würzburg und seine Umgebungen : ein historisch-topographisches Handbuch, illustriert durch Abbildungen in Lithographie und Holzschnitt. 2. Auflage. Würzburg: Bonitas-Bauer, 1871.

Bildtafeln S. 10

Abb. 9 Die Gründer der Physikalisch-medizinischen Gesellschaft in Würzburg 1850.
V.l.n.r.: Scherer, Virchow, Kiwisch, Koelliker, Rinecker.[9]

[9] Aus: Rudolf Virchow. Briefe an seine Eltern 1839-1864. Herausgegeben von Marie Rabl geb. Virchow. Leipzig: W. Engelmann, 1906, Tafel neben S. 194.

Abb. 10 **Ansicht des Würzburger Chemischen Laboratoriums in der Maxstraße.** [10]
Heute steht an dieser Stelle die Mozart-Schule.

[10] Aus: Heffner, Würzburg, wie Anm. (7). Das Laboratorium wurde von 1865 bis 1869 für Scherer gebaut. Bei Scherers Tod 1869 war es erst teilweise in Betrieb genommen. Das Bild stammt aus dem Jahr 1871.

Bildtafeln S. 12

Abb. 11 **Scherer-Medaille der Deutschen Gesellschaft für Klinische Chemie.**
Geschaffen 1977/78 von Gerhard Marcks. Die Vorderseite (oben) zeigt das Portrait Scherers, die Rückseite (unten) das alchemistische Symbol des *Ouroboros*. Bronze, Durchmesser 10 cm.

Bildtafeln S. 13

Zur Arbeit von J. Büttner, Der Übergang von Materien in den Harn

Abb. 12 **Leopold Gmelin.**
Nach einer Zeichnung vermutlich von Johann Woelffle [1807–1893], gedruckt v. Julius Adam [1826–1874] in München (Sammlung Büttner).

Bildtafeln S. 14

Zur Arbeit von J. Liebig über die Methode

Abb. 13 **Seite aus dem Originalmanuskript des Artikels von Justus Liebig.** Die dargestellte Manuskriptseite enthält einen Teil des Abschnittes „Unterschied der heutigen Chemie von der früheren", der obere Teil ist nicht in den Druck übernommen worden.[11]

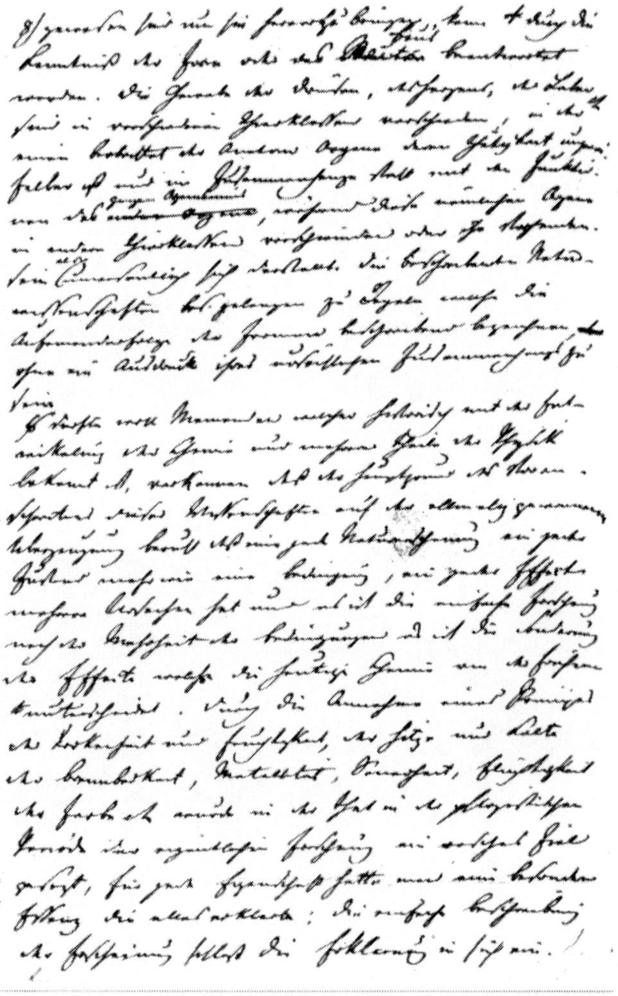

---

[11] Vgl. den gedruckten Text in diesem Band. Die Manuskriptseite enthält Teile des gedruckten Textes auf den Seiten [173] und [174]. Manuskript in der Sammlung Büttner.

Bildtafeln S. 15

Zur Arbeit von O. Krätz, Analytisches Laboratorium zu Gießen

Abb. 14 **Aeussere Ansicht von Liebigs Laboratorium in Gießen.**
Nach einer Zeichnung von Jakob Meinrad Bayrer [1810–1900]. Lithographie aus Hofmann.[12]

---

[12] J. P. Hofmann: Das Chemische Laboratorium der Ludwigs-Universität zu Gießen. Heidelberg: Winter, 1842. Tafelband, Tafel „Ansicht des Chemischen Institutes zu Gießen". Jakob Meinrad Bayrer war Architekt, Zeichner und Kupferstecher in Darmstadt. Er wurde dort 1860 Zeichner bei der Oberbaudirektion.

Bildtafeln S. 16

Abb. 15 **Analytisches Laboratorium in Liebigs Laboratorium in Gießen.**
Lithographie von P. Wagner in Carlsruhe nach einer Zeichnung von Wilhelm Trautschold und Hugo von Ritgen (ca. 1840/41). Aus Hofmann.[13]
Zur Erläuterung siehe den Beitrag von O. Krätz in diesem Band.

---

[13] Ebenda, „Innere Ansicht des Analytischen Laboratoriums zu Gießen".